「植保」科技创新与农业精准扶贫

◎ 陈万权 主编

中国农业科学技术出版社

图书在版编目（CIP）数据

植保科技创新与农业精准扶贫：中国植物保护学会2016年学术年会论文集／陈万权主编．—北京：中国农业科学技术出版社，2016.10
ISBN 978-7-5116-2732-2

Ⅰ.①植… Ⅱ.①陈… Ⅲ.①植物保护-中国-文集 Ⅳ.①S4-53

中国版本图书馆CIP数据核字（2016）第212255号

责任编辑 姚 欢
责任校对 贾海霞

出 版 者 中国农业科学技术出版社
北京市中关村南大街12号 邮编：100081
电 话 (010)82106636(编辑室) (010)82109702(发行部)
(010)82109709(读者服务部)
传 真 (010) 82106631
网 址 http://www.castp.cn
经 销 者 各地新华书店
印 刷 者 北京富泰印刷有限责任公司
开 本 787 mm×1 092 mm 1/16
印 张 37
字 数 900千字
版 次 2016年10月第1版 2016年10月第1次印刷
定 价 120.00元

《植保科技创新与农业精准扶贫》

编　委　会

前　言

2016年5月全国科技创新大会、两院院士大会和中国科协第九次全国代表大会（简称“科技三会”）在北京召开。这次“科技三会”是新中国成立以来层次最高、规模最大、范围最广的科技盛会，是我国科技事业发展的一个重要里程碑，充分凸显了党中央对科技工作的高度重视。习近平总书记在会上发表了重要讲话，强调在我国发展新的历史起点上，要把科技创新摆在更加重要位置，吹响了建设世界科技强国的号角。同时总书记要求，中国科协各级组织要坚持为科技工作者服务，为创新驱动发展服务，为提高全民科学素质服务，为党和政府科学决策服务，团结引领广大科技工作者积极进军科技创新，组织开展创新争先行动，促进科技繁荣发展，促进科学普及和推广，真正成为党领导下团结联系广大科技工作者的人民团体，成为科技创新的重要力量。中国植物保护学会将以“科技三会”和习近平总书记重要讲话精神为指导，认真落实中国科协“九大”部署，强化学会自身建设，以主人翁姿态迎接我国科技事业发展的“春天”，共创植保科技事业的新局面。

中国植物保护学会2016年学术年会即将于11月10—13日在成都召开。本届学术年会是由中国植物保护学会主办的又一次高层次、高水平的大型学术会议，来自全国31个省（市、自治区）的近千名植保科技工作者将参加大会。大会将围绕“植保科技创新与农业精准扶贫”主题开展学术交流活动，邀请两院院士及专家学者就生物技术对农业昆虫防治的推动作用、绿色农药创制与应用、农药高效低风险技术体系创建与应用、我国危险性入侵害虫发生和扩散态势、全球气候变化对鼠害发生的影响及防控对策、灰飞虱传水稻病毒病的灾变规律与绿色防控技术、植物免疫诱导剂——蛋白质生物农药“阿泰灵”的创制与利用、小麦赤霉病发生规律及其防控研究进展等做大会报告。并设置农业害虫、植物病害、农田草害、农田鼠害可持续控制技术研究以及生物防治技术研究等5个专题分会场进行学术交流，会后将评选青年优秀学术报告奖。会上还将隆重举行第六届中国植物保护学会科学技术奖颁奖典礼。通过学术交流和颁奖，将充分展示“十二五”期间在植保科研、教学、生产、成果转化等方面取得的成果与经验，增强精准扶贫的活力与动力，改进科技扶贫手段，为国家精准扶贫工作提供科技支撑。与此同时，学会将充分发挥其职能作用和人才优势，共商“创新、协调、绿色、开放、共享”的发展理念和具体途径，培养造就既有国际视野又有拼搏精神的人才队伍，为进一步繁荣植保科技事业，增强创新实力，提高国际竞争力作出新的贡献。

本届学术年会受到广大植保科技工作者的重视，积极投稿。由于年会论文集征稿、审稿、排版、印刷时间较紧，组委会对作者论文内容和文字未作修改，收录的论文文责自负。论文集在编排和文字处理中有不当之处，敬请读者批评指正。

预祝中国植物保护学会2016年学术年会圆满成功！

编　者

2016年8月

目　录

特邀大会报告

研究论文

研究简报及摘要

特邀大会报告

绿色农药创制与应用

李　忠
（华东理工大学药学院，上海化学生物学重点实验室，上海　200237）

在国家科技部、自然科学基金委、各地方政府持续支持下，我国农药研发和应用整体水平稳步提升，创制能力及国际影响力大大增强。尤其是973农药项目的支持，大幅提升了中国绿色农药的创新能力。2014年结题的973项目取得了极为可观的成果，取得多项具有国际影响的原创性成果，发表SCI论文781篇，申请专利280项，获奖41项，发现潜在靶标8个，开发了12个候选农药，其中6个已经获得临时登记证。该项目保存和团结了我国农药创新力量，提升了原始创新能力，使中国成为继美国、日本、德国、瑞士、英国之后第六个具有独立创制新农药能力的国家。

环氧虫啶是973项目支持下的重大研究成果，是973三个代表性成果之一。环氧虫啶是华东理工大学钱旭红院士和李忠教授团队创制的一类顺硝烯氧桥杂环类新烟碱杀虫剂，目前与上海生农生化制品有限公司联合开发。环氧虫啶中国发明专利已授权，并被引入20多个国家，获得美国、澳大利亚、日本、欧洲、加拿大、俄罗斯、南非、韩国等10多个国家的授权。多项环氧虫啶剂型专利及环氧虫啶与多种杀虫剂和杀菌剂混配的剂型专利也已获得授权。

环氧虫啶杀虫谱广、药效高、无交互抗性，对作物无药害、低毒、低残留。环氧虫啶对半翅目的稻飞虱（褐飞虱、白背飞虱、灰飞虱）、蚜虫（麦蚜、棉蚜、苜蓿蚜、甘蓝蚜虫）等害虫有高杀虫活性，对鳞翅目类害虫如稻纵卷叶螟、黏虫和小菜蛾等有一定的杀虫效果，环氧虫啶可用于半翅目害虫如稻飞虱、蚜虫、烟粉虱等的防治。环氧虫啶对抗噻虫嗪B型烟粉虱成虫、抗吡虫啉褐飞虱、抗吡虫啉的B和Q型烟粉虱具有显著的高活性，是吡虫啉等新烟碱类杀虫剂抗性治理的替代品种。环氧虫啶适用作物包括水稻、蔬菜、果树、小麦、棉花、玉米等，既可用于茎叶处理，也可进行种子处理。防治对象包括多种害虫。环氧虫啶于2015年获得了农药临时登记证，开发出25%环氧虫啶可湿性粉剂和50%环氧虫啶水分散粒剂、25%环氧虫啶油悬浮剂等剂型。

环氧虫啶作用机制独特，目前商品化的新烟碱杀虫剂都是昆虫烟碱乙酰胆碱受体的激动剂，而环氧虫啶是烟碱乙酰胆碱受体（nAChRs）的颉颃剂，与吡虫啉等新烟碱类杀虫剂的作用机理不同，不容易与吡虫啉等新烟碱类农药产生交互抗性。

环氧虫啶不易在动植物及环境中残留，安全性好。环氧虫啶对哺乳动物的急性毒性为低毒。对非靶标生物如水蚤类、鱼类、藻类、土壤微生物和其他植物影响甚微；该药在试验剂量范围内对水稻安全，对水稻害虫天敌等有益生物也未见明显影响。因此，环氧虫啶不但可作为抗性治理的有效替代品种，又可用于害虫的综合防治，是一个具有独特作用机理的新烟碱类杀虫剂。

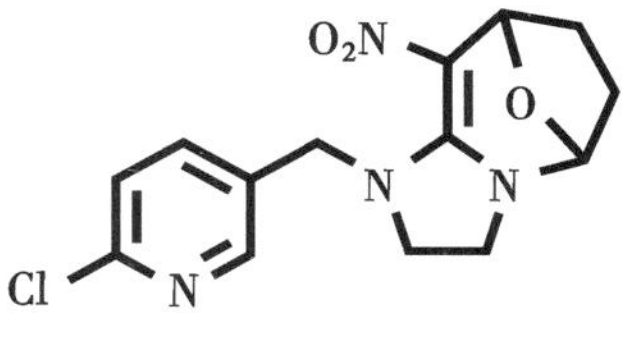

农药高效低风险技术体系创建与应用

郑永权
（中国农业科学院植物保护研究所，北京　100193）

摘　要：农药是保障农产品安全不可或缺的生产资料，但因其特有的生态毒性，不科学合理使用会带来诸多负面影响。本项目针对我国农药成分隐性风险高、药液流失严重、农药残留超标和生态环境污染等突出问题，系统分析农药发展历程特点，指出“高效低毒低残留”已不能满足农药发展的需求，率先提出了农药高效低风险理念，创建了以有效成分、剂型设计、施药技术及风险管理为核心的高效低风险技术体系。率先建立了手性色谱和质谱联用的手性农药分析技术，创建了农药有效成分的风险识别技术，成功识别了7种以三唑类手性农药为主的对映体隐性风险，为高效低风险手性农药的研发应用及风险控制提供了技术指导；率先建立了“表面张力和接触角”双因子药液对靶润湿识别技术，制定了作物润湿判别指标，解决了药剂在不同作物表面高效沉积的有效识别与精准调控难题，提高对靶沉积率30%以上。开展了作物叶面电荷与药剂带电量的协同关系研究，研发了啶虫脒等6个定向对靶吸附油剂新产品，对靶沉积率提高到90%以上。通过水基化技术创新、有害溶剂替代、专用剂型设计、功能助剂优化，研发了10个高效低风险农药制剂并进行了产业化。研发了“科学选药、合理配药、精准喷药”高效低风险施药技术。攻克了诊断剂量和时间控制、货架寿命及田间适应性等技术难题，发明了瓜蚜等精准选药试剂盒26套，准确率达到80%以上。建立了可视化液滴形态标准，发明了药液沾着展布比对卡，实时指导田间适宜剂型与桶混助剂的使用，可减少农药用量20%～30%；研究了不同施药条件下药液浓度、雾滴大小、覆盖密度等与防治效果的关系，发明了12套药剂喷雾雾滴密度指导卡，实现了用“雾滴个数”指导农民用药，减少药液喷施量30%～70%。提出了以“风险监测、风险评估、风险控制”为核心的风险管理方案。系统开展了高风险农药对后茬作物药害、环境生物毒性、农产品残留超标等风险控制研究，三唑磷、毒死蜱等8种农药风险控制措施被行业主管部门采纳，为农药风险管理提供了科学支撑。项目成果推广应用面积1.8亿亩次，新增农业产值149.9亿元，新增效益107.0亿元，经济、社会、生态效益显著。本项目成果为我国农药研发、加工、应用和管理全过程提供了重要理论基础和技术支持。

关键词：化学农药；高效低风险；技术体系；创建与应用

我国危险性入侵害虫发生和扩散态势

张润志
（中国科学院动物研究所，北京 100101）

我国检疫性有害生物包括中华人民共和国进境植物检疫性有害生物 439 种（属）（2007）、全国农业植物检疫性有害生物 30 种（2009）、全国林业检疫性有害生物 14 种（2013）以及各省区补充的地方检疫性有害生物。这些检疫性有害生物大部分没有进入我国，是口岸通过检疫措施控制人为传入的危险性种类；而那些已入侵我国、对农林业危害很大、局部发生并可通过检疫措施控制人为传播的种类被列入全国农业植物和林业检疫性有害生物名单当中，3 个名单当中有些物种是相同的。

我国列入全国农业植物检疫性有害生物名单中危险性昆虫有 10 种，它们是：马铃薯甲虫［*Leptinotarsa decemlineata*（Say）］、红火蚁（*Solenopsis invicta* Buren）、苹果蠹蛾［*Cydia pomonella*（L.）］、稻水象甲（*Lissorhoptrus oryzophilus* Kuschel）、扶桑绵粉蚧（*Phenacoccus solenopsis* Tinsley）、菜豆象［*Acanthoscelides obtectus*（Say）］、四纹豆象［*Callosobruchus maculates*（Fabricius）］、葡萄根瘤蚜（*Daktulosphaira* vitifoliae Fitch）、蜜柑大实蝇［*Bactrocera tsuneonis*（Miyake）］和美国白蛾［*Hyphantria cunea*（Drury）］。这 10 种全国农业检疫性入侵昆虫目前在我国的发生情况如下：马铃薯甲虫 3 省区 46 县市；红火蚁 10 省区 246 县市；苹果蠹蛾 7 省区 155 县市；稻水象甲 24 省区 374 县市；扶桑绵粉蚧 12 省区 123 县市；菜豆象 4 省区 48 县市；四纹豆象 2 省区 24 县市；葡萄根瘤蚜 4 省区 11 县市；蜜柑大实蝇 3 省区 22 县市；美国白蛾 5 省区 67 县市。

上述 10 种危险性入侵害虫，近年来扩散速度在加快，对我国相关产业的威胁越来越大，这也是将其列入全国农业（林业包括美国白蛾和苹果蠹蛾）植物检疫性有害生物名单的重要原因。例如，稻水象甲目前已在全国 24 省区发现，已不再是“局部”疫情发生情况，但因其主要远距离人为传播，并且害虫发生面积不到我国水稻种植面积的 4%，依法实施检疫防控对控制其快速扩散依然可以发挥重要作用。马铃薯甲虫 1993 年从西北方向入侵我国，20 年时间被控制在新疆境内；但 2013 年在我国东北吉林省珲春市第一次发现马铃薯甲虫疫情，目前在吉林和黑龙江已有 8 县市发现疫情，从而形成了马铃薯甲虫对我国东西夹击的入侵态势，对我国正在快速发展的马铃薯产业构成严重威胁。扶桑绵粉蚧 2008 年首次在广州发现，目前已有 12 省区 123 县市发现疫情，虽然我国最大的新疆棉区没有发生疫情，但 2010 年在乌鲁木齐的疫情因为发现及时而获得根除，避免了新疆棉花遭受毁灭性危害。

综上所述，我国危险性入侵害虫发生面越来越广，扩散速度越来越快，威胁和危害态势明显加剧。虽然有关部门做了大量工作，但对这些疫情的控制力度、经费投入和持续能力等方面明显较弱，与国家农业健康发展特别是控制农药使用量的要求很不相称。另外，国家在植物疫情防控中的损失补贴机制、政府主导属地管理策略的细化实践等政策方面也存在明显不足，常造成危险性入侵害虫及疫情得不到及时控制而大范围扩散。国家有关部门部署了很多研究项目，但真正能提供疫情监测、控制等落地实用生产技术还相对不足。

全球变化对鼠害发生的影响及治理对策

张知彬*

（中国科学院动物研究所，北京　100101）

摘　要：当前，地球正经历全球变化的巨大影响。一方面，全球气候变暖的趋势仍在持续，全球性气候事件如厄尔尼诺、娜尼诺、北大西洋涛动等影响不断加剧。另一方面，人口膨胀、经济全球化、工业和农业现代化、城镇化等速度不断加快；这些给全球生态系统产生了巨大的影响，对疾病传播、生物灾害暴发、生物入侵、生物多样性保护等均带来新的挑战。本报告侧重全球变化对鼠害发生的影响。通过介绍若干研究实例，展示当前全球变化对鼠类种群及群落动态的影响及其过程、机制，探讨全球变化背景下的鼠害治理及退化生态系统恢复的对策。

关键词：全球变化；鼠害；群体变化；生态恢复

* 作者简介：张知彬；E-mail：zhangzb@ioz. ac. cn

植物免疫诱导剂——蛋白质生物农药“阿泰灵”的创制与利用

邱德文
（中国农业科学院植物保护研究所，北京 100193）

诱导植物免疫，提高植物抗性是近年来快速发展起来的一项新兴技术。植物免疫诱导剂能增强植物自身抗性，减轻病害发生，降低农药使用量，是实现2020年我国农药使用量零增长战略目标的有效措施。本成果以激活植物免疫系统、提高植物抗性为筛选目标，首次从极细链格孢菌（*Alternaria tenuissima*）中发现并获得了诱导植物免疫蛋白Hrip1及其编码基因（GenBank accession number HQ713431）。利用叶片喷雾和植物表达技术确定了Hrip1蛋白具有诱导植物免疫，提高植物抗性、促进植物生长和提高产量的多重功能。通过天然菌株高效产生诱导植物的免疫蛋白发酵工艺和制剂关键技术的优化，创制了植物免疫诱抗蛋白可湿性粉剂阿泰灵，并获得了农药登记证（农药登记证：LS20140049）。建立了高效低成本的免疫蛋白生产工艺流程和年产800t制剂的产业化基地。阿泰灵制剂是国内外首次登记的抗植物病毒病的蛋白质生物农药，具有生产周期短，成本低，货架期长等优异性能。阿泰灵不直接杀死病原菌，而是通过诱导或激活植株自身的免疫系统而减轻病害发生，减少农药使用量，是植物病害绿色防控的新技术，同时具有促进植物生长和提高农作物产量的作用。在烟草、番茄、水稻、辣椒、柑橘、茶叶和草莓等作物上应用720万亩，对病毒病、立枯病、软腐病、霜霉病、灰霉病和叶斑病等病害控制效果可达65%，提高产量15%以上，产品品质提高，商品性能好，经济效益高，得到广大用户的认可。近2年累计生产销售阿泰灵250t，产生直接经济效益（利税）2 762.76万元，在全国28省区的企业和农户推广应用，累计应用面积720万亩，间接经济效益2.13亿元，粮食增产16.56万t，农民增收节支28 585.33万元，取得了良好的经济效益和社会效益。

本成果自主研制的阿泰灵可湿性粉剂是一种从蛋白序列、防病机制乃至产品创制工艺全新的生物农药新品种，成为国内第一个具有自主知识产权并获得农药登记的抗病毒生物农药，该制剂的成功研制对我国植物免疫诱抗类生物农药的研发具有积极的引领作用，同时对实现“两减”以及提质增效具有重要的推动作用。

农产品和生态环境安全已成为我国亟待解决的重大民生问题。提高植物免疫力增强农作物抗性是有害生物绿色防控的新技术和新方法，是有效缓解环境污染，农产品安全、实现农药零增长战略目标的有效途径之一。当前研制农药大多是以杀死或抑制病原菌为靶标，而忽视了调动植物自身免疫能力的筛选指标。多年研究证明，植物在长期与病原菌或逆境环境相互抗衡斗争中已经形成了完善的防御系统，并可以通过外界因子刺激而成为激活状态，以抵御病原菌侵染和逆境胁迫。植物病原菌产生的各类激发子是诱导植物免疫的重要因子，这些激发子通过与植物中的受体结合快速引起植物细胞NO和H_2O_2产生，Ca^{2+}浓度升高等免疫信号，这些免疫信号交叉传递，形成复杂的调控网络，合成植保素和抗病物质，最终使植物产生系统抗性，从而使植物免遭病害或减轻病害发生。基于增强植物免疫力的筛选模式而创制新农药是当前生物农药发展的新生长点。1995—2001 年，美国 Cornell 大学和西雅图 EDEN 生物科技公司通过研究植物病原细菌与植物互作、过敏蛋白诱导植物抗病分子基础及作用机理，先后申报了多项美国及国际专利，并由此促进了全球第一个蛋白质生物农药 Messenger 的诞生，相关研究成果于 2001 年度获得了美国环境保护委员会颁发的“绿色化学挑战总统奖”，该项成果被誉为食品安全与植物生产中的绿色化学革命。目前国际几家大的农化公司已经相继开发出了诱抗剂产品，如 Oxycom、KeyPlex、Actigard、NCI、Chitosan 等。我国已登记的具有自主知识产权的诱抗功能生物农药产品仅有氨基寡糖素、脱落酸等少数产品。蛋白质诱抗剂在我国研究和产业化还刚刚起步，本成果创制的阿泰灵可湿性粉剂是我国第一个具有自主知识产权的抗病毒病蛋白制剂，相关研究成果对我国蛋白生物农药的发展具有积极的引领作用。

1　具有创造性的关键技术

科学技术要点一：以诱导植物免疫、提高植物抗性为筛选目标，首次发现极细链格孢菌中存在具有激发植物免疫的蛋白质，并从中分离获得能诱导植物免疫、提高植物抗性的新蛋白 Hrip1，为蛋白质生物农药筛选提供了新策略和新技术。

过敏反应（HR）是植物抗病的重要特征之一。前人研究主要集中在细菌产生的、能引起烟草过敏反应的蛋白及其基因特征。本研究团队首次以引起烟草叶片过敏反应为示踪，利用多种蛋白分离和纯化技术，从真菌极细链格孢代谢物中分离出一种新蛋白激发子 Hrip1，分子量为 17. 56kDa（图 1）；通过生物质谱分析和分子生物学技术克隆获得了编码 Hrip1 蛋白的基因序列，全长 877 bp；NCBI 数据库显示该蛋白为一种全新的真菌蛋白（GenBank accession number：HQ713431）。Hrip1 能快速激发烟草细胞 Ca^{++} 流变化，H_2O_2 和 NO 产生、诱导蛋白激酶和防卫基因的上调表达，提高植物系统抗性。研究结果发表在 Plant，Cell and Environment 杂志上。相关研究获得 1 项中国发明专利（提高植物抗性和诱导植物防御反应的蛋白质及其基因、应用，ZL201110149203. 3）。

科学技术要点二：植物叶片喷雾和植物表达均验证了免疫蛋白 Hrip1 具有诱导植物抗性和促进植物生长的双重功能，为植物健康管理体系中生物农药创制提供了理论基础。

构建了原核表达载体，获得了可溶性表达的重组蛋白 Hrip1，用模式植物本生烟和拟南芥研究了重组蛋白 Hrip1 的功能。荧光定量 PCR 结果表明了 Hrip1 蛋白能诱导烟草叶片抗病相关基因 *PR*1-*a*、*PR*1-*b*、*PDF*1. 2、*NPR*1、*MAPK* 的上调表达，引起防御性物质（胼胝质，酚类和木质素）的产生和积累。诱导烟草叶片苯丙氨酸解氨酶（PAL）、多酚氧化酶（PPO）和过氧化物酶（POD）等防御酶活性提高。Hrip1 处理烟草叶片后 3 天接种 TMV，诱导抗性效果达到 53. 85%。植物表达系统是研究蛋白功能的重要手段，植物组成表达和诱导表达免疫蛋白 Hrip1 的植株与野生型比较，开花提前 7 天，株高和果荚等生物量提高，对灰葡萄孢菌侵染的抗性提高 53%。Hrip1 蛋白的抗病促生长功能为今后创制多功能生物制剂奠定了基础。相关结果获得授权专利 1 项，发表研究论文 3 篇。

科学技术要点三：通过天然菌株高产免疫蛋白发酵工艺优化和制剂加工工艺关键技术研究，创制了具有自主知识产权的蛋白质农药制剂阿泰灵，并获得了农药登记证；在国内率先建立了（800t/年）规模化免疫蛋白生产线和产业化基地。

提高蛋白产率、降低生产成本是实现产业化的关键技术之一。极细链格孢菌菌株在三级发酵过程中，菌丝容易出现蛋白产量较低的菌丝老化现象。本项目通过全自动发酵罐在线精准检测系统，进一步优化了菌龄、通气量等发酵参数，在三级发酵中20M^3 罐发酵周期由原来的24h 减少到18h，缩短了6h，而且菌丝体粗壮，蛋白产量更高。此外，对发酵代谢物进行全组分分析结果表明，该菌代谢物中不仅有免疫蛋白 Hrip1，而且还检测到具有激发植物免疫功能的寡糖成分。根据植物多重免疫理论，在发酵液后处理过程中，将破碎的菌丝和发酵液全部进行了载体吸附，保留了寡糖等增效成分，同时通过科学配伍优化，添加蛋白保护剂和稳定剂，创制了我国第一个防治植物病毒病的蛋白质生物农药“阿泰灵”，2014 年获得了农药登记（农药登记证：LS20140049），并在河南省安阳市汤阴高新区建立了蛋白质农药产业化生产基地，该基地占地53 亩，生产车间3 000m^2，建立的植物免疫诱导蛋白产业化生产线年产能力达到800t。阿泰灵生产工艺的改进不仅提高了产品性能和田间应用效果，而且每吨制剂可节省用电 824kW·h，节省发酵系统中的蒸汽 80m^3，降低成本约 1 250元/t。

科学技术要点四：阿泰灵在全国不同地区水稻、玉米、蔬菜和柑橘等作物上表现了良好的抗病增产效果，在绿色植保和植物健康管理体系中发挥了重要作用。

研究了阿泰灵诱导不同作物，或同一作物不同发育期产生的免疫效果，制定了阿泰灵在不同地区、不同作物上的应用技术规程。同时研究了阿泰灵与其他生物农药的协调应用技术，建立了以诱导植物免疫和提高植物抗病性来防控植物病害为主导技术的综合防治体系。在北京、天津、河北、辽宁、湖南、广西等地的田间试验及推广应用效果表明，植物免疫诱导剂（阿泰灵）可湿性粉剂能提高番茄、辣椒、黄瓜、水稻和烟草等的抗病能力，效果达65%以上，平均增产10% ~15%，同时能改善番茄、柑橘、草莓等产品品质。整理编辑了43 篇阿泰灵试验示范案例，从抗病、增产、提高品质等方面，真实展示了农业生产一线用户田间应用阿泰灵的效果。

2 与国内外同类技术相比的优势

率先从真菌中获得能诱导植物免疫提高植物抗性的蛋白激发子（激活蛋白）并成功研制成蛋白质农药。前人主要是从植物病原细菌和疫霉菌（卵菌）中获得蛋白激发子，从植物病原细菌中发现的 Harpin 蛋白激发子和从疫霉菌中发现的 Elicitin 胞外蛋白激发子。而本研究则是全球首个从植物病原真菌中筛选出的激活蛋白并成功创制成蛋白质生物农药，建立了从植物病原真菌中挖掘蛋白激发子的新方法和新技术。

美国 EDEN 生物科技公司研发的 Messenger 蛋白激发子产品是通过大肠杆菌基因工程菌生产发酵制备而成。而本研究所获得的蛋白产品阿泰灵是从极细链格孢菌天然菌株发酵制备而获得的，对人畜环境安全。

3 效益及市场竞争力优势

阿泰灵自2014 年上市以来，以其独特的作用方式和专利技术，受到农药行业的极大关注。科学施用阿泰灵，作物病害减少，农药施药次数降低，能大幅度减少化学农药使用量，而且作物品质提高，商品价值提升，农民收益提高。一年多来推广应用700 多万亩次，单品市场销售额8 000万元，生产企业和分销渠道效益明显上升。通过科学普及加大推广力度，阿泰灵迅速遍及全国20多个省市自治区，市场应用反馈调查结果表明，新型植物免疫诱抗蛋白制剂阿泰灵具有较好的市场竞争力。其竞争优势主要表现为：环境友好、安全环保、免疫诱抗、成本低、与其他农药兼容性好，产品达到有机或绿色认证，经济效益高。阿泰灵产品的唯一性和竞争优势使生产、推广、用户均可从中长期稳定受益，具有良好的市场前景，在未来我国现代农业生产中将发挥越来越重要的作用。

2016年2月22日中国农业科学院植物保护研究所与美国Aryta（爱利思达）公司签订了植物免疫诱导剂“阿泰灵”的全球总代理协议，Aryta（爱利思达）公司以壹仟万元人民币获得了全球总代理的经营权，该协议经过了长达14个月的商议和跟踪试验效果调查。该协议的签订表明阿泰灵技术已经获得了国际大公司的认可，为走向全球打下了良好的基础，阿泰灵是由我国科学家研制的、具有自主知识产权的、第一个被国际大公司认可并成功签约生物农药产品，由此表明阿泰灵具有良好的应用潜力和市场前景。

参考文献（略）

小麦赤霉病发生规律及其防控技术研究进展

马忠华* 尹燕妮 陈 云
（浙江大学生物技术研究所，杭州 310058）

摘 要：近年来，随着气候变化和耕作制度的改变，小麦赤霉病在我国呈加重发生态势，年均发病面积超过8 000万亩，严重威胁小麦安全生产。此外，病菌在病麦粒中产生的真菌毒素也严重威胁食品安全。本文从寄主、病原菌和环境等方面分析我国小麦赤霉病加重发生的几个主要因素，解析其发生规律。在病害防控方面，化学防治仍是当前赤霉病防控的重要措施，但过分依赖化学防治导致病菌对杀菌剂产生了抗药性；为此，本文监测了我国赤霉病菌对常用杀菌剂抗性发生和发展情况；根据杀菌剂作用机制及病原菌抗药机理，制订了赤霉病化学防治技术方案。此外，随着农药减量增效工作的不断推进，生物防治在赤霉病防控中作用也越来越受重视；因此，本文也介绍赤霉病生物防治研究进展。由于缺乏高抗赤霉病的小麦品种，当前乃至今后较长一段时间，小麦赤霉病在我国仍将保持高位发生态势，为持续有效的防控赤霉病，本文探讨建立“化学防治－生物防治－生态调控”协同的赤霉病防控技术体系的必要性。

关键词：小麦赤霉病；抗药性；防控体系

* 第一作者：马忠华；E-mail：zhma@zju.edu.cn

研 究 论 文

植物病害

水稻恶苗病菌致病力及药剂毒力的测定*

徐 瑶** 穆娟微***

（黑龙江省农垦科学院植物保护研究所，哈尔滨 150038）

摘 要：不同恶苗病菌致病力的研究结果表明：不同菌株接种龙粳31后致病力有明显差异，AC－2菌株致病力最强。采用室内生长速率法，测定不同化学药剂对水稻恶苗病菌毒力结果表明氰烯菌酯抑菌效果最好，毒力最强，EC_{50}为0.266 5μg/ml。

关键词：水稻恶苗病；致病力；毒力

水稻恶苗病是由串珠镰孢菌（*Fusarium moniliforme* Sheld）引起的真菌病害[1]，广泛分布于世界各个稻区，近年来，随着水稻种植面积的不断扩大、旱育秧技术的推广及种植户在药剂使用技术上存在不足，使得水稻恶苗病的发生日趋严重，有关该病的研究得到人们的日益重视。

种子处理是防治恶苗病的最常见、最有效防治方法，目前生产上应用最广泛的药剂是咪鲜胺，咪鲜胺作为防治水稻恶苗病的药剂已使用近20年，长期使用单一化学药剂会导致病原菌的抗药性增强，引起药剂防治效果下降[2-3]。本研究对水稻恶苗病菌株进行致病力测定旨在筛选致病力强的菌株进行药剂毒力测定，以期筛选出更多种子消毒药剂，避免病菌抗药性的产生。

1 材料与方法

1.1 试验材料

供试水稻品种：龙粳31（感病品种）。

供试菌株：JMS－3菌株、NH－3菌株、AC－2菌株、FY－3菌株、AC－3菌株、NH－2菌株、TL－3菌株、HL－2菌株、850－6菌株共9个菌株，由黑龙江省农垦科学院植保所提供。

供试药剂剂详见表1。

---

* 基金项目：黑龙江垦区一戎水稻科技奖励基金会支持项目“水稻包衣剂防治恶苗病配套技术研究”；黑龙江垦区一戎水稻科技奖励基金会支持项目“水稻恶苗病菌对咪鲜胺抗药性风险评价及防治新技术示范”

** 作者简介：徐瑶，从事植物病害与综合防治；E-mail：xuyao20111@163.com

*** 通讯作者：穆娟微，研究员，硕士研究生导师；E-mail：mujuanwei@126.com

表1 供试药剂

试验药剂	农药生产厂家
25%咪鲜胺乳油	江门市大光明农化有限公司
25%氰烯菌酯悬浮剂	江苏省农药研究所股份有限公司
3%咪·霜·噁霉灵悬浮剂	辽宁壮苗生化科技股份有限公司
18%多·咪·福美双悬浮剂	安徽丰乐农化有限公司
6.25%精甲·咯菌腈悬浮剂	先正达（中国）投资有限公司
12%甲·嘧·甲霜灵悬浮剂	美国世科姆公司
15%甲霜·福美双悬浮剂	吉林八达农药有限公司
2.5%咪鲜·吡虫啉悬浮剂	涿州种衣剂有限公司

供试培养基：PDA 培养基、高粱粒培养基。

1.2 接种不同浓度孢悬液对水稻株高的影响

用蒸馏水洗下 850－5 菌株的恶苗病菌孢子，经无菌纱布过滤后，利用血球计数板配成不同浓度（T）的孢子溶液。将孢悬液从 T_1（7.4×10^7个/ml）到 T_4以 10 倍的梯度系列稀释 4 个浓度梯度，备用[4]。

将龙粳 31 水稻种子放在三角瓶中，用清水浸种 48h（30℃），催芽约 24h（32℃），芽长达到 1 粒谷长。选择芽长整齐一致的芽谷，分成 5 份，每份 15 粒。将芽谷分放 5 个玻璃瓶中，分别倒入 25ml 的蒸馏水和 25ml 不同浓度的恶苗病孢子溶液：蒸馏水（CK）、（T_1）、（T_2）、（T_3）、（T_4），30℃振荡培养 24h 后倒出恶苗病菌溶液和蒸馏水，保湿培养于 30℃的培养箱中，稻种播于内装灭菌石英沙的 9cm 培养皿内培养，分别于接种 7 天和 10 天后测量株高。

1.3 接种试验

将活化后的病原菌接种（每瓶转 3～5 个菌碟）于无菌的高粱粒培养基中备用。将浸好的水稻种子催芽 17h 后分别接种扩繁不同菌株的高粱粒培养基，接种量为 8%，接种后继续催芽，待芽长 1 谷粒时进行播种，试验共设 9 个处理，以不接菌为对照，每处理 3 次重复，处理播种 1 盘（1/6m^2）。出苗后 7 天测 50 株株高和出苗率、14 天测 50 株株高和叶宽。

1.4 药剂有效成分对菌株的毒力测定

采用室内生长速率法测定药剂对菌株的毒力大小。根据预实验结果，将供试药剂分别用无菌水稀释成系列浓度梯度的药液，按一定比例加入融化好的 PDA 培养基中，充分摇匀后迅速倒入灭菌的培养皿中，制成系列质量浓度的含药平板，每个浓度设置 5 次重复[5-7]，取 5mm 菌碟块移入平皿中央，以不加药平板培养基为对照，25℃下培养 7 天，测量菌落直径。

根据以上实测数据计算出菌落直径平均值（单位：mm），并依据下列公式计算出生长抑制率：菌丝生长抑制率（%）＝［1－（药剂处理菌落直径－5）/（对照菌落直径－5）］×100。按照浓度对数与抑制机率值回归法，通过各处理浓度的对数（x）和菌丝生长抑制率的几率值（y），求出药剂对菌株的毒力公式，即回归方程 $y = ax + b$，计算出咪鲜胺对各供试菌株的抑制中浓度（EC_{50}）及相关系数（r）。

2 结果与分析

2.1 接种不同浓度孢悬液对水稻株高的影响

接种7天后在T_1、T_2、T_3浓度下平均株高与对照差异极显著，接种10天后在T_1、T_2浓度下平均株高与对照差异极显著，在T_4浓度下平均株高出现较对照显著矮化的现象（表2），可能与种子受损伤有关。随着接种孢悬液浓度增高稻株株高平均值增加，说明株高是体现恶苗病菌致病力的重要指标。

表2 接种不同浓度孢悬液对水稻株高的影响

	T_1	T_2	T_3	T_4	CK
接种后7天（cm）	2.92aA	2.78aA	2.7aA	2.02bB	1.97bB
接种后10天（cm）	4.53aA	4.5aAB	3.83bBC	3.09cD	3.51bcCD

注：表中不同的大、小写字母分别代表在$P_{0.01}$、$P_{0.05}$水平上的显著性

2.2 恶苗病菌致病性测定

由表3可看出，8个菌株接种龙粳31后致病力有明显差异，致病力差异主要表现在株高方面，其中AC－2和FY－3两个菌株接种龙粳31在出苗后7天、14天均引起稻苗极显著徒长，叶宽与对照也有极显著差异，且出苗率比其他处理和对照低，分别比对照低18%、12%，AC－2和FY－3两个菌株接种为强致病力菌株（表3）。接种这两个菌株后株高、叶宽与对照均有极显著差异，AC－2出苗率低于FY－3，用AC－2进行药剂毒力测定。

表3 不同菌株对水稻苗期生长的影响

菌株代号	7天株高（cm）	14天株高（cm）	14天叶宽（mm）	出苗率（%）
JMS－3	4.26bcBC	13.18cdefCDE	2.44bBC	94
NH－3	3.97cBC	12.64efDE	2.54bAB	98
AC－2	6.51aA	15.79aA	2.02deDE	78
FY－3	5.07bB	15.18abAB	1.82eE	84
AC－3	4.96bBC	14.4bcABC	2.52bAB	96
NH－2	4.53bcBC	14.17bcdABCD	2.18cdCD	86
TL－3	4.7bcBC	13.85cdeBCDE	2.6abAB	92
HL－2	4.3bcBC	13.11defCDE	2.36bcBC	90
CK	3.75cC	12.09fE	2.82aA	96

注：表中不同的大、小写字母分别代表在$P_{0.01}$、$P_{0.05}$水平上的显著性

2.3 8种药剂有效成分对AC－2菌株的毒力测定

药剂毒力测定结果表明（表4），8种药剂相关系数均达到0.94以上，说明药剂浓度与抑制作用呈较高的相关性，氰烯菌酯与咪鲜胺的有效中浓度EC_{50}分别为0.2665μg/ml、

0.382 5μg/ml，咪鲜胺抑菌效果逊于氰烯菌酯。氰烯菌酯在供试8种药剂中抑菌效果最好，毒力最强，甲·嘧·甲霜灵有效中浓度EC_{50}最大，说明菌株对甲·嘧·甲霜敏感性差。

表4　8种药剂有效成分对AC－2菌株的毒力测定

有效成分	毒力回归方程（y＝）	相关系数（r）	EC_{50}（μg/ml）	95%置信区间
咪鲜胺	5.251 9＋0.963 1x	0.987 6	0.382 5	0.263 5～0.601 7
氰烯菌酯	6.000 9＋1.742 6x	0.954 3	0.266 5	0.204 8～0.335 0
多·咪·福美双	4.654 5＋1.551 7x	0.987 6	1.669 8	1.187 2～2.988 2
甲·嘧·甲霜灵	4.374 9＋0.529 4x	0.991 9	15.158 1	5.766 7～329.151 3
咪鲜·吡虫啉	5.658 9＋1.883 7x	0.996 6	0.446 9	0.345 1～0.568 9
精甲·咯菌腈	4.762 9＋2.147 4x	0.979 6	1.289 5	1.069 7～1.559 0
甲霜·福美双	3.789 2＋1.553 3x	0.911	6.018 5	4.399 6～9.623 5
咪·霜·噁霉灵	4.681 7＋1.202 8x	0.941	1.839 3	1.160 4～4.506 1

3　结论与讨论

恶苗病菌致病性测定结果表明，8个菌株接种龙粳31后致病力有明显差异，AC－2菌株引起稻苗极显著徒长，叶宽与对照也有极显著差异，且出苗率比其他处理和对照低，致病力最强。毒力测定结果表明不同供试药剂间有效中浓度EC_{50}有明显差异，氰烯菌酯抑菌效果最好，毒力最强。

关于水稻恶苗病致病力研究报道很少，前人研究水稻恶苗病致病力的标准不同，Hama－mura[8]以徒长苗百分率作为标准，徒长百分率高的菌株致病力强，徒长率低的菌株致病力弱。Marin－sanchez[9]则以病株的平均株高作为标准，株高增高多的致病力强，增高少的致病力弱。罗俊国[10]以病株的平均株高、叶宽、死苗数3个指标作为标准。根据恶苗病苗期症状：感病轻的稻种发芽后，植株细高，叶狭窄，根少，全株淡黄绿色，感病重的稻种不出苗。本研究认为以病株的平均株高、平均叶宽、出苗率3个指标作为标准比较适宜。

氰烯菌酯与当前生产上应用的咪鲜胺、多菌灵等长期使用的杀菌剂无交互抗性[11]，兼具保护和治疗作用[12]，可以代替咪鲜胺防治恶苗病，以避免抗药性的产生。本试验的毒力测定结果为田间药剂防治提供了理论依据。在用于大田防治过程中情况还有待于进一步田间试验。

参考文献

[1]　王拱辰．水稻恶苗病病原菌的研究［J］．植物病理学报，1990，20（2）：93－98.

[2]　产祝龙，丁克坚，檀根甲．水稻恶苗病的研究进展［J］．安徽农业科学，2002，30（6）：880－883.

[3]　何富刚，颜范悦．水稻恶苗病抗药性的产生及防除［J］．辽宁农业科学，1994（3）：12－14.

[4] 季芝娟，马良勇，李西明，等．水稻恶苗病抗性研究进展 [J]．中国稻米，2008（2）：24－25.

[5] 张帅，刘颖超，杨太新．不同杀菌剂对祁山药炭疽病菌室内毒力及田间药效 [J]．农药，2013，52（2）：142－144.

[6] 邓先琼，郭立中，林仲桂，等．布朗李叶枯病病原鉴定及药剂筛选 [J]．植物保护，2004，30（5）：29－32.

[7] 邓金花，顾俊荣，周新伟，等．水稻纹枯病室内药剂筛选及田间防治效果 [J]．江苏农业科学，2010（6）：196 －197.

[8] Hama－mura H，Kawa M. Shimoda S. Ann Phytopath Soc Japan，1989，55（3）：275－280.

[9] Marin－sanchez J P，Jimenez－Diaz R M. Plant Disease，1982，66：332－334.

[10] 罗军国．水稻恶苗病治病镰孢菌种类及菌系研究 [J]．中国水稻科学，1995，9（2）：119－122.

[11] 刁亚梅，朱桂梅，潘以楼，等．氰烯菌酯（JS399－19）防治水稻恶苗病的研究 [J]．现代农药，2006，5（1）：14－16.

[12] 张帅，邵振润．2012 年全国农业有害生物抗性检测结果及科学用药建议 [J]．中国植保导刊，2014，33（3）：49－52.

甘肃省制种玉米茎基腐病的发生与防治*

马金慧[1**]　杨克泽[1]　张建超[2]　马玖军[3]　王开虎[4]　任宝仓[1***]
（1. 甘肃省农业工程技术研究院，武威　733006；2. 张掖市植保植检站，张掖　734000；
3. 甘肃农垦良种有限责任公司，白银　730400；
4. 甘肃黄羊河集团种业有限责任公司，武威　733006）

摘　要：甘肃省作为全国三大核心制种基地之一，玉米制种量占全国大田需求量的60%左右，相应的玉米病虫害也是制约玉米制种和生产的主要因素之一，近年来，随着制种玉米种植面积的扩大，加上气候条件的复杂多变，连茬种植，玉米茎基腐病已逐渐成为影响甘肃省制种玉米产量的主要病害，本文针对甘肃省制种玉米茎基腐病的优势病原菌，对其发病原因进行分析，并提出了切实有效的防治策略。

关键词：制种玉米；茎基腐病；发病原因；防治策略

玉米作为重要的粮食作物、动物饲料和工业原料，在我国国民经济生产中占有重要的地位。玉米茎基腐病，又称玉米青枯病，是玉米生产中重要的病虫害之一，在世界各玉米产区均有不同程度的发生。20世纪初国外报道称美国、加拿大、日本等国家一般年份发病率为10%～20%，严重者高达70%以上，一般减产25%左右，局部减产50%以上[1]。我国在各地玉米产区也有不同程度的报道，一般年份发病率10%～30%，局部地区可达60%以上，严重地块发病率超过80%，几近绝收[2-10]。近年来，随着制种玉米种植面积的扩大，连茬种植，加上气候条件的复杂多变，品种无法选择，玉米茎基腐病已逐渐成为甘肃省制种玉米产区的主要病害，严重影响着产量，造成了极大的经济损失。笔者通过田间调查、防治试验及示范，查阅相关文献，对玉米茎基腐病的发病原因进行分析，并提出一些防治策略，达到了较好的防治效果，现将结果总结如下：

1　田间发病症状

玉米茎基腐病是典型的土传与种传病害，主要侵染玉米的根部和茎基部；发病较早的植株生长发育较弱，茎秆较细，植株叶片叶色淡绿，根部的毛细根有大量的坏死，严重时植株须根变褐，有些干枯死亡；在抽雄前较为严重的须根大多枯死，仅有少量的根系存活，植株长势差，叶片变薄，基部叶片叶尖发黄逐渐变枯，严重的枯死叶达到4片以上，上部叶片发黄，田间干旱时，叶片有些发生青枯；授粉后，发病较轻的植株基部叶出现发黄枯死，重病株穗下叶仅存两片，气生根数量少，纤细，不容易入土；在玉米灌浆末期症

---

* 基金项目：甘肃省农牧厅科技创新项目（GNCX－201452）；甘肃省科技支撑计划—农业类（144NKCA242）

** 第一作者：马金慧，女，硕士，研究实习员，专业方向：植物病理学；E-mail：r6mjh@163.com
*** 通讯作者：任宝仓，副研究员；E-mail：463573198@qq.com

状表现明显，叶片症状主要表现是黄枯以及青黄枯，果穗下垂、籽粒松弛干瘪；发病植株基部节间中空，极易倒伏，在大风降雨时形成大面积倒伏。检查茎基病节髓部，发现组织腐烂，随发病时间延长，髓部组织变色并与维管束分离，茎基内部变空；有些病株在茎基髓部残存髓变淡褐色或淡红色，降雨后茎节外部出现白色霉层。

2 病原及发病原因

国外报道此病的主要病原菌为禾谷镰刀菌（*Fusarium graminearum*）和串珠镰刀菌（*F. moniliforme*）。我国对玉米茎基腐病的病原报道不尽相同。报道比较多的主要有镰刀菌、腐霉菌、镰刀菌和腐霉菌复合侵染的。河北省玉米茎基腐病的主要病原菌是禾谷镰刀菌和串珠镰刀菌[2]；陕西关中地区的主要致病菌是禾谷镰刀菌[10]，广西地区的主要致病菌为串珠镰刀菌[11]。新疆维吾尔自治区、北京地区和浙江玉米茎腐病的主要致病菌是肿囊腐霉（*P. inflatum*）和禾生腐霉（*P. graminicola*）[12]；山东地区主要是由瓜果腐霉与禾谷镰刀菌复合侵染引起的[13]；吉林省主要是以瓜果腐霉、禾谷镰刀菌和串珠镰刀菌为主[14]；辽宁省玉米茎基腐病的优势病原菌是禾谷镰刀菌和腐霉菌[15]；黑龙江省玉米茎基腐病的主要病原菌是瓜果腐霉、肿囊腐霉、禾生腐霉和禾谷镰刀菌复合侵染的[16-17]。

根据对甘肃省制种玉米采样镜检，大部分为镰刀菌，根据资料对比，主要病原菌是禾谷镰刀菌（*Fusarium graminearum*）和串珠镰刀菌（*F. moniliforme*）。

项目组对白银、武威、张掖等地制种玉米后期茎基腐病调查，早、中、晚熟品种均有发生，早熟品种发病较多，中晚熟品种如：郑单 958、京科 968 等均有发生，中熟品种如：垦玉 10 等，发病严重的品种产量下降 50% 以上，大部分产量下降 20% 以上。因为甘肃制种品种多达 600 个以上，在品种统计上多数公司以代号为主，因此，无法对品种进行调查分析。根据田间调查，有 25% 左右的发病率，且不同年度间有较大的差异。表明品种抗病性差异较大，个别品种在授粉前表现有明显的症状，大多在乳熟末期枯死。因此，成为制种玉米生产中最主要的减产因素。另外，制种基地连作年长多的达到 25 年以上，少的也有 10 年以上，由于制种的特殊要求，基地也不可能轮换，连茬成为发病的主要原因。如在张掖市甘州区的沙井子镇、大满镇、碱滩镇等地以及临泽的新华镇，高台县合黎、骆驼城等地种植制种达到 20 年以上，发病相对较重。另外不同年份发病率也有所不同，2015 年比 2014 年发病面积大，根据调查高出 5% 以上。同一品种不同年度发病率有较大差异，表明气候变化对品种的抗性有较大影响，前期低温多雨不利于苗期生长，发病率普遍高，而前期高温少雨，有利于玉米的生长，发病率就低。

3 防治措施

由于制种玉米生产中不可能有选择品种的余地，而是客户需要什么生产品种，相应的就种什么，因此，不可能来选择抗病品种，另外由于制种区域的限制，轮作倒茬等也不适用制种，因此，化学防治是防治茎基腐病的主要措施。近几年来，项目组进行了种子包衣试验、苗期提高抗性、中期预防及灌浆期叶面施药技术，提出了“植物健康护理技术”为主的防治思路，取得了较为显著的防治效果。在甘肃景泰、武威的黄羊河集团、张掖等地示范，增产达 20% 以上，效果显著，同时该技术还兼治其他病害，如穗粒腐病、后期叶斑类病害及玉米普通锈病等，提高了籽粒整齐度，大幅度提高了种子质量。

3.1 种子包衣

历年茎基腐病发生较为严重的基地及品种用：27% 苯甲·咯菌·噻虫（酷拉斯）200ml +47% 丁硫克百威 100ml + 0.132% 碧护 12g + 适量警戒色，包衣种子 100kg；或 32.5% 苯甲·醚菌酯（阿米妙收） +47% 丁硫克百威 100ml +0.132% 碧护 12g + 适量警戒色，包衣种子 100kg（仅适用于当年种植，包衣种子不宜存放）。主要提高了种子出苗率及出苗整齐度，苗期根腐病及苗枯病很少发生，提高了玉米苗的抗性。

3.2 田间喷雾

小喇叭口期：7～10 叶期是穗分化的关键时期，叶面喷施含硅 50g/L“途保康”500 倍液、氨基酸微量元素≥100g/L、锰·锌≥20g/L 的“爱沃富”500 倍液，植物生长平衡调节剂“碧护”7 500倍液，促进玉米根系发育，增强苗期长势，保证玉米雌穗分化整齐度及完全分化，并提高了玉米的抗病性，为丰产打下基础。

大喇叭口期是玉米病虫害发生的第一个高峰期，可用植物刺激素“碧护”7 500倍液 + 30% 苯甲·丙环唑“爱苗”2 000～3 000倍液，防治玉米普通锈病、玉米瘤黑粉、玉米根腐病，提高玉米长势，增强植株抗性，减轻病害发生程度。

授粉后：玉米由营养生长转向生殖生长，植株抗性下降，去雄后，叶片数量减少，植株合成养分的能力也下降；用植物刺激素 70g/L“途保利”500 倍液 +32.5% 苯甲·醚菌酯（阿米妙收）1 500倍液 +6% 氯虫·阿维（亮泰）750 倍液叶面喷雾，达到延缓叶片衰老，提高叶片光合作用的目的，提高植株抗性，防治茎基腐病及穗粒腐病的发生，并防治叶斑类病害及锈病，同时防治玉米螟、棉铃虫的为害，促进籽粒饱满均匀。

4 讨论

玉米茎基腐病是玉米制种生产中最为严重的病害之一，查阅国内的资料，田间防治主要以种子包衣为主，马立功[18]采用 5 种药剂防治玉米茎基腐病，对玉米苗期茎基腐病的防效达到了很好的效果，但对玉米生长后期茎基腐病的防治没有做进一步的研究；国外 Windel 和国内陈捷等[19]在生物防治方面采用木霉菌防治，虽然有相对很好的防效，但还不能大面积应用推广。本项目组采用以包衣及提高玉米抗性为主，叶面杀菌喷施为辅的“植物健康护理技术”思路，取得了较好的防治效果，2016 年已在部分地方大面积示范推广。但生产上存在成本较高，田间用药难度大的问题，还需要进一步试验解决。

参考文献

[1] 吴小龙．玉米青枯病菌的鉴定、生物学特性及生物防治研究［D］．成都：四川农业大学，2010.

[2] 白金铠，尹志，胡吉成．东北玉米茎腐病病原的研究［J］．植物保护学报，1988，15（2）：93－98.

[3] 郭翼奋，梁再群，黄洪，等．南繁玉米茎腐病发生危害情况调查［J］．植物保护，1994，20（4）：9－11.

[4] 金加同．浙江玉米茎腐病病原菌分离与鉴定［J］．浙江农业学报，1989，1（1）：44－46.

[5] 李莫然．黑龙江玉米青枯病病原菌种类的初步研究［J］．黑龙江农业科学，1990，4：24－25.

[6] 孙秀华，张春山，孙亚杰．吉林省玉米茎腐病危害损失及优势病原菌种类研究［J］．吉林农

业科学，1992，66（2）：43－46.

[7] 陈捷，宋佐衡，梁知洁，等．玉米茎腐病生物防治初步研究［J］．植物保护，1994，20（3）：6－8.

[8] 宋淑云，晋齐鸣，孙秀华．玉米土传病害研究现状［J］．吉林农业科学，1996，3：43－48.

[9] 王富荣，石秀清．玉米品种抗茎腐病鉴定［J］．植物保护学报，2000，27（1）：59－62.

[10] 马秉元，李亚玲，龙书生，等．陕西关中地区玉米茎腐病病原菌及其致病性的研究［J］．植物病理学报，1985，15－152.

[11] 张超冲，李锦茂．玉米镰刀菌茎腐病发生规律及防治试验［J］．植物保护学报，1990，17（3）：257－216.

[12] 杨屾，郝彦俊，邱荣芳，等．新疆玉米青枯病病原菌分离和鉴定［J］．新疆农业大学学报，1997，20（2）：29－36.

[13] 徐作廷，张伟模．山东玉米茎基腐病病原菌的初步研究［J］．植物病理学报，1985，15（2）：103－108.

[14] 孙秀华，张春山，孙亚杰，等．吉林省玉米茎腐病为害损失及优势病原菌种类研究［J］．四平农业科技，1991（4）：1－5.

[15] 宋佐衡，陈捷，刘伟成，等．辽宁省玉米茎腐病病原菌组成及优势种研究［J］．玉米科学，1995（增）：40－42.

[16] 郭晓明.玉米茎腐病及其抗病育种［J］．黑龙江农业科学，1998（2）：34－35.

[17] 韩庆新，梅丽艳，李莫然．黑龙江玉米茎腐病严重［J］．植物保护，1989（5）：60.

[18] 马立功.5种药剂防治玉米茎基腐病、丝黑穗病药效试验［J］．中国农学通报，2010，26（11）：264－266.

[19] 吴海燕，孙淑荣，范作伟，等．玉米茎腐病研究现状与防治对策［J］．玉米科学，2007，15（4）：129－132.

氮肥与药剂对纹枯病发生影响研究*

穆娟微** 李 鹏 尹 庆
（黑龙江省农垦科学院植物保护研究所，哈尔滨 150038）

摘 要：为明确在增施氮肥情况下药剂不同用量对水稻纹枯病发生的影响，将氮肥和药剂作为试验因子，进行氮肥不同用量与药剂不同用量互作关系研究。结果表明，即使在施药防治纹枯病的情况下，增施氮肥仍有助于纹枯病的发生，有减弱药剂防治效果的倾向。

关键词：水稻；氮肥；纹枯病；噻呋酰胺

水稻纹枯病的发生和为害受多种因素的影响，其中施肥水平不断提高及药剂选择不当等都会不同程度影响水稻纹枯病的发生，为了进一步明确在增施氮肥情况下同一药剂不同用量对水稻纹枯病发生的影响，选用24%噻呋酰胺悬浮剂进行在氮肥不同用量情况下药剂对纹枯病防治效果的试验。

1 材料与方法

水稻品种：垦稻12。

供试药剂：24%噻呋酰胺悬浮剂，由美国陶氏益农公司生产。

防治对象：水稻纹枯病。

试验设计：试验设15个处理，3次重复。每小区20m^2。于水稻10.1叶期和孕穗期施用24%噻呋酰胺悬浮剂，各处理用量按表1执行，9月7日调查各处理纹枯病发生情况。各处理基施尿素88kg/hm^2，蘖肥和穗肥（尿素中总含氮量46.3%）施用量按表1执行，磷肥（含量为46%～48%）为100kg/hm^2，磷肥按100%基肥施入，钾肥（硫酸钾中氧化钾含量≥50%）施用量为180kg/hm^2，钾肥按基肥：穗肥=6：4施入。不施用硅肥和其他肥料。5月30日插秧，水稻秧龄3.1～3.5叶期，插秧规格26.4cm×10cm。其他田间管理同大田，按寒地水稻叶龄诊断栽培技术执行，小区内未使用其他杀菌剂。

2 结果与分析

调查结果表明（表2），随着氮肥用量增加，纹枯病有加重发生的趋势，虽然施用24%噻呋酰胺悬浮剂，但在施用24%噻呋酰胺悬浮剂用量相同的处理中，随着氮肥用量增加，纹枯病的病情指数有一定程度增加；从24%噻呋酰胺悬浮剂不同用量的纹枯病发生情况看，24%噻呋酰胺悬浮剂15～20ml/亩的纹枯病病情指数明显低于24%噻呋酰胺悬浮剂10ml/亩，对氮肥不同用量的各处理均有较好防治效果。

---

* 基金项目：国家水稻产业技术体系

** 第一作者：穆娟微，女，研究员，主要从事水稻植保技术研究；E-mail：mujuanwei@126.com

表 1　试验处理表

序号	氮肥总用量（kg/hm²）	氮肥（基肥）（kg/hm²）	氮肥（蘖肥）（kg/hm²）	氮肥（穗肥）（kg/hm²）	噻呋酰胺（ml/亩）
1	180	88	46	46	10
2	200	88	56	56	10
3	220	88	66	66	10
4	240	88	76	76	10
5	260	88	86	86	10
6	180	88	46	46	15
7	200	88	56	56	15
8	220	88	66	66	15
9	240	88	76	76	15
10	260	88	86	86	15
11	180	88	46	46	20
12	200	88	56	56	20
13	220	88	66	66	20
14	240	88	76	76	20
15	260	88	86	86	20

表 2　纹枯病调查结果表

序号	氮肥（蘖肥）（kg/hm²）	氮肥（穗肥）（kg/hm²）	噻呋酰胺（ml/亩）	纹枯病病情指数
1	46	46	10	0. 6
2	56	56	10	1. 3
3	66	66	10	1. 4
4	76	76	10	2. 5
5	86	86	10	3. 8
6	46	46	15	0. 3
7	56	56	15	0. 8
8	66	66	15	0. 8
9	76	76	15	1. 3
10	86	86	15	2. 1
11	46	46	20	0. 2
12	56	56	20	0. 3
13	66	66	20	1. 0
14	76	76	20	1. 3
15	86	86	20	1. 5

3　结论

即使在施药防治纹枯病的情况下，增施氮肥仍有助于纹枯病的发生，有减弱药剂防治效果的倾向；随着24%噻呋酰胺悬浮剂用量逐渐增加，纹枯病病情指数相应逐渐降低。遵循经济有效的原则，建议24%噻呋酰胺悬浮剂在田间用量15ml/亩。

程明渊等[1]研究结果表明，氮肥对纹枯病病情指数影响大，黄炳超等[2]、张舒等[3]和邱玉秀[4]研究结果均表明，氮肥用量越高，纹枯病病情指数增加的速率也越大，病情指数越高，对水稻造成的产量损失也越大，这些研究结果与本试验结果基本一致；马军韬[5]等研究结果表明，随着氮肥施用量的增加，纹枯病的病情指数呈先上升后下降趋势，其认为这可能与植物的避病机理有一定的关系。本试验氮肥最高总用量260kg/hm^2，而马军韬等试验处理中，氮肥用量在400kg/hm^2，因此研究结果存在差异，笔者应加大试验处理施肥量继续进行氮肥不同用量与药剂不同用量互作关系研究，且以上研究内容均未涉及增施氮肥对药剂防治效果的影响。

参考文献

[1] 程明渊，沈永安，孟祥伟，等．栽培条件对水稻纹枯病流行的影响研究［J］．吉林农业科学，2000，25（2）：50－52.

[2] 黄炳超，肖汉祥，张扬，等．不同施氮量对水稻病虫害发生的影响［J］．广东农业科学，2006（5）：41－42.

[3] 张舒，罗汉钢，张求东，等．氮钾肥用量对水稻主要病虫害发生及产量的影响［J］．华中农业大学学报，2008，27（6）：732－735.

[4] 邱玉秀．施氮量对水稻纹枯病影响的数学模型研究［J］．广西植保，2011，24（1）：5－7.

[5] 马军韬，张国民，辛爱华，等．环境因子对黑龙江省水稻品种抗纹枯病的影响［J］．中国农学通报，2010，26（2）：226－229.

草莓病毒检测中四种蚜传病毒和内标基因阳性克隆的制备

席　昕[1]　邢冬梅[2]　渠云博[2]　韦羽琪[3]　陈笑瑜[1]
（1. 北京市植物保护站，北京　100029；2. 北京市昌平区植保植检站，北京　102299；3. 中国农业大学，北京　100193）

摘　要：本研究通过对病毒阳性片段的回收、载体构建和测序验证，将草莓内标基因和四种草莓蚜传病毒 PCR 扩增片段导入 pLB 载体，并制成阳性克隆。转化的质粒载体可在 TOP10 菌株中稳定遗传并用于 PCR 检测对照。

关键词：草莓病毒；检测；阳性克隆

1　引言

侵染草莓的介体传病毒有 20 种之多，其中为害严重的主要有 4 种蚜传病毒：草莓斑驳病毒（Strawberry mottle virus，SMoV）、草莓皱缩病毒（Strawberry crinkle virus，SCV）、草莓轻型黄边病毒（Strawberry mild yellow edge virus，SMYEV）和草莓镶脉病毒（Strawberry vein banding virus，SVBV）。当前，分子克隆、测序和聚合酶链式反应是分子生物学三大主流技术，利用分子生物学中的反转录 PCR 技术检测草莓病毒病是比较普遍的方法。但 PCR 过程中模板的纯度、引物特异性、引物浓度、反应循环数和污染的因素依然会造成非特异性扩增问题，影响结果判断。以上情况在草莓病毒检测实践中较为普遍，严重影响带病毒情况的判断。在每次检测中加入一个阳性克隆样品进行 PCR 可有效减少判断中遇到的干扰，提高检测结果的可靠性。

2　材料方法

2.1　仪器和材料

2.1.1　主要仪器

PCR 仪（T100 BIO－RAD）、高速冷冻离心机（Eppendorf）、电泳仪（北京六一仪器厂）、凝胶成像仪（BIO－RAD）、水浴锅、恒温箱。

2.1.2　主要试剂耗材

EASYspin 植物 RNA 快速提取试剂盒（RN0902 艾德莱）、MLV 反转录酶（M1701 Promega）、RNA 酶抑制剂（2313A Takara）、2 × Pfu PCR MasterMix（KP201 天根公司）、普通琼脂糖凝胶 DNA 回收试剂盒（DP209 天根公司）、pLB 零背景快速克隆试剂盒（VT205 天根公司）、TOP10 感受态细胞（CB104 天根公司）、质粒小量快速提取试剂盒（PL02 艾德莱）、Taq DNA Polymerase（ET101 天根公司）。

2.1.3　引物

反转录引物：pd（N）9（3802 Takara）、Oligo（dT）18 Primer（3806 Takara）。

根据文献分别合成针对 SMoV、SMYEV、SCV 和 SVBV 的特异性引物，为验证病毒阴性样品的真伪性，使用草莓肌动蛋白基因 Actin 引物作为内参。引物资料见表 1。

表 1　检测所用特异性引物

引物名称	序列	目的片段大小（bp）	退火温度（℃）
SMoVF	TAAGCGACCACGACTGTGACAAAG	217	55
SMoVR	TCTTGGGCTTGGATCGTCACCTG		
SMYEVF	CCGCTGCAGTTGTAGGGTA	861	60
SMYEVR	CATGGCACTCATTGGAGCTGGG		
SCVF	CATTGGTGGCAGACCCATCA	345	58
SCVR	TTCAGGACCTATTTGATGACA		
SVBVF	GAATGGGACAATGAAATGAG	271	55
SVBVR	AACCTGTTTCTAGCTTCTTG		
ActinF	GCTGGGTTTGCTGGAGATG	295	55
ActinR	CACGATTAGCCTTGGGATTC		

2.1.4　待检测草莓叶片

采摘的叶片需保证叶表面没有游离水，自封袋保存，于 4℃保存备用。

2.2　目标片段的获得

所有研钵干热灭菌处理，使用去 RNA 酶处理的离心管和吸头。选取感染病毒的草莓叶片，使用艾德莱公司的 EASYspin 植物 RNA 快速提取试剂盒，按说明书对草莓叶片总 RNA 进行提取。提取总 RNA 后立即反转录为 cDNA，置于 -20℃保存备用。Pfu 聚合酶进行 PCR 检测，PCR 使用引物、退火温度见表 1。凝胶成像后，根据 Marker 选取目的片段。选取条带单一、清晰、大小正确的条带切下放入离心管。使用普通琼脂糖凝胶 DNA 回收试剂盒将条带中 DNA 片段提取并溶解到 DNase/RNase - Free 去离子水中，-20℃备用。

2.3　载体构建和菌株转化

使用 pLB 零背景快速克隆试剂盒进行载体构建，不需要加尾，平末端片段直接与 pLB 质粒连接。载体构建完成后冰上暂存。取刚刚融化的 TOP10 细胞进行转化，按照该产品说明书进行转化。取转化完成的细胞 100μl，涂在含有 100μg/ml 氨苄青霉素的 LB 平板上，37℃培养 16h。

2.4　质粒回收和测序

培养后，挑取 LB 平板上单菌落于 100μg/ml 氨苄青霉素的 LB 液体培养基中 37℃震荡培养 12h。液体培养后，使用质粒小量快速提取试剂盒提取质粒，pLB 质粒溶于 TE 后，于 -20℃保存。质粒使用 TE 稀释 10 倍后再次 PCR 检测，条件与 2.3 相同。PCR 后电泳，选取目的片段扩增成功的菌株送测序。

2.5　质粒和菌株长期保存与应用

测序完成后，选择导入片段与 NCBI 数据库相似度在 95% 以上的菌株，再次扩繁。菌液加入等体积30%灭菌甘油，-80℃保存。同时-20℃保存提取好的质粒。

在草莓病毒检测实践中，每次PCR扩增中加入一个对照质粒作为阳性对照，反应条件与该批次样品检测条件相同。

3 结果与分析

3.1 阳性克隆的制备结果

阳性克隆制备后，选取目的片段扩增成功所对应的菌株测序，测序结果见表2。

表2 阳性克隆制备情况

菌株名称	插入片段种类	测序结果	相似度	菌株名称	插入片段种类	测序结果	相似度
Act01	草莓 Actin	成功	99%	SCV02	SCV	成功	86%
Act02	草莓 Actin	成功	99%	SCV03	SCV	重叠峰	—
Act03	草莓 Actin	重叠峰	—	SCV04	SCV	重叠峰	—
Act04	草莓 Actin	成功	99%	SCV05	SCV	成功	100%
Act05	草莓 Actin	重叠峰	—	SCV06	SCV	失败	—
Act06	草莓 Actin	重叠峰	—	SMO01	SMoV	重叠峰	—
SVB01	SVBV	重叠峰	—	SMO02	SMoV	成功	96%
SVB02	SVBV	成功	88%	SMO03	SMoV	成功	95%
SVB03	SVBV	成功	95%	SMO04	SMoV	重叠峰	—
SVB04	SVBV	重叠峰	—	SMY01	SMoV	失败	—
SVB05	SVBV	成功	97%	SMY02	SMoV	失败	—
SCV01	SCV	重叠峰	—	SMY03	SMoV	成功	97%

根据测序结果，有部分菌株虽然转化成功，但有部分菌株因非单克隆或质粒含量低而导致测序失败。根据结果，选取相似性在95%以上的Act01、Act02、Act04、SVB03、SVB05、SC05、SMO02、SMO03、SMY03作为阳性克隆，进行保存。

3.2 阳性对照应用评价

在种苗质量检测实践中，可保证阳性质粒在每次PCR中均能稳定扩增出条带。扩增清晰度较好，可以作为阳性参考物，帮助检测人员评判病毒发生情况。现选择检测实践中的一些典型电泳图进行分析。

图1~图5可说明，阳性样品均可扩增出与阳性克隆大小相同的条带。如：图1的3~5号样品、图2的1~5号样品、图3的3~5号样品、图4的4~5号样品，部分条带稍暗，但不影响判断为阳性。图5为草莓内标基因，全部为阳性。而图1的1~2号样品、图3的1~2号样品、图4的1~3号样品没有出现和阳性克隆一致的条带，扩增出非特异性的多条条带，可以确认为阴性样品。

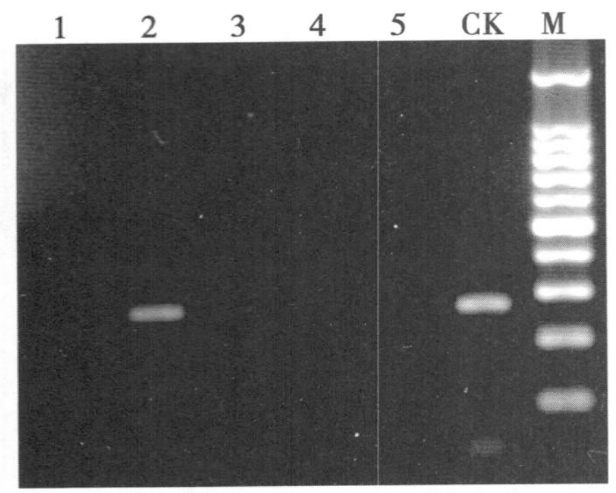

1~5：供检测样品，CK：阳性克隆
M：Marker

图 1　SMoV 检测情况

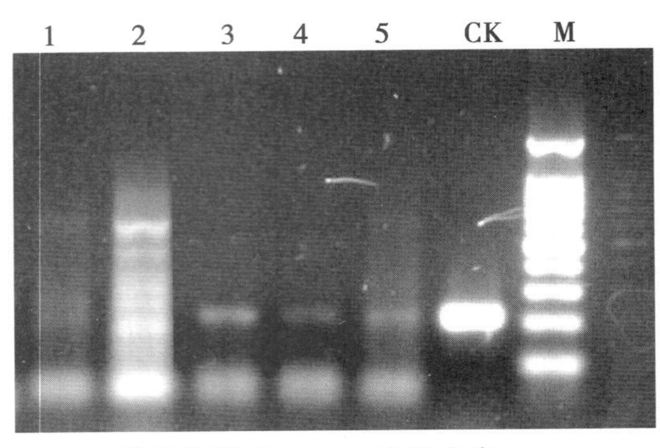

1 ~ 5：供检测样品，CK：阳性克隆
M：Marker

图 2　SVBV 检测情况

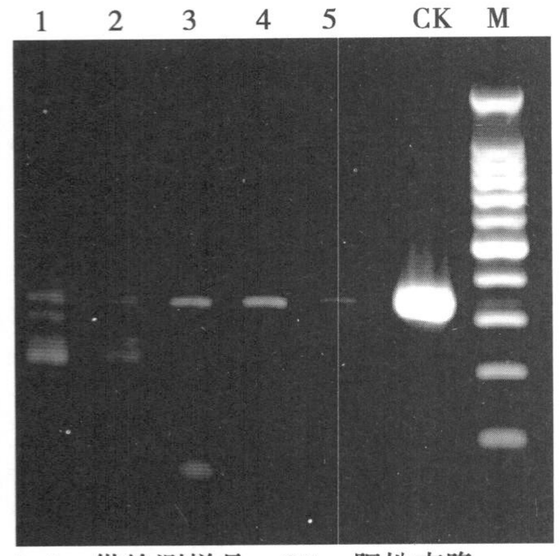

1~5：供检测样品，CK：阳性克隆
M：Marker

图 3　SCV 检测情况

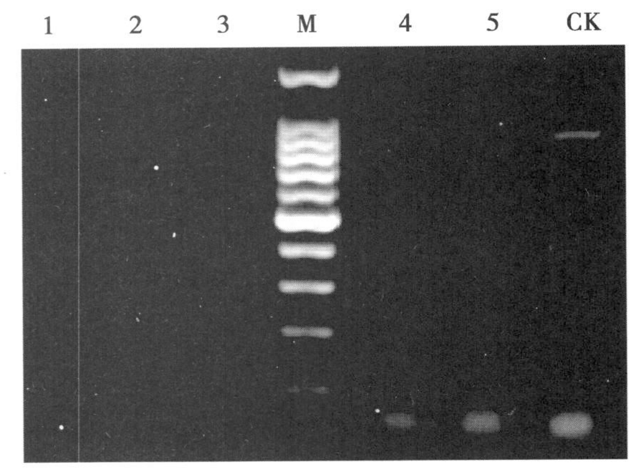

1 ~ 5：供检测样品，CK：阳性克隆
M：Marker

图 4　SMYEV 检测情况

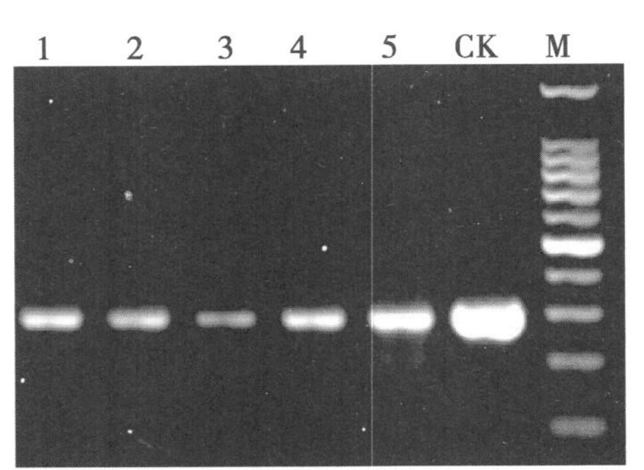

1 ~ 5：供检测样品，CK：阳性对照
M：Marker

图 5　内标基因检测情况

4　结论和讨论

本研究对各种试剂盒组合应用，成功将草莓内标基因和四种蚜传病毒 PCR 扩增片段导入 pLB 质粒，并制成阳性克隆。转化的 pLB 质粒载体可在 TOP10 菌株中稳定遗传和用于 PCR 检测对照。

检测实践中，草莓病毒阳性样品在检测扩增中出现条带较暗的情况，但在阳性克隆存在的情况下可认为该条带即目标条带，不影响判断为阳性。而阴性样品则可能出现非特异性扩增条带，需有内标协助判断。

参考文献（略）

赣南地区柑橘黄龙病菌核糖体蛋白基因的 PCR－RFLP 分析*

谢昌平** 姚林建 夏宜林 黄爱军 易 龙[1,2]***
（1. 赣南师范大学生命与环境科学学院，赣州 341000；
2. 国家脐橙工程技术研究中心，赣州 341000）

摘 要：通过 PCR 扩增赣南地区不同县区柑橘黄龙病病原菌的核糖体蛋白基因，采用两种不同限制性内切酶对 PCR 产物进行限制性长度多态性（RFLP）分析。结果表明：各分离物核糖体蛋白基因 RFLP 指纹图谱结果相一致，未表现出多态性。

关键词：柑橘黄龙病菌；核糖体蛋白基因；RFLP；多态性

柑橘黄龙病（Citrus Huanglongbing，HLB）在自然条件下可通过柑橘木虱和菟丝子传播，严重危害柑橘生产的健康发展，是柑橘生产上最具破坏性的病害之一。已在亚洲、非洲、美洲和大洋洲的 50 多个国家和地区造成为害[1]，且随着其传播媒介柑橘木虱的暴发，其病害分布区域存在不断扩散的趋势。HLB 病原菌由一种韧皮部限制性细菌引起，尚不能进行人工培养。根据病原物对热的敏感性、虫媒类型和分布区域可将其分为亚洲种（*Ca. L.* asiaticus）、非洲种（*Ca. L.* africanus）[2] 和美洲种（*Ca. L.* americanus）[3]。目前，针对该病尚无特效药剂和抗性品种，只能通过挖除病树、杀灭木虱和种植无病毒苗木等措施进行防控。江西赣南地区作为全国最大的脐橙主产区，自黄龙病暴发以来，已砍伐柑橘达 2 000多万株，造成巨大的经济损失。因此，HLB 是目前赣南地区柑橘生产上亟待攻克的难题。

针对赣南地区柑橘黄龙病菌的遗传多样性进行研究，有助于了解赣南地区黄龙病菌的分类、种群结构和流行起源，同时为病害的检测与诊断及风险评估提供一种快速、特异的方法，进而指导制定更为科学有效的病害防控措施具有重要意义。核糖体蛋白基因是柑橘黄龙病菌上的一个重要基因，已有研究结果表明[4-5]，HLB 病原菌在核糖体蛋白基因上存在一定的差异。本文通过 PCR 限制性长度多态性（PCR－RFLP）技术分析了赣南地区 8 个县区柑橘黄龙病菌核糖体蛋白基因的多态性，以期明确赣南地区不同县区柑橘黄龙病菌的遗传多样性，为致病性差异的深入研究和综合防控提供依据。

---

* 基金项目：江西省高等学校科技落地项目（KJLD13079）；江西省自然科学基金（20142BAB204010）；江西省教育厅科技项目（GJJ14661）；赣州市科技计划项目（赣市财教字［2013］68 号）

** 作者简介：谢昌平，男，硕士研究生，主要从事植物病理研究；E-mail：704230335@ qq. com

*** 通讯作者：易龙，男，博士，教授，主要从事柑橘病害检测及防治研究；E-mail：yilongswu@ 163. com

1 材料与方法

1.1 材料

黄龙病样品分别采自江西省赣州市龙南县、定南县、会昌县、寻乌县、石城县、大余县、崇义县、上犹县等地（表1）各两个表现典型黄龙病症状的柑橘叶片样品。

表1 样品信息

采样地点	样品品种	样品编号	样品代号
龙南县东江乡	纽荷尔	LNXDJX	1
龙南县桃江乡	纽荷尔	LNXTJX	2
定南县岭北镇	纽荷尔	DNXLBZ	3
定南县天九镇	纽荷尔	DNXTJZ	4
会昌县珠兰乡	纽荷尔	HCXZLX	5
会昌县文武坝镇	纽荷尔	HCXWWBZ	6
寻乌县澄江镇	纽荷尔	XWXCJZ	7
寻乌县澄江镇	纽荷尔	XWXCJZ	8
石城县大由乡	纽荷尔	SCXDYX	9
石城县铅厂镇	纽荷尔	SCXQCZ	10
大余县黄龙镇	纽荷尔	DYXHLZ1	11
大余县黄龙镇	纽荷尔	DYXHLZ2	12
崇义县中营村	纽荷尔	CYXZYC1	13
崇义县中营村	纽荷尔	CYXZYC2	14
上犹县社溪镇	纽荷尔	SYXSXZ	15
上犹县梅水乡	纽荷尔	SYXMSX	16

1.2 样品总DNA的提取

分别选取表现典型黄龙病症状的叶脉0.3g，按照改良的CTAB法[1]提取样品总核酸，取2μl加2μl 6×DNA loading Buffer在1.2%的琼脂糖凝胶上电泳，检测核酸抽提效果。其余核酸置于-20℃保存。

1.3 引物

采用鹿连明等[6]报道的柑橘黄龙病菌核糖体蛋白基因的引物β1和β2，由华大基因合成，引物系列为：β1：5′-ATGAGTCAGCCACCTGTAAG-3′；β2：5′-ATTTC-TACGCTCTTTCCTTGTC-3′。

1.4 PCR扩增

PCR反应体系为10×PCR缓冲液3.5μl，2.5m dNTP 2.0μl，引物各0.5μl，Taq DNA聚合酶0.3μl，DNA模板1μl，加灭菌双蒸水补足25μl。置于Bio-Rad PTC-200 PCR仪中，按95℃ 3min，95℃ 1min，55℃ 45s，72℃ 1min，35循环后保持10min。反应结束后取4μlPCR产物加2μl 6×DNA loading Buffer在1.2%的琼脂糖凝胶上电泳，经过Genecolour Ⅱ核酸染料染色后，置于Gel Doc XR型凝胶成像系统（Bio-Rad）中观测并拍照。

1.5 PCR 产物的 RFLP 分析

分别用限制性内切酶 *AlU* Ⅰ 和 *Hinf* Ⅰ 酶切核糖体蛋白基因。酶切体系为限制酶 1μl，NEB Buffer 3μl，0.1% BSA 2μl，灭菌双蒸水 8μl，PCR 产物 10μl，置于 Bio - Rad PTC - 200 PCR 仪中，37℃酶切 2h。结束后，取酶切产物 8μl 加 2μl 6 × DNA loading Buffer 在 2% 的琼脂糖凝胶上电泳，染色后，置于凝胶成像系统中观测并拍照。

2 结果与分析

2.1 16S rDNA 基因和核糖体蛋白基因的 PCR 扩增

利用黄龙病菌核糖体蛋白基因的引物 β1/β2 对样品进行 PCR 扩增，结果表明（图 1）各样品均扩增到一条约 1 200bp 的目的条带。与预期大小相符。

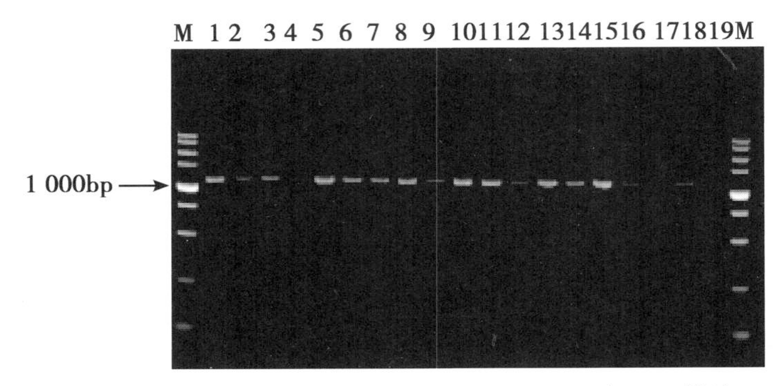

M:DL5 000 DAN Marker；1 ~ 16:各地区样品；17:阴性对照；18:阳性对照；19:ddw

图 1 核糖体蛋白基因 PCR 结果

2.2 PCR 产物的 RFLP 分析

分别用限制性内切酶 *AlU* Ⅰ 和 *Hinf* Ⅰ 酶切核糖体蛋白基因的 PCR 产物。结果（图 2）中可看出，*AlU* Ⅰ 和 *Hinf* Ⅰ 的酶切产物分别只产生一种类型的电泳谱带，各县的分离物完全一致。此结果初步表明赣南各县柑橘黄龙病菌核糖体蛋白基因无明显差异，未表现出多态性。

3 讨论

柑橘黄龙病对柑橘产业的健康发展造成重大的危害，其病原菌能侵染几乎所有柑橘类植物，使柑橘经济寿命减短，产量降低，果品质劣，造成巨大的经济损失。有研究结果表明：国内不同区域的柑橘黄龙病菌 *Ca. L.* asiaticus 具有一定的遗传多样性，即便在某一特定的区域也有一定的差异[7]。明确柑橘黄龙病菌特别是危害最为严重的 *Ca. L.* asiaticus 不同地区分离物之间的遗传多样性和致病力差异等情况具有重要意义，为柑橘黄龙病的流行病学研究和病害防控提供依据。赣南地区作为我国最大的脐橙主产区，在 2011 年，易龙等[8]对赣南脐橙柑橘黄龙病病原 16S rDNA 系列进行比对分析，结果表明，赣南脐橙上感染的 HLB 病原菌为 *Ca. L.* asiaticus，这为赣南地区防控 HLB 提供了重要的指导建议。

核糖体蛋白基因作为柑橘黄龙病菌上的一个重要基因，受到很多研究人员的关注。

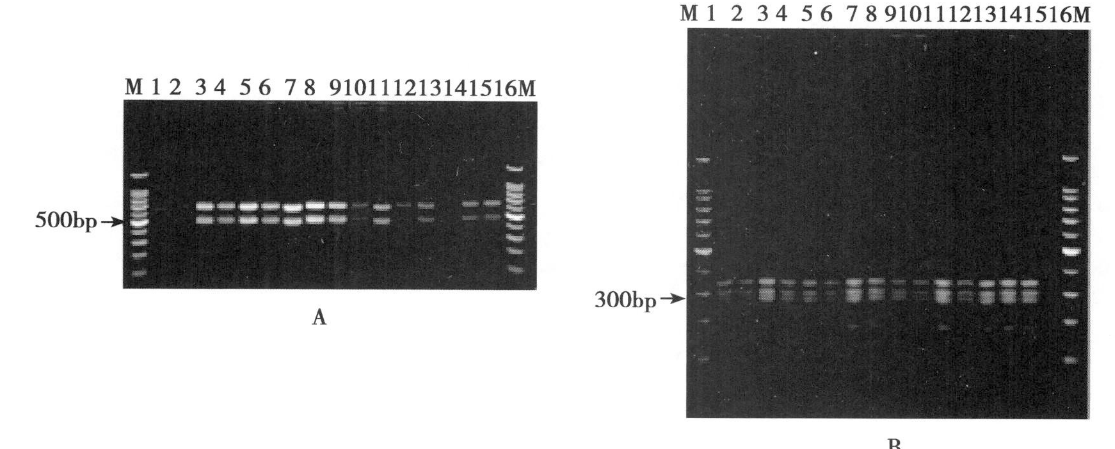

A和B分别是限制性内切酶AIU/和Hinf/对核糖体蛋白的酶切结果。
M:100bpbp DNA Ladder；1~16:各地区样品

图2　核糖体蛋白的 RFLP 结果

2005 年，Teixeira 等[4]对巴西、印度和日本的柑橘黄龙病菌进行研究分析发现，*Ca. L.* asiaticus 巴西分离物与印度和日本分离物在核糖体蛋白基因上，其同源性高达 99.8%，而 *Ca. L.* africanus 和 *Ca. L.* americanus 在核糖体蛋白基因上，其同源性分别为 71.4%和 81.2%。2008 年，Tomimura 等[5]研究发现，东南亚多个国家和地区不同来源的 *Ca. L.* asiaticus 分离物之间在外膜蛋白基因和核糖体蛋白基因上的核酸序列和氨基酸序列存在差异。2011 年，鹿连明等[6]对柑橘黄龙病菌核糖体蛋白基因的多态性和系统发育进行研究发现，不同分离物核糖体蛋白基因的 RFLP 酶切图谱存在差异，表现出多态性；且不同分离物核糖体蛋白基因在核酸系列和氨基酸系列上亦存在差异。

本文通过 PCR－RFLP 技术对赣南 8 个县 16 个 *Ca. L.* asiaticus 分离物进行了初步分析，结果显示，各分离物之间的酶切图谱结果相一致，未表现出多态性，有待进一步研究。此结果为今后深入研究赣南黄龙病菌奠定一定的基础。

参考文献

［1］　苏华楠．中国柑橘黄龙病病原调查、种群遗传分化及其原噬菌体溶酶蛋白原核表达［D］．重庆：西南大学，2013.

［2］　Jagoueix S，BovéJM，Garnier M. Comparison of the 16S/23S ribosomal intergenie regions of *Candidatus liberibacter* asiaticum and *Candidotus liberibacter* africanum，the two species associated with citrus huanglongbing （greening） disease ［J］． International Journal of Systematic Bacteriology，1997，47 （1）：224－227.

［3］　Teixeira D do C，Saillard C，Eveillard S，Danet J L. Da Costa P I. Ayres A J. Bové，JM. *Candidatus liberibacter americanus*，associated with citrus Huanglongbing （greening disease） in Sao Paulo State，Brazil ［J］． International Journal of Systematic and Evolutionary Microbiology，2005，55：1 857－1 862.

［4］　Teixeira D C，Eveillard S，Sirand－Pugnet P，*et al.* The tufB－secE－nusC－rplKAJL－rpoB gene cluster of the liberibacters: sequence comparisons, phylogeny and speciation [J]. International Journal of Systematic and Evolutionary Microbiology, 2008, 58: 1 414 - 1 421.

[5] Tomimura K, Miyata S, Furuya N, *et al.* Evaluation of genetic diversity among *Candidatus Liberibacter* asiaticus isolates collected in southeast Asia [J]. Phytopathology, 2009, 99 (9): 1 062 - 1 069.

[6] 鹿连明，范国成，姚锦爱，等．柑橘黄龙病菌核糖体蛋白基因的多态性和系统发育分析 [J]. 浙江大学学报，2011，37 (2)：125 - 132.

[7] 王中康，周彬彬，田圣超，等．中国不同地区亚洲韧皮部杆菌遗传多样性分析 [J]. 植物病理学报，2009，39 (6)：593 - 599.

[8] 易龙，卢占军，钟八莲，等．基于16S rDNA系列比对分析赣南脐橙上柑橘黄龙病病原的分子特征 [J]. 果树学报，2011，28 (6)：1 099 - 1 103.

农业害虫

中华卵索线虫研究与应用进展*

刘乙良[1,2]** 魏红爽[1] 刘聪鹤[1,3] 张 帅[1]
黄求应[2] 尹 姣[1] 曹雅忠[1] 李克斌[1]***
(1. 中国农业科学院植物保护研究所，北京 100193；
2. 华中农业大学，武汉 430070；3. 东北农业大学，哈尔滨 150036)

摘 要：综述了中华卵索线虫研究的生物学特征，侵染过程及作用机理。以及目前主要的研究方向及在研究中遇到的问题，并对未来的发展提出了意见和建议。

关键词：昆虫病原线虫；中华卵索线虫；生物防治；致病机理

中华卵索线虫（*Ovomermis sinensis*）是一种重要的昆虫病原索科线虫，在分类地位上属于线虫动物门、无尾感器纲、索虫目、索科（Mermithidae）、卵索线虫属（*Ovomermis*）[1]。在河南省上蔡县东岸乡东岸村麦田被发现，由陈果先生等对其进行了正式命名。中华卵索线虫适应能力强，作为一种寄生线虫，具备可主动寻找宿主，资源丰富、繁殖力强、寄生能力强、不污染环境和不易产生抗性等优点，且寄生率即等于宿主的死亡率；可寄生于多种鳞翅目害虫体内，对人畜及环境安全无毒，具有很高的生防价值[2]。因而中华卵索线虫作为一种生防资源，研究其对害虫的控制具有广泛的前景和重要的科学意义。

1 生物学特征

同大多数昆虫病原线虫一样，中华卵索线虫的生活史包括卵、幼虫和成虫 3 个阶段，三年完成四代。幼虫又分为 4 个时期：一期幼虫、二期幼虫（感染期幼虫）、三期幼虫（寄生期幼虫）和四期幼虫（寄生后期幼虫）。受精卵发育为成熟的一期幼虫，温度在 20～25℃ 这一过程大约需要经历 11 天，随后蜕皮一次成为感染期幼虫（卵内），若有适宜的温度和游离水时即破卵壳而出。感染期幼虫具有侵袭能力，进入宿主昆虫体腔内营寄生生活，初侵染宿主体内的感染期幼虫，体长约 3mm，最大体宽 31μm，在室温下经 4 天左右蜕皮而成为寄生期幼虫。当平均温度为（26±1）℃时，寄生期为 7～14 天，该幼虫从宿主脱出，随后潜入土壤中。室温下经 16～30 天后，同时蜕去寄生期和寄生后期幼虫的两层皮，进入成虫期，成虫、卵和四期幼虫，均可在土内越冬[3-5]。

早期的分类是以线虫（尤以侵染期线虫）的形态为基础的，线虫分类的主要特征集中在身体的前部和尾部，如体长、头到神经环的距离，头到排泄孔的距离等按 Cobb 公式计算进行，1971 年 Turco 提出了以雄虫的交合刺和引带形态特征作为分类的依据，但是由于寄主、营养的不同，培育温度的不同，侵染期线虫收获时间的不同等，即使同一种的不

---

* 基金项目：粘虫监控技术研究与示范
** 第一作者：刘乙良，硕士，专业为植物保护；E-mail：490112964@ qq. com
*** 通讯作者：李克斌，研究员，研究方向为昆虫生理；E-mail：kbli@ ippcaas. cn

同品系或个体这些特征也可能产生较大的差异[6]，而且国际上没有统一的线虫品系命名的规定，难以确定在线虫分类上有价值的特征，因而造成了一些混乱。随着科学技术的发展，杂交技术、随机扩增多态 DNA 分析技术等分子生物学已经应用于线虫的分类，结合过去传统的形态分类使分类逐步趋于完善和准确，但是对于卵索线虫还未见报道。

2 侵染过程及侵染后寄主的反应

2.1 侵染过程

中华卵索线虫一般以滞育不取食对外界不良环境的耐受能力最强的感染期虫态存活于土壤中[6]，通过寄主排泄的粪便散发出的气味或寄主呼吸产生的 CO_2 的引诱作用，在潮湿的环境中借助水膜运动进行垂直运动和水平运动扩散主动寻找寄主。然后通过寄主的自然孔口（如口、肛门和气门）、伤口或通过节间膜或直接刺破寄主体壁进入寄主昆虫体内，停留在体腔内的血淋巴中，营定期的寄生生活。索科线虫具有特殊的消化功能，能分泌一种消化酶，把宿主体内的组织，消化转变成一些分子结构简单的营养物质，如氨基酸和葡萄糖等。索线虫体壁的角皮上具有许多小孔，营养物质就通过小孔被吸收到体内[7]。中华卵索线虫依靠这种特殊的消化功能，迅速生长发育。在寄生后期，宿主体内大部分组织已被寄生线虫分泌的消化酶分解成为液状物质，可透过体壁看到体腔内的寄生线虫[3]。完成寄生生活后从宿主体内脱出，并造成宿主体液大量流失而死亡[8]。温湿度和机械振动等因素均会影响中华卵索线虫寻找寄主及寄生过程[9]。

2.2 致病机理

目前认为线虫导致了寄主的死亡过程，其机理是一个非常复杂的问题。中华卵索线虫进入寄主体内以后，在寄生初期（1～3 天），由于侵入刺激了寄主的免疫系统，使其血淋巴中一些保护酶的活性（如酚氧化酶）活性增高，这个时期对线虫来说可能是其在寄主体内能否存活的关键时期；随后在寄生后期（4～7 天），中华卵索线虫对寄主产生了免疫抑制，使其能从体壁直接吸收可溶性的小分子营养物质如游离氨基酸、游离脂肪酸、可溶性糖类等，完成正常生长发育[1]；完成生长发育以后，线虫从寄主体壁较薄处刺破体壁脱出，造成寄主体液大量流失而死亡。高原等通过中华卵索线虫对棉铃虫寄生时氨基酸的含量的研究时发现，棉铃虫血淋巴中游离氨基酸含量的变化是同线虫的寄生生活史相一致的，在线虫进入寄主体内初期，由于寄主的免疫反应，游离氨基酸含量并没有变化，而在寄生后期破坏了寄主的免疫反应后，寄主血淋巴中游离氨基酸含量便朝着有利于线虫生长发育的方向进行变化[10]。

3 中华卵索线虫的应用及存在问题

3.1 中华卵索线虫的研究与应用

在自然条件下，中华卵索线虫对害虫的控制作用并不显著，研究表明中华卵索线虫对小麦黏虫的寄生率极低（平均寄生率为 15%～20%），很难达到有效控制的目的。然而 20 世纪 90 年代以陈果先生为代表的科研人员进行的试验表明，按益害比 100：1 释放感染期中华卵索线虫幼虫对小麦一代黏虫幼虫进行防治，24h 的寄生率就高达 76%，防治效果十分显著；能够有效降低一代黏虫的种群数量，并且被中华卵索线虫寄生后，黏虫幼虫食叶量平均减少 38%，有效的减轻了对农作物的为害。钱坤进行了中华卵索线虫对甜菜夜蛾的控制作用研究，在室内实验中发现，常温下，按益害比 20：1 处置甜菜夜蛾的 3、4、5 龄幼虫 2h 后，寄生率均可达到 80%，且寄生率等于死亡率；在被线虫感染第八天后就会有大量线虫脱出，脱出的线虫将成为新的感染源；被中华卵索线虫寄生后，甜菜夜蛾在暴食期的食叶量将大幅下降，并且不能化蛹，能够降低为害程度和减少经济损失，具有巨大的应用潜力[11]。

中华卵索线虫具有较特殊的性别分化机制，目前只能进行活体培养；不能进行离体培养，其主要原因在于人工培养的线虫性别尚不能分化[5]。王峰等通过研究发现人工繁殖中华卵索线虫方法，即采用感染期幼虫，感染 3 ~4 龄期黏虫，感染强度为（5 ~10）：1，感染时间 1h，能够获得营养丰富、成活率高、产卵量多、健壮的中华卵索线虫[12]。但该方法获得的线虫成本较高，用于害虫防治时将提高防治费用，不适合规模化的生产应用。而在体外培养时，线虫幼虫无迅速生长期，且性未成熟，研究表明培养基中还缺乏触发线虫迅速生长及性成熟的调控因子。焦振龙等通过研究中华卵索线虫对棉铃虫保幼激素和蜕皮激素的影响发现，线虫的寄生改变了宿主体内激素的分泌，并有利于线虫快速生长，寄主体内保幼激素的含量在寄生后第 3 天时首次出现极显著差异，线虫则在第五天时完成雌、雄分化，推测保幼激素可能是雌、雄线虫性别分化的一个影响因子[13]。寄生期的营养竞争压力决定其雌、雄性别分化，即寄生期幼虫获得的营养越多，越有可能发育为雌虫，相反则为雄虫[14]。任爽等通过中华卵索线虫 *vara* 基因的克隆及其表达模式分析发现了决定其性别分化的关键。虽然在性别分化方面取得了一定的进展，但还需继续研究，尽快解决中华卵索线虫线虫体外培养的问题，为广泛应用提供基础[15]。

3.2　应用中存在的问题

近年来，由于环境污染和化学农药的大量使用，这类昆虫天敌资源在自然中的控制作用逐渐降低，需要进行人工施用来增强其对害虫的控制作。但中华卵索线虫较特殊的性别分化机制，并且目前在研究中并未取得突破性进展，现在只能进行活体培养；不能进行大规模的离体培养，限制了中华卵索线虫的应用。并且索科线虫对干燥和紫外线辐射较敏感，所以对叶部昆虫的防效不是很好；随着抗干燥剂和抗辐射剂等新技术的推广应用，将会为中华卵索线虫防治虫害提供更广泛的空间。另外，任惠芳曾试验在甘蓝上释放中华卵索线虫来防治菜青虫，由于中华卵索线虫生活在土壤中，并且尚无实验表明中华卵索线虫感染期幼虫能爬上植株寻找宿主，而菜青虫无潜土习性，接触土壤中的寄生线虫机会较少，所以不易被线虫寄生，寄生率仅为 6.6%，较难达到有效的控制[3]。

昆虫病原线虫的应用技术在我国的研究相对较少，在施用方法我国还多是采用直接灌溉法，而发达国家近几年在应用技术进行研究并取得了进展，获得了包括压力式喷雾、雾风机、静电式喷雾、灌溉、注射等多种实用技术，这些技术拉大了我国与欧美发达国家的差距[16-17]。其次，距贮存方法是中华卵索线虫应用所面临的另一道难题，现在虽然农药贮存方法多种多样，但可供线虫选择的经济合理方法并不多。现行的方法主要有吸附脱水贮存法、胶囊型贮存法、存凝胶贮存法，这些方法虽然可供大规模商业贮存，但存在不易喷洒和费用高等难题[18]。

以往研究表明一些昆虫病原线虫品种或品系与很多化学药剂有较好的兼容性，甚至与部分化学药剂混用会有增效作用[19]。拟除虫菊酯类杀虫剂如虫必除和保富可以提高蝼蛄斯氏线虫和长尾斯氏线虫的侵染能力[20]。但仍有一些化学药剂特对昆虫病原线虫的存活或侵染率会产生不利影响[21]。敌百虫在高浓度和推荐浓度下对蝼蛄斯氏线虫的致死率分别高达94.5%和92.5%[22]。目前对中华卵索线虫与农药的混用方面研究较少，主要集中在与Bt制剂的关系。在Bt制剂中，除Bt可湿性粉剂外，均对中华卵索线虫的感染期幼虫产生了直接的毒副作用。对于取食转Bt基因棉的棉铃虫幼虫，中华卵索线虫的寄生率和平均感染强度均出现了显著下降。这些都将是以后要解决的问题。

4 展望

我国在2014年颁布实施了《食品中农药最大残留限量》的规定，对农药的残留量做了最为严格的限制，对使用化学农药的使用进行了严格限制，这为生物农药的发展提供了更为广阔的空间。中华卵索线虫作为一种重要的昆虫病原线虫，具有巨大的开发潜力，但距大规模的生产使用还有很大工作要进行。未来中华卵索线虫的研究发展将体现在以下几个方面：①将中华卵索线虫进行产业化生产开发，降低生产费用，促进广泛应用。②与多种保护剂（如抗蒸发剂、保水剂、黏合剂、紫外保护剂等）联合，提升对线虫的保护，提高大田实际防效，扩大应用面。③解决贮存方法、施用手段相对单一等这些是较为突出的问题。④研究生产中线虫与低毒化学农药混用问题，降低化学农药对土壤线虫的杀伤；线虫也是良好的土壤生物指示剂及监测剂，可将其应用于化学农药毒力测定及环境污染程度监测。在未来的工作中加强基层和应用基层的研究，发挥其应有的控制害虫的潜力。

参考文献

[1] 陈果，简恒，任惠芳，等. 寄生于粘虫的卵索线虫属一新种———中华卵索线虫（线虫纲：索科）[J]. 动物分类学报，1991，16（3）：270－277.

[2] 鲍学纯. 昆虫线虫学［M］. 武汉：武汉大学出版社，1996：15－99.

[3] 陈果，简恒，任惠芳，等. 中华卵索线虫对粘虫的寄生过程和自然控制作用的研究［J］. 武夷科学，1992：249－260.

[4] 陈果，任惠芳，简恒，等. 粘虫寄生线虫——中华卵索线虫生物学和应用技术研究［C］// 中国农业科学院生物防治研究所. 全国生物防治学术讨论会论文集. 1991：2.

[5] 王国秀，陈曲侯，陈果. 中华卵索线虫的体外培养［J］. 动物学报，2001，7（2）：235－239.

[6] 钱秀娟，许艳丽，刘长仲. 昆虫病原线虫研究的历史现状及其发展应用动力［J］. 甘肃农业大学学报，2006，40（5）：693－697.

[7] Wouts W M. Nematode Parasites of Lepidopterans［M］. Plant and Insect Nematodes Marcel Debker Inc. 1984：655－696.

[8] 金永玲，韩日畴，丛斌. 昆虫病原线虫应用研究概况［J］. 昆虫天敌，2003，4：175－183.

[9] 李慧萍，韩日畴. 昆虫病原线虫感染寄主行为研究进展［J］. 昆虫知识，2007，5：637－642.

[10] 高原，吴芳，程丹丹. 中华卵索线虫生活史的初步研究［J］. 华中师范大学学报（自然科学版），1998，专辑：52－55.

[11] 钱坤. 应用中华卵索线虫和性信息素监控甜菜夜蛾种群的技术及机理. 2003，20－23.

[12] 王峰，韩照，梅松婷，等. 中华卵索线虫人工繁殖技术研究与应用［J］. 中国园艺文摘，2011（5）：29－30.

[13] 焦振龙，陈柳惠，王国秀. 中华卵索线虫寄生对棉铃虫保幼激素和蜕皮激素的影响［J］.

植物保护学报，2012，39（6）：573－574.

[14] Stuart R J，Hatab M A，Gaugler R. Sex ratio and the infection process in entomopathogenic nematodes：are males the colonizing sex［J］. Journal of Invertebrate Pathology，1998，72（3）：288－295.

[15] 任爽，陈冲，刘绪生，等. 中华卵索线虫 *vasa* 基因的克隆及其表达模式分析［J］. 植物保护学报，2011，38（4）：332－338.

[16] Shapirollan D I. Entomopathogenic nematode production and application technology［J］. Journal of Nematology，2012，（44）：206－217.

[17] Yukawa T，Pi tt J M. Nematode s torage and transport［P］. US Patent，1988：4/ 765/ 275.

[18] Bedding R A. Storage of entomopathogenic nematodes［P］. US Patent：5/ 042/ 427，1991.

[19] Burman M. Neoap lctana carpocapsae：Toxin production by ax enic insect par asitic nematodes［J］. Nematoloy，1982（28）：62－70.

[20] 张中润，韩日畴，许再福. 草坪常用化学药剂对昆虫病原线虫存活和侵染率的影响［J］. 中国生物防治，2005，21（3）：172－177.

[21] Rovesti L，Deseo K V. Compatibility of chemical pesticides with the entomopathogenic nematodes，S teinernema carpocapsae Weiser and S. felt iae Filipjev（Nematoda：Steinernematidae）［J］. Nematologica，1990，36：237－245.

[22] San－Blas E. Progress on entomopathogenic nematology research：A bibliometric study of the last three decades：1980－2010［J］. Biological Control，2013，66（2）：102－124.

草地螟气味结合蛋白 LstiOBP29 的序列及 RT - qPCR 分析

魏红爽[1*]　刘乙良[1,2]　刘聪鹤[1,3]　李克斌[1]　张　帅[1]　曹雅忠[1]　尹　姣[1**]
（1. 中国农业科学院植物保护研究所，北京　100193；
2. 华中农业大学，武汉　430070；3. 东北农业大学，哈尔滨　150036）

摘　要：在草地螟成虫雌雄触角、足和三龄幼虫转录组测序与分析的基础上，利用分子生物信息学方法对草地螟气味结合蛋白 LstiOBP29 的编码区与信号肽的寻找、同源性、亲水性/疏水性与蛋白质二级结构及表达谱进行预测分析。分析结果表明，暗黑鳃金龟气味结合蛋白 LstiOBP29 全长 881bp，编码 146 个氨基酸（其中包含信号肽 18 个氨基酸），全长开放阅读框，属于 OBP 气味结合蛋白典型家族，与螟蛾科的昆虫有相对高的相似性；其蛋白分子量大小为 14. 38kDa，等电点 6. 73，属于亲水性蛋白，二级结构以 a 螺旋为主，含有 7 个 a 螺旋结构；RT - qPCR 分析其在触角和三龄幼虫中微量表达，但在足中有丰富的表达量。该分析结果对于深入研究草地螟气味结合蛋白 LstiOBP29 在其寄主选择、交配和产卵中的作用奠定了基础。

关键词：草地螟；气味结合蛋白；LstiOBP29；序列分析

灵敏的嗅觉对于昆虫的正常生存和适应环境具有重要的作用，昆虫嗅觉系统是一个高度专一、极其灵敏的化学监测器，能从成千上万种不同气味中识别出低达几百万分之一的某些特异性气味物质，昆虫感受到的气味物质多为脂溶性的小分子化合物，这些小分子物质通过触角上皮细胞间的孔道扩散到达触角感器淋巴液，而触角感器是亲水性的液体，外界亲脂性分子不能直接穿过这些亲水性的液体到达嗅觉神经树突末梢，据此推测嗅觉神经树突周围液体中可能存在一种气味结合蛋白（odorant binding protein，OBP），溶解并运输脂溶性气味化合物穿过亲水性液体[1]。昆虫灵敏的嗅觉在其寻找食物、配偶、躲避天敌、识别同种个体、选择产卵地点等生存繁殖等密切相关的活动中起到关键作用[2]。昆虫气味结合蛋白是一类水溶性的蛋白，呈酸性，多肽链全长约 144 个氨基酸，相对分子量较小，一般 15 ~ 17 kDa，N 末端有一段 20 个氨基酸左右的信号肽，序列中有 6 个保守的半胱氨酸位点，具有相似的水溶性及次级结构[3]。

草地螟（*Loxostege sticticalis* Linnaeus）属鳞翅目（Lepidoptera）螟蛾科（Pyralididae），是一种世界性分布的多食性农牧业害虫，可严重为害大豆、甜菜、苜蓿等 50 科 300 余种植物，对农牧业生产造成了很大威胁[4]。其以幼虫为害作物的地上部分，致使植株衰弱，最终造成农产品品质下降，甚至绝产[5]。长期以来，农民对草地螟的防治是以化学防治

---

* 第一作者：魏红爽，硕士，专业为植物保护；E-mail：weihongshuang710@ 163. com

** 通讯作者：尹姣，研究员，研究方向为昆虫分子生物学和行为学；E-mail：ajiaozi@ 163. com，yjin@ ippcaas. cn

为主，但是化学防治会致使环境污染、杀伤自然天敌和抗药性等副作用[6]。因此，寻找一种高效和无污染的草地螟防治策略成为当务之急。而草地螟嗅觉机制的研究可以为制定新的无害化防治策略提供理论依据。

气味结合蛋白作为嗅觉识别中重要的蛋白，对草地螟气味结合蛋白的研究不仅为明确其对寄主识别机制奠定基础，也对草地螟无害化防治策略提供指导意义。本文在草地螟触角、足和三龄幼虫转录组测序与分析的基础上，运用分子生物信息学方法对草地螟LstiOBP29的序列、理化性质、同源性、进化树、蛋白二级结构及表达谱进行预测分析，为更深入地了解草地螟气味结合蛋白的功能奠定了基础。

1　材料与方法

1.1　昆虫的饲养方法与取材部位

供试昆虫是在中国农业科学院植物保护研究所地下害虫组室内饲养的。其幼虫在室内羽化出草地螟成虫后，用5%的蜂蜜水饲养3天后，取成虫的雌触角、雄触角各100对，足50对（雄性：雌性=1：1），保存于液氮中。卵经孵化后所出的幼虫以灰菜（藜科藜属）饲养至三龄幼虫，取20头幼虫保存于液氮中。成虫和幼虫的饲养条件均为（22±1）℃，光照16：18（L：D），相对湿度为70%～80%。

1.2　试验方法

1.2.1　昆虫RNA的提取和cDNA合成

从液氮中取出100对草地螟成虫的触角（约50mg），将其倒入事先预冷过无RNA酶的研钵中，倒入液氮，迅速研磨。组织磨碎后，立即加入1ml Trizol（购自Invitrogen公司），混匀后，移入1.5ml的离心管中，室温静置5min，以12 000r/min离心10min，取其上清液；向上清液中加入200μl的氯仿，振荡，室温静置5min，分相后再4℃，12 000r/min下离心10min，取上清液，重复此过程3次；取500μl左右的上层水相于一只新的1.5ml EP管中，再加入等体积的异丙醇，混匀后，室温静置10min；在4℃，12 000r/min下离心15min，弃掉上清液；RNA沉淀用1.0ml 75%乙醇漂洗，4℃，15 000r/min下离心5min，重复此过程两次，弃掉乙醇，将沉淀置于超净工作台上吹干。最后用适量的DEPC水溶解RNA沉淀，取1μl在荧光分度仪下测其浓度，其余保存在－80℃冰箱中以备用。足和幼虫RNA的提取方法同上。

第一链cDNA的合成由Invitrogen的SuperScriptⅢ逆转录合成系统完成，50ng～2μg总RNA可建立20μl反应体系。先将模板RNA在冰上解冻，然后振荡并简短离心。接着按照2μl 5×g DNA Buffer，1μl Total RNA，7μl RNase－Free ddH_2O的基因组DNA的去除体系配制混合液，彻底混匀。简短离心，并置于42℃，孵育3min。然后置于冰上放置。再按照2μl 10 × Fast RT Buffer，1μl RT Enzyme Mix，2μl FQ－RT Primer Mix，5μl RNase－Free ddH_2O的反转录体系配制混合液，充分混匀，置于42℃，孵育30min，再置于95℃，孵育3min后放在冰上。合成的第一链cDNA保存于－20℃或直接进行下一步实验。以上所有操作均按照操作说明书完成。

1.2.2　基因序列分析

序列分析由DNAman软件完成，蛋白质的理化性质由ProtParam（http：//web.expasy.org/protparam/）分析，利用SignalP 4.1（http：//www.cbs.dtu.dk/services/SignalP/）以及 ProtScale（http：//web. expasy. org/ProtScale/）分析蛋白质的信号肽和疏水性。NCBI Conserved Domains（https：//www. ncbi. nlm. nih. gov/structure/cdd/）数据库完成用来分析蛋白质的保守区域，在线软件 Jpred（http：//www. compbio. dundee. ac. uk/jpred4/）预测蛋白质二级结构。

1.2.3　基因 RT－qPCR 分析

用荧光定量 qPCR 实验来测量 LstiOBP29 在不同组织中的表达谱。150ng 等量的 cDNA 作为 RT－qPCR 的模板。用 Primer Premier 5.0 软件设计 LstiOBP29 的引物和 Actin 引物，结果列在表 1 中。Actin 是作为内参基因。每次 RT－qPCR 反应体系为 25μl，包含 12.5μl SuperReal PreMix Plus（天根，北京），0.75μl 引物，2μl cDNA 模板和 8.5μl ddH_2O。RT－qPCR 反应条件：94℃ 2min，40 cycles（95℃ 15s、60℃ 30s、60℃1min），熔解曲线（加热 95℃ 30s、降温到 60℃ 15s）。RT－qPCR 反应均按着试剂盒上说明书来操作。利用 $2^{-\Delta\Delta CT}$方法来分析 RT－qPCR 数据。

表 1　LstiOBP29 的正反引物及 Actin 正反引物

基因名称	正反引物序列
LstiOBP29	Forward Primer　5′　ACGGATAGAAGTTGCTGAC　3′ Reverse Primer　5′　GACCTCGTTCTCGTTCACTG　3′
Actin	Forward Primer　5′　GGACAGCGTCAAGCATGG　3′ Reverse Primer　5′　CGTCGATCGGAGTCCAAG　3′

1.2.4　数据处理

对 RT－qPCR 数据进行方差分析，用多重比较来进行显著性差异性测试。数据分析采用 SPSS 9.20 软件（SAS Institute，Cary，North Carolina，USA）。$P<0.05$ 时为显著性差异。用 Graphpad Prism 5.0 来分析 RT－qPCR 的数据并作柱形图，最后以 TIF 格式导出。

2　结果与分析

2.1　序列分析

2.1.1　编码区和信号肽的寻找

草地螟 LstiOBP29 基因片段全长 881bp，其中开放阅读框 441bp，含有起始密码子 ATG，终止密码子 TAG，有一个多聚腺苷酸信号序列 AATAAA（图 1）。LstiOBP29 编码 146 个氨基酸，利用 SignalP 4.1 软件检测，我们获得了 LstiOBP29 的 N 端带有 15 个氨基酸的信号肽。LstiOBP29 的氨基酸序列中含有 6 个保守的半胖氨酸（C1－X5－39－C2－X3－C3－X21－44－C4－X14－C5－X8－C6）[7]具有 OBP 蛋白家族的典型特征。

2.1.2　同源性分析

利用 NCBI BLAST network server，对 LstiOBP29 序列进行 BlastP，从中选取相似性高于 30% 的鳞翅目昆虫 OBP 序列，经生物学分析发现，草地螟 LstiOBP29 是全长开放阅读框，其序列与所有比对上的鳞翅目的 E－value 均小于 1e－5。从表 2 中可以看出，草地螟 LstiOBP29 序列与稻纵卷叶螟（螟蛾科）的同源性最高，相似度是 78%；次之是二化螟（螟蛾科），相似度是 61%。LstiOBP29 比对的鳞翅目昆虫 OBP 均具有 OBP 蛋白家族的典型特征（表 2）。

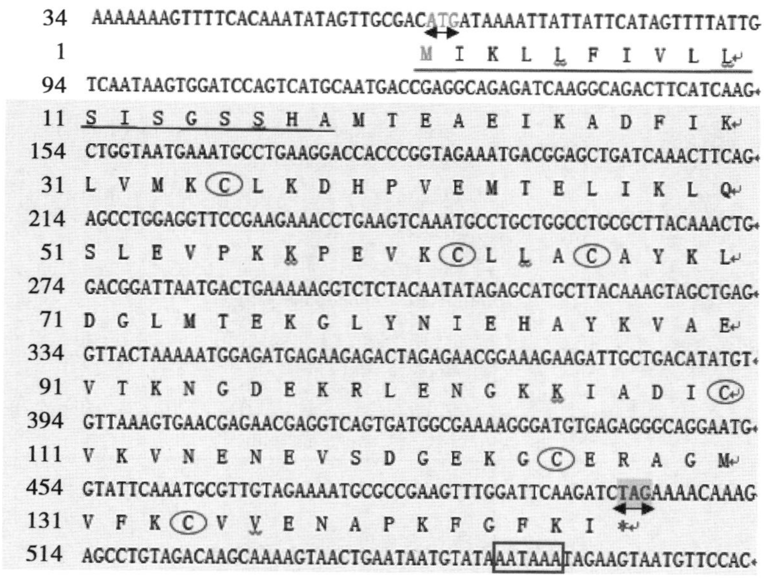

```
34   AAAAAAAGTTTTCACAAATATAGTTGCGACATGATAAAATTATTATTCATAGTTTTATTG
1                                    M  I  K  L  L  F  I  V  L  L
94   TCAATAAGTGGATCCAGTCATGCAATGACCGAGGCAGAGATCAAGGCAGACTTCATCAAG
11   S  I  S  G  S  S  H  A  M  T  E  A  E  I  K  A  D  F  I  K
154  CTGGTAATGAAATGCCTGAAGGACCACCCGGTAGAAATGACGGAGCTGATCAAACTTCAG
31   L  V  M  K  C  L  K  D  H  P  V  E  M  T  E  L  I  K  L  Q
214  AGCCTGGAGGTTCCGAAGAAACCTGAAGTCAAATGCCTGCTGGCCTGCGCTTACAAACTG
51   S  L  E  V  P  K  K  P  E  V  K  C  L  L  A  C  A  Y  K  L
274  GACGGATTAATGACTGAAAAAGGTCTCTACAATATAGAGCATGCTTACAAAGTAGCTGAG
71   D  G  L  M  T  E  K  G  L  Y  N  I  E  H  A  Y  K  V  A  E
334  GTTACTAAAAATGGAGATGAGAAGAGACTAGAGAACGGAAAGAAGATTGCTGACATATGT
91   V  T  K  N  G  D  E  K  R  L  E  N  G  K  K  I  A  D  I  C
394  GTTAAAGTGAACGAGAACGAGGTCAGTGATGGCGAAAAGGGATGTGAGAGGGCAGGAATG
111  V  K  V  N  E  N  E  V  S  D  G  E  K  G  C  E  R  A  G  M
454  GTATTCAAATGCGTTGTAGAAAATGCGCCGAAGTTTGGATTCAAGATCTAGAAAACAAAG
131  V  F  K  C  V  V  E  N  A  P  K  F  G  F  K  I  *
514  AGCCTGTAGACAAGCAAAAGTAACTGAATAATGTATAAATAAATAGAAGTAATGTTCCAC
```

图 1 草地螟气味结合蛋白 LstiOBP29 核苷酸序列及其推导的氨基酸序列

起始密码子 ATG 和终止密码子 TAG 下面以双箭头来显示

预测的信号肽为单划线区；多聚腺苷酸信号序列为方框内显示

6 个保守的半胱氨酸为圆圈内显示

表 2 草地螟气味结合蛋白 LstiOBP29 序列同源性比较

Gene name	Evalue	Ident	LstiOBP29 BLAST match to Lepidoptera	Group
LstiOBP29	7. 00E – 58	78%	gi丨966344343丨gb丨ALT31651. 1丨 odorant – binding protein 21 [Cnaphalocrocis medinalis]	Classic
	1. 00E – 55	59%	gi丨927034318丨gb丨ALD65903. 1丨 odorant binding protein 29 [Spodoptera litura]	Classic
	2. 00E – 54	61%	gi丨1025879573丨gb丨ANC68510. 1丨 odorant – binding protein 22, partial [Chilo suppressalis]	Classic
	4. 00E – 45	53%	gi丨1031599650丨gb丨ANG08532. 1丨 odorant – binding protein 13, partial [Plutella xylostella]	Classic
	2. 00E – 29	36%	gi丨927034316丨gb丨ALD65902. 1丨 odorant binding protein 28 [Spodoptera litura]	Classic
	3. 00E – 27	38%	gi丨226531141丨ref丨NP_ 001140188. 1丨 odorant – binding protein 4 [Bombyx mori]	Classic
	5. 00E – 27	38%	gi丨519767945丨gb丨AGP03460. 1丨 SexiOBP14 [Spodoptera exigua]	Classic
	2. 00E – 16	30%	gi丨1025879608丨gb丨ANC68513. 1丨 odorant – binding protein 25 [Chilo suppressalis]	Classic
	2. 00E – 16	34%	gi丨966344327丨gb丨ALT31643. 1丨 odorant – binding protein 13 [Cnaphalocrocis medinalis]	Classic

（续表）

Gene name	Evalue	Ident	LstiOBP29 BLAST match to Lepidoptera	Group
LstiOBP29	7.00E－12	34%	gi丨328879854丨gb丨AEB54584.1丨 OBP4 [Helicoverpa armigera]	Classic
	1.00E－17	34%	gb丨AHX37224.1丨：11－151 odorant binding protein 2 [Conogethes punctiferalis]	Classic
	1.00E－10	34%	gi丨328879846丨gb丨AEB54580.1丨 OBP1 [Helicoverpa armigera]	Classic
	9.00E－10	33%	gi丨908310837丨gb丨AKT26503.1丨 odorant binding protein 26 [Spodoptera exigua]	Classic
	1.00E－08	31%	gb丨ALD65896.1丨：8－150 odorant binding protein 22 [Spodoptera litura]	Classic
	8.00E－08	31%	gi丨614255925丨gb丨AHX37225.1丨 odorant binding protein 3 [Conogethes punctiferalis]	Classic

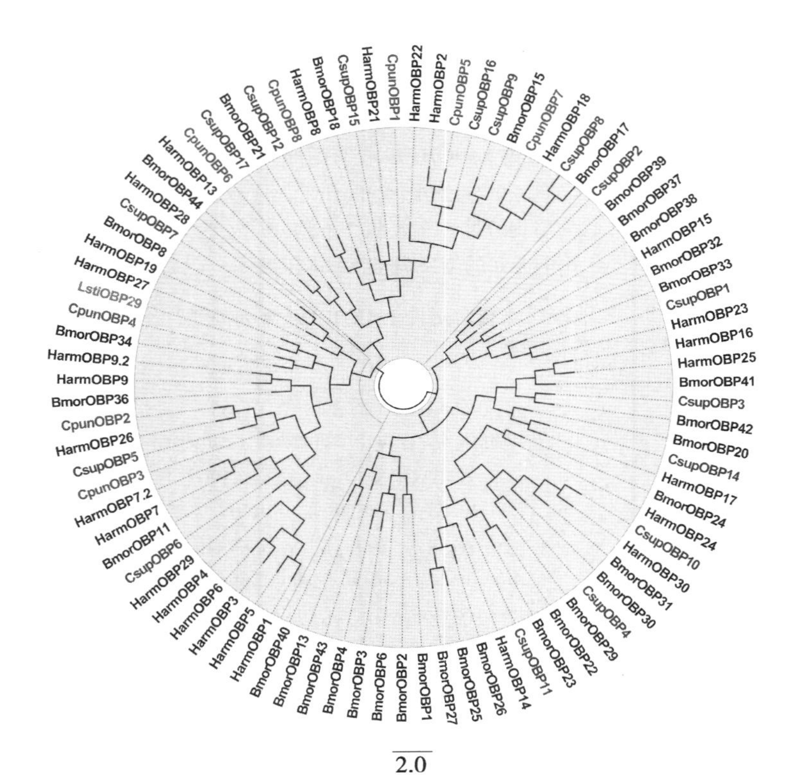

图2　草地螟LstiOBP29同其他鳞翅目昆虫OBPs序列构建的系统进化树

采用临位相接法构建进化树，图中红色标记：LstiOBP29；

蓝色标记：二化螟 *Chilo suppressalis* 简写 Csup；

粉红色标记：*Conogethes punctiferalis* 简写 Cpun；

黑色标记：棉铃虫 *Helicoverpa armigera* 简写 Harm，

和家蚕 *Bombyx mori* 简写 Bmor

2.1.3 进化树分析

我们运用软件 MEGA5.0 和辅助软件 Figtree 14.2，采用临位相接法对草地螟 LstiOBP29 序列与其他鳞翅目昆虫 OBPs 序列进行系统进化树的构建（图 2）。从图中，我们可以发现草地螟 LstiOBP29 紧紧地聚集在鳞翅目昆虫 OBPs 的树枝中，其中，草地螟的同科物种螟蛾科二化螟和桃蛀螟的 OBPs 与 LstiOBP29 距离更近。

2.2 LstiOBP29 亲水性/疏水性及二级结构分析

在 ProtParam 蛋白质理化性质预测平台上，对 LstiOBP29 进行理化性质的预测。我们获得 LstiOBP29 的蛋白分子量大小为 14 379.9kDa，理论等电点 6.73，这说明 LstiOBP29 是酸性蛋白。LstiOBP29 蛋白的脂肪系数是 80.45，总平均亲水系数为负值，则该蛋白为亲水性蛋白。ProtScale 程序用来绘制蛋白质的亲疏水性序列谱，反映蛋白质的折叠情况。蛋白质折叠时会形成疏水内核和亲水表面，同时在潜在跨膜区出现高疏水值区域。草地螟 LstiOBP29 在 ProtScale 上预测结果显示：LstiOBP2 大部分区域为亲水性；在 ProtParam 上预测结果显示：该蛋白具有平均亲水性（图 3）。

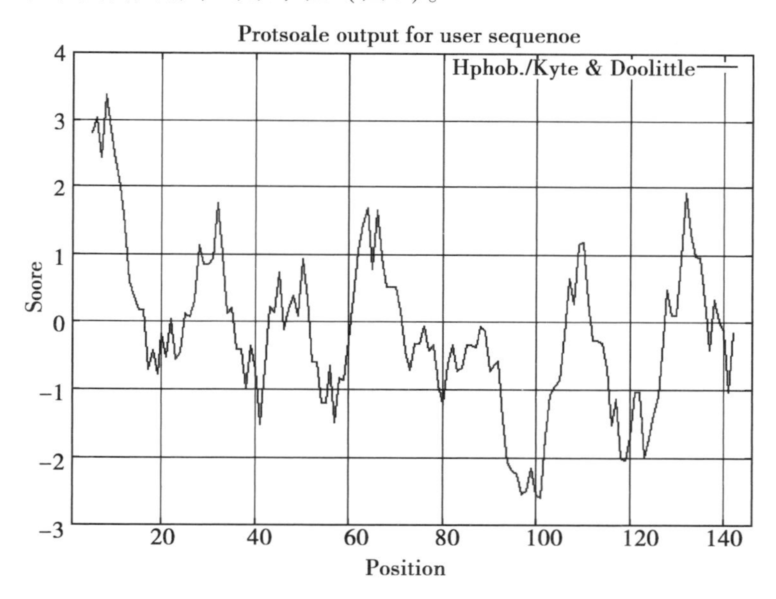

图 3 草地螟 LstiOBP29 亲水性/水性分析

蛋白质的二级结构主要有 α 螺旋、β－折叠、β－转角和无规则卷曲。通过二级结构预测服务器 Jpred4.0 来预测气味结合蛋白 LstiOBP2 的二级结构。预测结果显示：LstiOBP2 含有 7 个 α 螺旋结构，α 螺旋氨基酸占全部氨基酸的 65%（图 4）。

2.3 LstiOBP29 RT－qPCR 分析

草地螟 LstiOBP29 基因在雄触角、雌触角和三龄幼虫中微量表达，但是在雌成虫的足中大量表达，且足与触角和三龄幼虫间存在显著性差异（$P<0.05$）（图 5）。

3 讨论

在昆虫嗅觉识别的过程中，OBPs 是实现不同气味信号分辨和传递的重要因子。1981 年 Vogt 和 Riddiford 用标记性外激素的方法证实了昆虫触角感器淋巴液中确实存在一种蛋

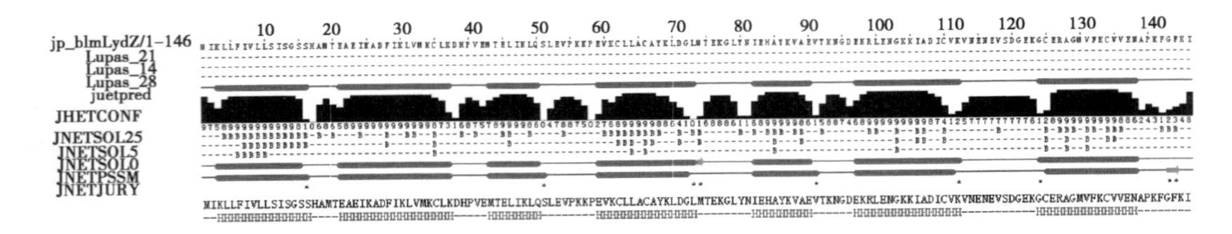

图 4　草地螟 LstiOBP29 二级结构的分析

H：α 螺旋结构 E：β－折叠结构

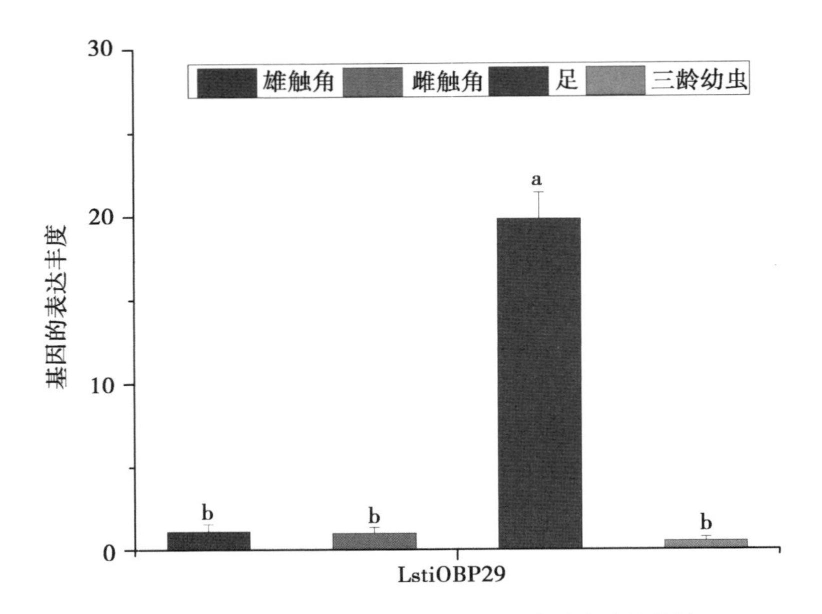

图 5　草地螟 LstiOBP29 在不同组织里表达丰度的分析

转录物表达丰度用表达量值（三次重复）来计算

标准误差在误差线上表现，在误差线上的相同字母间

没有显著性差异，不同字母则有显著性差异（$P<0.05$）

白，它可溶解并运输脂溶性的性外激素穿过亲水性的淋巴液，并将这种蛋白命名为性外激素 OBP（pheromone binding protein，PBP）；1990 年 Breer 报道在昆虫触角中存在另一类气味结合蛋白，即普通 OBP（general odorant binding protein，GOBP），它能溶解和运输普通气味（如植物挥发性物质，捕食者发出的气味等）穿过亲水性的淋巴液。OBP 与脂溶性的气味物质发生作用，是昆虫专一性地识别外界气味物质的第一步生化反应，对于昆虫与外界进行信息交流具有重要意义。自 1981 年至 2016 年，有 8 个目 40 多种昆虫的 OBP 被分离和鉴定出来[8]。其中鳞翅目物种的 OBP 研究最多，但是螟蛾科物种的 OBP 研究却很少。

草地螟 LstiOBP29 是 146 个氨基酸的全长基因，有 6 个保守氨基酸序列的典型 OBP 家族，这与之前其他鳞翅目物种的研究结果是一致的[9]。一些研究表明昆虫触角气味结合蛋白是一类亲水性的酸性蛋白[10]，这与我们预测的结果显示草地螟 LstiOBP29 是亲水性的酸性蛋白是相符的。草地螟 LstiOBP29 的二级结构含有 7 个 α 螺旋结构，这 7 个 α 螺旋区可能形成瓶形的结合口袋区，这个结合口袋便于与气味分子的结合[11-13]。

但是，前人的研究认为气味结合蛋白主要在触角中表达，在其他组织部位微量表达或几乎不表达[2,9,12]。但是本研究中发现 LstiOBP29 在足中丰富表达，并且表达量极显著高于在触角与三龄幼虫中的表达量，这种现象在以往的研究中很少发现，目前对于 OBPs 在昆虫足中的功能研究还没有相关报道。因此，草地螟 LstiOBP29 的功能研究还需要进一步的深入探究。而本研究对草地螟 LstiOBP29 的分析结果，对于探索 LstiOBP29 与化合物的结合机制有着重要的指导意义。

参考文献

[1] 王桂荣，郭予元，吴孔明．昆虫触角气味结合蛋白的研究进展［J］．昆虫学报，2002，45（1）：131－137.

[2] Hekmat-Scafe D S，Scafe C R，McKinney A J，*et al.* Genome wide analysis of the odorant－binding protein gene family in Drosophila melanogaster［J］．Genome Research，2002，12：357－1369.

[3] Steinbrecht R A，Laue M，Ziegelberger G. Innunolocalization of pheromone－binding protein and general olfactory sensilla of the silk moths Antheraea and Bombyx［J］．Cell and Tissue Research，1995：203－217.

[4] 罗礼智，黄绍哲，江幸福，等．我国 2008 年草地螟大发生特征及成因分析［J］．植物保护，2009，35（1）：27－33.

[5] 罗礼智．我国 2004 年一代草地螟将暴发成灾［J］．植物保护，2004，30（3）：86－88.

[6] 尹姣，曹雅忠，罗礼智，等．寄主植物对草地螟种群增长的影响［J］．植物保护学报，2004，31（2）：173－178.

[7] Breer H. A novel class of binding proteins in the antennae of the silkmoth *Antheraea pernyi*［J］．Insect Biochem，1990（7）：735－740.

[8] Zhou J J. Chapter Ten-Odorant-binding proteins in insect［J］．Vitamins & Hormones，2010，83：241－272.

[9] Cao D P，Liu Y，Wei J J，*et al.* Identification of candidate olfactory genes in *Chilo suppressalis* by antennal transcriptome analysis［J］．International Journal of Biological Sciences，2014，10：846－860.

[10] Vogt R G，Riddiford L M. Pheromone binding and inactivation by moth antennae［J］．Nature，1981，293：161－613.

[11] Yin J，Zhuang X J，Wang Q Q，*et al.* Three amino acid residues of an odorant－binding rotein are involved in binding odours in Loxostege ticticalis L［J］．Insect Molecular Biology，2015，24（5）：528－538.

[12] Zhou J J，He X L，Pickett J A，*et al.* Identification of odorant－binding proteins of the yellow fever mosquito Aedes aegypti：genome annotation and comparative analyses［J］．Insect Molecular Biology，2008，17：147－163.

[13] Zhuang X J，Wang Q Q，Wang B，*et al.* Prediction of the key binding site of odorant－binding rotein of Holotrichia oblita Faldermann（Coleoptera：Scarabaeida）［J］．Insect Molecular Biology，2014，23（3）：381－390.

温室内烟粉虱种群动态变化调查*

罗宏伟[1]** 黄 建[2]*** 王竹红[2] 王联德[2]

(1. 海南省三亚市农业技术推广服务中心，三亚 572000；
2. 福建农林大学生物农药与化学生物学教育部重点实验室，福州 350002)

摘 要：全年调查了玻璃温室内的烟粉虱在10种寄主作物上的种群动态变化，总体呈阶梯上升形，与温室内温度的年变化相似。从烟粉虱在各寄主植物上的全年分布状况相比较，发现在花椰菜、一品红、烟草、豇豆和胜红蓟上的分布较多，是该虫的喜好寄主，在生产中尤要注意做好防治工作。

关键词：烟粉虱；寄主植物；种群变化；调查

烟粉虱［*Bemisia tabaci*（Gennadius）］属于外来入侵害虫，在全国多地暴发成灾，成为蔬菜上的主要害虫之一，给农业生产造成巨大损失[1]。烟粉虱主要通过取食作物汁液，分泌蜜露引发煤烟病，传播病毒病等方式造成危害，严重时造成作物绝收[2]。特别是设施大棚蔬菜，更有利于该虫的暴发成灾[3]。许志兴等[4]对棚室蔬菜烟粉虱发生规律进行调查，朱龙宝等[5]对烟粉虱的寄主和种群消长动态也进行了调查，为当地的烟粉虱防治奠定基础。在海南三亚，烟粉虱与斑潜蝇、蓟马等成为为害冬季瓜菜的重要害虫，严重影响了冬季瓜菜产业发展和农产品质量安全，成为农民增收脱贫的一大障碍。通过调查温室内烟粉虱的种群动态变化，以期为该虫的综合防治提供参考依据。

1 材料与方法

供试的粉虱为烟粉虱［*Bemisia tabaci*（Gennadius）］，饲养于福建农林大学植物保护学院玻璃温室（14.6m×8.4m×3.5m）内的实验种群。

温室内栽种的寄主植物有10种：花椰菜（*Brassica oleracea* var. *botrytis* L.），品种为福花70天；一品红（*Euphorbia pulcherrima* Willd）；假连翘（*Durana repens* L.）；扶桑（*Hibiscus rosa-sinensis* L.）；杜鹃（*Rhododendron simsii* Planch.）；烟草（*Nicotiana tabacum* L.），品种为K326；豇豆［*Vigna sinensis*（L.）Savi］，品种为永荣1号；甘薯（*Ipomoea batatas* Lam.），品种为潮薯1号；胜红蓟（*Ageratum conyzoides* L.）；番茄（*Lycospersicum esculentum* Mill.），品种为厚皮早丰。

在温室内采用抽样调查的方法，每种寄主植物随机选15片叶，小心掀起叶片，计数叶背的粉虱成虫虫口数量。从2003年11月5日开始，每5天调查1次，每月调查6次，

---

* 基金项目：国家自然科学基金资助项目（30270904）；福建省科技计划项目（2004N024）

** 作者简介：罗宏伟，男，博士，高级农艺师，研究方向：植物保护；E-mail：luohongw@163.com

*** 通讯作者：黄建；E-mail：jhuang@fjau.edu.cn

全年共调查72次（至2004年10月30日），记录所有调查结果。同时每天记录3次大温室内温度（8:00、14:00、20:00）。

2 结果与分析

调查结果（表1和图1）表明：玻璃温室内几乎所有寄主植物上烟粉虱的全年种群动态变化呈阶梯上升形，与温室内温度的年变化相似（图2）。上半年温度低（月均温＜20℃），烟粉虱种群数量小，尤以2—3月最低，到5月后温度上升明显（月均温＞25℃），烟粉虱种群开始明显上升，至7—8月达最高峰，以后又开始缓慢下降。其中杜鹃和番茄表现例外，分别在4月和5月的虫口数量达最高值。尤为杜鹃，仅在4月这段时间烟粉虱种群数量突然增长，其原因是否与杜鹃正处开花期有关，开花导致其体内营养成分发生改变。此外，从烟粉虱在各寄主植物上的全年分布状况相比较，发现在花椰菜、一品红、烟草、豇豆和胜红蓟上的分布较多，表明这几种植物是烟粉虱所喜好的寄主植物。其余的如假连翘等烟粉虱虫口数量低。

表1 烟粉虱在玻璃温室内的全年种群动态

调查时间（月）	烟粉虱在不同寄主植物上的虫口数量（头/叶）									
	花椰菜	一品红	假连翘	扶桑	杜鹃	烟草	豇豆	甘薯	胜红蓟	番茄
11	10.96	6.60	0.86	0.17	0.36	29.63	5.91	1.60	11.95	5.67
12	22.41	4.36	1.58	0.12	0.06	46.88	1.48	1.08	4.09	6.94
1	19.59	1.98	1.68	0.01	0.26	24.92	—	0.32	2.89	4.31
2	11.09	0.51	0.20	0	0.17	11.15	—	0.02	2.19	1.64
3	10.82	0.70	0.11	0.02	2.37	9.86	—	0	2.18	2.24
4	4.56	2.72	0.23	0.11	4.68	10.80	—	—	2.52	3.81
5	18.29	9.77	0.69	0.31	1.76	52.24	1.97	1.13	4.15	7.27
6	34.46	19.03	1.23	0.51	1.14	127.52	6.13	5.50	7.68	6.12
7	78.28	66.78	1.74	0.46	0.88	135.17	27.07	13.73	48.23	5.10
8	44.51	46.66	6.59	1.55	1.45	47.50	29.13	12.75	48.85	—
9	20.27	25.87	5.76	1.45	1.89	30.18	13.56	7.09	20.69	—
10	9.14	28.81	3.47	1.07	0.90	24.29	12.92	7.97	11.67	—

注："—"表明该寄主植物已经死亡，无叶片存在

由表2可知：烟粉虱在10种寄主植物上的年平均虫口数量的差异达显著水平（$P<0.05$），10种寄主植物依烟粉虱的年平均虫口数量的大小排列为：烟草（45.844头）、花椰菜（23.873头）、一品红（19.667头）、胜红蓟（13.922头）、豇豆（12.270头）、甘薯（5.383头）、番茄（4.664头）、假连翘（2.010头）、杜鹃（1.324头）、扶桑（0.481头）。其中烟草与其余寄主植物间的差异达显著水平（$P<0.05$），花椰菜、一品红、胜红蓟、豇豆四者间的差异不显著（$P>0.05$）。

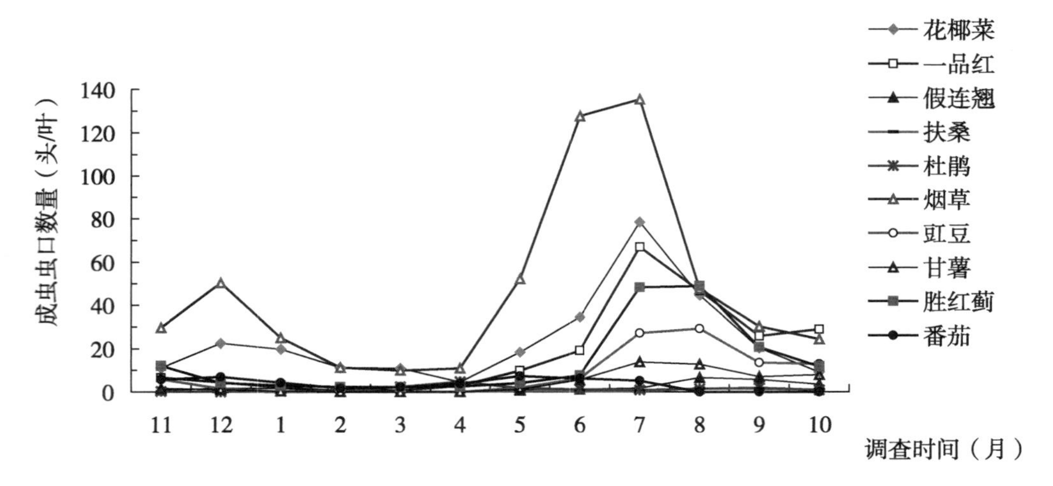

图 1　烟粉虱在玻璃温室内不同寄主植物上的全年种群动态

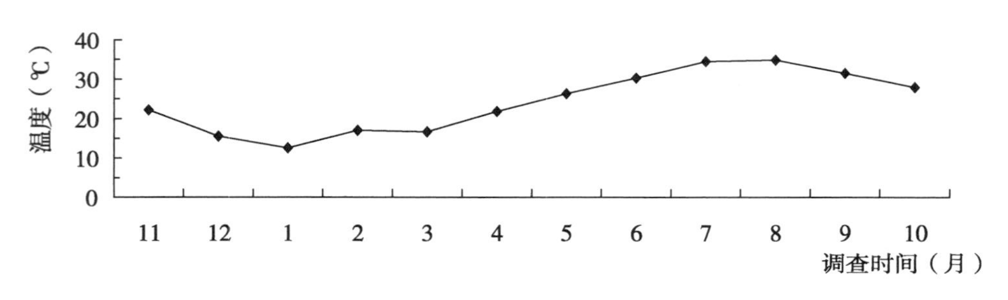

图 2　实验观察期间月平均温度变化

表 2　烟粉虱在玻璃温室内不同寄主植物上的年平均虫口数量

寄主植物	烟粉虱成虫虫口数量（头/叶）
花椰菜	23. 873 ±2. 876bB
一品红	19. 667 ±2. 691bcB
假连翘	2. 010 ±0. 333cB
扶桑	0. 481 ±0. 071cB
杜鹃	1. 324 ±0. 189cB
烟草	45. 844 ±5. 225aA
豇豆	12. 270 ±1. 682bcB
甘薯	5. 383 ±0. 750cB
胜红蓟	13. 922 ±2. 232bcB
番茄	4. 664 ±0. 374cB

注：表中的数字为 M ± SE，同一列数据采用 Duncan's 新复极差测验检验，不同大、小写字母分别表示在 0. 01 与 0. 05 水平上差异显著，相同字母表示差异不显著

3 小结与讨论

通过对温室内10种寄主植物上的烟粉虱的全年种群动态变化进行调查，发现该虫的种群变化与温室内温度的年变化相似，上半年种群数量小，尤以2—3月最低，到5月后种群开始明显上升，至7—8月达最高峰，以后又开始缓慢下降。在烟草、花椰菜、一品红、豇豆和胜红蓟上的分布较多，年平均虫口数量的差异不明显，表明这几种植物是烟粉虱所喜好的寄主植物。尤其是豇豆，是三亚冬季瓜菜的最主要的种植品种，每年种植面积达5 000hm^2。由于豇豆价格稳定，已经成为当地农民增收脱贫的主要手段，今后针对豇豆上的烟粉虱的综合防控还需深入研究。而胜红蓟作为野生杂草，田间分布广，在农业生产上应注意及时清除，以免成为烟粉虱为害的过渡寄主。

参考文献

[1] 陈艳华．外来入侵害虫烟粉虱的危害与防治［J］．安徽农学通报，2006，12（7）：133－134.

[2] 王福祥，于海峰，刘春友．烟粉虱的发生与防治［J］．吉林蔬菜，2010（2）：48－49.

[3] 景炜明，张文超，张会亚，等．关于西部设施蔬菜烟粉虱危害规律调查研究与防治［J］．蔬菜，2016（5）：71－73.

[4] 许志兴，马秀英，赵鹏飞，等．棚室蔬菜烟粉虱发生规律调查［J］．农业开发与装备，2016（4）：122.

[5] 朱龙宝，郭亚军，莫婷，等．江苏省江都市烟粉虱的寄主及种群消长动态调查［J］．江苏农业科学，2009（2）：119－121.

三亚市螺旋粉虱田间调查监测

陈川峰* 李祖莅** 周国启

（海南省三亚市农业技术推广服务中心植保植检站，三亚 57200）

摘 要：采用随机调查方法，在市内新风街附近选5株印度紫檀进行调查，调查叶片有虫率及叶片带虫量，监测螺旋粉虱种群及数量变动关系，结果表明：在三亚市螺旋粉虱种群动态变化出现双高峰期，每年5—6月出现第一次高峰至翌年2月出现第二次小高峰，7—10月为种群数量开始下降，11月螺旋粉虱种群数量达到最低，12月、1月种群数量有轻微上升趋势，2月种群数量达到一个小高峰期，然后又开始下降。

关键词：螺旋粉虱；种群动态；监测；三亚

螺旋粉虱（*Aleurodicus disperses* Russell）隶属于半翅目（Hemiptera）粉虱科（Aleyrodidae）。该虫1905年首次报道于加勒比海与中美洲地区，目前已扩散至亚洲、非洲、欧洲、美洲、大洋洲的40多个国家和地区。我国首次于1988年发现该虫传入台湾，2006年4月在海南陵水发现该虫已传入海南[1]。

螺旋粉虱寄主范围广泛，在海南螺旋粉虱寄主植物达到49科120种，其中包括果树、蔬菜、粮食作物、观赏园艺作物，主要为害印度紫檀、木薯、香蕉、茄子等作物[2]。由于该虫寄主广泛且零星分布，具有较强的适生能力，不易防治，表现出极大的危险性，其一旦向农田果园蔓延，将对热带果蔬产业造成严重危险，为了有效控制螺旋粉虱的发生和蔓延，保障三亚市果蔬产业健康可持续发展，监测调查分析该虫在三亚常年分布区内的发生规律，为制订合理的防治对策提供科学依据。

1 材料与方法

1.1 地点选择

在三亚市区新风街绿化区随机选取5株种植多年、树木高大、粗壮的印度紫檀树作为调查对象，种植方式为城市绿化种植。

1.2 调查方法

自2009年4月10开始，至2010年4月10日止；每月10日、20日和30日定时调查3次，每个监测点在螺旋粉虱发生区集中选5株印度紫檀进行调查，对选好的植株进行编号后，定点定时定株进行调查。调查叶片有虫率：在每株树东、南、西、北4个方位随机选择一根枝条，从枝条前端开始，调查50片叶，记录带虫的叶片数（不必将叶片采下）；

---

* 第一作者：陈川峰，男，农艺师，从事农业技术推广；E-mail：ccf_ 163@ yeah. net

** 通讯作者：李祖莅，女，农艺师；E-mail：lizhuli_ 2007@ yeah. net

每株树共调查200片叶。调查叶片带虫量：每株树选东、西、南、北4个方位（若某一方位过高，可适当调整），每个方位随机选10片有虫叶片，每株树累计调查40片叶；数出叶片上螺旋粉虱的成虫数量并进行记录后，将叶片采下放入标有调查时间及调查树位标签的保鲜袋中，每棵树采集的叶片分别装入一个保鲜袋，带回室内放置冷冻冰箱内保存。调查时尽量选择带虫叶片，动作轻柔，避免惊飞成虫，影响调查结果。

2 结果与分析

由图1、图2可知，螺旋粉虱在三亚市有2个高峰期，第1高峰期在5—6月，第2高峰期在2月，4月螺旋粉虱种群数量呈上升趋势，表明螺旋粉虱种群活动逐渐加强，5—6月达到全年最高峰（叶片有虫率为932头/3 000片叶、叶片带虫量363头/600片叶），表明螺旋粉虱种群活动最为活跃，也是螺旋粉虱为害最严重时期，7—8月螺旋粉虱种群活动相对平稳，8月以后螺旋粉虱种群数量急剧下降，种群活动逐渐减弱，11月份螺旋粉虱种群活动降为最低，为害最轻时期，12月至翌年1月螺旋粉虱种群活动有轻微上涨趋势，2月又有1个高峰期，但增长势头明显没有5—6月强，种群活动、为害程度相对5—6月较弱，2月以后种群逐渐下降。

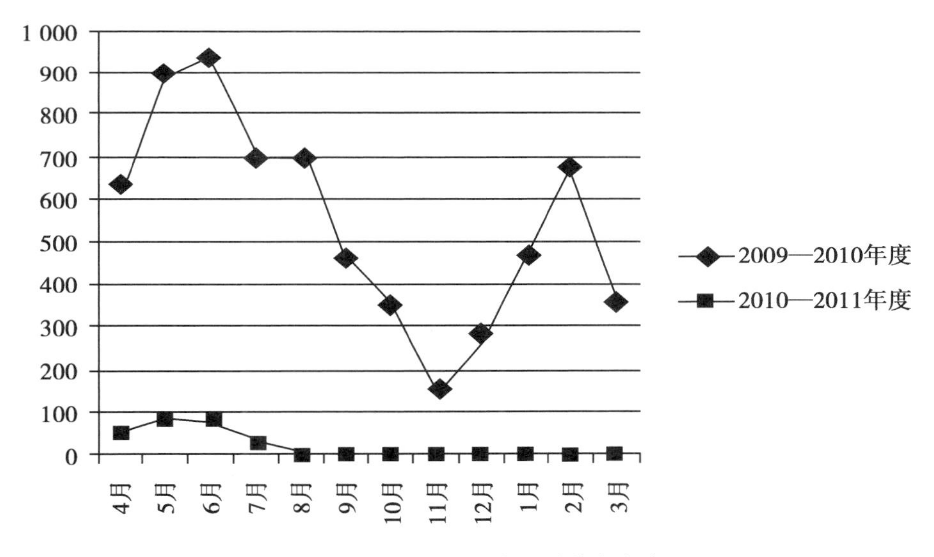

图1 螺旋粉虱种群动态（叶片有虫率）

3 讨论

据有关文献报道，不同地区，螺旋粉虱种群发生的高峰期是不一样，而且螺旋粉虱种群消长动态与温度呈正相关性，与湿度呈负相关性，干旱利于其生存，降雨对其生存不利[3-4]。在三亚地区，螺旋粉虱发生的高峰期在春夏季节，从气候上看，4月以后三亚温度开始上升，有利于螺旋粉虱种群发生，种群密度增加，6月三亚气温达到最高，抑制螺旋粉虱种群生长，种群密度开始减弱，7月中下旬三亚市区开始降雨，但降水量不多，与至7—8月种群密度相差不几，下降速度相对缓慢，8月三亚市出现大量降雨，造成螺旋粉虱种群急剧下降，在11月螺旋粉虱种群活动为最弱时期，种群数量最低，也是螺旋粉

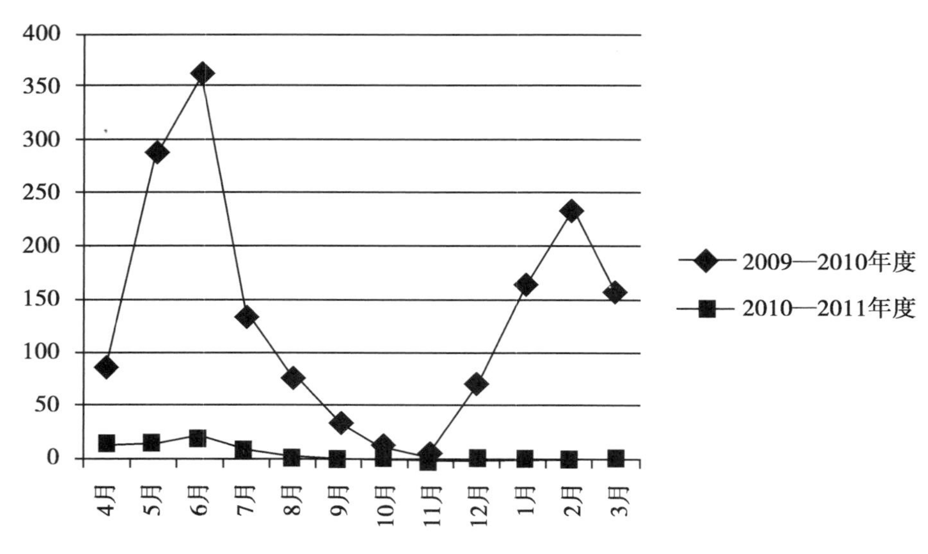

图2　螺旋粉虱种群动态（叶片带虫量）

虱为害最轻时期。雨季过后，螺旋粉虱种群数量又有上涨趋势，但受温度影响，上涨势头没有4月明显，说明三亚市螺旋粉虱种群数量的发生与温度、湿度有很大的关系。

从调查结果看，2010—2011年度和2009—2010年度相比较，螺旋粉虱种群数量发生有很大差别，而且在2010—2011年度8月以后再也没发现螺旋粉虱，是否受热带风暴影响、树枝被风暴折断或人为的砍伐和城市绿化药剂防治等因素有关，造成螺旋粉虱上述情况，还待进一步探讨。

4　防治措施

4.1　加强检疫和监测

对进出口岸等地点进行螺旋粉虱寄主材料检查，同时对螺旋粉虱监测是及时发现可能扩散传播的螺旋粉虱疫情的重要手段。

4.2　农业防治

及时清洁田园和周围的杂草，将植物枯枝、落叶、病叶、杂草集中喷药或烧毁处理，减少虫害基数。

4.3　物理防治

通过悬挂黄绿粘虫板和灯光诱杀成虫。

4.4　生物防治

利用草蛉、瓢虫和蚜小蜂等天敌对螺旋粉虱进行防治。

4.5　化学防治

2.5%溴氰菊酯乳油2 000倍液，2.5%高效氯氟氰菊酯水乳剂2 000倍液，10%高效灭百可2 000倍液，50%百佳乳油1 000倍液，40%乐斯本乳油1 000倍液，52.25%农地乐乳油1 500倍液，每隔10天喷一次，连喷2次。

参考文献

[1] 刘奎，符悦冠，张传海，等．海南果蔬重要害虫螺旋粉虱的田间药剂防治［J］．中国热带农业，2011，40（3）：36－38.

[2] 毕孝瑞，刘欢，闫军霞. 检疫性害虫螺旋粉虱研究进展［J］．现代农业科学，2012（17）：114－120.

[3] 陈丽云，朱麟，肖彤斌，等．入侵害虫螺旋粉虱的田间种群动态及其对本地节肢动物群落的影响［J］．热带作物学报，2010，31（5）：840－844.

[4] 沈文君，万方浩. 入侵害虫螺旋粉虱及其在我国的适生区预测［J］．昆虫知识，2007，44（3）：367.

柑橘木虱的扩散特性及防治研究进展*

姚林建[1**] 易 龙[1,2***] 谢昌平[1] 夏宜林[1]
(1. 赣南师范大学生命与环境科学学院，赣州 341000；
2. 国家脐橙工程技术研究中心，赣州 341000)

摘 要：柑橘黄龙病是柑橘产业中最具危害性和破坏力的病害，被称为柑橘的癌症。柑橘木虱作为其重要的传播媒介，已成为柑橘黄龙病防治的重点。本文简要综述了柑橘木虱的发生扩散及其影响因素，并比较了柑橘木虱防治的各种技术，包括综合防治、生物防治及化学防治等，以期为相关防治工作提供参考。

关键词：柑橘木虱；柑橘黄龙病；扩散特性；防治研究

柑橘木虱（*Diaphorina citri*），属于同翅目（Homoptera）木虱科（Chermidae），口器为刺吸式口器，成虫具有趋黄性，但不具有趋光性。我国主要分布于福建、江西、湖南、四川和贵州等省区[1]。同时，作为柑橘黄龙病田间传播途径，柑橘木虱携带传播的柑橘黄龙病是柑橘产业中危害性和破坏性最大的病害，每年有大量的柑橘树因此被砍伐。柑橘木虱分为亚洲柑橘木虱（*Diaphorina citri*）和非洲柑橘木虱（*Trioza erytreae*），分布在我国的主要为亚洲种。自20世纪初在中国华南地区被报道后，相继在亚非拉以及大洋洲的40多个国家暴发，造成了极大的经济损失[2]。因此，研究柑橘木虱的发生扩散特性不仅对于防治柑橘木虱具有重要意义，也为柑橘黄龙病的防治提供了重要的手段。

1 种群发生与扩散规律

1.1 发生世代情况

由于气候条件的差异，柑橘木虱在全国不同地区每年的发生代数不同，以广东的发生代数最多，但从整体来看为每年6～12代[3]。成虫当年在柑橘叶背越冬，来年的3月上中旬左右在春梢上产卵繁衍，第一代发生在3月中旬至5月上旬，最后一代发于10月上旬至12月上旬[4]。只要有嫩梢抽发，成虫即产卵，嫩梢数量决定世代的多少。由于全年中春、夏梢和秋梢的3个高峰，若虫出现3个发生高峰[5]。成虫寿命与是否产卵有很大的关系，在柑橘嫩梢抽发频繁的季节，若虫羽化为成虫后，很快就产卵死亡。

1.2 种群季节变化及其影响因素

通过系统监测得出，柑橘木虱种群数量的消长变化呈三峰型曲线，但各地报道的具体

---

* 基金项目：江西省高等学校科技落地项目（KJLD13079）；江西省自然科学基金（20142BAB204010）；江西省教育厅科技项目（GJJ14661）；赣州市科技计划项目（赣市财教字［2013］68号）

** 第一作者：姚林建，男，硕士研究生，主要从事病虫害防控研究；E-mail：854144600@qq.com
*** 通讯作者：易龙，男，教授，博士，主要从事柑橘病害防控研究；E-mail：yilongswu@163.com

月份存在差异[6]。除各地的气候条件影响之外，还有种群基数、果园管理和气候条件等因素。

综合来看，影响柑橘木虱成若虫数量主要因素及其原因列举如下：

（1）气候因素。因为柑橘木虱是一种适温性昆虫，当气温在长时间在 -6℃以下或低温徘徊，会引起木虱的死亡。相关报道显示，在 2004 年底至 2005 年初两个月里浙江衢州连续 3 次大雪，长期处于历史罕见的长期低温，引起木虱大量死亡。同时，酷夏的高温使得受到日光直射的植物表面常常可以达到 50℃以上的高温，将行动不便的幼虫晒死，所以，在冬季低温和夏季高温的情况下都不利于柑橘木虱的生长和活动。在强降雨的气候条件下，个体较小的柑橘木虱容易被冲刷到地面被水冲走或淹死，从而使虫口密度减小。除此之外，大风能帮助柑橘木虱的迁徙，对其种群扩散具有一定作用[7]。

（2）寄主种类。从定义上说，能够生活在另一种生物的体内和体表，并从它体内获取营养的生物被称为寄生物，供给寄生物以必要的生活条件的生物就是它的寄主[8]。柑橘木虱作为一种害虫，能够提供其产卵场所，成虫和幼虫取食发育的植物即为它的寄主。但由于不同植物的形态和生理等差异，柑橘木虱在不同植物上的寄生条件也不同。王洪祥等[9]对浙江台州的调查发现，当地种植的甜橙、脐橙、温州蜜柑和槿柑上木虱数量最多，其次是早蜜橘、早橘、棍橘和柚类，金柑、枸头橙和枳最少。

（3）树势及管理。柑橘树势的好坏与其抽梢频率及整齐度相关，比如管理水平好，柑橘树势良好的柑橘园，柑橘木虱极少发生或不发生；管理水平不好的柑橘园情况相反，且虫口密度高，世代重叠较严重，同时很少采取防治措施，使之更易传播黄龙病，危害更加严重。

（4）冬季、初见期数量和种群基数。柑橘木虱在冬季的种群数量较少，且天敌也少，若在冬季进行防治，能够显著降低初见期柑橘木虱的数量，具有事半功倍的效果。通过生物统计分析发现，柑橘木虱虫口密度整年种群数量消长的基数在 6 月，两者呈显著正相关。因此，在冬季、初见期和 6 月高峰积极防治柑橘木虱将有极好的效果。

1.3 发生地区及扩散

朱文灿[10]在研究中将 6.4℃等温线划分为柑橘木虱分布的界限，6.4 ~7.4℃等温线为低适温区，7.5℃以上为最适温区。随着气候变暖以及冬季气温上升，使得一些地区由低适温区转变为最适温区，导致一些此前未有报道或偶有发现的地区柑橘木虱严重暴发。随着全球气候的逐渐变暖，柑橘木虱在此前不适宜生存地区（如江西泰和[11]等地）的越冬存活率上升，使其地理分布逐渐北移。

除气候变暖以外，各种突发的气候现象也会对柑橘木虱的分布造成一定影响。在 2008 年初暴发大范围的冰冻灾害中，对广西桂林的多个地点的柑橘木虱的调查发现：在连续 4 天最低气温 0℃以下以及连续 13 天 2℃以下的取样地，越冬木虱成虫全部死亡，并且其分界线为北纬 25°[12]，这说明适宜柑橘木虱生存的气温条件分布与纬度具有紧密联系，并且随气候变暖，其纬度分布将会不断北移。尽管每次只有少量木虱成虫扩散，但其在适宜生存条件下不断繁殖使其种群数量迅速增加[13]。

近地面的大风有利于害虫迁飞传播，柑橘木虱可以借助大风传播到下风方向的果园。由于柑橘木虱飞行距离较短，其长距离扩散往往是多次短距离扩散的结果。通过在果园周围栽种防护林以及柑橘木虱趋避性植物，可以对木虱的迁飞产生阻碍作用。同时，群山包围的地理条件也能起到阻碍柑橘木虱的作用，在此类环境下的柑橘园对于外来木虱的自然传入具有一定抵御能力。相对于上述扩散方式，苗木培育不规范和管理混乱造成的柑橘木虱扩散会造成更加迅速的危害，从疫区到非疫区的苗木调运和接穗使得黄龙病病原和带毒木虱得以快速传播。因此，加强苗木管理对于防止柑橘木虱扩散具有重要意义。

2 柑橘木虱防治研究进展

2.1 相关防治研究文献变化分析

所有学科的发展都是靠前人和后人的不断研究来推动的，文献的数量及其构成要素的数量是反映一个学科发展的重要指标。文献量的增减与相关学术研究的繁荣程度息息相关，因此，通过分析文献可以掌握相关研究的现状和变化规律。对柑橘木虱防治研究中不同关键词进行检索并统计其数量变化，对其研究方向及相关研究发展程度进行分析与预判具有重要意义。

笔者以柑橘木虱和与其密切相关的黄龙病为关键词在中国知网进行全文检索，得到从2000—2014 年 15 年相关文献数的变化情况，如图 1 所示：在 2000—2006 年，相关文献数量大量增加，此后一直保持平稳，直到 2014 年大量增加，其曲线变化情况与近年来研究热度变化情况一致。

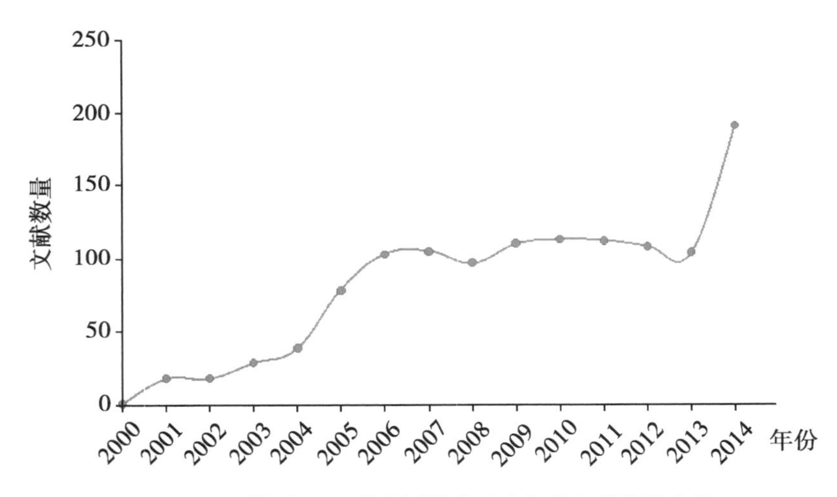

图 1 我国柑橘木虱及其传播的黄龙病相关文献数量变化

从整体来看，所有关于柑橘木虱及其传播的黄龙病的研究的主题都是为了防治其对柑橘产业的危害，当前提出的防治策略主要有综合防治、化学防治和生物防治等，其中，综合防治包含了化学防治和生物防治等方面。通过以这 3 种不同防治策略为关键词在中国知网中进行全文检索，得到 2000—2014 年的文献数量变化，如图 2 所示，综合防治一直占主要地位，除 2008 年以外，生物防治的研究文献数一直多于农药防治，反映出对生物防治一直保持着稳定的研究热度。

2.2 相关防治研究现状

由于柑橘木虱是黄龙病重要的传播媒介，对柑橘果树的危害极大，因此，在对其防治方面往往倾向于将其尽可能灭杀，化学农药作为木虱高峰期最有效的措施，使用较为普

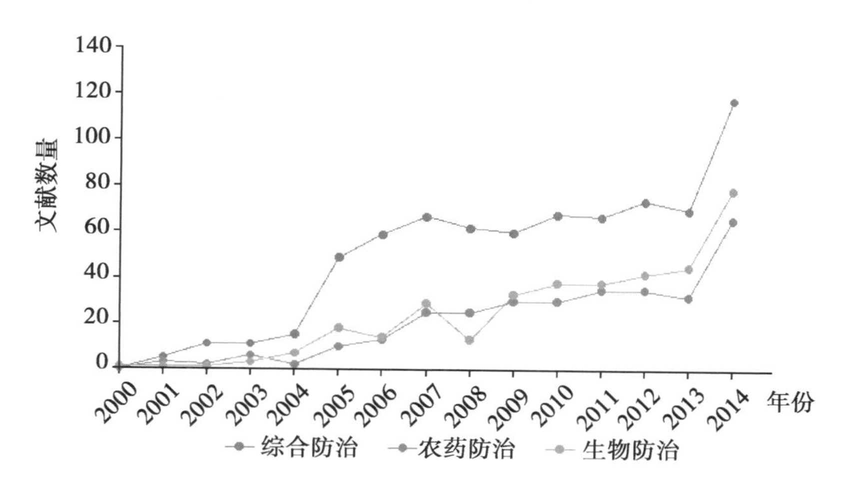

图 2　目前我国 3 种主要防治策略相关的文献数量变化

遍。然而，随着化学农药的大量使用，环境破坏、农药残留和柑橘木虱产生抗药性等问题越来越突出，采取包括生物防治在内的一系列无毒无害的综合防治措施迫在眉睫。利用一些安全，对环境友好，难以产生抗性，对生物多样性也不存在太大影响，且来源广的生物农药尤为重要[14]。

从总体上看，随着公众对于环境保护和食品安全问题越来越重视，这种对无害化的防治方式需求与相关文献数量都在上升，下文对近年来研究较热的生物防治和其对于化学农药的替代方面进行综述。

2.3　生物防治

2.3.1　柑橘木虱病原真菌防治

病原真菌对昆虫具有独特的侵染方式，扩散能力强，防治范围广，对刺吸式口器害虫的防治具有重要作用。其中的白僵菌在各种害虫的防治中已取得重要成效[15]。球孢白僵菌是一种可寄生于 6 个目 15 个科的 200 余种昆虫和螨类上的广谱虫生菌，具有致病力强、防治效果好和对人畜农作物无毒害等优点，在全球范围内已被较为深入研究和应用，应用前景广阔[16]。张艳璇等[17]将球孢白僵菌 CQBb111 菌株的分生孢子配成不同浓度的悬浮液，分别测定了其对柑橘木虱成虫和胡瓜新小绥螨雌成螨的毒性，发现同浓度的孢子悬浮液对柑橘木虱致死率远小于胡瓜新小绥螨，认为可以使用胡瓜新小绥螨搭载球孢白僵菌 CQBb111 菌株的分生孢子对柑橘木虱进行联合控制，从而使得柑橘黄龙病的扩散减弱。而且，捕食螨具有活动能力强，能在田间自行搜索猎物，到达农药喷洒不到的死角优点，在以螨治螨的同时搭载白僵菌对柑橘木虱进行防治大大提高了其使用效率。

2.3.2　柑橘木虱天敌昆虫防治

木虱的天敌昆虫较多，主要是捕食性天敌与寄生性天敌。亚洲地区柑橘木虱的优势寄生昆虫为其专性寄生蜂，包括腹釉小蜂和阿里食虱跳小蜂。捕食性天敌主要包括瓢虫、草蛉、蚂蚁、螳螂等多个类群，捕食性瓢虫是优势类群[18]。对瓢虫、草蛉、啮小蜂等益虫的保护及放养，避开天敌的发生高峰期喷施化学农药，在柑橘园内种霍香蓟和绿肥，保护好百花草、铺地蓝等良性杂草，可以改善园中的生态环境，达到以虫治虫的目的[19]。

2.3.3　生物农药防治

生物农药是利用生物产生的活性成分或具天然化合物结构的化学合成物质，制得的具有防治植物病虫害、去除杂草和调节植物生长作用的药剂[20]。自然界中的许多植物次生物质对多种体型小的害虫具有驱避作用，可应用于柑橘木虱的防治工作。例如张玉良[21]使用豆科植物苦参中提取出的苦参碱可溶性液剂防治沙枣木虱，通过室内外试验，取得了较好的防治效果。

此外，假臭草一年生草本、薇甘菊多年生草质藤本和番石榴等植物能发出一种气味，对柑橘木虱有一定的驱避作用，将其种植在果园附近具有很好的效果[22]。相关研究发现，在经番石榴精油处理和对照柑橘叶片上，分别利用刺探电位技术测定柑橘木虱成虫刺吸取食行为，发现番石榴精油处理使得柑橘木虱成虫正常的韧皮部取食时间极显著下降[23]。岑伊静等[24]研究了香茅草、五爪金龙、马兜铃等22种柑橘木虱非嗜食植物乙醇提取物对其的产卵驱避效果，并用干扰作用控制指数IIPC对这些效果进行评价，发现其中5种提取物处理的嫩梢上无木虱产卵，11种提取物可以显著降低柑橘木虱产卵量，2种提取物对柑橘木虱产卵具有显著吸引作用。因此，除了在柑橘园间种以上柑橘木虱趋避植物，还可以利用其提取物或者化学合成类似物研制高效的生物农药。

2.3.4　矿物油乳剂防治

矿物油乳剂具有对环境和害虫天敌安全，杀虫效果好，使用成本低等优点，并且在长期使用过程中没有发现害虫产生抗药性的情况发生。欧阳革成等[25]研究了加德士-路易和绿颖等两种矿物油乳剂4种矿物油乳剂对柑橘木虱的趋避作用，发现前两种对柑橘木虱具有显著的趋避效果，同时对柑橘木虱产卵也有很好的阻碍效应。

虽然当前人们对矿物油乳剂影响昆虫行为的作用机制尚不完全清楚，仅猜测为其中的某些成分与害虫非嗜食植物次生代谢产物化学结构类似，但其研究仍然为柑橘木虱防治提供了一条新的方法。

2.3.5　拒避-诱杀组合防治

虽然各种化学和生物防治手段对于各种害虫具有较好的防治效果，但是长期的自然进化使得害虫往往能在强大的选择压力面前产生相应的适应行为。一些学者认为，可以提供合适的选择出口，同时对其设下陷阱对害虫进行灭杀，从而达到很好的防治效果[26]。拒避-诱杀组合技术通过综合利用排斥和吸引作用来引导害虫或天敌的行为和运动趋向，改变害虫或其天敌的分布和密度，从而保护作物不受害虫为害。

3　展望

由于影响柑橘木虱扩散的因素较多，因此，对其防治是一项长期艰巨的工作。从发现柑橘木虱是柑橘黄龙病的重要传播媒介以来，便引起了世界各国专业人员的关注。化学防治的效果虽好，但带来的抗药性、环境污染、破坏生态环境等问题不容忽视，为可持续发展，生物防治必将成为后续柑橘木虱绿色防控措施中的重要手段。然而，目前生物防治技术体系不够完善，仍需在针对柑橘木虱寻找和筛选出高效的生防因子并扩大其研究范围，进一步建立和完善以生物防治为主的绿色综合防控技术体系，才能更好地做好柑橘木虱的长期持续防控工作，更好地防控柑橘黄龙病的扩散与蔓延。

参考文献

[1] 王晓亮，李潇楠，冯晓东，等．柑橘黄龙病与柑橘木虱在我国发生情况调查［J］．植物检疫，2016，30（2）：44.

[2] 孟华岳，文英杰，徐汉虹．亚洲柑橘木虱和柑橘黄龙病的化学防治［J］．世界农药，2016，38（1）：21－31.

[3] Yang Y，Huang M，C. Beattie G A，*et al.* Distribution，biology，ecology and control of the psyllid Diaphorina citri Kuwayama，a major pest of citrus：a status report for China［J］．International Journal of Pest Management，2006，52（4）：343－352.

[4] 董志德．广西柳州市柑橘木虱的发生特点及绿色防控措施［J］．中国热带农业，2011，43（6）：64－65.

[5] 马骁，王祖泽．柑橘木虱的发生消长规律及防治措施［J］．浙江柑橘，2001，18（1）：26－28.

[6] 冯贻富，汪恩国，潘伟．柑橘园柑橘木虱种群数量消长规律研究［J］．中国园艺文摘，2013（5）：39－40.

[7] 邹玲，唐广田，邹丽霞，等．桂林柑桔主要病虫害发生的气象条件分析［J］．气象研究与应用，2007，28（3）：40－42，55.

[8] 柏立新，孙洪武，孙以文，等．棉铃虫寄主植物种类及其适合性程度［J］．植物保护学报，1997，24（1）：1－6.

[9] 王洪祥，陈国庆，龚洁强，等．浙江省台州市柑橘木虱的发生规律及防治技术［J］．植保技术与推广，2001，21（3）：20－21.

[10] 朱文灿．柑桔木虱生态适应性研究［J］．江西柑桔科技，1993（1）：20－22.

[11] 陈志灵，石维忠，蒋军喜，等．泰和县郊柑桔木虱发生初步调查［J］．江西植保，2005，28（1）：45－46.

[12] 白先进，邓崇岭，陆国保，等．柑桔木虱耐寒性调查研究［J］．中国南方果树，2008，37（6）：22－24.

[13] 张林锋，赵金鹏，曾鑫年．柑桔木虱种群动态与扩散的调查研究［J］．中国农学通报，2012，28（28）：290－296.

[14] 邓洪渊，孙雪文，谭红．生物农药的研究和应用进展［J］．世界科技研究与发展，2005，27（1）：76－80.

[15] 蒲蛰龙，李增智．昆虫真菌学［M］．合肥：安徽科学技术出版社，1996.

[16] 翟锦彬，黄秀梨，许萍．杀虫真菌——球孢白僵菌的昆虫致病机理研究近况［J］．微生物学通报，1995，22（1）：45－48，35.

[17] 张艳璇，孙莉，林坚贞，等．白僵菌 CQBb111 菌株对柑橘木虱和胡瓜新小绥螨的毒力差异［J］．中国生物防治学报，2013，29（1）：56－60.

[18] 代晓彦，任素丽，周雅婷，等．黄龙病媒介昆虫柑橘木虱生物防治新进展［J］．中国生物防治学报，2014，30（3）：414－419.

[19] 曹涤环，姚伏初．柑橘黄龙病媒介木虱的发生与防治［J］．果农之友，2014（1）：31.

[20] 邓洪渊，孙雪文，谭红．生物农药的研究和应用进展［J］．世界科技研究与发展，2005，27（1）：76－80.

[21] 张玉良．生物农药防治沙枣木虱［J］．中国森林病虫，2008，27（6）：41－42.

[22] Zaka S M，Zeng X N，Holford P，*et al.* Repellent effect of guava leaf volatiles on settlement of adults of citrus psylla，Diaphorina citri Kuwayama，on citrus［J］．Insect Science，2010，17

(1)：39 – 45.

[23] 朱红梅，曾鑫年，Syed M. Zaka，等．番石榴精油对柑橘木虱刺吸取食行为的影响［J］．环境昆虫学报，2010，32（4）：483 – 487.

[24] 岑伊静，庞雄飞，徐长宝，等．非嗜食植物乙醇提取物对柑橘木虱的产卵驱避作用［C］//中国昆虫学会．昆虫学创新与发展——中国昆虫学会2002年学术年会论文集. 中国昆虫学会，2002：3.

[25] 欧阳革成，杨悦屏，钟桂林，等.4种矿物油乳剂对柑橘小实蝇和柑橘木虱产卵行为的影响［J］．植物保护，2007，33（4）：72 – 74.

[26] 卢慧林，欧阳革成，郭明昉．拒避 – 诱杀组合技术对橘小实蝇产卵的影响［J］．环境昆虫学报，2012，34（2）：184 – 189.

焦作地区栾多态毛蚜发生与防治

蔡慧先[1*]　武小忠[1]　秦小庆[2]　郭　华[3]
（1. 河南省焦作市农广校，焦作　454002；2. 河南国有焦作林场，焦作　454000；
3. 焦作市农技站，焦作　454002）

摘　要：栾多态毛蚜一年发生数代，以卵在树皮裂缝、疤痕及芽缝等处越冬。在焦作地区，4 月中旬蚜虫数量快速增长，4 月下旬至 5 月为胎生蚜虫发生为害盛期。10 月至 11 月上旬秋季蚜虫为害盛期。11 月中旬交尾产卵，雄蚜有多次交尾的习性。采取早春卵孵化前在树干上部缠塑料粘胶带粘杀干母，保护、利用天敌，科学合理地使用吡虫啉、吡蚜酮等药剂喷雾等措施，可取得较好的防控效果。

关键词：栾多态毛蚜；发生；防治

栾多态毛蚜属同翅目，毛蚜科，学名［*Periphyllus koelreuteriae*（Takahashi）］，是绿化树种栾树上的一种重要害虫。蚜虫以成、若虫刺吸植株嫩梢、嫩叶等细嫩部位，影响植株正常生长发育，为害严重的叶片卷缩、嫩芽甚至枯死。害虫排泄的蜜露在人行道上形成一层油渍，黏糊糊一片，严重影响市容市貌及栾树的观赏性，也给行人带来不便。为了摸清栾多态毛蚜在焦作地区的发生、科学有效地控制其为害，2014—2016 年，我们对其生活史、生活习性及防治等进行了观察研究。现将结果报道如下。

1　形态特征

卵：长约 0.75mm，宽约 0.3mm，椭圆形，初产时黄绿色，后变为深墨绿色。

干母：腹部卵圆形，黑色，体上有短细毛，体背隐约现边缘不明显的褐色斑；腹管短，黑色。

无翅孤雌蚜：体长约 3mm，宽约 1.6mm，长卵圆形，黄绿色、黄褐色，体背有深褐色“品”字形大斑。触角、腹管、尾片黑色。

有翅孤雌蚜：体长约 3.3mm，宽约 1.3mm，头胸部黑色，腹部黄绿色，腹部 1～6 节的中斑与侧斑融合成各节黑带。腹管黑色。双翅在体背呈屋脊状，翅无色透明，前翅中脉三分叉，翅脉黄褐色，翅痣灰黑色。

滞育型若蚜：长 0.55～0.63mm，宽 0.26～0.34mm，扁平，体淡黄绿色，腹部周缘有鳞片状毛。

雌性蚜：无翅，菱形，赤褐色。腹管以下的腹末延伸。触角顶部长约 1/2 段深褐色，基部段黄褐色。足黄褐色。复眼黑色。

---

* 作者简介：蔡慧先，女，农业推广研究员，主要从事植保技术培训与推广；E-mail：jzcaijiang@163. com

雄性蚜：有翅，体长约2.0㎜，黑色，翅基与胸背相连处的膜质区亮黄绿色。触角深褐色。

2 生活史

栾树蚜虫在焦作地区一年发生数代。以卵在树皮裂缝、疤痕及芽缝等处越冬。早春栾树萌芽前卵开始孵化，3月中旬为孵化盛期，树干上的干母在树干上爬行，后聚集到嫩芽上刺吸为害。3月底4月初干母开始胎生小若蚜，4月中旬蚜虫数量快速增长，4月中下旬出现大量有翅蚜，进行横向传播扩散，4月下旬至5月蚜虫发生为害盛期。2016年4月30日在2年生栾树苗木基地定点调查10株，平均蚜量434头/株，最高单株894头。5月上旬越夏滞育型蚜虫开始出现。6月以后孤雌蚜数量逐渐少见。蚜虫为害一年有春秋两个高峰期，9月上旬蚜虫处在零星发生期，9月中下旬蚜虫数量逐渐增长，9月底10月初，蚜虫为害始盛期，10月至11月上旬秋季为害盛期。11月上旬出现无翅雌蚜与有翅雄蚜，11月中旬交尾产卵盛期，常年11月下旬天气变得寒冷，直到气温降到0℃以下活动蚜虫被冻死或随落叶逐渐死亡。

3 习性

3.1 蚜虫不同虫态的活动为害

蚜虫嗜食幼嫩部位，干母、干雌为害嫩芽，活动性不强。嫩茎抽出，无翅胎生雌蚜聚集到嫩茎上为害，为害重的茎上密密麻麻布满蚜虫。取食时常常头下扎、尾部翘起，有时还晃动。随着栾树复叶逐渐增长，蚜虫活动性增强，分散到嫩叶叶背主脉基部、叶柄等处为害，同时开始出现有翅蚜。4月下旬至5月上旬，无翅胎生雌蚜、有翅胎生雌蚜同时发生时，有翅蚜多在叶背，无翅蚜多在嫩茎上。秋季蚜虫主要在顶部叶片背面、复叶叶柄上为害。秋末气温降低，性蚜出现，无翅雌蚜与有翅雄蚜多在枝干上活动、交尾产卵。

3.2 交尾产卵

2015年11月13日在翁涧河道栾树上调查，主干上无翅雌蚜与有翅雄蚜比约为(20～25)：1；交尾历时几分钟，交尾后雄虫即爬行离开，爬行较长距离，有多次交尾的习性。雌虫交尾后，一般在原处或附近停顿数分钟，较慢、较短距离爬行，寻找产卵场所。即将产卵的雌成虫腹管后面的尾部伸长，部分向下弯，整个身体像隆起一样。产卵时有的虫体尾部插在树干裂缝中、树皮疤痕处，体半立状。11月21日调查，雌虫数量明显减少，主干上雌蚜数量较上周减少一半左右，但雄蚜量减少不明显，雌雄比约为(4～5)：1。

4 发生与环境条件

4.1 气温

栾树蚜虫适生中温条件，在一年中出现春、秋2个为害高峰，但以春季栾树受害更重。秋末冬初，气温降到0℃以下，孤雌胎生蚜及性蚜很快死亡。2015年11月23—24日焦作市下大雪，气温降到－5～2℃，11月25日雪后调查，树叶全部落光，树干上蚜虫绝大多数死亡，少量活着的蚜虫不活动。以后连续几日，气温维持在－7～2℃，12月4日中午有太阳，最高温度8℃，有极少数活动蚜。12月9日树干上已无活蚜。

4.2 天敌

天敌主要是异色瓢虫、龟纹瓢虫等瓢虫，其次是草蛉。瓢虫发生盛期在4月下旬至5月下旬，在蚜量高峰之后开始大量出现，对蚜虫具有跟随现象。在行道栾树上特别是常年喷广谱化学农药的树上，发生量较小，控制作用滞后，但在一些前期蚜量小、未喷施化学农药的幼年树林，后期控制作用很明显。2016年5月2日在2年生栾树基地定点调查10株，共有瓢虫幼虫81头，结果对5月份蚜虫发生起到了很好地控制作用。

5 防控措施

5.1 物理防治

早春3月上旬卵孵化前在树干上部缠上塑料粘胶带，粘杀在树干上活动、向树顶爬行的干母，能有效降低干母数量，减轻其对幼芽、幼梢的为害。

5.2 生物防治

保护、利用天敌，优先选用对天敌影响最小的防控技术，避免在天敌发生盛期喷施广谱性化学农药。

5.3 化学防治

5.3.1 防治适期

春季4月中旬蚜量快速上升期，秋季根据发生情况可在9月底10月初进行。

5.3.2 几种药剂防治栾多态毛蚜效果试验

选用10%吡虫啉可湿性粉剂2 500倍液（河南银田精细化工有限公司）、10%烯啶虫胺水剂（江苏连云港立本农药化工有限公司）3 000倍液、25%吡蚜酮可湿性粉剂（盐城利民农化有限公司）2 500倍液、对照农药40%氧化乐果乳油（涿州翔翊华太生物技术有限公司）1 500倍液，另设清水对照。

试验设在焦作林场苗圃，树龄2年。上述处理随机区组排列，重复3次，重复Ⅰ为丛枝，重复Ⅱ、Ⅲ为小树，每处理5棵（丛）。施药器械为亿佳3WBS－16型喷雾器，4月29日喷药。施药前调查蚜虫基数，施药后1天、3天分别调查蚜虫残存量、观察对天敌的影响。每处理5棵（丛）树全部调查，分别记载整株树上的虫量，计算虫口减退率和防治效果。结果见下表。

表 几种药剂防治栾多态毛蚜效果调查

处理	施药前虫口基数（头/株或丛）	药后1天			药后3天		
		残虫量（头/株或丛）	虫口减退率（%）	防治效果（%）	残虫量（头/株或丛）	虫口减退率（%）	防治效果（%）
10%吡虫啉可湿性粉2 500倍液	142.3	1.6	98.9	99.4	1.7	98.8	98.0
10%烯啶虫胺水剂3 000倍液	187.0	12.1	93.6	96.6	10.4	94.4	90.7
25%吡蚜酮可湿性粉2 500倍液	178.8	48.9	72.6	85.7	6.9	96.1	93.5
40%氧化乐果乳油1 500倍液	411.0	5.3	98.7	99.3	3.8	99.1	98.5
清水对照	167.1	319.8			100.1	40.1	

从上表可以看出，药后1天，吡虫啉、烯啶虫胺及对照农药氧化乐果防治效果都在

96%以上；药后3天，虫口减退率在94%以上，说明以上几种农药具有很好的速效性及防治效果。但氧化乐果为高毒农药，不建议使用；吡蚜酮作用速度较慢些，药后1天防治效果为85.7%，但药后3天虫口减退率为96.1%，可作为防治栾蚜的药剂之一，适当提前使用。对天敌的影响观察表明，吡虫啉、烯啶虫胺、吡蚜酮对天敌的杀伤作用相对较小。

6 问题与讨论

药效试验中，药后3天调查，由于对照区瓢虫移走不彻底，影响了对照区蚜量的自然消长，药后3天校正防效仅作参考。

参考文献

[1] 顾萍，周玲琴，徐忠．上海地区栾多态毛蚜生物学特性观察及防治初探［J］．上海交通大学学报（农业科学版），2004，22（4）：389－392.

[2] 宋丽平，张庆华，贾小洁．黄山栾蚜虫粘胶带防治法［J］．河南林业科技，2014，34（2）：62－64.

[3] 唐燕平，顾玉霞，许皖豫，等．安徽园林植物蚜虫名录［J］．安徽农学通报，2009，15（5）：161－163.

[4] 王念慈，李照会，刘桂林，等．栾多态毛蚜生物学特性及防治的研究［J］．山东农业大学学报，1990，21（1）：47－50.

[5] 王念慈，李照会，刘桂林，等．栾多态毛蚜形态特点和自然蚜量变动规律的研究［J］．山东农业大学学报，1991，22（1）：79－85.

生物防治

布氏白僵菌防治植食性蛴螬的研究进展

刘聪鹤[1,2*]　魏红爽[1]　刘乙良[1,3]　张　帅[1]
于洪春[2]　尹　姣[1]　曹雅忠[1]　李克斌[1**]
(1. 中国农业科学院植物保护研究所，北京　100193；
2. 东北农业大学，哈尔滨　150036；3. 华中农业大学，武汉　430070)

摘　要：植食性蛴螬是一种重要的地下害虫，为害多种农作物、经济作物和花卉苗木，尤其喜欢取食刚播种的种子、根、块茎以及幼苗，造成田间缺苗断垄，甚至颗粒无收。布氏白僵菌作为一种新型生物农药，近年来有关布氏白僵菌防治植食性蛴螬的研究不断深入，白僵菌防治植食性蛴螬的技术趋于成熟，本文将对布氏白僵菌防治植食性蛴螬的研究进行综述。

关键词：布氏白僵菌；植食性蛴螬；研究进展

蛴螬，属鞘翅目（Coleoptera）、金龟科（Scarabaeidae）的昆虫，是金龟总科幼虫的总称，分为植食性蛴螬、粪食性蛴螬和腐食性蛴螬，其中植食性蛴螬是我国重要的农田地下害虫，分布在我国20余个省（区）市，在各个地区常发、多发，造成严重危害，是我国的重要的地下害虫种类之一，取食植物的种子与幼苗，特点是断口整齐，常造成组织伤口，导致其感染病害，造成农业、林业重大损失[1]。一般植食性蛴螬完成1个世代需1～2年的时间，有些种类的世代极长，需6年才能完成一个世代。环境温度越高世代越短，主要以老熟幼虫和少数当年羽化的成虫越冬。幼虫冬季在土中过冬，一般深度为30～40cm，有时随土温变化而具有垂直迁移的习性。迁移路线与土壤的湿度、土质关系密切，一般，表土层含水量10%～20%时较为适宜，水分过高或过低，幼虫便向深层土移动，为害暂时停止；黏土比砂壤土发生数量多，为害较为严重[2]。近年来，由于全球气候变暖，利于蛴螬的越冬及发育，导致虫口的基数增加，为害逐年加重，对农作物的产量和品质造成了较大影响。

布氏白僵菌是一种高效生物农药，对于蛴螬有很好的防治效果，具有不污染环境，防治成本低，不易产生抗药性，寄主范围较窄，杀虫效果好的优点，主要对鞘翅目昆虫有极好的防治效果，在多种农林害虫的生物防治中都取得了明显成效。在欧洲利用此种白僵菌防治西方五月鳃金龟（*Melolontha mololontha*）等，获得了较好的效果[3-4]。在日本用它防治桑树、无花果树的黄斑星天牛（*Psacothea hilaris*）；在我国用该菌防治花生、大豆、林木上的暗黑鳃金龟（*Holotrichia parallela*）和华北大黑鳃金龟（*Holotrichia oblita*）都取得了较高的防效[5-6]，并且以其安全有效、容易大量生产等优点，在害虫综合治理系统中占有越来越重要的地位，是一种值得推广的生物农药。

---

* 第一作者：刘聪鹤，硕士，专业为植物保护；E-mail：542556114@ qq. com
** 通讯作者：李克斌，研究员，研究方向为昆虫生理及害虫综合治理；E-mail：kbli@ ippcaas. cn

1 我国植食性蛴螬的防治概况

1.1 我国植食性蛴螬的分布与种类

植食性蛴螬是花生、豆类、粮食作物的重要地下害虫，也是地下害虫中最重要的类群。主要有华北大黑鳃金龟（*Holotrichia oblita*）、暗黑鳃金龟（*Holotrichia parallela*）、铜绿丽金龟（*Anomala corpulenta*）、黑绒鳃金龟（*Serica orientalis*）、黄褐丽金龟（*Anomala exoleta*）等，其种类分布因地而异[7]。我国各地基本都有分布，有些地区常常同时发生几种蛴螬。但不同地区的种群结构存在差异，而且优势种类也有所不同（表1）[8]。例如东北地区主要种植玉米、水稻，大豆，易受到东北大黑鳃金龟（*Holotrichia diomphalia*）、灰胸突鳃金龟（*Hoplosternus incanus*）等的为害，而华中地区种植果树比较多，易受到铜绿丽金龟（*Anomala corpulenta*）、华北大黑鳃金龟（*Holotrichia oblita*）等的为害。

表1 我国各地植食性蛴螬的主要优势种与分布

分布地区	主要优势种	主要为害种类*
东北	铜绿丽金龟（*Anomala corpulenta* Motschulsky）	花生、草坪
	华北大黑鳃金龟（*Holotrichia oblita* Faldermann）	豆类
	暗黑鳃金龟（*Holotrichia parallela* Motschulsky）	豆类、苗木
	宽云斑鳃金龟（*Polyphylla. Chinensis* Fairmaire）	—
	中喙丽金龟（*Adoretussinicus* Burmeister）	—
	东北大黑鳃金龟［*Holotrichia diomphalia*（Bates）］	—
	黑绒鳃金龟（*Serica orientalis* Motschulsky）	—
	铜绿丽金龟（*Anomala corpulenta* Motschulsky）	花生、草坪
	中华弧丽金龟（*Popillia quadriguttata* Fabricius）	苗木
	灰胸突鳃金龟（*Hoplosternus incanus* Motschulsky）	玉米
	鲜黄鳃金龟（*Metabolus impressifrons* Fairmaire）	麦类
	阔胸犀金龟（*Pentodon patruelis* Frivaldsky）	蔬菜
	黑皱鳃金龟［*Trematodes tenebrioides*（Pallas）］	—
华北	弟兄鳃金龟（*Melolontha frater* Arrow）	—
	灰胸突鳃金龟（*Hoplosternus incanus* Motschulsky）	—
	阔胫绒金龟（*Maladera verticalis* Fairmaire）	—
	黑皱鳃金龟［*Trematodes tenebrioides*（Pallas）］	—
	铜绿丽金龟（*Anomala corpulenta* Motschulsky）	果树
	黑绒鳃金龟（*Serica orientalis* Motschulsky）	草坪、牧草
	暗黑鳃金龟（*Holotrichia parallela* Motschulsky）	豆类、花生
	华北大黑鳃金龟（*Holotrichia oblita* Faldermann）	果树、蔬菜
	黄褐丽金龟（*Anomala exoleta* Faldermann）	—
	中华弧丽金龟（*Popillia quadriguttata* Fabricius）	—
	中喙丽金龟（*Adoretus sinicus* Burmaister）	—
	毛喙丽金龟（*Adoretus hirsutus* Ohaus）	—
	毛黄鳃金龟［*Holotrichia trichophora*（Fairmaire）］	—
华中	小黄鳃金龟（*Metabolus flavescens* Brenske）	玉米、蔬菜
	黑绒鳃金龟（*Serica orientalis* Motschulsky）	草坪、牧草
	阔胫绒金龟（*Maladera verticalis* Fairmaire）	苗木
	铜绿丽金龟（*Anomala corpulenta* Motschulsky）	果树
	华北大黑鳃金龟［*Holotrichia oblita*（Faldermann）］	果树、蔬菜
	暗黑鳃金龟（*Holotrichia parallela* Motschulsky）	豆类、花生

（续表）

分布地区	主要优势种	主要为害种类*
华南	大等鳃金龟（*Exolontha serrulata* Gyllenhal）	—
	桐黑丽金龟［*Anomala antiqua*（Gyllenhal）］	—
	斑喙丽金龟（*Adoretus tenuimaculatus* Waterhouse）	—
	突背蔗龟（*Alissonotum impressicolle* Arrow）	甘蔗
	红脚绿丽金龟（*Anomala cupripes* Hope）	玉米、蔬菜
	铜绿丽金龟（*Anomala corpulenta* Motschulsky）	泡桐
	华南大黑鳃金龟（*Holotrichia Sauteri* Moser）	苗木、豆类、花生
	浅棕鳃金龟（*Holotrichia avata* Chang）	甘蔗、豆类
	中华弧丽金龟（*Popillia quadriguttata* Fabricius）	—
	弱斑弧丽金龟（*Popillia histeroidea* Gyllenhal）	—
	无斑弧丽金龟（*Popillia mutans* Newman）	—
	鼎湖弧丽金龟（*Popillia pui* Lin）	—
西北	小云斑鳃金龟（*Polyphylla gracilicornis* Blanchard）	—
	大皱鳃金龟（*Trematodes grandis* Semenov）	—
	马铃薯鳃金龟（*Amphimallon solstitialis* Reitter）	马铃薯
	粗绿彩丽金龟（*Mimela holosericea* Fabricius）	槐树
	大栗鳃金龟（*Melolontha. Hippocastani mongolica* Méné – tries）	花生、草坪
	华北大黑鳃金龟（*Holotrichia oblita* Faldermann）	苗木
	暗黑鳃金龟（*Holotrichia parallela* Motschulsky）	玉米
	黄褐丽金龟（*Anomala exoleta* Faldermann）	—
	苹毛丽金龟（*Proagopertha lucidula* Faldermann）	—
	阔胫绒金龟（*Maladera verticalis* Fairmaire）	—
	灰胸突鳃金龟（*Hoplosternus incanus* Motschulsky）	—
西南	华北大黑鳃金龟（*Holotrichia oblita* Faldermann）	—
	大等鳃金龟（*Exolontha serrulata* Gyllenhal）	—
	桐黑丽金龟［*Anomala antiqua*（Gyllenhal）］	—
	黑绒鳃金龟（*Serica orientalis* Motschulsky）	草坪、牧草
	铜绿丽金龟（*Anomala corpulenta* Motschulsky）	花生、草坪
	暗黑鳃金龟（*Holotrichia parallela* Motschulsky）	苗木
	灰胸突鳃金龟（*Hoplosternus incanus* Motschulsky）	—

* 此列为蛴螬优势种主要为害的植物种类

1.2 我国植食性蛴螬的防治概况

植食性蛴螬由于生活环境较为隐蔽，长期生活在土壤中，一般方法很难防控，目前我国植食性蛴螬的主要防治方法如下：

（1）农业防治：对于水利条件好的虫害严重发生地区，可实行轮作倒茬或水旱轮作，在田间、垄边、空地附近，点种蓖麻毒杀取食的蛴螬成虫金龟子；合理施肥，提高花生抵抗病虫害的能力，施用充分腐熟的有机肥，合理施用氮磷钾肥，适度控制氮肥，增施磷、钾肥及微量元素，促进花生植株、根系健壮生长；利用浇水来淹杀蛴螬，当花生进入需水临界期，即蛴螬的为害盛期，若天气干旱，则结合抗旱浇水淹杀蛴螬[9]。

（2）物理防治：①灯光诱杀：对于趋光性强的蛴螬成虫，如铜绿丽金龟、暗黑鳃金龟、黄褐丽金龟等有明显作用，适用于成片连种的花生田，其每盏灯可控制面积 2 ~ 3hm^2[10]。利用害虫的趋光、波等特性，近距离用光，远距离用波，引诱成虫扑灯，灯外配以高压电网触杀[11]；②火堆诱杀：利用蛴螬成虫金龟子的趋光性，在成虫高发期 6 月下旬至 7 月底，傍晚时选择成虫为害严重的树下，堆集作物秸秆或干稻草等可燃物，点燃后摇动树体，促使成虫飞进火堆[12]。

（3）化学防治：目前化学防治普遍采用化学农药处理种子或土壤进行害虫防治，常见的防治金龟子幼虫蛴螬的化学农药有对硫磷、辛硫磷、甲基异硫磷、米乐尔等；常见的防治金龟子成虫的化学农药有吡虫啉、西维因、米乐尔、氧化乐果、百树菊酯、毒死蜱等[13]。

（4）生物防治：利用白僵菌、绿僵菌、昆虫病原线虫、苏云金杆菌等生物防治试剂喷洒作物或者拌入土中，可有效防治蛴螬的幼虫与成虫。

由于化学农药具有使用方便、药效快的特点，因而目前我国植食性蛴螬主要还以化学防治为主，但随着高毒化学农药的逐步禁用，防治蛴螬的高效药剂越来越少，且剂型单一，蛴螬的抗药性逐渐增强。化学农药已经不能够有效的防治植食性蛴螬，同时化学药剂还存在环境因素、农药残留等一系列问题，物理防治和农业防治容易受环境条件制约，比如灯光诱杀防治范围较大，在农户单独使用不太方便，往往达不到防治效果。随着科学技术的进步，人类对环境保护意识的加强以及对化学药剂毒性对全球生态环境的伤害，人们开始尝试逐步使用安全环保的生物制剂替代化学农药。“以菌治虫，以虫治虫”是生物防治的核心策略，环境友好型生物防治试剂不仅具有安全性好、不易产生抗药性等诸多优点，而且天敌昆虫还具有主动搜索害虫的能力，对提高防治效果具有重要意义。因此生物防治是防治蛴螬比较好的防治方法[14-16]。伍椿年曾利用布氏白僵菌对大黑鳃金龟（*Holotrichia oblita*）进行感染试验，用其防治花生、大豆、葱地蛴螬[17]。目前，布氏白僵菌已越来越在国内被广泛使用。

2 布氏白僵菌的研究概况

2.1 布氏白僵菌简介

布氏白僵菌（*Beauveria brongniartii*），又名卵孢白僵菌［*Beauveria tenella*（Sacc.）］属丝孢纲（Hyphomycetes）丛梗孢目（Moniliales）丛梗孢科（Moniliaceae）白僵菌属（*Beauveria*）好气型真菌，是地下害虫蛴螬的一种重要寄生真菌，由法国人Brongniart于1891年从墨西哥黑蝗（*Mlanoplus mexicanus*）上发现，至今已有100多年的历史。其间对该菌的定名有许多异名，1972年de Hood重新修正白僵菌属时，确认了Peteh 1924年的定名，即*Beauveria borngniartii* Peteh，从此该定名被普遍认可和使用。与球孢白僵菌（*Beavueira bassiana*）相比，布氏白僵菌的寄主范围较窄，早期人们对它的重视和研究也较少。20世纪70年代初期，法国人利用布氏白僵菌防治西方五月鳃金龟（*Melolontha melolontha*）获得成功，引起了昆虫病原真菌研究者的广泛关注，并认识到该菌的生物防治潜力，此后有关研究逐渐增多。20多年来发表的研究论文累计200多篇。我国近10年有关研究进展较快，已获得良好结果[18]。

前苏联在20世纪70年代就批准登记了白僵菌杀虫剂Boverin用于大面积防治马铃薯甲虫（*Leptinotarsa decemlineata*）、苹果食心虫（*Carposina niponensis*）、玉米螟（*Ostrinia furnacalis*）等。我国在20世纪50年代就开始白僵菌的研究和应用，防治面积每年达67万hm^2以上，取得了很好的经济效益和环境效益[19-22]。国内外曾经利用布氏白僵菌防治花生、玉米、蔬菜地的蛴螬，取得非常好的效果[23-24]。

2.2 生物学特性

至今获得的布氏白僵菌菌株绝大多数是从病虫上分离得到。在人工培养基上，菌落为白色、乳色至浅黄色，菌丝为絮状、茸状或粉状。一般培养 10 天左右开始产生分生孢子，有的产孢很少或不产孢。分生孢子呈椭圆形或亚圆形，直径（2.0~6.0）μm×（1.5~3.0）μm，多数菌株以 25℃左右为适宜生长温度，分生孢子萌发的最适培养基为 2% 麦芽糖，菌株具有对自然气候的适应性。采自热带的菌株适于较高的温度，而温带的菌株适于较低的温度；从潮湿地区采到的菌株对空气湿度比干旱地区的菌株更为敏感[25]。温湿度还与分生孢子的存活力密切相关，>35℃和 RH<70% 对孢子的存活有明显抑制作用[26]。

3 布氏白僵菌防治植食性蛴螬的研究进展

3.1 布氏白僵菌高效菌株筛选的研究进展

樊继贵在开展生物防治研究过程中，发现了对花生蛴螬寄生专化性强，感病率高的布氏白僵菌。继而进行了室内毒力测定，田间小区试验及大田防治示范，均取得了较好的效果。室内三龄蛴螬感病率最低为 56.52%，最高达 94.88%。室外小池试验虫口减退率最低为 60.0%，最高达 86.67%，大田生长期防治虫口减退率达 85.19%[27]。

李兰珍等研究发现，布氏（卵孢）白僵菌 AB 菌株，每公顷施白僵菌菌粉剂 112.5~150kg，对东北大黑鳃金龟有较强的寄生力，苗圃地防治效果达 66.9%~85%，僵虫率为 55.6%~68.4%，虫口减退率达到 69.1%~93.3%[28]。

农向群等针对花生蛴螬筛选到产孢量高，对大黑和暗黑金龟子寄生效果均较好的卵孢白僵菌单-5 菌株，并在田间进行了防治效果试验，1992—1994 年在江苏、山东、河北等省进行防治示范 300hm^2，取得了明显的防治效果[29]。

李茂业对蛴螬有高毒力的布氏白僵菌 Bbr01 和 Bbr84 菌株为对象，比较了室内其不同孢子浓度、不同剂型、剂量对蛴螬的毒力，并通过田间实验分别检测了两菌株的粉剂与颗粒剂两种剂型对蛴螬的防治效果。结果表明，室内实验，以 1.0×10^8 孢子/ml 的孢子悬浮液和相同孢子浓度的粉剂接种到蛴螬 3 龄幼虫上，两菌株对蛴螬都具有较强的毒力，其中以 Bbr01 孢子悬浮液毒力更好，接种 7 天累积校正死亡率达 66.3%，LT_{50} 为 8.7 天[30]。

屠敏仪等从湖南南山牧场草地上自然患病的蛴螬虫体上分离出一株布氏（卵孢）白僵菌。在室内和野外人工草地进行蛴螬活虫感染试验，结果表明，在室内用布氏（卵孢）白僵菌孢子液感染蛴螬活虫，30 天内蛴螬感染率达 64.6%~92.1%；野外草地试验，用布氏（卵孢）白僵菌制成菌剂拌少量细土撒于地表，20 天内蛴螬感染率为 70% 以上[31]。

3.2 布氏白僵菌生产技术的研究进展

刘天美和周祖基，通过对布氏白僵菌生长和生殖的主要影响因子：培养温度、PPDA 培养基中蛋白胨的含量、pH 值以及空气相对湿度（RH）进行 $L_9(3^4)$ 正交试验，以菌落直径日均增长量、开始产孢所需时间、产孢量和孢子萌发率为指标，研究该菌株的最佳组合培养条件，并记录不同处理对菌落的形态、颜色、质地的影响。结果发现：RH=55% 时，培养基中蛋白胨 8g/L、pH 值为 4.0，15℃恒温培养，菌株的产孢量最大，产孢最早，菌落生长速度较快，所培养真菌的孢子萌发率较高[32]。

樊金华等[33]为了研究布氏白僵菌最适宜萌发孢子的条件，从工业生产的角度出发，通过采用单因素筛选方案，对布氏白僵菌（*Beauveria brongniartii*）菌株 CGMCC No.2382 的液体培养条件（培养基中的碳源和氮源成分、pH 值、培养时间）进行了优化试验。结果表明，在以黄豆粉或玉米粉为氮源，可溶性淀粉为碳源，在 pH 值为 5.0 的条件下培养

13 天，菌种产生的孢子最多。

高英等[34]利用高速逆流色谱从油松毛虫病原真菌布氏白僵菌 CGMCC No. 2382 菌株代谢浓缩液的乙酸乙酯粗提物中分离纯化具有杀虫活性的小分子毒素物质。用乙酸乙酯对白僵菌发酵液萃取，利用高速逆流色谱对粗提物进行分离，其两相溶剂系统为：正己烷－乙酸乙酯－甲醇－水（3.5∶5∶3.5∶5）；利用 GC/MS 对分离物进行检测；并用饲喂、接触和注射法在油松毛虫幼虫上作毒性试验。从乙酸乙酯的萃取物中分离纯化得到 2－香豆满酮、间甲基苯甲酸甲酯和对甲基苯甲酸甲酯 3 种毒素物质，GC 检测其纯度分别为 81%、89% 和 80%；毒性测定结果表明，间甲基苯甲酸甲酯对油松毛虫幼虫的死亡率分别是饲喂法 34.44%、接触法 35.56%、注射法 87.78%，而对甲基苯甲酸甲酯对油松毛虫幼虫的死亡率分别是 37.78%、38.89%、91.11%。间甲基苯甲酸甲酯和对甲基苯甲酸甲酯为布氏白僵菌菌株（CGMCC No. 2382）的代谢毒素。

徐庆丰[35]等研究了浓培养基发酵培养布氏白僵菌新工艺，通过其较好的粘附性，吸附于透气性良好的载体上，在温度 24～28℃ 达到开放培养直接快速产孢。本工艺液体发酵培养时间 35～40h，载体产孢时间 7～8 天，一次性完成营养生长和产孢，比常规双相培养法缩短一半生产周期。利用发酵液的菌体优势，载体可不经任何消毒处理，培养成功率几乎为 100%。培养要求简单，比常规生产法省时、省工、节能，同时比常规生产的原菌粉生产含孢量提高 50%。

宋龙腾[36]等为了提高布氏（卵孢）白僵菌 NEAU30503 在固态培养中的产孢量，采用单因素筛选试验和响应面法对布氏（卵孢）白僵菌 NEAU30503 固态发酵条件进行优化。在单因素试验确定最适含水量、接种量、培养温度和培养时间的基础上，应用 Box－Behnken 试验设计和响应面分析方法优化出最佳固态培养条件为：固态培养基含水量为 55%，接种量为 15ml/100g，培养温度为 27℃，培养时间为 7.5 天，在此条件下布氏（卵孢）白僵菌 NEAU30503 烘干前单位产孢量达到 36.72×10^{8} 孢子/g。此方法适用于小型企业和生产单位对白僵菌的快速生产。

3.3　布氏白僵菌高效施用的研究进展

白僵菌在使用过程中与农药混用往往会有更好的效果。宋龙腾[37]等使用不同浓度的布氏（卵孢）白僵菌（NEAU30503）孢子悬浮液对蛴螬进行了生物测定，以商品布氏（卵孢）白僵菌和绿僵菌作为对照，同时测定了卵孢白僵菌与陶本斯乳油和功夫乳油 2 种化学农药混用对蛴螬的致死率。结果表明，生物农药单独使用时，仅 1.25×10^{11} 孢子数/L 的布氏（卵孢）白僵菌（NEAU30305）在 40 天时药效达到 79.9%，对照处理的杀虫效果为 44.6%～59.7% 在菌药混用的测定中，陶丝本（3000×）与布氏（卵孢）白僵菌的 LT_{50} 仅为 2.1 天，LT_{90} 为 4.1 天，其防效最好。

邓春生[38]等在花生中耕期每公顷用布氏（卵孢）白僵菌 150 万亿孢子或 75 万亿孢子＋1.2kg 40% 甲基异柳磷乳油防治大黑、暗黑鳃金龟，可获得 80% 的防治效果。1992—1994 年在江苏、山东和河北 $300hm^{2}$ 防治示范，效果可达 60%～80%，表明布氏（卵孢）白僵菌是有潜力的蛴螬生物杀虫剂。

布氏白僵菌粉剂单一施用及其与 3.6% 杀虫双颗粒剂混合施用，均可不同程度降低蔗田蛴螬虫量和蔗根受害率。布氏白僵菌粉剂单一施用时，以 $30.00kg/hm^{2}$ 制剂用量的防效为最高，蔗田蛴螬残留虫口数和蔗根受害率的相对防效分别为 67.27% 和 74.56%。两剂混合施用相对防效分别为74.55% ~85.45%和78.18% ~85.94%，其中以剂量（22.50 + 45.00）kg/hm^2的布氏白僵菌粉剂 +3.6%杀虫双颗粒剂混合施用较为理想[39]。

郭志红[40]等报道了利用布氏白僵菌（*Beauveria brongniatii*）防治苗圃地下害虫蛴螬的应用技术。防治东北大黑鳃金龟子（*Holotrichia diomphalia*）幼虫，每公顷施菌量60 ~ 90kg，防治效果为68.8% ~86.0%。白僵菌和化学农药混用有一定的增效作用，防治效果最高可达91%。同时结合苗圃不同的耕作方式，提出了床基施菌、苗木沟施菌、垄式床基施菌、垄式中耕施菌、苗木生长期施菌5种施菌方法，除垄式床基施菌外，其他4种施菌方法的防治效果达76.1% ~83.1%，虫量和苗木被害率都较对照有明显降低，并且通过生产示范，验证了其防治效果。

蒋海霖[41]等提出了一种布氏白僵菌的高效施用技术：①适期施菌，常年在7月底卵孵高峰期使用；②菌药混用，每公顷用菌75万亿孢子加40%甲基异柳磷粉剂1.2kg，防效80.9%，最为经济；③水泼施菌，本地水源充足，每公顷用150 ~200kg水泼浇，施菌匀、防效佳，易于推广。

4 展望

布氏白僵菌在生物农药防治植食性蛴螬的潜在价值，一直以来推动了布氏白僵菌的研究，近年来，布氏白僵菌在越来越多的农作物、林木、花卉害虫上已被广泛使用，国内外已有很多报道[42-43]，杀虫效果明显。尽管其侵染进程及致病机理尚未有直接的试验报道，但是其非常近缘的球孢白僵菌对害虫的致病机理仍可提供参考[44-45]。此菌的感染机理有待深入研究。

目前布氏白僵菌毒力退化对蛴螬影响及其原因的研究报道还少见，因此，深入研究布氏白僵菌对植食性蛴螬致病机理、布氏白僵菌毒素作用机制的研究，并结合菌株筛选技术，对延缓布氏白僵菌退化、提高其稳定性有利。同时布氏白僵菌的生活力较强，能在土壤中长期生存，有利于旱作地区土壤内的菌源积累和菌粉的长期贮存。而且培养该菌的培养基材料易得、方法简单，既可土法生产，又能工厂化生产，可满足大面积推广对菌粉的需求。

布氏白僵菌与化学农药混用时可能与部分化学农药使用时可使蛴螬处于一种易感状态，其原因是真菌制剂能降低靶标害虫对化学农药的抗药性，提高化学农药的杀虫效果[46]，从而获得预期的经济效益和生态效益。这样不仅可以减少化学农药的施用量，而且还对保护有益天敌、保护环境以及提高农产品的品质都有重要意义，值得我们去利用并加以开发。应用前景广阔。

参考文献

[1] 魏鸿钧，黄文琴. 中国地下害虫研究概况［J］. 昆虫知识，1992，29（3）：168 -170.

[2] 陈建明，俞晓平，陈列忠，等. 我国地下害虫的发生为害和治理策略［J］. 浙江农业学报，2004，16（6）：389 -394.

[3] 蔡国贵，林庆源，蓬攫吕，等. 白僵菌菌株退化与培养条件关系及其控制技术［J］. 福建林学院学报，2001，21（1）：76 -79.

[4] Ramoskaw A. The influence of relative humidity on *Beauveria bassiana* infectivity and replication In the chinch bug，Blissus leucopterus［J］. Journal of Invertebrate Pathology，1984，43（3）：389 -394.

[5] Tsutsumi T, Yamanaka M. Infection by *entomogenous* fungus, *Beauveria brongniartii* (Sacc.) Petch GSES, of adults of yellow spotted longicorn beetle, Psacothea hilaris by dispersing conidia from non - woven fabric sheet containing fungus [J]. Japanese Journal of Applied Entomology and Zoology, 1997, 41 (1): 45 -49.

[6] Yonezawa A. Pest control effect of *Beauveria* fungus non - woven fabric medicine for mulberry white-spotted longicorn [J]. Hojo., 1997, 35: 48 -49.

[7] 胡琼波. 我国地下害虫蛴螬的发生与防治研究进展 [J]. 湖北农业科学, 2004 (6): 87 - 92.

[8] 张美翠, 尹姣, 李克斌, 等. 地下害虫蛴螬的发生与防治研究进展 [J]. 中国植保导刊, 2014, 34 (10): 21 - 27

[9] 任敏. 大田蛴螬可持续控制技术研究——以新乡市花生田为例 [J]. 平原大学学报, 2006, 23 (2): 124 - 126.

[10] 程松莲, 丁永青, 周群, 等. 花生蛴螬发生原因及防治方法 [J]. 花生学报, 2008, 37 (2): 38 - 40.

[11] 李冬莲, 刘彦国, 王运兵. 花生田蛴螬的综合防治技术 [J]. 河南农业, 2005 (2): 38.

[12] 任敏, 冯之杰. 太阳能灭虫器对花生田蛴螬诱杀效果的初步探讨 [J]. 花生学报, 2006, 35 (3): 37 - 40.

[13] 刘奇志, 李俊秀, 徐秀娟, 等. 小杆线虫防治花生田蛴螬初步研究 [J]. 华北农学报, 2007, 22 (S1): 250 - 253.

[14] 谢木发. 草坪地下害虫蛴螬及防治 [J]. 广东园林, 1999 (1): 46 - 47.

[15] 邱跃节, 黄凤丽. 花生田蛴螬综合防治技术 [J]. 安徽农学通报, 2005, 11 (7): 79.

[16] 刘树森, 李克斌, 尹姣, 等. 蛴螬生物防治研究进展 [J]. 中国生物防治, 2008, 24 (2): 168 - 173.

[17] 伍椿年, 樊继贵. 布氏白僵菌防治花生蛴螬的研究初报 [J]. 植物保护, 1984, 10 (5): 21 - 22.

[18] 农向群. 布氏白僵菌的研究与应用 [J]. 植物保护学报, 2000, 27 (1): 83 - 88.

[19] 李增智. 菌物在害虫植病和杂草治理中的现状与未来 [J]. 中国生物防治, 1995, 15 (1): 35 - 40.

[20] Feng M G, Johnson J B, Kish L P. Virulence of *Verticillium lecanii* and an Aphid - derived Isolate of *Beauveria bassiana* (Fungi: *Hyphomycetes*) for Six Species of Cereal Infesting Aphids (*Homopterea*: Aphididae) [J]. Environmental Entomology, 1990, 19 (3): 815 - 820.

[21] 李农昌, 王成树, 唐燕平, 等. 白僵菌油剂型的研究 [J]. 安徽农业大学学报, 1996, 23 (3): 329 - 332.

[22] 王成树, 李农昌. 球孢白僵菌混合制剂的加工研究 [J]. 植物保护, 1998, 24 (3): 5 - 8.

[23] Ciornei C, Andrei A M, Lupastean D, *et al.* Occurrence of *Beauveria brongniartii* (Sacc.) Petch in Romanian forest nurseriesin fested with Melolontha melolontha (L.) [C] Gmunden - Austria, IUFRO Working Party 7. 03. 10 Proceedings of the Workshop on "Methodology of Forest Insect and Disease Survey in Central Europe", 2006: 253 - 258.

[24] 胡继武, 田家祥. 卵孢白僵菌防治大豆蛴螬的田间试验 [J]. 昆虫天敌, 1989, 11 (2): 94 - 95. J Invrtebr Pathol, 1984, 43: 389 - 394.

[25] Fargues J, Maniania N, Delmas J, *et al.* Influence of temperature on the in vitro growth of entomopathogenic hyphomycetes. Agronomie, 1992, 12 (7): 557 - 564.

[26] Lappa N V, Goral V M. Effect of *Muscardine fungi* on the codling moth under different hydrothermic conditions [J]. Zakhist Roslin, 1975, 21: 54 - 61.

[27] 樊继贵. 白僵菌防治花生蛴螬 [J]. 中国油料作物学报, 1987, 2: 69 – 72.
[28] 李兰珍, 周新胜, 崔永三, 等. 卵孢白僵菌防治苗圃地蛴螬的研究 [J]. 东北林业大学学报, 1998 (2): 33 – 36.
[29] 农向群, 张爱文, 邓春生. 卵孢白僵菌优良菌株的筛选和选育 [J]. 生物防治通报, 1994, 10 (1): 22 – 24.
[30] 李茂业. 应用布氏白僵菌防治花生蛴螬的技术研究 [D]. 合肥: 安徽农业大学, 2009.
[31] 屠敏仪, 邓芳席, 刘太勇. 卵孢白僵菌感染草地蛴螬的研究 [J]. 草地学报, 3 (4): 283 – 288.
[32] 刘天美, 周祖基. 布氏白僵菌 MM – 1 菌株培养条件优化 [J]. 中国生物防治, 2009, 25 (增1): 29 – 35
[33] 樊金华, 薛皎亮, 谢映平, 等. 布氏白僵菌液体培养条件的优化研究 [J]. 山西大学学报 (自然科学版) 2013, 36 (2): 271 – 274.
[34] 高英, 薛皎亮, 范三红, 等. 布氏白僵菌代谢毒素的分离纯化及其对油松毛虫幼虫的毒性研究 [J]. 中国农业科学, 2010, 43 (15): 3 125 – 3 133.
[35] 徐庆丰, 洪家保, 袁修堂, 等. 布氏白僵菌大量生产工艺研究 [C] //中国虫生真菌研究与应用: 第4卷, 1996, 204 – 208.
[36] 宋龙腾, 张鑫鑫, 于洪春, 等. 卵孢白僵菌 NEAU30503 固态培养条件优化 [J]. 植物保护, 2016, 42 (2): 123 – 128.
[37] 宋龙腾, 于洪春, 王雨薇, 等. 卵孢白僵菌与农药混用对蛴螬防治效果研究 [J]. 北方园艺, 2013 (01): 131 – 134.
[38] 邓春生, 张爱文, 农向群, 等. 卵孢白僵菌对花生蛴螬的田间防治效果 [J]. 中国生物防治, 1995, 11 (2) 56 – 59.
[39] 尹炯, 罗志明, 黄应昆, 等. 布氏白僵菌防治蔗田蛴螬的初步研究 [J]. 植物保护, 2013, 39 (6): 156 – 159.
[40] 郭志红, 崔永三, 杨弘平, 等. 卵孢白僵菌防治苗圃地蛴螬的应用技术 [J]. 东北林业大学学报, 2001, 29 (6): 32 – 35.
[41] 蒋海霖, 殷济书, 朱绍, 等. 暗黑鳃金龟发生规律与卵孢白僵菌防治技术研究 [C] //植物保护21世纪展望: 植物保护21世纪展望暨第三届全国青年植物保护科技工作者学术研讨会文集, 1998, 482 – 486.
[42] 蒲蛰龙, 李增智. 昆虫真菌学 [M]. 合肥: 安徽科学技术出版社, 1996.
[43] Ekesi S, Maniania N K, Lux S A. Effect of soil temperature and moisture on survival and infectivity of *Metarhizium anisopliae* to fourtephritid fruit fly puparia [J]. Journal of Invertebrate Pathology, 2003, 83 (2): 157 – 167.
[44] Deng C S, Zhang A W, Nong X Q, *et al*. Field experment on *Beauveria brongniartii* to control white grub in groudnut field [J]. Chinese Journal of Biological Control, 1995, 11 (2): 56 – 59.
[45] Faria M R, Wraight S P. Mycoinsecticides and mycoacaricides: a comprehensive list with world wide coverage and international classification of formulationtypes [J]. *Biological Control*, 2007, 43 (3): 237 – 256.
[46] Furlong M J, Groden E. Evaluation of synergistic interactions between the Colorado Potato Beetle (Coleoptera: Chrysomelidae) pathogen *Beauveria bassiana* and the insecticides, imidacloprid, and cyromazine [J]. Journal of Economic, Entomology, 2001, 94 (2): 344 – 356.

白星花金龟资源化利用概述

刘福顺[*]　王庆雷[**]

（沧州市农林科学院，沧州　061001）

摘　要：白星花金龟是一种宝贵的昆虫资源，具有药用、饲用、生态等多方面的价值，已经被应用于医药、农林业、生物工程等多个领域。对白星花金龟进行综合开发，深入挖掘其资源优势，实现产业化发展是今后的研究方向。利用白星花金龟幼虫转化处理玉米秸秆，获得虫体、虫粪等产品，进行深加工是实现其产业化发展的一条很好的途径，也解决了玉米秸秆资源化利用的问题。白星花金龟作为一种非常具有开发利用价值的昆虫资源，值得进行深入的探索研究。

关键词：白星花金龟；资源化利用

1　前言

白星花金龟［*Potosia*（Liocola）*brevitarsis*（lewis）］，属鞘翅目，花金龟科，此虫几乎遍布全国，主要分布于中国的东北、华北、华东、华中等地区[1]。白星花金龟1年1代，成虫5月出现，7—8月为发生盛期，有假死性。成虫产卵于含腐殖质多的土中或堆肥和腐物堆中。幼虫（蛴螬）头小，体肥大，多以腐败物为食，常见于堆肥和腐烂秸秆中。此虫通常被认为是重要的农业害虫，其成虫为害玉米、小麦、果树、蔬菜等多种农作物，取食花器、果实及穗部，因此，目前对白星花金龟的研究主要集中在生物学特性和成虫防治上[2-6]，其实其在很多领域有巨大的开发利用价值，值得进行更多的研究和关注。白星花金龟可入药、作蛋白饲料添加剂、处理秸秆、垃圾等废弃物，特别是利用白星花金龟幼虫取食农作物秸秆的特性，对玉米等秸秆进行转化处理，可以获得虫体和虫粪等副产品，这样既解决了环境污染和资源浪费问题，也可以获得较高的经济价值。白星花金龟幼虫富含蛋白质和脂肪，是不可多得的动物性高蛋白质饲料，还可提取抗菌肽、甲壳素等物质，应用范围广泛，幼虫虫粪有机质含量高达34.1%，是非常值得开发利用的有机肥。白星花金龟作为新型资源的研究在逐步展开，目前对于白星花金龟的资源化利用研究还处于初级阶段，相关报道很少，很多领域甚至尚未涉及，因此，需要对其进行深入的探索研究。本文对国内外白星花金龟开发利用的进展进行概述，为其进一步研究提供参考。

2　白星花金龟资源化利用

2.1　药用价值

白星花金龟有较高的药用价值，我国古代医学有将白星花金龟幼虫入药治病的记载。

* 作者简介：刘福顺，目前研究方向为植物保护；E-mail：liufushun1985@126.com

** 通讯作者：王庆雷；E-mail：wqlei02@163.com

《本草纲目》中记载，白星花金龟幼虫“主治目中淫肤，青翳白膜，取汁滴目，去翳障”。干燥幼虫入药，有破瘀、止痛、散风平喘、明目去翳等功能。四川大学华西医学中心对白星花金龟幼虫进行了研究，发现它用于治疗白内障、角膜翳等有很好的疗效。白星花金龟幼虫还有抗癌的作用，有学者从白星花金龟幼虫中分离出抗肿瘤活性物质[7]。研究表明，白星花金龟幼虫的提取物对肺癌 A549 细胞、人宫颈癌 HeLa 细胞、小鼠肝癌 H22 细胞和 MGC2803 胃癌细胞具有较显著的抑制增殖作用；在体外对巨噬细胞具有诱导杀灭肿瘤并增加肿瘤坏死因子产量的作用[8-14]。白星花金龟提取物甲壳素具有抗癌，抑制癌、瘤细胞转移，提高人体免疫力及护肝解毒作用，尤其适用于糖尿病、肝肾病、高血压、肥胖等症，有利于预防癌细胞病变和辅助放化疗治疗肿瘤疾病。甲壳素的开发应用范围广泛，除在医药领域，在纺织、造纸、食品、环保、农林业、轻工业、生物工程等领域都有利用价值。王敦等从白星花金龟体中提取甲壳素的研究，发现该金龟子体壳中甲壳素含量高出目前甲壳素的常规生产原料－虾蟹壳数倍，且产品的品质较虾蟹壳的甲壳素好[15]。他还提出了提取甲壳素的适宜条件。此外，白星花金龟幼虫可以提取抗菌肽，天然抗菌肽具有选择性免疫激活和调节功能，对败血症有良好的预防和保护作用。Yoon H S 等[16]从经菌液免疫诱导的白星花金龟幼虫血淋巴中分离 3 种抗菌肽 protaetin 1、2 和 3。徐明旭等发现白星花金龟分离纯化天然抗菌活性物质对枯草芽孢杆菌（*Bacillus subttilis*）表现出较强的抑菌活性，推测这些抗菌活性物质在白星花金龟幼虫抵御微生物的侵袭中起到重要作用[17]。白星花金龟作为传统药用昆虫之一，对其单味有效成分进行分离、纯化和鉴定方面的深入研究，都将为天然药物蛴螬的开发利用提供理论依据和实验依据。

2.2 饲用价值

白星花金龟幼虫富含蛋白质，是一种优良的蛋白资源。杨诚等[18]测定了白星花金龟 3 龄幼虫的营养成分，幼虫体干物质中，蛋白质含量达到 49.90%，脂肪含量为 15.42%，蛋白质与脂肪含量的比值（P/G）为 3.24，为高蛋白昆虫。蛋白质含量与鸡蛋相近，是猪肉的 2.34 倍，是牛奶的 1.80 倍。蛋白质中氨基酸种类丰富，含有 17 种氨基酸，其中谷氨酸、脯氨酸和酪氨酸含量较高，并包含有人体所需的全部 8 种必需氨基酸，蛋氨酸为其第一限制性氨基酸。白星花金龟幼虫必需氨基酸与非必需氨基酸的百分比为 65.11%，必需氨基酸与总氨基酸的百分比 39.43%，必需氨基酸指数 88.55，据 FAO/WHO 推荐指数，白星花金龟幼虫是一种良好蛋白源。幼虫体没有异味，鲜虫最受畜禽欢迎，幼虫含水量低，出粉率高，适合于调配各类家畜禽饲料。用白星金龟幼虫生产的饲用蛋白粉，在饲料性能上优于鱼粉，而价格低于鱼粉。鱼粉含蛋白质一般为 45%～75%，白星花金龟幼虫加工生产的蛋白粉其蛋白质含量在 90% 以上。白星花金龟的生产条件、营养价值均优于鱼粉，它将不受原料的限制，以农牧业副产品、废弃物和生活垃圾为生产原料，来源广泛、占地少，生产扩大的自由度大，适合畜禽饲养场、户驯养或专业驯养，饲料新鲜，饲用方便，它在供应优质蛋白质饲料上，为畜牧业创造了一个有利条件，发展前景极为可观。

2.3 生态价值

白星花金龟幼虫为腐食性，多在腐殖质丰富的疏松土壤或腐熟的粪堆中生活，以腐烂的秸秆、杂草及畜禽粪便为食，不为害植物，并且对土壤有机质转化为易被作物吸收利用的小分子有机物有一定作用[19]。幼虫取食农牧业废弃物及部分生活垃圾，可以提高农业生态系统中能量的利用率，加速物质循环，加大物质循环的流通量，净化环境，且幼虫排泄物对于改良土壤、调节土壤微生物的结构有着重要意义。杨诚等的研究结果表明利用白星花金龟幼虫转化处理玉米秸秆具有可行性，且有较好的效果。我国是农业大国，玉米产量居世界前列，玉米秸秆作为玉米生产的副产物大多未被合理利用[20]。玉米秸秆就地燃烧还田，或直接翻入土中还田，不但造成极大的资源浪费和巨大的经济损失，而且也产生极大的环境污染。利用白星花金龟幼虫取食玉米秸秆的特性，将玉米秸秆进行转化，可以将玉米秸秆变废为宝，产生良好的经济效益，还可解决秸秆焚烧和堆放造成的环境污染，实现一定的环境效益。研究发现玉米秸秆发酵时间为25天，温度为28℃时白星花金龟幼虫取食量最大；白星花金龟幼对玉米秸秆的转化率达到63.82% ± 30.90%，消化率为22.75% ± 3.07%，利用率为17.51% ± 8.50%；取食玉米秸秆发酵料的白星花金龟幼虫死亡率为5.75% ± 5.75%，生物量增长率达到11.01% ± 5.25%，利用白星花金龟3龄幼虫对玉米秸秆进行资源化利用，具有较好的应用前景[21]。幼虫虫粪呈椭圆型颗粒状，体积小，无异味，虫粪干物质中有机质比例为34.1%，无机元素氮含量为1.42%，五氧化二磷（P_2O_5）含量为1.31%，氧化钾（K_2O）含量1.33%，可用于有机肥的开发[18]。

3 小结

昆虫是地球上生物量最大的生物类群，是目前最大的未被充分利用的宝贵资源[22]。由于昆虫的巨大资源潜力和广阔应用前景，近年来，昆虫资源的开发利用及产业化研究已经引起了广泛的关注，也成了相关学科研究的热点。白星花金龟作为一种宝贵的昆虫资源，具有药用、饲用、生态等多方面的价值，已经被应用于医药、农林业、生物工程等多个领域，其利用价值越来越受到人们的重视，对白星花金龟进行综合开发，深入挖掘其资源优势，实现产业化发展是今后的研究方向。利用白星花金龟幼虫转化处理玉米秸秆，获得虫体、虫粪等产品，进行深加工是实现其产业化发展的一条很好的途径，也解决了玉米秸秆资源化利用的问题，是贯彻实施中央一号文件提出的推进农业供给侧结构性改革，加快转变农业发展方式，走产出高效、产品安全、资源节约、环境友好的农业现代化道路的新思路。总之，白星花金龟是一种非常具有开发利用价值的昆虫资源，值得进行深入的探索研究。

参考文献

[1] 马文珍．中国经济昆虫志：第四十六册（鞘翅目，花金龟科）［M］．北京：中国科学出版社，1995：119－120.

[2] 吐努合·哈米提．吐鲁番地区白星花金龟的发生规律及绿色防控技术研究［D］．乌鲁木齐：新疆农业大学，2011.

[3] 李涛，马德英，羌松，等．乌鲁木齐市西郊白星花金龟的寄主及发生规律研究［J］．新疆农业科学，2010，2：320－324.

[4] 陈日曌，何康来，尹姣，等．白星花金龟主要习性及其群集为害玉米行为机制的初步研究［J］．吉林农业大学学报，2006，28（3）：240－243.

[5] 赵仁贵，陈日曌．白星花金龟生活习性观察［J］．植物保护，2008，28（6）：19－20.

[6] 何笙，周泽容，吴赵平，等．白星花金龟发生与防治技术研究初报［J］．中国农学通报2006，22（6）：314－316.

[7] Yoo Y C, Shin B H, Hong J H, *et al.* Isolation of fatty acids with anticancer activity from Protaetia brevitarsis larva [J]. Arch PharmRes, 2007, 30 (3): 361 –365.

[8] 金龙男，孙抒，杨万山，等．蛴螬提取物抗肿瘤作用的体外血清药理学实验 [J]. 山东医药，2008，48 (1): 13 –14.

[9] 宋莲莲，孙抒，李香丹，等．蛴螬石油醚提取物对人宫颈癌 HeLa 细胞增殖和凋亡的影响 [J]. 中草药，2006，37 (6): 488 –492.

[10] 杨万山，李基俊，孙抒，等．蛴螬提取物对小鼠肝癌 H 22 的抑制作用 [J]. 四川中医，2006，24 (11): 9 –10.

[11] Cai Z, Xu C, Xu Y, *et al.* Solution structure of BmBKTxI, a new BKCaI channel blocker from the Chinese scorpion Buthus martensi Karsch [J]. Biochem., 2004, 43: 3 764 –3 771.

[12] Vergote D, Sautiere P E, Vandenbulcke F, *et al.* Up – regulation of neurohemerythrin expression in the central nervous system of the medicinal leech, Hirudo medicinalis, following septic injury [J]. J. Biol. Chem., 2004, 279: 43 828 –3 837.

[13] 金哲，孙抒，李基俊，等．蛴螬提取物体外对人 MGC – 803 胃癌细胞株凋亡相关基因作用的研究 [J]. 中国中医药科技，2004，11 (2): 90 –92.

[14] Kang N S, Park S Y, Lee K R, *et al.* Modulation of macrophage function activity by ethanolic extract of larvae of *Holotrichia diomphalia* [J]. Journal of Ethnopharmacology, 2002, 79 (1): 89 –94.

[15] 王敦，胡景江，刘铭汤．从金龟子中提取壳聚糖的研究 [J]. 西北农林科技大学学报（自然科学版）2003，31 (4)，127 –130.

[16] Yoon H S, Lee C S, Lee S Y, *et al.* Purification and cDNA cloning of inducible antibacterial peptides from *Protaetia brevitarsis* (Coleoptera) [J]. Arch Insect Biochem Physiol, 2003, 52 (2): 92 –103.

[17] 徐明旭，高国富，杨寿运．白星花金龟幼虫抗菌物质的分离纯化 [J]. 生命科学研究，2008，12 (12): 53 –56.

[18] 杨诚，刘玉升，徐晓燕，等．白星花金龟幼虫资源成分分析及评价 [J]. 山东农业大学报，2014，45 (2): 166 –170..

[19] 郑洪源，刘建平，南怀林，等．白星花金龟子食性研究 [J]. 陕西农业科学，2005 (3): 23 –24，54.

[20] 孙胜龙，刘歆瑜，李雪飞．玉米秸秆作为生态厕所基质处理人粪便的实验研究 [J]. 环境科学学报，2006，26 (1): 50 –54.

[21] 杨诚，刘玉升，徐晓燕，等．白星花金龟幼虫对酵化玉米桔秆取食效果的研究 [J]. 环境昆虫学报，2015，37 (1): 122 –127.

[22] 杨冠煌．中国昆虫资源利用和产业化 [M]. 北京：中国农业出版社，1998.

间作圆叶决明调控茶小绿叶蝉研究*

李慧玲** 张 辉 刘丰静 曾明森***
(福建省农业科学院茶叶研究所，福安 355015)

摘 要：为了利用茶园间作圆叶决明诱集调控茶小绿叶蝉，进行了幼龄茶园间作试验与茶小绿叶蝉室内饲养试验。结果表明，间作圆叶决明的茶行其芽梢的茶小绿叶蝉比清耕茶行多，在有寄主（茶树）的情况下，茶小绿叶蝉不会定殖于圆叶决明，在室内茶小绿叶蝉对圆叶决明极少有刺探取食现象，观察表明，圆叶决明植株长有较密的长毫，不利于茶小绿叶蝉的爬行、取食与脱皮，圆叶决明并非茶小绿叶蝉替代寄主。

关键词：圆叶决明；茶小绿叶蝉；间作；调控

幼龄茶园间套种合适的绿肥（或牧草）品种有助于改善茶园小气候，减少水土流失，提高生物多样性，取得良好的生态效益，是生态茶园建设的一种重要举措。研究表明圆叶决明挥发性物质对假眼小绿叶蝉的引诱活性明显高于茶梢，且差异达到极显著水平[1]，推断种植圆叶决明可能影响茶小绿叶蝉茶园水平分布，为局部调控茶小绿叶蝉提供便利，为农药减量化提供有效的途径。本试验通过在幼龄茶园局部间种圆叶决明，调查茶行茶小绿叶蝉的数量，明确间作圆叶决明对茶小绿叶蝉分布的影响；同时，通过修剪恶化取食来源、室内单饲圆叶决明芽梢以及茶园人工放虫、室内圆叶决明与茶树芽梢趋性等试验，了解茶小绿叶蝉对圆叶决明的适应性，以明确间作圆叶决明调控茶小绿叶蝉的作用。

1 材料与方法

1.1 茶园间作圆叶决明试验

1.1.1 试验地

选择平整茶园，面积约2亩，该园偏阴，土壤湿度偏高，肥力一般，茶树为4年生，树高60cm、丛宽65cm、丛间距130cm，生长一般，共37行，每间隔2行间作1行圆叶决明，未间作茶行清耕。圆叶决明密植，5月初长出小苗，约120株/m^2。其他季节及时除草。

1.1.2 调查方法

间作茶园调查：在圆叶决明生长高度达40cm后开始及施药前后调查，调查茶树上的

* 基金项目：国家茶叶产业技术体系（CARS－23）；省属公益类科研院所基本科研专项（2015R1012－9）；福建省现代农业茶叶产业技术体系（闽农科教〔2014〕357号）

** 作者简介：李慧玲，女，助理研究员，研究方向：茶园生态与茶树植保；E-mail：huilingli@163.com

*** 通讯作者：曾明森，男，教授级高级农艺师，主要从事生态调控与农残研究；E-mail：zmspt@163.com

虫量，根据芽梢生长状况选择百芽法或百梢法调查，记录茶小绿叶蝉成虫与若虫虫量。

1.2 茶小绿叶蝉对圆叶决明的食性与选择性试验

1.2.1 室内试验

茶小绿叶蝉对圆叶决明食性试验：圆叶决明为一芽三叶芽梢，把圆叶决明放置在参考专利[2]自制的容器（下同）底部，放入适量茶小绿叶蝉，观察取食状况。

茶小绿叶蝉对圆叶决明与茶树叶片的选择性试验：茶叶叶片为新成熟枝条的最上一叶，圆叶决明为一芽三叶，把圆叶决明与茶叶叶片放置在容器底部两侧。

室内试验使用的容器以塑料养虫杯手工制作而成。每处理重复5次，每个重复25头1~5龄混合种群，即含1龄若虫至成虫各个阶段，从茶园采集。以上试验对照为一芽二叶茶梢。处理后1h和1天分别检查着虫，1天后调查叶蝉存活情况。

1.2.2 田间试验

自然取食调查：在茶小绿叶蝉发生高峰期进行，试验前采掉圆叶决明两侧茶行新梢丢弃在茶丛上。第二天在露水未干时随机调查圆叶决明10株植株（高40cm，2个分枝），调查茶小绿叶蝉虫量。

人工放虫试验：田间采集茶小绿叶蝉，释放到圆叶决明田间植株上，每处理重复5次，每重复1株圆叶决明，共20头若虫。下午18:00放虫，第二天18:00（清晨露水未干前）及下午18:00各调查1次着虫量。

2 结果与分析

2.1 间作圆叶决明对茶园小绿叶蝉虫口分布的影响

调查统计结果表明（表1），在6月25日至8月31日共8次调查中，有6次圆叶决明间作区茶行的茶小绿叶蝉数量比清耕区茶行多。

2.2 室内圆叶决明吸引茶小绿叶蝉取食情况

试验结果表明（表2），处理后1h，圆叶决明处理未能很好吸引茶小绿叶蝉，芽梢上仅极个别3龄若虫在芽梢上活动且有试探性取食，且在芽梢上的动作笨拙，而大部分茶小绿叶蝉远离芽梢。经观察，圆叶决明芽梢尤其是茎与叶柄部位长有较密的长毫，阻碍茶小绿叶蝉的爬行与取食。24h观察结果表明，容器底部可见茶小绿叶蝉排便极少，取食量有限，使茶小绿叶蝉饥饿致死，死亡率达76.8%。在茶小绿叶蝉对圆叶决明与茶树叶片选择性试验中，处理后1~24h，茶小绿叶蝉均附着于茶叶叶片上取食，而圆叶决明芽梢上几乎为0。以上试验可见，圆叶决明不能吸引茶小绿叶蝉取食。

表1 间作圆叶决明对茶园虫口分布的影响

日期（月－日）	处理	小绿叶蝉	备注
6－25	清耕区	8.2 aA	茶新梢生长尚好，决明高约42cm
	圆叶决明	5.0 aA	茶新梢生长尚好，决明高约42cm
7－06	清耕区	2.0 aA	茶新梢生长尚好，决明高约45cm
	圆叶决明	2.2 aA	茶新梢生长尚好，决明高约45cm
8－04	清耕区	1.0aA	茶梢生长较差
	圆叶决明	1.8aA	茶梢生长较差，圆叶决明生长尚可

（续表）

日期（月－日）	处理	小绿叶蝉	备注
8－07	清耕区	2. 1aA	茶梢生长较差
	圆叶决明	4. 7aA	茶梢生长较差，圆叶决明生长尚可
8－11	清耕区	5. 25 aA	茶梢生长尚可
	圆叶决明	8. 75 bB	茶梢、圆叶决明生长尚可
8－17	清耕区	14. 5 aA	茶梢生长尚可
	圆叶决明	22. 5 bA	茶梢、圆叶决明生长尚可
8－24	清耕区	9. 75 aA	茶梢生长尚可
	圆叶决明	10. 5 aA	茶梢、圆叶决明生长尚可
8－31	清耕区	16. 5 aA	茶梢生长尚可
	圆叶决明	15. 5 aA	茶梢、圆叶决明生长尚可

表 2　室内圆叶决明芽梢上吸引茶小绿叶蝉取食情况

处理	虫量（头）	着虫量（头）		死亡虫数（头）	死亡率（%）
		1h	24h		
圆叶决明	25	1	3	17	68
	25	1	2	20	80
	25	2	2	21	84
	25	0	1	20	80
	25	1	3	18	72
平均	25	1	2. 2	19. 2	76. 8
圆叶决明（＋茶叶片）	25	0	0	0	0
	25	0	1	0	0
	25	0	0	0	0
	25	0	0	0	0
	25	0	0	0	0
平均	25	0	0. 2	0	0

2. 3　茶园圆叶决明吸引茶小绿叶蝉取食情况

田间调查表明，茶园修剪后圆叶决明的着虫量平均株仅有成虫 0. 1 头，不能有效吸引茶小绿叶蝉转害。田间试验结果表明（表 3），每株放虫 20 头，12h 后在圆叶决明植株上的着虫率平均仅为 0. 4 头，24h 后仅为 0 头，茶小绿叶蝉若虫逐渐转移它处，说明圆叶决明并非茶小绿叶蝉若虫适合的寄主。

表 3　茶小绿叶蝉若虫在圆叶决明上的附着量

重复	总虫口	12h 头数	24h 头数
Ⅰ	20	0	0
Ⅱ	20	0	0
Ⅲ	20	1	0
Ⅳ	20	0	0
Ⅴ	20	1	0
平均	20	0.4	0

3　讨论

3.1　研究表明，茶园间作圆叶决明，有利于提高茶园生境的多样化，从而对茶园有害生物进行生态控制[3-4]，间作圆叶决明的茶园茶小绿叶蝉发生量低于清耕茶园，但发生量仍然较大[5]，需要防治。可见，茶园通过间作圆叶决明短期内要取得有效控制茶小绿叶蝉为害的效果不明显；而本试验通过茶园局部间作圆叶决明，可影响茶小绿叶蝉的分布，但并未有效减少未间作茶行的虫量，说明间作圆叶决明影响茶小绿叶蝉的分布需要较长的时间，这可能与圆叶决明能且只能吸引茶小绿叶蝉成虫有关。

3.2　本试验结果表明，圆叶决明芽梢尤其是茎与叶柄部位长有较密的长毫，阻碍茶小绿叶蝉的爬行与取食，极少在圆叶决明上主动取食；试验中还观察到圆叶决明嫩梢上的毫也不利于茶小绿叶蝉脱皮，田间偶有茶小绿叶蝉若虫在圆叶决明上，可能并非主动转移为害。

参考文献

[1]　谷明，林乃铨．假眼小绿叶蝉对不同绿肥挥发性物质的行为反应［J］．福建农林大学学报（自然科学版），2011，40（3）：242－245.

[2]　曾明森，吴光远．一种茶小绿叶蝉抗药性监测装置：中国，201520684853.1［P］．1915－12－20.

[3]　陈李林，尤民生，陈少波，等．不同生境茶园弹尾虫群落的结构与动态［J］．茶叶科学，2010，30（4）：277－286.

[4]　陈李林，林胜，尤民生，等．间作牧草对茶园螨类群落多样性的影响［J］．生物多样性，2011，19（3）：353－362.

[5]　刘双弟．不同间作模式对台刈茶园小绿叶蝉及其天敌种群数量的影响［J］．中国园艺文摘，2012（6）：32－36.

有害生物综合防治

不同药剂对水稻细菌性条斑病防治效果

陈川峰[*]　李祖莅[**]　周国启
（海南省三亚市农业技术推广服务中心植保植检站，三亚　572000）

摘　要：通过不同药剂27.12%碱式硫酸铜悬浮剂、30%琥胶肥酸铜可湿性粉剂、20%噻菌铜悬浮剂对水稻孕穗末期的细菌性条斑病防治效果，选择适合防治细菌性条斑病的药剂，利于指导农民科学使用农药。

关键词：药剂；水稻；细菌性条斑病；防治效果

水稻细菌性条斑病（*Xanthomonas oryzae* pv. *oryzicola*），简称细条病。主要分布亚洲的亚热带地区，是水稻生产上重要检疫性病害[1]。其发生具有流行性、暴发性和毁灭性等特点，该病是我国南方稻区生产的重要病害，当气候条件适宜时，在感病品种上能引起15%～25%损失，严重时达40%～60%，对水稻的高产稳产造成了严重威胁。

近年来，水稻细菌性条斑病已成为三亚市水稻主要病害之一，随着一些新品种和优质稻的大面积推广应用，该病的发生日趋广泛和严重，水稻发病后轻者减产20%～30%，严重的造成绝收，给水稻生产造成严重的影响，为了寻找防治水稻细菌性条斑病的有效药剂，进行了不同药剂对水稻细菌性条斑病防治效果的试验。

1　材料和方法

1.1　试验药剂

供试药剂为27.12%碱式硫酸铜悬浮剂（铜高尚），生产厂家：澳大利亚纽发姆（中国）有限公司；30%琥胶肥酸铜可湿性粉剂（斗角）；生产厂家：海南正业中农高科股份有限公司；20%噻菌铜悬浮剂（龙克菌），生产厂家：浙江龙湾化工有限公司，均为市场销售。

1.2　试验对象和作物

试验对象：水稻细菌性条斑病（*Xanthomonas oryzae* pv. *oryzicola*），试验作物为杂交水稻，品种为Ⅱ优3301。

1.3　试验地基本情况

试验地点设在海南省三亚市海棠湾龙楼洋，该实验地土质为潴育型水稻土，土地肥沃，地势平坦，但低洼有水，田间湿度高。各试验小区栽培管理操作均匀一致，

1.4　试验设计与方法

1.4.1　大田设计

本试验共设4个处理，处理一和处理二面积40亩，处理三（常规对照）面积3亩，

---

* 第一作者：陈川峰，男，农艺师，从事农业技术推广；E-mail：ccf_163@yeah. net
** 通讯作者：李祖莅，女，农艺师；E-mail：lizhuli_ 2007@yeah. net

处理四（空白对照）0.2 亩。各方案各设一个中心展示区（即在同一块田里同设置空白、对照和处理一或处理二）和一个非展示区（即同一块田里设置常规和空白）。处理一：27.12%碱式硫酸铜（铜高尚）悬浮剂，使用浓度分别为 305.1ml/hm^2；处理二：30%琥胶肥酸铜（斗角）可湿性粉剂，使用浓度分别为 305.1ml/hm^2；处理三：20%噻菌铜悬浮剂（龙克菌），270g/hm^2；处理四：清水对照。试验药剂、对照药剂和空白对照的小区处理采用随机排列。每小区采用对角线五点取样，每点调查相连 25 丛，共 125 丛。施药前调查病情基数第 3 次施药后 14 天（即 2013 年 10 月 20 日）进行药效调查记录病叶分级情况计算病情指数和防治效果。

1.4.2　分级标准

0 级：叶片无病斑；1 级：叶片仅有小点半水渍状病斑，占叶面积的 1%以下；3 级：叶片有零星短而窄条，占叶面积的 1% ~5%；5 级：叶片病斑较多，占叶面积的 6% ~25%；7 级：叶片上病斑较密，占叶面积的 26% ~50%；9 级：叶片上病斑占叶面积的 50%以上，叶片变橙褐色、卷曲、枯死。

1.4.3　试验时间及方法

2013 年 7 月 16 日开始浸种。工厂化育秧（大丰收高速播种机，台湾）集中育秧，全部采用防虫网封闭式隔离育秧，喷施药剂；8 月 5—7 日插秧，秧苗用 2Z – 6A（TT6 – D）型乘坐式高速播秧机（久保田农业机械（苏州）有限公司）。秧田用 16 型手摇背负式喷雾器，本田用 LS – 22C 陆雄动力喷雾机于上午 9:00 ~11:30、15:00 ~18:00 均匀喷雾，连续 2 天。施药做到均匀喷湿叶面，用水量为 450L/hm^2。空白对照整个生长期不喷农药。常规对照是农户自主购买农药，根据需要自主喷药。根据各个方案的需要，结合水稻生长的时期进行喷药，全部处理在移栽前 3 天喷施送嫁药。本田期处理一、二和常规均施药 3 次。各个方案的施药时间是：处理Ⅰ、处理Ⅱ、处理Ⅲ（常规）、CK（空白对照）。第一次施药为分蘖期（8 月 26 日）；第二次施药为孕穗期（9 月 23 日）；第三次（孕穗末期）施药（10 月 5 日）。

1.4.4　气象资料

2013 年 7 月 16 日上午 9:00 浸种，当天天气为晴天；17 日上午 9:00 拌种催芽，当天为晴间多云，平均气温 33℃，轻微东南风；18 日播种，当天天气为晴转阴。8 月 31 日第一次施药，为晴间多云，平均气温 34.1℃，东南风。9 月 23 日第二次喷药，当天为晴间多云，平均气温 34℃。10 月 5 日第三次喷药，当天为晴间多云，平均气温 29℃。

1.4.5　调查方法

每小区采用对角线五点取样，每点调查相连 25 丛，共 125 丛。施药前调查病情基数第 3 次施药后 14 天（即 2013 年 10 月 20 日）进行药效调查记录病叶分级情况计算病情指数和防治效果（表 1）。

1.4.6　药效计算方法

采用下列公式计算防效。

水稻细菌性条斑病：

$$\text{病情指数} = \frac{\sum(\text{各级病叶数} \times \text{相对级数值})}{\text{调查总叶数} \times 9} \times 100 \tag{1}$$

$$\text{防治效果}(\%) = \frac{\text{空白对照区药前病指数} \times \text{处理区药后病指数}}{\text{空白对照区药后病指数} \times \text{处理区药前病指数}} \times 100 \tag{2}$$

2 结果与分析

2.1 水稻细菌性条斑病的防治效果

从表1可以看出，第3次药后14天，处理1防治效果为75.34%、处理2防治效果为74.76%、处理3防治效果70.78%，3种处理差异性不显著，27.12%碱式硫酸铜悬浮剂（铜高尚）、30%琥胶肥酸铜可湿性粉剂（斗角）对水稻细菌性条斑病防效好，比常规对照20%噻菌铜悬浮剂（龙克菌）70.78%高4.56%、3.98%。在水稻细菌性条斑病发生时期能有效控制病害的扩散蔓延。

表1 不同处理对水稻细菌性条斑病的防效

处理	药剂	药前病指	药后14天	
			病指	防效（%）
处理1	27.12%碱式硫酸铜	1.82	3.84	75.34
处理2	30%琥胶肥酸铜	1.90	3.98	74.76
处理3	20%噻菌铜	2.29	4.54	70.78
CK	CK	5.33	14.93	—

2.2 对作物的直接影响

对水稻细菌性条斑病防效良好，且安全无药害。

3 小结

3种药剂在水稻细菌性条斑病发病初期施用，连喷3次，对水稻细菌性条斑病有一定防治效果，对水稻安全，在水稻细菌性条斑病发生时期能有效控制病害的扩散蔓延，27.12%碱式硫酸铜悬浮剂（铜高尚）、30%琥胶肥酸铜可湿性粉剂（斗角）对水稻细菌性条斑病防效分别为75.34%、74.76%，比常规对照20%噻菌铜悬浮剂（龙克菌）70.78%高4.56%、3.98%。根据实验结果，推荐铜高尚和斗角的使用浓度分别为305.1ml/hm^2、270g/hm^2，每公顷用药液450L，喷雾一次，为了减少水稻细菌性条斑病抗药性，建议以上药剂轮流使用。仅仅依靠大田用药，达不到理想的防治效果，要采取综合治理措施，如加强检疫，杜绝病菌传入；轮作换茬；选用抗耐病品种；播种时带药浸种；抓住有效防治时期。

参考文献

[1] 孙春明，郑结彬，徐进才.20%噻唑锌SC防治水稻细菌性条斑病药效研究［J］.安徽农学通报，2009，15（2）：108.

[2] 张荣胜，刘永锋，陈志谊.水稻细菌性条斑病菌颉颃细菌的筛选、评价与应用研究［J］.中国生物防治学报，2011，27（4）：510-514.

[3] 仲伟云，王国兵，葛泽芝，等.不同药剂防治水稻细菌性条斑病大田药效试验［J］.现代农业科技，2008（16）：119.

烯丙苯噻唑在寒地水稻旱育秧田施用对稻瘟病的防治效果

李海静* 穆娟微**
（黑龙江省农垦科学院，哈尔滨 150038）

摘 要：8%烯丙苯噻唑颗粒剂田间药效试验：移栽前3天在苗床撒施8%烯丙苯噻唑颗粒剂，随着用量的增加对稻瘟病的防治效果逐渐增加，其中8%烯丙苯噻唑颗粒剂250g/m^{2}对稻瘟病的防治效果最好。8%烯丙苯噻唑颗粒剂在寒地水稻旱育秧田施用的持效期可达60天之久，低于77天。

关键词：烯丙苯噻唑；稻瘟病；防治效果

烯丙苯噻唑是一种低毒高效诱导免疫型杀菌剂，主要是通过植物根部吸收，并迅速渗透传导至植物体的各部分，激发植物本身对病害的免疫（抗性）来实现防病效果[8]。烯丙苯噻唑进入水稻体内后，能诱导水稻的抗病反应，对病原菌没有直接杀菌活性，不产生选择压力，病菌不易对其产生抗性，并且对非病原菌不产生直接或间接的影响，对环境的影响很小，有利于保护有益微生物种群，施用烯丙苯噻唑优势明显。

近年来，关于此类诱导物诱导机理的研究报道较多，但有关其在田间防治病害效果的研究却不多见，针对黑龙江省稻区的研究更是少见，而且没有规范化使用报道。本论文通过在寒地稻区旱育秧田施用烯丙苯噻唑颗粒剂，研究烯丙苯噻唑对稻瘟病的防治效果，以期为寒地稻区烯丙苯噻唑的施用时期及方法提供理论及指导意义。

1 材料与方法

1.1 试验材料

供试水稻品种：空育131和空育163。

供试药剂：8%烯丙苯噻唑颗粒剂（好米得），由日本明治制果株式会社生产。

对照药剂：20%三环唑（好米多）悬浮剂，由广东省江门市植保有限公司生产。

1.2 试验方法

1.2.1 试验设计

在黑龙江省哈尔滨市阿城唐家（土壤有机质含量4.98%，pH值6.2），共设8个处理（表1），其中1个空白对照，1个常规对照。处理1～6于秧苗移栽前3天（5月26日）施药，采用毒土法，每小区5m^2，施药时每处理拌细土500g撒施，撒施后立即浇水。5月29日移栽，小区面积20m^2。常规对照20%三环唑（好米多）悬浮剂80ml/667m^2（处理

---

* 作者简介：李海静，从事水稻育种；E-mail：hai1314jing@sina.com

** 通讯作者：穆娟微，研究员，硕士研究生导师；E-mail：mujuanwei@126.com

7）于水稻9.1～9.5期（7月6日）和孕穗期（7月20日）各施药1次，采用茎叶喷雾的方法（小区使用聚乙烯储压式喷雾器714211，容量为4L），喷液量15 L/667m^2。在水稻生育期间，除试验药剂外不施用其他杀菌剂，其他的管理措施均按照寒地水稻叶龄诊断栽培技术执行。

表1　试验处理表

处理	药剂	施药剂量（g/m^2）（ml/667m^2）
1	8%烯丙苯噻唑颗粒剂	25
2	8%烯丙苯噻唑颗粒剂	50
3	8%烯丙苯噻唑颗粒剂	100
4	8%烯丙苯噻唑颗粒剂	150
5	8%烯丙苯噻唑颗粒剂	200
6	8%烯丙苯噻唑颗粒剂	250
7	20%三环唑悬浮剂	80
8（CK）	清水	—

1.2.2　*调查项目及方法*

水稻稻瘟病采用对角线取样的方法调查，每小区取5点，每点取50株，共250株，叶瘟每株调查剑叶及剑叶以下两片叶，计算出病情指数和防治效果[1-2]。

2　结果与分析

2.1　对水稻叶瘟的防治效果

在7月25日第一次叶瘟调查中，空育131与空育163旱育秧田施用8%烯丙苯噻唑颗粒剂25～250g/m^2的各处理对叶瘟的防效均较好，均达到了80.0%以上，且100～250g/m^2的防治效果显著高于常规对照20%三环唑悬浮剂80ml/667m^2的防治效果，差异显著。各处理的防治效果呈增加趋势（表2）。由此可看出，随着8%烯丙苯噻唑颗粒剂施用剂量的增加，对叶瘟的防治效果逐渐增高，8%烯丙苯噻唑颗粒剂诱导持效期长，从带药下地到7月25日，可达60天之久。在8月10日的调查中，各处理的防病效果明显下降（表2），说明旱育秧田施用8%烯丙苯噻唑颗粒剂在8月10日诱导抗病能力下降，诱导持效期低于77天。

2.2　对水稻穗颈瘟的防治效果

7月25日，空育131与空育163旱育秧田施用8%烯丙苯噻唑颗粒剂，药剂用量25～250g/m^2的各处理对穗颈瘟的防效均较好，均达100.0%，与常规对照20%三环唑悬浮剂80ml/667m^2差异显著。各处理的防治效果呈增加趋势（表3）。由此可看出，随着8%烯丙苯噻唑颗粒剂施用剂量的增加，对穗颈瘟的防治效果逐渐增加，8%烯丙苯噻唑颗粒剂诱导持效期长，从带药下地到7月25日，可达60天之久，对穗颈瘟仍有较好的防治效果。8月10日，各处理的防病效果明显下降（表3），说明旱育秧田施用8%烯丙苯噻唑颗粒剂在8月10日诱导抗病能力下降，诱导持效期低于77天。

表 2　旱育秧田施用 8%烯丙苯噻唑颗粒剂对水稻叶瘟的影响

品种	处理药剂	施药剂量（g/m²）（ml/667m²）	7 月 25 日		8 月 10 日		8 月 25 日	
			病情指数	防治效果（%）	病情指数	防治效果（%）	病情指数	防治效果（%）
空育 131	8%烯丙苯噻唑颗粒剂	25	0.3	83.6Cc	2.7	61.0Dd	5.6	60.3b
		50	0.3	83.9Cc	2.5	64.8Dc	5.5	60.6b
		100	0.1	92.2Bb	2.4	65.6CDc	5.0	64.1ab
		150	0.1	93.0Bb	2.1	70.0BCb	4.7	66.5a
		200	0.1	93.3Bb	2.1	69.9BCb	4.6	66.8a
		250	0.0	100.0Aa	1.6	77.3Aa	4.6	66.8a
	20%三环唑	80	0.3	83.1Cc	1.9	73.2ABb	5.0	64.1ab
	清水（CK）	—	1.5	—	6.9	—	14.0	—
空育 163	8%烯丙苯噻唑颗粒剂	25	0.2	89.0Bb	1.3	80.3De	3.8	65.9Cd
		50	0.2	89.4Bb	1.2	82.9Bbc	3.7	67.1Ccd
		100	0.2	89.6Bb	1.2	82.5BCc	3.6	67.6BCcd
		150	0.2	90.1Bb	1.1	83.6Bb	3.1	72.6Bb
		200	0.2	90.2Bb	1.3	81.5CDd	3.3	70.5BCbc
		250	0.0	100.0Aa	0.7	90.6Aa	1.8	84.4Aa
	20%三环唑	80	0.3	82.2Cc	1.3	81.5CDd	3.6	67.8BCcd
	清水（CK）	—	1.4	—	6.7		11.1	—

注：表中不同的大（小）写字母表示 1%（5%）水平的差异显著性

表 3　旱育秧田施用 8%烯丙苯噻唑颗粒剂对水稻穗颈瘟的影响

品种	处理药剂	施药剂量（g/m²）（ml/667m²）	7 月 25 日		8 月 10 日		8 月 25 日	
			病情指数	防治效果（%）	病情指数	防治效果（%）	病情指数	防治效果（%）
空育 131	8%烯丙苯噻唑颗粒剂	25	0.00	100.0a	0.5	78.4Dc	5.4	61.8Bc
		50	0.00	100.0a	0.5	78.8Dc	4.0	71.8ABbc
		100	0.00	100.0a	0.4	82.2CDb	4.0	72.2ABbc
		150	0.00	100.0a	0.4	83.6BCb	2.7	81.3Aab
		200	0.00	100.0a	0.3	87.3ABa	2.1	85.3Aa
		250	0.00	100.0a	0.3	88.0ABa	2.0	86.0Aa
	20%三环唑	80	0.02	95.9b	0.2	90.0Aa	2.2	84.4Aa
	清水（CK）	—	0.45	—	2.3	—	14.2	—
空育 163	8%烯丙苯噻唑颗粒剂	25	0.00	100.0a	3.5	68.0Df	6.0	70.1dC
		50	0.00	100.0a	3.3	70.2De	5.3	73.8BCcd
		100	0.00	100.0a	2.9	73.6Cd	5.0	75.1ABCcd
		150	0.00	100.0a	2.0	82.1Bc	4.7	76.4ABCbcd
		200	0.00	100.0a	1.9	82.6Bbc	4.2	78.8ABCabc
		250	0.00	100.0a	1.8	84.1Bb	3.6	81.9ABab
	20%三环唑	80	0.02	95.0b	1.5	86.6Aa	3.2	84.2Aa
	清水（CK）	—	0.40	—	11.0	—	20.0	—

注：表中不同的大（小）写字母表示 1%（5%）水平的差异显著性

3 小结与讨论

3.1 小结

旱育秧田移栽前3天施用8%烯丙苯噻唑颗粒剂对稻瘟病有一定的防治效果，随着8%烯丙苯噻唑颗粒剂用量的增加对稻瘟病的防治效果呈上升趋势，其中250g/m^2对稻瘟病的防治效果最好。

8%烯丙苯噻唑颗粒剂诱导抗性持效期长，5月29日插秧，7月25日对稻瘟病的防治效果好，防治效果均高于20%三环唑悬浮剂80ml/667m^2的防治效果。在8月10日以后防治效果开始下降，说明8%烯丙苯噻唑颗粒剂的持效期可达60天之久，低于77天。

3.2 讨论

诱导剂8%烯丙苯噻唑颗粒剂具有一定的诱导持效期，诱导植株体内的抗性相关因素产生抗性，防治病害。水稻移栽前带药下地，可以大大降低人工成本、节省时间。本研究在施药时期及施药剂量上与前人的研究不同[3-7]，试验结果表明旱育秧田施用8%烯丙苯噻唑颗粒剂25~250g/m^2，随着施用量的增加防病效果增加，这与韩润庭等[4]、黄其茂等[5]的研究成果相似。本研究表明移栽前3天施用8%烯丙苯噻唑颗粒剂150g/m^2的防病效果较好，与任宝君等[6]的研究结果相似。

本文研究表明在旱育秧田施用8%烯丙苯噻唑颗粒剂诱导防治稻瘟病的持效期较长，60天以内对叶瘟及穗颈瘟的防治效果均较好，施用量为250g/m^2的叶瘟及穗颈瘟的防治效果可达100%。8%烯丙苯噻唑颗粒剂在施用77天后，对叶瘟及穗颈瘟的防治效果下降，说明8%烯丙苯噻唑颗粒剂的诱导持效期低于77天，对8%烯丙苯噻唑颗粒剂在寒地水稻区的有效诱导持效期，可待进一步研究确定，确定田间应用的最佳施药时期，以期为田间应用提供依据。

参考文献

[1] 雷邦海．20%三环唑悬浮剂防治稻瘟病田间药效试验［J］．植物医生，2011，24（4）：38-40.

[2] 农业部农药检定所生测室．农药田间药效试验准则（一）［S］．北京：中国标准出版社，1993：71-74.

[3] 胡立冬，陈爱南，肖放华，等．稻瘟病抗病性诱导剂好米得应用效果［J］．湖南农业科学，2002（4）：49-50.

[4] 韩润庭，张金花，任金平．烯丙苯噻唑诱导水稻抗瘟性研究［C］．中国植物保护学会2005年学术年会暨第九届全国会员代表大会—农业生物灾害预防与控制研究．杭州：中国植物保护学会，2005：262-264.

[5] 黄其茂，周淮，许自力，等．8%好米得G防治水稻稻瘟病田间药效试验初报［J］．湖南农业科学，2001（3）：47.

[6] 任宝君，刘小刚，于冬洁，等．8%好米得颗粒剂防治水稻稻瘟病试验研究［J］．垦殖与稻作，2006（增刊）：41.

[7] 刘明达，张万民．化学诱抗剂好米得诱导水稻抗稻瘟病的田间效果［J］．沈阳农业大学学报，2002，33（3）：188- 190.

[8] Watance T. Effects of Probenazole on Each Stage of Rice Blast Fungus in Its Cycle［J］. Pesticide Science，1977（2）：395-404.

水稻一代二化螟全程绿色防控集成技术模式及防控示范效果

曾 伟* 赵其江 陈远军 蒋晓东 徐 杰 王居友 秦天雄

（四川省达州市达川区植保植检站，达州 635711）

摘 要：2016 年，四川省达川区集成组装和推广应用了春季泡田翻耕杀虫灭蛹＋太阳能杀虫灯诱杀＋新型飞蛾性诱捕器诱捕成虫＋性信息素精准监测指导释放两次赤眼蜂＋稻鸭共育的全程绿色防控技术，开展了不施化学农药防控水稻一代二化螟的试验示范，结果表明，该全程绿色防控集成技术对水稻一代二化螟防治效果好，与专业化统防效果相当，明显优于农民常规化学防治效果。该集成技术模式绿色环保，适合具有一定面积规模的水稻种植专业大户、家庭农场、专业合作社等新型农业经营组织在生产无公害、绿色和有机稻米生产时推广应用。

关键词：全程绿色防控集成技术；一代二化螟；防控

二化螟是四川盆地东北部达川区水稻上的一种常发性主要害虫，近年来发生量明显上升，危害日趋严重，尤以一代幼虫发生面积大，呈持续偏重以上发生态势，不仅对水稻安全生产影响较大，同时，单纯依赖化学农药的防治面积较大，田间用药量大，严重威胁着农业生态环境安全和农产品质量安全。据统计，水稻一代二化螟常年发生面积 2.67 万 hm^2 左右，占水稻种植面积的 69.9%，占水稻病虫发生面积（万 hm^2 次）的 45.1%，年均自然损失 0.78 万 t 左右，占水稻年均总自然损失的 27.0%，一代二化螟常年防治用药量占水稻病虫用药量的 56.3%。随着人们对环保安全健康优质无公害水稻产品的认识和消费需求水平的不断提高，在当前我国大力推行农药减量控害的新形势下，科学探索筛选和有效推广应用适合当地的绿色防控集成技术措施，来减轻和控制病虫危害损失，减少化学农药污染，保护农田生态环境，降低农产品农药残留，确保农业生产安全、农产品质量安全和农业生态环境安全，显得尤为重要。同时，为了适应农村新型农业经营组织规模化生产经营无公害、绿色和有机稻米生产技术的需要，为了解决水稻生产中防治一代二化螟过度依赖化学农药问题，2016 年，我站在近年不断探索和推广应用绿色防控技术措施的基础上，科学集成组装和筛选了不施用化学农药防控水稻一代二化螟的全程绿色防控措施，并进行了试验示范研究和推广应用，取得了一定成效，以期为该地区水稻一代螟虫的绿色防控和治理提供科学依据。现将有关绿色防控集成技术模式和试验示范研究结果报道如下。

* 作者简介：曾伟，男，主要从事农作物病虫害预测预报及防治技术推广工；E-mail：zengwei0112@163.com

1 材料与方法

1.1 试验示范区的基本情况及示范研究设计

试验示范区选定在达川区檀木镇杨家坪村，该村地处盆东平丘区，海拔530m左右，示范区内常年成片种植水稻、玉米、油菜等农作物，稻田面积共21.67hm^2，冬闲板田占95%，两季田占5%左右，将其中由达川区檀木镇新动力种植专业合作社统一承包的18.67hm^{2}稻田作为全程绿色防控示范区，实行规模化统一经营管理，全部推行集中机育机插秧方式，推广应用水稻全程绿色防控技术。示范区水稻品种统一种植宜香1108、川优6203，3月13—15日统一播种，全部采用规格为28cm×58cm的育秧盘集中育秧，5月上旬统一实行机械化栽植，机植规格为30cm×18cm。

另在距离示范区20m以外的自然稻区根据常规习惯分设专业化统防区、农民常规自防区、不施药对照区3个非示范区，非示范区采用当地农民常规栽培管理方法，种植品种及播种期同示范区，均采用旱育秧方式，4月中下旬按常规翻耕稻田一次，4月下旬至5月上旬按宽窄行常规栽培方式进行人工栽培。专业化统防区于5月中旬（5月13—15日）卵孵高峰至低龄幼虫高峰期按每667m^{2}选用20%氯虫苯甲酰胺SC 10ml进行统防，农民常规自防区按防治习惯于5月下旬（5月22—25日）选用三唑磷等农药常规喷雾防治，对照不施药区在一代螟虫发生期间全程不施用化学农药防治。

1.2 示范区集成组装的全程绿色防控技术模式

在绿色防控示范区主推集成组装的全程绿色防控技术模式，其技术模式为：A. 春季泡田翻耕杀虫灭蛹+B. 太阳能杀虫灯诱杀成虫+C. 新型飞蛾性诱捕器诱捕成虫+D. 性信息素精准监测指导释放2次赤眼蜂+E. 稻鸭共育技术。

各项关键技术措施及做法为：

A. 春季泡田翻耕杀虫灭蛹：在3月下旬水稻二化螟越冬代成虫羽化前，对示范区内所有的冬闲（板）田全部实行灌水泡田，并及时采用东方红LX804四驱农用旋耕机LX804进行统一翻耕，处理冬闲（板）田中的稻桩等残留物，稻田保持厢面浅水层3cm以上。

B. 太阳能杀虫灯诱杀成虫：根据示范区面积及稻田分布情况，按每3.33hm^{2}左右稻田合理布局和设置太阳能频振式杀虫灯1盏，示范区共设置安装6盏，灯距水稻120cm左右。3月20日至6月底，示范区全部开启太阳能频振式杀虫灯，诱杀羽化的螟蛾。

C. 新型飞蛾性诱捕器诱捕成虫：从3月25日至6月底，每亩稻田设置新型飞蛾性诱捕器（FMT）1个，每隔25～30天更换一次诱芯，诱芯安装到诱捕器后，诱捕器口朝下固定在直径2～3cm，长150cm的竹竿上，诱捕器下口始终保持高于水稻上部叶面20～30cm[1]。

D. 性信息素精准监测指导释放赤眼蜂：从3月25日至6月底，在示范区内选比较空旷有代表性的1块稻田作为当地二化螟发生动态监测的性诱监测点，性诱剂及诱测工具选用浙江宁波纽康生物技术有限公司生产的二化螟PVC毛细管性信息素诱芯及黏胶型诱捕器。田内设置3台诱捕器，相距50m，呈正三角形排列。每台诱捕器与田边距离不少于5m。每台诱捕器装上诱芯杆，放1枚二化螟诱芯，每隔25～30天更换1次诱芯。根据性诱剂监测结果预测螟蛾产卵始盛期、高峰期等，预测确定悬挂“生物导弹”杀虫卡最佳时期，“生物导弹”杀虫卡由湖北百米生物实业有限公司生产，为带有病毒的赤眼蜂卵，为毒卵塑盒纸袋包装，每卡含毒卵60~70粒，含赤眼蜂不少于3 600头，含病毒1×10^8 PIB/卡。在二化螟雌蛾发生高峰期至落卵高峰期，对集中机育秧苗床，按每厢（$10m^2$）60个育秧盘标准设置悬挂“生物导弹”杀虫卡2卡一次，杀虫卡随秧苗机插时也相应移位悬挂至本田，隔一周后，再对5月上旬初机植大田的秧苗，按每亩稻田悬挂带有活体寄生蜂及病毒的水稻“生物导弹”杀虫卡3卡。杀虫卡均固定在新型飞蛾性诱捕器的竹竿，或新选取的直径0.5cm左右，长25cm以上的细木棍或竹竿上，用绑丝固定，出蜂口朝下，杀虫卡尽量贴近稻苗或阴蔽等处，避免暴晒和雨淋。

E. 推广稻鸭共育治虫措施：在水稻秧苗移栽后7~10天扎根返青、开始分蘖时，每亩放养20日龄左右的雏鸭10~20只，破口抽穗前收鸭。

1.3 调查记载

1.3.1 螟虫冬后基数调查

3月中旬越冬代幼虫始化蛹期，选择示范区内有代表性的未灌水翻耕板田、小春田作为有效虫源田，抽样调查二化螟亩活虫数。在3月下旬翻耕后，再次调查统计二化螟亩残留活虫数，以及有效虫源田面积和比例。

1.3.2 性诱监测一代二化螟的发生动态调查

自3月25日至6月底，于每隔1日的上午9:00~10:00调查记载统计各性诱捕器的诱虫数量，并将各种虫体及时清理干净，始见蛾后，将性诱法隔日诱集的雄蛾数量制成诱蛾动态图，分析预测一代二化螟的产卵盛期和高峰期等，为指导释放赤眼蜂时间提供科学依据。

1.3.3 新型飞蛾性诱捕器诱捕成虫效果调查

在越冬代二化螟成虫羽化高峰后的5月中旬及终见期后的6月中旬，分别对示范区内设置的新型飞蛾性诱捕器诱捕的二化螟成虫数量进行抽样调查，抽样方法按示范区的四周及中心区位置布点随机抽样调查20~30个诱捕器，调查统计各诱捕器的累计诱蛾数量，了解新型飞蛾性诱捕器对越冬代二化螟成虫的诱捕效果。

1.3.4 一代二化螟防控效果调查

在一代二化螟幼虫盛发期的5月中旬和枯心苗基本定局后的6月中旬，在示范区和非示范区分别选择有代表性的田块3块，采用平行跳跃式取样，每块田取100丛，分别调查其中的枯鞘株数和枯心株数，同时调查20丛稻的分蘖数，统计枯鞘株率和枯心株率，计算示范区和非示范区各处理的防控效果。

2 结果与分析

2.1 翻耕前后螟虫基数及效果

翻耕前冬后虫口基数调查，二化螟成活率98.46%，两季小春田二化螟每$667m^2$活虫数平均97.55头，冬闲板田二化螟$667m^2$活虫数平均3 611.1头，按冬闲板田95%、两季小春田5%计算，加权平均二化螟$667m^2$活虫数为3 435.43头。在越冬代螟虫羽化前的3月30日，示范区冬闲板田灌水泡田和翻耕面积比例为99.54%，虫口基数调查，翻耕冬闲板田二化螟$667m^2$残留活虫数平均273.2头，加权平均二化螟$667m^2$活虫数279.01头，说明示范区采取冬闲板田灌水泡田和翻耕措施后，比采取措施前直接减少虫口基数 91.88%。

2.2　昆虫性信息素诱集监测越冬代成虫动态情况

从示范区性诱测越冬代二化螟成虫的发生趋势曲线（图 1）可知，2016 年示范区性诱监测越冬代二化螟初见期为 4 月 2 日，终见期为 6 月 12 日。3 枚性诱剂共诱越冬代螟蛾 470 头，平均每枚性诱剂诱蛾总量 156.7 头，主要出现了 3 次明显的成虫高峰期，3 次主要虫峰分别在 4 月 17 日、23—25 日、4 月 29 日至 5 月 1 日，各虫峰诱蛾累计进度分别为 18.5%、42.8%～54.7%、70.4%～80%，4 月 23 日为第 2 蛾峰高峰日，也是越冬代二化螟成虫的蛾量最高日，诱蛾 60 头，其次为 4 月 29 日和 5 月 1 日，分别诱蛾 45 头。监测结果表明，此地越冬代二化螟成虫在 4 月 17 日、4 月 24 日、5 月 1 日分别进入发蛾始盛期、高峰期和盛末期。

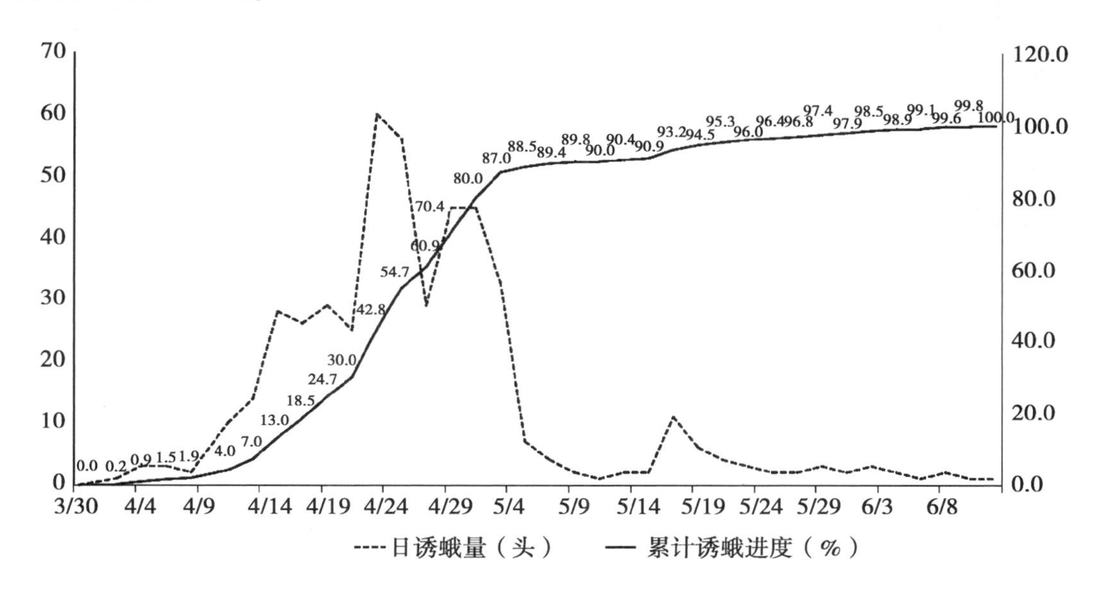

图 1　性信息素诱测越冬代二化螟成虫发生趋势（2016，达川区檀木镇）

2.3　性信息素监测指导“生物导弹”杀虫卡放蜂

根据示范区 2016 年越冬代二化螟性诱测结果得知，4 月 23 日为性诱雄蛾的第 2 个发蛾高峰的高峰日，结合作者利用性诱测第 2 蛾峰高峰日与灯诱测的雌蛾始期相吻合的研究结果[2]分析，预测得出该地雌蛾的发生始盛期、高峰期、盛末期应为 4 月 23 日、4 月 26—27 日、5 月 3—4 日，加上产卵前期 1～2 天，田间落卵的始盛期、高峰期、盛末期相应为 4 月 24—25 日、4 月 28 日、5 月 5 日左右，加上该地 4 月下旬至 5 月上旬气温条件下的卵历期 9 天左右，该地一代二化螟幼虫的卵孵始盛期、高峰期、盛末期相应为 5 月 4 日、5 月 7 日、5 月 14 日左右。作者综合分析预测确定了 4 月 28 日和 5 月 5 日可作为两次悬挂“生物导弹”杀虫卡释放赤眼蜂防控一代二化螟的最佳时期，受“生物导弹”运输环节等因素影响，实际在 4 月 27 日和 5 月 7 日分别进行了两次“生物导弹”杀虫卡悬挂投弹工作，据室内和田间观察，4 月 29 日、5 月 7 日均分别查见“生物导弹”杀虫卡中的赤眼蜂孵化，结果说明这两次持续投放“生物导弹”的时期与示范区二化螟卵期也高度吻合，对卵期持续控制时长达 10 天以上。

2.4 新型飞蛾性诱捕器诱捕成虫效果

5月20日，抽样调查20个诱捕器，共诱螟蛾数量117头，平均每个诱捕器诱蛾5.85头，1个诱捕器最少诱蛾1头，最多诱蛾21头，按此计算，示范区安装280个诱捕器，累计诱蛾1 638头。6月16日，调查26个诱捕器，共诱蛾数量158头，平均每个诱捕器累诱螟蛾6.08头，1个诱捕器最少诱蛾1头，最多诱蛾仍为21头，按此计算，示范区共累计诱蛾1 702.4头。结果说明，5月20日止的诱捕器累计诱杀二化螟蛾数量占越冬代累计诱蛾总量的96.22%，这与利用黏胶型诱捕器性诱监测二化螟蛾发生动态的情况相一致。

2.5 一代二化螟防控效果比较

据5月20日和6月16日对水稻一代二化螟的防控效果调查结果（表1）可见：集成组装的全程绿色防控技术示范区的枯鞘防效和枯心防效分别为85.70%和98.31%，专业化统防区的枯鞘防效和枯心防效分别为79.48%和95.51%，农民常规自防区的枯心防效为82.92%。由此可见，在目前推行水稻适度规模化种植经营及机育机插的新技术条件下，运用集成组装的春季翻耕杀虫灭蛹＋太阳能杀虫灯诱杀＋新型飞蛾性诱捕器诱杀＋性信息素精准监测指导释放赤眼蜂＋稻鸭共育的全程绿色防控技术模式防控一代二化螟，具有显著的防控效果，与专业化统防效果相当，明显优于农民常规化学防治效果。该绿色防控集成技术模式绿色环保，具有显著的实际应用和推广价值。

表1 不同技术措施防控水稻一代二化螟的效果比较（四川达川区，2016年）

项目	田号	枯鞘情况（5月20日）			枯心情况（6月16日）		
		枯鞘株率（%）	均值（%）	防治效果（%）	枯心株率（%）	均值（%）	防治效果（%）
全程绿色防控示范区	1	3.51	3.24	85.70	0.19	0.15	98.31
	2	3.93			0.16		
	3	2.28			0.11		
专业化统防区	1	4.25	4.65	79.48	0.39	0.40	95.51
	2	4.79			0.51		
	3	4.91			0.30		
农民常规自防区	1	—	—	—	1.65	1.52	82.92
	2	—			1.33		
	3	—			1.58		
不施药对照区	1	14.56	22.66	—	8.14	8.90	—
	2	34.47			9.55		
	3	18.94			9.00		

3 小结与讨论

（1）通过初步试验示范认为，在防控一代二化螟的全程绿色防控技术中，春季泡田翻耕杀虫灭蛹措施，是全程绿色防控的基础，性信息素精准监测和预测指导多次适时释放赤眼蜂是全程绿色防控技术的核心和保障，太阳能杀虫灯诱杀、新型飞蛾性诱捕器诱杀、稻鸭共育技术是全程绿色防控技术的强力补充。春季泡田翻耕杀虫灭蛹措施，是一项环保效宏的重要农业防治措施，它能显著大幅度降低越冬代二化螟冬后虫口基数，对减轻一代二化螟的为害和防控压力具有重要作用；利用性信息素做好越冬代成虫发生动态的精准监测，科学预测螟蛾发生期和卵期，并抓住螟蛾卵期最大限度地多次有效循环释蜂，是提高赤眼蜂防控效果的前提和关键；组装的太阳能杀虫灯诱杀、新型飞蛾性诱捕器诱杀、稻鸭共育技术等，多措并举，不仅对降低一代二化螟的田间卵密度，减轻幼虫为害具有积极作用，同时对水稻其他害虫的综合治理也具有明显的绿色防控效果。

（2）四川省达川区集成组装和推广应用的春季翻耕杀虫灭蛹 + 太阳能杀虫灯诱杀 + 新型飞蛾性诱捕器诱杀 + 性信息素精准监测两次释放赤眼蜂 + 稻鸭共育的全程绿色防控技术，对水稻一代二化螟防治效果好，与专业化统防效果相当，明显优于农民常规化学防治效果，达到了不施化学农药仍可有效防控水稻一代二化螟的目的，该全程绿色防控集成技术绿色环保，适合具有一定面积规模的水稻种植专业大户、家庭农场、专业合作社等新型农业经营组织在生产无公害、绿色和有机稻米生产时推广应用。

参考文献

[1] 全国农业技术推广服务中心/杨普云，赵中华，梁俊敏．农作物病虫害绿色防控技术模式［M］．北京：中国农业出版社，2014：6－9.

[2] 曾伟．应用黏胶型性诱捕器预测第一代二化螟发生期研究［J］．生物灾害科学，2013，36（4）：366－370.

创建水稻绿色防控示范区的思考

宋巧凤* 袁玉付 仇学平 曹方元 谷莉莉
（江苏省盐城市盐都区植保植检站，盐城 224002）

摘 要：近年来，江苏省盐城市盐都区水稻病虫防治有所创新和突破，早前时期过度依赖化学农药的现象已经不存在，取而代之的是践行“科学植保、公共植保、绿色植保”理念，示范推广水稻绿色防控新技术，2015 年在盐都七星现代化农场创建了水稻绿色防控示范区，综合运用农业、物理、生物、化学等防控措施，推广应用水稻绿色防控集成技术，重点推广“育秧防虫网防虫＋TFC 太阳能灭虫器诱杀蛾类害虫和甲壳类害虫＋稻田养鸭＋性诱剂诱杀大螟、稻纵卷叶螟＋生物杀菌剂”的绿色防控模式，取得了有效控制病虫为害、稻米品质得到提升、有效改善生产环境、水稻增产增效明显的成效，为创建有机大米生产基地奠定了基础。

关键词：绿色防控；示范区；思考

创建水稻病虫绿色防控技术示范区可以从源头上控制“禁限用农药”进入生产前沿，践行“科学植保、公共植保、绿色植保”理念。2015 年，盐都区通过实施中央农业生产救灾资金（重大农作物病虫害防治）、省级农业生产保障能力建设类项目的生物农药补贴部分等，建设水稻病虫绿色防控示范区一个，集成绿色防控技术，有效地控制了示范区的病虫为害，减少化学农药使用量，遏制有毒大米等事件的发生，提升了稻米品质，保护农业生产环境，有力地促进了全区农作物病虫绿色防控工作的开展，保障作物生长安全和产品质量安全。

1 建设地点、作物、规模

1.1 地点

示范区核心区选择在盐都七星现代化农场。

1.2 作物

水稻：品种以南粳 9108 为主，搭配种植淮稻 5 号、盐粳 13。

1.3 规模

建立水稻绿色防控示范区核心区 1 100亩，辐射面积 4 400亩。

2 目标与核心技术

2.1 目标

示范区综合利用各种农业、物理、生物防治手段，科学开展化学防治，大力推广应用生物农药和高效低毒农药，生物农药使用量较上年增长 5% 以上，高效低毒农药使用总量

* 第一作者：宋巧凤，女，副站长，高级农艺师，主要从事植保技术推广工作；E-mail：yyf829001@163.com

达90%以上，病虫为害损失控制在5%以下。绿色防控集成技术应用覆盖率100%，核心示范区农残检测合格率100%，稻米产品质量检验合格率100%，各项指标达到绿色食品生产标准。

2.2 核心技术

加强病虫调查监测，推广应用水稻绿色防控集成技术，综合运用农业、物理、生物、化学等防控措施，在示范区水稻生产上推广“育秧防虫网防虫+TFC太阳能灭虫器诱杀蛾类害虫和甲壳类害虫+稻田养鸭+性诱剂诱杀大螟、稻纵卷叶螟+生物杀菌剂”的绿色防控模式，优选使用高效、低毒农药和生物农药，严格控制并减少化学农药用量，实行水稻病虫害专业化统防统治。

3 水稻绿色防控示范区的创建

2015年年初，开始着手筹划水稻绿色植保示范区的建设，拟定《盐都区水稻病虫绿色防控技术方案》，3月8日，七星现代化农场投入资金近10万元，采购RR-TSC-15太阳能杀虫灯50盏，并于3月底安装调试到位。每22亩设置1盏太阳能杀虫灯，利用害虫的趋光性，诱杀稻飞虱、二化螟、三化螟、大螟、稻纵卷叶螟等害虫的成虫，减少田间落卵量，降低种群数量。示范区整合实施中央农业生产救灾资金（重大农作物病虫害防治）等项目，投入资金50多万元，其中，采购24%井冈霉素（A）水剂400kg（翌年使用），折算投入6万元；采购22%氟啶虫胺腈悬浮剂1 750瓶（翌年使用），50g/瓶，折算投入为7万元；采购太阳能杀虫灯116盏，折算投入20多万元，当年安装调试到位，投入使用；采购稻纵卷叶螟性诱剂，3 334套（翌年使用），折算投入5万元。

5月1日起核心区水稻落谷育秧，并用防虫网防虫。5月27日开始移栽。示范区核心区不采取化学除草，通过稻田养鸭控草为主，从而为通过绿色防控，生产有机大米。在移栽时，就在邻近安排设置对照田，其中，空白对照田0.75亩，农民常规防治田5.92亩，与绿色防控示范田进行对比，用作调查绿色防控的效果。核心区的核心片区稻田养鸭。400亩共放养育雏后的200g左右的苗鸭4 500只，其中，第一批于6月11日放养2 000只，第二批于6月19日放养2 500只。每亩稻田放养10~12只鸭子，通过鸭子的不断取食、走动，控制田间杂草、稻飞虱、纹枯病的发生程度，减少用药次数或不用药。

7月下旬，设计制作安装水稻绿色防控示范区的展示牌一个。明确七星现代化农场高级农艺师、技术部主任张厚奎同志担任盐都区水稻绿色防控示范区核心区的技术实施负责人，负责示范区核心区的水稻病虫监测，重点监测迁飞性害虫的迁入、迁出动态，系统观察病虫害的消长情况和水稻生长、生育状况，准确掌握病虫害的发生动态、水稻生育进程、生长状况，综合分析病虫发生趋势，并做好建设示范区的绿色防控实施的具体工作，从而为区植保站及时发布病虫信息，为指导适时用药提供准确信息和关键防治技术。这样盐都水稻绿色防控示范区主要“二挂、五有”（领导挂帅、技术人员挂钩；有展示牌，有一套绿色防控技术，有明确的防控目标，有项目负责人，有技术指导员）推广模式。技术人员通过组织专题培训、现场指导等多种形式，普及绿色防控技术，确保绿色防控技术到田到户。

水稻绿色防控示范区全程不用杀虫剂，防治病害用药，8月22日起（即在水稻破口前5~7天）防治纹枯病、预防稻曲病，用15%井·蜡芽，150g/亩；8月29日起打破口药，预防稻瘟病和纹枯病用15%井·蜡芽，125g/亩 +50%氯溴异氰尿酸60g/亩；9月4日起施用齐穗药剂，预防稻瘟病和纹枯病用50%氯溴异氰尿酸60g/亩，防治稻纵卷叶螟用100亿孢子/ml短稳杆菌悬浮剂100ml/亩。10月21日起开始收割。

4 水稻绿色防控示范区的成效

4.1 有效控制住病虫为害

水稻病虫绿色防控示范区建设取得了喜人的成效，通过重抓农业、物理、生物防治、生态控制，结合科学选用高效、低毒、低残留的环保型农药，有效地控制了稻田草害、稻象甲、稻蓟马、稻飞虱、大螟、病毒病、纹枯病、穗瘟病、稻曲病的为害，总体防效达95%以上，水稻病虫为害损失率在1%以下。可以说在七星现代化农场实施水稻绿色防控核心区加辐射区面积达5 500亩，绿色防控技术推广覆盖率100%，病虫防控效果显著。

4.2 稻米品质得到提升

通过最大可能地减少使用化学农药，防治水稻生产严重发生的“两迁”害虫、水稻纹枯病、稻瘟病、稻曲病等主要病虫害，绿色防控技术到位率90%以上，防控效果95%以上，稻米中的化学农药残留量明显降低，农药残留检测不超标，稻米质量检验合格。据核心区入库与上市稻米来看，无论从产量上，还是谷粒色质上，都明显看出绿色防控后，水稻的品质得到提升。实收单产为585kg/亩，米质达优质米级别以上，核心区正在申报有机大米生产基地。

4.3 有效改善生产环境

通过推广水稻病虫绿色防控综合配套集成技术，有效改善农业生产环境，实现稻米产业可持续发展。

4.4 稻米品牌建设与效益

七星现代化农场在实施水稻绿色防控示范区建设的同时，已经注册“七星谷”牌大米注册商标，南粳9108优质真空包装大米正在上市，收到广大消费者的好评。随着水稻绿色防控示范区建设的推进，辐射带动效应将彰显，盐都区水稻绿色防控示范区建设的社会效应、生态效益和经济效益将逐渐显现出来。

4.5 水稻增产增效明显

通过水稻绿色防控示范区建设，辐射带动全区水稻病虫害绿色防控面积40.69万亩次以上，稻米产品优质优价，同时每季水稻减少化学防治1.33次以上，减少防虫防病农药成本及劳资，亩增收节支约60元以上，年增收节支达1 100万元以上。

5 存在问题和建议

5.1 除草难题仍然突出

考虑到稻田除草剂对生态环境、稻田天敌、秧苗药害等因素，在水稻绿色防控建设区内尽量不用化学除草剂除草，而是通过稻田养鸭或人工拔草来解决草害，有些田块恶性杂草难以解决，建议相关科研部门，特别是杂草研究机构多做些绿色防控前提下的稻田草害解决方案的研究，并付诸生产实践。

5.2 稻田养鸭放养时间要把握好

第一批于6月11日放养2 000只苗鸭，由于水稻秧苗刚活棵，鸭子放入后出现相当一部分浮秧，造成缺株断行现象。相反，如果鸭子放入过迟，控制草害的效果又下降。建议做好秧苗活棵稳定期与苗鸭入田期的科学衔接。

5.3 病虫害防控仍存难点

在核心区的一个匡口，拟种植有机米示范区，虽在8月22日起用15%井·蜡芽防治纹枯病、预防稻曲病；8月29日用15%井·蜡芽+50%氯溴异氰尿酸，预防稻瘟病和纹枯病；9月4日起打齐穗药，用50%氯溴异氰尿酸预防稻瘟病和纹枯病，用100亿孢子/ml短稳杆菌悬浮剂，但这个匡口的穗颈稻瘟病有的田块仍较重发生，个别田块病穗率达28.21%；有些田块稻曲病仍有发生。建议有机大米绿色防控建设工作做得好的单位提供宝贵经验。

参考文献（略）

蓬安县水稻病虫害绿色防控试验示范效果和效益探讨*

兰　蓉[1**]　彭昌家[2***]　谭　刚[1]
（1. 四川省南充市蓬安县农牧业局科教站，蓬安　637800；
2. 四川省南充市植保植检站，南充　637000）

摘　要：为减轻水稻病虫害发生为害，减少化学农药用量、残留和环境污染，采用测报调查、大区对比设计和统计分析等方法，开展了水稻选用抗性品种、晒种浸种、培育壮秧、带药移栽、宽窄行栽植、配方施肥、科学管水、保护利用天敌、二化螟性诱剂、太阳能杀虫灯和生物农药或高效低度低残留农药等农业防控、物理防控、理化诱控和科学用药等一整套水稻病虫害绿色综合防控技术研究。结果表明，绿色防控示范区对纹枯病防效为94.1%，稻曲病防效为85.0%，稻叶瘟与稻颈瘟防效分别为96.3%和98.0%，二化螟1代的枯梢率和枯心率防效分别为95.2%与96.8%，对2代的枯梢率、枯心率和白穗率防效分别为96.4%、97.5%和98.3%，稻纵卷叶螟防效为89.2%；示范区4个品种每公顷实际产量平均9 415.6 kg，纯收益为24 912.63元，较非示范区和清水（CK）分别增产5.4%和15.9%，增收191.43元和848.58元。经济、社会和生态效益明显。

关键词：水稻；病虫害；绿色防控技术；防控效果；评价

农作物病虫害绿色防控是指以确保农业生产、农产品质量和农业生态安全为目标，以减少化学农药使用为目的，优先采用生态控制、生物防治、物理防治和化学调控等环境友好型防控技术措施来控制有害生物的行为[1-2]。水稻病虫害绿色防控新技术应用，不仅是减少农业生态环境污染，确保稻谷和稻米质量安全的有效途径[3]，而且是贯彻落实“公共植保，绿色植保”理念[4]，科学指导防灾减灾的重要措施。近年来，关于水稻病虫害绿色防控技术研究报道较多，主要有以下几个方面：推广抗性品种[5-6]、诱控技术[5-6]、保护天敌技术[5,7]、科学用药技术[8-9]、生态调控技术[6,10]等。因此，为探明各项水稻病虫害绿色防控技术在蓬安县的效果，减轻水稻病虫害为害损失，减少农药用量、残留、环境污染和防治成本，实现农药零增长目标，确保水稻和粮食生产、农产品质量与贸易和农业生态环境安全，为此，笔者采用测报调查、大区对比设计和统计分析等农业技术及农药田间药效试验方法，于2015年在四川省南充市睦坝乡草庵村3社进行了水稻病虫害绿色防控技术集成试验示范，以期指导本地和全国水稻病虫害绿色防控提供参考。

---

* 基金项目：农业部关于认定第一批国家现代农业示范区的通知（农计发〔2010〕22号）；科技部办公厅关于第六批农业科技园区建设的通知（国科办发〔2015〕9号）

** 作者简介：兰蓉，女，高级农艺师，主要从事植保植检工作；E-mail：263724628@qq.com

*** 通讯作者：彭昌家，推广研究员，主要从事植保植检工作；E-mail：ncpcj@163.com

1 材料与方法

1.1 供试作物、品种及来源与防治对象

供试作物：水稻。供试材料：①水稻，晶两优华占、隆两优1813、花香1618、Y两优112，均由四川隆平高科种业有限公司提供；②农药，90%三氯异氰脲酸（强氯精）WP由山东大明消毒科技有限公司生产，6%春雷霉素WP由山东利邦农化有限公司生产，20%井冈霉素WP和12%井冈·蜡芽菌AS均为浙江桐庐汇丰生物化工有限公司生产，1.8%阿维菌素EC和48%毒死蜱EC均为河北威远生物化工股份有限公司生产，90%杀虫单WP由安徽华星化工股份有限公司生产，75%三环唑WP由江苏丰登农药有限公司生产，农药均由南充市龙宇农化有限公司经销提供；③二化螟性诱捕器，由宁波纽康生物技术有限公司生产提供；④太阳能杀虫灯，由河南佳多科工贸有限责任公司生产提供，防治对象为稻瘟病、纹枯病、稻曲病、1~2代螟虫、越冬代和1代稻水象甲、稻蓟马、稻纵卷叶螟、稻苞虫和稻飞虱等。

1.2 试验示范设计

试验示范设在蓬安县睦坝乡草庵村3社，农户36户，试验示范总面积3.43hm²，绿色防控技术集成设置绿色防控示范区（包括选用抗性品种、晒种浸种、培育壮秧、带药移栽、宽窄行栽植、配方施肥、科学管水、保护利用天敌、稻鸭共育、二化螟性诱剂、太阳能杀虫灯和生物农药或高效低度低残留农药等农业防控、生物防控、物理防控、理化诱控和科学用药技术）、非示范区（包括选用抗性品种、晒种浸种、培育壮秧、带药移栽、宽窄行栽植、配方施肥、科学管水、化学除草和常规防治病虫等农业防控、生物防控、物理防控、理化诱控和科学用药技术）和空白对照（CK）（包括选用抗性品种、晒种浸种、培育壮秧、带药移栽、宽窄行栽植、配方施肥、科学管水和不施农药的清水喷雾）3个处理，大区对比，不设重复，示范区面积3.33hm²，非示范区面积667m²，空白对照（CK）333m²。

1.3 试验示范方法

试验示范于2015年2—8月在蓬安县睦坝乡草庵村3社所有稻田进行，试验田前茬为冬水田，肥力中等偏上。具体方法如下：

1.3.1 农业防控

（1）选用抗性品种。选用隆两优1813、花香1618、Y两优112、晶两优华占4个品种。

（2）规范化科学化种植。浸种前晒种，培育壮秧，牵绳定距，规范栽培，科学施肥（施用有机肥，补充矿物肥，每公顷按折纯N 135~165kg、P_2O_5 120~150kg、K_2O 90~105kg、$ZnSO_4$ 15~22.5kg的量施肥），加强田间管理。

1.3.2 灯诱技术和性诱技术

按2hm²稻田安装1盏频太阳能杀虫灯，示范区（含周围稻田）共安灯2盏，杀虫灯底部距地面1.5m，诱杀二化螟、稻纵卷叶螟、稻飞虱等多种水稻害虫。开灯诱杀时间从3月中下旬开始到8月底结束。开灯期间，每天开灯时段为晚上19:00时至次日1:00时，以尽量降低杀虫灯对自然天敌的杀伤力。5月中旬至7月上旬，在二化螟越冬代和主害代始蛾期开始，田间设置二化螟性信息素，每公顷放15个诱捕器，每个诱捕器内置诱芯1

个，周边稍密，中心稍稀，每代更换1次诱芯，诱杀二化螟成虫，降低田间落卵量和种群数量。分蘖至孕穗诱捕器离水面50cm，孕穗后诱捕器（随着稻株长高而调整）低于水稻植株顶端20～30cm。

1.3.3 科学用药

各供试水稻品种均在浸种前晒种2天，用90%强氯精WP 300倍液浸种12h，浸后反复冲洗种子，彻底去掉药味再行催芽，预防稻瘟病。移栽前3～5天，秧田示范区每公顷用2%春雷霉素AS 750g+20%氯虫苯甲酰胺SC 150ml、非示范区每公顷用75%三环唑WP300g+90%杀虫单WP750g对水450kg手动喷雾，防治稻瘟病、1代螟虫、越冬代稻水象甲和稻蓟马等。水稻分蘖至孕穗期示范区未施药，非示范区防治各种害虫每公顷用48%毒死蜱乳油900ml，防治纹枯病用20%井冈霉素WP450g，两种药剂均对水450kg手动喷雾，CK未喷清水。7月9日，水稻抽穗初期，示范区每公顷用6%春雷霉素WP 450g+12%井冈·蜡芽菌AS 900g+1.8%阿维菌素EC 1 500ml，非示范区每公顷用75%三环唑WP 300g+48%毒死蜱EC 1 200ml，各药剂均对水105kg机动弥雾，防治稻颈瘟、纹枯病、稻曲病、2代螟虫、稻纵卷叶螟、稻苞虫、稻飞虱和1代稻水象甲等。

1.4 调查方法

各种病虫调查方法均按照《农作物有害生物测报技术手册》和有关农药田间试验准则进行。其中6月21日，1代螟虫为害已成定数，8月10日，施药后31天，水稻收割前，清水（CK）区各种病虫为害已成定数，调查对水稻二化螟1代和2代的防治效果，在示范区选有代表性田10块，同时调查稻纵卷叶螟、纹枯病和稻曲病，每田采取平行跳跃式取样50丛稻，统计枯心率、保苗效果和白穗率及死亡率；稻纵卷叶螟每田查10丛，目测稻株顶部3片叶的幼虫发生级别、卷叶率，计算防效；纹枯病每田直线取样100丛，计算丛、株发病率，考查10丛严重度，计算病指和防效；稻曲病每田随机取样500穗，记载病穗数、病粒数，计算病穗率、病粒率和防效；穗颈瘟在各处理区每个品种随机取样100穗，调查发病穗数和严重度，计算病穗率和病情指数，从而计算出整个示范区的平均病情指数和平均防效。

水稻纹枯病、稻曲病和穗颈瘟调查分级标准：①纹枯病。0级：全株无病；1级：第四叶片及其以下各叶鞘、叶片发病（以剑叶为第一叶片）；3级：第三叶片及其以下各叶鞘、叶片发病；5级：第二叶片及其以下各叶鞘、叶片发病；7级：剑叶叶片及其以下叶鞘、叶片发病；9级：全株发病，提早枯死。②稻曲病（以穗为单位）0级：无病；1级：1粒病粒；2级：2～5粒病粒；3级：6～10粒病粒；4级：11～15粒病粒；5级：16粒以上病粒。③穗颈瘟。0级：高抗（HR）无病；1级：抗2（R）发病率低于1.0%；3级：中（MR）发病率1.0%～5.0%；5级：中感（MS）发病率5.1%～25.0%；7级：感（S）发病率25.1%～50.0%；9级：高感（HS）发病率50.1%～100.0%。

1.5 气象情况

播种至成熟期，5月夏旱和7月伏旱明显，不利于病害发生，利于害虫发生。

1.6 数据统计与分析

根据调查数据，采取常规统计、平均数、标准差、概率计算等方法进行统计分析。

1.6.1 纹枯病

计算公式按照农药田间药效试验准则（一）杀菌剂防治水稻纹枯病进行。

$$病株率(\%)=\frac{发病株数}{调查总株数}\times 100 \quad (1)$$

$$病情指数=\frac{\sum(各级病叶数\times 相对级数值)}{调查总叶数\times 最高级数}\times 100 \quad (2)$$

$$防治效果(\%)=\frac{CK区病指-处理区病指}{CK区病指}\times 100 \quad (3)$$

1.6.2 稻曲病

计算公式按照农药田间药效试验准则（一）杀菌剂防治水稻稻曲病进行。

$$病粒率(\%)=\frac{发病粒数}{调查总粒数}\times 100 \quad (4)$$

$$病粒防治效果(\%)=\frac{CK区病粒数-处理区病粒数}{CK区病粒数}\times 100 \quad (5)$$

1.6.3 稻瘟病

计算公式按照稻瘟病测报调查规范进行。

$$病株(穗)率(\%)=\frac{发病株数}{调查总株数}\times 100 \quad (6)$$

$$病情指数=\frac{\sum[各级病叶(穗)数\times 相对级数值]}{调查总叶(穗)数\times 最高级数}\times 100 \quad (7)$$

$$防治效果(\%)=\frac{CK区病指-处理区病指}{CK区病指}\times 100 \quad (8)$$

1.6.4 螟虫

计算公式按照农药田间药效试验准则（一）杀虫剂防治水稻鳞翅目钻蛀性害虫进行。

$$枯心(白穗)率(\%)=\frac{枯心(白穗)数}{调查总株(穗)数}\times 100 \quad (9)$$

$$防治效果(\%)=\frac{CK区药后枯心(白穗)率-处理区枯心(白穗)率}{CK区药后枯心(白穗)率}\times 100 \quad (10)$$

$$枯鞘(心)减退率(\%)=\frac{药前枯鞘(心)率-药后枯鞘(心)率}{药前枯鞘(心)率}\times 100 \quad (11)$$

1.6.5 稻纵卷叶螟

计算公式按照农药田间药效试验准则（一）杀虫剂防治水稻稻纵卷叶螟进行。

$$卷叶率(\%)=\frac{卷叶数}{调查总叶数}\times 100 \quad (12)$$

$$防治效果(\%)=\frac{CK区卷叶数-处理区卷叶数}{CK区卷叶数}\times 100 \quad (13)$$

2 结果与分析

2.1 绿色防控对水稻主要病虫害的控制效果

绿色防控示范区无论是药剂浸种、浸秧，还是穗期施药，各种药剂对水稻生产安全，不影响水稻种子发芽、生长发育、抽穗扬花和灌浆结实。

2.1.1 绿色防控对纹枯病的防治效果

从表1看出，绿色防控示范区水稻纹枯病病株率、病指较非示范区和清水（CK）分别低7.4、25.0个百分点和0.59、6.02个百分点，防治效果较非示范区高8.8个百分点。

表1　绿色防控对水稻纹枯病的控制效果

处理	调查日期（月－日）	调查丛数	调查株数	发病株数	病株率（%）	病指	防效（%）
示范区	8－10	100	1 333	83	6.2	0.73	89.2
非示范区	8－10	100	1 312	179	13.6	1.32	80.4
清水（CK）	8－10	100	1 324	413	31.2	6.75	—

2.1.2　绿色防控对稻曲病的防治效果

从表2看出，绿色防控示范区稻曲病的病粒率较非示范区和清水（CK）分别低0.002和0.051个百分点，防治效果较非示范区高3.3个百分点。

表2　绿色防控对水稻稻曲病的控制效果

处理	调查日期（月－日）	调查穗数	调查粒数	病粒数	病粒率（%）	防效（%）
示范区	8－10	500	88 500	8	0.009	85.0
非示范区	8－10	500	87 000	10	0.011	81.7
清水（CK）	8－10	500	85 500	51	0.060	—

2.1.3　绿色防控对稻瘟病的防治效果

2015年由于3—6月上旬夏旱，抑制叶瘟发生，7月6日至8月上旬伏旱高温，抑制颈瘟发生，因此，叶瘟和颈瘟都较轻。从表3看出，绿色防控示范区稻叶瘟病株率、病指较非示范区和清水（CK）分别低0.9、4.6个百分点和0.03、0.77个百分点，防治效果较非示范区高3.8个百分点；穗颈瘟病穗率、病指较非示范区和清水（CK）分别低0.03、1.08个百分点和0.001、0.049个百分点，防治效果较非示范区高2.0个百分点，损失率为0。

表3　绿色防控对水稻稻瘟病的控制效果

处理	叶瘟			颈瘟			
	病株率（%）	病指	防效（%）	病穗率（%）	病指	防效（%）	损失率（%）
示范区	0.9	0.03	96.3	0.02	0.001	98.0	0
非示范区	1.8	0.06	92.5	0.05	0.002	96.0	0
清水（CK）	5.5	0.80	—	1.10	0.05	—	0.2

2.1.4　绿色防控对二化螟的防治效果

从表4看出，绿色防控示范区对二化螟1代枯梢率、枯心率较非示范区和清水（CK）分别低0.86、7.36个百分点与0.47、4.87个百分点，枯梢率、枯心率防治效果较非示范区分别高11.1和9.3个百分点；2代枯梢率和枯心率及白穗率分别低0.69、7个百分点和0.71、5.99个百分点及0.48、5.07个百分点，枯梢率和枯心率及白穗率防治效果较非示范区分别高9.5、11.5个百分点和9.4个百分点。

表4　水稻病虫害绿色防控对二化螟的防治效果

处理	螟虫代数	枯梢率		枯心率		白穗率		备注
		平均(%)	防效(%)	平均(%)	防效(%)	平均(%)	防效(%)	
示范区	1	0.37	95.2	0.16	96.8	—	—	非示范区1代螟虫为农户自防、2代螟虫即水稻穗期为政府购买植保服务统一防治
非示范区		1.23	84.1	0.63	87.5	—	—	
清水（CK）		7.73	—	5.03	—	—	—	
示范区	2	0.26	96.4	0.15	97.5	0.09	98.3	
非示范区		0.95	86.9	0.86	86.0	0.57	88.9	
清水（CK）		7.26	—	6.14	-	5.16	—	

2.1.5　绿色防控对稻纵卷叶螟的防治效果

表5表明，绿色防控示范区稻纵卷叶螟平均卷叶率较非示范区和清水（CK）分别低0.58和8.26个百分点，防治效果较非示范区高6.4个百分点。

表5　绿色防控对稻纵卷叶螟的控制效果

处理	平均卷叶率（%）	防治效果（%）
示范区	0.52	94.1
非示范区	1.10	87.7
清水（CK）	8.78	—

3　绿色防控示范区效益分析

3.1　绿色防控所用投入

水稻病虫害绿色防控示范区所购物资和费用（表6）较非示范区和清水（对照）每公顷分别多投入1 644.09元和3 187.09元。

表6　2015年水稻病虫害绿色防控投入物资统计表

处理	购置物资和人工投入（元/hm^2）					
	肥料	农药	太阳能杀虫灯[a]	二化螟性诱捕器、诱芯[b]	人工费用[c]	合计
示范区	1 631.10	1 019.40	285.45	466.05	873.75	4275.73
非示范区	238.00	480.00	0	0	2 250	2 968.00
清水（CK）	0	0	0	0	1 125.00	1 125.00

注：a. 太阳能杀虫灯使用寿命按5年计算；b. 二化螟性诱捕器使用寿命按2年计算；c. 人工费用按每人每天75.00元计算

3.2 水稻产量验收和效益分析

为搞好水稻病虫害绿色防控示范区效益分析，项目组于2015年8月10日邀请南充市农业科学院推广研究员谢树果，南充市植保植检站推广研究员彭昌家、高级农艺师白体坤，南充市农牧业局科教科农艺师张昭，蓬安县农牧业局科教站高级农艺师兰蓉，蓬安县土肥站站长、农艺师尹代文等专家，对该项目进行了测产验收，结果（表7）表明，示范区4个品种平均有效穗、穗粒数、每公顷实际产量较非示范区和清水（CK）分别（下同）高3.30万穗和8.10万穗、14.0粒和16.4粒、333.0kg和1 240.5kg，实际单产增产5.4%和15.9%，千粒重偏低1.5g和0.7g，每公顷平均收益增加191.43元和848.58元。若按绿色稻谷价值计算，效益将更高。

表7 水稻病虫害绿色防控产量构成和效益比较[a]

处理	品种	有效穗（万/hm^2）	穗粒数（粒）	千粒重（g）	产量（kg/hm^2）		比CK增产（%）	人工和物资费（元/hm^2）	稻谷收益（元/hm^2）	比CK增收（元/hm^2）
					理论值	实际值				
示范区	晶两优华占	256.80	136.3	29.4	10 290.0	9 274.5	14.1			
	隆两优1813	252.90	157.3	27.1	10 780.5	9 652.5	18.8			
	花香1618	251.25	136.2	29.7	10 164.0	9 199.0	12.0	4 275.73	24 912.63	848.58
	Y两优1128	238.95	169.9	25.5	10 353.0	9 536.5	16.1			
	平均	250.05	149.9	27.9	10 458.0	9 415.6	15.9			
非示范区	晶两优华占	246.75	135.9	29.4	9 859.5	8 932.0	10.8	2 968.00	24 721.2	657.15
清水（CK）	晶两优华占	241.95	133.5	28.6	9 237.0	8 125.5	—	1 125.00	24 064.05	—

注：a. 稻谷单价仅按国家收购粳稻最低价3.10元/kg计算

4 讨论与结论

（1）试验示范结果表明，绿色防控示范区（下同）对害虫的防治效果。二化螟1代的枯梢率和枯心率防效分别为95.2%与96.8%，对2代的枯梢率、枯心率和白穗率防效分别为96.4%、97.5%及98.3%；稻纵卷叶螟的防效为89.2%。

（2）对病害的防治效果。纹枯病的防效为94.1%；稻曲病的防效为85.0%；稻叶瘟与稻颈瘟的防效分别为96.3%和98.0%。

（3）增产增收效果明显。示范区4个品种每公顷实际产量为9 199.0~9 652.5kg，平均9 415.6kg，较非示范区和清水（CK）增产5.4%和15.9%，增收191.43元和848.58元。

综上所述，综合利用水稻病虫害绿色防控技术可提高病虫害防治效果，减少施药次数和施药量，促进增产增收，既确保了水稻生产和稻谷与稻米质量安全，又保护了生态环境。经济、社会和生态效益明显。

参考文献

[1] 杨普云，熊延坤，尹哲，等．绿色防控技术进展与展望［J］．中国植保导刊，2010，30（4）：37－38.

[2] 夏敬源．大力推进农作物病虫害绿色防控技术集成创新与产业化推广［J］．中国植保导刊，2010，30（10）：5－9.
[3] 张迁西，毕甫成，邹乾仕，等．水稻病虫害绿色防控技术集成应用示范效果初报［J］．江西植保，2009，32（4）：186－187.
[4] 范小建．农业部副部长范小建在全国植物保护工作会议上的讲话［J］．中国植保导刊，2006，26（6）：5－13.
[5] 彭红，赵峰，刘和玉，等．豫南稻区水稻病虫害绿色防控技术初探［J］．中国植保导刊，2013，33（10）：42－46.
[6] 彭昌家，白体坤，冯礼斌，等．南充市水稻稻瘟病综合防控技术研究［J］．中国农学通报，2015，31（11）：190－199.
[7] 胡佳贵．实施水稻病虫害绿色防控对天敌的保护与影响试验研究［J］．安徽农学通报，2013，19（4）：89，98.
[8] 施伟韬，刘初生，姚易根．水稻病虫害绿色防控技术试验示范［J］．生物灾害科学，2012，35（2）：211－214.
[9] 李丹，刘红梅，何海永，等．水稻病虫害绿色防控技术的防效评估［J］．贵州农业科学，2012，40（7）：123－127.
[10] 樊江顺，文炳智，何海勇，等．杂糯间栽防治稻瘟病试验示范［J］．贵州农业科学，2009，37（9）：51－53.

盐都区水稻统防统治用工补贴的实施及成效

袁玉付* 宋巧凤 仇学平 曹方元 谷莉莉

（江苏省盐城市盐都区植保植检站，盐城 224002）

摘 要：2012 年江苏省在张家港、邗江两地进行水稻全承包专业化统防统治用工补贴试点，2013 年由省财政出资 3500 万元，用于 17 个县（市、区）水稻全承包专业化统防统治用工补贴项目扩大试点。为实践植保科技延伸引用和精准扶贫，2015 年起盐都区开始实施水稻专业化统防统治补贴项目，共有秦南镇综合社，红太阳、好兄弟、大地丰收等 3 个植保合作社，成群农机合作社、田欢农服公司等共 6 个服务组织参与实施，采取“制订方案，成立组织”“公开遴选，严格核查”“组织培训，加强指导”“合同服务，阳光操作”“规范用药，建立档案”等关键做法，取得了病虫防控效果明显提高、化学农药用量显著减少、推动服务组织壮大发展和水稻增产增效效果明显等多方面的成效，为国家粮食安全做出了积极贡献。

关键词：统防统治；用工补贴；实施；成效

水稻专业化统防统治补贴项目是植保科技创新延伸引用与植保精准扶贫的探索性项目，2015 年是盐都区实施水稻专业化统防统治补贴项目的第一年，盐都区高度重视项目实施工作，严格按照江苏省农委《关于下达 2015 年省级农业生产保障能力建设类项目实施指导意见的通知》、盐城市农委《关于 2015 年省级农业项目实施方案的批复》要求，精心组织，严格管理，公开操作，确保实效。

1 建设内容

项目实施面积 2 万亩，每亩补贴 40 元，合计 80 万元，用于水稻病虫防治用工补贴。

1.1 补贴对象

与植保服务组织（植保专业合作社、企业）签订水稻病虫害全承包专业化统防统治的农户、家庭农场、联耕联种田块、种植企业、土地流转种植大户等。

1.2 补贴标准

每亩补贴防治用工 40 元，其中：专业化服务组织 10 元，承包对象补贴 30 元。

1.3 补贴方式

补贴资金分两次拨付。7 月底前，对承担项目的合作社（企业）的基本情况、补贴面积、补贴金额及参与全承包防治的农户信息等情况在所在村（居）张榜公示 7 天。植保专业合作社（企业）提供与服务对象签订的《水稻全承包防治协议书》，盐都区农委汇总盖章连同公示结果报区财政局核准后，8 月将每亩 30 元补贴通过一折通直接发给农户。10 月上中旬申请项目验收，区财政局凭《验收合格证明》支付合作社每亩 10 元补贴款。

* 作者简介：袁玉付，男，副站长，推广研究员，主要从事植保技术推广工作；E-mail：yyf－829001@163.com

2 主体确定

根据项目文件精神，结合盐都区农作物病虫害专业化统防统治实际开展情况，盐都区农委认真制订实施方案，明确实施主体的确定原则及方法，公开遴选。实施主体是开展水稻全承包统防统治的专业化服务组织（植保服务合作社、企业）。实施范围为区内从事水稻专业化统防统治的服务组织和参加水稻专业化统防统治的水稻种植户。服务组织（植保服务合作社、企业），须具备：①经盐都区工商登记注册，有健全的财务账目；②在盐都区范围内水稻全程承包防治面积1 000亩以上，合同齐全；③有较强的管理能力、技术能力、服务能力，有配套的办公、仓库、机械等设施设备；④自觉接受区植保部门指导，服务规范，近两年无重大服务纠纷，在当地群众中满意度高。项目实施全过程坚持“公开、公平、公正”原则，5 月上中旬通过盐都区农业委员会、盐都区植保植检站网站向社会公开遴选服务组织（植保服务合作社、企业），对符合申报条件的服务组织，区植保植检站根据申报单位时间先后、申报资料完整性、基础配套条件等综合考虑选择项目实施单位，并在盐都现代农业网、盐城市盐都区植保植检站网站公示 7 天，社会无异议后确定。

3 主要做法

3.1 制订方案，成立组织

省、市项目文件下达后，盐都区农委根据项目文件要求，在充分调研的基础上，认真制订项目实施方案，5 月 13 日具文上报盐城市农委，7 月 10 日盐城市农委（盐农财〔2015〕29 号）文件批复项目方案，7 月 16 日盐都区农委成立了由分管主任任组长，科项、财审、植保等单位负责人参加的项目实施领导小组。根据对申报单位审核认定，确定秦南综合社等 6 家服务组织负责实施，7 月 31 日盐都区农委印发《关于印发〈盐都区2015 年水稻专业化统防统治用工补贴项目实施意见〉的通知》，对项目实施进行具体明确要求。

3.2 公开遴选，严格核查

5 月 7 日召开专题会议，布置项目申报工作，会上发放了《关于组织申报水稻专业化统防统治用工补贴项目的通知》，要求各镇（区、街道）农业服务中心发动符合条件的服务组织进行申报，同时在盐都现代农业网、盐城市盐都区植保植检站网站上向社会公开遴选，到 6 月底共有 12 家植保专业合作社咨询相关政策，最终 7 个专业化统防统治服务组织进行书面申报，总申报面积21 320亩。区植保植检站组织人员对申报资料真实性进行严格审查，通过资料审查重复面积，电话抽查真实面积，现场核查问题面积。最终秦南镇综合社，红太阳、好兄弟、大地丰收等 3 个植保合作社，成群农机合作社、田欢农服公司等共 6 个服务组织被定为实施单位，实施面积 2 万亩。7 月 21—27 日在盐都现代农业网进行公示，接受社会各界监督，公示期内未接到投诉和反馈意见。

3.3 组织培训，加强指导

根据盐城市植保站的通知，7 月 11 日区植保植检站组织 7 家申报单位到盐城市农委参加盐城市水稻全承包专业化统防统治项目实施单位培训班。7 月 21 日盐都区农委召开水稻专业化统防统治用工补贴项目专题会议，对项目实施程序、要求、纪律进一步明确。在水稻各个阶段病虫防治开展前，盐都区植保植检站都召开服务组织负责人会议，对病虫发生特点，防治技术进行培训辅导。防治工作开展中组织技术人员深入项目实施区，进行检查指导，帮助解决防治中存在的问题，确保各项防治技术措施落实不走样，保证项目实施效果。

3.4 合同服务，阳光操作

各实施单位与每一个服务对象签订《水稻全承包防治协议书》，明确服务面积、收费标准、服务目标、双方责任及纠纷解决办法，种植大户要提供由村证明的土地流转合同，保证面积真实性。每个项目实施单位均在项目实施区交通要道处设立项目展示牌，向社会公布项目名称、实施地点、实施规模、建设目标、服务方式、关键措施等内容。8—9 月相继对实施项目的基本情况、补贴面积、补贴金额及参与全承包防治的农户信息等情况在所在村（居）张榜公示 7 天。

3.5 规范用药，建立档案

项目始终坚持“统一防治技术，统一用药时间，统一药剂品种，统一施药方法，统一收费标准”原则，全程承包服务，所需药剂必须从区镇农业、供销、生产厂家（公司）等正规渠道进货，药剂品种必须符合省、市农业部门确定的主推品种名录，植保合作社在每次病虫防治前后都要向区镇农业部门申报药剂进货（来源、品种、规格、数量）和使用情况，以主渠道供药情况和主推药剂品种使用情况作为考核专业化统防统治面积的重要依据。每次防治必须建立防治档案，内容包括：施药时间、地点（农户）、药剂品种、亩用量、施药面积、施药方式、机手等内容，用药结束后 5 ~ 7 天检查防治效果，区植保站适时抽查。

4 实施成效

4.1 病虫防控效果明显提高

据观摩考察、调查验收，项目区防治适期准确，用药品种统一对路，防治质量提高，5 家服务组织全承包统防统治田块，防治效果比农户自防田提高 10% ~30%。例如：龙冈镇曲东村种粮大户乐领芝，种植水稻 202 亩；徐庄村种粮大户陈丙志，种植水稻 41 亩；这两户原与红太阳植保服务专业合作社签订了服务协议，因不履行协议，未缴纳约定款项而退出，其自防的水稻穗颈稻瘟病防治效果非常不理想，重的匡口病穗率达 29%，病情也较重。

4.2 化学农药用量显著减少

据对盐都区秦南镇农业综合服务专业合作社、盐城田欢农业服务有限公司调查，实施水稻全承包统防统治的田块用药 5 ~6 次，比农民正常自行防治田用药少 1 ~3 次，既大大降低了农药使用量，又减轻了农药对环境的污染。

4.3 推动服务组织壮大发展

通过实施本项目，提高了实施项目的专业化服务组织的服务面和知名度，提升了植保专业化服务的运行质态，盐都区秦南镇农业综合服务专业合作社、盐都区红太阳植保服务专业合作社等 5 家服务组织来年服务半径和服务能力都将会有所提高。

4.4 水稻增产增效效果明显

水稻全承包专业化统防统治服务项目区，水稻病虫害得到及时、有效防治，促进了水稻单产提高。10 月 16 日组织对各项目区进行田间观摩考察，平均增产 10% ~18%。通过项目实施，项目区比农户自防田平均少用药1.4次，折人民币28元，平均亩增产50kg，折人民币110元，两项合计138元，项目区节本增效216万元。项目区农户认为政府为民办实事，惠农项目的实施使他们腾出了大量的劳动力创新创业，经济效益和社会效益明显。

参考文献（略）

植物油助剂在小麦中后期“一喷三防”中的减量控害效果研究

陈立涛[1]*　郝延堂[1]　马建英[1]　张大鹏[1]　高　军[2]
（1. 河北省馆陶县植保植检站，馆陶　057750；
2. 河北省植保植检站，石家庄　050035）

摘　要：在小麦中后期“一喷三防”中，加入植物油类喷雾助剂“激健”（非离子表面活性剂、油酸甲酯、玉米胚芽油、油茶籽油、大豆油等组成）。麦蚜防效对比，药后1天比常规防治提高效果3.16%，药后3天比常规防治提高效果6.54%，药后5天比常规防治提高效果2.1%。同时，用药量减少20%～40%的防效与常规防治无显著差异；小麦白粉病防效对比，药后7天三唑酮减少20%用量的防效达到63.29%，与常规防治无显著差异，三唑酮减少40%和60%用量防效分别为53.92%、30.76%，与常规防治差异显著。试验表明，助剂介入喷雾防治，在增加防效和降低用药量方面有比较好的效果。

关键词：麦蚜；小麦白粉病；助剂；减量

农药助剂[1-2]是化学农药加工剂型中除有效成分之外所使用的各种辅助剂的总称。助剂是剂型加工或者田间施药时的一种添加物质，本身不具有农药有效成分的化学作用，添加助剂的主要目的是提高药效、降低农药的用量、节约成本、减少农药对环境的污染。小麦中后期“一喷三防”[3-4]是小麦生产中的关键植保举措，也是用药最多的一个阶段，防治对象主要有麦蚜、小麦白粉病等。为了研究小麦“一喷三防”减量控害技术，推进农药零增长行动，特安排植物油类助剂[5]“激健”介入喷雾试验。通过设置减量梯度，调查防效及产量，摸清“激健”介入小麦“一喷三防”喷雾防治减量控害数据，为下一步示范推广提供科学依据。

1　试验设计

1.1　试验地块

试验地点位于馆陶县祥平农场，常年小麦－玉米连作，土壤肥沃，地势平坦，产量中上等。2015年10月15日播种，播种量12.5kg/亩，农事操作按常规管理。冬小麦品种为婴泊700。在小麦灌浆初期进行“一喷三防”用药，起到防虫、防病、增产的综合作用。

1.2　试验药剂

70%吡虫啉种子处理可分散粉剂（河北威远生化农药有限公司）；

25%三唑酮可湿性粉剂（江苏建农农药化工有限公司）；

99%磷酸二氢钾晶体（河北硅谷肥业有限公司）；

* 作者简介：陈立涛，主要从事农作物病虫害监测和防治研究；E-mail：chenlitao008@163.com

"激健"——63%减量降残增产助剂（非离子表面活性剂、油酸甲酯、玉米胚芽油、油茶籽油、大豆油等组成）（四川蜀峰化工有限公司）。

1.3 试验处理

进行常规用药和助剂介入梯度减量对比试验，设6个处理，每个处理3个重复（表1）。每个小区0.2亩，小区采用随机区组排列（表2）。每小区按药剂试验设计用量对水配成药液，于麦蚜达防治指标（百株蚜量800头以上）时对小麦进行"一喷三防"喷雾，空白对照区喷等量清水。具体施药时间为5月12日，小麦为灌浆初期，施药次数1次。采用种田郎牌16型电动喷雾器，喷头为三喷头。

表1 各处理设置及用量

处理编号	农药品种、用量及用水量				
	70%吡虫啉种子处理可分散粉剂（g/亩）	25%三唑酮可湿性粉剂（g/亩）	99%磷酸二氢钾晶体（g/亩）	激健（ml/亩）	水（kg/亩）
处理1（常规）	10	30	200		15
处理2	10	30	200	15	15
处理3	8	24	160	15	15
处理4	6	20	120	15	15
处理5	4	16	80	15	15
处理6（空白）			清水		

表2 田间小区布局

处理1	处理5	处理3
处理2	处理4	空白
处理3	空白	处理5
处理4	处理1	处理2
处理5	处理3	处理4
空白	处理2	处理3

2 试验调查

2.1 调查时间和调查内容

施药前调查病虫基数，施药后1天、3天、5天、7天调查麦蚜数量，施药后7天调查小麦白粉病发生情况，收获时调查各小区的产量。

2.2 调查方法

2.2.1 麦蚜调查

每个小区对角线固定五点取样，每点10株，共50株。防效计算折算成百株虫量计算。

2.2.2 小麦白粉病调查

每个小区对角线固定五点取样，调查每株的旗叶及旗叶下第一片叶，每点20叶片，共100个叶片。

小麦白粉病的分级方法（以叶片为单位）。

0级：无病；

1级：病斑面积占整片叶面积的5%以下；

3级：病斑面积占整片叶面积的6%～15%；

5级：病斑面积占整片叶面积的16%～25%；

7级：病斑面积占整片叶面积的26%～50%；

9级：病斑面积占整片叶面积的50%以上。

2.3 防效计算方法

2.3.1 麦蚜

防治效果(%)＝[1－（空白对照区药前虫数×处理区药后虫数)/（空白对照区药后虫数×处理区药前虫数)]×100

2.3.2 小麦白粉病

小麦白粉病与空白对照区比较计算相对防效。

病情指数＝(∑各级病叶数×相对级数值)/(调查总数×9)×100

防治效果(%)＝(CK1－PT1)/CK1×100

式中：CK1——空白对照区施药后病情指数；

PT1——药剂处理区施药后病情指数。

2.4 产量计算

在小麦收获期，测定每个小区的穗数、单穗粒数、千粒重，折合成每公顷产量。

3 结果与分析

3.1 麦蚜防效分析

用DPS数据处理系统进行麦蚜防效方差分析（表3）。

表3 麦蚜防效调查表

处理	药后1天		药后3天		药后5天		药后7天	
	防效(%)	差异显著性	防效(%)	差异显著性	防效(%)	差异显著性	防效(%)	差异显著性
1	81.94	abA	88.13	cB	96.48	aB	96.48	aA
2	85.10	aA	94.67	aA	98.58	aA	98.58	aA
3	83.98	aA	91.96	bAB	97.64	abA	97.64	aA
4	75.03	bcAB	89.56	bcB	96.82	bA	96.82	aA
5	67.09	cB	79.47	dC	93.38	cB	90.88	bB
6（空白）	—	—	—	—	—	—	—	—

由表3可以看出，激键助剂介入后，药后1天，吡虫啉加入助剂后，防效比常规喷雾增加3.16%；吡虫啉减少20%和减少40%防效达到83.98%、75.03%，与常规防效差异不显著。吡虫啉减少60%防效显著低于常规防效。

药后3天，吡虫啉加入助剂后，防效比常规喷雾增加6.54%；吡虫啉减少20%、

40%与常规处理差异不显著；吡虫啉减少60%与常规处理、加入激键其他处理，差异显著。

药后5天，表现与药后3天一样。药后7天，则没有差异显著性。

说明激键介入能提高防效，在降低吡虫啉使用量20%～40%的情况下，药后1～5天防治麦蚜与常规使用效果相当。

3.2 白粉病防效分析

由表4可以看出，激健介入后，三唑酮降低20%用量防效达到63.29%，与常规喷雾效果无显著差异，提高防效3.69%；三唑酮降低40%和60%用量防效分别为53.92%、30.76%，与常规喷雾差异显著。

表4 药后7天白粉病防效调查表

处理	药后7天		差异显著性
	病指	防效（%）	
1	4.74	67.36	abAB
2	4.22	71.05	aA
3	5.30	63.29	abAB
4	6.74	53.92	bcAB
5	8.15	44.04	cB
6对照	14.63		

3.3 产量调查与分析

表5 产量调查表

处理	重复	每平米穗数	亩穗数	有效穗数	穗数	粒数	每穗实粒数	千粒重（g）	理论产量（kg/hm²）
1	1	624.00	416 021	62 40 312	20	685.0	34.3	41.0	8 763
	2	606.00	404 020	6 060 303	20	690.0	34.5	41.0	8 572
	3	616.00	410 687	6 160 308	20	696.0	34.8	41.0	8 790
	平均	615.33	410 243	6 153 641	20	690.3	34.5	41.0	8 708
2	1	610.00	406 687	6 100 305	20	692.0	34.6	41.0	8 654
	2	607.00	404 687	6 070 304	20	698.0	34.9	41.0	8 686
	3	609.00	406 020	6 090 305	20	685.0	34.3	41.0	8 552
	平均	608.67	405 798	6 086 971	20	691.7	34.6	41.0	8 631
3	1	617.00	411 354	6 170 309	20	685.0	34.3	41.0	8 665
	2	609.00	406 020	6 090 305	20	691.0	34.6	41.0	8 627
	3	610.00	406 687	6 100 305	20	683.0	34.2	41.0	8 541
	平均	612.00	408 020	6 120 306	20	686.3	34.3	41.0	8 611

（续表）

处理	重复	每平米穗数	亩穗数	有效穗数	穗数	粒数	每穗实粒数	千粒重（g）	理论产量（kg/hm^2）
4	1	602.00	401 353	6 020 301	20	678.0	33.9	41.0	8 368
	2	619.00	412 687	6 190 310	20	670.0	33.5	41.0	8 502
	3	620.00	413 354	6 200 310	20	690.0	34.5	41.0	8 770
	平均	613.67	409 132	6 136 974	20	679.3	34.0	41.0	8 547
5	1	620.00	413 354	6 200 310	20	682.0	34.1	40.0	8 457
	2	608.00	405 354	6 080 304	20	698.0	34.9	40.0	8 488
	3	606.00	404 020	6 060 303	20	680.0	34.0	40.0	8 242
	平均	611.33	407 576	6 113 639	20	686.7	34.3	40.0	8 396
6	1	611.00	407 354	6 110 306	20	683.0	34.2	37.2	7 762
	2	607.00	404 687	6 070 304	20	698.0	34.9	37.0	7 839
	3	603.00	402 020	6 030 302	20	678.0	33.9	37.0	7 564
	平均	607.00	404 687	6 070 304	20	686.3	34.3	37.0	7 722

测产结果表明（表5），激健助剂介入后（处理2、3、4、5），产量分别为8 631kg/hm^2、8 611kg/hm^2、8 547kg/hm^2、8 396kg/hm^2，与常规喷雾（处理1）产量8 708kg/hm^2最多相差312kg，无显著差异。

4 结论与讨论

试验结果表明，植物油类喷雾助剂“激健”具有较好的农药减量效果，减量幅度20%～40%。通过减量，实现降残留，保障生态环境安全和农产品质量安全。同时，具有一定的增效、增产效果，具有明显的生产推广价值。

参考文献

[1] 张宗俭．农药助剂的应用与研究进展［J］．农药科学与管理，2009，30（1）：21－24.

[2] 付颖，叶非，王常波．助剂在农药中的应用［J］．农药科学与管理，2001，22（1）：40－41.

[3] 耿军，李兴惠，袁新柱．论小麦“一喷三防”与农民增收［J］．陕西农业科学，2011，57（5）：129－130.

[4] 翟国英，阚青松，崔栗，等．河北省小麦“一喷三防”的主要做法及成效［J］．中国植保导刊，2013，33（11）：83－84.

[5] 安国栋，赵海明，胡美英．植物油助剂在农药中的研究与应用进展［C］//植保科技创新与病虫防控专业化——中国植物保护学会2011年学术年会论文集，2011.

有机硅助剂在小麦中后期一喷三防中的减量控害效果研究

陈立涛[1*]　高　军[2]　郝延堂[1]　马建英[1]　张大鹏[1]
（1. 河北省馆陶县植保植检站，馆陶　057750；
2. 河北省植保植检站，石家庄　050051）

摘　要：在小麦中后期“一喷三防”病虫害防治时，加入基于聚氧乙醚改性三硅氧烷的有机硅助剂。麦蚜防效对比，药后1天比常规防治提高效果4.28%，药后3天比常规防治提高效果6.11%，药后5天比常规防治提高效果1.74%。用药量减少20%时，防效与常规防治无显著差异；小麦白粉病防效对比，病指比常规喷雾减少1.00，防效比常规喷雾提高7.01%。用药量减少20%时，与常规喷雾差异不显著。同时，加入有机硅助剂用水量可减少20%，具有明显的省水、省工效果。试验表明，有机硅助剂在农药减量控害方面效果明显，具有较好的推广意义。

关键词：麦蚜；小麦白粉病；助剂；减量

为推进河北省农药零增长行动，安排布置小麦中后期“一喷三防”有机硅助剂[1-2]介入减量控害试验，调查防效及农药用量情况。旨在摸清有机硅助剂介入小麦一喷三防喷雾防治中后期病虫害农药减量控害方面的作用。农药助剂[3-4]是化学农药加工剂型中除有效成分之外所使用的各种辅助剂的总称。助剂是剂型加工或者田间施药时的一种添加物质，本身不具有农药有效成分的化学作用，添加助剂的主要目的是提高药效、降低农药的用量、节约成本、减少农药对环境的污染[1]。

1　试验设计

1.1　试验地点和品种选择

试验地点位于馆陶县祥平农场，常年小麦-玉米连作，土壤肥沃，地势平坦，产量中上等，小麦麦蚜、小麦白粉病等主要病虫害常年发生程度为中等至大发生。2015年10月15日播种，播种量12.5kg/亩，农事操作按常规管理。冬小麦品种：婴泊700。

1.2　试验药剂

70%吡虫啉种子处理可分散粉剂（河北威远生化农药有限公司生产）。

25%三唑酮可湿性粉剂（江苏建农农药化工有限公司生产）。

99%磷酸二氢钾晶体（河北硅谷肥业有限公司生产）。

助剂：基于聚氧乙醚改性三硅氧烷的化合物（桂林集琦有限公司生产，商品名：奇功）。

* 第一作者：陈立涛，主要从事农作物病虫害监测和防治研究；E-mail：chenlitao008@163.com

1.3 试验处理

安排当地常规防治、助剂加入、助剂加入后药剂减少用量20% ~60%和空白对照共6个处理。每个处理3个重复。每个小区0.2亩。处理设置详见表1。

表1 各试验处理及用量

处理	农药品种、用量及用水量				
	70%吡虫啉种子处理可分散粉剂（g/亩）	25%三唑酮可湿性粉剂（g/亩）	99%磷酸二氢钾晶体（g/亩）	奇功（ml/亩）	水（kg/亩）
处理1（常规用量）	10	30	200		15
处理2	10	30	200	10	12
处理3	8	24	160	10	12
处理4	6	18	120	10	12
处理5	4	12	80	10	12
处理6（空白）	清水				

1.4 小区设计

试验小区采用随机区组排列，详见表2。

表2 试验小区布局图

处理1	处理5	处理3
处理2	处理4	空白
处理3	空白	处理5
处理4	处理1	处理2
处理5	处理3	处理4
空白	处理2	处理3

1.5 施药方法

每小区按药剂试验设计用量配制拌种量、用药量和用水量。喷雾于小麦蚜虫达防治指标（百株蚜量800头）时对小麦植株进行均匀喷雾，空白对照区喷等量清水。采用种田郎牌16型电动喷雾器，喷头为三喷头。具体施药时间为5月12日，小麦为灌浆初期，施药次数1次。

1.6 调查方法

施药前调查病虫基数，施药后1天、3天、5天、7天、14天调查蚜虫数量。蚜虫调查每区对角线固定五点取样，每点10株，共50株。防效计算折算成百株虫量计算。白粉病每区对角线固定五点取样，调查每株的旗叶及旗叶下第一片叶，每点20叶片，共100个叶片。

1.7 药效计算方法

蚜虫调查每区对角线固定五点取样，每点 10 株，共 50 株。防效计算折算成百株虫量计算。

白粉病的分级方法（以叶片为单位）。

0 级：无病

1 级：病斑面积占整片叶面积的 5% 以下；

3 级：病斑面积占整片叶面积的 6% ~15%；

5 级：病斑面积占整片叶面积的 16% ~25%；

7 级：病斑面积占整片叶面积的 26% ~50%；

9 级：病斑面积占整片叶面积的 50% 以上。

1.8 产量调查

在小麦收获期，测定每小区的穗数、单穗粒数、千粒重和产量，折合算出每公顷产量。

2 结果与分析

2.1 蚜虫防效分析

用 DPS 数据处理系统进行蚜虫防效方差分析，详见表 3。

表 3 助剂介入蚜虫防效 DPS 分析

处理	药后 1 天		药后 3 天		药后 5 天		药后 7 天	
	防效（%）	差异显著性	防效（%）	差异显著性	防效（%）	差异显著性	防效（%）	差异显著性
1	81.94	abAB	88.13	bB	96.48	abAB	96.48	aA
2	86.22	aA	94.24	aA	98.22	aAB	98.22	aA
3	85.26	aA	92.06	aAB	95.29	bB	95.29	aA
4	72.11	bcAB	86.83	bB	96.90	abAB	96.90	aA
5	66.96	cB	79.71	cC	90.30	cC	90.30	bB
6（空白）	—	—	—	—	—	—	—	—

由表 3 看出，助剂介入后，药后 1 天，吡虫啉在减少 20%（处理 3）水平上防效为 85.26%，与常规防效 81.94%（处理 1）差异不显著；吡虫啉减少 40%（处理 4）和减少 60%（处理 5）水平上防效分别达到 72.11%、66.96%，显著低于处理 1。吡虫啉减少 60% 水平（处理 5）防效与常规防效差异显著。

药后 3 天，吡虫啉在减少 20%（处理 3）水平上防效为 92.06%，显著高于常规防效（处理 1）；吡虫啉减少 40%（处理 4）水平上防效 86.83%，与常规防效（处理 1）差异不显著。

药后5天，吡虫啉减少60%（处理5）水平上防效显著低于处理1、2、3。药后7天，各处理差异不显著。

说明奇功介入后，在降低吡虫啉使用量20%的情况下，且用水量减少20%，防效与常规喷雾效果相当。

2.2 奇功介入白粉病防效分析（表4）

表4 助剂介入小麦白粉病7天防效DPS分析

处理	药后7天		差异显著性
	病指	防效（%）	
1	4.74	67.36	abA
2	3.74	74.37	aA
3	4.59	68.6	abA
4	5.41	62.87	bA
5	8.33	42.85	cB
6（空白）	14.63		

加入奇功后，病指比常规喷雾减少1.00，防效比常规喷雾提高7.01%。药量减少20%时，与常规喷雾差异不显著，药量减少40%时与减少20%药量防效差异不显著，但与常规喷雾差异显著。

2.3 测产结果

奇功助剂介入后（处理2、3、4、5），产量分别为8 777 kg/hm^2、8 845 kg/hm^2、8 568kg/hm^2、8 484kg/hm^2，与常规喷雾（处理1）产量8 708kg/hm^{2}最多相差224kg，无明显差异。

3 结论与讨论

试验结果表明，有机硅类喷雾助剂“奇功”具有较好的农药减量效果，减量幅度20%～40%。通过减量，实现降残，保障生态环境安全和农产品质量安全。同时，省水、省工，具有一定的增效、增产效果，具有明显的生产推广价值。

参考文献（略）

甘肃省制种玉米病害绿色防控技术示范*

杨克泽[1**]　马金慧[1]　何树文[2]　王致和[1]　狄建勋[3]　任宝仓[1***]

（1. 甘肃省农业工程技术研究院，武威　733006；
2. 甘肃省张掖市植保站，张掖　734000；
3. 甘肃黄羊河集团种业有限责任公司，武威　733006）

摘　要：2014—2015 年，按照"公共植保、绿色植保"的理念，在张掖、武威和白银玉米制种基地针对制种玉米主要病害，开展了以农业措施和植物健康护理为主的绿色防控技术研究与示范，结果表明：各示范区出苗率和对照基本一致，种子包衣安全，无药害发生；白银示范点抽雄后玉米株高和株粗直径增幅最大，分别为 5.9% 和 10.3%；武威示范点叶片数增幅最大，为 4.1%；玉米锈病、玉米顶腐病、玉米瘤黑粉病的防效在部分地区高达 30.3%、39.8% 和 34.3%；武威示范点穗粒数和千粒重增加幅度最大，分别增加了 49.48% 和 21.43%；张掖碱滩示范点籽粒均匀度最好，较对照增加了 23.42%；白银示范点增产最多，较对照增加了 123.7%，增产 112.9kg/亩；总结了甘肃省制种玉米病害发生特点，提出了制种玉米健康护理理念，为控制和减轻甘肃省制种玉米病害提供必要的参考。

关键词：甘肃省；制种玉米；主要病害；绿色防控

玉米作为我国第一大农作物，其产量和质量直接关乎国家粮食生产安全，要确保我国粮食能够自给自足，必须要抓好玉米制种这一关键环节，从源头上保证我国粮食绝对安全。进入 21 世纪以来，在甘肃省以张掖市为代表的西部地区，因具有得天独厚的自然优势，玉米制种业发展迅猛，生产的玉米种子籽粒饱满，发芽率高，贮藏期限长，2013 年张掖市被农业部命名为全国最大的"国家级杂交玉米种子生产基地"。2015 年甘肃省玉米制种面积达 9.93 万 hm^2，（其中张掖 6.50 万 hm^2，武威 1.34 万 hm^2，酒泉 1.41 万 hm^2，金昌 0.44 万 hm^2，白银 0.24 万 hm^2），占全国玉米制种的 54%。

在甘肃玉米种业迅速发展的同时，也存在许多制约因素，由于种植结构的调整，重茬连作，一些新品种的引进以及以日光温室为主的设施农业在甘肃省的大力发展，为病害的滋生蔓延和循环侵染提供了便利条件，使得制种玉米病害在甘肃省各基地普遍发生，呈逐年加重趋势，并且一些次要病害逐渐上升为主要病害，还导致一些新病害的发生，因没有成熟的防治经验而损失严重，每年由病害造成的损失占玉米制种总产量的 8% ~10%，这些问题不仅给种子生产带来一定影响，也为国家种子质量安全埋下了隐患，因此，加强制种玉米病害的预防和防治显得尤为重要。

然而传统的化学防治使部分病害产生抗药性，同时污染环境，破坏生态平衡。因此，

---

* 基金项目：甘肃省农牧厅科技创新项目（GNCX－201452）；甘肃省科技支撑计划－农业类（144NKCA242）

** 第一作者：杨克泽，女，硕士，农艺师，专业方向：植物病理学；E-mail：307231530@qq.com

*** 通讯作者：任宝仓，副研究员；E-mail：463573198@qq.com

立足于生态环境保护，提高农产品质量安全水平，探索绿色防控技术，显得尤为重要。2014—2015年，按照"公共植保、绿色植保"的理念，在张掖、武威和白银玉米制基地（以张掖制种玉米基地为主）进行了制种玉米绿色防控技术示范，主要针对制种玉米主要病害，开展了以农业措施和种子包衣为主的绿色防控技术研究与示范，总结了甘肃省制种玉米病害发生特点及示范效果，提出了制种玉米健康护理理念，并初步制定了制种玉米病害绿色防控规程。

1 甘肃省制种玉米病害发生特点

1.1 病害种类逐渐增多、为害加重

随着制种玉米面积的逐年扩大、气候变化更替、耕作方式改变，土壤和种子带菌严重，病害种类不断增多，病害趋于多样化且偏重发生。制种田频繁的农事操作为病菌的侵染创造了有利的条件，比如去雄、去杂、授粉等频繁的农事活动及害虫取食时造成的伤口，极有利于病毒病、黑粉病及细菌性病害等的侵染，致使制种田病害发生为害加重。据2013—2014年调查数据显示，河西走廊制种玉米田的病害共计73种，其中真菌性病害56种、细菌性病害4种、病毒病害5种，生理性病害8种。引起河西走廊制种玉米生育中后期叶部主要真菌病害的病原物就高达13种之多，发生为害严重的有玉米瘤黑粉病、丝黑穗病、弯孢菌叶斑病、锈病、顶腐病、穗腐、大小斑病、矮花叶病、褐斑病、细菌性叶斑病以及茎基腐病等（玉米弯孢菌叶斑病是一种新病害），并且局部地区部分品种出现严重早衰现象，导致减产。瘤黑粉病在制种玉米茎部发病时可导致减产20%～40%，果穗感病时可导致减产80%～100%；玉米锈病在中度发病田块可导致减产10%～20%，严重田块则达50%以上，部分田块甚至绝收。玉米瘤黑粉病和锈病已成为影响甘肃省制种玉米产量的主要因素之一。

1.2 土传和种传病害日趋加重

甘肃省玉米制种面积经过了近20年的发展，耕地重茬年限在10～17年不等，多年重茬或迎茬连作，以及耕作质量下降，为病原物的繁殖和寄生提供了场所，土壤中病原物日积月累逐年增加并日趋复杂，而有益微生物逐渐减少，土壤环境恶化，植株抗病力下降，土传病害发生严重，如苗期根腐病发病率逐年增加；随着甘肃玉米种业的发展，从省外以及国外引进和调运的玉米新品系越来越多、面积越来越大，导致危险性病原物随种子传入甘肃省，给玉米制种基地生产安全增加了风险，并突发成灾的频率越来越高，有些自交系抗病能力较弱，造成感病品种种子带菌，导致大田玉米病害种类增多，给玉米生产造成了威胁。甘肃省制种玉米上发生的种传病害主要有玉米黑粉病、顶腐病、叶斑病和玉米矮花叶病等。

1.3 次要病害上升为主要病害

玉米锈病和玉米瘤黑粉病以前在甘肃省部分制种基地是零星发生，近年来，制种玉米重茬连作，加之反常气候，使得玉米锈病和玉米瘤黑粉病在甘肃省杂交制种田的发生亦趋严重。2009年，张掖市甘州区玉米锈病发生面积3.8万hm^2，占玉米制种面积的93.3%，较2007年和2008年分别增加了46.4%和34.5%，平均病株率达97.4%；一度曾被控制的玉米瘤黑粉病再度暴发流行。据统计，2000—2008年武威市制种基地玉米瘤黑粉病发病率一直递增，严重田块发病率高达98%；甘肃省临泽县于2004年在个别制种玉米上首次发现玉米顶

腐病，2005—2007 年，玉米顶腐病在临泽县迅速扩展蔓延，发生范围、为害程度逐年加大，很快上升为主要病害，造成严重产量损失，严重影响制种产量和种子质量。

1.4 非侵染性病害发生严重

甘肃省制种玉米长期连作，偏施氮肥，缺少磷钾肥、微肥以及充分腐熟的农家肥的施入，土壤理化性状不断恶化，导致部分制种田土壤营养严重失衡，有些养分严重流失，有些盐或酸物质急剧增加，而导致制种玉米缺素或遭受盐碱害而发生生理性病害的现象加剧；制种玉米出苗时期如遇低温，易发生种衣剂药害导致出苗率降低，从1998 年以来，种衣剂药害表现最严重、受害面积最大的是含有烯唑醇成分的种衣剂，该种衣剂对丝黑穗病的防治有明显效果，但在低温条件下，播种深度超过 3cm 时易产生药害；如遇低温，播种较浅的制种玉米容易发生冻害；除草剂药害在玉米制种田也不可避免，用药不当、残留或遇刮风天气除草剂飘移到制种田都会产生药害，比如乙草胺、氯嘧磺隆和 2,4 - D - 丁酯等对玉米都会产生药害，使玉米叶片褪绿变白，茎叶扭卷、弯曲，植株矮缩，受害严重时不出苗或叶片枯死；遗传性生理病害如玉米条纹病和遗传性斑点病，在甘肃省局部地区制种田的发病率超过 50%，生理性病害在个别品种组合上发病率达 100%，生理性白化苗、黄花苗等其他生理性病害也有零星发生。这些生理性病害的发生严重地影响了制种玉米的产量和品质，由于农户对生理性病害的认识不足，导致盲目使用农药，而导致植株抗病性增强，阻碍着制种业的发展。

1.5 多种病害混合发生，发病重于大田

随着制种玉米病害种类的逐年增加，多种病害混合侵染现象也日益加重。细菌性叶斑病、瘤黑粉及根腐等病害在甘肃省制种基地部分玉米田苗期混合为害，在玉米生长的中后期各种病害混合发生为害更加严重，如玉米锈病、茎基腐病、顶腐病、黑穗、黑粉、穗腐及细菌性茎腐等多种病害混合侵染为害，种类趋于复杂，为害程度逐年加重，使得玉米制种产量降低，品质变差。近年来，甘肃省制种田病害为害程度远比大田玉米严重，据报道，2009 年甘肃省甘州区制种田玉米黑粉病平均病株率为 36.9%，大田 9.2%，为害严重的制种田块病株率高达 78% 左右。

2 甘肃省制种玉米病害绿色防控技术示范

2.1 示范点概况

2.1.1 张掖示范点概况

张掖共设两个示范点：一个设在张掖市甘州区碱滩镇刘庄村，示范面积 3 000亩，种植的品种主要有 zy1503、zy1511、zy1512 等，带动推广面积 4 万亩，设对照 11 亩，采用常规药剂种子包衣，整个生育期不喷施叶面肥和杀菌剂，其他防治措施与示范一致。

2.1.2 武威示范点概况

武威示范点设在黄羊河集团，前茬作物为玉米，示范面积 1 500亩，种植品种为：设对照 10 亩，采用常规药剂种子包衣，整个生育期不喷施叶面肥和杀菌剂，其他防治措施与示范一致。

2.1.3 白银示范点概况

白银示范点位于景泰县条山集团二连，前茬作物为玉米，土壤为沙壤土，分为冬灌地和干播湿出地（滴管），该区域双斑萤叶甲为害严重，实验品种为垦玉 10 号，易感锈病，

1 800亩，设对照12.5 亩，采用常规药剂种子包衣，整个生育期不喷施叶面肥和杀菌剂，其他防治措施与示范一致。

2.2 示范内容

2.2.1 农业措施

清除田间病残体，及时清理地埂上的杂草，平整土地，根据玉米需肥规律，施入充分腐熟的有机肥及基肥。

2.2.2 健康护理及病害综合防治

（1）种子包衣：配方为每吨种子用32.5%苯甲·嘧菌酯（阿米妙收）700ml +30%丁硫克百威乳油 1.5kg +0.136%碧护可湿性粉剂 120g + 成膜剂 50g +1kg 警戒色。

（2）苗期病害防治：6 月 11 日，一是喷施途保康（sl ≥50g/L）750 倍液 + 爱沃富（氨基酸≥100g/L，锰 + 锌≥20g/L）750 倍液 + 安融乐 5 000倍液 +0.136%碧护可湿性粉剂 5 500倍液。主要目的是提高根系发育，增强苗期长势，保证玉米雌穗分化，为丰产打下基础。二是玉米红蜘蛛防治。以基地周边荒草滩、地埂等红蜘蛛主要寄生区为重点，结合玉米叶面肥的喷施，组织开展了第一次化学防治，使用药剂为 10%四螨·三锉锡悬浮剂 1 000倍液 +2%阿维菌素微胶囊悬浮剂 1 500倍液 +25%三唑酮可湿性粉剂 2 000倍液。

（3）喇叭口期防治：7 月 13 日，一是喷施途保康（sl ≥50g/L）750 倍液 + 安融乐5 000倍液 +0.136%碧护可湿性粉剂 5 500倍液，提高作物抗性，减轻病虫害发生。二是病虫害综合防治。结合叶面肥喷施，采用 500g/L 溴螨酯乳油 1 000倍液 +5%噻螨酮乳油700 倍液 +6%阿维·氯苯（亮泰）1 000倍液进行了第二次喷雾统防，主要防治玉米红蜘蛛、玉米螟、棉铃虫、蚜虫等。

（4）抽雄结束后综合防治：8 月 10 日，一是喷施 240g/L 噻呋酰胺（稻康瑞）1 500倍液 +32.5%苯甲·嘧菌酯（阿米妙收）2 000倍液 +0.136%碧护可湿性粉剂 5 500倍液 + 爱沃富（氨基酸≥100g/L，锰 + 锌≥20g/L）750 倍液 + 安融乐 5 000倍液，主要防治玉米锈病、瘤黑粉病、顶腐病、穗腐病及玉米叶斑类病害。二是虫害防治。结合叶面肥及病害防治，以玉米红蜘蛛为主，兼顾棉铃虫、玉米螟、蚜虫等，喷施 10%阿维·哒螨灵乳油 1 000倍液 +2%阿维菌素乳油 1 000倍液。

2.2.3 开展防治效果调查

病害及玉米性状调查。调查病害发病种类及发病率。调查方法：五点取样法，示范区选取 15 块地，对照区选取 5 块地，每块地 5 点取样，每点取 25 株，开展调查，并记录调查数据。

产量及收获期性状调查。调查玉米穗粒数、千粒重、籽粒均匀度、鲜穗亩产量及种子产量。调查方法：五点取样法，示范区选取 5 块地，对照区选取 2 块地，每块地 5 点取样，每点取 10 株，开展调查，并记录调查数据。

3 示范效果

3.1 发生的主要病害

经过调查，在甘肃省张掖示范点制种玉米发生的主要病害为玉米瘤黑粉、普通锈病、玉米顶腐病、玉米穗腐和玉米茎基腐；武威市黄羊河集团示范点制种玉米发生的主要病害为玉米普通锈病、玉米茎基腐、玉米瘤黑粉病、玉米细菌性病害和玉米丝黑穗病等；白银示范点制种玉米发生的主要病害有玉米普通锈病、玉米茎基腐和玉米瘤黑粉病等。

3.2 制种玉米病害得到有效控制

3.2.1 玉米顶腐病得到有效控制

玉米顶腐病在张掖示范点发病严重，白银和武威示范点未发病。从苗期开始发病，张掖碱滩示范点第1次药后7天发病率为1.81%，对照区为2.24%，防效为19.2%，第2次药后7天发病率为3.14%，对照区为5.12%，防效为25%；张掖大修厂示范点第1次药后7天发病率为1.28%，对照区为1.98%，防效为35.3%，第2次药后7天发病率为1.54%，对照区为2.56%，防效为39.8%。从发病情况看，第1次药后7天与第2次药后7天相比，张掖碱滩示范点和大修厂示范点对照发病率增幅较处理明显，张掖碱滩示范点顶腐病发病率增加73.4%，而对照增加128.3%，张掖大修厂示范点顶腐病发病率增加20.3%，而对照增加41.4%（表1，表2）。

表1 不同示范点第1次药后7天主要病害发病率及防效

病害名称	地域	发病率（%）	CK	防效（%）
细菌性病害	武威	3.30	5.80	43.10
顶腐病	张掖碱滩	1.81	2.24	19.2
顶腐病	张掖大修厂	1.28	1.98	35.3
普通锈病	张掖大修厂	4.00	7.00	42.9

3.2.2 玉米锈病得到有效控制

玉米锈病从6月下旬开始发病，第1次药后7天调查结果显示，张掖大修厂示范区发病率4.0%，对照区发病率7.0%，其他示范点未发病；第2次药后7天调查结果显示，张掖大修厂、张掖碱滩、武威和白银示范点发病率分别为38.72%、24.09%、10.87%和20.87%，对照区发病率50.4%、26.72%、15.6%和23.45%，防效分别为23.2%、9.8%、30.3%和11.0%；第3次药后7天调查，张掖大修厂、张掖碱滩、武威和白银示范点发病率分别为38.72%、24.09%、10.87%和20.87%，对照区发病率50.4%、26.72/15.6%和23.45%，防效分别为25.3%、5.8%、14.1%和10.9%（表2，表3）。2014—2015年锈病在甘肃省玉米上普遍发生，主要是夏季降水频次多，田间湿度大，高温高湿的气候条件造成玉米锈病大面积发生，从示范区整个发生及防治情况来看，玉米锈病发病率逐渐增加，但发生程度轻，示范区发病叶片严重度为1级，对照区发病叶片出现3级的情况，且示范区发病率整体低于对照区，说明示范区玉米植株抗病性强。

表2 不同示范点第2次药后7天主要病害发病率及防效

病害名称	地域	发病率（%）	CK	防效（%）
细菌性病害	武威	7.12	11.5	38.1
普通锈病	武威	10.87	15.6	30.3
普通锈病	白银	20.87	23.45	11.0
瘤黑粉	张掖碱滩	0.69	0.96	28.1
顶腐病	张掖碱滩	3.14	5.12	38.7

（续表）

病害名称	地域	发病率（%）	CK	防效（%）
普通锈病	张掖碱滩	24.09	26.72	9.8
瘤黑粉	张掖大修厂	1.87	1.92	2.6
顶腐病	张掖大修厂	1.54	2.56	39.8
普通锈病	张掖大修厂	38.72	50.4	23.2

3.2.3　玉米瘤黑粉病

玉米瘤黑粉病在张掖示范点有零星发病，发病较轻，白银和武威示范点未发现病株。在第2次喷雾后7天调查时发现，张掖碱滩示范区发病率0.69%，对照区发病率0.96%，防效为28.1%，张掖大修厂范区发病率1.87%，对照区发病率1.92%，防效为2.6%；第3次药后7天调查显示，张掖碱滩示范区发病率0.69%，对照区发病率1.05%，防效为34.3%，张掖大修厂范区发病率1.97%，对照区发病率2.08%，防效为5.2%；张掖碱滩示范区在第2次药后出现瘤黑粉病，但再未出现扩展，张掖大修厂示范区和对照区发病率均有增加的趋势，对照区增幅较大（表2，表3）。

3.2.4　玉米茎基腐病

玉米茎基腐病在白银和武威示范点发病严重，在张掖示范点发病较轻，或零星发病，发病前期症状不明显，第3次药后7天调查显示，武威示范点发病率14.48%，对照区发病率17.5%，防效为17.3%；白银示范点发病率18.63%，对照区发病率23.23%，防效为20.0%（表3）。

表3　不同示范点第3次药后7天主要病害发病率及防效

病害名称	地域	发病率（%）	CK	防效（%）
细菌性病害	武威	25.47	41.25	38.3
普通锈病	武威	32.31	37.59	14.1
茎基腐病	武威	14.48	17.50	17.3
普通锈病	白银	38.78	43.51	10.9
茎基腐病	白银	18.63	23.23	20.0
瘤黑粉	张掖碱滩	0.69	1.05	34.3
普通锈病	张掖碱滩	35.87	38.08	5.8
瘤黑粉	张掖大修厂	1.97	2.08	5.2
普通锈病	张掖大修厂	34.99	46.88	25.3

3.2.5　玉米细菌性病害

玉米细菌性病害在武威示范点发病较重，其他示范点未发病或零星发生，该病害从苗期开始发病，第1次药后7天调查结果显示，武威示范区发病率3.3%，对照区发病率5.8%，防效为43.1%；第2次药后7天调查结果显示，武威示范点发病率分别为7.12%，对照区发病率11.5%，防效38.1%；第3次药后7天调查，武威示范点发病率分别为25.47%，对照区发病率41.25%，防效为38.3%（表1，表3）。

3.3 促进玉米长势

玉米苗期调查结果显示，各示范区出苗率与对照区基本一致，张掖大修厂、张掖碱滩、武威和白银示范点出苗率分别为85.76%、98.44%、90.21%和97.46%，对照区出苗率分别为83.36%、98.38%、91.37%和97.33%，除武威示范点比对照低1.27%外，其他示范点出苗率高于对照，增幅在0.06%~2.87%（表4）。

表4 各示范点玉米出苗率 (%)

地域	出苗率		增减比
	T	CK	
白银	97.46	97.33	0.13
武威	90.21	91.37	-1.27
张掖碱滩	98.44	98.38	0.06
张掖大修厂	85.76	83.36	2.87

不同示范点玉米抽雄后性状调查表明：张掖大修厂、张掖碱滩、武威和白银示范点抽雄后，玉米株高与对照相比分别增加0.24%、0.4%、3.8%和5.9%；叶片数与对照相比分别增加2.7%、0%、4.1%和1.4%；除张掖碱滩示范点外，其他示范点株粗直径与对照相比都有所增加，植株长势良好（图1）。

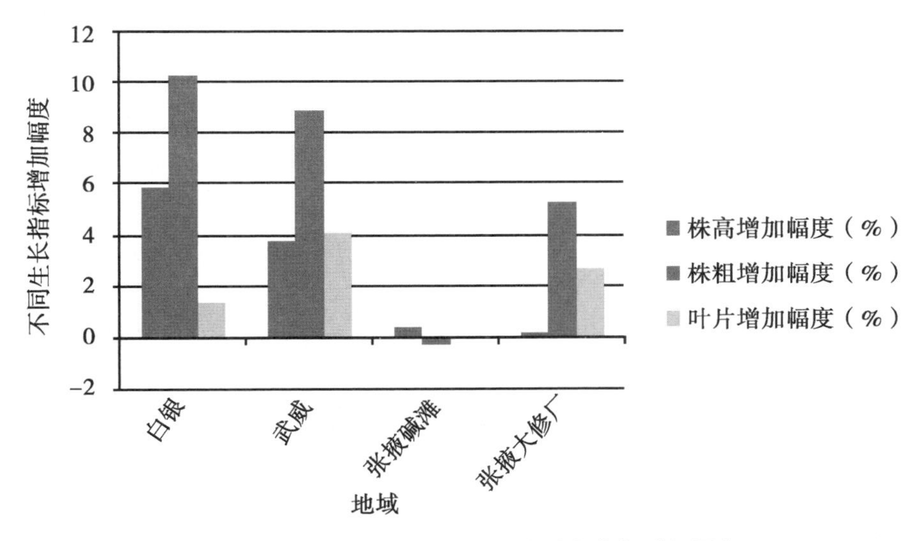

图1 不同示范点制种玉米抽雄后各生长指标增加幅度

3.4 增产作用显著

测产结果显示（表5），各示范点穗粒数和籽粒均匀度都有所增加：张掖大修厂、张掖碱滩、武威和白银示范点穗粒数分别为209.44粒、242.05粒、159.49粒和128.25粒，对照区穗粒数分别195.34粒、224粒、106.7粒和94.24粒，示范区较对照区分别增加了7.22%、8.06%、48.48%和31.9%；示范区籽粒均匀度分别为68.8%、70.47%、72.58%和81.68%，对照区分别为66.7%、57.10%、59.15%和67.34%，示范区较对照区分别增加了3.04%、23.42%、22.70%和21.29%。

表5　各示范点制种玉米穗粒数和籽粒均匀度

地域	穗粒数			籽粒均匀度		
	T	CK	增加比（%）	T	CK	增加比（%）
白银	128.25	94.24	31.90	81.68	67.34	21.29
武威	159.49	106.70	49.48	72.58	59.15	22.70
张掖碱滩	242.05	224.00	8.06	70.47	57.10	23.42
张掖大修厂	209.44	195.34	7.22	68.80	66.77	3.04

经过测产发现（表6），各示范点千粒重和理论产量增加显著，张掖大修厂、张掖碱滩、武威和白银示范点千粒重分别为352g、322g、340g和313g，对照区千粒重分别为338g、313g、280g、271g和352g，示范区较对照区高13g，籽粒均匀度68.08%，较对照区高1.31%，理论产量315.72kg/亩，较对照区增加44.83kg/亩，实收产量246.0kg/亩，较对照区增加48.1kg/亩，均匀种子产量167.47kg，较对照区增加35.34kg/亩。

表6　各示范点制种玉米千粒重及产量

地域	千粒重（kg）			产量（kg/亩）		
	T	CK	增加比（%）	T	CK	增加比（%）
白银	0.313	0.271	15.50	204.24	91.30	123.70
武威	0.340	0.280	21.43	261.29	143.41	82.20
张掖碱滩	0.322	0.313	2.88	468.02	420.67	11.26
张掖大修厂	0.352	0.338	4.14	246.00	197.90	24.31

4　结果与讨论

本试验运用农业措施和植物健康护理为一体的综合防治技术，在甘肃省不同玉米制种基地进行了制种玉米绿色防控研究与示范，各示范区出苗率和对照基本一致，种子包衣安全，无药害发生；白银示范点抽雄后玉米株高和株粗直径增幅最大，分别为5.9%和10.3%；武威示范点叶片数增幅最大，为4.1%；玉米锈病、玉米顶腐病、玉米瘤黑粉病的防效在部分地区高达30.3%、39.8%和34.3%；武威示范点穗粒数和千粒重增加幅度最大，分别增加了49.48%和21.43%；张掖碱滩示范点籽粒均匀度最好，较对照增加了23.42%；白银示范点增产最多，较对照增加了123.7%，增产112.9kg/亩。

通过示范推广绿色防控技术，充分发挥了病害自然控制作用，减少了农药使用量和使用次数，杜绝高毒、高残留农药的使用，减轻了环境污染，保护农田有益生物和害虫天敌，提升了种子的质量和产量。两年累计示范推广应用面积达10万亩，其中：2014年示范推广面积3万亩；2015年示范推广面积7万亩。累计产生效益面积9.7万亩，两年累计新增玉米总产量4 898.5t，新增总产值达1 469.55万元。

制种玉米是甘肃省河西地区农业的主导产业，由于连年种植，田间病虫源大量积累、病害种类逐渐增多，为害加重、土传和种传病害日趋加重、部分次要病害逐渐上升为主要病害、非侵染性病害发生严重以及多种病害混合发生，发病重于大田，在今后要充分认清甘肃省制种玉米的这些发病特点，加大制种玉米绿色防控宣传力度，不断探索更有效的绿色防控技术的研究与示范，为促进甘肃省制种玉米健康发展奠定基础。

参考文献

[1] 秦嘉海，吕彪．河西土壤与合理施肥［M］．兰州：兰州大学出版社，2001.

[2] 佟屏亚．河西地区玉米制种基地考察报告［J］．种子世界，2005（5）：4－8.

[3] 甘吉元，甘国福．武威市制种玉米瘤黑粉病重发原因及防治措施［J］．植物医生，2010，23（6）：7－8.

[4] 王娟，郑荣，张东昱．张掖市制种玉米连作障碍土壤生态修复技术集成研究［J］．农业科技与信息，2015，45（6）：31.

[5] 侯格平，吴子孝，索东让．张掖市玉米制种连作种植的不利影响与措施［J］．中国种业，2012（1）：32.

[6] 张文波．张掖市玉米制种产业存在的问题及对策［J］．甘肃农业，2010（11）：41－42.

[7] 谢颖，乔喜红，杨成德．张掖市玉米瘤黑粉病及锈病发生进程初探［J］．甘肃农业大学学报，2008（2）：58.

[8] 马学军．临泽县制种玉米顶腐病发生规律及防控对策［J］．种子世界，2014（5）：49.

[9] 王进明，李振谋．靖远县设施蔬菜病虫害绿色防控技术应用现状及对策［J］．农业科技与信息，2015（16）：58－59.

[10] 陈广泉，闫治斌．河西走廊制种玉米生育中后期叶部真菌病害诊断与病原初步鉴定［J］．玉米科学，2015，23（4）：155－158.

[11] 雷玉明，闫治斌，郑天翔，等．河西走廊制种玉米病害名录［J］．长江大学学报（自科版），2015，12（21）：4－7，12.

[12] 陈福平，郭治．甘州区玉米制种基地有害生物发生特点及控制途径［J］．中国植保导刊，2010（8）：32.

玉米小斑病药剂防治筛选试验

李石初　唐照磊　杜　青　农　倩　磨　康
（广西农业科学院玉米研究所/国家玉米改良中心广西分中心，南宁　530006）

摘　要：为了筛选有效防治玉米小斑病的化学药剂，利用苯甲·丙环唑乳油、80%代森锰锌可湿性粉剂、70%甲基硫菌灵可湿性粉剂和吡唑醚菌酯乳油开展防治玉米小斑病的筛选试验。试验结果表明：各药剂在1 500倍液浓度喷雾能够有效降低玉米小斑病的病情指数，各处理间平均病情指数、平均防治效果均达到极显著水平，且玉米产量增产率明显。其中，苯甲·丙环唑乳油及吡唑醚菌酯乳油与80%代森锰锌可湿性粉剂和70%甲基硫菌灵可湿性粉剂相比，差异达显著或极显著水平。结论：在玉米大田生产上防治玉米小斑病应该优先推广应用苯甲·丙环唑乳油及吡唑醚菌酯乳油这两种药剂。

关键词：药剂；筛选；小斑病；玉米

玉米是我国重要的农作物之一，其总产量的70%作为饲料，支撑着我国畜禽养殖业的快速发展，玉米生产的丰欠直接影响到我国的粮食安全与食品供应安全[1]。玉米不同于水稻、小麦等矮秆作物，其植株高大，随着目前种植密度的增加，造成大田生产后期管理很难操作实施。当玉米从营养生长转入生殖生长后，随着植株叶片和茎秆中的养分快速流向发育中的籽粒，包括叶斑病在内的各种病害呈现发病高峰。这种生产的特殊性，导致玉米后期叶斑病的田间防治成为了重大生产问题[2]。而玉米小斑病是最常见，为害较为严重的一种玉米叶斑病，因此，为了筛选到有效防治玉米小斑病的药剂，特开展本试验研究。

1　材料与方法

1.1　试验时间与地点

2014年8—11月，广西壮族自治区农业科学研究院玉米研究所/国家玉米改良中心广西分中心明阳试验基地。

1.2　试验材料

1.2.1　供试药剂

苯甲·丙环唑乳油（总有效成分300g/L、苯醚甲环唑含量150g/L、丙环唑含量150g/L），广西田园生化股份有限公司生产；80%代森锰锌可湿性粉剂，印度印地菲尔工业有限公司生产；70%甲基硫菌灵（日曹甲基托布津）可湿性粉剂，允发化工（上海）有限公司生产；吡唑醚菌酯乳油（有效成分250g/L，又名凯润），巴斯夫欧洲公司生产，广东德利生物科技有限公司分装。

1.2.2　玉米品种

供试玉米品种：帮豪玉108，重庆帮豪种业有限公司生产，在种子市场上购买获得。

1.3 试验方法

1.3.1 试验设计

田间试验设计：4 种药剂（苯甲 · 丙环唑乳油、80% 代森锰锌可湿性粉剂、70% 甲基硫菌 · 灵可湿性粉剂、吡唑醚菌酯乳油）、1 个空白（清水）对照共 5 个处理。每个处理 3 次重复，共 15 个小区。每个小区 6 行区种植（5m 行长，0.7m 行距），随机区组排列。每行区定苗 20 株玉米，常规田间管理。

1.3.2 田间施药方法

各处理药剂按 1 500倍液浓度配成溶液，于傍晚时分，分别在玉米 7 叶期和 13 叶期对玉米全株叶片进行喷雾（喷湿透为止），空白对照喷清水。喷雾器具为背负式电动喷雾器。

1.3.3 试验结果调查计算统计方法

病情调查时间为玉米乳熟期。调查方法：每处理小区调查中间 4 行，逐株调查发病级别，然后计算各处理区的病情指数和防治效果。病情级别调查标准参照参考文献[3]。

玉米产量测产时间为玉米收获期。测产方法：每处理小区收获中间 2 行玉米，晒干后脱粒，称重，折算为含水量 14% 的标准产量。

采用新复极差测验（SSR）法对各处理间的平均病情指数、防治效果进行差异性统计分析。

病情指数 = [Σ(每病级株数 × 该病级代表的数值)/(调查总株数 × 最高病级代表的数值)] ×100

防治效果 (%) = [(对照区的病情指数 – 处理区的病情指数)/对照区的病情指数] ×100

平均增产率 (%) = [(处理区的平均产量 – 对照区的平均产量)/对照区的平均产量] ×100

2 结果与分析

2.1 不同药剂处理对玉米小斑病病情的影响

试验结果表明：4 种药剂处理都能有效降低玉米小斑病的病情指数，各处理的 3 次重复平均病情指数与空白（清水）对照平均病情指数的差异极显著（表 1）。

表 1 不同药剂处理的田间发病情况

药剂处理	病情指数（3 次重复）			平均病情指数
	1	2	3	
苯甲 · 丙环唑	11.12	12.21	13.82	12.38 Cc
80% 代森锰锌	20.22	17.72	16.96	18.30 Bb
70% 甲基硫菌灵	20.11	14.62	21.96	18.90 Bb
吡唑醚菌酯	12.23	11.67	12.29	12.06 Cc
空白（清水）对照	33.86	33.04	34.44	33.78 Aa

注：表中小写英文字母表示 0.05 水平差异显著性、大写英文字母表示 0.01 水平差异显著性

其中，吡唑醚菌酯乳油处理及苯甲·丙环唑乳油处理的3个重复平均病情指数与80%代森锰锌可湿性粉剂处理及70%甲基硫菌灵可湿性粉剂处理之间的3个重复平均病情指数差异极显著；但吡唑醚菌酯乳油处理与苯甲·丙环唑乳油处理之间的平均病情指数差异不显著，80%代森锰锌可湿性粉剂处理与70%甲基硫菌灵可湿性粉剂处理之间的平均病情指数差异不显著。

2.2 不同药剂处理对玉米小斑病的防治效果

各药剂处理对玉米小斑病的防治效果从表2中可以看出，吡唑醚菌酯乳油的防治效果最好，防治效果为64.29%；其次，苯甲·丙环唑乳油的防治效果为63.36%；80%代森锰锌可湿性粉剂及70%甲基硫菌灵可湿性粉剂的防治效果较差，分别为45.80%和44.20%。吡唑醚菌酯乳油处理及苯甲·丙环唑乳油处理与80%代森锰锌可湿性粉剂处理及70%甲基硫菌灵可湿性粉剂处理之间的防治效果差异极显著；但吡唑醚菌酯乳油处理与苯甲·丙环唑乳油处理之间的防治效果差异不显著，80%代森锰锌可湿性粉剂处理与70%甲基硫菌灵可湿性粉剂处理之间的防治效果差异不显著。

表2 不同药剂处理的防治效果

药剂处理	防治效果（%）（3次重复）			平均防效（%）
	1	2	3	
苯甲·丙环唑	67.16	63.02	59.87	63.36 Aa
80%代森锰锌	40.28	46.37	50.75	45.80 Bb
70%甲基硫菌灵	40.61	55.75	36.24	44.20 Bb
吡唑醚菌酯	63.88	64.68	64.31	64.29 Aa

注：表中小写英文字母表示0.05水平差异显著性、大写英文字母表示0.01水平差异显著性

2.3 不同药剂处理的玉米产量

不同药剂处理对玉米生产都有一定的增产作用（表3）。其中，吡唑醚菌酯乳油处理增产率最高，增产率可达21.23%；其次，苯甲·丙环唑乳油处理增产率为15.64%；80%代森锰锌可湿性粉剂处理与70%甲基硫菌灵可湿性粉剂处理，增产率分别为8.38%和10.34%。

表3 不同药剂处理的玉米产量比较

药剂处理	玉米产量（kg）			平均产量（kg）	平均增产率（%）
	1	2	3		
苯甲·丙环唑	3.60	4.39	4.43	4.14	15.64
80%代森锰锌	4.17	3.76	3.71	3.88	8.38
70%甲基硫菌灵	4.06	4.15	3.63	3.95	10.34
吡唑醚菌酯	4.02	4.27	4.73	4.34	21.23
空白（清水）对照	3.50	3.59	3.66	3.58	0

注：表中玉米产量是每个小区收获中间2行的折算14%含水量的产量

3 小结与讨论

玉米小斑病的防治比较困难，且防治措施、防治手段及防治药剂也比较缺乏。据报

道，选用保护性与治疗性兼顾的内吸性杀菌剂在玉米 10～13 叶期（大喇叭口期）采用一次机械喷雾的方式进行田间作业，可以使玉米小斑病发病级别和病情指数分别下降 0.48～1.10 和 20.9%～35.7%，可挽回春玉米损失 2.4%～2.7%，可挽回夏玉米损失 2.0%～8.6%[4]。也有人开展利用生防菌来防治玉米小斑病的研究，筛选到 CLS20、CLS4 等对玉米小斑病具有一定抑制作用的生防菌株[5]；有人发现 H04 木霉菌制剂对玉米小斑病菌有较强的抑制作用，抑制率达到 80% 以上，在温室和田间对玉米小斑病有较好的防治效果[6]。但这些生防菌制剂要运用到大田生产上还有一定的距离。目前还是主要采用化学杀菌剂来防治玉米小斑病[7-8]。

本研究结果表明，吡唑醚菌酯乳油和苯甲·丙环唑乳油对玉米小斑病的防治效果都比较显著，且增产效果明显。用来代替传统的甲基托布津、多菌灵等杀菌剂有广大的推广应用前景，可以防止产生病害抗药性，如果在玉米大田生产上广泛利用，必定会产生巨大的生态、经济和社会效益。但本研究的结果仅限于 1 500倍液浓度的药液施用，至于多大浓度的防治效果最佳、每公顷施用多少量的药液防治效果最好等问题仍需要进一步研究。

参考文献

[1] 国家玉米产业技术体系．我国玉米增产潜力、方向与保障措施［J］．作物杂志，2013（4）：1－3.

[2] 王晓鸣，晋齐鸣，石洁，等．玉米病害发生现状与推广品种抗性对未来病害发展的影响［J］．植物病理学报，2006，36（1）：1－11.

[3] 王晓鸣，石洁，晋齐鸣，等．玉米病虫害田间手册［M］．北京：中国农业出版社，2010.

[4] 王晓鸣，巩双印，柳家友，等．玉米叶斑病药剂防控技术探索［J］．作物杂志，2015（3）：150－154.

[5] 刘群．玉米小斑病菌和弯孢霉叶斑病菌生物学特性及有效药剂和生防菌株的筛选［D］．济南：山东农业大学，2015.

[6] 马佳，张婷，王猛，等．玉米小斑病发生前期化学防治初步研究［J］．上海交通大学学报（农业科学版），2013，31（4）：45－50.

[7] 白庆荣，吕来燕，翟亚娟，等．玉米叶斑病菌对 23 种杀菌剂的敏感性测定［J］．吉林农业大学学报，2011，33（5）：485－490.

[8] 李建军，蒋立辉，蒲超群．四种玉米病害的发生规律及其防治方法［J］．上海农业科技，2013（3）：119－121.

呋虫胺等药剂对二化螟防治效果的评价*

何佳春[1**]　李　波[1]　余　婷[2]　胡国文[1]　傅　强[1***]
（1. 中国水稻研究所，水稻生物学国家重点实验室，杭州　310006；
2. 长江大学农学院，荆州　434025）

摘　要：呋虫胺是第三代烟碱类杀虫剂，具有内吸性强、持效期长、杀虫谱广等特点。在水稻上，呋虫胺除被登记用于稻飞虱防治外，还被登记用于二化螟的防治。鉴于新烟碱类农药极少登记于水稻螟虫的防治，有必要就该药对二化螟的防治效果做进一步的研究。本文通过大田和室内试验比较了呋虫胺及几种常用鳞翅目防控药剂对二化螟的防效和杀虫活性。研究结果表明：在早稻大田不同时期施药，对一代二化螟的防效康宽最佳，可达82.9%～90.6%，其次三唑磷为48.0%～60.4%，甲氧虫酰肼为45.7%～48.0%，而呋虫胺最差，仅为17.3%～28.0%；室内对比试验中，呋虫胺对二化螟幼虫有一定的杀虫作用，但其杀虫活性和对枯心的防效却均显著低于康宽。

关键词：呋虫胺；二化螟；药效评价

二化螟［*Chilo suppressalis*（Walker）］是我国水稻生产的主要害虫之一，年发生面积超过1 000万 hm^2，约占我国水稻种植面积的1/3，造成经济损失约38.3亿元[1]。近年来，随着一些高毒性药剂的禁用，一些低毒高效的农药逐渐开始用于二化螟的防治[2]。但由于长期不合理使用化学农药，导致二化螟对生产上常用药剂的抗药性增强，引起防治效果的下降，从而加大了对其防治的难度。

呋虫胺是一种新烟碱类农药，其为日本三井公司于1993年研发的烟碱类杀虫剂，因具有3－四氢呋喃甲基的特征结构，被称为第三代新烟碱类杀虫剂。它的化学名称为（RS）－1－甲基－2－硝基－3－（四氢－3－呋喃甲基）胍，与现有烟碱类杀虫剂的结构有着很大不同，其特点是四氢呋喃基取代了新烟碱类的氯代吡啶基或氯代噻唑基。它也是新烟碱类杀虫剂中唯一不含氯原子和芳环的化合物，故人们也称其为“呋喃烟碱”[3]。日本三井公司于1994年10月26日向中国申请了有关呋虫胺的发明专利，并获取授权。在我国，2014年呋虫胺已有登记用于稻飞虱和二化螟的防治[4]。因其杀虫谱广、用量少、持效期长，具有胃毒、触杀、内吸的作用特点，并且对哺乳动物和水生生物安全，作为一种第三代新烟碱类杀虫剂备受关注[5]。

鉴于新烟碱类农药极少登记于水稻螟虫的防治，而目前我国有公司制剂登记用于二化螟防治。为此我们选用常规鳞翅目防控药剂与呋虫胺，通过田间和室内试验，在浙江省富

---

* 基金项目：国家科技支撑计划课题（2012BAD19B03）

** 第一作者：何佳春，男，助理研究员，研究方向农业昆虫与害虫防治；E-mail：hejiachun@caas.com

*** 通讯作者：傅强，研究员；E-mail：fuqiang@caas.cn

阳市进行早稻第一代二化螟防治药效的对比试验，以观察呋虫胺对二化螟的防治效果和杀虫活性。

1 材料与方法

1.1 试验药剂

20%呋虫胺可湿性粉剂（WP），苏州奥特莱化有限公司；24%甲氧虫酰肼悬浮剂（SC），美国陶氏益农；20%康宽（氯虫苯甲酰胺）悬浮剂（SC），上海杜邦农化有限公司；20%三唑磷乳油（EC），浙江新农化工股份有限公司。

1.2 田间试验

1.2.1 试验地概况

试验安排在浙江省杭州市富阳中国水稻研究所实验基地。试验田面积2亩；土为黏壤土，中等肥力。

水稻品种为金早47。2016年3月29日薄膜育秧，4月27日移栽。移栽后7天施用除草剂（乙·苄合剂）和尿素（15kg/667m^2），实验前未施用任何杀虫、杀菌剂，水稻生长正常。

1.2.2 试验设计

药剂共设5个处理或对照，①24%甲氧虫酰肼，24.5ml/667m^2；②20%康宽，7.5ml/667m^2；③20%三唑磷乳油，125ml/667m^2；④20%呋虫胺，40g/667m^2；⑤CK空白对照。

试验田块分成3组，分别在不同时期施药。每一组中设5个小区，排列按4个药剂处理和空白对照为顺序排列，小区面积为90m^2（5m×18m）。

1.2.3 施药方法

按每亩用水量45kg折算，用MH-16电动背负式喷雾器喷雾。

施药日期：第一次施药5月10日，田间为二化螟卵孵化高峰，进入枯鞘始盛期。第二次施药为5月18日，田间二化螟1~2龄，为枯鞘盛期，初见枯心。第三期为5月24日，田间二化螟3~4龄，进入枯心始盛期。

1.2.4 调查方法

用药后30天左右，枯心苗基本稳定期进行田间枯心率调查。

调查枯心率采用平行跳跃取样法，即每小区取样10点，每点连续查10丛稻，共调查100丛稻的枯心数，折算成百丛稻枯心数。另每小区随机调查5丛稻的分蘖数，折算成百丛稻总株数，计算小区的枯心株率。

1.3 室内试验

1.3.1 药剂设计

药剂按田间推荐中剂量，按每亩45L水量计算配置。设置3个处理，康宽33.3mg/L，呋虫胺177.8mg/L，CK清水对照。

1.3.2 试验方法

供试稻苗选用分蘖盛期的水稻，每盆苗17~20个分蘖，采用浸苗法，将供试苗浸入配制好的药液内5~6s，取出晾干供试苗体表药液，待接虫。

供试虫为田间采集的一代二化螟卵块，选取黑头期即将孵化的二化螟卵块（每卵块约100粒卵）接于药剂处理后的供试稻苗，然后罩上笼罩，置于温度为（27±1）℃、湿度为75% ±5%的温室。

接虫14天后，对照稻苗中出现明显枯心症状，调查枯心并剥查稻苗中二化螟存活幼虫数，计算枯心率和幼虫存活率。

1.4 数据统计与分析

实验数据使用唐启义等的DPS数据处理软件进行统计分析。

2 结果与分析

2.1 四种药剂对早稻一代二化螟的防效

由表1可看出，康宽在3个不同时期施药的防效均最高，达82.9% ~90.6%，其次是三唑磷48.0% ~60.4%和甲氧虫酰肼45.7% ~48.0%，呋虫胺的防效则均是最低，仅为17.3% ~28.0%。在不同时期施药防治结果来看，康宽和三唑磷在移栽后27天（枯心始盛期）防治的效果要高于移栽后13天（枯鞘始盛期）和21天（枯鞘盛期），康宽提升了8.3%的防效，三唑磷提升了15.4%的防效。甲氧虫酰肼3个不同时期施药的防效都十分接近，呋虫胺在移栽后27天施药的防效要低于移栽后13天和21天施药。

表1 4种药剂大田不同时期施药对防治一代二化螟的效果

施药时期	药剂种类	亩（667m^2）用量（ml）	施药至调查间隔天数	枯心株率（%）	防效（%）
枯鞘始盛期（移栽后13天）	24%甲氧虫酰肼	24.5	29	4.54	48.0
	20%康宽	7.5		1.55	82.3
	20%三唑磷	125.0		4.33	50.4
	20%呋虫胺	40.0		6.60	24.4
	空白对照	—		8.73	0.0
枯鞘盛期（移栽后21天）	24%甲氧虫酰肼	24.5	21	4.64	46.9
	20%康宽	7.5		1.13	87.0
	20%三唑磷	125.0		4.54	48.0
	20%呋虫胺	40.0		6.29	28.0
	空白对照	—		8.73	0.0
枯心始盛期（移栽后27天）	24%甲氧虫酰肼	24.5	15	4.74	45.7
	20%康宽	7.5		0.82	90.6
	20%三唑磷	125.0		3.20	63.4
	20%呋虫胺	40.0		7.22	17.3
	空白对照	—		8.73	0.0

2.2 呋虫胺与康宽室内药效

由图1可知，用药14天后，康宽处理的稻苗上二化螟幼虫存活率平均为3.6%，呋虫胺平均为42.7%，对照为86.7%，呋虫胺和康宽均显著低于对照，由此可见，呋虫胺药剂对二化螟幼虫有一定的杀虫效果，但其杀虫效果任显著低于康宽（$P<0.05$）。

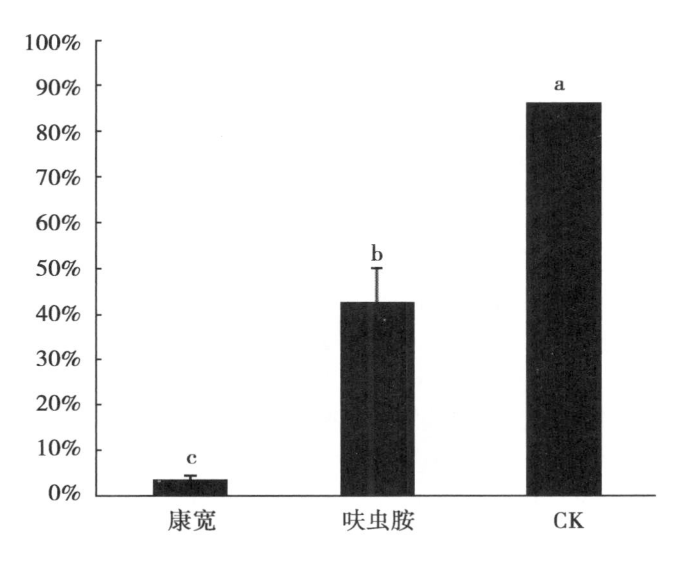

图 1　不同药剂处理的二化螟若虫的存活率比较

由图 2 可知，康宽处理的稻苗平均枯心率为 3.1%，呋虫胺为 73.2%，CK 为 79.3%，康宽的枯心率显著低于呋虫胺和 CK（$P<0.05$），而呋虫胺与 CK 无显著差异。由此可见康宽对二化螟枯心的防效显著高于呋虫胺，而呋虫胺未表现出明显的保苗效果。

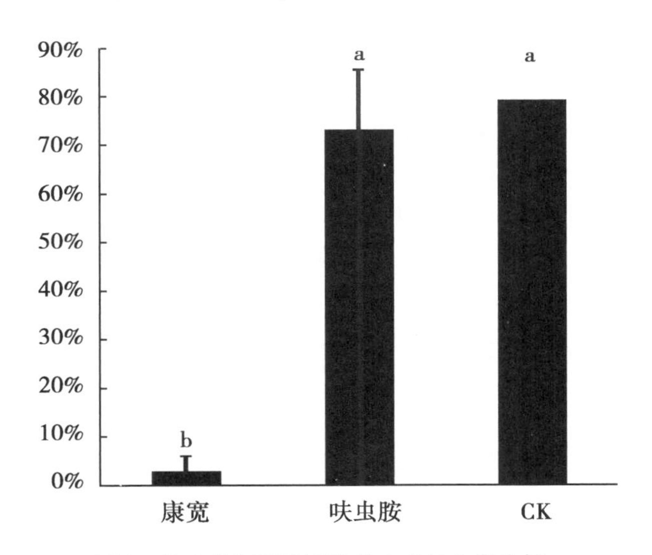

图 2　呋虫胺与康宽处理的水稻枯心率比较

3　讨论

目前，我国防治水稻二化螟的主要药剂有沙蚕毒素类的杀虫单、杀虫双，有机磷类的三唑磷，双酰胺类杀虫剂的氯虫苯甲酰胺（康宽）[6]。但是由于有些药剂长期大量使用，其抗药性问题十分突出，如杀虫单，杀虫双，已不能有效控制二化螟的为害，有些药剂又由于安全性较差，大量使用后易对非靶标生物造成风险，破坏生态平衡，如三唑磷[7]。当前，二化螟防治的主流药剂是氯虫苯甲酰胺，其作用靶标是鱼尼丁受体，该类药剂的作用方式主要是胃毒作用，但对一些鳞翅目昆虫也有较强的杀卵活性，虽然在大田中表现出较好的防效和持效性[8]。但是，因氯虫苯甲酰胺在稻田大量地应用，江西南昌、湖南衡阳等地区的二化螟已开始产生抗药性问题，从本研究结果来看，富阳田间二化螟尚未对其产生明显的抗药性。因此，目前要考虑与另一种作用机理不同的杀虫剂交替使用或复配后使用，并尽量减少使用次数，降低选择压，延缓害虫对氯虫苯甲酰胺抗药性的产生[9]。

呋虫胺为日本三井公司于1993年研发的烟碱类杀虫剂，其作用机理是作为乙酰胆碱的激动剂与乙酰胆碱受体结合使昆虫异常兴奋，全身麻痹而死，目前在稻飞虱、黑尾叶蝉等半翅目害虫的防治上效果显著[10]。虽然在2014年已有登记用于二化螟的防治，并有报道其在室内药效中对二化螟有杀虫活性[11]，但目前未见其应用于稻田二化螟防治的相关报道。本研究通过大田试验发现，呋虫胺对浙江富阳地区二化螟种群的防效较差，不能用于该地区二化螟的防治。鉴于不同地区二化螟种群可能对药剂的敏感性存在差异，呋虫胺是否能用于我国其他地区二化螟种群的防治，尚需要进一步的研究。同时室内试验结果表明，虽然呋虫胺在对卵孵化后的二化螟幼虫存活率有一定的影响，但其杀虫作用显著差于康宽；此外其在室内对枯心的防效也显著低于康宽。其主要原因是该药虽对二化螟幼虫有一定的杀虫活性但未能将其幼虫造成较高致死率的情况下，存活下来的幼虫（有42.7%的存活率）仍然可以对水稻造成较严重的为害。因此，呋虫胺对二化螟的为害没有明显防治效果。

同时，本研究通过田间试验对早稻一代二化螟不同时期施药的防效结果表明，呋虫胺虽然防效较低，但是在大田中其对初孵幼虫的枯鞘始盛期防治效果要略好于3～4龄幼虫枯心始盛期的防治效果，说明其对二化螟的杀虫效果随着幼虫龄期的增高有降低。如果选择其防治二化螟则要在二化螟低龄期施用。而甲氧虫酰肼在不同时期施药，无论对初孵幼虫还是3～4龄幼虫均有防治的效果且防效十分接近，说明其施药时间的选择上可更自由。而康宽和三唑磷在大田进入枯心始盛期防效要优于大田二化螟孵化后出现枯鞘始盛期的防效。因此，对于康宽和三唑磷这类对二化螟杀虫活性较强的药剂，可以在选择在枯心始盛期防治以达到最佳效果，过早用药效果则会下降。综上所述，针对不同药剂的特性，选择适合的时期施药来控制二化螟的为害十分重要。

参考文献

[1] 盛承发，王红托，高留德，等．我国水稻螟虫大发生现状、损失估计及防治对策［J］．植物保护，2003，29（1）：37－39.

[2] 张武军，张辉，张伟，等．18.5%氯虫苯甲酰胺悬浮剂防治水稻二化螟药效试验［J］．农药，2009，48（3）：230－232.

[3] 戴炜锷，蒋富国，程志明．第三代烟碱类杀虫剂呋虫胺的合成［J］．山东农药信息，2009，7（1）：20－21.

[4] 倪珏萍，马亚芳，施娟娟，等．杀虫剂呋虫胺的杀虫活性和应用技术研发［J］．世界农药，2015（1）：41－44.

[5] 佚名．新烟碱类杀虫剂——呋虫胺具有良好发展前景［J］．农业技术与装备，2012，6：77.

[6] 唐涛，符伟，王培，等．不同类型杀虫剂对水稻二化螟及稻纵卷叶螟的田间防治效果评价

[J]. 植物保护，2016，3：222－228.

[7] 李馨宇，潘长虹，惠森，等.7种药剂防治水稻二代二化螟药效对比试验[J]. 江苏农业科学，2004（6）：94－95.

[8] 彭昌家，白体坤，丁攀，等. 氯虫苯甲酰胺等药剂防治水稻二化螟试验效果及评价[J]. 农药科学与管理，2015（4）：57－62.

[9] 黄水金，秦文婧，刘辉.20%氯虫苯甲酰胺SC防治水稻二化螟的应用研究[J]. 江西农业学报，2009（5）：87－89.

[10] 汪爱娟，李阿根，张舟娜. 呋虫胺等几种新药剂防治水稻稻飞虱与黑尾叶蝉药效试验[J]. 江西农业学报，2015（3）：53－55.

[11] 曾霞，倪珏萍，马亚芳，等.8个烟碱类杀虫剂生物活性比较研究[J]. 现代农药，2013（6）：1－5.

玉米苗期种衣剂抗小地老虎为害的接虫鉴定方法

刘春琴[1]　李靖宇[1]　李　峰[2]　席国成[1]
冯晓洁[1]　刘福顺[1]　吴　娱[1]　王庆雷[1]*
（1. 河北省沧州市农林科学院，沧州　061001；
2. 先正达中国投资有限公司，北京　102206）

摘　要：对玉米苗期害虫小地老虎进行了接虫试验，比较了不同隔离方法、不同龄期接虫、玉米不同出苗时间接虫、接虫数量等多种因素进行了比较，结果表明，小地老虎地下害虫以0.8mm厚围成铁圈做隔离小区，3龄地老虎幼虫于玉米出苗第三天接虫试验效果最明显。
关键词：小地老虎；人工接虫；玉米；龄期

地老虎属夜蛾科，种类很多，对农业作物造成为害的有10余种，其中以小地老虎（*Agrotis ypsilon* Rottemberg）、黄地老虎［*Agrotis segetum*（Denis et Schiffermüller）］、大地老虎（*Agrotis tokionis* Butler）、白边地老虎（*Euxoaoberthuri* Leech）和警纹地老虎［*Agrotis exclamationis*（Linnaeus）］发生较普遍，是为害玉米幼苗的主要地下害虫。地老虎类害虫常以幼虫将作物幼苗齐地面的茎部咬断，使整株死亡，造成缺苗断垄。近年来，地老虎类的地下害虫对玉米苗期的为害有逐渐加重的趋势。

利用玉米种衣剂，播种后可防止土壤中病虫的侵袭，同时，随着种子发芽出土，药剂从种衣中逐渐释放，被作物吸收，还可防治地上部病虫害。

抗虫鉴定是选育品种，测定药效的重要环节。抗虫鉴定包括田间害虫自然发生鉴定和人工接虫鉴定两种方法，由于受到自然条件及害虫发生情况的影响，田间害虫自然发生有很大的不确定性，人工接虫能够及时准确地反映出抗虫鉴定结果，人工接虫材料有卵、幼虫、成虫。在大田的农作物抗虫鉴定中，玉米螟（*Pyrausta nubilalis* Hubern）、小麦蚜虫［*Macrosiphum avenae*（Fabricius）］、二化螟［*Chilo suppressalis*（Walker）］、棉铃虫（*Helicoverpa armigera* Hubner）等害虫被人工接虫到作物育种植株及转基因材料等，但是到目前国内外还没有小地老虎在玉米苗期人工接虫技术的研究。本研究以玉米的种衣剂材料为对象，采用人工接虫方法，探讨及时、有效、科学的接虫技术，为抗虫鉴定打好基础。

1　材料与方法

1.1　试验材料

1.1.1　试验玉米

玉米（郑单958）（先正达提供）。

1.1.2　试验用虫

小地老虎（沧州市农林科学院养殖）。

---

* 通讯作者：王庆雷；E-mail wqlei02@163.com

1.1.3 实验用药剂

全部是种衣剂包衣药剂，各种包衣药剂均由先正达公司提供。试验药剂分别为：福亮、溴氰虫酰胺、氯虫苯甲酰胺、噻虫嗪、氟虫腈和高巧，药剂种类及浓度见表1。

表1 实验药剂名称制剂用量

序号	试验药剂	制剂用量（ml/100kg 种子）
1	CK 不接虫	—
2	CK 接虫	—
3	福亮	300
4	溴氰虫酰胺	240
5	噻虫嗪	200
6	氯虫苯甲酰胺	240
7	高巧	600
8	氟虫腈	2 000

1.1.4 实验地点

实验地点分别在沧州市农林科学院院内及沧州市农林科学院实验基地进行。

1.2 试验方法

1.2.1 盆栽试验

将玉米种植于直径24cm，高32cm的花盆中，每盆4株玉米。

1.2.2 铁圈试验

将直径为2m，高位0.5m的铁圈固定在试验田，铁圈地下部分15cm，将玉米种植于铁圈中，每个铁圈内种植玉米20株。

1.2.3 大田试验

将玉米按照商品需求密度种植于大田中。

1.2.4 覆盖物处理

玉米种植后出苗前，将轧碎的玉米或小麦秸秆覆盖于地面。

1.2.5 接虫方法

将地老虎接于玉米苗下面的覆盖物下或浅土中。

1.2.6 玉米不同叶龄接虫

在玉米出苗后的不同叶龄龄期进行接虫比较。

1.2.7 小地老虎不同龄期接虫

在小地老虎的不同龄期进行接虫比较。

1.2.8 调查方法

在接虫7天后调查玉米被害率（断心叶及死苗率）。

1.2.9 统计及分析方法

所有数据采用SPSS 16.0进行统计分析。

2 结果与分析

2.1 不同隔离方式对接虫效果的影响

为了比较不同接虫方式对接虫效果的影响，我们分别做了盆栽试验、铁圈试验及大区试验。盆栽试验每个处理4盆，4次重复。铁圈试验，每个处理20株玉米，4次重复，大区实验每个处理种植10行，每行50株玉米。接虫时间为玉米出苗后2叶时（一般出苗2~3天左右），接虫量为每株一头3龄小地老虎，接虫后使用轧碎的小麦秸秆对实验地面覆盖。试验结果见表2。

表2 接种方式下小地老虎的不同种衣剂玉米的被害率 (%)

实验药剂	铁圈	盆栽	大田
CK 不接虫	2.1g	0h	25.6d
CK 接虫	94.7a	98.1a	45.3a
福亮	2.8g	5.6fg	10.4e
溴氰虫酰胺	4.1ef	6.2f	-
噻虫嗪	6.7d	49.3d	-
氯虫苯甲酰胺	5.2e	18.2e	-
高巧	30.6c	76.5c	36.9c
氟虫腈	38.1b	88.2b	44.5ab

从表1中可以看出不同隔离防治对接虫效果影响很大，大田接虫由于小地老虎的逃逸及田间自然发生害虫的影响，不能很好地说明药剂的效果，而利用铁圈及盆栽试验能使种衣剂对害虫的防治效果很好地显现出来。

2.2 对不同叶龄玉米接虫效果比较

不同叶龄的接虫实验在花盆内进行。接虫时间为玉米出苗后1叶、2叶、3叶、4叶时，接虫量为每株一头3龄小地老虎，接虫后使用轧碎的小麦秸秆对实验地面覆盖，盆栽试验每个处理4盆，4次重复。试验结果见表3。

表3 在不同玉米叶龄下小地老虎对不同种衣剂玉米的被害率 (%)

实验药剂	1叶	2叶	3叶	4叶
CK 不接虫	0e	0f	0f	0e
CK 接虫	90a	98.1a	94.2a	60.7a
福亮	4.4d	5.6e	4.9e	2.7d
溴氰虫酰胺	5.1d	6.2d	5.5d	2.6d
氯虫苯甲酰胺	14.2c	18.2c	13.6c	5.6c
氟虫腈	75.3b	88.2b	88.2b	52.5b

从表3可以看出不同叶龄下接虫对接虫效果也有一定影响，叶龄较低时由于小地老虎

取食后玉米的补偿能力较强，最终效果不是很突出；叶龄较大时，由于玉米秸秆较硬，小地老虎取食困难，玉米本身对小地老虎的取食有一定的抵抗能力，也影响了种衣剂的效果差异。

2.3 不同龄期小地老虎接虫玉米的效果比较

不同龄期小地老虎在玉米 2 叶期的接虫实验在花盆内进行。在玉米 2 叶时分别接入 2、3、4、5 龄小地老虎，接虫量为每株一头小地老虎，接虫后使用轧碎的小麦秸秆对实验地面覆盖，盆栽试验每个处理 4 盆，4 次重复。试验结果见表 4。

表 4 不同龄期小地老虎对不同种衣剂玉米的被害率 （%）

实验药剂	2 龄	3 龄	4 龄	5 龄
CK 不接虫	0e	0f	0e	0d
CK 接虫	78a	98.1a	100a	100a
福亮	0e	5.6e	29.4d	66.1c
溴氰虫酰胺	2.6d	6.2d	45.2c	67.3c
氯虫苯甲酰胺	3.7c	18.2c	55.1b	75.7b
氟虫腈	14.3b	88.2b	100a	100a

由表 4 可以看出在虫龄在 2 龄时由于为害较轻，不能很好地体现出不同药剂之间的差异，而虫龄达到 5 龄时正是害虫的暴食期，大部分幼苗会被小地老虎咬断，评价效果也很低。因此接虫时以 3、4 龄的幼虫为较好的选择。

2.4 不同小地老虎的接虫量在玉米 2 叶期接虫效果比较

不同接虫量的小地老虎在玉米 2 叶期的接虫实验在铁圈内进行，在玉米 2 叶时，每株玉米分别接入 1 头、3 头、6 头 4 龄小地老虎，接虫后使用轧碎的小麦秸秆对实验地面覆盖铁圈试验，每个处理 20 株玉米，4 次重复。试验结果见表 5。

表 5 不同接虫量的小地老虎在对不同种衣剂玉米的被害率 （%）

实验药剂	1 头	3 头	6 头
CK 不接虫	2.3f	2.5e	2.1d
CK 接虫	95a	100a	100a
福亮	3.2e	16.5d	65.6c
溴氰虫酰胺	5.1d	38.7c	66.2c
氯虫苯甲酰胺	8.2c	41.5b	78.9b
氟虫腈	40.1b	100a	100a

由表 5 可以看出在虫龄在接虫量为 1 头小地老虎时能很好地反映出不同种衣剂之间的差异，而接虫头数为 3 头以上时由于为害较重，对评价接虫效果不太有利。到接虫量为 6 头时，所有的玉米苗基本上都不能抵御害虫的为害。

3 结论与讨论

小地老虎的成虫在地上活动，幼虫及蛹在土壤中生存，卵一般产在杂草及作物的叶子上，因此其整个生活史比较复杂。在进行接虫鉴定时选择幼虫是最佳的方案，但是由于低龄幼虫与高龄幼虫的取食量相差很大，选择最佳龄期是接虫鉴定的关键因素之一。

根据小地老虎的生活习性，小地老虎一般喜凉，幼虫适宜在松软的土表活动。小地老虎的幼虫在土表的活动能力较强，在田间一头小地老虎沿着玉米种植行可为害多株玉米，因此进行接虫时设置隔离十分必要。由于小地老虎在地表活动，喜欢躲避于阴凉处，因此小地老虎试验小区要求表层 5 ~8cm 土质疏松，土表以碎作物秸秆作遮盖物十分有利于接虫的成功。由于小地老虎的最宜生存温度在 20 ~26℃范围内，因此于春、秋季两季气温在 20 ~26℃时进行相关试验成功率最高，不论在田间还是室内笔者在 30℃以上的温度下进行接虫试验都没有取得成功。

本次测试从田间隔离、玉米的叶龄、幼虫的虫龄、幼虫的接虫量等几方面对接虫效果进行了探讨，结果以 0. 8mm 厚围成铁圈做隔离小区，3 龄地老虎幼虫于玉米出苗 2 叶期接虫试验效果最明显，每株玉米接虫 1 头小地老虎就可以得到不错的效果。从近几年的接虫效果来看，按照上述标准在玉米苗期正常的生长条件下，最后效果都十分理想。

参考文献

[1] 向玉勇，杨茂发. 小地老虎在我国的发生为害及防治技术研究 [J]. 安徽农业科学，2008 (33).

[2] 郭秀芝，邓志刚，毛洪捷. 小地老虎的生活习性及防治 [J]. 吉林林业科技，2009 (4).

[3] 焦晓国，张国安，涂巨民，等. 转 Bt 基因水稻抗虫性测定 [C] //华中昆虫研究（第一卷）. 北京：中国农业出版社，2002.

[4] 王美芳，原国辉，陈巨莲，等. 我国冬麦区小麦品种抗蚜性鉴定 [J]. 河南农业科学，2008 (8).

[5] 杨超. 二化螟与栽培稻、杂草稻和野生稻的相互影响及其环境生物安全评价意义 [D]. 上海：复旦大学，2012

[6] 罗梅浩，刘建兵，付贵成，等. 转 Bt 基因玉米对亚洲玉米螟的抗性研究 [J]. 河南农业大学学报，2007 (1).

[7] 常雪，常雪艳，何康来，等. 转 cry1Ab 基因玉米对黏虫的抗性评价 [J]. 植物保护学报，2007 (3).

[8] 常雪艳，何康来，王振营，等. 转 Bt 基因玉米对棉铃虫的抗性评价 [J]. 植物保护学报，2006 (4).

低温胁迫下氟唑环菌胺与戊唑醇包衣对玉米幼苗影响

李　庆　杨代斌　袁会珠　闫晓静

（中国农业科学院植物保护研究所/农业部作物有害生物综合治理综合性重点实验室，北京　100193）

摘　要： 为评价氟唑环菌胺和戊唑醇种子包衣对玉米幼苗抗低温性能影响，以空白种子为对照，对两种药剂不同剂量包衣的玉米种子进行低温胁迫。研究表明，在低温条件下氟唑环菌胺种子包衣对玉米种子的出苗和幼苗的生长无抑制作用，而戊唑醇种子包衣对玉米种子的出苗和幼苗的生长有不同程度的抑制作用；戊唑醇包衣能加剧低温胁迫导致的幼苗细胞内电解质外渗，而氟唑环菌胺包衣对玉米幼苗内电解质外渗无显著影响；经戊唑醇包衣玉米幼苗中脯氨酸含量随包衣剂量的增加而增加，而氟唑环菌胺包衣对脯氨酸的增加无显著影响。综上所述，氟唑环菌胺包衣的玉米幼芽具有更好的抗低温胁迫性能，因此，在低温条件下氟唑环菌胺作为种衣剂比戊唑醇具有更高的安全性。

关键词： 氟唑环菌胺；戊唑醇；种衣剂；低温胁迫；玉米

玉米是种植面积位居世界第三的主要粮食作物之一，属喜温作物，全生育期要求较高的温度。因此，在高纬度、高海拔地区的早春，低温容易对玉米造成低温伤害。

在农业生产中，种子包衣作为一项综合防治病虫害的措施因其具有省力、省时、环境友好等优点被广泛采用[1-2]。戊唑醇等三唑类杀菌剂被广泛应用于防治玉米病害，但是由于戊唑醇等三唑类杀菌剂在低温条件下对玉米存在低温药害风险，加剧低温对玉米造成伤害[3-4]。因此，新型玉米种衣剂在低温条件下的药害风险备受关注。

氟唑环菌胺是一种吡唑酰胺类杀菌剂，作用机理独特，能抑制线粒体的产能，是琥珀酸脱氢酶抑制剂。此类杀菌剂通过作用于病原菌线粒体呼吸电子传递链上的蛋白复合体Ⅱ（即琥珀酸脱氢酶）影响病原菌线粒体呼吸电子传递系统，阻碍其能量的代谢，抑制病原菌的生长、导致其死亡。对玉米、麦类、水稻、大豆、棉花等作物上的丝黑穗病等有良好的防治效果。该杀菌剂用作种衣剂时，具有极平衡的内吸传导性和土壤移动性，同时可在根系周围形成保护圈，对多种种传、土传病害有较好的防治效果，还可促进作物根系的生长[5]。目前尚无关于氟唑环菌胺作为种衣剂低温安全性的报道，因此，本文通过比较氟唑环菌胺和戊唑醇种子包衣对玉米幼苗抗低温性能的差异，评价氟唑环菌胺和戊唑醇作为玉米种衣剂的低温安全性。

1　材料与方法

1.1　试验材料

玉米品种：先玉 335。

供试药剂：60g/L 戊唑醇悬浮种衣剂（拜耳作物科学公司）；44% 氟唑环菌胺悬浮种

衣剂［先正达生物科技（中国）有限公司］。

1.2 试验方法

1.2.1 试验设计

60g/L 戊唑醇悬浮种衣剂和44%氟唑环菌胺悬浮种衣剂以药种比 1∶1 000、1∶500、1∶250 种子包衣；同时设空白对照。每盆 10 粒，重复 3 次。

种子播种后置于人工低温培养箱内，于 20℃/25℃（晚上/白天，下同）培养 60h 后（种子萌动），调至胁迫温度 5℃/15℃培养 5 天，而后将其温度调至适宜温度（20℃/25℃）；光照周期均为 14h/10h（晚上/白天）。

1.2.2 指标的测定

形态指标：转入适宜温度 3 天后调查玉米的发芽势，7 天后测量玉米幼苗的形态指标（株高、苗鲜重）。

生理指标：在培养皿中播种各处理玉米种子，与土壤播种相同条件处理，低温处理结束后测定生理指标。

电解质渗透率测定：幼根清洗干净，放置于盛有蒸馏水的大烧瓶中，隔离空气，24h 后取出幼根，用 DS－11A 型电导仪测定电导率[6]。

脯氨酸含量的测定采用茚三酮法[6]。

1.3 数据处理

采用 DPS 统计软件，分析方法采用一元方差分析，以 $\alpha=0.05$ 为显著性水平。

采用 orign8.0 对数据进行作图。

2 结果与讨论

2.1 对玉米种子发芽势、发芽率影响

由表 1 的发芽势可以看出在此低温条件下，经氟唑环菌胺包衣玉米的发芽势和发芽率均接近或达到 90% 与空白对照相比无显著性差异（$\alpha=0.05$，下同）；戊唑醇包衣各剂量玉米的发芽势均不足 60% 显著低于空白对照的发芽势；戊唑醇包衣玉米发芽率随包衣剂量的增加而下降，除药种比 1∶1 000处理外发芽率均显著低于空白对照的发芽率。因此，从表 1 可以看出在低温条件下氟唑环菌胺对玉米种子的发芽势、发芽率均无抑制作用，对玉米安全性高；戊唑醇对玉米种子的发芽势和发芽率均有不同程度的抑制作用，对于玉米存在安全性问题。

表 1 玉米发芽势、发芽率

药种比	发芽势（%）		发芽率（%）	
	44%氟唑环菌胺悬浮种衣剂	60g/L 戊唑醇悬浮种衣剂	44%氟唑环菌胺悬浮种衣剂	60g/L 戊唑醇悬浮种衣剂
CK	100.00 a	100.00 a	100.00 a	100.00 a
1∶1 000	96.67 a	73.33b	96.67 a	86.67 ab
1∶500	93.33a	56.67 c	96.67 a	80.00b
1∶250	86.67 a	50.00 c	93.33 a	70.00 c

2.2　对玉米幼苗生长发育的影响

从表 2 各处理的玉米的株高、苗鲜重可以看出氟唑环菌胺包衣对玉米的生长有一定的促进作用，尤其在药种比 1∶1 000和 1∶500 的包衣剂量下对株高的促进超过 7%，对苗鲜重的促进超过 20%；戊唑醇包衣对玉米的株高表现出显著的抑制作用，且随剂量的增加，抑制作用也相应增强；但对苗鲜重的抑制作用不明显，低剂量（药种比 1∶1 000，下同）的戊唑醇包衣对苗鲜重有一定的促进作用。

表 2　玉米株高、苗鲜重

药种比	株高（cm）		苗鲜重（g）	
	44% 氟唑环菌胺悬浮种衣剂	60g/L 戊唑醇悬浮种衣剂	44% 氟唑环菌胺悬浮种衣剂	60g/L 戊唑醇悬浮种衣剂
CK	11.50 b	11.50 a	0.38 c	0.38 a
1∶1 000	12.34 a	10.56 b	0.47 a	0.39 a
1∶500	12.33 a	9.02 c	0.47 a	0.34 b
1∶250	11.53 b	8.04 c	0.41 b	0.33 b

2.3　对玉米幼根中电解质外渗情况的影响

电导率是衡量细胞内电解质扩散到细胞外的一项生理指标。通常的情况下，细胞内的电解质受细胞的阻隔而保留在细胞质内。当细胞膜遭受某种伤害时，电解质则大量涌向细胞外，导致电解质激增[7]。低温胁迫能引起低温敏感型植物的膜脂质发生相变，导致细胞内电解质外渗，玉米属于喜温作物，对低温敏感，在低温胁迫的条件下会造成玉米组织电解质的外渗。细胞内电解质的外渗程度可以通过细胞相对电导率的大小来表征。细胞的相对电导率越高，细胞内的电解质的外渗越严重，植物组织细胞的膜系统受到的伤害越严重[3-4]。玉米发芽期更容易遭受“倒春寒”低温的影响也是玉米对低温最敏感的时期，因此，我们选择玉米的幼根测其相对电导率。由图 1 可以看出，在低温条件下，戊唑醇包衣各处理的电导率相对于空白对照均有显著的上升，且随着包衣剂量的增大呈上升趋势。但经氟唑环菌胺包衣处理玉米的电导率和空白对照差异不显著。表明戊唑醇处理加剧低温导致的植物细胞组织的电解质外渗，而氟唑环菌胺处理不会显著加剧低温导致的植物组织细胞的电解质外渗。

2.4　对玉米幼芽脯氨酸含量的影响

脯氨酸是植物蛋白质的组分之一，并可以游离状态广泛存在于植物体中。在逆境条件下（旱、盐碱、热、冷、冻），植物体内脯氨酸的含量显著增加。积累的脯氨酸除了作为植物细胞质内渗透调节物质外，还在稳定生物大分子结构、降低细胞酸性、解除氨毒以及作为能量库调节细胞氧化还原势等方面起重要作用。由于脯氨酸亲水性极强，能稳定原生质胶体及组织内的代谢过程，因而能降低凝固点，有防止细胞脱水的作用。在低温条件下，植物组织中脯氨酸增加，可提高植物的抗寒性[8-9]。在一定程度范围内，受到的逆境胁迫越重，脯氨酸的积累量越多[7]。由图 2 看出，在低温条件下，各处理玉米幼芽的脯氨酸的含量均有所上升，且随着包衣剂量的增大呈上升趋势。经戊唑醇包衣处理玉米幼芽脯氨酸含量比空白对照显著性增加，经氟唑环菌胺包衣处理玉米幼芽脯氨酸含量除最高剂量处理外和空白对照无显著性差异，从这一点分析，在低温条件下，氟唑环菌胺包衣对玉米幼苗的胁迫轻微，而戊唑醇对玉米幼苗的胁迫更严重。

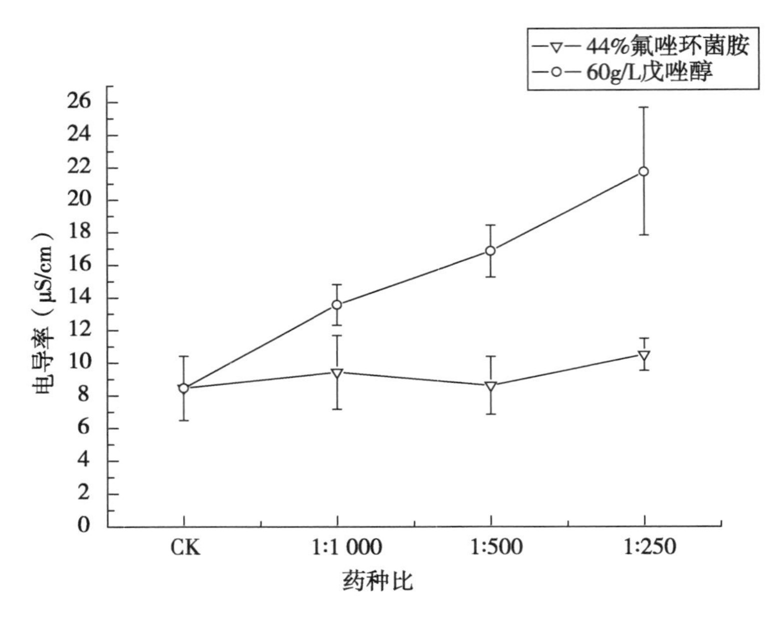

图 1　氟唑环菌胺和戊唑醇包衣对玉米幼根电解质渗透率的影响

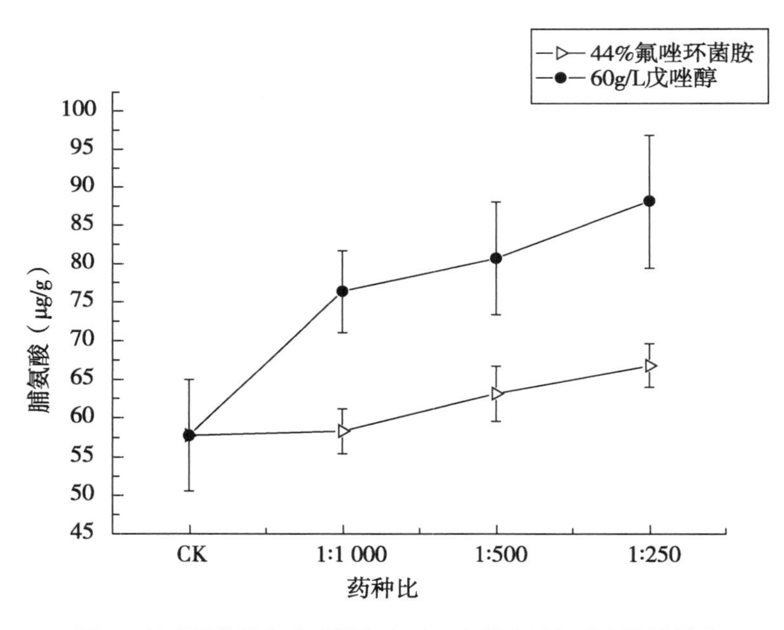

图 2　氟唑环菌胺和戊唑醇包衣对玉米幼苗脯氨酸含量的影响

3　结论

在低温条件下，氟唑环菌胺包衣玉米的发芽势和发芽率相对于空白对照无显著差异；相对于空白对照，戊唑醇包衣对发芽势有显著的抑制作用，且随包衣剂量的增加，抑制作用更加显著；低剂量（1∶1 000）的戊唑醇包衣对玉米发芽率无显著影响，但较高剂量（1∶500 和 1∶250）的戊唑醇包衣可以显著降低玉米的出苗率；因此，在低温条件下，戊唑醇作为玉米种衣剂对玉米出苗存在一定的安全性风险，氟唑环菌胺作为玉米种衣剂对玉米出苗安全性更高。

氟唑环菌胺包衣对玉米的生长有一定的促进作用，尤其在药种比 1∶1 000 和 1∶500 的包衣剂量下对株高的促进超过 7%，对苗鲜重的促进超过 20%；戊唑醇包衣对玉米的株高表现出显著的抑制作用，且随剂量的增加，抑制作用也相应增强；但低剂量（1∶1 000）的戊唑醇包衣对苗鲜重有一定的促进作用，较高剂量（1∶500 和 1∶250）的戊唑醇包衣则对苗鲜重有一定抑制作用。

在低温条件下，戊唑醇包衣各处理的电导率相对于空白对照均有显著的上升，且随着包衣剂量的增大呈上升趋势。但经氟唑环菌胺包衣处理玉米的电导率和空白对照差异不显著。表明戊唑醇处理加剧低温导致的植物细胞组织的电解质外渗，而氟唑环菌胺处理不会显著加剧低温导致的植物组织细胞的电解质外渗。经戊唑醇包衣处理玉米幼芽脯氨酸含量比空白对照显著性增加，经氟唑环菌胺包衣处理玉米幼芽脯氨酸含量除最高剂量处理外和空白对照无显著性差异，从这一点分析，在低温条件下，氟唑环菌胺包衣对玉米幼苗的胁迫轻微，而戊唑醇对玉米幼苗的胁迫更严重。

综上，在低温条件下，戊唑醇包衣对玉米的出苗及苗期生长存在一定的安全性风险，氟唑环菌胺包衣对玉米的安全性较高，对玉米的生长有较显著的促进作用，有利于玉米幼苗经历低温胁迫后的恢复。戊唑醇作为三唑类杀菌剂的代表被广泛使用，虽然存在一定的低温安全性风险，但只要合理使用（如严格控制包衣剂量），仍然可以发挥其广谱、高效的优势。

参考文献

[1] 吴学宏，刘西莉，王红梅，等．我国种衣剂的研究进展［J］．农药，2003，42（5）：1－5.

[2] 冯建国．浅谈种衣剂的研究开发［J］．世界农药，2010，32（1）：48－52.

[3] 王雅玲．低温胁迫下两种种衣剂对玉米幼苗生长影响及原因初探［D］．哈尔滨：东北农业大学，2009.

[4] 王雅玲，杨代斌，袁会珠，等．低温胁迫下戊唑醇和苯醚甲环唑种子包衣对玉米种子出苗和幼苗的影响［J］．农药学学报，2009，11（1）：59－64.

[5] 佚名. 氟唑环菌胺［J］．中国农药，2015（1）：60.

[6] 李合生．植物生理生化实验原理和技术［M］．北京：高等教育出版社，2000.

[7] 王连敏，王立志，张国民，等．苗期低温对玉米体内脯氨酸、电导率及光合作用的影响［J］．中国农业气象，1999（2）：30－32.

[8] 王小华，庄南生．脯氨酸与植物抗寒性的研究进展［J］．中国农学通报，2008，24（11）：398－402.

[9] 全先庆，张渝洁，单雷，等．脯氨酸在植物生长和非生物胁迫耐受中的作用［J］．生物技术通讯，2007，18（1）：159－162.

三种新型复配杀菌剂对番茄灰霉病田间防效*

赵建江** 王文桥 马志强 孟润杰 毕秋艳 韩秀英*** 王书欣
(河北省农林科学院植物保护研究所，河北省农业有害生物综合防治工程技术研究中心，
农业部华北北部作物有害生物综合治理重点实验室，保定 071000)

摘　要：为了明确42.4%唑醚·氟酰胺SC、38%唑醚·啶酰菌WG和42.8%氟菌·肟菌酯SC对灰霉病的防治效果，本研究采用田间小区试验测定了这3种药剂对番茄灰霉病的防效。结果发现，42.4%唑醚·氟酰胺SC、38%唑醚·啶酰菌WG和42.8%氟菌·肟菌酯SC对番茄灰霉病具有良好的防效，可作为防治番茄灰霉病的替代药剂。

关键词：番茄灰霉病；氟唑菌酰胺；氟吡菌酰胺；啶酰菌胺；防治效果

番茄灰霉病是由灰葡萄孢（*Botrytis cinerea*）引起的一种世界性病害，是当前番茄生产上的重要病害之一，在设施番茄上危害尤为严重，造成的产量损失一般在10%～20%，严重者可达60%以上，甚至绝收[1]。生产上灰霉病的防治仍以化学防治为主，辅以农业防治和生物防治。目前，防治灰霉病的常用杀菌剂如苯并咪唑类的多菌灵、N－苯氨基甲酸脂类的乙霉威、二甲酰亚胺类的腐霉利、苯胺基嘧啶类的嘧霉胺等均因灰葡萄孢抗药性的产生，而导致防效降低[2]，生产中亟待开发新型高效杀菌剂。由巴斯夫欧洲公司开发的42.4%唑醚·氟酰胺悬浮剂（SC）（健达）和38%唑醚·啶酰菌水分散粒剂（WG）（凯津）以及由德国拜耳作物科学公司开发的42.8%氟菌·肟菌酯SC（露娜森）均为近年来在我国登记并用于生产的新型复配杀菌剂。这3种杀菌剂均由琥珀酸脱氢酶抑制剂类杀菌剂和甲氧基丙烯酸酯类杀菌剂按一定比例复配而成，为了解这3种复配药剂对番茄灰霉病的防效，河北省农林科学院植保所杀菌剂课题组在设施番茄主产区开展了该3种药剂对番茄灰霉病防治效果的研究，为番茄灰霉病的有效防治提供指导。

1　材料与方法

1.1　材料

1.1.1　试验地点及品种

试验于河北省保定市徐水区白塔铺村进行。番茄品种为东圣（陕西东圣种业有限责任公司生产），每667m²定植3 000株，该地区番茄种植12年以上，灰霉病历年发生。

1.1.2　供试药剂

42.4%吡唑醚菌酯·氟唑菌酰胺SC（健达）和38%吡唑醚菌酯·啶酰菌胺WG（凯

---

* 基金项目：河北省农林科学院青年基金（A2015120304）；公益性行业专项（201303023）；国家重点研发计划项目（2016YFD0200506）

** 第一作者：赵建江，男，硕士，助理研究员，主要从事杀菌剂应用技术研究；E-mail：chillgess@163.com

*** 通讯作者：韩秀英，研究员；E-mail：xiuyinghan@163.com

津），由巴斯夫欧洲公司生产提供；42.8% 氟吡菌酰胺·肟菌酯 SC（露娜森），由拜耳作物科学（中国）有限公司生产提供；400g/L 嘧霉胺 SC（施佳乐），由德国拜耳作物科学公司生产提供。

1.2 试验方法

试验共设 5 个处理：42.4% 唑醚·氟酰胺 SC 204g a. i. /hm^2；38% 唑醚·啶酰菌 WG 342g a. i. /hm^2；42.8% 氟菌·肟菌酯 SC 257g a. i. /hm^2；设 400g/L 嘧霉胺 SC 为对照药剂，处理剂量为 560g a. i. /hm^2；以清水为空白对照。小区面积 13m^2，采用随机区组排列，每处理 4 次重复。试验于两个棚室内同时进行，棚室 1：在番茄灰霉病极零星发生时，将病叶/果摘除后，喷施第 1 次药；棚室 2：于番茄灰霉病较普遍发生时，将病叶/果摘除后，喷施第 1 次药。2 月 25 日、3 月 4 日和 3 月 12 日，共施药 3 次。采用“卫士”牌背负式手动喷雾器喷雾，用药液量为 900L/hm^2，先喷清水对照，换药前认真清洗喷雾器。

施药前因将病叶/果全部摘除，病情基数视为零。末次用药后 7 天，调查发病情况及施药后番茄是否受到所施药剂的影响，药害的症状类型以及药害的程度等。每小区随机 5 点取样，每点调查 2 株，每株调查全部叶片和果实的发病情况。病害分级标准参考“田间药效试验准则 – 杀菌剂防治蔬菜灰霉病”进行[3]。计算病果率、病情指数及防治效果。

病果率（%）=（病果数/调查总果数）×100

病情指数 = Σ［（病果/叶数 × 相对级数）/（调查总果/叶数 × 最高级数）］×100

防治效果（%）=［（对照病情指数 – 处理病情指数）/对照病情指数］×100

1.3 数据统计与分析

数据采用 DPS7.05 软件中 LSD 法进行差异显著性分析。

2 结果与分析

由表 1 可知，田间试验结果表明，42.4% 唑醚·氟酰胺 SC（204g a. i. /hm^2）、38% 唑醚·啶酰菌 WG（342g a. i. /hm^2）和 42.8% 氟菌·肟菌酯 SC（257g a. i. /hm^2）在番茄灰霉病极零星发病时，将病叶/果摘除后开始用药对灰霉病的防治效果分别为 90.20%、92.00% 和 88.14%，显著优于对照药剂 400g/L 嘧霉胺 SC（560g a. i. /hm^2）对灰霉病的防效（69.61%）。3 种供试药剂在番茄灰霉病较普遍发生时，将病叶/果摘除后喷药，也对灰霉病显示出了良好的防效，但略低于灰霉病极零星发生时开始用药的防治效果。

表 1 三种新药剂对番茄灰霉病的田间防效

药剂	剂量（g a. i. /hm^2）	棚室 1			棚室 2		
		病果率（%）	病情指数	防效（%）	病果率（%）	病情指数	防效（%）
42.4% 唑醚·氟酰胺 SC	204	2.18	0.40	90.20a	2.85	0.99	86.75a
38% 唑醚·啶酰菌 WG	342	2.01	0.34	92.00a	3.61	1.17	84.10a
42.8% 氟菌·肟菌酯 SC	257	2.50	0.52	88.14a	3.41	1.18	83.48a
400g/L 嘧霉胺 SC	560	4.19	1.28	69.61b	7.03	3.02	59.33b
清水	—	8.16	4.30	—	12.25	7.43	—

注：棚室 1 和 2，分别在番茄灰霉病极零星发生和番茄灰霉病较普遍发生时，将病叶/果摘除后，喷施第 1 次药。同列数据后带有相同字母表示数据间无显著差异（P = 0.05）

3 结论与讨论

本研究表明，42.4% 唑醚·氟酰胺 SC（204g a. i. /hm^2）、38% 唑醚·啶酰菌 WG（342g a. i. /hm^2）和 42.8% 氟菌·肟菌酯 SC（257g a. i. /hm^2），在田间试验中对番茄灰霉病表现出良好的防治效果。有研究表明，从试验地采集分离的番茄灰霉病菌已经对多菌灵、乙霉威和嘧霉胺普遍产生了抗性[4]，表明这 3 个复配药剂与多菌灵、乙霉威和嘧霉胺间不存在交互抗性，可作为番茄灰霉病防治的替代药剂。

氟唑菌酰胺、啶酰菌胺和氟吡菌酰胺属于琥珀酸脱氢酶抑制剂，对灰霉病具有良好的防治效果，其作用机理是通过抑制菌体琥珀酸脱氢酶的活性，阻碍其能量代谢，进而抑制病原菌的生长，达到控制病害的目的。通常认为同类杀菌剂之间存在交互抗性，但氟吡菌酰胺与其同类的啶酰菌胺之间不存在交互抗性[5]。吡唑醚菌酯和肟菌酯属于甲氧基丙烯酸酯类杀菌剂，对多种病害兼具保护和治疗活性，其作用机理是通过与病原菌线粒体电子传递链中复合物Ⅲ相结合，阻断电子传递，破坏能量的合成，从而抑制真菌生长或杀死病菌[6]。该类杀菌剂具有较高的抗性风险，这两类杀菌剂复配后，虽可降低抗性风险，但由于番茄灰霉病菌具有繁殖快、易变异和适合度高等特点被划分为高抗性风险病原菌[7]，因此，为了有效治理番茄灰霉病菌的抗药性，延长药剂的使用寿命，42.4% 唑醚·氟酰胺 SC（健达）、38% 唑醚·啶酰菌 WG（凯津）和 42.8% 氟菌·肟菌酯 SC（露娜森）在防治灰霉病时应与其他作用机制不同的杀菌剂交替使用。

参考文献

[1] Elad Y, Williamson B, Tudzynski P, *et al.*, *Botrytis* spp. and diseases they cause in agricultural systems - an introduction [M] //Botrytis: Biology, Pathology and Control. Springer Netherlands, 2007: 1 - 8.

[2] Sun H Y, Wang H C, Chen Y, *et al.*, Multiple resistance of *Botrytis cinerea* on vegetable crops to carbendazim, diethofencarb, procymidone, and pyrimethanil in China [J]. Plant Disease, 2010, 94 (5): 551 - 556.

[3] GB/T 17980. 28—2000. 农药田间药效试验准则（一）：杀菌剂防治蔬菜灰霉病 [S]. 北京：中国标准出版社，2000.

[4] 陈治芳. 杀菌剂混合物对番茄灰霉病菌毒力增效研究 [D]. 保定：河北农业大学，2011.

[5] 张晓柯，韩絮，马薇薇，等. 江苏省草莓灰霉病菌对氟吡菌酰胺敏感性基线的建立及抗性风险评估 [J]. 南京农业大学学报，2015，38（5）：810 - 815.

[6] 思彬彬，杨卓. 甲氧基丙烯酸酯类杀菌剂作用机理研究进展 [J]. 世界农药，2007，29（6）：5 - 9.

[7] 纪军建. 番茄灰霉病菌对咯菌腈和氟啶胺的抗性风险研究 [D]. 保定：河北农业大学，2012.

吡唑醚菌酯和氟唑菌酰胺在番茄中的残留测定研究*

许晓梅** 赵建江 张晓芳***
(河北省农林科学院植物保护研究所，河北省农业有害生物综合防治工程技术研究中心，
农业部华北北部作物有害生物综合治理重点实验室，保定 071000)

摘 要：采用超高效液相色谱－电喷雾串联质谱的分析方法，同时测定吡唑嘧菌酯和氟唑菌酰胺在番茄中的残留量。结果表明，吡唑嘧菌酯和氟唑菌酰胺在番茄中回收率为80.8%～101.4%，相对标准偏差（RSD）均小于20%，均能达到农药登记残留试验的要求。该方法具有回收率高、精密度好、分析效率高等特点，能满足同时对番茄中吡唑嘧菌酯和氟唑菌酰胺残留检测的需要。

关键词：吡唑醚菌酯；氟唑菌酰胺；液相色谱－质谱联用；番茄；残留

番茄是我国种植的主要消费蔬菜，也是出口创汇的主要蔬菜品种之一。由灰葡萄孢（*Botrytis cinerea*）侵染引起的番茄灰霉病是当前番茄生产上重要的世界性病害，在番茄上的为害尤为严重，一般引起的产量损失在10%～20%，严重者可达60%以上，甚至绝收。生产上灰霉病的防治仍以化学防治为主，辅以农业防治和生物防治。目前，防治灰霉病的常用杀菌剂如苯并咪唑类的多菌灵、N－苯氨基甲酸脂类的乙霉威、二甲酰亚胺类的腐霉利、苯胺基嘧啶类的嘧霉胺等均因灰葡萄孢抗药性的产生，而导致防效降低。由巴斯夫欧洲公司开发的42.4%唑醚·氟酰胺悬浮剂（SC）（健达）近年来在我国登记用于灰霉病的防治，对灰霉病具有良好的防治效果。

在我国，农药的不合理使用导致农产品及其加工制品中的农药残留问题时有发生，对老百姓的健康构成了极大威胁；此外，农药残留问题也是影响农产品出口贸易的一个重要因素。目前，国内已经分别报道过吡唑醚菌酯在大白菜、香蕉等上的残留检测研究，以及氟唑菌酰胺在草莓上的残留检测研究，但该复配药剂在番茄中的残留如何尚未见报道，本研究采用液质联用的方法同时测定了氟唑菌酰胺和吡唑醚菌酯在番茄中的残留量，为明确该药剂使用的安全间隔期及番茄的安全生产提供支持。

1 试验方法

1.1 田间试验设计

番茄采自河北省保定市徐水区白塔铺村温室内。番茄品种为东圣（陕西东圣种业有限责任公司生产），每亩定植3 000株，42.4%唑醚·氟酰胺悬浮剂用量为204

* 基金项目：河北省财政专项（F16C10003）

** 作者简介：许晓梅，主要从事残留分析；E-mail：ac95_ cau@163.com

*** 通讯作者：张晓芳；E-mail：zxfang224@163.com

g a. i. /hm^2，采用“卫士”牌背负式手动喷雾器喷雾，用药液量为900L/hm^2，用药后2h、24h、48h、72h、120h和168h后，按对角线法五点随机采样。每次随机取5个样品，每个样品不少于1kg，缩分后留样200g，－20℃低温冷冻保存待测。

1.2 试剂与仪器

原药与试剂：97.5%吡唑醚菌酯原药（巴斯夫欧洲公司生产），98%氟唑菌酰胺原药（巴斯夫欧洲公司生产），甲醇、乙腈（色谱纯，美国Fisher公司），甲酸（99.0%，美国Fisher公司），去离子水由Millipore公司超纯水机制备，硫酸镁，氯化钠等其他试剂均为国产分析纯。

42.4%唑醚·氟酰胺悬浮剂（健达）（21.2%氟唑菌酰胺＋21.2%吡唑醚菌酯）由巴斯夫植物保护（江苏）有限公司生产提供。

仪器：超高效液相色谱－串联质谱联用仪（UPLC－TQD Waters公司）；Waters ACQUITY UPLC BEH C18色谱柱（50 mm×2.1mm，1.7μm，Waters公司）；旋涡混合器（德国IKA公司）；台式快速离心机（北京医用离心机有限公司）；氮吹仪（美国Organomation公司）；Filter Unit滤膜（0.22μm，Agela Technologies公司）。

1.3 提取净化方法

参考经典的QuEChERS样品前处理技术，称取打碎后的番茄样品10.0g（精确到0.01g）于50ml离心管中，加入10ml乙腈，高速涡旋3min，加入4.0g硫酸镁、1.0g氯化钠，再高速涡旋1min。以4000 r/min离心5min，静置5min，移取出上清液5ml（相当于2.5g样品）氮气吹干，再加2ml乙腈，涡旋1min，静置5min待净化。

用移液管将溶液转移至盛有150mg无水硫酸镁和50mgPSA的2ml离心管中，涡旋1min，静置5min，以5 000r/min离心3min，再氮吹近干，用2.5ml乙腈定容，过0.22μm滤膜，待质谱检测。

1.4 检测方法

液相条件：采用二元梯度洗脱分离，梯度洗脱流动相比例见表1，流速为0.2ml/min，进样体积为3μl。

表1　流动相梯度洗脱

流动相	0min	2min	3.5min	3.51min	8min
乙腈（%）	10	90	90	10	10
0.05%甲酸水溶液（%）	90	10	10	90	90

质谱条件：电喷雾离子源，离子源温度150℃，去溶剂温度350℃，毛细管电压3 000V，碰撞气氩气流量50L/h，干燥气流速600L/h；吡唑醚菌酯采用正离子电离模式；氟唑菌酰胺采用负离子电离模式。

采用外标法定量。

2 结果与分析

2.1 液相色谱条件的优化

尝试过甲醇/水、乙腈/水、乙腈/0.1%甲酸水、乙腈/0.05%甲酸水做流动相，其中乙腈/0.05%甲酸水分离效果最佳，同时对流动相的比例进行了优化，结果表明，乙腈/0.05%甲酸水通过梯度洗脱能将2种目标物得到较好的分离。谱图见图1（两种农药的原药谱图）和图2（番茄样品中提取出的两种农药的谱图）。

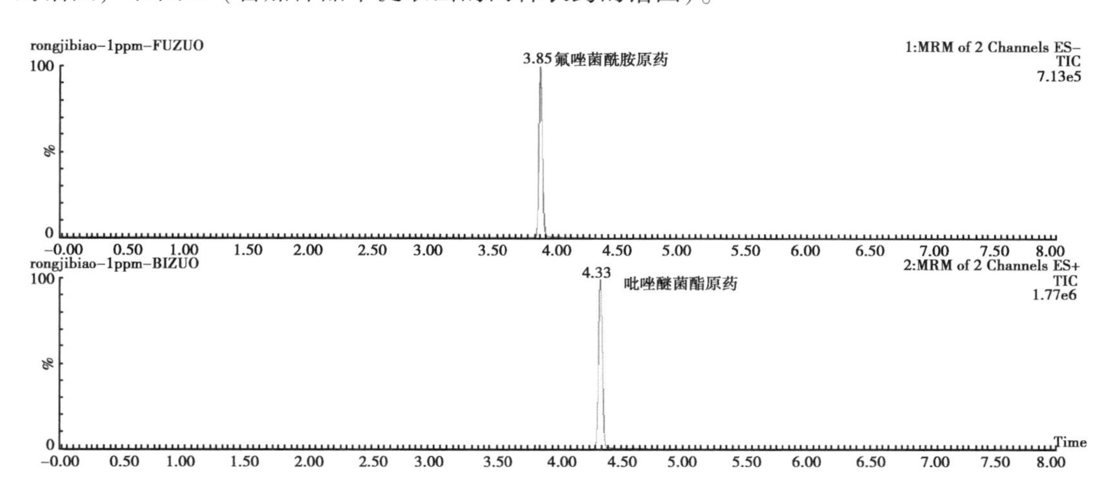

图1 氟唑菌酰胺和吡唑醚菌酯原药的色谱图

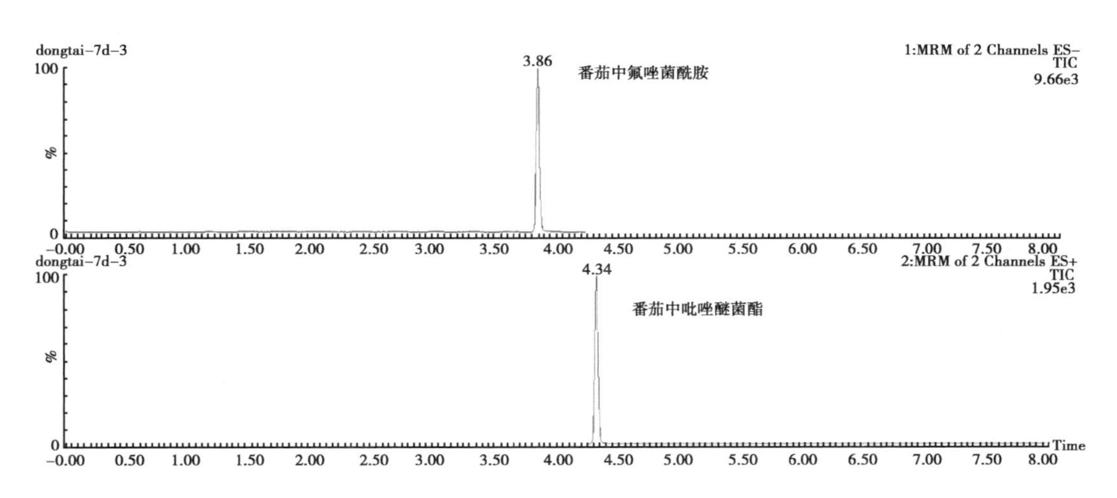

图2 番茄中检测到的氟唑菌酰胺和吡唑醚菌酯色谱图

2.2 质谱条件的优化

根据两种农药不同的化学结构和分子量，见表2，在MRM模式下对电喷雾电压、离子源温度、辅助气流速等质谱条件进行了优化。得到特征子离子信息，选择相对丰度较高的两个子离子，确定了最佳的毛细管电压和锥孔电压，优化了碰撞能量，得到质谱参数，见表3。

表 2　氟唑菌酰胺和吡唑醚菌酯的化学结构式

农药	结构式	分子式	分子量
氟唑菌酰胺	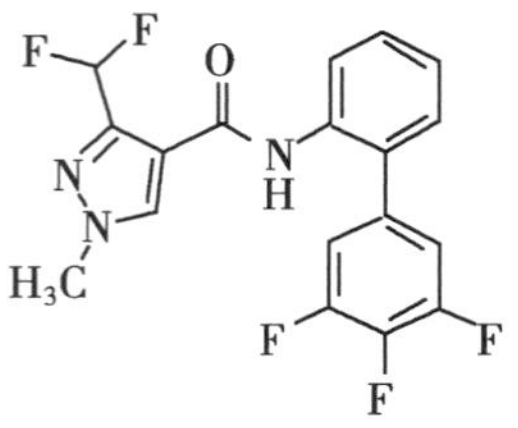	$C_{18}H_{12}F_5N_3O$	381.30
吡唑醚菌酯	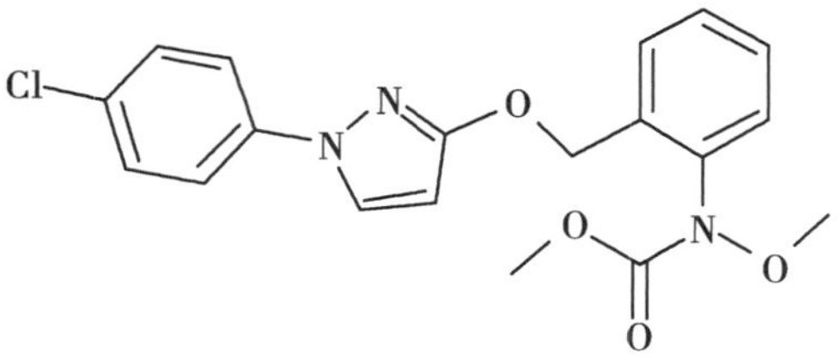	$C_{19}H_{18}ClN_3O$	387.82

表 3　2 种农药优化的质谱参数

农药	母离子 (m/z)	子离子 (m/z)	锥孔电压 (V)	碰撞能量 (V)
氟唑菌酰胺	380.2	131.1	46	20
		248.1*		25
吡唑醚菌酯	388.2	194.1*	30	17
		296		19

备注：子离子列中，带星号的为定量离子

2.3　标准曲线

分别准确称取吡唑醚菌酯、氟唑菌酰胺原药 0.010 0g（精确到 0.000 1g），使用色谱纯乙腈溶解并定容至 100ml，配制成浓度为 100mg/L 的储备液，于 4℃冰箱中保存。取适量储备液，分别用乙腈稀释成 0.5mg/L、0.2mg/L、0.1mg/L、0.05mg/L、0.01mg/L 系列浓度的标准品 溶液在 1.4 条件下进样，以峰面积（y）对标准品浓度（mg/L）（x）作图，得到标准曲线：吡唑醚菌酯的线性回归方程为：$y = 3\ 007x - 236.6$，相关系数 R^2 为 0.999 6；氟唑菌酰胺的线性回归方程为：$y = 1\ 250x + 660.8$，R^2 为 0.999 4。

2.4　添加回收率、方法精密度、最低检出限

添加回收：在田间采摘未施药的番茄制成空白样品，分别添加 0.05mg/kg、0.1mg/kg、0.5mg/kg 3 个水平，每个水平重复 5 次，检测结果见表 4，表 5。从表 4 可得，添加样品中吡唑醚菌酯添加回收率为 80.8% ~101.4%，相对标准偏差均小于 20%；从表 5 可得，添加样品中氟唑菌酰胺添加回收率为 84.2% ~95%，相对标准偏差均小于 20%。

以 3 倍信噪比计算最低检出浓度，吡唑醚菌酯和氟唑菌酰胺分别为 0.005mg/kg、0.002mg/kg。

表明该方法的准确度和精密度均符合农药残留测定的要求，该方法能够用于番茄中吡

唑醚菌酯和氟唑菌酰胺的残留量的分析测定。

表4　吡唑醚菌酯在番茄中的添加回收率（n=5）

添加浓度（mg/kg）	回收率（%）					平均值（%）	RSD（%）
	Ⅰ	Ⅱ	Ⅲ	Ⅳ	Ⅴ		
0.05	71	79	85	99	70	80.8	14.7
0.1	87	90	78	113	81	89.8	15.38
0.5	115	82	123	99	88	101.4	17.18

表5　氟唑菌酰胺在番茄中的添加回收率（n=5）

添加浓度（mg/kg）	回收率（%）					平均值（%）	RSD（%）
	Ⅰ	Ⅱ	Ⅲ	Ⅳ	Ⅴ		
0.05	81	95	78	76	91	84.2	9.9
0.1	92	78	86	93	75	84.8	9.56
0.5	82	107	90	86	110	95	13.4

2.5　吡唑醚菌酯在番茄中的残留测定结果

对用药后2h、24h、48h、72h、120h和168h后采摘的番茄样品进行残留测定，样品中吡唑醚菌酯的残留量分别为1.15mg/kg、0.88mg/kg、0.56mg/kg、0.38mg/kg、0.26mg/kg、0.10mg/kg。

3　小结与讨论

本研究采用QuEChERS前处理方法，乙腈提取，液相色谱－质谱法同时检测吡唑醚菌酯、氟唑菌酰胺在番茄中的残留，该方法操作简单，有效减少了杂质的提取，降低了杂质对目标化合物可能的离子化干扰，保证了质谱定量检测的准确。同时2种农药在色谱柱上可以快速分离，8min内即可完成分离和检测，提高了检测效率。研究所得的色谱质谱条件稳定，可以实现番茄中2种农药的同时定性定量检测。其添加回收率、相对标准偏差和最小检出浓度均能达到农药登记残留试验的要求。

目前，我国尚未规定氟唑菌酰胺和吡唑醚菌酯在番茄上的最高残留限量（MRL）值，联合国食品法典委员会（CAC）规定吡唑醚菌酯在番茄上的MRL值为0.3mg/kg，日本规定吡唑醚菌酯在番茄上的MRL值也为0.3mg/kg。以此为依据，根据本次试验，42.4%唑醚·氟酰胺悬浮剂用量为204g a.i./hm^2，在喷药之后5天采摘的番茄中吡唑醚菌酯的残留量满足残留限量要求，食用是安全的。

参考文献

[1]　刘磊，邵辉，李辉，等．固相萃取－高效液相色谱法测定草莓中氟唑菌酰胺残留量［J］．农药，2014，53（11）：818－820.

[2]　张少军，郑振山，陈勇达，等．杀菌剂吡唑醚菌酯在大白菜上的残留动态［J］．中国蔬菜2011（18）：70－80.

[3] 张致恒，李红叶，叶珉，等．百菌清、腈菌唑和吡唑醚菌酯在草莓中的残留及其风险评估［J］．农药学学报，2009，11（4）：449－455.

[4] 赵方方，张月，吕岱竹，等．香蕉和土壤中吡唑醚菌酯的残留分析［J］．热带作物学报 2015，36（9）：1 694－1 700.

[5] Steven J. Lehotay. Quick，Easy，Cheap，Effective，Rugged and Safe（QuEChERS）Approach for Determining Pesticide Residues［M］．USA：Humana Press，2004.

[6] Sun H Y，Wang H C，Chen Y，*et al.*，Multiple resistance of *Botrytis cinerea* on vegetable crops to carbendazim，diethofencarb，procymidone，and pyrimethanil in China［J］．Plant Disease，2010，94（5）：551－556.

制种田十字花科蔬菜菌核病综合防治技术

孙红霞* 赵秋芬 于会玲
（河南省济源市植保植检站，济源 459000）

摘 要：济源市的气候条件和地理地形非常适合进行十字花科蔬菜制种，济源市十字花科蔬菜制种量占全国总量的1/3。但是，菌核病的发生严重影响着十字花科蔬菜的产量和质量，本文在对十字花科蔬菜菌核病的发生特点进行了多年试验研究的基础上，制定并总结了一套综合防治技术，有效地控制了十字花科蔬菜制种田菌核病的发生为害。

关键词：十字花科蔬菜；菌核病；防治技术

济源市的气候条件和地理地形非常适合进行十字花科蔬菜制种，济源市十字花科蔬菜制种量占全国总量的1/3。但是，菌核病的发生严重影响着十字花科蔬菜的产量和质量，为此，我们对十字花科蔬菜菌核病的发生特点进行了多年的试验研究，制定了一套综合防治技术，有效地控制了十字花科蔬菜制种田菌核病的发生为害。

1 症状

十字花科蔬菜菌核病主要为害茎基部，也为害叶片、叶柄、茎及种荚。全生育期均可发病，幼苗发病，在近地面的茎基部产生水渍状病斑，很快腐烂或猝倒，病部产生明显的白霉。种株发病荚表面产生一层白色棉絮状菌丝体，荚内生出白色菌丝体和黑色菌核，使种株结荚降低，籽粒不饱满，从而影响种子的产量和品质，茎腐烂后，破裂成乱麻状，中空，有白色丝状物，后期生有黑色菌核，菌核鼠粪状，圆形或不规则形，早期白色，以后外部变为黑色，内部白色。

2 发生特点

2.1 发生范围广

十字花科蔬菜菌核病在济源市绝大部分制种田发生，无论是山区还是平原，海拔高的地块还是山沟里，均可见到菌核病的为害。

2.2 为害严重

十字花科蔬菜菌核病主要为害植株的茎秆，直接导致采种株枯死或阻断养分和水的输送，造成籽粒干瘪或无籽，一般减产5%～20%，严重地块达50%以上。在制种田造成的损失比商品菜大得多，已成为济源市十字花科蔬菜制种业上的一大威胁。

2.3 种苗带菌

十字花科蔬菜采种株是需要先育苗再移栽，苗床成为菌核病的初侵染来源。苗床里培育十字花科蔬菜幼苗的温度和湿度与菌核病的发育温湿度相符合，有利于菌核萌发，产生子囊盘放射出子囊孢子，在幼苗下部衰老的叶片上，进行初侵染引起发病，形成病苗。

* 作者简介：孙红霞，高级农艺师，从事病虫害预测预报和防治研究工作；E-mail：nyjshx321@163. com

2.4 田间郁蔽加重其为害

追求十字花科蔬菜种子高产，必然是种植密度加大，化肥使用量增加，造成植株旺长，但不健壮；同时造成田间郁蔽，这样的小环境有利于菌核的萌发，子囊孢子的形成和菌丝的生长。

2.5 防治难度大

农民认识不够，不知道怎样去预防，用药不对路或防治方法不得当，防治效果差；多年连作，病源量增大，病菌抗药性增强，杀菌剂对其抑制能力差；后期植株分枝多交叉密闭，不易进行人工防治。

3 综合防治技术

采取农业防治和化学防治、苗床防治和大田防治相结合的方法，推广使用无公害农药。

3.1 农业防治

3.1.1 施足基肥，深翻土壤

前茬收获后及时深翻土壤，把子囊盘埋入土中12cm以下，使其不能出土；合理密植；避免与十字花科连作；施足腐熟基肥，合理施用氮肥，增施磷钾肥，抽薹后多次喷施磷钾肥，增强防治效果。

3.1.2 播种移栽前或收获后

清除田间和四周杂草，收集十字花科蔬菜秸秆和残体集中烧毁或沤肥。

3.1.3 选用排灌方便的田块

采取高畦栽种，开好排水沟，降低地下水位，达到雨停无积水；大雨过后及时清理排水沟系，防止湿气滞留，降低田间湿度，这是防病的重要措施。

3.1.4 加强田间管理

培育壮苗，盛花期及时摘除老叶、黄叶，防止病菌蔓延，改善田间通风透光条件，增强植株抗病力，有利于减轻病害。

3.1.5 地膜覆盖栽培

尽量保护地膜不要被破坏，防止土中越冬或越夏的菌核萌发后孢子向地上部传播，养活菌源量。同时使用地膜有利于形成壮苗。

3.2 化学防治

3.2.1 种子处理

选用无病种子，播种前可将种子放入14%的盐水中漂洗，以清除菌核和瘪种子，再用清水清洗，晒干后用种子重量0.2%的40%拌种双粉剂包衣或拌种。

3.2.2 土壤处理

苗床每平方米苗床施用50%拌种双粉剂7g或70%五氯硝基苯可湿性粉剂7g，或50%福美双可湿性粉剂等量混合，或50%多菌灵可湿性粉剂或50%托布津可湿性粉剂8~10g，加细土2~4kg拌匀。严重地块也可用上述杀菌剂进行大田撒施。

3.2.3 药剂防治

发病初期喷洒50%速克灵可湿性粉剂2 000倍液，或50%扑海因可湿性粉剂1 500倍液，或50%农利灵可湿性粉剂1 000倍液，或40%多·硫悬浮剂500~600倍液、50%甲基硫菌灵500倍液或20%甲基立枯磷乳油1 000倍液。

参考文献（略）

一种复配剂对辣椒疫病防控作用研究

谭宏图[1]　朱庆胜[1]　徐伟松[2*]　蒲小明[3]　洪　政[1]　陈　侨[1]
（1. 海南省陵水县农业技术管理局，陵水　572400；
2. 广东省农业厅，广州　510500；
3. 广东省农业科学院植物保护研究所，广州　510640）

辣椒疫病病原为辣椒疫霉（*Phytophthora capsici* Leonian），属于鞭毛菌亚门霜霉目腐霉科疫霉属。辣椒疫病对辣椒整个生长期茎、叶、果均可侵染为害。幼苗期茎基部容易感病，引起猝倒或立枯状死亡，叶片、花蕾感病后逐渐软腐脱落，果实多从蒂部或果缝处感病，病果呈灰绿色、果肉软腐，部分失水干缩形成僵果。近年来，疫病在蔬菜保护地发生日趋严重，已成为影响辣椒生产的主要病害，一般造成减产20%～30%，严重的达50%以上。目前辣椒疫病还是以化学防治为主，常用药剂有嘧菌酯、甲霜灵锰锌、杀毒矾、嘧啶核苷类抗菌等，但是由于辣椒疫病属于土传病害，发生广、传染快、根治难，加上部分农药的不合理使用，辣椒疫病原对一些药剂已产生了不程度的抗药性，更增加了病害防控难度。本文对广东中迅农科股份有限公司研制的25%甲霜灵·霜脲氰可湿性粉剂进行了田间防控作用研究，以了解防治效果和田间安全性，探讨其经济有效的使用剂量和使用技术，为其推广应用提供依据。

1　材料与方法

1.1　供试药剂

试验药剂：25%甲霜灵·霜脲氰可湿性粉剂（广东中迅农科股份有限公司提供），对照药剂：25%甲霜灵·霜脲氰可湿性粉剂（江苏宝灵化工股份有限公司产品，市购）、80%代森锰锌可湿性粉剂（利民化工股份有限公司产品，市购）。

1.2　试验设计

试验地常年种植蔬菜，灌溉条件好，历年辣椒疫病均有发生，试验地土壤为轻质沙壤土，肥力中等，pH值5.2。供试辣椒于8月中旬播种，9月中旬移栽，株行距0.25m×0.60m。试验各小区辣椒品种和植期相同，长势和肥水管理等条件一致。试验第1次施药时辣椒处于开花期。

试验共设置6个处理，依次为试验药剂25%甲霜灵·霜脲氰可湿性粉剂312.5mg/kg、416.7mg/kg、625mg/kg（依次为制剂稀释800倍、600倍、400倍），对照药剂25%甲霜灵·霜脲氰可湿性粉剂416.7mg/kg（制剂稀释600倍）、80%代森锰锌可湿性粉剂有效成分用量2 160g/hm^2（制剂用量180g/亩）和空白对照。每个处理设4次重复，共24个小

---

* 作者简介：徐伟松，男，农学博士，高级农艺师，主要从事农药管理和植保、农业技术推广工作；E-mail：26253327@qq.com

区，小区按随机区组排列，每小区面积35m²。

1.3　施药方法和天气条件

试验药剂和对照药剂25%甲霜灵·霜脲氰可湿性粉剂采用灌根法处理，对照药剂80%代森锰锌可湿性粉剂采用喷雾法处理，每次施药每株辣椒药液用量均为150ml。试验期间在供试田块未施用其他同类杀菌剂。在辣椒疫病发病初期第1次施药，10天后再施药一次，全期共施药2次。

1.4　调查和计算方法

作物安全性调查：分别在施药后1天、3天、7天、15天观察有无作物药害发生，调查供试药剂对作物有无药害，记录药害的症状、类型和为害程度。

防效调查：因第1次施药前仅有极个别辣椒植株轻微发病，因此未作病情基数调查。第2次施药前和第2次施药后15天、30天各调查一次，全期共调查3次。每小区随机5点取样，每点固定调查5株辣椒，记录调查的总株数和各级病株数，计算病株率、病情指数和防效。

分级方法（按症状类型分级）：0级：健康无症；1级：地上部仅叶、果有病斑；3级：地上茎、枝有褐腐斑；5级：茎基部有褐腐斑；7级：地上茎、枝与茎基部均有褐腐斑，并且部分枝条枯死；9级：全株枯死。

计算方法：

$$\text{病株率（\%）}=\frac{\text{病株数}}{\text{调查总株数}}\times 100$$

$$\text{病情指数}=\frac{\sum\text{（各级病株数}\times\text{相对级数值）}}{\text{调查总株数}\times 9}\times 100$$

$$\text{防效（\%）}=\frac{\text{空白对照区病指}-\text{施药区病指}}{\text{空白对照区病指}}\times 100$$

2　结果与分析

两年度试验结果见表1、表2，试验药剂25%甲霜灵·霜脲氰可湿性粉剂625mg/kg处理与312.5mg/kg处理比较，药后3次调查，防效均在0.01或0.05水平上差异显著；试验药剂25%甲霜灵·霜脲氰可湿性粉剂625mg/kg处理分别与对照药剂25%甲霜灵·霜脲氰可湿性粉剂416.7mg/kg处理和80%代森锰锌可湿性粉剂2 160g/hm²处理比较，药后3次调查，防效均在0.05水平上差异不显著。

表1　25%甲霜灵·霜脲氰可湿性粉剂对辣椒疫病的田间防控效果（2012年度）

处理	第2次施药前调查		第2次施药后15天调查		第2次施药后30天调查	
	病指	防效（%）	病指	防效（%）	病指	防效（%）
25%甲霜灵·霜脲氰可湿性粉剂312.5mg/kg	1.56	35.37Ab	3.11	44.71Bb	4.44	58.92Bb
25%甲霜灵·霜脲氰可湿性粉剂416.7mg/kg	1.33	44.54Aab	2.56	54.28ABab	3.44	69.19ABab

（续表）

处理	第2次施药前调查		第2次施药后15天调查		第2次施药后30天调查	
	病指	防效（%）	病指	防效（%）	病指	防效（%）
25%甲霜灵·霜脲氰可湿性粉剂625mg/kg	1.11	54.33Aa	1.89	65.37Aa	2.33	78.25Aa
25%甲霜灵·霜脲氰可湿性粉剂416.7mg/kg（对照）	1.22	53.50Aab	2.11	61.43ABa	2.67	74.52ABa
80%代森锰锌可湿性粉剂2 160mg/kg（对照）	1.22	49.88Aab	2.11	63.29Aa	2.56	77.34Aa
空白对照	2.44	—	5.78	—	11.22	—

注：表中数据为4个重复的平均值，防效结果采用邓肯氏新复极差法（DMRT）统计分析，数据后大写字母不同表示在0.01水平差异显著，小写字母不同表示在0.05水平差异显著（表2同）

表2　25%甲霜灵·霜脲氰可湿性粉剂对辣椒疫病的田间防控效果（2013年度）

处理	第2次施药前调查		第2次施药后15天调查		第2次施药后30天调查	
	病指	防效（%）	病指	防效（%）	病指	防效（%）
25%甲霜灵·霜脲氰可湿性粉剂312.5mg/kg	1.67	35.53Bb	3.67	47.10Cc	4.89	59.81Cc
25%甲霜灵·霜脲氰可湿性粉剂416.7mg/kg	1.44	44.02ABab	3.00	56.46Bb	3.56	70.62Bb
25%甲霜灵·霜脲氰可湿性粉剂625mg/kg	1.11	56.81Aa	2.22	67.96Aa	2.33	80.89Aa
25%甲霜灵·霜脲氰可湿性粉剂416.7mg/kg（对照）	1.33	48.24ABab	2.56	62.99ABa	2.78	77.16ABa
80%代森锰锌可湿性粉剂2 160g/hm^2（对照）	1.22	51.86ABa	2.44	64.62ABa	2.56	78.90ABa
空白对照	2.56	—	6.89	—	12.11	—

3　讨论与结论

田间试验结果表明，试验药剂25%甲霜灵·霜脲氰可湿性粉剂对辣椒疫病有较好的防效，防效随用药剂量的增加而提高，使用625mg/kg处理的末次防效达78%以上。试验期间未发现试验药剂对供试辣椒产生药害现象，在试验剂量下对辣椒安全，未发现供试药剂对有益生物有不良影响。

综上，复配制剂25%甲霜灵·霜脲氰可湿性粉剂对辣椒疫病有较好的防效，对辣椒有较好的保产作用，同时又可以避免使用单一药剂易引发的抗药性问题，是防治辣椒疫病较为理想的药剂。使用技术上，建议在辣椒疫病发病前或发病初期进行第1次施药，7～10天后再施药一次，用药浓度以416.7～625mg/kg（稀释400～600倍）为宜，同时可以达到较好的防治效果和保产作用。

参考文献

[1] 王中武，班德权.6种药剂对辣椒疫病的防治效果比较 [J]. 江苏农业科学，2013，41（6）：110－111.

[2] 吴石平，袁洁，杨学辉，等．几种杀菌剂对辣椒疫病的抑菌活性 [J]. 安徽农业科学，2009，37（1）：211－212.

[3] 陈小均，王莉爽，何海永，等．不同药剂对辣椒疫病的防治效果比较试验 [J]. 安徽农学通报，2014（15）：84－85.

海岛素在辣椒上应用田间药效试验*

卢　宁[1**]　彭昌家[2***]
（1. 四川省南充市农业信息服务站，南充　637000；
2. 四川省南充市植保植检站，南充　637000）

摘　要：为提高辣椒抗病能力，减少化学农药用量、残留和环境污染，采用测报调查、随机区组设计和统计分析等方法，开展了辣椒应用植物免疫诱抗剂——5%氨基寡糖素AS农药田间药效试验。结果表明：在塑料温室大棚辣椒栽后3天、28天和幼果期施用3次，药后15天、30天、45天和60天，抗病毒病效果氨基寡糖素750倍液、1 000倍液与三十烷醇（对照药剂）1 000倍液分别为97.6%、69.0%、76.2%，94.1%、63.5%、72.9%，87.0%、63.9、72.2%和75.5%、49.1%、54.7%；抗煤烟病效果为84.6%、71.2%、73.1%，84.1%、70.5%、72.7%，80.8%、68.8%、69.7%和72.2%、53.7%、55.6%；疫病预防效果均为100%；可以有效促进辣椒营养生长、株高增高和分枝增多等，但辣椒产量、销售收入和纯收入氨基寡糖素750倍液、1 000倍液与三十烷醇1 000倍液每公顷较清水对照（CK）分别低30.2%、13.3%和18.2%，21 505.92元、9 453.18元、12 995.55元及21 773.92元、9 685.18元、13 199.55元。产量清水对照（CK）极显著高于氨基寡糖素750倍液、1 000倍液与三十烷醇1 000倍液，氨基寡糖素1 000倍液和三十烷醇1 000倍液极显著高于氨基寡糖素750倍液，氨基寡糖素1 000倍液与三十烷醇1 000倍液差异不显著。

关键词：辣椒；植物免疫诱抗剂；氨基寡糖素；防病效果；产量；收益

辣椒为（*Capsicum annuum* L.）茄科辣椒属一年或有限多年生草本植物，果实通常呈圆锥形或长圆形，未成熟时呈绿色，成熟后变成鲜红色、绿色或紫色，以红色最为常见。辣椒的果实因果皮含有辣椒素而有辣味，能增进食欲，供食用和药用。辣椒中维生素C的含量在蔬菜中居首位，原产墨西哥，明朝末年传入中国[1]。辣椒是深受中国人喜爱的一种重要蔬菜[2]，提高辣椒产量是农民种植辣椒增收的关键因素[3]。

植物免疫诱抗剂本身及其代谢物无直接的杀菌活性，但作为一类新型生物农药，它可以刺激植物的免疫系统，从而诱导植物产生具有广谱性、持久性和滞后性的系统获得性抗病性能[4]。其具有对人畜无害、不污染环境的特点，符合国内农业可持续发展和环境保护的要求[5]。氨基寡糖素是以海洋生物壳聚糖为原料经多元化催化水解、合成的新型环保植物免疫杀菌剂，被植物吸收后，能增强细胞壁对病原菌的抵抗力；能诱发受害组织发

---

* 基金项目：农业部关于认定第一批国家现代农业示范区的通知（农计发〔2010〕22号）；科技部办公厅关于第六批国家农业科技园区建设的通知（国科办农〔2015〕9号）

** 作者简介：卢宁，女，四川营山人，高级农艺师，主要从事农技推广工作；E-mail：327806658@qq.com

*** 通讯作者：彭昌家，男，四川武胜人，推广研究员，主要从事植保植检工作；E-mail：ncpcj@163.com

生过敏反应，产生抗菌物质，抑制或直接杀死病原物，使病原物脱离，植株免受为害；对西瓜枯萎病、水稻稻瘟病、玉米粗缩病、烟草病毒病、梨黑星病、棉花枯萎病、小麦赤霉病和苹果斑点落叶病有较好的防治效果[6]。近年来，关于氨基寡糖素在番茄病毒病、晚疫病和灰霉病[7-9]、西瓜病毒病[10]、黄瓜白粉病[11]、辣椒病毒病、疫病、根腐病和脐腐病[12-13]等病害防治方面的作用已有相关研究报道，有关试验表明，氨基寡糖素的使用具有显著的防病、防冻、增产和改善品质的效果[5,13-19]。

南充市自 2010 年实施国家现代农业示范区建设以来，大棚辣椒因多年连作，病毒病和煤烟病等为害已有逐年加重趋势。温室白粉虱防治不力，辣椒病毒病和煤烟病等及白粉虱为害严重时，产量损失 50% 以上，甚至绝收。为探索植物免疫诱抗剂在国家现代农业示范区辣椒上的抗病效果，减轻辣椒病毒病、煤烟病等病害发生为害，同时减少化学农药用量、残留和环境污染，确保辣椒生产、农产品质量与贸易和农业生态环境安全[20]，笔者采用测报调查、随机区组设计和统计分析等农药田间药效试验方法，于 2015 年秋季在南充市顺庆区搬罾镇国家现代农业示范区的温室大棚对 0.5% 氨基寡糖素 AS 防治温室番茄病毒病进行了田间药效试验，旨在为指导本地和全国 0.5% 氨基寡糖素 AS 应用提供参考，亦可确保温室大棚生产的辣椒达到绿色食品、有机农产品标准，同时对南充市国家现代农业示范区和农业科技园区顺利实施具有重要的促进作用。

1 材料与方法

1.1 供试作物及来源与抗病对象

供试作物为辣椒，品种为雄风 168，南充种都种业公司提供。抗病对象为辣椒病毒病、煤烟病和疫病。

1.2 试验地基本情况

试验设在南充市顺庆区搬罾镇国家现代农业示范区的塑料温室大棚，承包业主黄斌，大棚长 40m、宽 8m，面积 320m^2，土质冲击土，肥力中上，聚垄栽培，垄高（即沟深）15cm，垄宽 80cm，垄间沟距 40cm，垄上栽植辣椒，每垄栽植 2 行，穴距 35cm，每穴栽植 1 株。

1.3 供试药剂及来源

5% 氨基寡糖素 AS（正业海岛素，简称海岛素），由海南正业中农高科技股份有限公司生产提供；0.1% 三十烷醇 ME，由四川国光农化股份有限公司生产提供。

1.4 试验设计

试验设 4 个处理，即：①5% 氨基寡糖素 AS 750 倍液；②5% 氨基寡糖素 AS 1 000倍液；③0.1% 三十烷醇 ME 1 000倍液；④清水对照（CK）。3 次重复，随机排列，小区面积 100m^2。

1.5 试验方法

试验于 2015 年 8 月 11 日（辣椒栽植后 3 天）、8 月 31 日（辣椒栽植后 28 天）、9 月 14 日（辣椒幼果期）在上述试验地进行第 1、2、3 次喷施，每次施药各药剂稀释均是 1 000ml 量杯先装一定水量，再将药剂按试验设计所需量称量倒入量杯中，充分摇匀，再倒入装有一定水量的喷雾器中，用水将量杯冲洗干净倒入喷雾器，最后加水至试验所需水量（即二次稀释法），各处理均用卫士静电喷雾器对水 450kg/hm^2 均匀喷雾于辣椒植株上。

在疫病病害发生前，即辣椒移植后疫病病斑尚未出现时开始，各处理每7～9天喷施1次52.5%噁唑菌酮霜脲氰水分散粒剂1 800倍液预防，连续施用3次；当白粉虱每株达到2～5头时，每公顷用25%吡蚜酮悬浮剂300g喷雾第1次防治，以后每5天用10%吡虫啉可湿性粉剂2 000倍液、每公顷用80%敌敌畏乳油1 125g、25%吡蚜酮悬浮剂300g对水600kg均匀喷雾于辣椒植株上，几种药剂交替使用，连续施用8次，药械均用卫士静电喷雾器。

1.6 调查方法

每次施药后3天（即8月14日、9月3日、9月17日）调查辣椒有无药害发生，施药3次后7天、15天、30天、45天、60天（即9月21日、9月29日、10月14日、10月29日、11月13日），按照《农药田间药效试验准则（二）第142部分：番茄生长调节剂试验》[21]进行，即在试验各小区随机选有代表性的10株调查病毒病、煤烟病、疫病和白粉虱发生情况，并记录株高、分枝和结果数，同时随机抽取10个辣椒测量长度和最大横径，随机抽取50个辣椒称重。病害调查总株数和各级病叶数，计算病株率和病情指数，从而计算出整个试验的平均病情指数和平均防效；白粉虱是在不惊动虫子的情况下，仔细检查叶子背面，记录活虫数，且是在早晨成虫不大活动时调查叶子，从而计算出整个试验白粉虱的虫口减退率和防治效果；产量系每小区每次采摘后称重记录，单价系每次卖的价格（元/kg）。

调查分级标准：①辣椒病毒病[22]：0级，无任何症状；1级，心叶明显或轻花叶；3级，心叶及中部叶片花叶，有时叶片出现坏死斑；5级，多数叶片花叶，少数叶片畸形、皱缩，有时叶片、茎部出现坏死斑，或茎部出现短条斑；7级，多数叶片畸形、细长，或茎秆、叶脉产生系统坏死，植株矮化；9级，植株严重系统花叶、畸形，或有时严重系统坏死，植株明显矮化，甚至死亡。②辣椒煤烟病按全金成[23]柑橘煤烟病调查分级标准进行；0级，叶片上无病斑；1级，病斑占叶面积的10%以下；3级，病斑占叶面积的11%～25%；5级，病斑占叶面积的26%～40%；7级，病斑占叶面积的41%～65%；9级，病斑占叶面积的65%以上。③辣椒疫病[24]：0级，健康无病，地上部仅叶、果有病斑；3级，地上茎枝有褐斑病；7级，地上茎、枝与茎基部均有褐斑病，并且部分枝条枯死；9级，全株枯死。

1.7 气象情况

试验期间8月中旬至11月气象资料见表1。

表1 南充市（高坪站）2015年8月中旬至11月气象资料

月份	温度（℃）		光照（h）		降雨（mm）		雨日（天）	
	月平均	较历年增加	月平均	较历年增加	月平均	较历年增加	月平均	较历年增加
8	27.7	0.6	183.7	16.7	392.7	245.6	11	1
9	23.2	0.3	55.1	-45.1	153.2	27.6	23	10
10	19.8	2.0	109.2	45.0	132.5	60.1	13	0
11	15.1	2.1	28.4	-22.3	21.4	-16.1	9	-1

1.8 数据统计与分析

根据调查数据，采取常规统计、平均数、标准差、概率计算、方差分析和多重比较等方法进行统计分析。方差分析和多重比较按马育华编著的《试验统计》[25]进行。

$$病株率(\%)=\frac{发病株数}{调查总株数}\times 100 \tag{1}$$

$$病情指数=\frac{\sum(各级病叶数\times 相对级数值)}{调查总叶数\times 最高级数}\times 100 \tag{2}$$

$$病害防治效果(\%)=\frac{对照区病情指数-处理区病情指数}{对照区病情指数}\times 100 \tag{3}$$

$$虫口减退率(\%)=\frac{施药前虫口数-施药后虫口数}{施药前虫口数}\times 100 \tag{4}$$

$$虫害防治效果(\%)=\frac{药剂处理虫口减退率-对照区虫口减退率}{1-对照区虫口减退率}\times 100 \tag{5}$$

2 结果与分析

2.1 海岛素对病毒病的控制效果

5%氨基寡糖素 AS（正业海岛素，简称海岛素）750 倍液、1 000倍液与 0.1% 三十烷醇 ME（简称三十烷醇）1 000倍液对辣椒生长安全，不影响辣椒开花结果。

2 种浓度的海岛素和三十烷醇对病毒病的控制效果（表 2）表明，药后 15 天、30 天、45 天、60 天均以海岛素 750 倍液效果最好。病叶率和病指：药后 15 天比海岛素 1 000倍液、三十烷醇 1 000倍液（对照药剂）和清水对照（CK）（下同）分别低 0.20、0.10、1.10 个百分点，0.12、0.09、0.41；药后 30 天分别低 2.20、0.70、3.20 个百分点，0.26、0.18、0.80；药后 45 天分别低 3.40、2.60、7.30 个百分点，0.53、0.34、2.00；药后 60 天分别低 3.30、1.30、7.10 个百分点，1.40、1.10、4.00。防治效果药后 15 天、30 天、45 天、60 天比海岛素 1 000倍液和三十烷醇 1 000倍液分别高 28.6、21.4 个百分点，30.6、21.2 个百分点，23.1、14.8 个百分点和 26.4、20.8 个百分点。

表 2 海岛素对辣椒病毒病的控制效果

处理	药后7天（9月21日）			药后15天（9月29日）			药后30天（10月14日）			药后45天（10月29日）			药后60天（11月13日）		
	病叶率（%）	病指	防治效果（%）	病叶率（%）	病指	防治效果（%）	病叶率（%）	病指	防治效果（%）	病叶率（%）	病指	防治效果（%）	病叶率（%）	病指	防治效果（%）
①	0	0	—	0.4	0.01	97.6aA	0.8	0.05	94.1aA	1.2	0.30	87.0aA	5.2	1.3	75.5aA
②	0	0	—	0.6	0.13	69.0cBC	3.0	0.31	63.5cC	4.6	0.83	63.9cC	8.5	2.7	49.1bB
③	0	0	—	0.5	0.10	76.2bB	1.5	0.23	72.9bB	3.8	0.64	72.2bB	6.5	2.4	54.7bB
④	0	0	—	1.5	0.42	—	4.0	0.85	—	8.5	2.30	—	12.3	5.3	—

注：药前基数病株率、病叶率和病指均为 0。表中防治效果同列不同小写和大写字母分别表示差异显著性（$P<0.05$）和极显著（$P<0.01$），下同

方差分析多重比较结果表明，药后 15 天海岛素 750 倍液极显著高于 1 000倍液和三十烷醇 1 000倍液，三十烷醇 1 000倍液显著高于海岛素 1 000倍液；药后 30 天海岛素 750 倍

液极显著高于1 000倍液和三十烷醇1 000倍液，三十烷醇1 000倍液极显著高于海岛素1 000倍液；药后45天海岛素750倍液极显著高于1 000倍液和三十烷醇1 000倍液，三十烷醇1 000倍液极显著高于海岛素1 000倍液；药后60天海岛素750倍液极显著高于1 000倍液和三十烷醇1 000倍液，三十烷醇1 000倍液与海岛素1 000倍液差异不显著。

2.2 海岛素对煤烟病的控制效果

2种浓度的海岛素和三十烷醇对煤烟病的控制效果（表3）表明，药后15天、30天、45天和60天均以海岛素750倍液效果最好。病叶率和病指：药后15天比海岛素1 000倍液、三十烷醇1 000倍液（对照药剂）和清水对照（CK）（下同）分别低0.60、0.50、0.80个百分点，0.07、0.06、0.44；药后30天分别低2.50、2.00、3.10个百分点，0.12、0.10、0.74；药后40天分别低3.40、1.60、5.30个百分点，0.38、0.35、2.65；药后60天分别低1.70、0.60、7.50个百分点，1.00、0.90、3.90。防治效果药后15天、30天、45天和60天比海岛素1 000倍液和三十烷醇1 000倍液分别高13.4、11.5个百分点，13.6、11.4个百分点，11.5、10.6个百分点和18.5、16.6个百分点。

表3 海岛素对辣椒煤烟病的控制效果

处理	药后7天（9月21日）			药后15天（9月29日）			药后30天（10月14日）			药后45天（10月29日）			药后60天（11月13日）		
	病叶率（%）	病指	防治效果（%）	病叶率（%）	病指	防治效果（%）	病叶率（%）	病指	防治效果（%）	病叶率（%）	病指	防治效果（%）	病叶率（%）	病指	防治效果（%）
①	0	0	—	1.0	0.08	84.6aA	1.5	0.14	84.1aA	3.2	0.65	80.3aA	5.8	1.5	72.2aA
②	0	0	—	1.6	0.15	71.2bB	4.0	0.26	70.5bB	6.6	1.03	68.8bB	7.5	2.5	53.7bB
③	0	0	—	1.5	0.14	73.1bB	3.5	0.24	72.7bB	4.8	1.00	69.7bB	6.4	2.4	55.6bB
④	0	0	—	1.8	0.52	—	4.6	0.88	—	8.5	3.30	—	13.3	5.4	—

注：药前基数病株率、病叶率和病指均为0

方差分析多重比较结果表明，药后15天、30天、45天和60天均为海岛素750倍液极显著高于1 000倍液和三十烷醇1 000倍液，三十烷醇1 000倍液与海岛素1 000倍液差异不显著。

2.3 海岛素对疫病的防治效果

由于在疫病病害发生前，每7～9天喷施1次，连续3次用52.5%噁唑菌酮霜脲氰WG1800倍液进行了预防，疫病没有发生，预防效果均为100%。

2.4 药剂对白粉虱的防治效果

吡蚜酮、吡虫啉和敌敌畏交替施用8次，不能对每次药后和8次药后天数药效做具体分析，只是调查海岛素药后15天、30天、45天和60天（药后7天白粉虱刚发生，作为药前活虫基数）效果时一并调查对白粉虱的防治效果。结果（表4）表明，在海岛素药后（下同）15天，白粉虱防治没有效果，虫量是药前基数的17.2～19.6倍；30天，白粉虱防效仅6.3%～27.4%；45天、60天，均以海岛素750倍液效果最好，防效比海岛素1 000倍液和三十烷醇1 000倍液高50.0、42.8个百分点和33.3、16.7个百分点。

表4　海岛素对辣椒白粉虱的防治效果

处理	药前活虫数（头/株）	药后15天（9月29日）			药后30天（10月14日）			药后45天（10月29日）			药后60天（11月13日）		
		活虫数（头/株）	虫口减退率（%）	防治效果（%）	活虫数（头/株）	虫口减退率（%）	防治效果（%）	活虫数（头/株）	虫口减退率（%）	防治效果（%）	活虫数（头/株）	虫口减退率（%）	防治效果（%）
①	5	86	-1 620.0	12.2aA	69	-1 280.0	27.4aA	6	-20.0	57.1aA	3	40.0	50.0aA
②	5	97	-1 840.0	1.0bB	74	-1 380.0	22.1aA	13	-160.0	7.1bB	5	0	16.7cC
③	5	96	-1 820.0	2.0bB	89	-1 680.0	6.3bB	12	-140.0	14.3bB	4	20.0	33.3bB
④	5	98	-1 860.0	—	95	-1 800.0	—	14	-180.0	—	6	-20.0	—

方差分析多重比较结果表明，药后15天、45天，均是海岛素750倍液极显著高于海岛素1 000倍液和三十烷醇1 000倍液，海岛素1 000倍液和三十烷醇1 000倍液差异不显著；药后30天，海岛素750倍液、1 000倍液极显著高于三十烷醇1 000倍液，海岛素750倍液、1 000倍液差异不显著；药后60天，海岛素750倍液极显著高于海岛素1 000倍液和三十烷醇1 000倍液，三十烷醇1 000倍液极显著高于海岛素1 000倍液。

2.5　海岛素对株高的影响

2种浓度的海岛素和三十烷醇3次施用后7天、15天、30天、45天和60天调查株高结果（表5）表明，海岛素和三十烷醇都有促进植株增高作用，以海岛素750倍液效果最好，株高比CK分别高13.5%、21.6%、10.5%、10.9%和10.0%。

表5　海岛素对辣椒株高的影响

处理	药后7天（9月21日）			药后15天（9月29日）			药后30天（10月14日）			药后45天（10月29日）			药后60天（11月13日）		
	株高（cm）	比CK		株高（cm）	比CK		株高（cm）	比CK		株高（cm）	比CK		株高（cm）	比CK	
		数量（cm）	百分数（%）		数量（cm）	百分数（%）		数量（cm）	百分数（%）		数量（cm）	百分数（%）		数量（cm）	百分数（%）
①	72.2	8.6	13.5aA	81.3	14.2	21.6aA	82.9	7.9	10.5aA	84.0	8.3	10.9aA	84.5	7.7	10.0aA
②	68.0	4.4	6.9bB	67.5	0.4	0.6bB	75.7	0.7	0.9bB	75.9	0.2	0.3bB	77.0	0.2	0.3bB
③	65.9	2.3	3.6bB	69.2	2.1	3.1bB	76.3	1.3	1.7bB	76.8	1.1	1.5bB	77.1	0.3	0.4bB
④	63.6	—	—	67.1	—	—	75.0	—	—	75.7	—	—	76.8	—	—

方差分析多重比较结果表明，药后7天、15天、30天、45天、60天均为海岛素750倍液极显著高于1 000倍液和三十烷醇1 000倍液，三十烷醇1 000倍液与海岛素1 000倍液差异不显著。

2.6　海岛素对分枝数的影响

2种浓度的海岛素和三十烷醇3次施用后7天、15天、30天、45天、60天调查分枝结果（表6）表明，海岛素和三十烷醇都有促进分枝增加作用，以海岛素750倍液效果最好，分枝比 CK 分别多48.4%、54.5%、27.2%、30.7%和23.5%。

表6　海岛素对辣椒分枝数的影响

处理	药后7天（9月21日）			药后15天（9月29日）			药后30天（10月14日）			药后45天（10月29日）			药后60天（11月13日）		
	分枝（个/株）	比CK		分枝（个/株）	比CK		分枝（个/株）	比CK		分枝（个/株）	比CK		分枝（个/株）	比CK	
		数量（个/株）	百分数（%）		数量（个/株）	百分数（%）		数量（个/株）	百分数（%）		数量（个/株）	百分数（%）		数量（个/株）	百分数（%）
①	36.8	12.0	48.4aA	23.8	8.4	54.5aA	23.4	5.0	27.2aA	23.0	5.4	30.7aA	21.0	4.0	23.5aA
②	29.8	5.0	20.2bB	18.4	3.0	19.5bB	18.6	0.2	1.1bB	18.4	0.8	4.5bB	18.2	1.2	5.9bB
③	29.0	4.2	16.9bB	18.6	3.2	20.8bB	19.2	0.8	4.3bB	18.8	1.2	6.8bB	18.6	1.6	9.4bB
④	24.8	—	—	15.4	—	—	18.4	—	—	17.6	—	—	17.0	—	—

方差分析多重比较结果表明，药后7天、15天、30天、45天、60天均为海岛素750倍液极显著高于1 000倍液和三十烷醇1 000倍液，海岛素1 000倍液与三十烷醇1 000倍液差异不显著。

2.7　海岛素对结果数的影响

2种浓度的海岛素和三十烷醇3次施用后7天、15天、30天、45天、60天对结果数调查（表7）表明，每株结果数均比CK少，其中，药后7天、15天，以海岛素750倍液少得最多，分别少47.4%和19.4%，其次是三十烷醇，分别少26.3%、13.9%；药后30天、45天、60天，则是以三十烷醇少得多，分别少33.3%、8.9%、13.3%。

表7　海岛素对辣椒结果数的影响

处理	药后7天（9月21日）			药后15天（9月29日）			药后30天（10月14日）			药后45天（10月29日）			药后60天（11月13日）		
	结果（个/株）	每株比CK		结果（个/株）	每株比CK		结果（个/株）	每株比CK		结果（个/株）	每株比CK		结果（个/株）	每株比CK	
		数量（个/株）	百分数（%）		数量（个/株）	百分数（%）		数量（个/株）	百分数（%）		数量（个/株）	百分数（%）		数量（个/株）	百分数（%）
①	2.0	-1.8	-47.4cC	5.8	-1.4	-19.4bAB	6.4	-0.2	-3.0aA	10.8	-0.4	-3.6aA	11.6	-0.4	-3.3aA
②	3.4	-0.4	-10.5aA	6.4	-0.8	-11.1aA	5.4	-1.2	-18.1bB	10.6	-0.6	-5.4aA	11.2	-0.8	-6.6abA
③	2.8	-1.0	-26.3bB	6.2	-1.0	-13.9aAB	4.4	-2.2	-33.3cC	10.2	1.0	-8.9aA	10.4	-1.6	-13.3bB
④	3.8	—	—	7.2	—	—	6.6	—	—	11.2	—	—	12.0	—	—

方差分析多重比较结果表明，药后7天，海岛素1 000倍液极显著高于三十烷醇，三十烷醇极显著高于海岛素750倍液；药后15天，海岛素1 000倍液和三十烷醇1 000倍液显著高于海岛素750倍液，海岛素1 000倍液与三十烷醇1 000倍液差异不显著；药后30天，海岛素750倍液极显著高于海岛素1 000倍液和三十烷醇1 000倍液，海岛素1 000倍液极显著高于三十烷醇1 000倍液；药后45天，2种浓度的海岛素和三十烷醇差异不显

著；药后60天，海岛素750倍液极显著高于三十烷醇1 000倍液，海岛素750倍液与1 000倍液和海岛素1 000倍液与三十烷醇差异不显著。

2.8 海岛素对果实长度的影响

2种浓度的海岛素和三十烷醇3次施用后7天、15天、30天、45天、60天对果实长度测量结果（表8）表明，药后7天，海岛素750倍液，因营养生长偏旺，落果较多，坐果较少，果实少且小，不能采摘，故无果实长度，海岛素1 000倍液较CK长1.3%，三十烷醇较CK短1.3%；药后15天，海岛素1 000倍液较CK长3.1%，海岛素750倍液和三十烷醇较CK短7.5%、6.2%；药后30天，海岛素750倍液较CK长0.6%，海岛素1 000倍液和三十烷醇1 000倍液较CK短7.5%、8.2%；药后45天，海岛素750倍液、1 000倍液与三十烷醇1 000倍液较CK分别长2.3%、0.8%和0.8%；药后60天，海岛素750倍液、1 000倍液与三十烷醇1 000倍液较CK分别短4.7%、0.8%、2.3%。

表8 海岛素对辣椒果实长度的影响

处理	药后7天（9月21日）			药后15天（9月29日）			药后30天（10月14日）			药后45天（10月29日）			药后60天（11月13日）		
	长度（cm）	比CK		长度（cm）	比CK		长度（cm）	比CK		长度（cm）	比CK		长度（cm）	比CK	
		数量（个/株）	百分数（%）		数量（个/株）	百分数（%）		数量（个/株）	百分数（%）		数量（个/株）	百分数（%）		数量（个/株）	百分数（%）
①	—	—	—	14.9	-1.2	-7.5bB	16.0	0.1	0.6aA	13.3	0.3	2.3aA	12.2	-0.6	-4.7aA
②	15.5	0.2	1.3	16.6	0.5	3.1aA	14.7	-1.2	-7.5bB	13.1	0.1	0.8aA	12.7	-0.1	-0.8aA
③	15.1	-0.2	-1.3	15.1	-1.0	-6.2bB	14.6	-1.3	-8.2bB	13.1	0.1	0.8aA	12.5	-0.3	-2.3aA
④	15.3	—	—	16.1	—	—	15.9	—	—	13.0	—	—	12.8	—	—

注：药后7天，海岛素750倍液因营养生长偏旺，落果较多，坐果较少，果实少且小，不能采摘，故无果实长度，也不能进行方差分析

方差分析多重比较结果表明，药后15天、45天，海岛素1 000倍液极显著高于750倍液和三十烷醇1 000倍液，海岛素750倍液与三十烷醇差异不显著；药后30天，海岛素750倍液极显著高于海岛素1 000倍液和三十烷醇1 000倍液，海岛素1 000倍液与三十烷醇1 000倍液差异不显著；药后60天，海岛素750倍液、1 000倍液与三十烷醇1 000倍液差异不显著。

2.9 海岛素对果实横径的影响

2种浓度的海岛素和三十烷醇3次施用后7天、15天、30天、45天和60天对果实横径测量结果（表9）表明，药后7天，海岛素750倍液，因营养生长偏旺，落果较多，坐果较少，果实少且小，不能采摘，故无果实横径，海岛素1 000倍液较CK宽10.2%，三十烷醇1 000倍液较CK窄2.2%；药后15天，三十烷醇1 000倍液较CK宽2.3%，海岛素750倍液、1 000倍液较CK窄19.4%和4.9%；药后30天，海岛素750倍液、1 000倍液与三十烷醇1 000倍液较CK分别窄1.9%、0.5%、2.7%；药后45天，海岛素1 000倍液较CK宽5.3%，海岛素1 000倍液和三十烷醇1 000倍液较CK窄9.6%、2.7%；药后60天，三十烷醇1 000倍液较CK宽0.3%，海岛素750倍液、1 000倍液较CK窄2.9%、8.3%。

表 9　海岛素对辣椒果实横径的影响

处理	药后7天(9月21日) 横径(cm)	比CK 数量(个/株)	比CK 百分数(%)	药后15天(9月29日) 横径(cm)	比CK 数量(个/株)	比CK 百分数(%)	药后30天(10月14日) 横径(cm)	比CK 数量(个/株)	比CK 百分数(%)	药后45天(10月29日) 横径(cm)	比CK 数量(个/株)	比CK 百分数(%)	药后60天(11月13日) 横径(cm)	比CK 数量(个/株)	比CK 百分数(%)
①	—	—	—	4.14	-0.14	-19.4bB	4.07	-0.08	-1.9aA	3.39	-0.36	-9.6bB	3.64	-0.11	-2.9abA
②	4.42	0.41	10.2	4.07	-0.21	-4.9aA	4.13	-0.02	-0.5aA	3.95	0.20	5.3aA	3.44	-0.31	-8.3bB
③	3.92	-0.09	-2.2	4.29	0.1	2.3aA	4.04	-0.11	-2.7aA	3.65	-0.10	-2.7bB	3.76	0.01	0.3aA
④	4.01	—	—	4.28	—	—	4.15	—	—	3.75	—	—	3.75	—	—

注：药后7天，海岛素750倍液因营养生长偏旺，落果较多，坐果较少，果实少且小，不能采摘，故无果实横径，也不能进行方差分析

方差分析多重比较结果表明，药后15天三十烷醇1 000倍液极显著高于海岛素750倍液，三十烷醇1 000倍液与海岛素1 000倍液差异不显著；药后30天，2种浓度海岛素和三十烷醇差异不显著；药后45天，海岛素1 000倍液极显著高于海岛素750倍液和三十烷醇1 000倍液，海岛素750倍液与三十烷醇1 000倍液差异不显著；药后60天，三十烷醇1 000倍液极显著高于海岛素1 000倍液，三十烷醇1 000倍液与海岛素750倍液及海岛素750倍液与1 000倍液差异不显著。

2.10　海岛素对果实单果重量的影响

2种浓度的海岛素和三十烷醇3次施用后7天、15天、30天、45天、60天对50个果子称重平均单个果实重量（表10）表明，药后7天，海岛素750倍液，因营养生长偏旺，落果较多，坐果较少，果实少且小，不能采摘，故无果实单果重量，海岛素1 000倍液较CK重13.1%，三十烷醇较CK轻4.9%；药后15天，海岛素1 000倍液和三十烷醇1 000倍液较CK重16.1%和9.7%，海岛素750倍液较CK轻3.2%；药后30天，海岛素750倍液、1 000倍液与三十烷醇1 000倍液较CK分别轻7.9%、3.2%、4.4%；药后45天，海岛素750倍液、1 000倍液与三十烷醇1 000倍液较CK分别轻13.0%、4.3%、4.3%；药后60天，海岛素750倍液、1 000倍液与三十烷醇1 000倍液较CK分别轻8.9%、2.2%、8.9%。

表 10　海岛素对辣椒果实重量的影响

处理	药后7天(9月21日) 重量(g/个)	每个重比CK 数量(个/株)	每个重比CK 百分数(%)	药后15天(9月29日) 重量(g/个)	每个重比CK 数量(个/株)	每个重比CK 百分数(%)	药后30天(10月14日) 重量(g/个)	每个重比CK 数量(个/株)	每个重比CK 百分数(%)	药后45天(10月29日) 重量(g/个)	每个重比CK 数量(个/株)	每个重比CK 百分数(%)	药后60天(11月13日) 重量(g/个)	每个重比CK 数量(个/株)	每个重比CK 百分数(%)
①	—	—	—	60	-2	-3.2bB	58	-5	-7.9aA	40	-6	-13.0bB	41	-4	-8.9aA
②	69	8	13.1	72	10	16.1aA	61	-2	-3.2aA	44	-2	-4.3aA	44	-1	-2.2aA
③	58	-3	-4.9	68	6	9.7aA	60.2	-2.8	-4.4aA	44	-2	-4.3aA	41	-4	-8.9aA
④	61	—	—	62	—	—	63	—	—	46	—	—	45	—	—

注：重量为50个果实平均值。药后7天，海岛素750倍液因营养生长偏旺，落果较多，坐果较少，果实少且小，不能采摘，故无果实重量，也不能进行方差分析

方差分析多重比较结果表明，药后 15 天海岛素 750 倍液和三十烷醇 1 000倍液极显著高于海岛素 750 倍液，海岛素 750 倍液与三十烷醇 1 000倍液差异不显著；药后 30 天、60 天，海岛素 750 倍液、1 000倍液与三十烷醇 1 000倍液差异不显著；药后 45 天，海岛素 1 000倍液和三十烷醇 1 000倍液极显著高于海岛素 750 倍液，海岛素 1 000倍液与三十烷醇 1 000倍液差异不显著。

2. 11　海岛素对辣椒产量和经济收益的影响

14 次采摘辣椒产量合计（表11）表明，海岛素 750 倍液、1 000倍液与三十烷醇 1 000 倍液每公顷较 CK 分别低 30. 2%、13. 3%、18. 2%，海岛素 1 000倍液较海岛素 750 倍液和三十烷醇 1 000倍液分别高 24. 2%、6. 1%。销售收入和纯收入均为对照最高，每公顷销售收入与纯收入海岛素 750 倍液、1 000 倍液与三十烷醇 1 000 倍液较 CK 分别低 21 505. 92元、9 453. 18元、12 995. 55元及 21 773. 92元、9 685. 18元、13 199. 55元，海岛素 1 000倍液销售收入与纯收入较海岛素 750 倍液和三十烷醇 1 000倍液分别高 12 052. 74 元、3 542. 37元及 12 088. 74元、3 514. 37 元。

表 11　海岛素对辣椒产量和经济收益的影响

处理	总产量			投入（元/hm²）							经济收益（元/hm²）		
	测定值（kg/hm²）	比 CK 增加									销售收入	纯收入	
		数量（kg/hm²）	百分数（%）	租金	种子	育苗	肥料	农药	人工	小计		合计	比 CK 增加
①	13 516. 3	-5 844. 0	-30. 2c C	6 000	1 500	4 688	4 710	4 818	5 620	27 336	49 739. 98	22 403. 98	-21 773. 92
②	1 6791. 5	-2 568. 8	-13. 3 b B	6 000	1 500	4 688	4 710	4 772	5 620	27 300	61 792. 72	34 492. 72	-9 685. 18
③	15 828. 9	-3 531. 4	-18. 2 bB	6 000	1 500	4 688	4 710	4 754	5 620	27 272	58 250. 35	30 978. 35	-13 199. 55
④	19 360. 3	—	- a A	6 000	1 500	4 688	4710	4 670	5 500	27 068	71 245. 90	44 177. 90	—

注：为 14 次采收产量合计，其中海岛素 750 倍液为 13 次产量合计；辣椒 14 次销售平均单价为 3. 68 元/kg

方差分析多重比较结果表明，清水对照（CK）产量极显著高于海岛素 750 倍液、1 000倍液与三十烷醇 1 000倍液，海岛素 1 000倍液和三十烷醇 1 000倍液极显著高于海岛素 750 倍液，海岛素 1 000倍液与三十烷醇 1 000倍液差异不显著。

3　结论与讨论

（1）植物免疫诱抗剂 0. 5% 氨基寡糖素 AS（海岛素）于辣椒栽植后 3 天、28 天、42 天（42 天为辣椒幼果期）喷施 3 次，虽然 9 月、10 月温度较历年偏高 0. 3℃、2. 0℃，降雨偏多 22. 0%、83. 0%，有利于各种病害和温室白粉虱发生，但是氨基寡糖素对抗病毒病和煤烟病仍有明显效果，且可以明显促进植株营养生长。药后 15 天、30 天、45 天、60 天（下同），抗病毒病效果海岛素 750 倍液和 1 000倍液与三十烷醇（对照药剂）1 000倍液在 69. 0%、63. 5%、63. 9% 和 49. 1% 以上；抗煤烟病效果在 71. 2%、70. 5%、68. 8% 和 53. 7% 以上；4 种处理预防疫病效果均为 100%；白粉虱防治效果在 12. 2% ~1. 0%、27. 4% ~6. 3%、57. 1% ~7. 1% 和 50. 0% ~16. 7%；促进植株增高效果为 13. 5% ~3. 5%、21. 6% ~0. 6%、10. 5% ~0. 9%、10. 9% ~0. 3% 和 10. 0% ~0. 3%；促进植株分枝效果为 48.4% ~16.9%、54.5% ~19.5%、27.2% ~1.1%、30.7% ~6.5% 和 23.5% ~5.9%；结果数减少为 47.4% ~10.5%、19.4% ~11.1%、3.0% ~33.3%、3.6% ~8.9% 和 3.3% ~13.3%；果实长度、果实横径和单果重量均有增加，有减小；销售收入和纯收入均为对照最高，每公顷销售收入与纯收入海岛素 750 倍液和 1 000倍液与三十烷醇 1 000倍液较 CK 低 21 505.92 ~9 453.18元及 21 773.92 ~9 685.18元，海岛素 1 000倍液销售收入与纯收入较海岛素 750 倍液和三十烷醇 1 000倍液分别高 12 052.74元、3 542.37元及 12 088.74元、3 514.37元。对此，得出海岛素和三十烷醇在辣椒栽植后 3 天和 28 天与幼果期施用 3 次，可以明显提高抗病毒病和煤烟病能力，促进辣椒营养生长，使株高增高，分枝增多，但也明显抑制生殖生长，使产量和收益显著减少。

（2）本研究在辣椒栽植后 3 天和 28 天与幼果期施用 3 次，不仅可以促进辣椒对病毒病和煤烟病的抗病能力，还可促进植株的营养生长、株高增高和分枝增多，与李萍等[5]、肖征军[9]、苏小记等[10,12]、李涛等[17]报道结果一致，但产量与前述各种作物应用海岛素促进增产的报道相反，可能与施药次数和施用剂量有关，对果实经济性状有促进、有减少，可能与测量果实抽样有关。

（3）问题与展望。本研究仅为 1 年试验，应用海岛素在辣椒栽植后 3 天和 28 天与幼果期施用 3 次，导致减产减收是否真的与施药次数和药剂用量有关，经济性状测量是否真的与测量果实抽样有关等，都有待进一步研究。本试验海岛素施用剂量仅设置 750 倍液和 1 000倍液 2 个，施用次数均为 3 次，因此，若将海岛素施用剂量和施用次数分别按 4 ~5 个与 1、2、3 次设置为同一试验研究，设计可能更为合理，所得结果更为准确和科学且更有说服力。

参考文献

[1] 辣椒［EB/OL］.（2015 -11 -17）［2016 -01 -04］. http：//baike. haosou. com/doc/5366325 -5602036. html.

[2] 曾长立，康六生．植物生长调节剂、氮肥与密度配伍对辣椒产量及品质的影响［J］. 江西农业大学学报，2009，31（4）：644 -649.

[3] 姚明华，王飞．不同栽培处理方式对早春辣椒产量的影响［J］. 辣椒杂志，2010，8（3）：48 -50.

[4] 范志金，刘秀峰，刘凤丽，等．植物抗病激活剂诱导植物抗病性的研究进展［J］. 植物保护学报，2005，32（1）：87 -92.

[5] 李萍，张善学，李国梁，等．氨基寡糖素在豇豆上的应用效果［J］. 中国植保导刊，2013，33（7）：48 -51.

[6] 氨基寡糖素 5%（AS）正业海岛素［EB/OL］.（2015 -09 -28）［2016 -01 -04］. http：//www. nongyao001. com/sell/show -94207. html.

[7] 苏小记，王亚红，贾丽娜，等．氨基寡糖素对番茄主要病害的防治作用［J］. 西北农业学报，2004，13（2）：79 -82.

[8] 孙光忠，彭超美，刘元明，等．氨基寡糖素对番茄晚疫病的防治效果研究［J］. 农药科学与管理，2014，35（12）：60 -62.

[9] 肖征军．5% 氨基寡糖素在番茄上的应用试验［J］. 南方园艺，2014，25（2）：19 -21.

[10] 苏小记，贾丽娜，王亚红，等．2.0% 氨基寡糖素水剂防治西瓜病毒病药效试验［J］. 陕西农业科学，2004（4）：8 -9.

[11] 马清，孙辉．氨基寡糖素对黄瓜白粉病菌浸染的抑制作用［J］．菌物学报，2004，2（3）：423－428.

[12] 苏小记，王亚红，贾丽娜，等．氨基寡糖素对辣椒病害的控制作用研究［J］．中国农学通报，2004，20（2）：195－197.

[13] 武清彪，李爱萍．5%海岛素水剂在辣椒上应用效果初探［J］．农业技术与装备，2012，（6）：53－55.

[14] 陈旭辉，彭睿，雷小春，等．海岛素在中晚稻和蔬菜增产作用示范［J］．湖北植保，2013，131（3）：31－32.

[15] 杨浦云，李萍，王战鄂，等．植物免疫诱导剂氨基寡糖素的应用效果与前景分析［J］．中国植保导刊，2013，33（3）：20－21.

[16] 檀志全，谭海文，覃保荣，等．5%氨基寡糖素 AS 在番茄上的应用效果初探［J］．中国植保导刊，2013，33（10）：65－66.

[17] 李涛，刘黔英，曾宇，等．氨基寡糖素在海南豇豆上的使用效果［J］．热带作物科学，205，35（5）：29－32.

[18] 马德学，曲庆华．海岛素在水稻上的应用效果［J］．现代化农业，2013，402（1）：12－13.

[19] 薛改妮，张宝强．氨基寡糖素在小麦上的应用效果研究［J］．现代农业科技，2012（18）：97－98.

[20] 夏敬源．公共植保、绿色植保的发展与展望［J］．中国植保导刊，2010，30（1）：5－9.

[21] 中华人民共和国国家质量监督检验检疫总局，中国国家标准化管理委员会．农药田间药效试验准则（二）第142部分：番茄生长调节剂试验［S］．（2015－01－11）［2016－01－04］．http：//www. doc88. com/p－1116070707346. html.

[22] 中华人民共和国农业部．农药田间药效试验准则第9部分：杀菌剂防治辣椒病毒病［S］．（2015－01－25）［2016－01－04］．http：//www. doc88. com/p－7324225828608. html.

[23] 全金成，邱柱石，石旺秀，等．刹死倍防治柑桔煤烟病田间药效试验［J］．广西园艺，2005，16（6）：28－29.

[24] 中华人民共和国国家质量监督检验检疫总局，中国国家标准化管理委员会．农药田间药效试验准则（一）杀菌剂防治辣椒疫病［S］．（2010－04－07）［2016－01－04］．http：//www. doc88. com/p－54661677136. html.

[25] 马育华．试验统计［M］．北京：农业出版社，1985：204－271.

新疆棉花化学打顶剂应用现状分析及发展策略研究*

王　刚**　张　鑫　陈　兵　王旭文　韩焕勇　王方永　樊庆鲁***
（新疆农垦科学院，石河子　832000）

摘　要：简要介绍了新疆棉花打顶技术的现状，综述了目前棉花化学打顶剂的试验研究和大田示范推广应用概况，并分析了在新疆使用的棉花化学打顶技术存在的问题，探讨了提升和完善棉花化学打顶技术的解决对策。

关键词：化学打顶剂；新疆；现状；发展；策略

新疆是我国最大的商品棉生产基地，棉花年平均种植面积在160万hm^2左右。经历几十年的持续健康发展，新疆棉花产业已经成为当地经济发展的支柱产业之一，表现出强大的规模优势和产业优势。2014年，新疆棉花播种面积达197.8万hm^2，总产量20.6万t，1993—2014年，新疆棉花种植面积、总产量、单产产量和调出量4项指标连续21年全国第一。2014年，新疆建设兵团种植棉花60.1万hm^2，完成机采面积43.3万hm^2以上，比2013年增加4.33万hm^2，占植棉总面积的75%以上，占国内棉花机采面积的95%以上。现阶段兵团棉花种植生产过程各环节基本实现全程机械化，而唯独棉花田间打顶工作仍然以人工操作为主，机械化程度相对滞后。随着新疆棉花的规范化经营和劳动力不断减少，人工打顶已越来越不能满足棉花生产全程机械化和节本高效的要求，势必要被一种更加先进的打顶方式所代替。

1　棉花的规模化生产呼唤先进的打顶技术

近年新疆地方和建设兵团棉区机械化管理已达到较高水平，但打顶作为棉花栽培管理的一个关键环节，仍无法摆脱手工操作，成为棉花生产全程机械化和规模化的制约因素，直接影响植棉经济效益，有关棉花打顶技术的研究一直备受关注[1]。传统打顶是用人工掐除棉花茎尖生长点，在技术质量、成本、效果方面都存在一些问题：①费工费时，劳动强度大，占用大量劳力，而且劳务费成本高。②劳动力缺乏，劳动生产率低，影响了棉花产量。③在打顶过程导致蕾铃脱落和病虫害的传播扩散。④容易造成叶铃的划伤和脱落，同时还存在漏打、复打的难题。随着人力资源限制以及人工费的不断上涨，依靠人工打顶，已不能满足节本增效植棉的现实要求。而机械打顶对农艺上、土地的平整状况、棉花长势高矮的均匀程度等方面有较高的要求，同时机械打顶对棉株蕾铃造成一定的机械损

---

* 基金项目：新疆建设兵团技术转移项目（2013BD049）

** 作者简介：王刚，硕士，副研究员，研究方向为棉花育种与农业新技术推广；E-mail：wg5791@163.com

*** 通讯作者：樊庆鲁，硕士，副研究员，研究方向为作物栽培、植物营养和棉花脱叶新技术；E-mail：13309933882@163.com

伤，通过机械一刀切的打顶方式无法保证预留的果枝台数，成本高，易造成减产。特别是机械打顶不易控制，尤其在生长不均匀的棉田，减产比较严重。此外，棉花生长后期，机车进地，容易损伤叶片，造成棉株早衰。21 世纪初，新疆关于棉花打顶机的研究在质量、技术成本、效果方面都存在许多问题，棉花打顶机的研制难度大，精度要求高，投入成本大，适应性不强，导致机械打顶技术和机具未得到推广[2]。近几年随着经济的发展，新疆棉花生产中人工打顶的用工紧缺和价格上涨的问题日益凸显，寻求一种能替代棉花人工打顶的生产方式迫在眉睫。采用化学打顶药剂加农机具使用的方式将能解决劳动力短缺和人工打顶的弊端，有效提高劳动效率，减轻劳动强度，大大降低植棉成本，并可显著提高棉花打顶的时效性，利用生物制剂对棉花进行化学打顶的方法便应运而生。

2 棉花化学打顶技术研究进展

化学打顶不会造成蕾铃损伤，而是利用植物生长调节剂强制延缓或抑制棉花顶尖的生长，控制棉花的无限生长习性，从而达到类似人工打顶的调节营养生长与生殖生长的目的[3]。化学打顶可有效提高劳动效率，减轻劳动强度，提高棉花打顶的时效性，节本增效显著，但其对棉花生长发育和株型特征等的影响与人工打顶不同。化学打顶剂作为抑制棉花顶尖和群尖的一种化学制剂，以其操作便捷、可在一定程度上代替人工打顶、降低用工成本、提高劳动生产率而受到新疆建设兵团植棉团场的重视，并展现出了很好的应用前景，棉花化学打顶代替人工打顶是植棉全程机械化的必然趋势。近几年，化学打顶技术在新疆正处于试验研究和示范阶段，并且取得了一定的效果。孟鲁军等研究了棉花化学整枝技术[4]。李新裕通过 1997—1999 年对南疆垦区长绒棉（新棉 13 号）进行化学封顶和人工打顶对比试验发现，化学封顶对顶部成铃的铃重、单铃重具促进作用，并且化学封顶具有促进棉纤维成熟的作用[5]。李雪等通过比较辛酸甲酯、癸酸甲酯、6 - BA 3 种调控试剂，最终发现用 3 种试剂适宜浓度进行处理，可以在一定程度上取代人工打顶，显著降低棉花的株高，并且除了最低浓度处理外，其他浓度处理均显著增加了棉花的总桃数，较高浓度处理还提高了单株结铃数、单铃重及衣分率，进而提高了棉花的籽棉和皮棉产量，但对伏前桃数却无明显影响[3]。张凤琴研究了棉花整枝灵（矮壮素・甲哌啶）对棉花顶尖的控制，结果表明其对顶尖有一定抑制效果，从而使棉株生长点的生长速度变慢，导致单株有效结铃数减少，致使产量下降[6]。赵强以中棉所 49 号为材料，比较氟节胺化学打顶和人工打顶效果，发现氟节胺打顶后棉株高于人工打顶，株型紧凑，见絮期冠层透光性好，上部果枝结铃数和内围结铃数略高于人工打顶，铃重和人工打顶相当，衣分有所降低，但籽棉和皮棉产量没有明显变化，且有增产的潜力，综合纤维品质没有受到明显影响[7]。董春玲等通过比较氟节胺化学打顶、人工打顶及不打顶 3 个处理发现，喷施氟节胺能够有效控制棉花植株顶尖的生长，具有打顶效果，能够使棉花株型更加紧凑[8]。易正炳等通过比较化学整枝剂及人工打顶处理效果，发现所采用的化学整枝剂效果良好，在喷药 7 ~ 10 天后株高停止生长，10 ~ 15 天后棉株生长点枯死，并且对纤维内在品质无影响，能够节本增效[9]。刘兆海等通过比较氟节胺、土优塔、智控先锋 3 种化学打顶剂及人工打顶处理效果，发现均能够抑制棉花顶端优势，接近人工打顶效果，产量影响不大，3 种化学免打顶剂在使用中，土优塔操作较为简单、价格低廉，可以进一步探求其配套化控技术[10]。孙国军等研究了氟节胺在南疆棉花打顶上的应用，喷施氟节胺的处理株高较高，果枝层数也多，其空果枝数、脱落数也较多，棉单产略有减产，使用方法有待于进一步改进，但有很好地提升空间[11]。徐宇强等研究了化学打顶对东疆棉花生长发育主要性状的影响，和常规人工打顶相比，化学打顶棉花株高和主茎节间数差异达到极显著水平；下部和中部结铃数差异显著，产量差异不显著[12]。从现有棉花化学打顶研究报道来看，主要集中在化学打顶剂筛选及处理组合及方式上，而对于打顶剂调控的内在机制则研究较少，并且其对棉花纤维品质、产量等方面的影响方面研究结果不一致，有待于进一步探索。

3 棉花化学打顶技术推广应用情况

近年来，化学封顶作为一项高效、节约成本的化控技术，引起了新疆地方和建设兵团植棉团场的高度重视，市场上已有几种打顶剂销售和推广应用，如金棉化学打顶剂、浙江禾田福可棉花打顶剂、土优塔棉花打顶剂等，初步显示了较好的应用价值，深受广大棉农喜爱。2007 年以来，北京市农业局恽友兰、中国农业大学田晓莉、新疆农业大学赵强等人研制了金棉化学打顶剂，并在生产上应用取得初步成功。2012 年 4 月 17 日由中国农业大学、北京市农业技术推广站、新疆农业大学及新疆金棉科技有限责任公司联合完成的“棉花化学封顶剂研制及应用技术研究”项目通过新疆自治区科技成果鉴定。该项目针对棉花生产中的打顶关键技术，连续 6 年在南北疆开展了棉花专用化学封顶剂研制筛选、试验示范以及综合配套技术集成工作。该项目研制的化学封顶剂可有效抑制棉花顶端生长，自封顶株率可达 95% 以上，目前主要在昌吉、五家渠地区有接近 6 666.6hm^{2}的推广应用。2010 年，中化集团浙江禾田化工有限公司与新疆建设兵团八师 134 团合作，在该团进行氟节胺替代棉花人工打顶的试验，在 2010—2011 年两年小区试验和大田示范的基础上，2012 年在八师推广应用，面积达 0.54 万 hm^{2}左右，其中 134 团推广应用面积 0.42 万 hm^2，149 团推广应用面积 0.1 万 hm^2。2013 年在八师推广应用面积达 0.33 万 hm^{2}左右，其中 134 团推广应用面积 0.2 万 hm^2，149 团推广应用面积 0.13 万 hm^2。2013—2014 年在建设兵团一、二、四、五、六、七、八、十三师超过 20 个团场开展试验与示范，截至 2014 年，共在兵团推广应用 8.34 万 hm^2。2011—2014 年土优塔棉花打顶剂在新疆阿克苏、库尔勒、喀什、伊犁、博乐、昌吉、和田地区和建设兵团一、二、四、五、六、七、八、十师超过 20 个团场开展试验与示范。实践证明，使用该产品打顶，完全可以代替人工打顶，省时省力，对棉花的品质和产量影响不大，对有些棉田还具有一定增产效果，得到老百姓的认可，已累计推广应用超过 10 万 hm^2。

4 现阶段使用化学打顶技术面临的问题

4.1 打顶剂未标明通用名

棉花化学打顶剂的产品标签上使用的大多是商品名，未标明通用名。而农业部颁布的《农药标签和说明书管理办法》规定要求，从 2008 年 7 月 1 日起生产的农药一律不得使用商品名称，只能用通用名[13]。

4.2 未按农药进行登记

按照有关规定，棉花化学打顶剂产品需按农药登记证登记，登记程序和要求烦琐严格，至今为止，未有一家产品正式登记。受市场需求和利益驱使，市场上出现大量的棉花打顶剂品牌，导致一些假冒产品出现，如 2014 年新疆昌吉回族自治州查获冒用质量标志的棉花打顶剂。还存在部分生产厂家将未经农药登记或以肥料名义登记的棉花化学打顶剂产品直接投入市场销售，这些产品既存在一定的质量隐患，而且产品使用说明书中标注的使用方法粗放，夸大使用后的效果，误导棉农。这种情况在给农业生产带来危害的同时，也会给刚刚发展起来的棉花化学打顶剂市场带来很大负面影响[14]。

4.3 尚无规范的技术规程

新疆市场上销售的各种棉花化学打顶剂的配方和使用方法各有不同，市场上尚无一个规范的使用技术规程。由于此问题尚未引起相关政府部门的足够重视，因此，其在生产和销售环节政府监督和市场管理的漏洞颇多。一方面，市场有需求，而棉花化学打顶剂产品五花八门；另一方面，没有相应的质量检测和效果评测机制，致使市场上销售的棉花化学打顶剂的产品使用说明和技术规范不到位[15]。

4.4 缺乏因地制宜的对路产品

化学打顶技术对地域、气候、品种、喷施剂量、喷施时间、铃期水肥管理、机采棉脱叶都有所要求。由于棉花化学打顶剂生产厂家是统一生产一种产品，而未对不同区域、不同棉花品种进行前期的调研和试验，很难根据各地具体情况生产出因地制宜的专属产品，进而影响产品的使用效果和大面积推广应用的力度。

4.5 缺乏适合化学打顶药剂喷施器械和规范操作

由于缺乏适合化学打顶药剂喷施器械和经过专业培训的操作人员，使得化学打顶过程中针对施药器械的规范要求使用难以落实。①喷药机具单一老化，专业化程度低，施药部件落后，大田生产上所用的圆锥喷头不适合化学打顶药剂的喷施要求，无法控制药量和喷药均匀程度；②在棉花实际生产中大多利用同一种机具进行多种不同的施药作业，机具中多少存在一些农药残留，导致化学打顶剂药效降低；③缺乏完整和系统的机械施药技术规范，操作施药机械人员大多未进行专业培训，不能按照施药标准规范操作，多以喷施面积赚取经济利益为目的，使施药效果大大折扣。

4.6 棉花品种的多、乱、杂和更新过快加大了化学打顶技术大面积推广的难度

新疆棉区是多类型品种和多生态类型的棉区，新疆本地审定的品种就分为新陆早系列、新陆中系列、新海系列、新彩系列，至今已审定了218个品种，加之疆外种业公司大举进军新疆棉花种业市场和新疆地方棉农自主选择品种，导致品种来源渠道不断增多，新疆棉花品种“多、乱、杂”的现象日趋严重。部分县（市）的种植品种超过30个。一个团场、甚至一个连队也有3~4个品种。棉花品种的多、乱、杂，妨碍了品种效益的发挥，直接影响棉花良种的区域性布局，也加大了化学打顶技术大面积推广的难度。

4.7 对化学打顶剂的作用机理及其对土壤、生态环境的影响尚待进一步探讨

现阶段对棉花化学打顶剂使用效果的大田试验研究较多，应用技术也有了相应的提高，但对棉花化学打顶剂作用机理及其对土壤污染、生态环境影响方面的研究还未见开展，有待于进行进一步深入探讨。

4.8 化学打顶剂的销售与技术服务脱节

大多数棉花化学打顶剂生产企业只进行剂型的加工生产和销售。企业将大量经费花费在产品的广告宣传和市场推销上，而在产品售后专业服务团队和后期的技术服务工作上投入经费很少，甚至没有，靠棉农自己去摸索。重销售，轻服务；重销量，轻规范，呈现出明显的粗放经营的特点。

5 解决现阶段问题的对策

基本思路是：紧密结合新疆棉花产业发展实际情况，从新疆棉花生产用药需求出发，统筹规划，突出重点，分步实施；以政策调整为先导，优化登记流程，简化资料规定，激发企业产品登记的主动性；以科学试验和示范推广为支撑，建立行业标准体系；以机制创建为抓手，坚持政府扶持、企业为主、行业参与，形成项目带动、部省联动、协同推进。

5.1 加大对棉花化学打顶剂标签和登记证的监管力度，优化市场秩序与环境

国家和新疆各级农业主管部门应严格履行市场监督管理职能，加大对市场上销售的化学打顶剂的标签和登记证的监督检查力度，坚决取缔产品未取得登记证、标签内容不全、夸大作用等违法产品在市场流通，确保棉农购买产品质量合格。标签和说明书上要有生产许可证、产品登记证、产品规格、标准号、产品通用名、有效成分含量、用药剂量、使用方法、有效期等信息。标签和说明书必须和农药登记证的内容一致。

5.2 出台优惠政策，不断完善管理制度

从经济和社会效益双重角度考虑，政府应制定出化学打顶技术中、长期指导性规划和相关政策，鼓励、支持科研单位和企业自主研发化学打顶剂新产品和新剂型，降低生产成本、提高安全性和易用性。同时给予政策倾斜，加大对科研单位研发经费投入，减免企业税费，对现有高效、低毒、低残留、环境友好型的棉花化学打顶剂，支持鼓励其注册登记，保护其技术知识产权，持续激发企业登记注册的积极性。通过健全和细化登记标准、区别情况适当简化登记资料要求，以及加强化学打顶剂机理与毒性研究等措施，为棉花生产提供合格的化学打顶剂产品。促进产业发展，增强其对我国现代农业发展的支撑能力。

5.3 加强宏观调控与管理，培育龙头企业

棉花化学打顶剂需经过科学研究、生产、试验示范和推广应用各环节反复循环和提高，最终才能形成产业。加强企业与科研单位的联合，提升我国棉花化学打顶剂产业的整体水平和市场竞争力。国家要加强宏观调控，分层次对基础研究、应用研究和产业开发研究予以经费支持，并通过整合优势资源，创新集成，形成若干个既有研发能力、又能规模化生产的大型棉花化学打顶剂龙头企业，逐步形成多类型结构的棉花化学打顶剂产业发展格局。

5.4 强化和规范使用技术

新疆棉区地域差距大，生态多样，还需要继续化学打顶技术在不同地区的熟化。因此，新疆各级农业技术推广部门要在新疆不同区域、气候、品种、栽培方式条件下开展小区试验、小面积示范，方能大面积推广。同时要教育和引导棉农科学合理使用，强化使用过程的监督检查，如按照登记批准标签上的使用剂量、时期、使用方法和注意事项进行操作，确保科学、安全、合理使用。形成一套适合当地实际情况、科学合理的标准体系，统一使用棉花化学打顶剂的技术规范，使棉花化学打顶剂在棉花生长阶段中的使用更加规范，在保证达到抑制棉株生长的前提下，以最小的用量达到最佳的效果，做到既经济用药，又减少残留量，降低对环境的污染。

5.5 加强施药技术研究，制定和完善施药技术规范

药剂、施药机械和施药技术方法是合理使用棉花化学打顶剂的 3 个重要环节。机械施药技术体系的规范对提高药剂利用率和抑制棉株顶芽生长的效果及减少土壤环境污染具有重要作用。应以新疆现有的从事植保机械和施药技术的科研机构、高等院校为依托，整合

优势资源，组建专门机构从事植保机械、施药技术的研究和开发，研制出具有稳定、可调的压力系统，均匀、准确的喷雾系统，强劲、有力的搅拌系统，精细、快速的过滤系统，清晰、准确的液位显示系统，良好的机架状态的专属棉花化学打顶机具，并制定相关施药技术规范，为合理地施药提供依据。

5.6 依法制种，规范棉花品种销售和推广

新疆各级政府和种子管理部门应加强对棉种市场的管理力度，搭建平台，收集优良棉花品种，根据各地的实际情况，制订方案。由种子管理部门统一引种、筛选、安排小区试验、进行多区域多类型的品种展示、示范工作。搞好棉花品种区域布局，确定并统一区域内主栽品种，建立起良种繁育技术体系，彻底解决新疆目前存在的品种混乱、退化等问题，为化学打顶技术快速的、大面积的推广铺平道路。

5.7 组织开展相关技术研究

（1）开展非激素类抑芽剂田间化学打顶试验，在引进国内外现有的化学打顶技术基础上，采用氯甲丹、抑芽丹、氟节胺、二甲戊灵、仲丁灵、氯苯胺灵等非激素类抑芽剂进行田间化学打顶试验，通过研究各药剂对棉花农艺性状、经济性状、生理机制的影响，筛选出适合新疆棉花品种使用的化学打顶剂，优化配方，改变氟节胺药剂独霸市场的局面。

（2）探讨现已大面积推广棉花打顶剂的最佳施药时间和方法。如浙江禾田福可棉花打顶剂、河南东立信土优塔棉花打顶剂、金棉棉花化学打顶剂在新疆不同区域、气候、品种、栽培方式的条件下，对棉花农艺性状和经济性状的影响，掌握其精确的喷药时间和剂量，确定最佳施药方法。

（3）开展棉花化学打顶剂作用机理的基础性研究，摸清内源激素、酶类物质变化趋势，筛选主要响应指标，初步分析化学调控生理生化机制。

（4）在室内开展不同温度、湿度、光照条件下喷施棉花化学打顶剂的研究，确定既能控制棉株顶端生长，又能达到稳产保质的效果的环境条件的区间范围，规避极端环境条件下对农业生产造成损失的风险。

（5）开展化学打顶剂的毒理学和环境行为学试验、研究，如其对人畜的伤害、在土壤中的残留情况等生态安全性。

(6) 科研单位应借鉴现有的经验，针对不同药剂、不同区域、不同品种，开展化学打顶技术集成模式研究，制定棉花化学打顶剂综合配套技术规程，并进行大面积示范推广。

5.8 加强使用技术指导和宣传培训，提高农民科学用药水平

各地农业部门要组织相关专家和技术人员，对棉花化学打顶剂使用的示范基地和重点区域棉农进行药剂选择、购买和科学使用化学打顶剂技术等知识的宣传、指导和培训工作，通过专家讲座、示范现场会、专题培训班、印发使用手册以及田间巡回指导等形式，不断提高技术到位率。要充分利用广播、电视、网络、手机短信等新闻媒介，普及棉花化学打顶剂的相关使用知识，引导棉农合理使用棉花化学打顶剂。

5.9 以社会化服务体系的建立和完善来推动和加速产业发展

随着棉花化学打顶剂产业向着规模化、集约化方向发展，需要建立一支专业型棉花化学打顶剂科技服务团队，对化学打顶技术在农业生产中出现的新情况、新问题，及时采取措施，努力减少农业损失。要创建以专家服务团队和基层技术人员相结合的新型的服务体系，整合各类社会资源，形成一条自上而下的社会化服务体系，保障棉花化学打顶技术更

加规范化、标准化的实施和推广，培养一批在基层一线工作的技术人员队伍，能够在棉花化控的各个时期和喷施化学打顶剂的关键时期为棉花提供技术指导、药剂的购买、督促检查、信息服务、后续管理等一系列服务。充分发挥化学打顶技术的最佳使用效果，达到节本增效的目的，为棉花化学打顶技术大面积推广和加速其产业发展奠定坚实的基础。

现有的棉花化学打顶技术已得到政府和市场的认可，推广应用前景广阔。随着时代的发展，棉花打顶不能仅仅局限在采用化学打顶的方式，科研院所的专家还应探索新的棉花打顶手段，如纳入基因工程，通过基因诱导产生相应的蛋白质和激素，来调控棉株的顶端生长，定向选育自封顶的棉花种质资源，都有可能将会在棉花打顶领域开拓一片新的天地[16]。

参考文献

[1] 何磊，周亚立，刘向新，等．浅谈新职兵团棉花打顶技术［J］．中国棉花，2013，40（4）：5－6.

[2] 胡斌，王维新，李盛林，等．3MD－12 型棉花打顶机的试验研究［J］．中国农机化，2004（2）：41－42.

[3] 李雪，朱昌华，夏凯，等．辛酸辛酯、癸酸甲酯和 6－BA 对棉花去顶的影响［J］．棉花学报，2009，21（1）：70－80.

[4] 孟鲁军．棉花化学整枝的技术与效果［J］．农村科技开发，2004（3）：19－20.

[5] 李新裕，陈玉娟．新疆垦区长绒棉化学封顶取代人工打顶试验研究［J］．中国棉花，2001，28（1）：11－12.

[6] 张凤琴．化学整枝剂对棉花生长的影响［J］．新疆农垦科技，2011（2）：18－19.

[7] 赵强，周春红，张巨林，等．化学封顶对南疆棉花农艺和经济性状的影响［J］．棉花学报，2011，23（4）：329－333.

[8] 董春玲，罗宏海，张亚黎，等．喷施氟节胺对棉花农艺性状的影响及化学打顶效应研究［J］．新疆农业科学，2013，50（11）：1 985－1 990.

[9] 易正炳，陈忠良，刘海燕．化学打顶整枝剂在棉花上的应用效果［J］．中国农机推广，2013，29（5）：32－33.

[10] 刘兆海，孙昕路，李吉琴，等．化学免打顶剂在棉花上的实验效果［J］．农村科技，2014（3）：5－7.

[11] 孙国军，李克富，彭延．南疆棉区棉花利用氟节胺打顶技术试验［J］．棉花科学，2014，36（2）：23－25.

[12] 徐宇强，张静，管利军，等．化学打顶对东疆棉花生长发育主要性状的影响［J］．中国棉花，2014，41（2）：30－31.

[13] 汪洪．农药市场的现状、存在问题及对策［J］．农药科学与管理，2010，31（10）：1－3.

[14] 中国农药发展与应用协会．植物生长调节剂座谈会召开［J］．农药科学与管理，2011，32（6）：58－59.

[15] 贾玉芳．植物生长调节剂在果蔬上的应用现状及发展前景［J］．农村经济与科技，2014（2）：59，96.

[16] 马空军，孙月华，马凤云．植物生长调节剂在棉花上的应用现状［J］．新疆大学学报，2002，19（S1）：8－10.

塔巴可和夸姆对烟草害虫的诱杀效果*

金 鑫[1] 邓红英[1] 刘学峰[1] 宋洪洋[1] 刘健锋[2] 欧后丁[2] 杨茂发[2,3]**

(1. 贵阳市烟草公司烟叶营销中心，贵阳 550003；
2. 贵州大学昆虫研究所，贵阳 550025；
3. 贵州大学烟草学院，贵阳 550003)

摘 要：为探究塔巴可和夸姆对烟草害虫的诱杀效果，在贵州开阳县烟草种植基地开展塔巴可和夸姆诱杀烟草害虫的监测和大面积示范试验。结果表明，塔巴可和夸姆对烟草害虫均具有良好的诱杀效果。塔巴可和夸姆主要诱杀8种鳞翅目蛾类和7种鞘翅目害虫。在监测试验中，塔巴可和夸姆诱杀害虫能力相当，夸姆对鳞翅目害虫的诱杀效果优于塔巴可。而在大面积示范试验中，塔巴可和夸姆对鳞翅目害虫的诱杀能力相当；对鞘翅目害虫也都有很好的诱杀能力，夸姆对叶甲的诱杀能力较强，而塔巴可对金龟科害虫的诱杀能力较强。试验结果能为生产上大面积应用信息素防治烟草害虫提供理论及技术支撑。

关键词：烟草害虫；塔巴可；夸姆

鳞翅目和鞘翅目害虫是为害烟草的两类重要害虫，主要包括烟青虫、地老虎、甜菜夜蛾、斑青花金龟、码绢金龟以及烟草跳甲[1]，严重影响烟草品质。随着化学农药残留、抗性以及污染环境等诸多问题，传统化学农药防治病虫害的弊端逐渐显现，成为烟草品质提升的一大瓶颈。为了减少化学农药的施用，维护生态环境平衡，避免农药对烟草制品芳香物质的不良影响，提升烟叶品质，促进烟草农业的可持续发展，烟草害虫生物防治技术受到广泛关注[1-3]。陈斌[4]、李明福[5]、杨于峰[6]、崔宇翔[7]、龙宪军[8]以及战玉和陈文龙[9]报道了瓢虫和烟蚜茧蜂防治烟蚜的效果研究，石拴成[10]、杨明文[11]以及李丽[12]等研究了不同信息素对斜纹夜蛾防治效果的影响，刘晓波等[13]发现植物源杀虫剂印楝素对烟草码绢金龟成虫具有生物活性。目前广泛应用的信息素仅仅只能诱杀少数种类害虫，专一性强，本文采用高效广谱的夜蛾利它素饵剂塔巴可和昆虫利它素食诱芯夸姆诱杀烟草害虫，弄清其诱杀害虫的种类和诱杀效果，以期为生产上大面积应用信息素防治烟草害虫提供理论及技术支撑。

1 材料与方法

1.1 试验材料

引诱剂：塔巴可（650g/L夜蛾利它素饵剂），夸姆（37.5%昆虫食诱芯），均为深圳百乐宝生物农业科技有限公司产品。

试验地点：开阳县冯三镇金龙村和宅吉乡三连。

* 资助项目：贵州省烟草公司贵阳市公司科技项目（筑烟科2015-01）

** 通讯作者：杨茂发；E-mail：gdgdly@126.com

烟草生长情况：两地均为常年烟草种植区，烟草长势较好，处于团棵至旺长期。烟田为梯田，周边生态环境复杂，除烟草外主要种植作物为玉米。

1.2 药剂处理

塔巴可（650g/L 夜蛾利它素饵剂）+诱捕箱：塔巴可与水 1∶1 混合，然后加入附赠药剂（每 100ml 塔巴可加入 10% 灭多威 5g），混合均匀。田间等间距悬挂诱捕箱，每亩 1~3 个，高出作物顶部 0.2~0.5m，将配制好药液加注到诱捕箱底部的塑料膜片上即可。

夸姆（37.5% 昆虫利它素食诱芯）+多施台：将多施台按照使用说明简单组装后均匀分布于田间（每亩 1~3 个），然后将夸姆悬挂于多施台预留位置即可。

对照产品为性诱芯+三角板，均为市场销售产品。

1.3 试验设计

本次示范试验分两阶段完成，第一阶段在冯三镇金龙村和宅吉乡三连分别进行监测示范试验，根据监测试验情况调查两地烟草田害虫发生种类、发生时期并初步观察产品性能，为大面积示范试验奠定基础。第二阶段在冯三镇金龙村和宅吉乡红花坳分别开展 20 亩示范试验，分析塔巴可和夸姆在烟草田诱杀主要烟草害虫的种类和诱杀效果。

1.4 监测示范试验

1.4.1 监测示范试验设计

冯三镇金龙村共放置 4 个塔巴可（650g/L 夜蛾利它素饵剂）+诱捕箱，同时设置对照烟青虫、小地老虎以及甜菜夜蛾三角板性诱芯监测各一个，试验地周边放置两个黄色三角板诱捕箱加烟青虫性诱芯（市售）。

宅吉乡三连共放置 3 个塔巴可（650g/L 夜蛾利它素饵剂）+诱捕箱，夸姆（37.5% 昆虫食诱芯）+多施台生物物理防控系统两个，同时试验地周边放置黄色三角板诱捕箱加烟青虫性诱芯（市售）3 个。

1.4.2 监测示范试验调查方法

每天早晨调查各种诱捕装置诱杀到的害虫种类和数量，分别记录烟青虫（棉铃虫）、地老虎、银纹夜蛾、甜菜夜蛾等数量，其余种类按鳞翅目和鞘翅目分别记录。

1.5 大面积示范试验

1.5.1 大面积示范试验设计

冯三镇金龙村和宅吉乡红花坳各安排 20 亩示范区，每地分别放置 10 个塔巴可（650g/L 夜蛾利它素饵剂）+诱捕箱、10 个夸姆（37.5% 昆虫食诱芯）+多施台生物物理防控系统，相同区域黄色三角板诱捕箱加烟青虫性诱芯（市售）正常使用。

1.5.2 大面积示范试验调查方法

在两个示范区，每个示范区选择塔巴可（650g/L 夜蛾利它素饵剂）+诱捕箱 3 个、夸姆（37.5% 昆虫食诱芯）+多施台生物物理防控系统 3 个，黄色三角板诱捕箱加烟青虫性诱芯（市售）3 个，每天早晨调查各种诱捕装置诱杀到的害虫种类和数量，按烟青虫（棉铃虫）、其他夜蛾科害虫（地老虎、甜菜夜蛾、中金弧夜蛾、银纹夜蛾等）、其他蛾蝶类害虫（小菜蛾、菜粉蝶、苔蛾、螟蛾、灯蛾、天蛾等）、金龟子、其他鞘翅目害虫（跳甲、叶甲等）等 5 个分类单元记录各自诱杀的数量。

2 结果与分析

2.1 诱杀害虫种类

塔巴可和夸姆主要诱杀鳞翅目蛾类和鞘翅目害虫，蛾类害虫包括烟青虫、地老虎、甜菜夜蛾、中金弧夜蛾、银纹夜蛾、苔蛾、螟蛾、灯蛾等 8 种；鞘翅目害虫包括斑青花金龟、码绢金龟、铜绿丽金龟、白星花金龟、跳甲、叶甲、叩头甲等 7 种害虫。此外，夸姆还诱杀到菜粉蝶。

2.2 塔巴可和夸姆烟草田监测示范试验

由表 1 可知，在冯三镇金龙村塔巴可均诱杀到地老虎、烟青虫和甜菜夜蛾害虫，诱杀到的鞘翅目害虫量是鳞翅目害虫量的 4 倍。与对照组相比，塔巴可诱杀的烟青虫、其余鳞翅目害虫和鞘翅目害虫数量远高于对照组，而地老虎和甜菜夜蛾诱杀的数量与对照组基本持平。在宅吉乡三连夸姆诱杀到的地老虎和烟青虫量是塔巴可的 1.75 倍，诱杀到的鳞翅目害虫量约塔巴可鳞翅目害虫量的 2 倍，但两者诱杀的害虫总量相近。

塔巴可在冯三镇和宅吉乡三连诱杀的鳞翅目害虫量相近，但低于夸姆在宅吉乡三连诱杀的鳞翅目害虫量，而夸姆诱杀的鞘翅目害虫量均低于塔巴可诱杀的鞘翅目害虫量。

表 1 塔巴可和夸姆烟草田监测示范试验情况 （头/个）

诱杀害虫种类	塔巴可 + 诱捕箱		夸姆 + 多施台	烟青虫性诱芯 + 三角板	甜菜夜蛾性诱芯 + 三角板	小地老虎性诱芯 + 三角板	烟青虫性诱芯 + 黄色三角板	
	金龙村	三连	三连	金龙村	金龙村	金龙村	金龙村	三连
地老虎	1.75	0.33	1	0	0	2	0	0
烟青虫	3	3.67	6.5	0	0	0	0	0
甜菜夜蛾	1.25	0	0	0	1	0	0	0
其他鳞翅目害虫	6	6.33	12.5	0	0	0	0	0
鳞翅目害虫	11.5	10.33	20	0	1	2	0	0
鞘翅目害虫	41.75	21.33	13	0	0	0	0	0
害虫总量	53.25	31.67	33	0	1	2	0	0

2.3 塔巴可和夸姆大面积示范试验

通过大面积示范诱杀效果（表 2）可以看出，塔巴可和夸姆两种信息素都可以很好的诱杀烟草鳞翅目和鞘翅目害虫。诱杀的害虫中鳞翅目害虫以烟青虫、棉铃虫、中金弧夜蛾、银纹夜蛾等夜蛾科害虫为主，鞘翅目害虫以跳甲、金龟子、叶甲等害虫为主。在大面积示范试验中，塔巴可和夸姆对鳞翅目害虫的诱杀能力相当，但夸姆还可以有效诱杀菜粉蝶；两种产品对鞘翅目害虫也都有很好的诱杀能力，夸姆对叶甲的诱杀能力较强，而塔巴可对金龟科害虫的诱杀能力较强。

表 2　塔巴可和夸姆大面积示范试验　(头/个)

诱杀害虫种类	塔巴可 + 诱捕箱		夸姆 + 多施台		烟青虫性诱芯 + 黄色三角板	
	金龙村	红花坳村	金龙村	红花坳村	金龙村	红花坳村
烟青虫	2	2.33	3.33	3	0	0
其他夜蛾科害虫	2.33	3	4	4.67	0	0
其他蛾蝶类	4.33	6.33	8.33	6.67	0	0
金龟子	7.33	0.33	10	0.67	0	0
其他鞘翅目害虫	24.33	35.33	23.67	54.33	0	0
鳞翅目总量	8.67	11.67	15.67	14.33	0	0
害虫总量	40.33	47.33	49.33	69.33	0	0

3　结论

两种信息素诱杀烟草害虫靶标性较好，诱杀的主要害虫包括烟青虫、棉铃虫、地老虎、银纹夜蛾、中金弧夜蛾等鳞翅目夜蛾科害虫和斑青花金龟、码绢金龟、烟草跳甲等鞘翅目害虫。诱杀靶标害虫广、灵敏彻底，能有效降低田间害虫密度，提高烟草品质。

监测示范试验和大面积示范试验表明，夸姆和塔巴可都表现出了优良的诱杀能力。大田示范试验中，夸姆对烟草害虫的控制效果更为优良，尤其是鳞翅目害虫。

塔巴可 + 诱捕箱和夸姆 + 多施台两种生物物理防控系统使用简便，诱杀控害能力强，监测反应灵敏，能有效减少烟田化学农药使用量，减少对水体的污染，是一项绿色环保的生物物理防治技术，值得烟草生产中大力推广使用。

参考文献

[1]　杨亮，丁伟，刘朝科，等．食诱型诱捕器对烟草害虫的诱杀效果 [J]．植物医生，2013，26 (6)：45 – 47.

[2]　邓建华，李天飞，吴兴富，等．烟草害虫生物防治技术的研究与应用进展 [J]．烟草科技，2001 (7)：45 – 48.

[3]　高光澜，陈文龙，顾丁．烟草重要害虫生物防治技术研究进展 [C] //中国植物保护学会．植物保护科技创新与发展——中国植物保护学会2008年学术年会论文集．北京：中国农业科学技术出版社，2008：255 – 259.

[4]　陈斌，李正跃，孙跃先，等．烟蚜与其捕食性瓢虫在数量及空间格局间的关系研究 [J]．云南农业大学学报，2002，17 (1)：16 – 20.

[5]　李明福，张永平，王秀忠．烟蚜茧蜂繁育及对烟蚜的防治效果探索 [J]．中国农学通报，2006，22 (3)：343 – 346.

[6]　杨于峰，史明惠，王那六，等．烟蚜茧蜂防治烤烟大田烟蚜技术及效果初报 [J]．云南农业科技，2010 (4)：55 – 57.

[7]　崔宇翔，胡小曼，李佛琳，等．滇西北高原烟蚜茧蜂繁育及田间防治蚜虫效果 [J]．云南农业大学学报 (自然科学)，2011，26 (S2)：123 – 128.

[8]　龙宪军，卢钊．利用烟蚜茧蜂防治烟蚜的技术研究 [J]．湖南农业科学，2012 (1)：80 – 82.

[9] 战玉，陈文龙．烟蚜茧蜂和菜蚜茧蜂对烟蚜的复合控制效果［J］．山地农业生物学报，2014，33（6）：33－37.

[10] 石拴成．烟草害虫性信息素的应用研究与防治实践［J］．烟草科技，1998，(6)：45－46.

[11] 杨明文，何元胜，张开梅，等．性信息素诱杀技术控制烟草斜纹夜蛾研究［J］．安徽农业科学，2011，29（28）：17 314－17 316.

[12] 李丽，李永亮，胡志明，等．不同性信息素和灯具诱杀烟草斜纹夜蛾·烟青虫·棉铃虫的效果和评价［J］．安徽农业科学，2012（33）：16 143－16 144，16 154.

[13] 刘晓波，杨本立，陈国华，等．三种植物性杀虫剂对烟草码绢金龟生物活性的初步研究［J］．云南农业大学学报，2001，16（3）：188－190.

6 种烟草花叶病毒病抑制剂的田间药效试验*

陈德西** 何忠全*** 黄腾飞 王明富 向运佳 刘 欢

（四川省农业科学院植物保护研究所，成都 610066）

摘 要：采用宁南霉素、低聚糖素、吡唑醚菌酯·代森联、氨基寡糖素·盐酸吗啉胍、几丁聚糖和香菇多糖6种药剂，分别在烟草移栽后团棵期进行田间药效筛选试验。试验结果表明6种病毒抑制剂对烟草花叶病均有一定的防治效果，其中2%宁南霉素水剂250倍液、6%低聚糖素水剂600倍液和65%吡唑醚菌酯·代森联水分散粒剂300倍液防效相对较好，施用3次后防效分别为61.31%、70.83%、62.50%，且防效较稳定，具有一定的推广应用价值。

关键词：烟草花叶病；病毒抑制剂；药效试验；防效

烟草是我国的主要经济作物之一，烟草种植面积目前已达到1 800多万亩，为全国经济增长和农民增收作出了重要的贡献。但是，由于气候、栽培措施和品种等综合原因，近几年烟草病毒病发生为害严重，已成为严重制约烟草生产最突出的问题之一。据调查，烟草的病毒病年发生率在30%以上，导致减产20% ~30%，严重田块减产60%以上，严重影响了烟草品质和经济效益。针对烟草生产上当前存在的上述烟草病毒病突出问题，为此，笔者对6种病毒抑制剂进行了田间药效试验，旨在筛选出对烟草花叶病具有较好防效的病毒抑制剂，为烟草病毒病的防控提供科学依据。

1 材料与方法

1.1 试验材料

供试烟草品种为云烟87。试验地点选择在病毒病发病较重的泸州市叙永县麻城乡麻城村4组。试验地土壤肥力中等，耕作方式为稻 - 烟轮作。育苗采用漂浮育苗，4月中旬移栽，栽培规格为1.2m ×0.5m。苗期的管理、日常施肥、病虫害防治、除草灌溉等均与其他大田管理一致。供试6种药剂及来源见表1。

1.2 试验方法

试验共7个处理：①~⑥分别为苗欢喜、正业寡糖、百泰、毒无踪、太抗和重碘，处理7为清水（CK），各自使用倍数见表1。每处理重复3次，共21个小区，每个小区面积36m^2，随机分组排列，四周设保护行。第1次施药时间在移栽后20天，用手动喷雾器施药1次，注意烟叶正反面均匀喷施药液。每次间隔15天施药，共3次。

---

* 基金项目：省科技创新烟草产业链项目；省财政创新能力提升工程（2013xxxk - 011）

** 作者简介：陈德西，女，副研究员，主要从事植物分子病理研究

*** 通讯作者：何忠全；E-mail：zhquhe6868@ sina. com

表1　烟草花叶病病毒抑制剂及其施用浓度

药剂商品名	药剂剂型	有效成分	含量（%）	使用浓度	生产厂商
苗欢喜	水剂	宁南霉素	2	120ml/亩	德强生物股份有限公司
正业寡糖	水剂	低聚糖素	6	50ml/亩	海南正业中农高科股份有限公司
百泰	水分散粒剂	吡唑醚菌酯·代森联	60 5	100g/亩	巴斯夫欧洲公司
毒无踪	水剂	氨基寡糖素·盐酸吗啉胍	1 30	30ml/亩	联合杜邦植物保护股份有限公司
太抗	水剂	几丁聚糖	0.5	100ml/亩	成都特普科技发展有限公司
重碘	水剂	香菇多糖	0.5	50ml/亩	北京燕化永乐农药有限公司

采用5点取样法，每小区各调查30株，按照以下分级标准调查各小区的病株数，计算发病率、病情指数及防治效果，所得的试验数据采用DPS软件进行方差分析处理。具体计算公式如下：

$$发病率(\%)=发病株数/调查总株数\times100$$

$$病情指数=\sum(各级病株数\times各级级数)/(调查总株数\times9)\times100$$

$$防治效果(\%)=(对照区病情指数-处理区病情指数)/对照区病情指数\times100$$

以株为单位调查，烟草花叶病的分级标准：

0级，全株无病；

1级，心叶脉明或轻微花叶，或上部1/3叶片花叶，但不变形，植株无明显矮化；

3级：1/3叶片花叶但不变形，或病株矮化为正常株高的3/4以上；

5级：1/3～1/2叶片花叶，或少数叶片变形，或主脉变黑，或病株矮化为正常株高的1/2～2/3；

7级：1/2～2/3叶片花叶，或变形或主侧脉坏死，或病株矮化为正常株高的2/3～3/4；

9级：全株叶片花叶，严重变形或坏死。

2　结果与分析

2.1　小区防效调查

在生长期间，施用病毒抑制剂进行烟草病毒病病防控。调查结果表明，施药前对照的发病率与病情指数与其他处理差距不大；药后30天，处理的花叶病毒病得到抑制，病指增长率依次是低聚糖素<吡唑醚菌酯·代森联<宁南霉素<几丁聚糖<氨基寡糖素·盐酸吗啉胍<香菇多糖<清水对照；低聚糖素表现出较好的速效性；药后60天病指增长率依次是宁南霉素<低聚糖素<香菇多糖<吡唑醚菌酯·代森联<几丁聚糖<氨基寡糖素·盐酸吗啉胍（表2）。从速效性和持效性综合来看，6%低聚糖素水剂600倍药效相对突出，其次2%宁南霉素水剂250倍液。

表 2　不同药剂防控病毒病效果比较

处理	施药前		药后 30 天				药后 60 天			
	发病率（%）	病情指数	发病率（%）	病情指数	病指增长	防效（%）	发病率（%）	病情指数	病指增长	防效（%）
宁南霉素	2.68	0.78	5.35	2.73	1.95	61.24 b BC	18.07	9.45	8.68	29.40
低聚糖素	6.35	2.23	5.84	3.52	1.29	74.34 a A	18.08	10.97	8.74	28.91
吡唑醚菌酯·代森联	5.34	1.90	7.48	3.83	1.93	61.64 b AB	21.34	11.50	9.60	21.91
氨基寡糖素·盐酸吗啉胍	5.00	1.92	8.34	4.54	2.62	48.08 c D	21.10	12.11	10.19	17.06
几丁聚糖	5.06	2.31	7.77	4.80	2.49	50.53 c CD	18.94	12.74	10.43	15.13
香菇多糖	5.14	2.23	9.69	4.88	2.65	47.49 c D	18.77	11.56	9.33	24.08
清水对照	4.05	2.13	12.19	7.16	5.03	—	19.20	14.42	12.29	—

2.2　小区农艺性状调查

对喷施病毒抑制药剂后的烟草进行农艺性状调查发现，宁南霉素和低聚糖素能较快的恢复病毒对烟草生长的抑制状态，在株高、节间距、茎粗及有效叶片都好于对照；而香菇多糖对发病烟株株高的恢复有很好的促进作用（表 3）。

表 3　病毒制剂对烟草农艺性状的影响

处理	株高（cm）	节间距（cm）	茎围（cm）	有效叶（片）	最大叶长（cm）	最大叶宽（cm）
宁南霉素	104.22	7.06	8.69	16.11	77.00	28.33
低聚糖素	112.44	6.18	9.27	15.78	78.67	27.44
吡唑醚菌酯·代森联	114.22	6.54	8.52	16.78	76.89	25.78
氨基寡糖素·盐酸吗啉胍	104.44	6.34	8.10	16.11	72.11	21.22
几丁聚糖	107.11	6.37	7.99	16.56	74.67	22.78
香菇多糖	117.33	6.49	8.69	15.89	78.44	21.67
清水对照	103.00	5.93	7.57	14.56	72.56	21.89

进一步对喷施病毒抑制剂的烟草小区产量进行调查，结果发现（表 4）各个处理较对照都有增产，其中以宁南霉素与低聚糖素增产效果最为明显。增产效果依次是宁南霉素 > 低聚糖素 > 氨基寡糖素·盐酸吗啉胍 > 吡唑醚菌酯·代森联 > 香菇多糖 > 几丁聚糖。

表 4　病毒制剂对烟草产量的影响

处理	宁南霉素	低聚糖素	吡唑醚菌酯·代森联	氨基寡糖素·盐酸吗啉胍	几丁聚糖	香菇多糖	清水对照
小区平均干产（kg）	11.7	11.4	10.4	10.9	10.1	10.3	9.0
增产率（%）	30.00	26.67	15.56	21.11	12.22	14.44	—

由以上数据可以看出2%宁南霉素水剂250倍液与6%低聚糖素水剂600倍液在6种药剂中防治效果最佳，增产效果较为突出，可供生产上病毒病防治药剂。

3　讨论

抑制病毒病的药剂种类较多，包括蛋白抑制剂、生长调节剂和生物制剂。在烟草病毒病防控药剂的众多药剂中，一般防效在20%～60%，对缓解由病毒病引起的畸形、矮化等症状有一定作用[1]。在本试验的6种病毒病抑制剂中，6%低聚糖素水剂600倍液30天后防效达到70.83%，较对照未防治区增产达到26.67%。恢复烟草生长方面较优的是2%宁南霉素水剂250倍液，增产效果达到30%，对病毒的抑制率也达到61.31%。但随着烟草的生长，参试病毒抑制剂对病毒病的抑制效果降低，基本上抑制效果减少一半以上，与很多试验结果一致[2-4]。因此，在烟草移栽前及移栽后及时选择6%低聚糖素水剂600倍液、2%宁南霉素水剂250倍液或其他病毒抑制剂对烟草先进行病毒病预防，并加强肥水管理及蚜虫、飞虱等传毒介体防控，才能将病毒病控制在一定的为害范围，最低限度的减少损失。

参考文献

[1]　秦碧霞，蔡健和，周兴华，等．几种药剂防治烟草花叶病毒病田间试验［J］．广西农业科学，2008，39（1）：37－39.

[2]　刘旭，万宣伍，刘国军，等．3种药剂对烟草花叶病的控制作用及农艺性状的影响［J］．西南师范大学学报（自然科学版），2010，35（1）：101－104.

[3]　李宏光，钟权，张赛，等．8种农药防治烟草花叶病的田间药效试验［J］．江西农业学报，2012，24（4）：100－101.

[4]　张廷金，余青，莫笑晗，等．几种新型烟草花叶病毒抑制剂的田间药效试验［J］．昆明学院学报，2010，32（6）：20－22.

茶园生态调控的理论基础及实施构建*

陈　卓[1**]　段长流[2]　汪　勇[3]　周胜维[2]　包兴涛[1]　高　楠[4]
赵晓珍[1]　江　健[5]　肖卫平[6]　谈孝凤[7]　李向阳[1]
（1. 贵州大学教育部绿色农药与农业生物工程重点实验室，贵阳　550025；
2. 石阡县茶叶管理局，石阡　558000；3. 凤冈县植保植检站，凤冈　564200；
4. 贵州省国际工程咨询中心，贵阳　551700；5. 湄潭县植保植检站，湄潭　564100；
6. 都匀市植保植检站，都匀　558000；7. 贵州省植保植检站，贵阳　550025）

摘　要：稳定的生态系统能控制病、虫、杂草害对作物的为害。茶树是多年生植物，茶园生物资源种类多样，生态系统相对复杂且稳定。茶园病虫草害为害及防控一直是影响茶叶品质和产量的关键性因素。茶园病虫草害防控技术是一项涉及生物防控、农艺管控、化学防控多种防控措施的综合防控技术。茶园生态系统的恢复和重塑对于维持茶园生态结构、降低病虫草害为害，降低农药施用量，保障茶叶产量和品质具有重要作用。本文综述了生态系统调控的理论、实践效果以及茶园生物防控的前期经验，并展望未来茶园生态调控的思路架构和策略。

关键词：茶树；病虫草害；生态系统；防控技术；生态调控

茶树病虫草害种类多、茶叶经加工后又直接作为饮品供人饮用。因此，与其他农作物病虫害防控相比较，茶园病虫害防控难度大、技术要求高[1]。近年来，我国茶树病虫草害防控取得了重大的进展，在新药剂筛选及应用、高工效制剂及施药技术的应用、理化诱控、生物防控、农艺管控等方面取得了长足的进步[1-2]。然而，我国茶园病虫草害防控仍然存在较多的不足之处，防控形势依然严峻。例如，在各种单项技术应用方面，偏重于农药的使用、农药残留超标仍有发生、除草剂等农药品种的使用所带来的环境生态污染问题也越发严重和突出等。当前，我国农药、化肥面临产能严重过剩和“零增长”的现状，“农药和化肥”在各种作物上的减量化技术也备受重视。“控、替、精、统”技术是我国未来农作物减量化防控的发展方向。茶园生态系统是各种作物生态系统中相对复杂的一类，我国植保工作者在长期的实践中总结出一套防控茶树病虫害的生态和生物防控技术，并取得较好的防控效果，但也存在较多的问题。本文就茶园病虫草害的生态调控的现状、

---

* 基金项目：贵州省科技重大专项（黔科合重大专项〔2012〕6012号）；贵州省科技成果转化引导基金计划（黔科合成转字〔2015〕5020号）；贵州省科技厅—黔南州人民政府农业科技合作专项计划（2013—01）；贵州省科技厅农业攻关项目（黔科合NY〔2014〕3024）；贵州省教育厅自然科学研究项目［黔教合KY字（2013）159］

** 作者简介：陈卓，博士，教授，主要从事粮经作物病虫害防控研究；E-mail：gychenzhuo@aliyun.com

致谢：感谢贵州大学宋宝安院士对项目的整体设计与指导

存在问题和未来发展策略进行探讨。

1 生态调控的理论基础及实践

当前，“Push - Pull”是生态调控措施中应用最广的防控技术之一。该技术的原理是利用昆虫对挥发性气味植物（物质）具有趋避或引诱活性，用趋避活性植物（物质）（与作物进行间作）将目标昆虫驱赶（push 作用）出特定的作物区域，采用引诱活性物质将目标昆虫引诱（pull 作用）到另一特定植物区域。该技术环保安全，能减少农药的使用[3-5]。目前，该技术广泛应用于农业、渔业和家庭生活害虫的控制，具有一定的普适性[3,5-8]。例如，玉米茎蛀褐夜蛾（*Busseola fusca*）和玉米禾螟（*Chilo partellus*）等鳞翅目害虫对非洲撒哈拉沙漠以南地区玉米、高粱等粮食作物的为害极大，Kfir R 等报道其在玉米上的产量损失达 88% 以上[9]。Khan Z. R 等研究发现苏丹草（*Sorghum vulgare sudanense*）、狼尾草（*Pennisetum purpureum*）可引诱鳞翅目害虫，并使雌成虫在植物上产卵；而糖蜜草（*Melinis minutiflora*）不能引诱鳞翅目害虫产卵，其挥发物无引诱活性。因此，Khan Z. R 等针对鳞翅目类蛀茎虫对玉米的为害，使用狼尾草作为引诱植物，使用糖蜜草作为间作植物，这样蛀茎虫的雌成虫偏向产卵至狼尾草上[3,10-11]。实践表明，该技术的成功在于能引诱鳞翅目害虫在诱集植物上产卵，从而控制害虫对作物的为害。此外，Obermayr U 等发现猫薄荷（*Nepeta cataria*）挥发物对埃及伊蚊（*Aedes aegypti*）也具有趋避活性。Obermayr U 等采用“Push - Pull”技术进行埃及伊蚊的控制[6]。吕仲贤等通过稻田周边种植香根草，引诱二化螟至香根草上产卵，从而控制二化螟的数量，减轻了二化螟对水稻的为害[8]。另外，我们对当前国内外对害虫具有趋避、毒杀或引诱活性的植物及其化学组分进行了总结，详见表 1。这些植物资源或将有利于我们今后开展茶园病虫草害的 Push - Pull 生态调控。

Leiner R 对泡菜虫（*Diaphania nitidalis* Cramer）幼虫对南瓜叶、哈密瓜叶、西瓜叶、豆叶、由黑白斑豆制作的饲料的取食偏好进行研究，发现泡菜虫幼虫对作物取食的确存在差异[12]。因此，在 Push - Pull 策略中，除了考虑植物挥发物对昆虫的引诱或趋避活性及其在上产卵的行为外，还应考虑到幼虫对引诱植物的取食行为。否则，幼虫又会从诱集植物上移动到所要控制的作物上。

表 1 对茶树害虫具有趋避或诱集等生物活性的植物及其化学组分

植物名称	科	属	化学组分	生物活性
印楝（*Azadirachta indica*）	楝科（Meliaceae）	楝属（*Melia*）	印楝素	趋避和杀虫活性，对茶丽纹象甲、茶卷叶蛾、茶角胸叶甲等成虫或幼虫具有较高的杀虫活性
除虫菊（*Pyreyhrum cineriifoliun*）	菊科（Compositae）	匹菊属（*Pyrethrum*）	除虫菊素，包括除虫菊素 I、除虫菊素 II、瓜叶菊素 I、瓜叶菊素 II、茉酮菊素 I、茉酮菊素 II	对害虫具有触杀、胃毒和驱避活性，对茶小绿叶蝉、茶大灰象甲等具有毒杀作用

（续表）

植物名称	科	属	化学组分	生物活性
万寿菊（*Tagetes erecta* L.）	菊科（Compositae）	万寿菊属（*Tagetes*）	罗勒烯、罗勒烯酮、萜二烯、万寿菊酮、二氢万寿菊酮、胡椒酮、胡椒二烯酮、石竹烯、沉香醇、对甲氧基苯丙烯等	对害虫具有趋避活性
艾草（*Artemisia argyi* H. Lév. & Vaniot）	菊科（Compositae）	蒿属（*Sagebrush*）	挥发性精油，主要有2－甲基丁醇、2－己烯醛、三环萜、α－侧柏烯、α－侧柏酮、α－水芹烯、柠檬烯、香茅醇、桉树脑、松油醇、松油烯、樟脑、龙脑等	对害虫具有趋避和拒食活性
藿香蓟（*Ageratum conyzoides* L.）	菊科（Compositae）	霍香蓟属（*Ageratum*）	挥发性精油，主要有对甲氧基肉桂酸乙酯、桉叶油素、α－蒎烯、樟脑、3－（1－甲醛基－3，4－亚甲二氧基）苯甲酸甲酯）、马鞭烯酮、β－石竹烯、龙脑等	对害虫和害螨具有趋避活性、抑菌活性
薰衣草（*Lavender*）	唇形科（Labiatae）	薰衣草属（*Lavandula* Linn.）	植物挥发性香味，组分未明确	对害虫具有趋避活性
薄荷（*Mentha haplocalyx* Briq.）	唇形科（Labiatae）	薄荷属（*Mentha*）	挥发性精油，主要有左旋薄荷醇、左旋薄荷酮、异薄荷酮、胡薄荷酮、胡椒酮、胡椒烯酮、二氢香芹酮、乙酸薄荷酯、乙酸葵酯、乙酸松油酯、反式乙酸香芹酯、α－蒎烯、β－蒎烯、β－侧柏烯、柠檬烯、右旋月桂烯、顺式－罗勒烯、反式－罗勒烯	引诱害虫，如茶尺蠖成虫等
吸毒草（*Melissa Officinalis*）	唇形科（Labiatae）	薄荷属（*Mentha*）	植物挥发性精油，组分未明确	引诱或趋避作用，与剂量相关，如茶尺蠖成虫
罗勒（*Ocimum basilicum*）	唇形科（Labiatae）	罗勒属（*Ocimum*）	挥发精油，主要成分为丁香酚、4－松油醇、己酸、十六酸、δ－杜松烯、β－波旁烯、龙脑、壬酸、1－辛烯－3－醇、癸酸、芳樟醇、α－松油醇、1－己醇、甲基丁香酚、辛酸、顺－3－己烯－1－醇、庚酸、长叶薄荷酮等	引诱活性，如白粉虱
迷迭香（*Rosmarinus officinalis*）	唇形科（Labiatae）	迷迭香属（*Rosmarinus*）	植物精油，含量最高的依次为桉树脑、α－蒎烯、马鞭草烯酮等	樟脑、石竹烯、α－水芹烯、α－松油醇、桉树脑对茶小绿叶蝉具有引诱活性；β－蒎烯对茶小绿叶蝉的作用与剂量呈抛物线的关系
柠檬草（*Cymbopogon citratus* DC. Stapf）	禾本科（Gramineae）	香茅属（*Cymbopogon*）	组分未明确	对害虫具有毒杀和熏蒸活性

（续表）

植物名称	科	属	化学组分	生物活性
依兰（*Cananga odorata*）	番荔枝科（Annonaceae）	依兰属（*Cananga*）	组分未明确	对害虫具有毒杀活性
逐蝇梅（*Lantana camara* L）	马鞭草科（Verbenaceae）	马缨丹属（*Lantana camara* L.）	组分未明确	对害虫具有趋避活性，如蝇、蚊等
驱蚊草（*Pelargonium graveolens* L'Herit.）	牻牛儿苗科（Geraniaceae）	天竺葵属（*Pelargonium*）	挥发性成分，主要有萜、酯、醇和酸类物质，如：香叶醇、芳樟醇、巴豆酸基香叶酯、十六烷基乙酸酯	对害虫具有趋避活性，如蝇、蚊等

2　茶园具有稳定的生态系统

相对其他作物，茶园生态系统组成复杂，可由树、草、花、鸟类、昆虫、微生物和病毒等构成。不同地域、不同时间、不同树龄的茶园，其构成比有所不同[13]。其中，昆虫包含了益虫、中性昆虫和害虫；微生物包括益生菌群和有害菌群等。茶园中的食物链结构也相对清晰。因此，上述研究为开展茶园生态调控奠定了理论基础（图1）。

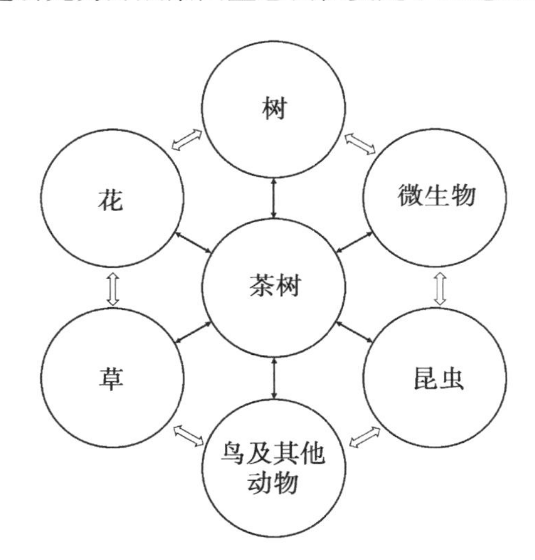

图1　茶园生态系统模型

3　我国茶园病虫害为害及防控现状

3.1　我国茶树病虫害为害概况

茶树［*Camellia sinensis*（L.）O. Ktze.］，属山茶科山茶属灌木或小乔木。目前世界上已有记载的害虫（害螨）达1 034种，我国已有记载的茶树害虫（害螨）达800余种，我国已有记载的茶树病害种类达100余种[13]。从为害种群分析，最多的属鳞翅目、其次为同翅目、鞘翅目；从为害茶树部位分析，最多的芽叶，其次为茎部，顺次为根部、花和果等[13]。对我国茶叶品质和产量常年构成为害的刺吸式害虫主要有茶小绿叶蝉、茶黑刺粉虱、茶蓟马、茶蚜、蜡蝉等吸汁性害虫；食叶性害虫主要有茶尺蠖、茶毒蛾、茶刺蛾、茶卷叶蛾、茶夜蛾、茶细蛾、茶象甲、茶叶甲等；以及螨类害虫、地下害虫以及钻蛀性害虫等[15]。上述害虫中，茶小绿叶蝉、茶黑刺粉虱和茶蓟马等繁殖快、发生世代多，存在世代重叠的特点，防控难度大；因地域不同，我国茶树发生病害种类也有所不同；此外，食叶性害虫对茶叶产量也构成了一定的影响。目前，对我国茶树病害影响面积较大的病害种类有茶饼病、茶圆赤星病、茶褐色叶斑病和茶白星病等。茶圆赤星病、茶褐色叶斑病和茶白星病好发于高海拔、冷凉地区以及多雨或阴雨季节[2]。茶园杂草种群复杂且稳定，茶区地理位置、茶园土壤类型、酸碱度、耕作培肥状况等多种因素决定了茶园杂草种类。茶园杂草与茶树竞争水、肥、生存空间，严重影响茶叶产量和品质，杂草作为茶园生态系统中生物多样性的构建要素，还影响到茶园昆虫、微生物等物种的多样性。同时，茶园杂草对幼龄茶树的为害严重。研究表明，茶园杂草多属禾本科、豆科、马鞭草科、百合科、毛茛科、柳叶菜科、鸭拓草科、爵床科、唇形科、蓼科、伞形科、茄科、菊科、蔷薇科、桔梗科、苋科、荨麻科、罂粟壳、商陆科、大乾科、石竹科、茜草科、旋花科、玄参科、十字花科等，其中，禾本科杂草居多[14,16]。陈宗懋先生等对我国茶树病虫害发生与区系组成、病虫害演替进行了系统分析，认为病虫害发生种类与经纬度、海拔、茶树种植年限、茶园面积等密切相关[13]。

3.2 我国茶树病虫草害防控现状

当前，我国茶树病虫害的防治技术主要基于茶园定位、茶叶加工种类和等级等因素。目前，大部分茶区普遍采用的防控技术还仍然以农药防控为主体、辅助理化诱控、生物防控和农艺管控等综合防控的技术措施[2,16]。我国当前茶树病虫害防控的压力、防控的投入可归纳为图2。然而，针对目前茶树病虫害，以农药为主的防控技术仍然存在较多问题。①茶树病虫害的预测预报技术不完善、设施未普及，技术未完全推广。近年来，在国家茶叶产业体系等项目的资助下，我国研究院所针对茶树病虫害为害制定分级标准，研究测报方法以及防治指标，对茶叶绿色防控有着重大推动作用，起到了很好的效果。但总体分析，茶树害虫的测报技术研究偏多，病害的测报技术偏少。测报技术比较老化，一些新技术、新设备、新方法还未引进到茶树病虫害防控中，未做到精准防控，我国茶树病虫害的测报方法还值得创新与探索。②农药防治技术存在诸多问题。传统农药品种的应用量和防控面积较大，而环境友好、高效低毒的新型绿色农药品种应用较少；水溶性农药品应用较多，而非水溶性或脂溶性农药品种应用较少；新型高效环保制剂、施药器械和施药技术未大面积推广和应用。例如：水分散粒剂、水悬浮剂、超低容量静电喷雾制剂、热雾剂等高效环保、“省工、省力和省水”的新制剂未普及，无人飞机、热雾机、弥雾机等“省工、省力、省药”高效作业的施药设备未大面积推广应用；针对各地茶树病虫害种类，对应的农药防治技术、安全间隔期、使用规范和标准未制定、普及或推广应用[17]。③理化诱控技术有待深入研究与应用。例如，针对茶小绿叶蝉、茶蓟马、茶毛虫、茶尺蠖等害虫的（性）信息素的研制，并急需解决（性）信息素在田间的诱控活性、稳定性以及成本等问题，并制定相应的规范和标准。④茶树害虫的抗药性问题突出。由于茶小绿叶蝉、茶蓟马、茶黑刺粉虱等害虫繁殖快、世代重叠，农药抗性产生快，防治难度大，这也进一步加大了农药的使用量[17-18]。⑤因为农药施用不合理导致茶叶农药残留超标等问题也非常突出。同时，我国目前茶园面积在不断扩大，茶叶产量快速增加、茶叶产能过剩，茶叶生产需面向出口等问题，欧盟对我国茶叶出口给予了极高的要求。欧盟农残标准中大量使用0.01mg/kg 的最小检出量作为最大残留极限（Maximum residue limit，MRL）标准。例如，在2013 年欧盟农残检测中，对我国茶园施用植物源农药如印楝素、鱼藤酮、除虫菊素等生物农药均进行检测，规定了 MRL 值为 0.01mg/kg、0.02mg/kg、0.5mg/kg。2014 年，欧盟农残标准中提出的检测范围更广，标准更高。为了加大出口力度，这迫使我们不断提高绿色防控技术水平。⑥对于杂草的控制，从田间管理的成本上考虑，草甘膦等除草剂的使用较为普遍，也成为严重影响茶园生态结构的重要因素。综上所述，采用科学合理的绿色防控技术，降低农药使用、保障茶叶品质和产量是当前我国茶叶产业急需面对和解决的问题。

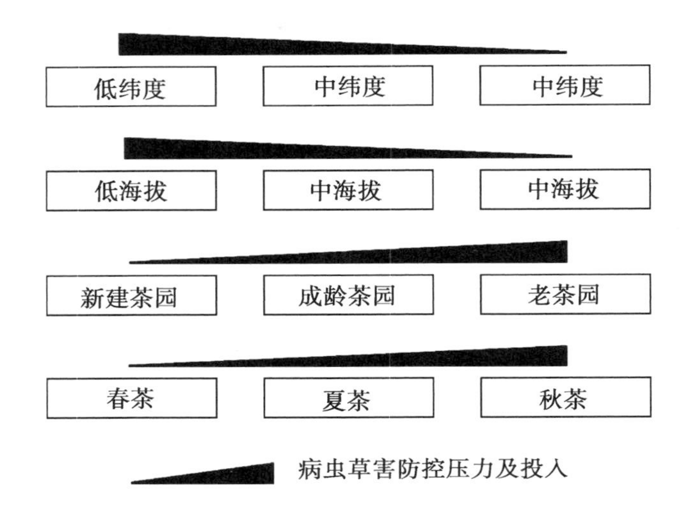

图 2　我国茶园病虫草害发生相关因素与防控压力及投入的相关性分析

4　茶园生态调控前期工作基础

近年来，我国植物保护专家和学者在茶树病虫害生物防治方面开展了大量的工作，取得了重要的进展，例如，第一，对我国部分茶区蜘蛛、螳螂、瓢虫、草蛉、寄生蜂、捕食螨等茶园天敌资源种类进行调查，并初步总结和分析了经纬度、海拔、茶树品种、茶树龄期、茶园地形地貌、茶园周边种植植物等因素下，茶园天敌的生活学特性[19-22]。第二，研究了茶园害虫及其天敌间的生物学规律，并探索和总结了茶小绿叶蝉、茶黑刺粉虱、茶蓟马、茶蚜和茶毛虫等害虫与天敌间的互作关系[23-26]。第三，研究茶园中“茶-树-绿肥-花”等套种模式下，茶园生态系统的组成、益/害虫比例、病害演替情况、病虫害的发生及危害情况等[6,25-26]。并初步总结出茶园生态调控技术和措施。如：不同地域的套种模式及其作用，例如，在茶-树模式中种植桂花，起到引诱益虫至茶园中的作用；种植苦楝树起到对害虫趋避作用；种植桑树起到富集重金属作用；茶园周边种植杉树起到防风、固土、防强冷空气、强对流空气等作用[16]。研究并总结了以花和草控制病虫害的技术措施，例如茶园中种植除虫菊、万寿菊等趋避活性的花[16]。初步总结了茶园种植绿肥控制杂草技术，如根据茶园土壤酸碱度、茶树的树龄等，选择红三叶、白三叶、百脉根、羽扇豆等植物进行套种[16]。第四，研究并总结出“以虫治虫”“以菌治虫”“以菌治菌”的防控技术，如：采用白斑猎蛛、八斑球腹蛛、银长腹、艾蛛、星豹蛛、鞍形花蟹蛛、黑色蚁蛛等蜘蛛控制茶园多种害虫；采用螳螂控制茶尺蠖、茶小卷叶蛾、茶毛虫等；采用瓢虫控制蚧类、茶叶害螨、茶蚜等；采用中华草蛉、大草蛉等控制茶蚜、粉虱、卷叶蛾、茶毒蛾等；采用苏云金杆菌、球孢白僵菌、韦伯虫座孢菌、茶毛虫核型多角体病毒、茶尺蠖核型多角体病毒、多抗霉素、申嗪霉素等微生物资源控制茶小绿叶蝉、茶黑刺粉虱、茶毛虫、茶尺蠖、茶圆赤星病、茶褐色叶斑病、茶白星病等[16]。针对茶黄螨贵州湄潭县茶园的为害，采用胡瓜钝绥螨进行生物防治，每亩投放胡瓜钝绥螨 40 袋，采用挂袋法，投放后 7 天和 35 天进行防治效果调查。结果表明，与常规化学防治相比，挂袋 7 天后防效低于化学防治的效果，但挂袋 35 天，其防控效果高于化学防治效果。说明生物防治的持效性好（图 3）。针对茶棍蓟马对贵州凤冈茶园的为害，采用乙基多杀菌素进行生物防治，研究表明，6% 乙基多杀菌素对茶棍蓟马表现良好的速效性和持效性，效果优于对照药剂—2000 倍稀释的 15% 茚虫威乳油的防治效果（图 4 和表 2）。

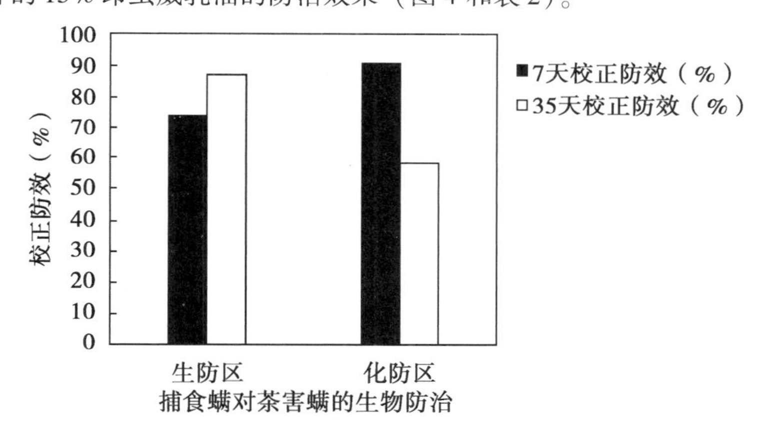

图 3　贵州湄潭采用捕食螨防治茶黄螨的效果

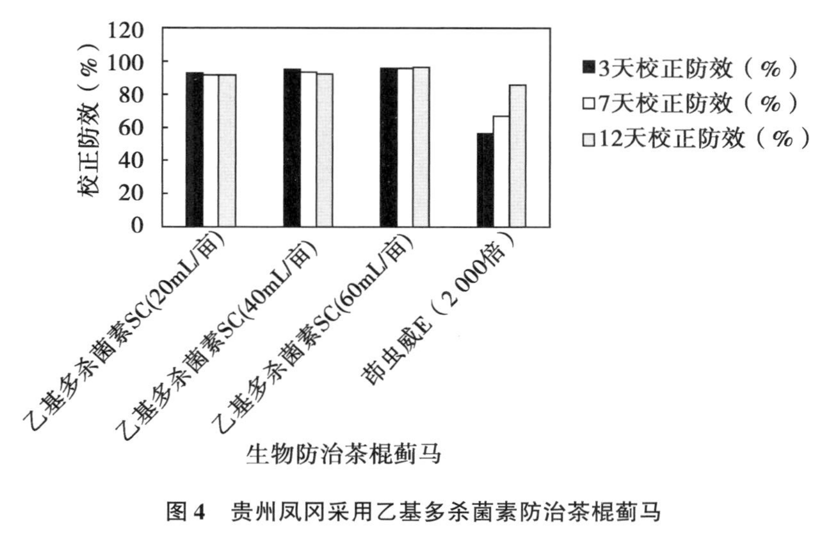

图 4　贵州凤冈采用乙基多杀菌素防治茶棍蓟马

对于杂草的控制，主要茶园种植豆科绿肥植物，通过竞争性抑制杂草的方法进行控制，同时，通过绿肥的种植，也能起到固氮增肥、减少除草剂的应用的作用。目前，采用的主要的绿肥品种根据茶园茶树种植龄期、土壤酸碱度进行选择。上述研究为今后开展茶树病虫害的生态调控奠定了实践基础。

表2　茶园生态调控生物资源及活性

生物资源	控制茶园害虫
鸟类	茶尺蠖、茶小卷叶蛾、茶毛虫等
螳螂	茶尺蠖、茶小卷叶蛾、茶毛虫
蜘蛛，如：白斑猎蛛、八斑球腹蛛、银长腹艾蛛、星豹蛛、鞍形花蟹蛛、黑色蚁蛛	对茶园大部分害虫均有控制作用
瓢虫，如：异色瓢虫、七星瓢虫等	蚧类、茶叶害螨、茶蚜
草蛉，如：中华草蛉、大草蛉	茶蚜、粉虱、卷叶蛾、茶毒蛾
捕食螨，如：德氏钝绥螨、胡瓜钝绥螨	茶跗线螨、茶橙瘿螨
寄生蜂，如：青蛾瘦姬蜂、松毛虫赤眼蜂、螟蛉悬茧姬蜂、缨小蜂	茶毛虫、茶白青蛾、卷叶蛾、茶尺蠖、茶毒蛾
蝇，如：食蚜蝇、寄蝇等	茶蚜、茶毛虫
球孢白僵菌	茶小绿叶蝉、茶蓟马
韦伯虫座孢菌	茶黑刺粉虱
苏云菌杆菌	茶尺蠖、茶毛虫
茶尺蠖核型多角体病毒	茶尺蠖
茶毛虫核型多角体病毒	茶毛虫

5　茶园生态系统调控的挑战

5.1　茶园生态系统调控是绿色防控的必然之路

长期以来，由于在茶树病虫害防控中过度依赖农药，所导致的农药残留超标、病虫害抗药性增加、农药对环境生态的污染和生态的破坏等问题越发突出。目前，国家提出农药和化肥“零增长”计划，如何减少农药在茶园中的使用量以及寻求非农药的替代措施，这促使我国植保科技工作者要重新思考和研究茶树病虫害的防控技术，采用非农药的替代防控技术、茶园生态调控的理论以及如何架构、实施成为了必然。

5.2　茶园生态系统调控任重道远

尽管我们在茶树病虫害防控中提出了很多的生态防控技术措施，在一定范围内进行示范推广，也取得了一定的效果。然而，茶树病虫害的生态调控技术还存在诸多的问题，亟待解决。第一，茶园生态系统复杂，它的构建组成、动态规律还需深入研究。目前，我们初步调查了茶园生态系统的组成；然而，关于昆虫种类之间、昆虫与植物之间、昆虫与微生物之间、微生物种类之间、微生物与植物之间的关系，比如在种群、种类等方面还需进一步深入研究。第二，为了控制茶树病虫害的发生及为害，我们人为地引入其他树、花、草和微生物资源等进入茶园中，这些生物资源虽然具有控制茶树病、虫、草害的作用；然而，这些生物资源的引入，是否会改变茶园生态系统的构成？所引入的生物是否会对茶树生长、发育造成影响？是否会对其他的昆虫、微生物造成影响？这些问题，我们都得认真研究，慎重实施。第三，尽管“Push－Pull”策略在其他作物的生态调控中起到了明显的调控作用。然而，茶园中应用“Push－Pull”策略还存在诸多问题。例如：茶园病虫害种类多、茶叶采摘期长。首先，筛选出对多种害虫具有生物活性的植物种类，其生物活性具体包括趋避、拒食、毒杀、引诱等；其次，研究植物化学组分对害虫生物活性的持效性；最后，明确对害虫具有生物活性的化学组分。第四，茶叶采摘期长，可从春茶到秋茶，如何在整个采摘期内，综合害虫的发生、动态规律、以及生态调控的植物资源的生长规律及生物活性发挥时间，进行有效的衔接，这也是十分重要的技术难题。这是一个庞大的工程，需要生态学、昆虫学、植物病理学、杂草学、植物保护学、农药学、植物学等学科的专家和学者密切协作，共同攻关，才得以解决。

6 茶园生态系统调控的实施构建

6.1 开展茶园生态系统资源调查

进一步深入详细地调查茶园生态系统的构成，包括茶树种类、其他植物资源（树、花、草、绿肥等）、鸟类、昆虫、微生物的组成、动态以及相互间的规律，这些基础工作将为我们系统开展茶园生态系统的调控奠定基础。

6.2 具有调控茶园生态系统的植物资源筛选

首先，建立室内饲养茶园鳞翅目、同翅目、鞘翅目害虫的方法，室内饲养茶园害虫，建立具有趋避或引诱活性的生物模型；其次，搜集、整理和评价对各种茶园害虫的生物活性或潜在活性的植物资源，包括趋避、毒杀、拒食、引诱等活性。采用上述生物模型，对上述害虫的若虫、成虫、雌雄虫分别进行生物活性的研究；最后，对筛选出具有 pull 或 push 活性的植物资源的化学组分进行鉴定，并研究其理化性质和生物学活性。

6.3 茶园生态系统调控的实施构建

首先，研究具有 pull 或 push 活性的植物资源与茶树的相容性，研究上述植物资源常见的病虫害种类，这些病虫害种类对茶树的潜在影响；其次，研究具有 pull 或 push 活性的植物与茶树在水/养分摄取、光照等方面是否存在竞争、协同、抑制等影响；最后，合理利用上述植物资源，研究茶园茶树与上述植物资源的套种模式。包括，植物资源的种植的位置、种植的数量等。最后通过不同地域和不同茶区来评价其生态调控的效果。此外，充分利用具有 pull 或 push 活性的植物资源的化学组分，制备成害虫趋避剂或害虫引诱剂，并结合物理诱控的方式，如诱芯＋粘虫板等，进行茶园病虫草害的生态防控。

7 未来研究方向及展望

茶树病虫草害的生态调控工作是一项长期、系统、复杂和艰巨的工作。对于保障茶叶品质和产量，保护生态环境、实现可持续发展具有重要意义，也是响应国家农药化肥“零增长”的重要举措。我们应以“生态为根、农艺为本、化学防控为辅助”的现代植保理念来系统设计和架构茶园病虫草害的生态调控工作，该项工作需要多学科交叉，进行长期系统性地研究，未来应加大力度筛选与茶园和谐相容的 pull 或 push 植物资源，以及采用室内和室外模型相结合的方法，评价上述植物资源的生物活性。

参考文献

[1] 陈宗懋，杨亚军．中国茶经［M］．上海：上海文化出版社，2011：467－474.

[2] Ye G Y，Xiao Q，Chen M，*et al.* Tea：biological control of insect and mite pests in China［J］. Biological Control，2013，68：73－91.

[3] Cook S M，Khan Z R，Pickett J A. The use of push－pull strategies in integrated pest management［J］. Annual Review of Entomology，2007，52：375－400.

[4] Pyke B，Rice M，Sabine B，*et al.* The push－pull strategy：behavioral control of Heliothis［J］. Australia Cotton Growth，1987，4：7－9.

[5] Hassanali A，Herren H，Khan Z R，*et al.* Integrated pest management：the push－pull approach for controlling insect pests and weeds of cereals，and its potential for other agricultural systems including animal husbandry［J］. Philos Trans R Soc Lond B Biol Sci，2008，363（1491）：611－621.

[6] Obermayr U，Ruther J，Bernier U R，*et al.* Evaluation of a push－pull approach for Aedes aegypti（L.）using a novel dispensing system for spatial repellents in the laboratory and in a semi－field environment［J］. PLoS One，2015，10（6）：e0129878.

[7] Mordue Luntz，A J，Birkett M A. A review of host finding behaviour in the parasitic sea louse，Lepeophtheirus salmonis（Caligidae：Copepoda）［J］. Journal Fish Disease，2009，32（1）：3－13.

[8] Chen G，Yao X，Cheng J，*et al.* Multi－country evidence that crop diversification promotes ecological intensification of agricultur［J］. Nature Plants，2016，2（16014）：doi：10.1038/nplants.2016，14.

[9] Kfir R，Overholt W A，Khan Z R，*et al.* Biology and management of economically important lepidopteran cereal stem borers in Africa［J］. Annual Review of Entomology，2002，47：701－731.

[10] Khan Z R，Ampong－Nyarko K，Chiliswa P，*et al.* Intercropping increases parasitism of pests［J］. Nature，1997. 388：631－632.

[11] Khan Z R，Midega C A，Bruce T J，*et al.* Exploiting phytochemicals for developing a ‘push－pull’ crop protection strategy for cereal farmers in Africa［J］. Annual Review of Entomology，2010，61（15）：4 185－4 196.

[12] Leiner R，Spafford H. Pickleworm（*Diaphania nitidalis* Cramer）neonate feeding preferences and the implications for a push－pull management system［J］. Insects，2016，7（3）：doi：10.3390/insects7030032.

[13] 陈宗懋，杨亚军．中国茶经［M］．上海：上海文化出版社，2011：463－465.

[14] 周子燕，李昌春，胡本进，等．安徽省茶园杂草主要种类调查［J］．中国茶叶，2012，1：18－20.

[15] 肖强．茶树病虫害诊断及防治原色图谱［M］．北京：金盾出版社，2013.

[16] 施利，江健，王勇，等．贵州茶树病虫害防控现状及对策建议［J］．茶叶，2015，41（3）：146－149，153.

[17] 郭勤，高楠，汪勇，等．我国茶树农药应用现状及问题分析［J］．中国植保导刊，2014，34（8）：58－61.

[18] Wei Q，Yu H Y，Niu C D，*et al.* Comparison of insecticide susceptibilities of Empoasca vitis（Hemiptera：Cicadellidae）from three main tea－growing regions in China［J］. Journal of Economic Entomology，2015，108（3）：1 251－1 259.

[19] 戴轩，韩宝瑜．贵州省茶园蜘蛛区系分布特征［J］．生态学报，2009，29（5）：2 356－2 367.

[20] 李向阳，吴剑，金林红，等．贵州主要产茶区有害生物的种群调查［J］．贵州农业科学，2016，44（3）：73－75.

[21] 柯胜兵，党凤花，毕守东，等．不同海拔茶园害虫、天敌种群及其群落结构差异［J］．生态学报，2011，31（14）：4 161－4 168.

[22] 陈宗懋，孙晓玲．茶树主要病虫害简明识别手册［M］．北京：中国农业出版社，2013：252.

[23] 高旭晖，梁丽云，杨云秋．茶蚜主要捕食性天敌种类、发生规律及其保护和利用［J］．茶业通报，2009，31（2）：59－61.

[24] 艾洪木，赵士熙，佘志权．茶毛虫天敌的研究［J］．华东昆虫学报，2000，9（1）：67－72.

[25] 柯胜兵，周夏芝，毕守东，等．大别山区茶园茶黄蓟马与捕食性天敌的关系［J］．华南农业大学学报，2011，32（4）：40－46.

[26] 王振兴，李尚，王建盼，等．两品种茶园茶蚜和假眼小绿叶蝉天敌优势种的比较［J］．安徽农业大学学报，2016，43（3）：350－358.

茶－林－草－塘生态模式及其对茶园病虫发生的影响*

吴全聪[1**] 陈方景[2] 尹仁福[1] 缪叶旻子[1]
（1. 浙江省丽水市农业科学研究院，丽水 323000；
2. 浙江省景宁县农业局，景宁 323500）

摘 要：以留树与种树、种草与生草、集水成塘以及机器割草还园、适施有机肥和化肥、冬季清园封园为内容的茶－林－草－塘生态模式茶园，除封园施用石硫合剂外全年不打农药。调查结果：茶饼病比纯茶园略重，其余病虫均在基本控制范围内。天敌种类丰富，尤其是蜘蛛、鸟类及寄生蜂对茶园害虫控制发挥重要作用。

关键词：生态模式；茶园；病虫

随着人们对农产品安全关注度的提高，农产品生态种植成为热点，茶叶尤盛。生态茶园是指以茶树为主要物种，以生态学和经济学原理为指导按照优化互利原则建立起来的一种多物种、多层次、多功能、多效益的高效、持续、稳定的人工复合生态系统。生态茶园建设可以充分发挥人对茶园生态系统的调控作用[1]。前人总结了茶－林、茶－果、茶－草、茶－猪－沼－肥等模式，并对茶－林结构为主的生态茶园模式的生态效应作报道[2-3]。笔者充分利用浙江山区茶园特有环境条件，开展了茶－林－草－塘生态模式建设及其对茶园病虫害发生影响调查。

1 材料与方法

1.1 试验茶园

茶园位于浙江省景宁畲族自治县澄照乡天堂湖，海拔500～540m，面积5.33hm^2，是国际金奖惠明茶的主要产区。茶树品种主要有景白1号、景白2号和乌牛早，乌牛早树龄3～4年，景白1号和景白2号10～15年。

1.2 茶园生态建设的主要内容

1.2.1 立体生态环境的营造

（1）留树与种树。在茶园周围保留自然生长的树种，如松树、梧桐树、杉树、映山红等本地树种；在园内及道路旁，种植板栗、桂花、柿子、玉兰、樱花、杜英等。茶园内种树密度6～7株/亩。茶园周围及园内树木提供鸟类栖息、茶树遮阴和蜜源植物。

（2）种草与生草。9月上中旬，在茶园内裸露的土地播种白三叶草或紫云英，次年割草还园。每7～8年播种白三叶草1次，紫云英则需每年播种。茶园内自然生长的杂草种

---

* 基金项目：浙江省丽水市院地合作项目（Ls20140011）

** 作者简介：吴全聪，主要从事茶园病虫生态防治技术研究；E-mail：lsqcw@163.com

类繁多，水平带坎上的任何杂草均让其自然生长至6—8月，每月割草1次；水平带上的杂草中，保留匍匐型，低矮类杂草任其生长至6—8月期间机器割草，扛板归、小飞蓬等杂草人工拔除。

（3）集水成塘。在茶园旁合适位置依地势建筑水塘，集聚多雨季节山上植被不能吸的水，一方面可供旱季使用，另一方面为茶园营造优良小气候以及优化生态环境。

1.2.2 茶园管理

（1）修剪。全年2次修剪和1次打顶采摘。在5月中下旬，春茶结束后，进行第1次修剪，根据茶树生长情况采取轻至重修剪，修剪枝叶收集成堆覆盖于茶树基部或茶园内杂草上；在11—12月清园时，进行第2次修剪，剪去茶树病虫枝，集中烧毁。年中，约在7月中旬，开展打顶采摘1次。

（2）杂草防除。以下6条措施代替除草剂除草。3—4月，采茶时踩踏杂草，让杂草受到一定抑制；5月修剪茶树时枝叶覆盖部分杂草；6—8月是杂草疯长期，每月机器割草1次，割下的杂草覆盖于茶树基部；茶树扩篷遮沿，遮挡阳光，抑制受遮挡处杂草生长；种植绿肥植物（白三叶草和紫云英）竞争茶园杂草。

（3）施肥。9月下旬至10月施基肥，打洞施尿素15kg/亩，沟施饼肥50kg/亩、腐熟兔粪羊粪100kg/亩。6—7月，对生长势欠佳的茶树沟施尿素15～20kg/亩。

（4）病虫防治。在茶假眼小绿叶蝉、茶尺蠖成虫高峰期，开启频振式诱虫灯，每亩挂置黄板20块；冬季清除枯枝落叶、病叶，集中消毁清园后，用45%晶体石硫合剂200倍液喷雾，叶子的正反面喷湿，枝干、茶丛基部受药均匀，除此之外不打任何农药。

（5）采摘。全年主要采摘春茶，部分茶树夏季打顶采摘1次。

1.3 调查方法

1.3.1 害虫及天敌调查

于2015—2016年，在供试茶园中，3—11月每7天调查1次，12月至下年1—2月每14天调查1次。按五点取样法，茶假眼小绿叶蝉、茶蚜和茶橙瘿螨每点查20个叶片；其余生物每茶园调查5点，每点查1m^{2}茶蓬，目测梢部、枝干中部以及地面部，记录害虫及各种天敌种类及数量。并于茶园中步行浏览，观察并记载单位面积茶园内地面其他捕食性天敌、树上鸟类及数量。

1.3.2 病害调查

在病情稳定后，按5点取样法，每点调查20个枝头，各枝头查2～3张嫩叶，共计调查100个枝头，记录发病叶数，计算发病率。

2 结果与分析

2.1 对茶树病害的影响

浙江山区茶园主要病害有茶饼病、炭疽病、赤星病、白星病等。茶–林–草–塘生态模式茶园与相似条件下同品种纯茶园相比，发生的病害种类相同，但茶饼病发病率有较大提高，炭疽病、赤星病、白星病发病率相近（表1）。茶园的遮阴度与茶饼病发生普遍性及严重程度呈正相关，遮阴度为40%时在一定程度上利于茶饼病的发生[4]。本模式生态茶园遮阴度增大以及集水成塘增大了茶园空所湿度，是茶饼病发生加重的主要原因。

表1　不同类型茶园病害发生情况

茶园类型	茶饼病（%）	炭疽病（%）	赤星病（%）	白星病（%）
生态茶园	16.1	6.3	7.1	6.6
纯茶园	7.8	5.7	6.4	7.5

2.2　对茶树虫害的影响

2.2.1　茶树害虫种类增加

生态茶园的主要害虫有：茶假眼小绿叶蝉、茶蚜、茶尺蠖、茶毛虫、短额负蝗、蝽类、茶橙瘿螨。比对照纯茶园增加了：茶毛虫、短额负蝗和绿盲蝽。茶园内及周围环境植被多样，是茶毛虫、短额负蝗、蝽类等种类害虫增加的原因。

2.2.2　茶树害虫种群优势削弱

2015 年 6 月至 2016 年 6 月调查结果见表 2。茶假眼小绿叶蝉在 6—7 月、9 月和 11 月虫量高于防治指标，但未经农药防治虫口自行下降；茶尺蠖、茶毛虫、茶橙瘿螨全年发生轻；蚜虫在 7 月和 9 月出现 2 个高峰，之后虫口自行下降；绿盲蝽和短额负蝗全年虫口均维持一定水平，与茶园生境植物多样性有关，但其对茶叶生产影响不大。

表2　2015—2016 年生态茶园主要害虫消长情况

调查日期	假眼小绿叶蝉（头/百叶）	茶尺蠖（头/5m²）	茶橙瘿螨（头/百叶）	蚜虫（头/百叶）	茶毛虫（头/5m²）	绿盲蝽（头/5m²）	短额负蝗（头/5m²）
20150603	7	0	10	15	0	13	0
20150610	13	0	10	15	0	7	7
20150617	3	0	0	0	0	23	13
20150624	3	0	0	0	0	30	3
20150701	3	0	0	0	0	0	20
20150708	16	0	0	0	0	7	13
20150720	3	0	0	179	0	27	20
20150728	7	0	0	60	0	17	13
20150805	10	0	0	0	0	47	17
20150812	3	0	0	0	0	53	23
20150819	3	0	0	0	0	73	7
20150828	0	0	0	0	0	67	3
20150905	0	0	0	0	0	43	17
20150911	0	0	0	0	0	13	23
20150918	0	0	0	131	0	17	13
20150925	17	0	0	13	15	3	7
20151005	6	0	0	0	6	17	3
20151012	0	0	0	0	6	17	10

（续表）

调查日期	假眼小绿叶蝉（头/百叶）	茶尺蠖（头/5m²）	茶橙瘿螨（头/百叶）	蚜虫（头/百叶）	茶毛虫（头/5m²）	绿盲蝽（头/5m²）	短额负蝗（头/5m²）
20151019	7	0	0	4	0	0	13
20151026	10	14	0	0	0	0	0
20151106	17	0	0	14	0	17	0
20151113	7	0	0	0	0	17	0
20151120	11	0	0	0	0	0	10
20151127—0222	0	0	0	0	0	0	0
20160303	0	0	0	0	0	3	0
0311—0318	0	0	0	0	0	0	0
20160328	0	0	0	0	0	3	0
20160405—0419	0	0	0	0	0	0	0
20160425	0	0	0	10	0	0	0
20160503	0	0	0	0	43	0	0
20160511	0	11	0	23	54	0	7
20160519	0	15	0	0	0	13	3
20160527	0	0	0	0	0	7	3
20160603	10	0	0	0	0	7	3
20160611	7	0	0	0	0	13	3
20160619	17	0	0	0	0	7	7
20160627	7	0	0	0	0	7	10

2.3 对天敌的影响

2.3.1 天敌种类增加

生态茶园生境植物多样性，以及水塘小气候影响，茶园天敌种类比纯茶园丰富。节肢动物中，主要有捕食性的蜘蛛、食蚜蝇、螳螂、草蛉、瓢虫和蜻蜓，寄生性的主要有寄生蜂，包括缨小蜂、姬蜂和茧蜂。其他天敌中，主要有鸟类、蟾蜍和蜥蜴。

2.3.2 主要害虫天敌数量增加

2015 年 6 月至 2016 年 6 月主要天敌（节肢动物）数量调查结果见表 3。节肢动物天敌中，蜘蛛是茶园的重要捕食类天敌，全年保持较大数量；食蚜蝇、寄生蜂、螳螂、草蛉和瓢虫分别在不同时期有较大数量，对茶假眼小绿蝉、蚜虫、茶尺蠖、茶橙瘿螨等害虫控制起一定作用，尤其是寄生蜂，据 9 月份调查，茶假眼小绿叶蝉卵寄生率达 76.9%；蜻蜓也有较大数量，是茶园水塘的缘故，但其对茶园害虫影响不大。在其他天敌中，鸟类全年保持较高数量，平均达 19.4 只/亩，幅度 7～30 只/亩，对茶尺蠖、茶毛虫等控制效果显著；5—8 月，有一定数量的蟾蜍，平均达 3.6 只/亩，幅度 0～13 只/亩，也捕食一定数量的害虫；4—10 月，蜥蜴平均达 4.2 只/亩，幅度 0～10 只/亩。

表 3　2015—2016 年生态茶园主要天敌（节肢动物）消长情况

调查日期	蜘蛛（头/5m²）	食蚜蝇（头/5m²）	螳螂（头/5m²）	寄生蜂（头/5m²）	草蛉（头/5m²）	瓢虫（头/5m²）	蜻蜓（头/亩）
20150603	3	14	0	0	0	0	3
20150610	7	7	3	6	0	7	0
20150617	37	10	7	10	7	0	7
20150624	40	7	0	11	3	0	7
20150701	47	3	3	7	0	0	17
20150708	49	7	0	5	7	0	10
20150720	52	7	3	4	3	3	23
20150728	40	13	0	4	3	3	30
20150805	35	23	3	12	3	3	7
20150812	34	17	3	10	3	3	20
20150819	43	7	0	7	0	0	63
20150828	50	3	0	11	0	0	17
20150905	31	7	0	7	0	0	13
20150911	35	10	0	12	3	3	17
20150918	55	0	0	7	0	0	17
20150925	53	17	3	9	3	3	17
20151005	36	13	7	7	3	7	3
20151012	47	10	0	10	0	3	20
20151019	52	12	0	8	0	0	0
20151026	57	14	3	16	0	3	0
20151106	34	7	0	17	0	0	10
20151113	31	14	3	6	3	0	3
20151120	43	12	3	11	0	3	3
20151127	47	11	0	9	0	0	3
20151207	0	0	0	0	0	0	0
20151218	3	3	0	10	0	0	0
20160108—0222	0	0	0	0	0	0	0
20160303	57	0	0	7	0	0	0
20160311	40	0	0	0	0	0	0
20160318	38	0	0	14	0	0	0
20160328	53	0	0	13	0	0	0
20160405	35	0	0	9	0	0	0
20160412	37	0	0	10	0	0	0
20160419	30	0	0	5	0	0	0
20160425	23	0	0	4	0	0	17

（续表）

调查日期	蜘蛛（头/5m²）	食蚜蝇（头/5m²）	螳螂（头/5m²）	寄生蜂（头/5m²）	草蛉（头/5m²）	瓢虫（头/5m²）	蜻蜓（头/亩）
20160503	40	10	0	6	0	7	10
20160511	53	15	0	6	0	7	7
20160519	47	13	0	8	0	0	33
20160527	53	11	0	13	0	23	10
20160603	55	10	3	7	0	23	7
20160611	56	23	3	15	0	17	17
20160619	60	11	0	11	1	10	20
20160627	44	17	0	17	1	0	57

3 小结与讨论

茶－林－草－塘生态模式，以留树与种树、种草与生草、集水成塘以及机器割草还园、适施有机肥和化肥、冬季清园封园等为内容，除封园施用石硫合剂外全年不打农药。增加茶园生态环境的复杂性，扩充茶园立体生态位，天敌种类丰富，尤其是蜘蛛、鸟类及寄生蜂对茶园害虫控制发挥重要作用，强化茶园内生物的食物链，除茶饼病比纯茶园略重外，其余病虫均在基本控制范围内。因此，茶－林－草－塘生态模式明显降低茶园用药水平，对减少化学农药对环境和茶叶的污染作用明显。但该模式一定程度上增加了茶园的抑闭性，对茶饼病的控制不利[4]，需加强冬季清园封园以控制茶饼病发生。

参考文献

[1] 田永辉，田永军．贵州生态茶园模式及效益分析［J］．贵州农业科学，2000，28（3）：46－48.

[2] 田永辉．贵州生态茶园模式［J］．茶叶机械杂志，2001，7（2）：29－30.

[3] 汪春园．生态茶业建设的理论基础、目标及模式［J］．中国茶叶，2002，24（1）：30－31.

[4] 吴全聪，陈方景，雷永宏，等．丽水市茶饼病发生及影响因子分析［J］．茶叶科学，2013，33（2）：131－139.

切花菊白锈病识别及综合防治技术
——以北京市延庆区为例

卢雪征 吴月霞 古燕翔 刘秀平
（北京延庆区种植业服务中心，北京 102100）

摘 要：切花菊是世界四大切花之一，产量居四大切花之首[1]。切花菊白锈病是一种重要的世界性菊花病害，也是多国检疫性病害，是限制我国切花菊进入国际市场的主要瓶颈之一。本文结合实际生产，详细介绍了菊花白锈病的症状、分布与为害特点、田间识别诊断方法，以及具体的农业防治、物理防治、生物防治、化学防治的方法，以期为延庆区切花菊产业的良性发展提供参考。

关键词：切化菊白锈病；室外诊断；综合防治

1 切花菊白锈病概况

菊花白锈病首次于1895年在日本发现，随着国际间菊花的出口与交流，在世界范围内传播，现已扩散到其他远东国家以及南非，并从那里扩散到欧洲。据报道，我国最早于1963年在上海发现该病，系从国外引进种苗时传入[2]。1994年我国检疫部门在从日本引进的菊花中检出该病，防止了该病的传播和蔓延[3]，1997年在山东潍坊地区、2000年吉林市花圃中该病严重发生，此外大连、沈阳、兰州 都有报道发生[3]。在北京市延庆地区是在2013年严重发生。菊花白锈病一旦在某地区发病，当地菊花产业将遭受严重损失。现该病已成为欧洲苗圃的严重病害，常常对温室栽培的菊花造成毁灭性灾难。菊花白锈病在我国菊花产业里传播蔓延，一方面严重降低了菊花产品的观赏价值、商业品质，直接限制了菊花产品进入国际市场；另一方面菊花生产基地用于控制该病的人力、物力花费增加，导致生产成本增加，菊花生产企业的经济效益受到严重影响。1997年秋山东潍坊地区暴发菊花白锈病，有关企业当年蒙受直接经济损失达70万元以上，并且从此留下了病害隐患[4]。菊花白锈病的发生是我国切花菊产业化生产的瓶颈之一，限制了我国切花菊进入国际市场。

2 切花菊白锈病诊断方法

2.1 切花菊白锈病症状

据观察切花菊白锈病主要发生在叶片上，并且幼嫩叶片较老龄叶片易于感病，严重时茎节也有发生[5]。发病初期，叶背出现细小的白斑（图1），叶片正面对应处有细小褪绿斑（图2），随着病害发展，叶背白斑上长出淡黄色的小黏块，叶片正面对应处褪绿斑稍凹陷；进一步发展，背面的黏块状小堆扩展变成淡黄色的疱状突起，即冬孢子堆，随后冬孢子堆变成白色或灰白色，产生大量担孢子。

2.2 切花菊白锈病病原特征

菊花白锈病的病原为 *Puccinia horiana*，中文名为堀柄锈菌。对取回的病原菌，在显微镜下观察其病原菌孢子呈灰黄色，双细胞，长椭圆形至棍棒形，分隔处略有缢缩；顶部圆形或微突。

2.3 切花菊白锈病在延庆地区发生规律

白锈病发生的最适温度是 18～22℃。根据 2013 年延庆地区白锈病调查记录显示，切花菊白锈病在 6—10 月发生，9、10 月达到顶峰。白锈病从带菌种苗定植到田间发病，有较长潜伏期。菊花锈病病菌在延庆地区能越夏，通常温室切花菊白锈病为害重，露地轻。在温室内，菊花病苗作为中心株，随着风力和灌水等人为操作的影响，病原菌可以向四周传播蔓延，造成更大的危害，直接影响生产企业的经济效益。

图 1 白锈病为害叶背面状

图 2 白锈病为害叶正面状

3 切花菊白锈病综合防治技术

切花菊白锈病的防治应贯彻“预防为主，综合防治”的植保方针，国内外的切花菊病害防治实践均表明，化学农药并不是解决病害问题的唯一有效措施。在做好切花菊栽培管理的基础上，选育抗性品种，同时协调运用包括农业措施、生物防治、物理防治和化学防治在内的综合防治策略，增强切花菊企业在国际市场上的竞争力和影响力，完善切花菊病害识别、诊断及综合防治技术，才是今后切花菊病害可持续控制的出路。

3.1 农业防治

选用抗病品种是植物病害控制的重要措施。目前在延庆，生产上大面积推广应用的切花菊品种有：白扇、优香、神马等，神马较易感病。在选用抗病品种时要注意，目前没有绝对不感病的免疫品种，品种抗性是相对的，所以宜采用选用抗病品种与药剂防治相结合，这样防治效果更好。不同品种应分区种植，避免混栽。及时清除杂草，避免中间寄主感病。做好排水灌溉设施，避免因积水而增加温室湿度。通过整形，去除侧枝、侧芽和病枝，及时捋掉根部花叶，增加温室和植株通风透光性。清洁花园，把枯枝、病枝等集中处理，不要堆放，减少传染源。加强栽培管理，配方施肥，均衡营养，提高植株抗病能力，促使植株生长，开花整齐，有利于统一喷药防治。

3.2 物理防治

从种苗开始预防，首先要从采穗母株进行严格防除[6]。选择叶面上没有锈斑的插穗，如果发现病斑要在扦插前将病叶摘除。将插穗温汤处理，即在45℃恒温浸泡10min，可以起到明显防除的效果，小批量的插穗可以在恒温水浴锅中进行。冬孢子堆在扦插苗或插穗的冷藏过程中很容易越夏，所以在出入库都要进行仔细检查。

3.3 生物防治

Whipps I M（1993）提出用蜡蚧轮枝菌（*V. Lecanii*）防治温室菊花上的蚜虫和白锈病，建立温室菊花病虫害综合生物防治体系[7]。这种真菌为菊花白锈病的生物防治提供了一定的参考。

3.4 药剂防治

根据切花菊感病时期不同需使用不同的化学方法防治。在预防阶段，15%粉锈宁可湿性粉剂1 000倍液与70%品润干悬浮剂800倍液对于切花菊白锈病具有很好的预防作用，1周喷施一次，3~4次后可达到很好的预防效果。在感病治疗阶段，25%阿米西达悬浮剂3 000倍液、12.5%黑杀可湿性粉剂3 000倍液作为治疗性药剂交替使用可达到一定的作用。1周喷施一次，3~4次方可达到一定的效果。插穗如感染切花菊白锈病，先蘸10%世高水分散粒剂4 000倍液再蘸生根粉，有利于解决插穗带菌的难题，为种苗切断传染源提供依据。避免单一有效成分杀菌剂连续多次使用。根据病害发生特点和调查监测结果，选择合适的药剂，合理选择防治适期和频次，在病害发生前和发生初期多使用保护性杀菌剂，而在病害发生高峰期则多使用治疗性杀菌剂搭配。喷雾防治一般在上午10:00时前和下午16:00时后实施。

参考文献

[1] 陈俊愉．中国花卉品种分类学［M］．北京：中国林业出版社，2001：218－219.

[2] 陶灵珠，黄习军，何敏．菊花白锈病的检疫与防治［J］．中国进出境动检，1996（3）：15－16.

[3] 王顺利，王红利，雷增普，等．菊花白锈病研究进展［J］．北方园艺，2008（1）：67－70.

[4] 丁世民，席敦琴．菊花白锈病发生规律与药剂防治［J］．植物保护，2001（27）：20－22.

[5] 王顺利，刘红霞，戴思兰．菊花白锈病症状观察及品种抗性初步调查［C］//中国观赏园艺研究进展．北京：中国林业出版社，2005：558－561.

[6] 郭志刚，张伟．花卉生产技术原理及其应用丛书：菊花［M］．北京：中国林业出版社，2001：67－68.

[7] 王顺利，刘红霞，戴思兰．菊花白锈病田间药剂防治试验［J］．西北农业学报，2008，17（1）：116－119.

农药零增长云南甘蔗主要病虫害防控思路与对策

李文凤　尹　炯　黄应昆　罗志明　张荣跃　单红丽　王晓燕　仓晓燕
（云南省农业科学院甘蔗研究所，开远　661699）

摘　要：施用农药是甘蔗生产中防病治虫的重要措施，如何科学精准用药、有效防控甘蔗病虫害是推进现代甘蔗产业发展的重要任务。为切实推进《到2020年农药使用量零增长行动》，实现甘蔗病虫科学防控、农药减量控害、甘蔗提质增效。本文结合云南甘蔗生产实际和病虫害发生为害特点，提出了农药零增长云南甘蔗主要病虫害综合防控思路与对策措施。

关键词：农药零增长；甘蔗；病虫害；防控思路；对策措施

甘蔗属无性繁殖宿根性作物，多年来轮作区域少，长期连作，导致病虫日趋积累而加重；多种病虫混合发生，扩展蔓延迅速，甘蔗受损极为严重，每年造成减产20%以上[1-5]。施用农药是甘蔗生产中防病治虫的重要措施，如何科学精准用药、有效防控甘蔗病虫害是推进现代甘蔗产业发展的重要任务[6-7]。农业部最近提出，到2020年我国农业要实现农药用量零增长的目标。目前作物病虫害防治中比较突出的问题就是农药用量偏高，利用率偏低，农药在具体使用过程中浪费了30%以上，不仅造成农药大量残留，还对生态环境造成污染。要实现农药用量零增长目标，必须大力推进科学用药，精准施药，提高农药利用率，实现减量控害增效。为切实推进《到2020年农药使用量零增长行动》，实现甘蔗病虫综合防治、农药减量控害、甘蔗提质增效，保障甘蔗生产安全、蔗糖产品质量安全和生态环境安全。按照农业部《到2020年农药使用量零增长行动方案》要求，根据《云南省到2020年农药使用量零增长行动实施方案》，结合云南甘蔗生产实际和病虫害发生为害特点，提出了农药零增长云南甘蔗主要病虫害综合防控思路与对策措施。

1　总体思路

坚持“预防为主、综合防治”的方针，主治重要病虫，兼治次要病虫，树立“科学植保、公共植保、绿色植保”的理念，依靠科技进步，注重病虫监测，强化技术指导，依托新型农业经营主体、病虫防治专业化服务组织，增强应急防病控虫能力，集中连片整体推进，大力推广新型农药，提升装备水平，加快转变病虫害防控方式，大力推进绿色防控、统防统治，构建资源节约型、环境友好型病虫害可持续治理体系，实现甘蔗病虫综合防治、农药减量控害、甘蔗提质增效，保障甘蔗生产安全、蔗糖产品质量安全和生态环境安全。

2　基本原则

2.1　坚持减量与保产并举

在减少农药使用量的同时，提高病虫害综合防治水平，做到病虫害防治效果不降低，促进甘蔗和蔗糖产品生产稳定发展，保障有效供给。

2.2 坚持数量与质量并重

在保障甘蔗生产安全的同时，更加注重蔗糖产品质量的提升，推进绿色防控和科学用药，保障蔗糖产品质量安全。

2.3 坚持生产与生态统筹

在保障甘蔗生产稳定发展的同时，统筹考虑生态环境安全，减少农药面源污染，保护生物多样性，促进生态文明建设。

2.4 坚持节本与增效兼顾

在减少农药使用量的同时，大力推广新药剂、新药械、新技术，做到保产增效、提质增效，促进甘蔗增产、农民增收。

3 目标任务

到2020年，初步建立资源节约型、环境友好型甘蔗病虫害可持续治理技术体系，科学用药水平明显提升，单位防治面积农药使用量控制在近三年平均水平以下，力争实现农药使用总量零增长。

3.1 绿色防控

甘蔗病虫害生物、物理防治覆盖率达到30%以上、比2014年提高10个百分点，选择糖料蔗核心基地，建设一批绿色防控示范区，以点带面，辐射带动大面积推广应用。

3.2 统防统治

甘蔗病虫害专业化统防统治覆盖率达到40%以上、比2014年提高10个百分点，甘蔗高产创建示范片全覆盖。

3.3 科学用药

甘蔗农药利用率达到40%以上、比2013年提高5个百分点，缓释高效低毒低残留农药比例明显提高。

3.4 强化培训

大力开展农药安全科学使用培训，深入推进轻简高效施药技术快速进村、入户、到田，主要针对农技人员和农民的培训指导，让他们懂技术、会用药、用好药，提高科学用药水平。

4 技术路径

根据甘蔗病虫害发生为害的特点和预防控制的实际，坚持综合治理、标本兼治，重点在“控、替、精、统”四个字上下工夫。

4.1 控制甘蔗病虫发生为害

应用农业防治、生物防治、物理防治等绿色防控技术，创建有利于甘蔗生长、天敌保护而不利于病虫害发生的环境条件，预防控制病虫发生，从而达到少用药的目的。

4.2 缓释高效低毒低残留农药替代高毒高残留农药，大中型高效药械替代小型低效药械

大力推广应用缓释高效低毒低残留农药，替代高毒高残留农药。应用现代植保机械，替代跑冒滴漏落后机械，采用根区土壤施药，替代地上茎叶喷药，减少农药流失和浪费。

4.3 推行精准科学施药

重点是对症适时适量施药。在准确诊断病虫害并明确其抗药性水平的基础上，配方选药，对症用药，避免乱用药。根据病虫监测预报，坚持早防早治，适期用药。按照农药使用说明要求的剂量和次数施药，避免盲目加大施用剂量、增加使用次数。

4.4 推行甘蔗病虫害统防统治

扶持甘蔗病虫防治专业化服务组织、甘蔗种植专业合作社，大规模开展专业化统防统治和绿色防控融合，推行植保机械与农技配套，提高防治效率、效果和效益，解决一家一户“打药难”“乱打药”等问题。

5 重点任务

围绕建立资源节约型、环境友好型甘蔗病虫害可持续治理技术体系，实现农药使用量零增长。重点任务是：“一构建，三推进。”

5.1 构建病虫监测预警体系

按照先进、实用的原则，以蔗螟、蔗龟、黏虫和甘蔗黑穗病、花叶病（SCMV、SrMV、SCSMV）、宿根矮化病、锈病、白叶病等主要病虫为重点，借助病原自动孢子捕捉器、智能型自动虫情测报灯、自动计数性诱捕器和PCR仪等现代监测工具，提升和规范主要病虫监测预警技术、标准，提高监测预警时效性和准确率。在此基础上，建立健全甘蔗病虫监测体系，对甘蔗病虫实施有效监测，适时掌握病虫动态，及时发布信息，为科学防控提供依据。

5.2 推进科学用药

重点是“药、械、人”三要素协调提升。一是推广缓释高效低毒低残留农药。扩大和加快补贴性低毒生物农药和缓释高效低毒低残留农药示范和推广应用，逐步淘汰高毒高残留农药。科学采用土壤、蔗种处理等预防措施，减少中后期农药施用次数。对症选药，合理添加喷雾助剂，促进农药减量增效，提高防治效果。二是推广新型高效植保机械。因地制宜示范推广自走式喷杆喷雾机、高效常温烟雾机、固定翼飞机、直升机、植保无人机等现代植保机械，采用微量雾化和GPS定位等先进施药技术，提高喷雾对靶性，降低飘移损失，提高农药利用率。三是普及科学用药知识。以基层农技站、甘蔗种植专业合作社及病虫防治专业化服务组织为重点，大力开展多层次、多形式的农药安全科学使用培训，培养一批科学用药技术骨干，强化技术指导，辐射带动广大蔗农正确选购农药、科学安全使用农药。

5.3 推进绿色防控

加大政府扶持，充分发挥市场机制作用，加快绿色防控推进步伐。一是优选糖料蔗核心基地、全程机械化示范基地，集成和加快以抗病虫新品种、温水脱毒健康种苗、太阳能杀虫灯、性诱剂等为主的甘蔗病虫害绿色防控技术模式的展示示范与推广应用，分区分片建立绿色防控示范区，帮助制糖企业、广大蔗农提升甘蔗和蔗糖产品质量，推行按质论价，带动大面积推广应用。二是围绕提高基层农技人员的指导服务能力和蔗农的实践操作能力，以制糖企业、基层农技站、甘蔗种植专业合作社为重点，广泛开展多层次、多形式的绿色防控技术培训，培养一批绿色防控技术骨干，引导和带动广大蔗农科学应用绿色防控技术。三是大力开展清洁化生产，推进农药包装废弃物回收利用，减轻农药面源污染、净化乡村环境。同时，大力宣传绿色防控理念和技术、显著成效和主要经验，让各方面了解、理解和支持绿色防控工作，为农药减量行动提供广泛的舆论支持。

5.4 推进统防统治

以扩大服务范围、提高服务质量为重点，大力推进甘蔗病虫害专业化统防统治。一是积极探索甘蔗病虫专业化统防统治新模式，建立病虫防治快速反应机制和行动预案，组建专业化机防队，以统一化防为重点和抓好关键时期科学用药，加强对蔗螟、黏虫、绵蚜和甘蔗锈病、褐条病、梢腐病等普发性、突发性、流行性病虫统防统治，切实提高防控效率和效果。二是切实抓好有关政策、项目落实，强化统防统治服务，采用高效植保机械和新型药剂、集中供药、统一喷药，减少打药次数，减少农民一家一户分散防治比例。

6 主要技术措施

6.1 农业防治

6.1.1 种植和推广抗病虫新品种，选用无病虫健壮种苗做种

各地根据当地实际情况，针对蔗区主要病虫害，选择推广粤糖 00－236、粤糖 55 号、云蔗 03－194、云蔗 05－49、云蔗 05－51、福农 38 号、福农 39 号、桂糖 29 号、桂糖 31 号、柳城 05－136 等抗病虫新良种，避免使用高感品种，将含有不同抗病虫基因新良种进行合理布局，以阻隔病原菌传播、延缓病菌优势小种形成；选用无病虫健壮甘蔗，最好是新植蔗梢头苗做种，从源头上防止病虫传播为害。

6.1.2 大力推广使用脱毒健康种苗

防止种传病虫害，最经济有效措施就是生产、繁殖和推广使用脱毒健康种苗。目前，云南相继有 15 个县（市）22 家糖厂建立有甘蔗温水脱毒设备设施（22 间），具备了年生产健康种苗 2 万 t 以上的能力，为全面推广应用脱毒健康种苗奠定了良好基础。应充分发挥温水脱毒技术优势，建立健康种苗繁殖、生产规范化制度，大力推广使用脱毒健康种苗，有效防止病虫随种苗传播蔓延，增强减灾防灾能力，确保品种质量和甘蔗生产安全。温水脱毒健康种苗生产繁殖：种苗播种前采用温水处理设备进行（50 ± 0.5）℃温水处理 2h，经过温水处理的种苗集中种植，通过一级、二级、三级专用种苗圃扩繁，为大面积生产提供无病健康种苗。

6.1.3 快锄低砍收获

低砍降低宿根蔗篼，可除去大量越冬虫源病源，减轻病虫侵染为害，有利宿根发苗。

6.1.4 消灭越冬病虫

甘蔗收砍后及时清洁蔗园、烧毁病株残叶，对秋冬植蔗应在 3—4 月喷药防治，以减少病原菌积累，压低越冬虫源。

6.1.5 加强田间管理

①适时下种，及时施肥培土、合理施肥，增施有机肥、适当多施磷、钾肥，避免重施氮肥，促使蔗苗生长健壮，早生快发、增强蔗株抗病虫能力。②搞好排灌系统，及时排除蔗田积水，降低田间湿度，使其不利于病源菌繁殖和侵染。③及时拔除病株、及早割除发病严重病叶，减少田间菌源，控制扩展蔓延。④剥除老脚叶，间去无效、病弱株，及时防除杂草，使蔗田通风透气，以减轻病害。⑤人工捕杀害虫，以减少转株为害和降低田间虫量，减轻为害。⑥重病区减少宿根年限，加强与水稻、甘薯、花生、大豆等非感病作物轮

作或间套种蔬菜、绿肥等，减少病虫数量，改良土壤结构，提高土壤肥力，有利于甘蔗正常生长，从而增强其抗病虫能力。

6.2 物理防治

成虫盛发期（3—7 月），每 2 ~ 4hm^2 安装 1 盏杀虫灯诱杀成虫，减少田间虫口基数，保护蔗苗。

6.3 生物防治

6.3.1 性诱剂防治

在蔗螟各代成虫开始羽化始期，在蔗地内设直径 20cm 左右的诱捕盆，把诱芯横架于盆水面 1cm 左右，每公顷设 30 ~ 45 个诱捕盆诱杀；或者每公顷用性诱剂 3 000支均匀地插于蔗叶中脉处干扰成虫交配。每隔 15 ~ 20 天更换 1 次诱芯。

6.3.2 赤眼蜂防治

在选择螟虫产卵始盛期和高峰期，可进行田间释放赤眼蜂，每公顷每次挂放 75 ~ 150 个蜂卡，全年共放蜂 5 ~ 7 次，释放后间隔 15 ~ 20 天方能施用农药。

6.3.3 保护利用天敌

云南蔗区天敌资源十分丰富，在查到天敌昆虫中，拟澳洲赤眼蜂、螟黄足绒茧蜂、大螟拟丛毛寄蝇、大突肩瓢虫、双带盘瓢虫、绿线食蚜螟、黄足肥螋等是具有保护利用价值优势种。它们在蔗区分布广泛，寄生率一般在 15% ~ 35%，对多种甘蔗害虫具有一定抑制作用。从早春开始，选用缓释高效低毒低残留选择性杀虫剂，并采用根区土壤施药，减少或避免对天敌昆虫的杀伤，达到以虫治虫目的。

6.4 农药防治

6.4.1 蔗种浸种、消毒处理

选用 32.5% 苯醚甲环唑 · 嘧菌酯 SC 或 28.7% 精甲霜灵 · 咯菌腈 · 噻虫嗪 FS 1 000倍液加 70% 噻虫嗪可分散粉剂或 40% 氯虫苯甲酰胺 · 噻虫嗪（福戈）水分散粒剂 1 000倍液浸种 3 ~ 5min。

6.4.2 种植管理期药剂防治

①每公顷选用 3.6% 杀虫双颗粒剂 75kg 或 8% 毒死蜱 · 辛硫磷颗粒剂 60kg + 70% 噻虫嗪可分散粉剂 600g，于 2—7 月结合新植蔗下种、宿根蔗管理或甘蔗大培土一次性施药，按公顷用药量与公顷施肥量混合均匀后，均匀撒施于蔗沟、蔗蔸或蔗株基部及时覆土或采用除草膜全覆盖。②甘蔗下种覆土和大培土后，每公顷选用 72% 异丙甲草胺乳油 1 950 ml、40% 莠去津胶悬剂 3 000ml 或 65% 甲灭敌草隆可湿性粉剂 2 250g 等土壤处理剂，对水 750 ~ 900kg 进行土壤处理芽前除草。或 6—7 月杂草出齐、生长旺盛期（3 ~ 5 叶、5 ~ 6cm 高），每公顷选用 65% 甲灭敌草隆可湿性粉剂 2 700g、80% 阿灭净可湿性粉剂 2 400g 等茎叶处理剂，对水 750 ~ 900kg 进行叶面定向喷洒。

6.4.3 在病虫害发生初期及时喷药防治

①7、8 月黏虫、食叶象虫常暴发为害甘蔗，可选用 90% 敌百虫晶体、80% 敌敌畏乳油 800 ~ 1 000倍液；50% 辛硫磷乳油、48% 毒死蜱乳油 1 000 ~ 1 500倍液；5% 来福灵乳油、20% 杀灭菊酯乳油 1 500 ~ 2 000倍液均匀喷雾，并在下午喷施效果好。②甘蔗病害一般在雨季发生较多，可在 7—8 月病害发生初期，褐条病、梢腐病、叶焦病选用 70% 甲基托布津可湿性粉剂或 50% 苯菌灵可湿性粉剂 800 倍液；锈病选用 97% 敌锈钠原粉、65%

代森锌可湿性粉剂或75%百菌清可湿性粉剂600倍液进行叶面喷雾，7～10天喷1次，连喷2次，可有效控制病害扩展蔓延。

参考文献

[1] 黄应昆，李文凤．现代甘蔗病虫草害原色图谱［M］．北京：中国农业出版社，2011.

[2] 李文凤，黄应昆，卢文洁，等．云南甘蔗地下害虫猖獗原因及防治对策［J］．植物保护，2008，34（2）：110－113.

[3] 罗志明，黄应昆，李文凤，等．高原生态蔗区甘蔗螟虫猖獗原因与防治对策［J］．动物学研究，2009（昆虫学专辑）：105－109.

[4] 李文凤，单红丽，黄应昆，等．云南甘蔗主要病虫害发生动态与防控对策［J］．中国糖料，2013（1）：59－62.

[5] 黄应昆，李文凤，申科，等．云南蔗区甘蔗螟虫发生危害特点与防治［J］．中国糖料，2014（2）：68－70.

[6] 卢文洁，徐宏，李文凤，等．甘蔗病虫害防治技术及高效低毒农药应用［J］．中国糖料，2011（3）：64－67.

[7] 徐宏，卢文洁，毛永雷，等．甘蔗病虫害专业化防治［J］．中国糖料，2011（2）：77－80.

南充市公共植保和绿色植保发展概况与对策*

卢　宁[1**]　彭昌家[2***]　白体坤[2]　丁　攀[2]

（1. 四川省南充市农业信息服务站，南充　637000；

2. 四川省南充市植保植检站，南充　637000）

摘　要：通过对南充市公共植保、绿色植保发展历程和工作举措等内容的深入剖析，充分阐述了其在植保体系、治理对策、技术模式、服务方式、工作机制等方面的重大进展，全面总结了其在提高植保技术到位率和促进粮食安全、农产品质量安全、农业生态环境安全、农业贸易安全等方面的显著成效，并在深入分析存在问题的基础上提出了进一步推进公共植保、绿色植保事业的对策建议。

关键词：公共植保；绿色植保；发展概况；对策措施

中国是世界上人口最多的国家，又是世界上人均耕地最少的国家，还是农业大国，更是种植业大国，粮、棉、油、糖、菜、果、茶等主要农作物面积和总产均居世界前列。种植业持续稳定快速发展为确保国家粮食安全和主要农产品供给做出了重要贡献[1-2]。同时，由于中国生态条件复杂、耕作制度多样，是有害生物多发、频发、重发的国家。据记载，全国农作物有害生物（病、虫、草、鼠）1 700多种，其中害虫830多种、病害770多种、杂草100多种、鼠害40多种，可造成严重危害的100多种[2-5]。农业重大有害生物年发生面积60亿~70亿亩次，防治面积60亿~80亿亩次，挽回粮食损失6 000万~9 000万t、皮棉150万~180万t、油料250万~270万t。按联合国粮农组织（FAO）自然损失率37%以上测算，若不采取防控措施，中国每年病虫为害损失粮食1 500亿kg、油料68亿kg、棉花1.9亿kg、果品和蔬菜1 000亿kg，潜在的经济损失超过5 000亿元[3]。

南充市常年农作物病虫害发生面积1 800万亩次左右，防治面积2 000万亩次左右，占发生面积的111%，挽回粮经损失10亿kg，占粮经总产的15%左右，防治后实际损失2亿kg左右，占粮经总产的3%左右，经济损失3亿元以上。

适应建设现代农业的新形势，以及确保国家粮食安全、农产品质量安全、农业生态环境安全和农业贸易安全的新要求，植物保护工作肩负的责任重大，使命光荣。只有与时俱进、革新理念、创新发展，才能顺应潮流、乘势而上、有为有位，公共植保、绿色植保应运而生。

南充市公共植保和绿色植保走在全省、全国前列，2012年省农业厅川东北和2013年农业部南方农作物病虫害绿色防控现场会在南充召开，经验在全省、全国推广。

---

* 基金项目：农业部关于认定第一批国家现代农业示范区的通知（农计发〔2010〕22号）；科技部办公厅关于第六批农业科技园区建设的通知（国科办发〔2015〕9号）

** 第一作者：卢宁，女，高级农艺师，主要从事农技推广工作；E-mail：327806658@qq.com

*** 通讯作者：彭昌家，男，推广研究员，主要从事植保植检工作；E-mail：ncpcj@163.com

1 公共植保和绿色植保的发展概况

1.1 适应现代农业建设的新形势

党的十六届六中全会提出构建社会主义和谐社会的伟大战略决策，其首要任务是大力推进社会主义新农村建设，必由之路是尽快发展现代农业，重要目标是增强农业抗风险能力、国际竞争能力和可持续发展能力。总体要求是实现农业的高产、优质、高效、生态、安全。适应这一新形势，植保工作必须转变职能，为确保农业生产安全、农产品质量安全、农业生态环境安全和农业贸易安全，提供有力支撑。

1.2 适应植保工作面临的新任务

绿色消费，持续发展已成为当今世界的最新潮流；建设资源节约型、环境友好型农业是农业发展的主攻方向。为适应这一新任务，植保工作必须转变职能，着力满足绿色消费需求，服务绿色农业发展，提供绿色植保产品，为建设资源节约型、环境友好型农业提供有力支撑。

1.3 适应农村发展面临的新形势

植保工作的工作平台是广阔的田野，保护的对象是日益复杂，监测控制的对象规律多变，推广技术面对分散经营的千家万户，随着农村劳动力的转移，务农的劳动力大都为老弱病残和妇女，其文化程度普遍偏低，观念疆化，对新技术接受能力差，新技术推广难度大。据调查，农村现有劳动力小学以下文化程度在70%左右。加之植保体系发展不够，传递信息的手段较落后，严重阻碍植保技术的推广速度、深度和广度。因此，植保工作应发挥并为现代农业、绿色农业、有机农业发展、推进提高农业整体素质和效益保驾护航。

1.4 适应生物灾害发生的新特点

进入21世纪以来，受气候变暖、耕作制度变化、国际农业贸易频繁、病虫对农药抗性增强等诸多因素的影响，中国农业生物灾害呈现许多新特点。①生物灾害暴发频率逐年提高。据记载，每年有害生物暴发：20世纪50—70年代约10种，80—90年代，发展到约15种，21世纪增加到30种左右。南充市生物灾害暴发种类约为全国的1/2，发展速度与全国相当，个别病虫快于全国（如小麦条锈病、水稻稻瘟病等）。②迁飞性害虫连年造成绝收田块。自2007年稻飞虱特大发生以来，本市几乎每年都有稻飞虱为害“通火”绝收田块。③流行性病害种类连年猖獗。1997年来，水稻稻瘟病偏重至大发生频率高达52.6%，比1997年以前高近40个百分点，中等偏重至大发生频率高达89.5%，轻发生频率仅10.5%；小麦条锈病1999年来，偏重至大发生频率高达81.25%，比1999年以前高50个以上百分点，而偏轻发生频率仅6.3%。④新病虫不断增加。2010年实施国家现代农业示范区建设以来，温室白粉虱、蔬菜枯萎病、茎枯病、茎基腐病和根结线虫病等新病虫发生面积不断增加，为害程度逐渐加重。⑤抗药性生物种类加重发生。全国已有500种以上有害生物对常用农药产生了不同程度的抗性。其中，稻褐飞虱对吡虫啉产生了中、高度抗性，水稻螟虫对杀虫双、杀虫单等产生了高度抗性、稻瘟病对三环唑、稻瘟灵产生了一定抗性，各类蚜虫和蚧壳虫对许多药剂产生了中、高度抗性等，有潜在抗性暴发风险[2]。⑥检疫性种类大肆侵入。全国入侵种类由20世纪70年代的1种增加到80年代的2种、90年代的9种、进入21世纪以来突升至20种以上[2]。柑橘溃疡病和黄龙病、黄瓜绿斑驳花叶病毒病、番茄溃疡病和扶桑绵粉蚧等检疫性病虫对全市形成包围之势，截至

2016 年 6 月 16 日，稻水象甲已在全市 233 个乡镇、2 638个村、24.32 万亩稻田发生。适应这些新特点，植保工作必须转变职能和工作方式，从容应对。

1.5 适应变革植保传统理念的新要求

面对建设现代农业和农村发展的新形势、植保工作的新任务及有害生物发生的新特点，现代植保工作必须创新理念、转变职能，要大力推进公共植保、绿色植保，所谓“公共植保”：就是要把植保工作作为农业、农村公共事业的重要组成部分，强化“公共”性质，从事“公共”管理，开展“公共”服务，提供“公共”产品。所谓“绿色植保”：就是要把植保工作作为人与自然和谐系统的重要组成部分，拓展“绿色”职能，满足“绿色”消费，服务“绿色”农业，提供“绿色产品”。公共植保、绿色植保理念，农业部于2006 年正式提出[5]，2007 年开始推进。

2 公共植保和绿色植保的进展

2.1 植保体系不断创新

初步形成了以市级公共植保机构为中心、县级公共植保机构为主导、乡镇农技人员和群测员为纽带，多元化专业服务组织为基础的“一中一主多元”新型植保体系。在国、省支持下，全市建成了“南充市小麦条锈病菌源地综合治理监控站”，阆中市、营山、仪陇和南部县 4 个“农业有害生物预警防控区域站”、顺庆和高坪区“观测场和应急药械库”建设重点站。

2.2 治理对策不断创新

①小麦锈病实施了以越冬区控制为关键，以流行区预防为重点的源头治理对策。②水稻稻瘟病实施了重点治理对策。对常发、早发和重发区域及感病品种种植田块进行了重点防控，提高了防效、减少了病害流行蔓延和为害。③稻飞虱实施了分类指导、适期防治、压前控后对策。④实施了生物多样性控制对策。小麦条锈病和水稻稻瘟病生物多样性控制技术，每年推广面积 120 万亩以上。⑤实施了重大疫情扑灭对策。柑橘溃疡病一旦发现，立即销毁果品和苗木，稻水象甲加强监测，及时施药控制。

2.3 技术模式不断创新

①以基地为主线的绿色防控模式。以绿色农产品生产基地为依托，按照目标产品的生产标准，制定农药、化肥等农资产品的使用技术规范，生产绿色农产品。如本市国家现代农业示范区基地。②以作物为主线的绿色防控模式。针对作物生长期全过程的病虫害发生情况，组装、集成多种产品和技术，实施全过程绿色防控，生产绿色农产品。如绿色大米、蔬菜和水果等。③以靶标为主线的绿色防控模式。针对重点有害生物，组装、集成绿色防控技术体系。如集成推广杀虫灯 + 赤眼蜂（生物导弹）的全程控制玉米螟技术。④以产品为主线的绿色防控模式。以绿色植保产品为核心组装、集成绿色防控技术体系。如水稻上采用杀虫灯 + 鸭/鱼或性诱 + 天敌、性诱 + 生物农药等技术生产的绿色、有机大米；蔬菜上采用杀虫灯 + 色板 + 食诱 + 生物农药等技术生产的绿色、有机蔬菜；果树上采用杀虫灯 + 天敌（捕食螨） + 性诱剂 + 色板 + 食诱 + 生物农药等技术生产的绿色、有机水果。

2.4 服务模式不断创新

①数字化预警。建成了市级为中心、县级为主导、乡镇农业服务中心和 88 个群测点

为基础的病虫预警网络，丰富了测报手段，加快了情报传输，实现了测报管理规范化、情报传递信息化、病虫预报可视化、基础设施现代化，全市植保网络化和突发性与危险性病虫信息快速反应机制，落实了病虫会商制、预警制、汇报制［执班和周报（日报）制］“五化、三制”的规范化管理，确保了测报数据的科学性、时效性，统计上报的系统性和准确性。②参与式培训。以农民田间学校为模式的参与式培训，在水稻、小麦、果蔬上开展。③配送式服务。对农业生产资料采用连锁经营的方式进行销售，建立连锁经营网点，就近送货上门，或技物结合服务到田间地头。④专业化统防统治。以植保协会、植保专业合作社、股份公司等模式开展专业化防控，截至2015年，全市共建各类植保专业服务组织678个，拥有植保机械装备894 976台（套），其中大中型装备143台（套），新增无人驾驶施药飞机4台，专业化防治面积达692.7万亩次以上，占重大病虫应治面积的60%以上，专业化防治效果比农户自防高10个百分点左右。日作业能力48.6万亩，较2014年增加7.70万亩。

2.5 工作机制不断创新

①政府主导机制。全市将检疫性有害生物和重大病虫害防控等工作定性为政府行为，由市县两级政府发布防控预案，或启动应急响应；在管理上实行属地管理，逐级建立了指挥机构，实行行政首长负责制；在组织方式上实施政府负责，开展专业化统防统治。②联防联控机制。小麦条锈病、稻瘟病、稻飞虱和稻水象甲等形成了市、县、乡际联防联控机制。③督导落实机制。从市县两级政府和农业部门抽人组织督导组分片包干，责任到人，开展督查。④投入保障机制。每年中、省财政补贴2 000万元左右，涉及水稻、小麦等。市、县两级和重发乡镇财政补贴应急防控与疫情扑灭。⑤依法管理机制。有《植物检疫条例实施细则》《农业检疫性有害生物名单》《农药管理条例实施办法》等法规。

3 公共植保和绿色植保的显著成效

3.1 提高了植保技术到位率

①测报准确率不断提高。主要作物病虫害长期、中期和短期预报准确率分别达到95%、98%和100%，高于全国、全省水平[6]。②技术普及不断提高。从2007—2015年共建立市、县级绿色防控示范片251处、106.5万亩；病虫综合防控示范区4 056个、981.5万亩，辐射带动3 173.7万亩；替代高毒农药品种使用试验示范和示范区285个、87.0万亩。③技术入户率不断提高。通过QQ群、电视信息和手机短信入户，市、县两级植保机构开展了电视预报，覆盖全市90%以上农户；近年每年培训农民综合防治和安全用药技术90万人次以上。

3.2 确保了粮食生产安全

粮食作物病虫害防治面积从2000年的1 041.2万亩次增加到2015年的1 476.6万亩次；年挽回粮食损失从2000年的2.35亿kg增加到2015年的3.7亿kg，确保了全市连续13年粮食总产位居全省第一。

3.3 保障了农产品质量安全

①高毒农药使用量不断降低。通过实施高毒农药替代项目，高毒农药使用量从2000年的35%左右降到2015年的5%左右。②农产品残留不断降低。据市农产品质量检测中心检测，城市蔬菜农残检测合格率从2006年的87.5%（检测指标11项）提高到2014年

的96.3%（检测指标40项）。

3.4 确保了农业生态安全

通过实施绿色防控，农药面源污染降低。2007年来，绿色防控技术累计示范面积178.52万亩次，辐射面积756.32万亩次，减少农药用量9 856t，相当于减少农药面源污染4 928万亩次，产生环境效益约4亿元。

3.5 保障了农业贸易安全

①促进了市内农产品出口。绿色、有机蔬菜直供港澳，出口俄罗斯，营山冰糖柚远销南非。②降低了危险性有害生物传入风险。通过检疫执法，阻截了柑橘溃疡病和黄龙病、黄瓜绿斑驳花叶病毒病、番茄溃疡病和扶桑绵粉蚧等检疫性病虫传入，减缓了稻水象甲的人为扩散速度。

3.6 一批基地产品企业通过认证

据统计，截至2015年，全市无公害基地通过整体认证、产品79个、产量27.36万t；粮经作物有机认证单位117家、基地19.2万亩、产品283个，有机产品18万t；绿色认证单位12家、基地67.95万亩、产品33个，绿色食品45万t，不少农产品直供港澳和出口。

4 推进公共植保和绿色植保存在的问题

近年来，虽然推进公共植保、绿色植保取得了显著成效，但还存在六大问题：①认识不够到位。上层热下层凉、业内热业外凉、内行热外行凉、会上热会下凉。②改革不够到位。主要表现在管理体制不顺畅、运行机制不灵活、推广方法不适应、人员队伍不稳定，市植保植检站编制仅6个，其中专业技术人员4个，怎能担负起全市农作物病虫草鼠的监测防控工作？一些县（市、区）植保技术干部更换频繁，许多新手植保技术不熟，又怎能担负起当地病虫草鼠监测防控工作？因此，植保精力重点放在主要粮食作物上。乡镇基本没有按中央多年1号文件要求设立植保植检站和配备植保技术员。③建设不够到位。体系建设不完善，基础设施不配套，工作手段不完备。比如监控网点不全面，全市近40种重大病虫发生为害，但监测网点仅88个。④支撑技术研究偏少。没有项目支持，使基础研究、核心技术、过硬产品与集成创新都不多。⑤保障不够到位。养兵的钱不足，一些县（市、区）每月下乡限6~8天，病虫发生期间不能下乡，致使病虫情况不明；打仗的钱更少，全市病虫监测和技术培训基本没有专项投入。⑥业主使用技术不规范。有的地方杀虫灯安装偏多，杀死、杀伤大量有益生物；色板、性诱器不是多，就是少，且悬挂高度不标准。

5 推进公共植保和绿色植保的对策措施

5.1 深化思想认识

充分发挥示范的辐射作用，典型的带动作用，舆论的引导作用，努力营造全社会普遍了解、深刻认识、大力支持、合力推进“公共植保、绿色植保”的良好氛围。

5.2 推进改革创新

认真贯彻落实党的“十八大”及三中、四中全会，以及农业部关于加强基层农技推广体系改革与建设的精神，积极推进植保体系机制与方式方法创新。按照“公共植保、绿色植保”的理念，尽快制（修）定有关技术标准与规程。经过3～5年的努力，建成以市级国家公共植保机构为中心、县级以上国家公共植保机构为主导，乡镇农技人员和群测员为纽带，多元化专业服务组织为基础的新型植保体系[7]。

5.3 加快建设步伐

通过植保工程项目实施，加强农作物有害生物监测预警、防控技术指导和应急防控、农药管理等基础设施、设备建设，逐步形成由市级、9个县级（其中预警站4个、观测场和药械库2个）、有作物种植的408个乡镇（含办事处）和88个群测点组成的覆盖全市、运转高效、反应迅速、功能齐全、防控有力的农作物有害生物监测和防控体系，努力实现农作物有害生物监测预警数字化、防控专业化和疫情控制区域化，显著提高全市农作物有害生物的防控能力。

5.4 提高支撑能力

通过重大科技工程、科技支撑计划、产业体系建设、公益性行业（农业）科研专项、中法国际合作交流等项目的实施，储备一批先进技术，研发一批实用产品，培养一批明政策、懂技术的人才队伍，为大力推进公共植保、绿色植保提供强大支撑。

5.5 强化保障措施

在经费保障方面，建议要按照上下联动、分级负责、中央主投、地方配套、中央养事、地方养人的原则，保障人员和公用经费、条件和手段经费、队伍建设经费和推广项目经费“四费”。人员和公用经费主要由县级财政负担，县财力难以负担的，由中央和省级财政通过转移支付予以补助。其他三方面经费由中央和省级财政承担[8]。在法规建设方面，建议尽快制（修）定有关植保方面的法规与法则，以及相关技术标准和规程，努力营造依法推进公共植保、绿色植保的良好环境。

参考文献

[1] 农业部全国植物保护总站．植物医生手册［M］．北京：化学工业出版社，2000.

[2] 夏敬源．公共植保、绿色植保的发展与展望［J］．中国植保导刊，2010，30（1）：5－9.

[3] 中国农业科学院植物保护所，中国植物保护学会．中国农作物病虫害（第三版，上册）［M］．北京：中国农业出版社，2015.

[4] 刘万才，姜瑞中．中国植物保护50年成就［J］．西北农业大学学报，1999（6）：121－132.

[5] 范小建．农业部副部长范小建在全国植物保护工作会议上的讲话［J］．中国植保导刊，2006，26（6）：5－13.

[6] 陈生斗，胡伯海．中国植物保护五十年［M］．北京：中国农业出版社，2003.

[7] 夏敬源．我国重大农业有害生物灾害暴发现状与防控成效［J］．中国植保导刊，2008，28（1）：5－9.

[8] 夏敬源．中国农业技术推广改革发展30年回顾与展望［J］．中国农技推广，2009，25（1）：4－14.

双季槐主要害虫的综合治理*

李建勋** 马革农 杨运良 裴 贞 原 辉
(山西省农业科学院棉花研究所，运城 044000)

摘 要：本文在对运城双季槐害虫发生及防治现状分析基础上，提出了双季槐害虫治理以加强害虫发生动态监测，培养树势，优化管理，农业、物理及化学防治措施并举。

关键词：双季槐；害虫；综合治理

双季槐是从国槐中选出以生产槐米为主的优良品种，由山西省运城市盐湖区雷茂端于2001年选育。现已发展10余年[1]。在运城地区，种植约1.4万 hm^2，其中挂果面积0.8万 hm^2，主要集中在盐湖区三路里镇、稷山县稷峰镇、万荣县汉薛镇等地[2-3]。发展双季槐，既可以扩大绿地面积，又可以增加农民收入，是生态林业、民生林业紧密结合一体的“双效”树种[4-6]。山西省委在运城市调研双季槐发展情况后，认为双季槐作为一个新的优良品种，其经济价值已经被群众认可，市场前景也被大家看好，在山西省具有广阔的发展前景[4]。

伴随着双季槐规模效益的呈现，其产业发展得到大幅提升，槐米生产由原来的零星国槐种植到如今的连片双季槐种植，产业发展也出现了诸如栽培管理、病虫害治理等问题日益突出[7-8]。

1 双季槐害虫的发生和防治现状

1.1 害虫的发生情况

双季槐害虫发生近年来呈现两个显著特点：一是以前给生产带来较大损失的害虫有蚜虫、槐尺蠖常年发生，依然是双季槐上主要害虫，治理不及时，常常给生产带来严重损失；二是桑白蚧、日本双棘长蠹、绿盲蝽等过去在国槐上几乎不造成为害的害虫上升为双季槐主要害虫，而且治理难度较蚜虫、尺蠖加大，造成的为害更严重[9]。2014年最先在稷山县上廉村发现桑白蚧成片为害，受害株率达到36.7%；自2008年发现日本双棘长蠹在国槐偶发为害，到2015年大面积为害造成双季槐断枝死苗；2015年发现双季槐新梢受绿盲蝽，不发枝，不结槐米[10]。

1.2 防治现状

运城槐米产区害虫的防治水平各地发展很不平衡。以盐湖区三路里镇沟东村一带、稷山县稷峰镇片区等较早栽植双季槐的产区，由于是集中连片整治，实行合作社经营，整体防治水平高，双季槐害虫得到了有效控制。而近些年新发展的平陆、万荣、河津等地由于

---

* 项目来源：山西省财政支农项目（2015TGSF-04）

** 作者简介：李建勋，男，副研究员，主要从事有害生物综合治理；E-mail：lijxyc@163.com

管理水平落后，粗放经营，米农对病虫害认识还停留在过去国槐零星种植水平，对双季槐管理认识不足，防治水平还较低。加之规模化种植以后，由于种植结构单一，害虫暴发具有突发性，给槐米生产造成了毁灭性打击，成为制约双季槐产业可持续的主要因素[5]。

2 双季槐害虫综合治理

2.1 综合治理策略

结合双季槐生产特点，7 月上中旬和 9 月中下旬各收获一次槐米，从双季槐林生态系统出发，根据有害生物与环境之间的相互关系，充分发挥自然控制因素的作用。本着预防为主的指导思想和安全、有效、经济、简易的原则，因地因时制宜，合理应用农业、生物、化学、物理方法及其他有效的生态学手段，把双季槐害虫的种群数量控制在允许的经济损失以下，以达到保护环境、增加产量、提高经济效益、生态效益和社会效益的目的。双季槐害虫治理应以加强害虫发生动态监测，培养树势，优化双季槐管理，农业、物理及化学防治措施并举。

2.2 综合治理措施

双季槐害虫防治方法有农业、生物、化学、物理等防治办法。制定双季槐害虫综合治理技术体系，就是在以上几方面措施的基础上，因时、因地、因虫而配套、协调应用，形成综合治理体系。

2.2.1 农业防治技术

农业措施主要是做好清园工作，结合冬剪、春剪、夏剪，刮树皮、堵树洞、消灭虫源，压低虫口密度，减轻为害。清理双季槐园地周边杂草，深翻树体周围土壤，有利于降低蚜虫、红蜘蛛等虫口密度。

2.2.2 生物物理防治

生物防治由于其见效慢，生产上使用不多，更多的是从保护天敌着手，随着大众环保意识增强，这些年麻雀等鸟类数量多，对槐尺蠖等害虫防治具有一定效果。

黄板诱蚜、粘虫胶近年来在双季槐害虫治理实践中，在早春 3 月中旬蚜虫等害虫初发期使用黄板诱蚜，粘虫胶树干粘介壳虫等害虫都取得了很好的效果。

2.2.3 化学防治

化学防治仍然是目前大多数害虫治理的重要手段之一。实行综合治理，必须使用选择性杀虫剂。根据害虫种类、发生时期结合双季槐生育期从生理选择性和生态选择性两方面考虑使用杀虫剂。双季槐害虫化学防治主要抓住以下关键措施。

石硫合剂清园，采用自己熬制的石硫合剂，稀释到 5 波美度在入冬和开春各喷一次，无论是对双季槐的虫害还是病害都可以起到事半功倍的效果。近两年在万荣县海格尔农林开发公司双季槐种植园采用石硫合剂清园，整个双季槐生育期减少打药 5 次以上，病虫害虫源及病原得到明显控制。

蚜虫防治伴随双季槐整个生育期，蚜虫在双季槐上一年发生 20 多代，以成虫和若虫群集在枝条嫩梢、花序上，影响新梢生长，吸取汁液，被害嫩梢萎缩下垂，妨碍顶端生长，受害严重的花序不能开花，并排泄蜜露，同时诱发煤污病，造成槐米结实率差甚至绝产。3 月初春伴随新叶萌发就为害，尤以 5—6 月发生为重。蚜虫防治应注意保护和利用天敌，蚜虫的天敌有草蛉、瓢虫、蚜茧蜂、食蚜蝇等。在蚜虫初发生期要选择低毒高效农药为主。重发生时可喷吡虫啉、啶虫脒、氯氰菊酯乳油、溴氰菊酯乳油等进行防治。

槐尺蠖在运城年发生3～4代，属暴食性害虫，大发生时短期内即可以把整株大树叶片食光。初龄幼虫取食嫩芽、嫩叶，叶片被剥食成圆形网状，2龄幼虫取食叶片，被害叶片呈缺刻状，3龄后幼虫可以将叶片吃成较大缺刻，最后仅残留少量中脉。发生严重时，常把树叶蚕食一光，造成双季槐绝产。5月上中旬是防治尺蠖关键时期。防治上要狠抓第1代，挑治2～3代。在低龄幼虫期喷800～1 000倍液灭幼脲，3龄幼虫期喷1 000倍液Bt生物制剂杀虫剂杀灭幼虫。秋冬季及各代化蛹期，在树冠下方松土挖蛹。必要时在卵孵化盛期喷氯氰菊酯乳油等毒杀幼虫。

红蜘蛛在运城一年发生10余代，以成螨和若螨在树木的裂缝、土缝里等处过冬。次年双季槐长出新芽时开始活动为害。5月中下旬第一代螨为害，6月是发生高峰，7月发生为害最严重。受害叶片变成灰绿，主脉两侧有黄白小点，叶上有吐的丝和灰尘，叶片两面有大量卵和若螨、成螨。受害双季槐出现大量黄叶、落叶现象。防治上优先考虑保护和利用天敌，红蜘蛛的天敌有蓟马、捕食螨、瓢虫、草蛉等。在螨量不影响树木生长时，可用0.1～0.2波美度的石硫合剂喷洒；螨量较多时，可喷克螨特乳油或尼索朗乳油。

桑白蚧为双季槐主要为害树木的枝干。一年发生2代，以受精雌成虫在枝条上过冬。雌虫在介壳下刺吸树木汁液。严重时树木发芽展叶晚，叶片小，造成枯枝焦梢。种植过密、通风透光差的树木受害严重。一般新被害植株雌虫较多，被害已久的植株则雄虫多于雌虫，严重时，雄介壳密集重叠，布满整个枝条，好似覆盖一层白绵絮。桑白蚧防治和其他介壳虫防治一样，做好冬季清园，剪除虫害枝，消灭虫源，关键是要抓住防治适期，7月下旬若虫孵化盛期进行药剂防治，喷2 000倍液高效氯氰菊酯即可得到有效控制。

日本双棘长蠹主要为害双季槐的2～3年生枝条，蛀蚀枝条形成环形坑道，切断枝条养分和水分的输导，造成死枝。防治上于4月中旬至6月上旬彻底剪除和处理带虫、风折枝。同时提高栽植质量，加强养护管理，增强树木抗虫性。也可在7月上旬成虫羽化出孔期用5%高效氯氰菊酯1 000倍液喷雾进行树干防治，可有效控制其为害。

绿盲蝽目前在双季槐主要集中为害嫩梢，造成疯头新梢。可结合蚜虫治理兼治。

参考文献

[1] 卫志勇．盐湖区发展高效双季槐［J］．国土绿化.2013（11）：51－51.

[2] 南精转．山西省生态经济型林业发展探索［J］．山西林业.2014（3）：6－7.

[3] 卫志勇．盐湖区双季槐发展现状与基地建设探讨［J］．山西林业.2013（6）：17－18.

[4] 郭青俊，王希群，姚忠保，等．山西稷山发展双季槐潜力分析［J］．林业经济.2014（9）：24.

[5] 高文君．双季槐推广情况调查及有关问题思考［J］．山西水土保持科技.2014（1）：22－24.

[6] 马汉民．稷山县上廉村双季槐效益分析［J］．山西水土保持科技.2012（4）：32－33.

[7] 冯建黎．双季槐栽植技术初探［J］．中国科技纵横.2014（17）：264－264.

[8] 朱锦红．双季槐栽培管理技术［J］．山西林业.2011（5）：34－35.

[9] 卫志勇．盐湖区高效双季槐产业发展存在的问题与对策［J］．国土绿化.2014（3）：45－46.

三种双氟磺草胺复配制剂对冬小麦田主要阔叶杂草的防效及其对作物安全性评价*

许　贤**　王贵启　刘小民　李秉华　王建平
（河北省农林科学院粮油作物研究所，石家庄　050035）

摘　要：小麦田杂草发生是造成小麦减产的因素之一，随着主打除草剂品种苯磺隆应用年限的增加，部分小麦田阔叶杂草对其产生了抗药性，防治效果显著降低。生产上急需筛选出高效、低毒的除草剂品种。本试验以近几年新登记的除草剂品种40%双氟磺草胺·2甲4氯异辛酯悬乳剂、3%双氟磺草胺·唑草酮悬乳剂和75%双氟磺草胺·苯磺隆水分散粒剂等三种除草剂作为供试药剂，采用随机区组试验设计方法测定了其防治田间小麦田阔叶杂草播娘蒿和荠菜的防治效果。试验结果表明，3%双氟磺草胺·唑草酮悬乳剂作用效果快，施药15天后，13.5g a.i./hm^2、18g a.i./hm^2、22.5g a.i./hm^2、36g a.i./hm^{2}处理对杂草株防效在60.2%～76.9%之间，40%双氟磺草胺·2甲4氯异辛酯悬乳剂和75%苯磺隆·双氟磺草胺水分散粒剂作用速度较慢，不同剂量处理对杂草的株防效在15%左右。末次调查结果表明，40%双氟磺草胺·2甲4氯异辛酯悬乳剂360g a.i./hm^2、480g a.i./hm^2、600g a.i./hm^2、960g a.i./hm^{2}处理对杂草的总株数防效分别为92.7%、94.2%、96.6%和97.6%，3%双氟磺草胺·唑草酮悬乳剂13.5g a.i./hm^2、18g a.i./hm^2、22.5g a.i./hm^2、36g a.i./hm^{2}处理对杂草的总株数防效分别为90.3%、93.7%、96.1%和97.6%，75%双氟磺草胺·苯磺隆水分散粒剂33.75g a.i./hm^2、39.38g a.i./hm^2、45g a.i./hm^2、78.75g a.i./hm^{2}对杂草的总株数防效分别为83.7%、90.45%、94.7%和95.2%。40%双氟磺草胺·2甲4氯异辛酯悬乳剂和3%双氟磺草胺·唑草酮悬乳剂施药后导致小麦叶片失绿变黄，但药后15天药害症状逐渐消失，75%双氟磺草胺·苯磺隆水分散粒剂对小麦生长无影响；测产结果显示，各药剂处理之间的小麦穗数（万穗/hm^2）、穗粒数、产量均显著高于空白对照区，各药剂处理之间差异不显著，千粒重与空白对照差异不显著，各供试药剂处理区小麦增产率在10.3%～13.3%。综上所述，40%双氟磺草胺·2甲4氯异辛酯悬乳剂推荐剂量为360～480g a.i./hm^2，3%双氟磺草胺·唑草酮悬乳剂推荐剂量为13.5～18g a.i./hm^2，75%双氟磺草胺·苯磺隆水分散粒剂推荐剂量为39.38g a.i./hm^2，在推荐剂量下各供试药剂与空白对照相比使小麦增产。

关键词：小麦田；播娘蒿；荠菜；40%双氟磺草胺·2甲4氯异辛酯悬乳剂；3%双氟磺草胺·唑草酮悬乳剂；75%双氟磺草胺·苯磺隆水分散粒剂

小麦是我国第二大粮食作物，全国每年麦田杂草发生危害面积达1.5亿亩，每年因杂草危害导致小麦产量减产10%～15%，杂草危害严重的地块减产率达到30%～50%[1]。播娘蒿和荠菜是小麦田主要阔叶杂草，10年之前生产上主要采用苯磺隆进行防治。但近几年报道，播娘蒿[2-3]和荠菜[4]均对苯磺隆产生了严重的抗药性，苯磺隆对2种杂草的防

* 基金项目：河北省自然科学基金（C2014301006）

** 作者简介：许贤，主要从事农田杂草抗药性机理研究；E-mail：xuxian19790801@163.com

治效果显著降低。双氟磺草胺是20世纪末美国陶氏益农开发出的超高效除草剂品种，属于三唑并嘧啶磺酰胺类除草剂，主要用于小麦田防治阔叶杂草，该药剂的每公顷用量低于苯磺隆[5]。2006年双氟磺草胺在我国取得正式登记，一经投入生产，迅速在我国小麦田推广应用，逐渐取代了苯磺隆。目前发现了对苯磺隆和双氟磺草胺产生交互抗性的播娘蒿种群[3]。

除草剂单独使用容易造成杂草对其产生抗药性，不同类型的除草剂混用可以在一定程度上提高除草活性、扩大杀草谱、延缓杂草对其产生抗性的速度。因此，生产上近几年陆续推出了双氟磺草胺与其他除草剂复配制剂用于小麦田阔叶杂草的防除。本课题组挑选了生产上常用的3种双氟磺草胺复配制剂，比较不同制剂的除草速率、除草效果和对小麦的安全性，旨在为有效防治抗性杂草、缓解杂草抗药性发生速率及指导科学用药提供参考。

1　材料与方法

1.1　材料

供试杂草及作物：试验地主要阔叶杂草为播娘蒿（*Descurainia sophia*）和荠菜（*Capsella bursa-pastoris*）。小麦品种为冀丰703，购买于石家庄种子市场。

供试药剂：40%双氟磺草胺·2甲4氯异辛酯悬乳剂和3%双氟磺草胺·唑草酮悬乳剂（由苏州富美实植物保护剂有限公司生产），75%双氟磺草胺·苯磺隆水分散粒剂（由江苏省农用激素工程技术研究中心有限公司生产），56%2甲4氯钠可溶粉剂（由江苏宿迁市农药厂生产），5%双氟磺草胺悬乳剂和40%唑草酮水分散粒剂（苏州富美实植物保护剂有限公司生产），75%苯磺隆水分散粒剂（由上海杜邦农化有限公司生产）。

1.2　方法

1.2.1　田间药效试验

试验在河北省农林科学院粮油作物研究所藁城堤上试验站进行，试验地杂草生长均匀一致，为冬小麦、玉米连作田。试验地土质为壤土，有机质含量2.29%、碱解氮99.05mg/kg、有效磷76.37mg/kg、有效钾90.0mg/kg，pH值7.5。试验药剂40%双氟磺草胺·2甲4氯异辛酯悬乳剂用量为360g a.i./hm^2、480g a.i./hm^2、600g a.i./hm^2、960g a.i./hm^2，3%双氟磺草胺·唑草酮悬乳剂用量为13.5g a.i./hm^2、18g a.i./hm^2、22.5g a.i./hm^2、36g a.i./hm^2，75%双氟磺草胺·苯磺隆水分散粒剂用量为33.75g a.i./hm^2、39.38g a.i./hm^2、45g a.i./hm^2、78.75g a.i./hm^2，对照药剂56%2甲4氯钠可溶粉剂用量为1 008g a.i./hm^2，5%双氟磺草胺悬乳剂用量为4.5g a.i./hm^2，40%唑草酮水分散粒剂用量为24g a.i./hm^2，75%苯磺隆水分散粒剂用量为22.5g a.i./hm^2，另设空白对照，共计17个处理，每处理4次重复，合计68个小区，每小区面积20m^2，随机区组排列。小麦于2012年10月12日播种，2013年3月26日茎叶喷雾处理，用药当天天气晴，平均温度7.8℃，相对湿度63%，日照时数8.7h。

施药前一天调查杂草基数，药后7天详细目测杂草受害症状，施药后15天、30天和45天调查杂草防效。每小区随机取4点，每点调查0.25m^2，详细记录剩余杂草种类和每种杂草株数。株防效计算公式为：株防效（%）＝（1－对照区杂草基数×药剂处理区药后杂草残株数）/（对照区杂草残株数×药剂处理区药前杂草基数）×100。

1.2.2 供试药剂对小麦的安全性

小麦成熟后，每小区定3个1 m双行样点，统计小麦穗数；每小区选取20株进行考种，统计穗粒数和千粒重；全区收获，晒干后称重，记录小区产量，然后折算出每公顷理论产量。

1.3 数据分析

试验数据采用 可溶粉剂SS12.0.1软件进行分析，采用Duncan氏新复极差法进行差异显著性检验。

2 结果与分析

2.1 用药后7天目测结果和15天供试药剂对杂草防效

用药后7天观察，40%双氟磺草胺·2甲4氯异辛酯悬乳剂360g a.i./hm^2、480g a.i./hm^2、600g a.i./hm^2、960g a.i./hm^2、3%双氟磺草胺·唑草酮悬乳剂13.5g a.i./hm^2、18g a.i./hm^2、22.5g a.i./hm^2、36g a.i./hm^2和75%双氟磺草胺·苯磺隆水分散粒剂33.75g a.i./hm^2、39.38g a.i./hm^2、45g a.i./hm^2、78.75g a.i./hm^2等处理小区内杂草均表现出药害症状，杂草生长受到明显抑制，心叶变黄，此外40%双氟磺草胺·2甲4氯异辛酯悬乳剂不同剂量处理还表现出杂草叶片扭曲变形现象；随着三种不同供试药剂剂量的升高，杂草药害症状也越明显。

药后15天调查，40%双氟磺草胺·2甲4氯异辛酯悬乳剂各剂量处理播娘蒿和荠菜叶片严重畸形，叶片开始干枯，杂草生长受到明显的抑制，部分杂草整株干枯死亡，360g a.i./hm^2、480g a.i./hm^2、600g a.i./hm^2、960g a.i./hm^2处理对杂草的总株数防效分别为10.2%、15.3%、18.2%和20.5%。3%双氟磺草胺·唑草酮悬乳剂13.5g a.i./hm^2、18g a.i./hm^2、22.5g a.i./hm^2、36g a.i./hm^2处理区内播娘蒿大部分死亡，荠菜死亡较少，对杂草的总株数防效分别为60.2%、70.5%、76.1%和76.9%。75%双氟磺草胺·苯磺隆水分散粒剂33.75g a.i./hm^2、39.38g a.i./hm^2、45g a.i./hm^2、78.75g a.i./hm^2不同处理内杂草部分死亡，未死亡杂草叶片呈现黄褐色并开始干枯，对杂草的总株数防效为12.0%、16.4%、18.7%和22.4%。对照药剂40%唑草酮水分散粒剂24g a.i./hm^2处理对杂草的总株防效为77.2%，其他对照药剂对杂草的防效在3.8%~13.2%（表1）。

表1 各供试药剂施药15天后对杂草防效

药剂处理	药剂用量（g a.i./hm^2）	播娘蒿防效（%）	荠菜防效（%）	总残株数（株/m^2）	总株防效（%）
40%双氟磺草胺·2甲4氯异辛酯悬乳剂	360	10.0de	11.5c	58.7	10.2cd
	480	15.3d	15.6b	66.3	15.3c
	600	18.4d	17.2ab	55.3	18.2c
	960	20.4d	21.2ab	53.0	20.5c
3%双氟磺草胺·唑草酮悬乳剂	13.5	70.1b	26.7a	35.0	60.2b
	18	82.4ab	28.8a	23.0	70.5ab
	22.5	86.1a	31.9a	20.3	76.1a
	36	87.6a	33.3a	18.7	76.9a

（续表）

药剂处理	药剂用量 (g a. i. /hm²)	播娘蒿防效 (%)	荠菜防效 (%)	总残株数 (株/m²)	总株防效 (%)
75%双氟磺草胺·苯磺隆水分散粒剂	33. 75	7. 7e	19. 5ab	88. 0	12. 0cd
	39. 38	8. 2e	24. 3ab	101. 8	16. 4c
	45	8. 4e	28. 0a	81. 3	18. 7c
	78. 75	13. 9d	30. 1a	88. 0	22. 4c
56%2 甲 4 氯钠可溶粉剂	1 008	12. 6d	18. 2ab	54. 7	13. 2cd
5%双氟磺草胺悬乳剂	4. 5	3. 7e	4. 3c	75. 3	3. 8d
40%唑草酮水分散粒剂	24	93. 5a	9. 6c	20. 3	77. 2a
75%苯磺隆水分散粒剂 22. 5	22. 5	1. 0e	16. 7b	83. 6	8. 7cd
空白对照（株/m²）	—	41. 5	10. 0	51. 5	—

注：同列数据后不同字母表示差异显著（$P<0.05$），相同字母表示差异不显著，下同

2. 2 用药后 30 天供试药剂对杂草防效

药后 30 天调查结果表明，不同供试药剂处理区杂草药害症状更加明显，死亡杂草数量显著高于施药后 15 天调查结果。40%双氟磺草胺·2 甲 4 氯异辛酯悬乳剂和 3%双氟磺草胺·唑草酮悬乳剂对播娘蒿和荠菜的总株数防效较好，除 3%双氟磺草胺·唑草酮悬乳剂 13. 5g a. i. /hm²处理外，其他处理对杂草的总株防效均在 80. 6% ~86%；2 种供试药剂对播娘蒿的防效好于对荠菜的防效。75%双氟磺草胺·苯磺隆水分散粒剂 33. 75g a. i. /hm²、39. 38g a. i. /hm²、45g a. i. /hm²、78. 75g a. i. /hm²处理对杂草总株防效显著低于 40%双氟磺草胺·2 甲 4 氯异辛酯悬乳剂和 3%双氟磺草胺·唑草酮悬乳剂不同剂量处理区，且对播娘蒿和荠菜的防治效果基本一致，对杂草的总株数防效分别为 28. 9%、35. 8%、40. 9%和 45. 1%。各对照药剂对杂草的防效显著提高，40%唑草酮水分散粒剂 24g a. i. /hm²处理对杂草的总株防效为 80. 1%，其他对照药剂对杂草的防效在 29. 1% ~64%（表 2）。

表 2　各供试药剂施药 30 天后对杂草防效

药剂处理	药剂用量 (g a. i. /hm²)	播娘蒿防效 (%)	荠菜防效 (%)	总残株数 (株/m²)	总株防效 (%)
40%双氟磺草胺·2 甲 4 氯异辛酯悬乳剂	360	88. 8b	26. 9c	12. 7	80. 6b
	480	88. 7b	31. 3b	15. 0	80. 9b
	600	93. 1a	31. 0b	10. 7	84. 2a
	960	95. 2a	33. 3b	10. 0	85. 0a
3%双氟磺草胺·唑草酮悬乳剂	13. 5	81. 9b	33. 3b	25. 7	70. 8c
	18	93. 4a	36. 5b	15. 0	80. 8b
	22. 5	94. 7a	42. 6a	12. 7	85. 1a
	36	95. 9a	45. 8a	11. 3	86. 0a
75%双氟磺草胺·苯磺隆水分散粒剂	33. 75	24. 5de	36. 6b	71. 1	28. 9e
	39. 38	27. 6de	43. 6a	78. 2	35. 8e
	45	31. 8d	49. 2a	59. 1	40. 9d
	78. 75	36. 9d	52. 6a	62. 2	45. 1d

（续表）

药剂处理	药剂用量 (g a. i. /hm²)	播娘蒿防效 (%)	荠菜防效 (%)	总残株数 (株/m²)	总株防效 (%)
56%2甲4氯钠可溶粉剂	1008	68.9c	27.3c	22.7	64.0c
5%双氟磺草胺悬乳剂	4.5	47.9d	29.8bc	43.7	44.3d
40%唑草酮水分散粒剂	24	96.3a	13.5d	17.7	80.1b
75%苯磺隆水分散粒剂22.5	22.5	12.5e	46.1a	64.9	29.1e

2.3 用药后45天供试药剂对杂草防效

药后45天调查结果表明，40%双氟磺草胺·2甲4氯异辛酯悬乳剂、3%双氟磺草胺·唑草酮悬乳剂和75%苯磺隆·双氟磺草胺水分散粒剂不同剂量处理对播娘蒿和荠菜的防效均较好，除75%苯磺隆·双氟磺草胺水分散粒剂33.75g a. i. /hm²处理外，其他各个处理对杂草总防效均在90%以上。40%双氟磺草胺·2甲4氯异辛酯悬乳剂360g a. i. /hm²、480g a. i. /hm²、600g a. i. /hm²、960g a. i. /hm²处理对杂草的总株数防效分别为92.7%、94.2%、96.6%和97.6%，3%双氟磺草胺·唑草酮悬乳剂13.5g a. i. /hm²、18g a. i. /hm²、22.5g a. i. /hm²、36g a. i. /hm²处理对杂草的总株数防效分别为90.3%、93.7%、96.1%和97.6%，75%苯磺隆水分散粒剂33.75g a. i. /hm²、39.38g a. i. /hm²、45g a. i. /hm²、78.75g a. i. /hm²对杂草的总株数防效分别为83.7%、90.45%、94.7%和95.2%。对照药剂56%2甲4氯钠可溶粉剂1008g a. i. /hm²和40%唑草酮水分散粒剂24g a. i. /hm²处理对杂草的总株防效在90%左右，5%双氟磺草胺悬乳剂4.5g a. i. /hm²和75%苯磺隆水分散粒剂22.5g a. i. /hm²处理对杂草防效分别为75.2%和63%（表3）。

表3　各供试药剂施药45天后对杂草防效

药剂处理	药剂用量 (g a. i. /hm²)	播娘蒿防效 (%)	荠菜防效 (%)	总残株数 (株/m²)	总株防效 (%)
40%双氟磺草胺·2甲4氯异辛酯悬乳剂	360	97.0a	75.0c	3.8	92.7ab
	480	98.2a	77.5bc	3.0	94.2a
	600	99.4a	85.0b	1.8	96.6a
	960	99.4a	90.0a	1.3	97.6a
3%双氟磺草胺·唑草酮悬乳剂	13.5	94.0a	75.0c	5.0	90.3ab
	18	97.0a	80.0b	3.3	93.7a
	22.5	98.2a	87.5ab	2.0	96.1a
	36	98.2a	95.0a	1.3	97.6a
75%双氟磺草胺·苯磺隆水分散粒剂	33.75	84.5b	82.3b	15.1	83.7b
	39.38	93.8a	84.8b	8.9	90.4ab
	45	96.1a	92.4a	4.9	94.7a
	78.75	96.1a	93.7a	4.4	95.2a
56%2甲4氯钠可溶粉剂	1008	94.6a	95.0a	2.8	94.7a
5%双氟磺草胺悬乳剂	4.5	75.3c	75.0c	12.8	75.2c
40%唑草酮水分散粒剂	24	99.4a	50.0d	5.3	89.8ab
75%苯磺隆水分散粒剂	22.5	52.7d	79.7bc	34.2	63.0d

2.4 供试药剂对小麦的安全性测定

在冬小麦返青期用药，40%双氟磺草胺·2甲4氯异辛酯悬乳剂推荐剂量为360～480g a.i./hm^2，该剂量下，药剂对杂草防效在92%以上。药剂施用后观察，冬小麦叶片出现轻微分散畸形现象，并随用药剂量的增加，症状稍加明显，药后15天基本恢复正常。3%唑草酮·双氟磺草胺悬乳剂推荐剂量为13.5～18g a.i./hm^2，该剂量下，药剂对阔叶杂草防效达90%以上。药剂施用后观察，冬小麦部分叶片出现少量黄色干枯斑点，并随用药剂量的增加，症状稍加明显，药后15天基本恢复正常。75%苯磺隆·双氟磺草胺水分散粒剂推荐剂量为39.38g a.i./hm^2，该剂量下，药剂对杂草的防效达90%以上，药剂施用后观察，冬小麦生长正常，无药害现象。

药剂处理区小麦测产结果显示，各处理区的穗数（万穗/hm^2）、穗粒数、产量均显著高于空白对照区，各药剂处理之间差异不显著；千粒重与空白对照差异不显著；各供试药剂处理区小麦增产率在10.3%～13.3%，对照药剂增产率在6%～10%（表4）。

表4 各供试药剂对小麦产量影响

药剂处理	药剂用量（g a.i./hm^2）	穗数（万穗/hm^2）	穗粒数（穗/粒）	千粒重（g）	产量（kg/hm^2）	增产率（%）
40%双氟磺草胺·2甲4氯异辛酯悬乳剂	360	798b	28.8a	30.5a	5 952a	10.3
	480	798b	29.1a	30.3a	5 982a	10.9
	600	793.5b	28.9a	30.7a	5 977.5a	10.8
	960	796.5b	29a	30.5a	5 982a	10.9
3%双氟磺草胺·唑草酮悬乳剂	13.5	793.5b	28.9a	30.8a	5 992.5a	11.1
	18	793.5b	29a	30.6a	5 988a	11.0
	22.5	799.5b	28.8a	30.6a	5 980.5a	10.9
	36	790.5b	28.8a	30.8a	5 962.5a	10.5
75%双氟磺草胺·苯磺隆水分散粒剂	33.75	784.5b	28.8a	31.2a	5 992.5a	11.1
	39.38	789b	29.1a	30.9a	6 030a	11.8
	45	786b	29.4a	31a	6 088.5a	12.9
	78.75	795b	29a	31.2a	6 114a	13.3
56%2甲4氯钠可溶粉剂	1 008	786b	29.5a	30a	5 907a	9.5
5%双氟磺草胺悬乳剂	4.5	784.5b	28.8a	30.1a	5785.5b	7.3
40%唑草酮水分散粒剂	24	798b	28.7a	30.5a	5 931a	10.0
75%苯磺隆水分散粒剂22.5	22.5	778.5bc	28.9a	29.9a	5 718b	6.0
空白对照	—	756c	27.4b	30.7a	5 394c	—

3 讨论

本试验结果表明，40%双氟磺草胺·2甲4氯异辛酯悬乳剂、3%双氟磺草胺·唑草酮悬乳剂和75%苯磺隆·双氟磺草胺水分散粒剂三种供试药剂的除草速率不一致，3%双氟磺草胺·唑草酮悬乳剂除草速率显著高于其他2种药剂。唑草酮是一种触杀型选择性除草剂，见效速度快，喷药后15min内可被植物叶片吸收，3～4h后杂草就出现中毒症状，

2～4 天死亡[6]。双氟磺草胺与唑草酮复配制剂的除草速率也较快，早期对杂草其杀害作用的有效成分主要为唑草酮。

2 甲 4 氯异辛酯是一种苯氧羧酸类激素型除草剂，其药效受水的硬度影响小，在植物体内更容易分解成有效成分 2 甲 4 氯酸，传输速度更快，药效好于 2 甲 4 氯和 2 甲 4 氯钠，杂草不易对其产生抗药性[7]，双氟磺草胺与其复配可有效提高杂草防效[8]。因此，在没有产生抗性杂草的小麦田，应该尽量选择 40% 双氟磺草胺·2 甲 4 氯异辛酯悬乳剂、3% 双氟磺草胺·唑草酮悬乳剂和 75% 苯磺隆·双氟磺草胺水分散粒剂三种除草剂交替轮换使用进行杂草防治，以便延缓抗性杂草发生速率。播娘蒿的 ALS 保守位点发生突变，将对苯磺隆产生严重抗性[3]，抗性播娘蒿 ALS 第 376 位氨基酸发生突变，造成播娘蒿对苯磺隆和双氟磺草胺产生交互抗性；197 位氨基酸发生突变，播娘蒿对双氟磺草胺不产生交互抗性[3]。因此，在杂草抗性发生小麦田，尽量先明确杂草的抗性分子机理，然后选择恰当的除草剂制剂。如果抗性杂草的 ALS197 位发生突变，选择 40% 双氟磺草胺·2 甲 4 氯异辛酯悬乳剂和 3% 双氟磺草胺·唑草酮悬乳剂交替轮换使用进行小麦田阔叶杂草防除；若抗性杂草 ALS376 位氨基酸发生突变，上述 3 种供试药剂尽量不要使用，以免防治效果差，尽量选择其他作用类型的单剂或复配制剂。

我国小麦田杂草有 200 多种，其中主要杂草播娘蒿、藜、荠菜、猪殃殃、麦家公、麦瓶草等[9]。本试验地小麦田阔叶杂草草相较单一，只有播娘蒿和荠菜，不能全面评价供试药剂的杀草谱。因此，下一步试验应该选择草相丰富的试验地进一步进行田间验证试验，为科学使用三种供试药剂提供科学依据。

参考文献

[1] 李春峰，翟国英，王睿文，等. 河北省小麦田杂草防治技术进展 [J]. 杂草科学，2003 (4)：4，18.

[2] Xu X，Wang G Q，Chen S L，*et al.* Confirmation of Flixweed (Descurainia sophia) Resistance to Tribenuron－Methyl Using Three Different Assay Methods [J]. Weed Science，2010，58：56－60.

[3] Xu X，Liu G，Chen S，*et al.* Mutation at residue 376 of ALS confers tribenuron－methyl resistance in flixweed (Descurainia sophia) populations from Hebei Province，China [J]. Pestic Biochem Physiol，2015，125：62－68.

[4] Jin T，Liu J L，Huan Z B，*et al.* Molecular basis for resistance to tribenuron in shepherd's purse *Capsella bursa－pastoris* (L.) Medik [J]. Pesticide Biochemistry and Physiology，2011，100：160－164.

[5] 侯珍，谢娜，董秀霞，等. 双氟磺草胺的除草活性及对不同小麦品种的安全性评价 [J]. 植物保护学报，2012，39 (4)：357－363.

[6] 张勇，路兴涛，孔繁华，等. 唑草酮室内除草活性及对作物玉米的安全性测定 [J]. 农药，2010，49 (2)：144－146.

[7] 侯珍. 双氟磺草胺防除小麦田杂草的应用研究 [D]. 泰安：山东农业大学，2012.

[8] 高新菊，王恒亮，陈威，等. 双氟磺草胺与 3 甲 9 氯异辛酯的联合作用及药效评价 [J]. 河南农业科学，2015，44 (2)：77－81.

[9] 王素平，程亚樵，张志刚，等. 36% 唑草酮·苯磺隆水分散粒剂防除冬小麦田一年生阔叶杂草田间药效评价 [J]. 农药，2013，52 (2)：139－141.

吉林省燕麦田间杂草防控探索*

冷廷瑞[1**] 高欣梅[2] 金哲宇[1***] 卜 瑞[1] 高新梅[1] 王春龙[1]

(1. 吉林省白城市农业科学院，白城 137000；

2. 内蒙古自治区兴安盟农业科学研究所，兴安盟 137400)

摘 要：为解决燕麦生产中田间杂草为害问题，在以往研究工作基础上，通过在燕麦出苗以后，禾本科杂草3片叶以前，非禾本科杂草4~6片叶前后喷施不同组合的除草剂，控制燕麦田间杂草的发生和挽回因杂草为害造成的产量损失，选出效果比较好的5种除草剂组合用于燕麦生产和燕麦田间草害防控技术。

关键词：燕麦；杂草；防控技术

随着国家农业生产和农业科技的快速发展，人民生活水平不断提高，食品来源日益繁荣，对食品摄入的要求也越来越高。而燕麦食品因其独特的营养价值受到越来越多的人的重视和欢迎，使得近年来燕麦的种植面积呈现增加趋势，随之而来的燕麦田间杂草的防控研究成为植保科技人员必须解决的课题。为此吉林省白城市农业科学院针对这一领域进行了多方面研究，在以往研究工作基础上开展了新的燕麦田间杂草防控探索，以期为燕麦生产作出贡献。

1 材料和方法

1.1 实验材料

实验用燕麦品种是白城农科院育成的优良燕麦品种白燕2号。

实验用除草剂种类：72%异丙甲草胺乳油[1-3]（山东滨农科技有限公司）；10%吡嘧磺隆可湿性粉剂[1-3]（黑龙江五常农化技术有限公司）；33%二甲戊灵乳油[1,3]（巴斯夫欧洲公司）；75%二甲·唑草酮水分散粒剂（江苏富美实植物保护剂有限公司）；24%乙氧氟草醚乳油（上海惠光环境科技有限公司）；84%稗草稀乳油（自制）；48%灭草松水剂[1,2,3]（黑龙江齐齐哈尔盛泽农药有限公司）；25%噁草酮乳油[1]（安徽省合肥福瑞德生物化工厂）；2.5%五氟磺草胺可分散油悬浮剂[1]（美国陶氏益农公司）；30%莎稗磷乳油[1,2]（哈尔滨嘉禾化工有限公司生产）。

1.2 实验设计

所有除草剂处理均设为苗后处理，即在燕麦出苗以后，禾本科杂草3叶期以前，非禾本科杂草4~6叶前后对燕麦田面（包括土壤、燕麦苗和杂草）进行除草剂处理。实验设

* 项目基金：现代农业产业燕麦技术体系（CARS-08-C-1）

** 作者简介：冷廷瑞，研究员，主要从事燕麦病虫草害研究；E-mail：ltrei@163.com

*** 通讯作者：金哲宇，研究员，主要从事作物病虫草害研究

计为每小区 $20m^2$，3 次重复。各处理除草剂配比及用量：处理 1：异丙甲草胺 12ml，噁草酮 10ml；处理 2：异丙甲草胺 12ml，五氟磺草胺 3ml，乙氧氟草醚 4ml；处理 3：莎稗磷 6ml，噁草酮 10ml；处理 4：莎稗磷 6ml，二甲戊灵 18ml；处理 5：无药剂对照；处理 6：稗草稀 6ml，二甲·唑草酮 4g；处理 7：人工除草对照；处理 8：稗草稀 6ml，苯达松 18ml，吡嘧磺隆 2g；处理 9：稗草稀 6ml，苯达松 18ml，乙氧氟草醚 4ml。

1.3 药后调查项目及杂草防效评价方法

在对燕麦进行药剂处理后 2 周之内每日观察各处理对燕麦生长状况的影响或者说是燕麦对各处理的反应表现。记录实验播种、药剂处理、出苗、杂草鲜重测量、产量测定的日期、燕麦生长的相应生育阶段，以及药剂处理时杂草的发生状况，以便分析各除草剂的药效发挥效果。在燕麦拔节期调查各小区单位面积单子叶和双子叶杂草鲜重。方法是每小区调查 $10m^2$（小区面积一半），内容包括禾本科杂草和非禾本科杂草各自杂草鲜重，根据测量结果计算各小区短期杂草防治效果。

各小区短期杂草防治效果(%)=(无药剂对照杂草鲜重－处理杂草鲜重)/无药剂对照杂草鲜重×100[4]

根据草害发生的重要因子组建一个评价草害发生程度的数学模型，即综合草情指数＝单位面积杂草株数（株/m^2）×杂草平均株高（cm）×平均杂草单株干重（g/株）。据此可知，综合草情指数绝对值越大，表明杂草发生程度和燕麦受害程度越重，反过来说，如果综合草情指数绝对值越小，则表明杂草发生程度和燕麦受害程度越轻。在燕麦收获之前进行草情指数测定和长期防治效果测定，包括测量各小区平均单位面积杂草株数，杂草平均株高和平均杂草单株干重（风干 3 周后测量）。燕麦收获之后测定各小区的产量结果，计算各小区挽回产量损失率，对所得数据进行差异显著性分析，评价、讨论各处理的最终防治效果。

小区产量挽回损失率(%)=(实验产量－无药剂对照产量)/无药剂对照产量×100

小区杂草长期防治效果(%)=(无药剂对照草情指数－小区草情指数)/无药剂对照小区的草情指数×100[4]

2 结果和分析

2.1 药后效果观察

观察时间在用药后至燕麦拔节阶段。处理 1 和处理 3 前期出现噁草酮药害，表现叶片受药部位普遍干枯，与绿色部分交界部分出现蜷缩。处理 2 和处理 4 药后燕麦苗一切正常，下部根际有少许禾本科杂草和非禾本科杂草。处理 5 和处理 7 分别为无除草剂对照和人工除草对照，一切正常。处理 6 和处理 8 前期苗生长略受稗草稀影响，叶片受药部位出现干枯现象，有少许禾本科杂草和非禾本科杂草。处理 9 前期受稗草稀、乙氧氟草醚影响明显，受药部位出现干枯、蜷缩或干枯蜷缩。前期所有燕麦的除草剂药害在燕麦把节前均恢复正常。在燕麦收获前观察，田间杂草发生数量很少，如果不进行详细调查，几乎看不到杂草。

2.2 杂草防治效果和产量情况分析

利用拔节期所测各小区杂草鲜重结果计算各小区短期杂草防治效果，对各处理 3 次重复杂草短期防治效果进行差异显著性分析得表 1 和表 2。根据收获前测量的各小区单位面积杂草株数、平均株高和单株干重计算得出各处理禾本科杂草和非禾本科杂草草情指数平均值，见图1。由于收获前测量杂草发生情况时，杂草数量很少，只能把禾本科杂草和非禾本科杂草并到一起整理，根据各处理3次重复的草情指数计算得各处理长期杂草防治效果，对所得数据进行差异显著性分析，详见表3。对根据产量数据计算出的挽回产量损失率进行差异显著性分析，详见表4。

表1　不同处理对燕麦田禾本科杂草短期防治效果差异显著性分析

处理	均值	5%显著水平	1%极显著水平
2 异丙甲草胺五氟磺草胺	96	a	A
1 异丙甲草胺噁草酮	96	a	A
7 人工除草对照	94	a	A
9 稗草稀苯达松乙氧氟草醚	83	a	A
4 莎稗磷二甲戊灵	79	a	A
3 莎稗磷噁草酮	75	a	A
8 稗草稀苯达松苄嘧磺隆	64	a	A
6 稗草稀二甲·唑草酮	54	a	AB
5 无除草剂对照	0	b	B

表2　不同处理对燕麦田非禾本科杂草短期防治效果差异显著性分析

处理	均值	5%显著水平	1%极显著水平
3 莎稗磷噁草酮	100	a	A
7 人工除草对照	100	a	A
9 稗草稀苯达松乙氧氟草醚	100	a	A
2 异丙甲草胺五氟磺草胺	100	a	A
8 稗草稀苯达松苄嘧磺隆	100	a	A
1 异丙甲草胺噁草酮	100	a	A
6 稗草稀二甲·唑草酮	100	a	A
4 莎稗磷二甲戊灵	90	b	B
5 无除草剂对照	0	c	C

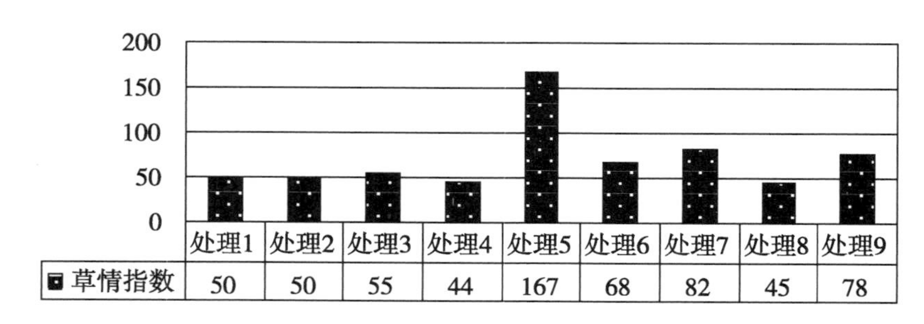

图1　不同除草剂处理燕麦田综合草情指数

表 3　不同处理对燕麦田杂草长期防治效果差异显著性分析

处理	均值	5% 显著水平	1% 极显著水平
4 莎稗磷二甲戊灵	74	a	A
8 稗草稀苯达松苄嘧磺隆	73	a	A
1 异丙甲草胺噁草酮	70	a	A
2 异丙甲草胺五氟磺草胺	70	a	A
3 莎稗磷噁草酮	67	a	A
6 稗草稀二甲・唑草酮	59	a	A
9 稗草稀苯达松乙氧氟草醚	53	a	A
7 人工除草对照	51	a	A
5 无药剂对照	0	b	B

表 4　不同处理对燕麦挽回产量损失率差异显著性分析

处理	均值	5% 显著水平	1% 极显著水平
6 稗草稀二甲・唑草酮	48	a	A
7 人工除草对照	44	ab	A
1 异丙甲草胺噁草酮	42	ab	A
2 异丙甲草胺五氟磺草胺	32	ab	A
9 稗草稀苯达松乙氧氟草醚	28	ab	AB
8 稗草稀苯达松苄嘧磺隆	25	ab	AB
4 莎稗磷二甲戊灵	23	bc	AB
3 莎稗磷噁草酮	21	bc	AB
5 无药剂对照	0	c	B

从表 1 的结果可知，在 7 个除草剂处理中只有处理 6 稗草稀二甲・唑草酮对禾本科杂草的短期防治效果与对照相比有显著差异，无极显著差异。但是与处理 7 人工除草对照相比无显著差异和极显著差异。可见所有这些除草剂处理均能起到短期内（用药后 1 个月以内）有效控制燕麦田禾本科杂草的作用。

从表 2 的结果可知，处理 4 莎稗磷二甲戊灵对非禾本科杂草的短期防治效果与处理 5 无药剂对照有显著和极显著差异，同时与处理 7 人工除草对照也存在显著和极显著差异。可见处理 4 和其他除草剂处理对非禾本科杂草的短期防效均能起到有效控制燕麦田非禾本科杂草的作用，只是处理 4 的效果与其他 6 个处理相比稍差一些。

从图表 1 的结果可以知道各处理在收获前田间杂草的发生情况，所有的除草剂处理后期田间杂草发生情况都轻于无除草剂对照和人工除草对照。从表 3 的结果看更能充分说明从控制杂草发生程度方面来看，除草剂对燕麦田间杂草的防控效果好于人工除草或者说与人工除草相比无显著或极显著差异。

从表 4 的结果来看，处理 3 和处理 4 中莎稗磷对禾本科杂草的防治效果虽然很好，但在挽回产量损失方面与无除草剂对照相比没有显著或极显著差异，没能达到挽回燕麦产量损失的目的，但与人工除草与对照相比同样无显著或极显著差异。而处理6稗草稀二甲·唑草酮虽然在对禾本科杂草短期防治方面效果表现比其他处理稍差，但在挽回产量损失率方面表现最好。

3 结论和讨论

3.1 结论

通过对前面各项数据结果的分析，本项燕麦田间杂草防控探索所用的各除草剂配比处理均能达到防控燕麦田间杂草为害的目的。本次实验中在除草效果和挽回产量损失率方面均有较好表现的处理是处理6稗草稀二甲·唑草酮苗后处理、处理1异丙甲草胺噁草酮苗后处理和处理2异丙甲草胺五氟磺草胺苗后处理，其次是处理9稗草稀苯达松乙氧氟草醚苗后处理和处理8稗草稀苯达松苄嘧磺隆苗后处理。

上面提到表现好的处理方法和除草剂可以用于燕麦生产中进行田间草害防控，为燕麦生产服务。同时也可成为燕麦生产中草害防控技术的一部分，与其他燕麦草害防控方法一起形成燕麦草害防控技术。

3.2 讨论

本项实验中有莎稗磷的处理在挽回产量损失率方面虽然表现与无除草剂对照差异不显著，但在其他实验中有表现较好的现象存在[1]。有必要在以后的实验中继续了解。

实验中在燕麦出苗后进行除草剂处理时，噁草酮、稗草稀和乙氧氟草醚等3种除草剂对燕麦苗产生不同程度的短期伤害，但最终都能起到控制燕麦田间杂草发生，挽回因杂草为害造成燕麦产量损失的作用。

燕麦草害防治研究已经开展多年，本项研究是在以往研究工作基础上开展的，是对以往研究工作的丰富和补充，也是以往研究工作的延续和深化。在此基础上将形成燕麦田间草害防控技术操作规程和燕麦草害防控技术。

参考文献

[1] 冷廷瑞，刘伟，苏云凤，等．不同配比除草剂燕麦除草研究初探［J］．杂草科学，2013，31（4）：46－49.

[2] 冷廷瑞，卜瑞，孙孝臣，等．吉林省燕麦田草害药剂防治试验［J］．吉林农业科学，2012，37（4）：38－40.

[3] 冷廷瑞，杨君，郭来春，等．几种除草剂在燕麦田的应用效果［J］．杂草科学，2011，29（1）：70－71.

[4] 高希武.新编实用农药手册：修订版.郑州：中原农民出版社，2006.

47%异丙隆·丙草胺·氯吡嘧磺隆可湿性粉剂防除冬小麦田一年生杂草的效果及安全性

朱建义[1*]　赵浩宇[1]　刘胜男[1]　高　菡[1]　郑仕军[2]　周小刚[1**]
（1. 四川省农业科学院植物保护研究所/农业部西南作物有害生物综合治理重点实验室，成都　610066；2. 四川省青神县植保站，青神　612460）

摘　要：采用田间小区试验研究了47%异丙隆·丙草胺·氯吡嘧磺隆可湿性粉剂对冬小麦田一年生杂草的防除效果及其安全性。结果表明：该药剂在小麦播后芽前土壤处理，对冬小麦田常见一年生杂草防效优良；对冬小麦安全。综合两年试验结果，推荐剂量为（制剂量）1 800～2 250g/hm^2（846～1 057. 5ga. i. /hm^2）。

关键词：异丙隆·丙草胺·氯吡嘧磺隆；冬小麦；防效

四川麦类常年种植面积133. 3 万 hm^2左右，以冬小麦为主，有少量春小麦、大麦（包括青稞、啤酒大麦、饲料大麦）。四川省气候、地形等环境因素复杂，雨量丰沛，麦田杂草种类多，杂草群落复杂，给小麦生产带来较大损失，小麦田化学防除杂草技术已经成为小麦生产中不可缺少的重要措施。由于耕作制度改变及多年连续使用某类除草剂，一方面导致杂草群落演替加速，一些次要杂草如扬子毛茛、碎米荠、通泉草、早熟禾等逐渐成为主要杂草和难治杂草，且为害加重；另一方面导致杂草抗药性不断上升，如猪殃殃、大巢菜、野芥菜对苯磺隆，棒头草对芳氧苯氧丙酸类除草剂等[1-2]。

47%异丙隆·丙草胺·氯吡嘧磺隆可湿性粉剂是由江苏省农用激素工程技术研究中心研发的新型三元复配剂，可有效防除稻茬麦田菵草、日本看麦娘、看麦娘、猪殃殃、荠菜、牛繁缕等恶性杂草，且对小麦安全[3-5]；同时可有效防除水稻旱直播田稗、千金子、鲤肠、陌上菜、碎米莎草等多种恶性杂草，且对水稻安全[6]。为考察47%异丙隆·丙草胺·氯吡嘧磺隆可湿性粉剂在四川省防除冬小麦田一年生杂草的效果，并评估其对冬小麦的安全性，为生产上提供技术指导，2013—2014 年，我们连续两年进行了田间药效试验研究。

1　材料与方法

1. 1　供试药剂

试验药剂为47%异丙隆·丙草胺·氯吡嘧磺隆可湿性粉剂，江苏农用激素工程技术研究中心有限公司提供。对照药剂：75%氯吡嘧磺隆水分散粒剂，江苏农用激素工程技术

* 作者简介：朱建义，男，助理研究员，主要从事杂草学及除草剂使用技术研究；E-mail：zhujianyi88@ 163. com

** 通讯作者：周小刚，男，副研究员；E-mail：weed1970@ aliyun. com

研究中心有限公司生产；50%异丙隆可湿性粉剂，江苏常隆化工有限公司生产；30%丙草胺乳油，瑞士先正达作物保护有限公司生产。

1.2 试验设计

设人工除草和空白对照，共9个处理，4次重复。小区面积20m²，随机区组排列。具体试验设计见表1。

表1 供试药剂试验设计

处理	药剂	制剂量（g/hm²）	有效成分量（g/hm²）
A	47%异丙隆·丙草胺·氯吡嘧磺隆可湿性粉剂	1 800	846
B	47%异丙隆·丙草胺·氯吡嘧磺隆可湿性粉剂	2 025	951.75
C	47%异丙隆·丙草胺·氯吡嘧磺隆可湿性粉剂	2 250	1 057.5
D	47%异丙隆·丙草胺·氯吡嘧磺隆可湿性粉剂	4 050	1 903.5
E	50%异丙隆可湿性粉剂	2 250	1 125
F	30%丙草胺乳油	1 500	450
G	75%氯吡嘧磺隆水分散粒剂	66.67	50
H	人工除草	—	—
I	空白对照	—	—

1.3 试验基本情况

试验分别设在四川省阆中市文成镇龙咀村（2013年）和青神县白果乡罗湾村（2014年），土壤属岷江冲积沙壤土，肥力中等，有机质含量2.1%，pH值6.7。前茬水稻。小麦品种为川麦104，均匀条播。主要一年生杂草有：早熟禾（*Poa annua* L.）、看麦娘（*Alopecurus aequalis* Sobol.）、扬子毛茛（*Ranunculus sieboldii* Miq.）、繁缕［*Stellaria media*（L.）Cyr.］，少量的棒头草（*Polypogon fugax* Nees ex Steud.）、猪殃殃［*Galium aparine* L. var. *tenerum*（Gren. Et Godr.）Rcbb.］、大巢菜（*Vicia sativa* L.）、碎米荠（*Cardamine hirsute* L.）、鼠麴（*Gnaphalium aff ine* D. Don）和紫草（*Lithospermum eryhrorhizon* Sieb. et Zuce.）等。小麦播后芽前土壤喷雾处理1次，用水量450L/hm²。

1.4 调查与统计方法

杂草调查采用绝对值调查法，调查杂草株数（禾本科杂草调查分蘖数）或重量，每小区随机选择4个点，每点0.25m²。共调查3次：药后15天目测防效及安全性，药后35天调查杂草株防效，药后60天调查杂草株防效和鲜重防效。防效计算方法依据中华人民共和国国家标准农药田间药效试验准则（一）除草剂防治麦类作物地杂草GB/T 17980.41—2000。DPS数据处理系统处理，差异性分析采用邓肯氏新复极差法。

2 结果与分析

2.1 除草效果

2.1.1 药后15天目测效果

47%异丙隆·丙草胺·氯吡嘧磺隆可湿性粉剂四剂量处理区多数阔叶杂草黄化萎蔫或

死亡，禾本科杂草和扬子毛茛叶片褪绿黄化、植株畸形，防效在60% ~95%；50%异丙隆可湿性粉剂处理区多数杂草叶片褪绿、黄化，防效约50%；30%丙草胺处理区禾本科杂草的防效较好，植株畸形萎蔫，阔叶杂草的防效稍差，防效约50%；75%氯吡嘧磺隆水分散粒剂处理区多数阔叶杂草的防除效果较好，植株扭曲畸形，扬子毛茛的防效稍差，禾本科杂草有轻微药害症状，防效约60%。

2.1.2　药后35天株防效结果

由表2可以看出，47%异丙隆·丙草胺·氯吡嘧磺隆可湿性粉剂除最低剂量处理对看麦娘、棒头草的株防效为63.89%外，四剂量处理对繁缕、早熟禾、看麦娘、棒头草、其他阔叶杂草的株防效均高于82.00%；对扬子毛茛的株防效较差；47%异丙隆·丙草胺·氯吡嘧磺隆可湿性粉剂846g a. i. /hm^2处理的总杂草防效显著高于对照药剂75%氯吡嘧磺隆水分散粒剂，而与50%异丙隆可湿性粉剂、30%丙草胺乳油差异不显著；47%异丙隆·丙草胺·氯吡嘧磺隆可湿性粉剂951.75g a. i. /hm^2处理的总杂草防效显著高于对照药剂30%丙草胺乳油、75%氯吡嘧磺隆水分散粒剂，而与50%异丙隆可湿性粉剂差异不显著；47%异丙隆·丙草胺·氯吡嘧磺隆可湿性粉剂1 057.5g a. i. /hm^2、1 903.5g a. i. /hm^2处理的总杂草防效显著高于各对照药剂。

表2　47%异丙隆·丙草胺·氯吡嘧磺隆可湿性粉剂施后35天对冬小麦田杂草的株防效

处理	株防效（%）					
	繁缕	扬子毛茛	其他阔叶杂草	早熟禾	看麦娘棒头草	总杂草
A	86.61 cB	43.35 bB	90.50 bB	75.81cB	63.89 cCD	76.56 cCD
B	96.30 abA	45.32 bB	88.60 bB	83.87 bcB	83.33 bBC	82.92 bBC
C	96.58 abA	48.77 bB	93.11 bB	85.48 bcB	90.56 bAB	85.83 bB
D	97.72 aA	88.67 aA	98.57 aA	97.18 aA	98.89 aA	96.79 aA
E	79.77 dBC	51.72 bB	63.66 cC	88.51 bB	89.44 bAB	75.89 cCD
F	69.52 eC	41.38 bB	63.42 cC	82.26 bcB	91.67 bAB	70.75 cDE
G	94.59 bA	47.29 bB	91.21 bB	29.44 dC	45.00 dD	62.93 dE
I（株）	87.75	50.75	105.25	124.00	45.00	412.75

注：①防效为两年数据的平均值；②其他阔叶杂草包括猪殃殃、大巢菜、碎米荠、鼠曲、紫草等，下同

2.1.3　药后60天株防效和鲜重防效结果

由表3、表4、表5可以看出，药后60天，47%异丙隆·丙草胺·氯吡嘧磺隆可湿性粉剂对繁缕、早熟禾、看麦娘、棒头草、其他阔叶杂草的株防效和鲜重防效均高于80.00%，对扬子毛茛的鲜重防效较好；47%异丙隆·丙草胺·氯吡嘧磺隆可湿性粉剂的总杂草株防效显著高于对照药剂30%丙草胺乳油、75%氯吡嘧磺隆水分散粒剂；47%异丙隆·丙草胺·氯吡嘧磺隆可湿性粉剂951.75g a. i. /hm^2处理的总杂草防效与50%异丙隆可湿性粉剂相当。

表 3　47％异丙隆·丙草胺·氯吡嘧磺隆可湿性粉剂施后 60 天对冬小麦田杂草的株防效

处理	株防效（%）					
	繁缕	扬子毛茛	其他阔叶杂草	早熟禾	看麦娘棒头草	总杂草
A	97.60 bB	49.85 cC	80.07 cC	88.13 bcB	80.09 dC	85.22 cD
B	98.67 abAB	68.62 bBC	86.59 bcBC	90.89 bB	93.87 bcB	91.07 bBC
C	99.11 abAB	74.19 bB	89.94 bAB	92.23 bB	96.07 bB	92.89 bB
D	100.00 aA	92.38 aA	95.90 aA	98.96 aA	99.21 aA	98.36 aA
E	99.11 abAB	75.66 bB	64.99 deD	88.44 bcB	89.47 cB	87.44 cCD
F	64.33 cC	61.58 bcBC	57.73 eD	82.51 cB	92.92 bcB	74.49 dE
G	100.00 aA	73.31 bB	91.81 bAB	58.96 dC	51.42 eD	73.92 dE
H	65.39 cC	67.16 bBC	68.16 dD	56.21 dC	53.14 eD	60.55 eF
I（株）	281.75	85.25	134.25	408.75	159.00	1069.00

注：防效为两年数据的平均值

表 4　47％异丙隆·丙草胺·氯吡嘧磺隆可湿性粉剂施后 60 天对冬小麦田杂草的鲜重防效（阆中 2013）

处理	鲜重防效（%）				
	繁缕	扬子毛茛	其他阔叶杂草	看麦娘棒头草	总杂草
A	93.10 bB	70.27 bB	88.68 abAB	92.20 cC	87.56 cC
B	94.83 bB	90.81 aA	94.34 abA	95.32 bcBC	94.33 bB
C	96.55 abAB	93.51 aA	98.11 aA	97.50 bB	96.70 bB
D	100.00 aA	97.30 aA	98.11 aA	99.92 aA	99.28 aA
E	100.00 aA	94.59 aA	92.45 abA	65.52 eE	74.12 dDE
F	100.00 aA	92.43 aA	94.34 abA	94.38 bcBC	94.16 bB
G	68.97 cC	52.43 cBC	64.15 cB	64.27 eE	62.00 eE
H	79.31 cC	45.95 cC	88.68 abAB	75.20 dD	70.15 dDE
I（g）	7.25	46.25	13.25	160.25	227.00

表 5　47％异丙隆·丙草胺·氯吡嘧磺隆可湿性粉剂施后 60 天对冬小麦田杂草的鲜重防效（青神 2014）

处理	鲜重防效（%）					
	繁缕	扬子毛茛	其他阔叶杂草	早熟禾	看麦娘棒头草	总杂草
A	98.91 bB	73.31 cB	91.61 bBC	92.33 cdBC	81.94 cC	89.94 dD
B	99.27 bAB	90.54 bA	96.35 aABC	94.77 bcB	97.22 abAB	96.07 bBC
C	99.73 abAB	92.57 bA	96.90 aAB	96.17 bB	97.22 abAB	96.97 bB
D	100.00 aA	98.65 aA	99.09 aA	99.48 aA	99.31 aA	99.42 aA

（续表）

处理	鲜重防效（%）					
	繁缕	扬子毛茛	其他阔叶杂草	早熟禾	看麦娘棒头草	总杂草
E	99.64 abAB	91.55 bA	90.15 bC	94.77 bcB	94.44 bB	95.04 bcBC
F	58.00 dD	69.59 cB	60.58 dD	89.20 dC	97.22 abAB	70.08 eE
G	100.00 aA	92.91 bA	97.45 aAB	78.05 eD	82.64 cC	92.52 cdCD
H	70.00 cC	73.99 cB	71.53 cD	71.78 fD	79.86 cC	72.28 eE
I（g）	137.50	74.00	68.50	71.75	36.00	387.75

2.2 对冬小麦的安全性及产量效应

田间观察和目测表明47%异丙隆·丙草胺·氯吡嘧磺隆可湿性粉剂对冬小麦生长无明显影响，对冬小麦安全，无药害。各药剂处理对冬小麦有不同程度的增产（增产率1.02%～5.05%）；47%异丙隆·丙草胺·氯吡嘧磺隆可湿性粉剂1 057.5g a.i./hm^2、1 903.5g a.i./hm^{2}处理的冬小麦产量显著高于对照药剂处理（表6）。

表6　47%异丙隆·丙草胺·氯吡嘧磺隆可湿性粉剂对冬小麦产量的影响

处理	公顷产量（kg）	增产率（%）	差异显著性	处理	公顷产量（kg）	增产率（%）	差异显著性
A	4 515.00	1.02	cDE	F	4 518.75	1.11	cDE
B	4 599.75	2.92	bBC	G	4 545.00	1.69	cD
C	4 604.63	3.03	bB	H	4 469.25	—	dE
D	4 695.00	5.05	aA	I	4 326.75	-3.19	eF
E	4 549.13	1.79	cCD				

3 结论与讨论

根据试验结果可知，47%异丙隆·丙草胺·氯吡嘧磺隆可湿性粉剂作土壤封闭处理的杀草谱较广，在有效成分846～1 057.5g a.i./hm^{2}剂量下，对冬小麦田的早熟禾、看麦娘、棒头草、繁缕、猪殃殃、大巢菜、碎米荠、鼠曲、紫草等一年生（越年生）杂草防效优良，对扬子毛茛株防效稍差但鲜重防效良好。47%异丙隆·丙草胺·氯吡嘧磺隆可湿性粉剂四剂量防效均优于75%氯吡嘧磺隆水分散粒剂和30%丙草胺乳油；47%异丙隆·丙草胺·氯吡嘧磺隆可湿性粉剂低剂量与50%异丙隆可湿性粉剂防效相当。

47%异丙隆·丙草胺·氯吡嘧磺隆可湿性粉剂对冬小麦生长无明显影响。47%异丙隆·丙草胺·氯吡嘧磺隆可湿性粉剂四剂量处理对冬小麦有不同程度的增产（增产率1.02%～5.05%），且1 057.5g a.i./hm^2、1 903.5g a.i./hm^{2}处理的冬小麦产量显著高于对照药剂处理。

综合两年试验结果，推荐剂量为（制剂量）1 800～2 250g/hm^2（846～1 057.5g a.i./hm^2），在小麦播后芽前土壤喷雾处理，对冬小麦田常见一年生杂草有较好防除效果，且增产明显。

参考文献

[1] 周小刚，朱建义，陈庆华，等．四川省麦田杂草发生及其化学防除现状［J］．杂草科学，2012，30（4）：21－25.

[2] Tang W，Zhou F，Chen J，*et al.* Resistance to ACCase－inhibiting herbicides in an Asia minor bluegrass（Polypogon fugax）population in China［J］．Pesticide Biochemistry and Physiology，2014，108：16－20.

[3] 黄付根，娄金贵，张伟星，等．稻茬麦田主要杂草种群对氯吡·丙·异的敏感性［J］．杂草科学，2015，33（1）：17－20.

[4] 张伟星，王红春，汤呈远，等．47%氯吡·丙·异可湿性粉剂对稻茬麦田杂草的防效及安全性［J］．杂草科学，2014，32（4）：49－52.

[5] 娄金贵，黄付根，张伟星，等．不同时期施用47% 氯吡·丙·异 WP 对稻茬麦田杂草的防效及小麦的安全性［J］．杂草科学，2015，33（4）：40－43.

[6] 贺建荣，汪亚雄，徐蓬，等．47%氯吡·丙·异可湿性粉剂对水稻旱直播田杂草防效及安全性［J］．杂草科学，2015，33（4）：27－30.

广东除草剂药害发生现状及其预防措施

冯　莉　田兴山　杨彩宏　张　纯　崔　烨　岳茂峰
（广东省农业科学院植物保护研究所/广东省植物保护新技术重点实验室，广州　510640）

摘　要：广东是全国光、热、水资源较丰富的地区之一，作物种植结构复杂，耕作模式多样，轮作、连作频繁，除草剂药害时有发生。本文针对广东目前农业生产中除草剂的使用和药害发生现状进行调查研究，剖析导致药害的原因，特别是残留药害，结合广东典型的耕作模式，提出预防措施，以期减少或避免除草剂药害的发生。

关键词：除草剂药害；耕作模式；预防措施；广东

广东属南亚热带季风气候，光照充足，雨量充沛，为作物的生长和发育提供了适宜的气候条件，因此，在广东一年多熟的耕作模式较普遍，作物种植结构复杂，轮作或连作频繁。丰富的光、热、水资源和土壤养分供给也使得农田杂草生长旺盛，繁殖加快，许多恶性杂草在作物收获前或收获时已完成了生活史，一年中随着农田多次耕作而多次出苗与结实[5]，大量的杂草种子落入农田使得土壤杂草种子库持续积累，数量庞大，因此，广东农田杂草为害非常严重，对作物的产量和品质影响较大。为有效控制草害，生产者不得不频繁大量使用化学除草剂，结果不仅增加了杂草对除草剂产生抗药性的风险，又导致除草剂药害时有发生。为了解和掌握广东目前农业生产中除草剂的使用和药害发生状况，作者近几年对广东农业生产中除草剂的使用现状、药害发生种类及典型症状进行调查和总结，结合广东主要的耕作模式分析导致药害的原因，提出预防措施，以期提高广大生产者安全使用除草剂的技术和意识，为避免和减少药害发生提供参考。

1　调查与研究方法

采用发放调查问卷和实地走访询问等形式，调查对象主要是对粤北的韶关、清远，粤西茂名、湛江以及广州、惠州等部分珠三角地区的蔬菜和水稻生产基地、种植大户、农药店、广东植物医院下设的分院和诊所、种植散户等；调查内容包括：使用或销售的除草剂品种、施用的作物种类、施药习惯、喷药器械、施药量等。对于种植户反映的除草剂药害以及调查中发现的疑似除草剂药害，结合当地药店销售和农户使用的除草剂品种、药害症状等，采用盆栽和田间小区试验的方法进行药害诊断，以确定药害类型和除草剂种类。调查研究时间为2013年1月至2015年12月。

2　结果与分析

2.1　广东除草剂使用现状和施药习惯

调查结果表明：在广东销售或使用的除草剂品种中（表1），灭生性除草剂草甘膦、百草枯、草铵膦出现的频次最多、用量最大，各地农药店和种植户均有销售和使用，主要用在果园除草、农田清园、田埂灭草以及作物行间除草等；其次是水稻田除草剂品种较多，其他作物田特别是蔬菜田可供选择使用的除草剂品种很少，且个别药店有售。在对农户习惯施药量方面的调查结果表明：对于如草甘膦、二氯喹啉酸、莠去津、精恶唑禾草灵、精喹禾灵等一些老产品普遍存在超量使用的现象，单位面积习惯的施药量一般为推荐使用高剂量的1.5～2.0倍。在喷雾器使用方面，普遍存在有与杀虫剂、杀菌剂共用的现象，使用的喷雾器大多为圆形喷头，较少使用扁扇形喷头的除草剂专用喷雾器。

表1　调查广东农田常用的除草剂品种（2013—2015年）

农田	除草剂通用名
果园	百草枯，草甘膦异丙铵盐，草甘膦铵盐，草铵膦，草甘膦·二甲四氯，草甘膦·2，4－D
水稻	二氯喹啉酸，苄嘧磺隆，丙草胺，吡嘧磺隆，丁草胺，氰氟草酯，五氟磺草胺，噁唑酰草胺，2甲4氯钠盐，苄嘧磺隆·丁草胺，苄嘧磺隆·二氯喹啉酸，吡密磺隆·苯噻酰草胺，苄嘧磺隆·乙草胺，苄嘧磺隆·丙草胺，苄嘧磺隆·苯噻酰草胺
蔬菜	二甲戊灵，丁草胺，精异丙甲草胺，高效氟吡甲禾灵，精恶唑禾草灵，精喹禾灵
花生	乙草胺，氟磺胺草醚，甲咪唑烟酸，氟磺胺草醚·精喹禾灵，灭草松·精喹禾灵·氟磺胺草醚
甜玉米	莠去津，乙草胺
甘蔗	甲·灭·敌（二甲四氯·莠灭净·敌草隆），莠灭净，敌草隆

2.2　药害类型及其主要除草剂种类

调查生产中出现的除草剂药害症状以及引发药害的主要除草剂种类，归纳主要有5种，见表2。

表2　广东除草剂药害类型和引发其药害的主要除草剂种类

序号	药害类型	典型的药害症状	受害部位	引发药害的除草剂
1	触杀型药害	局部产生枯黄坏死斑点	叶片、茎秆	百草枯，敌草快，草铵膦
2	致畸型药害	茎叶扭曲，叶片、花和果畸形，根变短而膨大，植株生长异常	根、茎、叶、花、果实	二氯喹啉酸，2，4－滴丁酯2甲4氯钠盐
3	褪绿型药害	叶尖、叶缘或叶脉间褪绿白化或黄化、最后至全叶枯黄脱落	叶片	莠去津，莠灭净，敌草隆
4	生长抑制型药害	抑制生长点和幼苗生长，幼叶和心叶发黄，植株矮化、生长停滞	顶芽、幼苗、幼根、叶片	甲咪唑盐酸，吡嘧磺隆，精喹禾灵，草甘膦
5	抑芽型药害	抑制幼芽和幼根生长，种子不能出苗，或出苗后不久生长点心叶扭曲、萎缩，逐渐死亡，随后幼苗枯死	胚芽、下胚轴、胚根、幼苗	乙草胺，异丙甲草胺，丁草胺，二甲戊灵

第1种触杀型药害：表现为叶片有枯黄坏死斑点，但不传导，对作物生长点和新生叶的生长影响不大；第2种致畸型药害：表现为植株生长异常，畸形扭曲，叶片卷曲；第3种褪绿型药害：表现为植株部分或整株退绿白化；第4种生长抑制型药害：表现为生长受

抑制，植株矮小，生长停滞；第5种抑芽型药害：表现为作物播种后出苗不久死苗。药害出现在当季作物，其症状表现为表2中的5种症状，而药害出现在后茬作物，其症状表现为表2中的后4种症状。除草剂药害症状类型与除草剂的作用机理以及作物吸收和传导除草剂的特性是密切相关的。

2.3 药害发生的主要原因及其预防措施

2.3.1 导致当茬药害的主要原因及其预防措施

调查表明：导致当茬作物药害发生的主要原因有：①药液飘移。药害一般发生在喷药附近的作物上。预防的办法是选择无风晴天喷药，在喷雾器喷头上加保护罩并压低喷头施药。②施药的作物、生长期或剂量不对。农户未严格按照使用说明的作物、安全生长期或剂量使用药剂，导致药害发生。③水源或施药器械被除草剂污染。南方暴雨天气较多，常会导致使用过除草剂的稻田水漫灌到沟渠里，用被除草剂污染过的水配药、配肥或灌溉，导致药害发生；另外使用过除草剂的喷雾器未清洗或清洗不干净，也是导致药害发生的原因。④施药后遇到异常恶劣的天气。在广东春夏季，施用土壤处理除草剂如二甲戊灵、乙草胺、异丙甲草胺等后，常会遇到持续多雨、寡照的不良天气，作物的生长势和抗逆性减弱，加之田间排水不畅导致积水，常会使蔬菜、花生等旱作幼苗出现抑芽型药害。⑤作物品种间的差异。同种作物的不同品种（如甜玉米、水稻等）对同一种除草剂的敏感性有差异会导致药害发生，因此，新除草剂在大面积使用前，应先进行小面积不同品种的安全性测试后再大面积使用是有必要的。

2.3.2 导致残留药害的主要原因及其预防措施

广东是典型的一年多熟制种植区，作物轮作或连作较频繁。近年来对广东省除草剂残留药害发生的主要轮作模式及引发药害的除草剂种类调查结果显示，发生面积和造成损失较大的主要是：水稻－茄科蔬菜作物（冬种马铃薯、烟草、茄子、辣椒等）轮作，研究表明稻田使用杀稗剂二氯喹啉酸，易导致后茬轮作茄科蔬菜作物出现不同程度的致畸型药害。2013—2014年在广东博罗县园洲镇、惠东县黄埠镇、鹤山市址山镇的部分冬种马铃薯田，2015年在广东始兴县部分茄子田发生了较大面积的残留药害均为二氯喹啉酸残留所致。其次是甜糯玉米－蔬菜轮作，前茬甜糯玉米长年连作，频繁过量使用除草剂莠去津，导致后茬轮作菜心、黄瓜等蔬菜出现生长抑制型药害。再有是花生田使用除草剂甲咪唑烟酸，导致后茬轮作叶菜、瓜菜等蔬菜作物出现明显的生长抑制型药害。残留药害在生产上出现，一般农户较难发现和诊断，容易被忽视或被误诊，损失较大。

导致残留药害的主要原因：①很多种植户对长残效除草剂以及残留药害缺乏认识，使用除草剂时没有考虑是否对后茬作物安全，加上二氯喹啉酸和莠去津在广东使用有二十多年，防效下降导致农户加大用药量，因此，易导致后茬敏感蔬菜作物产生药害。②近年来采用轻型少免耕的种植方式，相比深翻耕作，除草剂较多残留在土壤表层，加上广东秋冬季相比其他季节干旱少雨，是除草剂在土壤中降解和被雨冲刷水淋溶相对较慢季节，因此，前茬稻田使用长残效除草剂或过量使用除草剂易导致冬种后茬敏感作物发生药害。③近年来广东种植结构不断优化和调整，具有显著生态和经济效益的水旱轮作“水稻—冬种马铃薯”面积不断扩大，由于农田经营权的转租频繁，承租者往往不知道转租者使用过什么除草剂，因此，加大了后茬除草剂残留药害发生的风险。

针对近几年广东出现的除草剂残留药害问题，结合作者的研究结果，提出以下预防措施：①加强培训。调研中发现，绝大多数种植户对于除草剂产品单位面积用药量的要求不太注意，认为与杀虫剂和杀菌剂差不多，常随意加大单位面积使用量；对长残效除草剂以及敏感作物种类不清楚，只关注当茬杂草防除得好，而对后茬作物是否安全缺乏意识。因此，加强除草剂安全使用知识的培训和宣传，对于减少残留药害发生非常重要。②科学替代。对于易导致后茬冬种蔬菜作物出现残留药害的除草剂品种，如二氯喹啉酸、莠去津、甲咪唑盐酸等尽量不用，使用其他除草剂品种或混配制剂，避免药害发生。③早期诊断预防。对于前茬使用过二氯喹啉酸后茬拟大面积种植马铃薯、烟草等茄科作物，前茬使用过莠去津或甲咪唑盐酸后茬拟大面积种植黄瓜、菜薹等蔬菜可用敏感指示植物对土壤提前进行早起诊断[1,3]，对于诊断有残留药害风险的田块，可改种其他不敏感作物，预防残留药害发生。④土壤修复。早期诊断有残留药害风险的田块，可在整地时每亩地撒300kg细煤渣或30kg生物炭粉拌土，通过吸附作用可减轻药害发生程度[2,4]。⑤及时补救。当发现作物出现较轻的残留药害时应及时补救，如喷施促进植物生长的调节剂，增施速效叶面肥等，以促进作物恢复生长缓解药害发生程度。但药害严重时，出现生长点死亡，甚至植株死亡，则没有补救的必要，否则会造成更大的经济损失。

虽然导致除草剂药害的因素多种多样，但只要正确认识除草剂药害及其引发的因素，才能把握和控制药害，避免药害发生，实现科学安全地使用除草剂，提高对杂草的防效和对作物的安全性，真正达到增产增效的目的。

3 小结

广东是全国冬种蔬菜面积较大的省份，特别是近几年种植结构的调整，冬种蔬菜种类：马铃薯、茄类（辣椒、番茄、茄子）、瓜类、叶菜类较多，种植面积越来越大，且多与水稻轮作。因此，针对广东典型的轮作模式，认识药害发生现状和导致药害发生的原因，提高生产者安全使用除草剂的意识和技术，对于避免和减少除草剂药害的发生具有重要意义。

参考文献

[1] 冯莉，田兴山，崔烨，等．冬种马铃薯除草剂安全使用技术研究与推广应用［J］．中国科技成果，2015（20）：37，39.

[2] 李玉梅，王根林，刘征宇，等．生物炭对土壤中莠去津残留消减的影响［J］．作物杂志，2014（2）：137－141.

[3] 杨彩宏，冯莉，田兴山．莠去津土壤残留对4种蔬菜生长及叶绿素荧光参数的影响［J］．中国蔬菜，2016：53－59.

[4] 杨彩宏，冯莉，田兴山，等．二氯喹啉酸土壤残留对后茬蔬菜药害测定及修复研究［J］．广东农业科学，2016，43（2）：62－66.

[5] Li Feng，Guo－Qi chen，Xing－Shan tian. *et al*. The hotter the weather，the greater the infestation of Portulaca oleracea：opportunistic life history traits in a serious weed［J］．WEED RESEARCH，2015，5：396－405.

烟嘧磺隆产生药害的原因分析

孙红霞* 薛龙毅
（济源市植保植检站，济源 459000）

摘 要：烟嘧磺隆是内吸传导型磺酰脲类除草剂，杂草吸收药剂后会很快停止生长，一般在施药后4~5天出现毒害症状，受害症状为心叶变黄、失绿、叶稍、叶鞘紫红色。烟嘧磺隆防除玉米田杂草效果非常好，普受农民喜欢，但是其对玉米的安全性较差，发生药害的频率居济源市所推各种除草剂之首，本文对烟嘧磺隆产生药害的原因进行了分析，并提出了预防措施及补救措施。

关键词：烟嘧磺隆；药害；原因分析

烟嘧磺隆防除玉米田杂草效果非常好，普受农民喜欢，但是其对玉米的安全性较差，发生药害的频率居济源市所推各种除草剂之首，现就烟嘧磺隆产生药害的原因进行分析。烟嘧磺隆是内吸传导型磺酰脲类除草剂，通过植物茎叶及根部吸收并迅速在木质部和韧皮部传导，通过抑制乙酰乳酸合成酶的活性，阻碍支链氨基酸的合成，从而影响植物细胞分裂，使杂草停止生长，最终死亡。杂草吸收药剂后会很快停止生长，一般在施药后4~5天出现毒害症状，受害症状为心叶变黄、失绿、叶稍、叶鞘紫红色。

1 药害产生症状

施药后5~10天玉米心叶褪绿、变黄，或叶片出现不规则的褪绿斑。有的叶片卷缩成筒状，叶缘皱缩，心叶牛尾状，不能正常抽出。玉米生长受到抑制，植物矮化，并且可能产生部分丛生、次生茎。药害轻的可恢复正常生长，严重的影响产量。

2 药害产生的原因分析

2.1 施药浓度过高

由于烟嘧磺隆安全系数小，未按除草剂使用的规定剂量用药，任意加大用药量，或重喷，或亩对水量减少等均会增加施药浓度，导致玉米产生药害。

2.2 用药时期不当

作物对除草剂的敏感性随生育期的不同而不同。烟嘧磺隆一般苗后使用的安全期为玉米的3~5叶期，2叶期以下或6叶以上，易产生药害。

2.3 施药不当

部分农民对除草剂认识不够，不严格按使用说明操作，在夏玉米5叶期后施药不定向

---

* 作者简介：孙红霞，高级农艺师，从事病虫害预测预报和防治研究工作；E-mail：nyjshx321@163.com

喷雾，甚至和杀虫剂同时作用，将大量药液施向玉米心叶，人为造成药害。同时，喷施有机磷农药的玉米对烟嘧磺隆敏感，所以与使用有机磷农药的间隔期不超 7 天，也会产生药害。

2.4 天气原因

玉米生长前期降雨少，高温干旱，玉米生长缓慢，对除草剂耐药性降低，分解药害的功能降低，易对玉米生长造成影响。施药后低温多雨，光照少，玉米也容易产生药害。

2.5 高温时施药易产生药害

中午高温时玉米蒸腾量大，吸收药液多，易产生药害；有时早上施药后遇中午高温，也容易产生药害；当温度超过 38℃以上时，下午施药也容易产生药害。

2.6 喷雾器性能不良或田间作业不标准

如多喷头喷雾器喷嘴流量不一致，雾化效果差，跑冒滴漏等，造成局部喷液量过多。打药时离玉米太近，喷雾不均匀、喷幅连结带重叠，导致局部喷液量过多，特别是玉米叶片上的药液易形成药滴滚到心叶里，心叶局部药液浓度和药量骤增，使玉米心受害。

2.7 喷雾器清洗不净

使用过大豆田或灭生性除草剂的喷雾器没能及时彻底清洗，再用它喷施烟嘧磺隆，易对玉米产生药害。

2.8 个别玉米品种本身对烟嘧磺隆敏感

如甜玉米和爆裂玉米品种。

3 预防措施

3.1 准确掌握施药浓度

根据土壤、气候条件、草情确定烟嘧磺隆用药量，要量准化除面积，以面积用药，准确稀释，对水量要足，均匀喷药，不重喷、不漏喷，不能随意增加药剂浓度和喷药次数。

3.2 严格适期用药，科学配制药液

施药期的确定，既要考虑杂草的敏感期，争取良好的防效，又要选择当季作物抗性强、对下茬作物安全的时期施药。玉米 3～5 叶期，对烟嘧磺隆的抗性最强，此时用药最安全。若因为天气等原因，在玉米 6 叶期以后用药，尽量定向喷雾，药剂避免触及玉米心叶。一般玉米 2 叶期前及 10 叶期以后，对该药敏感，不易用药。同时，药液应准确稀释，搅拌均匀后再施药。

3.3 提高施药技术水平，严格按操作规程

引导农民淘汰现有的性能差的老式手动喷雾器，引进性能良好、高效、成本低、新型喷雾器。全田喷雾时，喷头要高于玉米顶端 40～50cm，并且平行喷雾，勿上下摇摆，雾滴要细而且匀。由于烟嘧磺隆是超高效除草剂，重喷、滴漏，很容易造成局部药剂浓度过大而产生药害。另外，每次用药以前都要保证喷雾器的洁净，以免药械上的其他农药残留造成玉米药害。

3.4 看天气情况施药

晴天时上午 10:00 时至下午 16:00 时不要施药，温度高时早上也不易施药，以下午 16:00 时以后施药为好。阴天在没有雨的情况下可全天施药。

4 补救措施

一般情况下，玉米本身耐药性较强，烟嘧磺隆产生轻微药害时，不需要处理，玉米生长只是暂时受到抑制，一段时间后即可恢复，不会影响产量。若药害较重需要处理时，可采取以下措施。

4.1 即时排毒

在烟嘧磺隆药害已经发生或将要发生时，要尽早采取措施排毒。对玉米植株上的初期药害，可用喷雾器械淋水 3 ~5 次洗掉植株上的农药残留物。

4.2 加强田间管理

一是浇足量水，促使玉米根系大量吸收水分，以降低植株体内的除草剂浓度，缓解药害；二是适当增加锄地的深度和次数，增强土壤的通气性，促进土壤中有益生物的活动，加快土壤养分的分解雕塑强玉米根系对水分和养分的吸收能力，使玉米植株尽快恢复正常的生长发育；三是喷施云大 –120（天然芸薹素内酯）稀释 1 500倍液或赤霉素加 1% 尿素水溶液或用解害灵、叶面宝稀释 500 倍液，在上午露水干后或傍晚用喷雾器洒叶片正反面，促进植株正常生长，以有效减轻药害。

参考文献（略）

探究热烟雾法喷施枯草芽孢杆菌对菌体活性的影响

周洋洋　袁会珠　杨代斌　闫晓静
（中国农业科学院植物保护研究所，
农业部作物有害生物综合治理综合性重点实验室，北京　100193）

摘　要：为了探究热烟雾机喷施活体菌孢子的可行性，本文研究了温度对枯草芽孢杆菌活性的影响以及在室内条件测定了热烟雾机喷雾枯草芽孢杆菌对黄瓜灰霉病菌抑菌活性的影响。结果表明：①同一高温条件下，随着处理时间的延长，菌体的活性逐渐降低，在不同温度条件下，菌体的活性随着温度的升高而降低；②平皿试验结果显示经过热烟雾机喷施的枯草芽孢杆菌在其浓度为10 000CFU/ml时其对黄瓜灰霉病菌的防效为70.88%；③孢子萌发试验结果显示经热烟雾机喷施枯草芽孢杆菌会对菌体造成一定的损伤，损伤率达到15%左右。

关键词：热烟雾机；枯草芽孢杆菌；黄瓜灰霉病菌

枯草芽孢杆菌（*Bacillus subtilis*）是一类广泛分布于各种不同生活环境中的革兰氏阳性杆状好养型细菌，对人畜无毒无害，不污染环境[1]，具有显著的抗菌活性和极强的抗逆能力[2]。枯草芽孢杆菌能够产生耐热、耐旱、抗紫外线和有机溶剂的内生孢子[3-4]，是一种理想的生防微生物，枯草芽孢杆菌主要通过竞争、颉颃、诱导植物抗病性和促进植物生长等几个方面来发挥抑菌作用[5-6]，具有很广的抑菌谱，包括水稻纹枯病、稻瘟病，小麦纹枯病，豆类根腐病[7]，番茄叶霉病、枯萎病，黄瓜枯萎病、霜霉病，茄子灰霉病和白粉病，辣椒疫病等[5,8-10]。枯草芽孢杆菌具有生长快、营养简单以及产生耐热、抗逆芽孢等突出特征，同时批量生产工艺简单，成本较低，施用方便，储存期长。因此，枯草芽孢杆菌现已成为一种普遍使用的生防细菌。

热烟雾机是以脉冲式喷气发动机为动力，利用其尾气的热能和动能将药液气化后喷出形成烟雾状来防治病虫，其雾滴粒径一般在50μm以下，是一种超低容量喷雾植保机械，目前已在蔬菜、玉米和小麦等农作物上得到成功应用[11-14]。热烟雾机的脉冲式发动机工作时会产生300~700℃的高温气流[15]，热烟雾机从喷药嘴至喷管出口距离约为25cm，喷管内气流平均速率达到45~86m/s，因此，药剂处于高温中进行热力烟化的时间≤5ms[16,17]。而目前该装备大多用于喷施化学农药。随着我国对生态文明的重视，生物农药在病虫害防治中占据的比例逐步升高，因此，能否利用热力烟雾机喷施生物农药是植保工作者所关注的一个新问题。本文以枯草芽孢杆菌为例，探究了热烟雾机喷施枯草芽孢杆菌对其活性大小的影响，并在室内模拟高温条件，比较不同温度对枯草芽孢杆菌萌发的影响，探究使用热烟雾施药技术喷施生物农药枯草芽孢杆菌的可行性。

1　材料与方法

1.1　试验仪器

TSP-65热力烟雾机（深圳市隆瑞科技有限公司），背负式手动喷雾器（北京丰茂植保机械有限公司），电热恒温鼓风干燥箱（北京陆希科技有限公司）；DL－CJ－IN 型超净工作台（北京东联哈尔仪器制造有限公司）；85－2 型恒温磁力搅拌器（常州普光仪器制造有限公司）；Vortex Mixer QL－866 型涡旋仪（海门市其林贝尔仪器制造有限公司）。

1.2 试验药剂

1 000亿/g 枯草芽孢杆菌可湿性粉剂（中国农科院植保所廊坊农药中试厂）。

1.3 试验方法

1.3.1 菌液的配制

取 0.5g 1 000亿/g 枯草芽孢杆菌可湿性粉剂加入 500ml 的无菌水中，在磁力搅拌器上搅拌 3min，使其完全溶解形成 10^{-3} 倍液，然后使用涡旋仪梯度稀释至 10^{-7}，10^{-8}，10^{-9} 倍液备用。取上述 3 种不同浓度菌液各 500ml，分别使用热烟雾机和背负式手动喷雾器喷施，回收喷出的药液备用，并以未做任何处理菌液作为对照，观察常规喷雾方式与热烟雾机施药技术对枯草芽孢杆菌的活性影响。

1.3.2 活性检测方法

于无菌条件下，在超净工作台内使用灭菌的培养基倒制成空白平板，待琼脂凝固后取经过不同处理的 800μl 菌液于平板上，使用灭菌涂布器涂布均匀，制成带毒平板，空白对照涂等量无菌水，待平板上不再有液体流动时接种培养 4 天的黄瓜灰霉病菌菌饼，并于 25℃条件下恒温培养，观察不同处理间黄瓜灰霉病菌的生长情况。

1.3.3 萌发计数方法

（1）配制营养琼脂培养基。

（2）接种：

①将已灭菌的营养琼脂培养基倒入已灭菌的培养皿中，约 25ml/90mm 培养皿，待凝固后备用。

②准确称取检样 0.1g（或 1.00ml）放入含有 100ml 无菌水的玻璃三角瓶中，充分溶解，即配制成 1：1 000的稀释液。

③取 0.1ml 1：1 000的稀释液注入含有 9.9ml 无菌水离心管中，涡旋混匀，即得 10^{-5} 的稀释液。

④按上述操作顺序做 10 倍递增稀释液，每稀释一次，换用一个 1ml 无菌吸头，根据对样品菌落生长情况的预实验，选择合适的稀释度，最终选择 10^{-7}，10^{-8}，10^{-9} 三个稀释梯度。

⑤ 3 个浓度分别吸取 10μl、100μl、200μl 稀释液于营养琼脂平板上，用涂布器将菌液涂布均匀，每个稀释度做 10 个平皿，倒置于 30℃恒温培养箱中，培养 24h 后取出，计算平板内枯草芽孢杆菌总数目。

（3）计数。计算平板内枯草芽孢杆菌总数目，观察经不同药械处理前后孢子的萌发情况。

1.3.4 室内高温模拟方法

准确称取 0.1g 枯草芽孢杆菌可湿性粉剂于 10ml 离心管中并放置于恒温干燥箱内，调整电热恒温鼓风干燥箱内的温度为 90℃、100℃、110℃、120℃，并于不同时间取出一个离心管并做时间标记，以未经高温处理的菌体为对照，参照萌发计数方法测定不同温度不同时间段条件下菌体的萌发数据。

2 结果分析

2.1 不同温度对枯草芽孢杆菌孢子萌发的影响

在孢子稀释梯度为10^{-8}时，在不同高温不同时间条件下的孢子萌发情况如图1，图2，图3，图4所示，由图示可知，在同一温度条件下，孢子萌发数随着时间的增加而减少，在90℃，100℃条件下处理16h后孢子的萌发数量均减小至50%以下，110℃条件下处理2h后孢子萌发数量减小至50%以下，120℃条件下处理40min后孢子萌发数减小至50%以下，温度越高，对孢子本身的伤害越大。

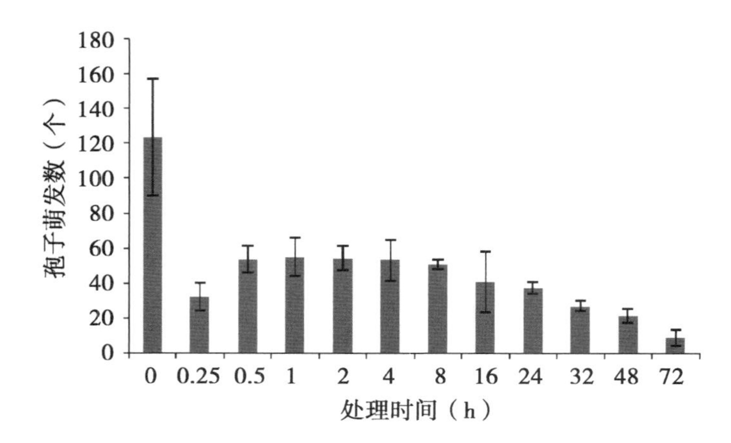

图1 90℃条件下枯草芽孢杆菌萌发数据

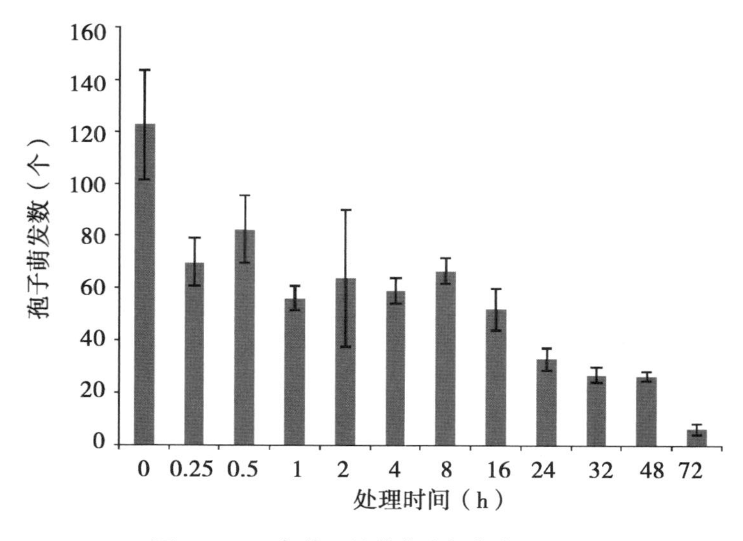

图2 100℃条件下枯草芽孢杆菌萌发数据

2.2 不同处理方式对枯草芽孢杆菌孢子萌发的影响

从表1可知，在同一浓度不同处理之下，未作任何处理和手动处理的孢子悬浮液的萌发数高于用烟雾机处理的孢子悬浮液的萌发数；从相对损失率可以看出，使用烟雾机喷施枯草芽孢杆菌活菌制剂对菌体本身有一定的伤害作用，伤害作用约为15%，与结果2.3

相对应。

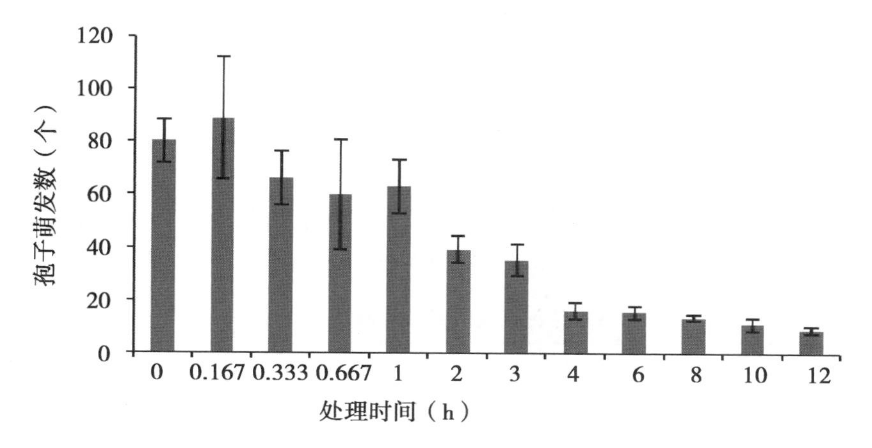

图3　110℃条件下枯草芽孢杆菌萌发数据

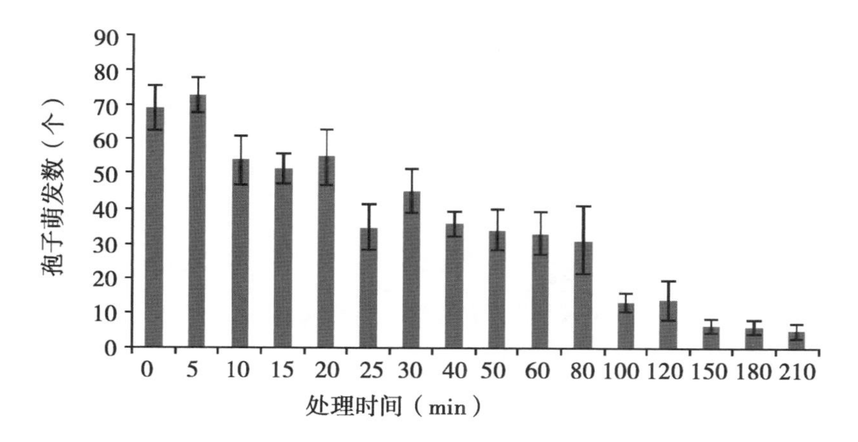

图4　120℃条件下枯草芽孢杆菌萌发数据

表1　不同处理方式对枯草芽孢杆菌孢子萌发的影响

处理	浓度（CFU/ml）	接种量（μl）	均值（个）	相对损失率（%）
CK	10 000	10	99.50 ±9.15	*
	1 000	100	105.13 ±8.44	*
	100	200	64.50 ±6.99	*
手动	10 000	10	98.75 ±6.56	0.75
	1 000	100	103.38 ±6.16	1.66
	100	200	67.63 ±5.32	-4.84
烟雾机	10 000	10	83.00 ±8.77	16.58
	1 000	100	87.25 ±7.09	17.00
	100	200	55.00 ±6.97	14.73

2.3 不同方式喷施枯草芽孢杆菌对黄瓜灰霉病菌抑菌作用的影响

从表2可知，不同浓度的孢子悬浮液在不同处理的情况下对黄瓜灰霉病菌的抑制效果是不同的。在孢子浓度达到10 000CFU/ml时，处理前、手动处理、热烟雾机处理对黄瓜灰霉病菌的抑菌效果分别是83.70%、83.92%和70.88%，且热烟雾机处理与其他处理在5%置信区间范围内存在显著性差异；在孢子浓度达到1 000CFU/ml时，处理前、手动处理、热烟雾机处理对黄瓜灰霉病菌的抑菌效果分别达到了71.10%、79.19%、63.71%，经热烟雾机处理与其他处理在5%置信区间范围内存在显著性差异，表明热烟雾机处理过对菌液中的孢子产生了一定的损伤，致使其降低了对病原菌的抑制效果。

表2 枯草芽孢杆菌对黄瓜灰霉病菌的抑菌效果

不同处理	浓度（CFU/ml）	接种量（μl）	菌落净生长值（cm）	生长抑制率（%）
CK	0	800	76.67±0.52	
处理前	10 000	800	12.05±0.55	83.70
	1 000	800	22.17±2.79	71.10
	100	800	28.67±1.03	62.62
手动	10 000	800	12.33±0.52	83.92
	1 000	800	15.50±0.84	79.79
	100	800	*	*
烟雾机	10 000	800	22.33±0.52	70.88
	1 000	800	27.83±1.33	63.71
	100	800	35.17±0.98	54.15

*手动处理浓度为100CFU/ml时菌体污染太过严重，暂无数据

3 结果与讨论

在高温条件下，枯草芽孢杆菌的活性随着温度的升高而逐渐降低；在同一温度条件下，随着处理时间的增加，其活性也在逐渐的降低在同一处理不同浓度下，随着菌液浓度的提高，其对黄瓜灰霉病菌的抑制效果也在提高；在同一浓度不同处理下，处理前和手动处理抑菌效果优于热烟雾机处理，且烟雾机处理与其他处理之间存在显著性差异。

使用常规背负式手动喷雾器喷施枯草芽孢杆菌可湿性粉剂未对孢子产生损伤；经热烟雾法处理的孢子悬浮液其孢子萌发率低于处理前和背负式手动喷雾器处理的孢子悬浮液，热烟雾法喷施枯草芽孢杆菌可湿性粉剂对活体孢子造成了一定的损失，损失率约为15%。虽然使用热烟雾机喷施微生物农药枯草芽孢杆菌对其菌体造成了一定的损伤，但是在其浓度为10 000CFU/ml时对黄瓜灰霉病菌的防效达到了70.88%，且热烟雾机具有轻便，省水，省药，雾滴粒径小，弥漫性强等特征，因此，使用热烟雾机喷施生物农药枯草芽孢杆菌具有一定的可行性。

参考文献

[1] 王晓阁．枯草芽孢杆菌研究进展与展望［J］．中山大学研究生学刊（自然科学、医学版），2012，33（3）：4－23.

[2] 赵新林，赵思峰．枯草芽孢杆菌对植物病害生物防治的作用机理［J］．湖北农业科学，2011，50（15）：3 025 – 3 028.

[3] Obagwu J，Korsten L. Integrated control of citrus and blue molds using *Bacillus subtilis* in combination，with sodium bi carbonate or hot water. Post harvest Biology and Technology，2003，281：87 – 194.

[4] Elizabeth A B，Emmert H J. Biocontrol of plant disease：a（Gram –）Positive perspective. FEMS Microbiol letters，1999，171：1 – 9.

[5] 程洪斌，刘晓桥，陈红漫．枯草芽孢杆菌防治植物真菌病害研究进展［J］．上海农业学报，2006，22（1）：109 – 112.

[6] 赵达，傅俊范，裘季燕，等．枯草芽孢杆菌在植病生防中的作用机制与应用［J］．2007（1）：46 – 48.

[7] 杨佐忠．枯草杆菌颉颃体在植物病害生物防治中的应用［J］．四川林业科技，2001（9）：41 – 43.

[8] 陈雪丽，王光华，金剑，等．多粘类芽孢杆菌 BRF. 1 和枯草芽孢杆菌 BRF. 2 对黄瓜和番茄枯萎病的防治效果［J］．中国生态农业学报，2008，16（2）：446 – 450.

[9] 崔堂兵，刘煜平，舒薇，等．枯草芽孢杆菌 BS – 06 液体发酵生产农用抑真菌素的初步研究［J］．江西农业学报，2007，19（10）：78 – 80.

[10] 王光华．生防细菌产生的颉颃物质及其在生物防治中的作用［J］．应用生态学，2004，15（6）：1 100 – 1 104.

[11] 杨爱宾．热力烟雾机在设施蔬菜中应用研究［J］．北京农业，2013（7）：56 – 57.

[12] 陈莉，丁克坚，程备久，等．热力烟雾机在玉米病虫害防治上的应用研究［J］．安徽农业大学学报，2010，37（1）：71 – 74.

[13] 赵冰梅，毛新萍，王忠华，等．热雾稳定剂配合热力烟雾机防治玉米叶螨应用研究［J］．农业科技通讯，2013（10）：115 – 116.

[14] 徐翔，黄国均，苏学元，等．热力烟雾机防治小麦赤雾病防效初探［J］．四川农业科技，2011（10）：40.

[15] 周宏平，许林云，郑加强，等．稳态烟雾机喷管结构对内气流特性的影响研究［J］．农机化研究，2013（12）：125 – 128.

[16] 许林云，唐进根，杨扬．新型白僵菌热雾剂的生物活性研究［J］．南京林业大学学报（自然科学版），2014，38（3）：171 – 174.

[17] 程祥之，周宏平．脉冲式烟雾机热能雾化特性及其影响因素分析［J］．南京林业大学学报，1997，21（1）：71 – 74.

茚虫威的杀虫作用机理及害虫的抗药性研究现状*

王芹芹[1**]　崔　丽[1]　杨付来[2]　王奇渊[2]　郑小冰[2]　芮昌辉[1***]

（1. 中国农业科学院植物保护研究所，农业部作物有害生物

生物综合治理重点实验室，北京　100193；

2. 河南农业大学植物保护学院，郑州　450002）

摘　要：茚虫威是美国杜邦公司于1992年开发，并于2002年登记上市的新颖的恶二嗪类杀虫剂，其活性高，对环境和作物十分安全，具有独特的作用机制[1-2]。茚虫威通过触杀和胃毒方式进入昆虫体内，代谢为杀虫活性更强的N－去甲氧羰基代谢物（DCJW），不可逆阻断钠离子通道。茚虫威对鳞翅目害虫具有卓越的杀虫活性，是替代高毒高残留及高抗性杀虫剂的理想药剂，研究表明昆虫具有对茚虫威产生高水平抗性的风险[3]。本文简述茚虫威的应用与登记情况、作用机理、抗性选育、田间抗性监测、交互抗性、抗性机理等方面的研究。

关键词：茚虫威；杀虫剂；作用机理；抗性机理

茚虫威（indoxacarb）是由美国杜邦公司开发、第一个商品化的二嗪类杀虫剂。由于茚虫威的作用机制独特，对鳞翅目害虫具有卓越的杀虫活性，且对非靶标生物安全，是替代有机磷类和拟除虫菊酯类杀虫剂防治鳞翅目害虫的理想品种。浙江省农业科学院俞瑞鲜等实验结果表明：茚虫威对蜜蜂、鱼类高毒，对家蚕毒性最高，为剧毒。田间使用该农药时应避免在蜜源作物开花期、蜜蜂活动区域施用，以保护蜜蜂安全；远离桑园，如在桑园附近农田使用时，一定要特别注意施药方式及施药时风向和间隔距离等相关因素，防止该药飘移、沉降至桑叶上对家蚕造成危害；严禁药液流入水域，防止造成对水生生物危害。而茚虫威对鹌鹑和2种寄生蜂毒性低，因此，按规定剂量在农田使用时对鸟类和寄生性天敌是安全的[4]。新型噁二嗪类杀虫剂茚虫威，主要用于防治十字花科蔬菜上的鳞翅目害虫[5]，棉铃虫，稻纵卷叶螟，以及作为卫生杀虫剂，登记用于防治蜚蠊等。茚虫威化学名称为（4a S）－7－氯－2，5－二氢－2－［［（甲氧羰基）［4－（三氟甲氧基）－苯基］氨基］羰基］茚并［1，2－e］［1，3，4］二嗪－4a（3H）－羧酸甲酯，是一种新型Na+通道抑制剂，与目前的各类杀虫剂作用机制不同。从生物学角度出发，昆虫对杀虫剂产生抗性是种胁迫进化现象，是伴随着杀虫剂对昆虫的选择作用而出现的。尽管茚虫威在鳞翅目昆虫体内易发生活化代谢，但由于多种抗性机制的存在，昆虫仍然会对茚虫威产生不同程度的抗性。对茚虫威抗性机制的研究报道目前主要局限于小菜蛾、斜纹夜蛾、家蝇和甜菜夜蛾。许多研究表明昆虫对茚虫威具有产生高水平抗性的风险[3]。

---

* 课题来源：公益性行业（农业）科研专项（201203038）

** 第一作者，王芹芹，女，硕士研究生；E-mail：1434474139@qq.com

*** 通讯作者，芮昌辉，男，研究员，主要从事农药毒理学和植物保护研究；E-mail：chrui@ipp-caas.cn

无论是欧洲专利、美国专利、中国专利还是中国的行政保护，茚虫威受过的这些保护都已成为过去。其10年期的美国登记资料保护权也已于2010年终止，不过，其在欧盟的登记资料保护权将有效至2016年3月31日。随着茚虫威在我国的专利保护和农药登记资料保护都已超过保护期限，茚虫威的生产和使用量很可能大幅增加，极易加速昆虫对茚虫威抗性的产生和发展，因此，研究昆虫对茚虫威的抗性机制，加强田间抗性监测，对指导茚虫威的科学合理使用、延缓其抗性发展十分必要。

1　概述

1.1　化学结构

茚虫威的化学名称为（4a S）-7-氯-2，5-二氢-2-［［（甲氧羰基）［4-（三氟甲氧基）-苯基］氨基］羰基］茚并［1，2-e］［1，3，4］二嗪-4a（3H）-羧酸甲酯；分子式 $C_{22}H_{17}ClF_3N_3O_7$，相对分子质量527.83。化学文摘（CAS）登录号DPX-JW062和DPX-MP062：［144171-61-9］；DPX-KN128：［173584-44-6］。茚虫威的化学结构式如下：

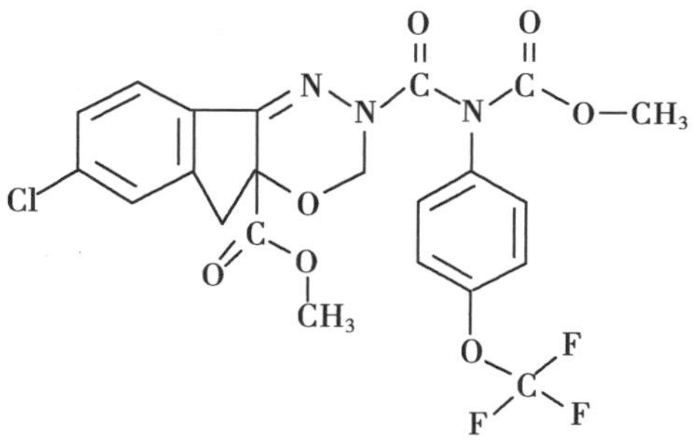

茚虫威具有一对对映异构体，其中S-异构体为有效体（杜邦公司试验代号为DPX-KN128），R-异构体没有生物活性（DPX-KN127）。茚虫威的英文通用名称（ISO）indoxacarb实际上是指有效体DPX-KN128[2]，而我国国家标准《农药中文通用名称》（GB 4839—2009）仅规定了茚虫威的中英文名称，并未列出化合物的结构式。杜邦公司用试验代号DPX-JW062表示这2种异构体的混合物（比例为50:50），DPX-MP062则代表浓缩杀虫活性的异构体混合物（比例为75:25）。研究文献中常用试验代号DPX-JW062、DPX-MP062、DPX-KN128来表示不同组成的茚虫威（表1）。

表1　茚虫威试验代号与组成

试验代号	茚虫威（DPX-KN128）	无效异构体（R）（DPX-KN127）	描述
DPX-JW062	50%	50%	外消旋体原药
DPX-MP062	75%	25%	原药

1.2　登记与应用情况

茚虫威最初是由美国杜邦公司于2000年10月在美国获得登记，之后陆续在多个国家登记应用，农业上主要用于防治蔬菜、果树、棉花等作物害虫，也用作卫生杀虫剂。该公司2001年在我国首次取得茚虫威登记，随着我国对茚虫威的专利保护和登记资料保护陆续过期，2011年以来，我国登记茚虫威的企业和产品数量快速增长。截至2013年5月底，除美国杜邦公司外，已有18家生产企业（含2家境外企业）取得23个茚虫威产品登记（原药5个，制剂18个），主要用于防治十字花科蔬菜小菜蛾、甜菜夜蛾、菜青虫，棉花棉铃虫，水稻稻纵卷叶螟，作为卫生杀虫剂登记用于防治蜚蠊等。茚虫威通过触杀和胃毒作用发挥杀虫活性（杀幼虫和杀卵），受药昆虫3～4h内停止取食、行动失调、麻痹，最终致死。虽然茚虫威没有内吸作用，但其可通过渗透作用进入叶肉。茚虫威即使暴露在强紫外光下也不易分解，在高温下依然有效。它耐雨水冲刷，可以强有力地吸附于叶面。茚虫威杀虫谱广，对蔬菜、果树、玉米、水稻、大豆、棉花和葡萄等作物上的鳞翅目害虫、象甲科、叶蝉、盲蝽、苹果实蝇和玉米根部害虫等防效尤佳。用药量为12.5～125g/hm^2。茚虫威凝胶和饵剂用于防治卫生害虫，特别适用于防治蟑螂、红火蚁和蚂蚁等。其喷雾剂和饵剂还可用于防治草坪蠕虫、象鼻虫和蝼蛄等。

2 作用机理研究

茚虫威是一种新型钠通道抑制剂，与目前的各类杀虫剂作用机制不同。利用液相色谱－三重四级杆串联质谱分析技术测定了昆虫对茚虫威的活化代谢活性的差异。Wing等利用高效液相色谱和质谱分析技术研究了用^{14}C标记的茚虫威在鳞翅目昆虫体内的代谢活性，结果发现，茚虫威被昆虫摄入后，在脂肪体特别是中肠中迅速代谢为杀虫活性更强的N－去甲氧羰基代谢物（DCJW）[6]。Ameya D. Gondhalekar等也运用液相色谱和质谱分析技术分析了茚虫威在德国小蠊内的基于水解酶的生化反应，在虫体内转化成毒性更强的代谢产物（DCJW）[7]。李富根等利用液相色谱－三重四级杆串联质谱分析技术测定了棉铃虫对茚虫威的活化代谢活性的差异。发现茚虫威在鳞翅目昆虫体内很容易发生水解反应，而这个活化代谢过程需要酯酶或酰胺酶的催化[8]。神经生理学研究表明，茚虫威在昆虫体内代谢为DCJW，不可逆阻断钠离子通道，从而导致靶标昆虫运动失调、停止取食、麻痹并死亡[8]。

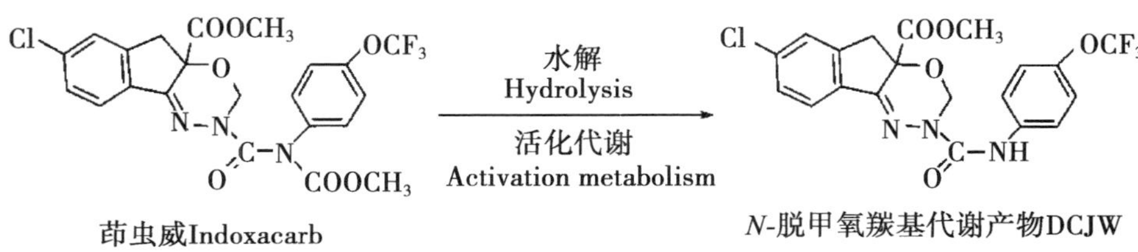

Cl COOCH$_3$ O OCF$_3$ N－N C－N O COOCH$_3$ 水解 Hydrolysis 活化代谢 Activation metabolism Cl COOCH$_3$ O OCF$_3$ N－N C－NH O

茚虫威Indoxacarb　　*N*-脱甲氧羰基代谢产物DCJW

茚虫威具有杀幼虫和杀卵作用，主要作用方式是胃毒和触杀作用。茚虫威通过体壁进入欧洲玉米螟（*Ostrinia nublialis*）体内的代谢活化方式，与通过饲喂摄入其他鳞翅目昆虫体内的代谢方式相同。

活化代谢速率是决定茚虫威在不同昆虫体内毒性大小和速效性的关键因素[9]。研究表明，很多鳞翅目害虫一般在施药4h后就可以将约90%的茚虫威代谢为DCJW，相对鳞翅目昆虫而言，对几种刺吸式昆虫经口或经皮给药，尽管也能够吸收并进行活化代谢，但是速度比鳞翅目昆虫慢多了，这种在不同昆虫之间的代谢速度差异，决定了茚虫威对鳞翅目昆虫具有高选择性和高杀虫活性等特点。试验表明，茚虫威对有益昆虫相对安全，原因主要是由于对这些昆虫的接触毒性低[10]。国内有关研究利用液相色谱－三重四级杆串联质谱分析技术测定小菜蛾阿维菌素抗性种群与敏感种群对茚虫威的活化代谢活性的差异，发现在抗性种群体内，茚虫威活化代谢产物是敏感种群的3.43倍，初步表明阿维菌素抗性品系与敏感品系相比，对茚虫威可能更敏感，即对阿维菌素和茚虫威可能存在负交互抗性[8]，在澳大利亚对菊酯类杀虫剂产生抗性的棉铃虫对茚虫威更敏感，因而存在负交互抗性[11]。尽管茚虫威在鳞翅目昆虫体内容易活化。由于多种抗性机制的存在，昆虫仍然会对茚虫威产生不同程度的抗性[12-14]因此，研究昆虫对茚虫威抗性机制具有重要的毒理学意义。

茚虫威对昆虫与哺乳动物的作用机制不同。昆虫与哺乳动物体内的钠通道对茚虫威和DCJW的敏感性存在差异，茚虫威和DCJW对哺乳动物都有阻断作用，但只有DCJW才能对昆虫钠通道起到有效的阻断作用。从神经毒理学的角度看，将实验室饲养胚鼠的大脑皮质神经元作为试验载体，研究发现哺乳动物烟碱型乙酰胆碱受体可能是茚虫威的一个靶标；用大鼠背根神经节神经元进行试验，结果处于失活态的钠通道对茚虫威与DCJW表现出一定的亲和力，且DCJW存在的阻断作用很明显[15]。采用电压钳技术对美洲大蠊背侧神经元进行了试验，也发现DCJW对钠通道具有明显的阻断效果[16]。茚虫威和DCJW在昆虫与哺乳动物中阻断神经细胞内的钠离子通道和阻断可逆性作用不同，是茚虫威在靶标昆虫与非靶标生物之间的高选择性的原因。

3　亚致死效应研究

游灵等用4种药剂的亚致死剂量（LC_{25}）处理3龄小菜蛾72h后，其中用茚虫威处理后存活幼虫发育至化蛹的时间较对照组显著延长，延长了1.93天，对蛹重的影响较氟啶脲、虫螨腈大，平均单头雌雄蛹重为4.26mg和3.61mg，比对照减轻了1.31mg和1.09mg，化蛹率较对照降低了22.4%，羽化率受影响最大较对照降低了33.6%。交配率均以虫酰肼的影响最大，4种药剂均对小菜蛾成虫产卵量及卵孵化率均有明显的抑制[17-18]。研究了亚致死剂量茚虫威对褐飞虱和二化螟保幼激素Ⅲ含量及保幼激素酯酶基因mRNA相对表达水平的影响，进一步揭示茚虫威抑制生殖的机理[19]。王建军等分别用对应LC_{15}、LC_{10}和LC_5浓度的茚虫威处理斜纹夜蛾3龄幼虫，探讨亚致死浓度茚虫威对斜纹夜蛾生长发育及解毒酶活性的影响。结果表明：与对照相比，茚虫威处理后斜纹夜蛾化蛹率、羽化率和孵化率均明显下降，且经LC_{15}浓度处理后成虫寿命以及单雌产卵量皆显著低于对照，说明亚致死浓度茚虫威对斜纹夜蛾当代和下一代的种群增长有一定的抑制作用。亚致死浓度茚虫威处理斜纹夜蛾3龄幼虫后，斜纹夜蛾酯酶和谷胱甘肽S－转移酶以及多功能氧化酶O－脱甲基活性与对照相比无显著差异，说明亚致死浓度茚虫威对这3种解毒酶活性影响不大[20]。

4　抗性研究

尽管茚虫威在鳞翅目昆虫体内易发生活化代谢，但由于多种抗性机制的存在，昆虫仍然会对茚虫威产生不同程度的抗性。关于茚虫威抗性机制的研究报道目前主要局限于小菜蛾、斜纹夜蛾和家蝇等。许多研究表明昆虫对茚虫威具有产生高水平抗性的风险。

4.1 室内选育和抗性发展规律

SHONO T 等从野外采集家蝇在室内用茚虫威进行抗性选育发现抗性发展速度很快，仅仅经过 3 代选育，对茚虫威产生的抗性就达到 118 倍[12]，刘辉等采用饲料浸毒法用茚虫威对斜纹夜蛾进行抗性选育，敏感种群 3 龄幼虫经过 13 代 11 次抗性选育，抗性倍数达到 69.6 倍，表明斜纹夜蛾对茚虫威存在产生高抗性的风险[21]。用茚虫威对小菜蛾田间种群的抗性选育研究，结果发现马来西亚田间种群及夏威夷种群对茚虫威已产生了高水平的抗性[13]，国内研究通过茚虫威对小菜蛾田间种群选育 18 代得到小菜蛾的相对抗性品系，其敏感性降低 5.14 倍，从室内抗性评估的结果来看，小菜蛾对茚虫威产生抗性的风险较低，且与氟虫腈、高效氯氰菊酯、阿维菌素等无交互抗性[22]。Shanivarsanthe Leelesh Ramya 等研究了印度 11 个地区小菜蛾肠道内不同微生物的羧酸酯酶活性和小菜蛾酯酶活性对茚虫威解毒代谢的影响，实验认为小菜蛾酯酶和微生物的羧酸酯酶可能都对小菜蛾体内茚虫威的降解起作用[23]。采用饲料浸毒法用茚虫威对棉铃虫进行抗性选育敏感种群 3 龄幼虫，在室内经过 13 代 11 次选育，获得相对室内同源对照种群抗性倍数为 4.43 倍的抗性种群，虽然敏感性降低，但尚未达到明显抗性水平，茚虫威与氰氟虫腙和溴虫腈不存在交互抗性[24]。从研究结果来看，表明昆虫对茚虫威的抗药性发展速度比较缓慢。

4.2 田间抗性监测研究

室内选育发现的这种风险通过田间抗性监测结果得到了验证。巴基斯坦 Muhan 地区的斜纹夜蛾田间种群对茚虫威的抗性已达到高抗水平[13]。通过抗性监测发现，马来西亚的一个小菜蛾田间种群对茚虫威产生了 330 倍的抗性。2006 年监测到我国武汉的甜菜夜蛾田间种群对茚虫威的抗性达到高抗水平，抗性倍数达 91 倍，长沙地区田间小菜蛾对茚虫威的抗性也达中抗水平，抗性倍数为 11.7[25]。夏耀民等于 2012 年秋季采集了华中地区 5 个小菜蛾种群，茚虫威抗药性测定结果显示，5 个地理种群的抗性倍数在 7.1 ~ 26.3 之间，为低等水平和中等水平，洛阳、宜昌、岳阳抗性倍数均大于 20，云梦种群最敏感，抗性倍数为 7.1[26]。2012 年检测到我国云南中部田间小菜蛾对茚虫威的抗性尚属于低抗水平，抗性倍数为 9.22[27]。2012—2013 年对陕西杨凌、宝鸡、渭南 3 个地区田间种群小菜蛾的抗性检测显示在区分剂量下抗性频率（存活率）均为 0，表明 3 个地区小菜蛾对茚虫威尚未产生明显抗性[28]。尽管新型杀虫剂茚虫威的作用机制独特，推广应用的空间很大，但田间监测已经显现出抗药性，这应该引起足够重视，科学合理进行使用，延缓其抗药性进一步发展。

4.3 昆虫对茚虫威抗性机理

不同昆虫对茚虫威的抗性机制存在差异。刘辉等分别测定选育抗性种群、敏感种群 3 龄幼虫羧酸酯酶、谷胱甘肽 S – 转移酶和多功能氧化酶活性，结果表明：斜纹夜蛾对茚虫威的抗药性与羧酸酯酶和多功能氧化酶活性明显增长有关，而与谷胱甘肽 S – 转移酶无关[21]。王建军等则通过解毒酶活性测定认为，斜纹夜蛾对茚虫威的抗药性与羧酸酯酶有关，而与谷胱甘肽 S – 转移酶无关，但不排除多功能氧化酶参与对茚虫威抗性的可能性[20]。研究表明小菜蛾对茚虫威的抗性与酯酶相关[13]。家蝇对茚虫威的抗性研究发现，多功能氧化酶抑制剂（PBO）对家蝇茚虫威抗性品系具有增效作用，而增效剂脱叶磷（DEF）、顺丁烯二酸二乙酯（DEM）对抗性基本不影响，表明家蝇对茚虫威的抗性与酯酶和谷胱甘肽 S – 转移酶没有关系，而与多功能氧化酶有关[29]。王建军等研究认为，酯酶不仅参与茚虫威的活化代谢，而且在茚虫威的解毒代谢中也具有重要作用，斜纹夜蛾体内的不同酯酶分别参与了茚虫威的活化与解毒代谢过程[20]。

研究表明，茚虫威与拟除虫菊酯类杀虫剂相比，都以钠离子通道为作用靶标，但作机制仍存在差异，茚虫威与有机磷、氨基甲酸酯和拟除虫菊酯类杀虫剂等其他杀虫剂没有交互抗性，可用于有效防治对这些杀虫剂已产生抗性的害虫。毕道芬等通过生物测定，比较分析了小菜蛾相对敏感品系和茚虫威相对抗性品系对氟虫腈、高效氯氰菊酯、阿维菌素和虫酰肼等4 种杀虫剂的 LC_{50}值的变化情况，发现小菜蛾相对敏感品系和茚虫威相对抗性品系的 LC_{50}值差别较小，说明茚虫威相对抗性品系小菜蛾对这4 种杀虫剂均无明显的交互抗性[22]。斜纹夜蛾对茚虫威的抗性选育和交互抗性测定表明，经过10 代6 次室内选育的斜纹夜蛾茚虫威抗性品系对辛硫磷、高效氯氰菊酯和氟虫腈 LC_{50}值分别是敏感品系的1. 53 倍、2. 42 倍和1. 52 倍，对溴虫腈和灭多威 LC_{50}值分别是敏感品系的0. 78 倍和0. 96 倍，表明茚虫威抗性斜纹夜蛾品系对这几种杀虫剂没有产生明显的交互抗性[30]。用室内选育的小菜蛾阿维菌素抗性种群（20. 92 倍）对茚虫威的交互抗性也不明显[31]。巴基斯坦的棉铃虫对传统杀虫剂已产生很高的抗性，但对茚虫威只有约3 倍抗性[32]存在差异，茚虫威与有机磷、氨基甲酸酯和拟除虫菊酯类杀虫剂等其他杀虫剂没有交互抗性，可用于有效防治对这些杀虫剂已产生抗性的害虫，同时我们不但应该实时监测田间抗性，也要指导农民科学用药，减缓抗性产生的步伐。

5 讨论

目前对茚虫威作用机制的认识主要还是基于茚虫威在昆虫体内生成 DCJW 的活化代谢，实际上茚虫威在昆虫体内可能存在其他的作用机制[33]，这种机制可能不需要 DCJW 的参与，或茚虫威的生物活性高于 DCJW，这在不同昆虫对茚虫威活化代谢活性与生物活性相关联时是需要考虑的。尽管茚虫威具有独特的作用机制，与现有其他各类杀虫剂都不同，但从生物学角度出发，昆虫抗药性是一种胁迫进化现象，任何一种新型杀虫剂都可能产生抗性。近年来研究表明昆虫具有对茚虫威产生高水平抗性的风险[13-15]。目前茚虫威与有机磷、氨基甲酸酯和拟除虫菊酯类杀虫剂等其他杀虫剂并没有交互抗性[22,30-32]，可以科学的使用茚虫威进行防治已对其他药剂产生抗性的害虫。因茚虫威在我国的专利保护和农药登记资料保护都已超过保护期限，在我国登记茚虫威的生产企业和产品数量呈现逐年快速增长的态势，这势必引起茚虫威的使用量、用药频率的增加，如果推广应用不当，极易加速昆虫对茚虫威抗性的产生和发展。研究茚虫威抗性机制及精密快捷的监测方法迫在眉睫。

参考文献

[1] 陈锦露，张芝平，张一宾．新颖氨基甲酸酯类杀虫剂——茚虫威（indoxacarb）的合成与应用［J］．浙江化工，2005，1：32 –34，43.

[2] 冯青，赖柯华，黄伟康，等．茚虫威对斑马鱼的急性毒性及遗传毒性［J］．生态毒理学报，2015，4：226 –234.

[3] 王建军，董红刚，袁林泽．斜纹夜蛾对茚虫威的抗药性汰选及交互抗性测定［J］．植物保护学报，2008，35（6）：525 –529.

[4] 俞瑞鲜，赵学平，吴长兴，等．茚虫威对环境生物的安全性评价［J］．农药，2009，1：47 – 49.

[5] 严仪宽．安打（茚虫威）在蔬菜害虫上的防治应用［J］．新农药，2005，5：47 – 48.

[6] WING K D，SCHNEE M E，SACHER M，*et al.* A Novel Oxadiazine Insecticide is Bioactivated in Lepidopteran Larvae［J］．Arch Insect Biochem Physiol，1998，37：91 – 103.

[7] Ameya D. Gondhalekar，Ernesto S. Nakayasu，Isabel Silva，*et al.* Indoxacarb biotransformation in the German cockroach［J］．Pesticide Biochemistry and Physiology，2016，12：05.

[8] 李富根，艾国民，李友顺，等．茚虫威的作用机制与抗性研究进展［J］．农药，2013，8：558 – 560，572.

[9] SILVER K S，SODERLUND D M. Action of Pyrazoline – type Insecticides at Neuronal Target Sites［J］．Pestic Biochem Physiol，2005，81：136 – 143.

[10] GALVAN T L，KOCH R L，HUTCHISON W D. Toxicity of Commonly Used Insecticides in Sweet Corn and Soybean to Multicolored Asian Lady Beetle（Coleoptera：Coccinellidae）［J］．J Econ Entomol，2005，98：780 – 789.

[11] GUNNING R V，DEVONSHIREAL. Negative Cross – resistance Between Indoxacarb and Pyrethroids in the Cotton Bollworm，*Helicoverpa armigera*，in Australia：a Tool for Management［C］//In：Proceedings of the BCPC International Congress – crop Science and Technology，Vol 2. BCPC Publications，Alton，UK，2003：789 – 794.

[12] SHONO T，ZHANG L，SCOTT J G. Indoxacarb Resistance in the Housefly，Musca domestica［J］．Pestic Biochem Physiol，2004，80（2）：106 – 112.

[13] SAYYED A H，WRIGHT D J. Genetics and Evidence for an Esterase – associated Mechanism of Resistance to Indoxacarb in a Field Population of Diamondback Moth（Lepidoptera：Plutellidae）［J］．Pest ManagSci，2006，62（11）：1 045 – 1 051.

[14] NEHARE S，MOHARIL M P，GHODKI B S，*et al.* Biochemical Analysis and Synergistic Suppression of Indoxacarb Resistance in *Plutella xylostella* L.［J］．J Asia – Pacific Entomol，2010，13：91 – 95.

[15] 王建军，董红刚．新型高效杀虫剂茚虫威毒理学研究进展［J］．植物保护学报，2009，35（3）：20 – 22.

[16] Lapied B，Grolleau F，Sattelle D B. Indoxacarb，an oxadiazine insecticide，blocks insect neuronal sodium channels［J］．T he British Journal of Pharmacology，2001，132：587 – 595.

[17] 游灵．四种低毒杀虫剂对小菜蛾生长发育及生殖行为的亚致死效应［D］．南昌：江西农业大学，2013.

[18] 宋亮，章金明，吕要斌．茚虫威和高效氯氰菊酯对小菜蛾的亚致死效应［J］．昆虫学报，2013，5：521 – 529.

[19] 张红梅．茚虫威亚致死剂量对褐飞虱和二化螟保幼激素和保幼激素酯酶基因影响的比较研究［D］．扬州：扬州大学，2015.

[20] 王建军，董红刚，袁林泽．亚致死浓度茚虫威对斜纹夜蛾生长发育及解毒酶活性的影响［J］．扬州大学学报（农业与生命科学版），2009，4：85 – 89.

[21] 刘辉，肖鹏，刘永杰，等．斜纹夜蛾对茚虫威抗性风险分析及抗性生化机理［J］．农药，2011，50（3）：197 – 200.

[22] 毕道芬．小菜蛾抗药性监测对茚虫威抗性选育及抗性生化机理研究［D］．武汉：华中农业大学，2010.

[23] Shanivarsanthe Leelesh Ramya，Thiruvengadam Venkatesan，Kottilingam Srinivasa Murthy，*et al.*

Detection of carboxylesterase and esterase activity in culturable gut bacterial flora isolated from diamondback moth, *Plutella xylostella* (Linnaeus) [C] //India and its possible role in indoxacarb degradation. brazilian journal of microbiology, 2016, 47: 327 - 336.

[24] 齐浩亮. 棉铃虫对茚虫威的抗性选育及抗性机理初探 [D]. 泰安: 山东农业大学, 2016.

[25] 司升云, 周利琳, 望勇, 等. 湖北省甜菜夜蛾田间种群抗药性监测 [J]. 植物保护, 2009, 35 (1): 114 - 117.

[26] 夏耀民, 鲁艳辉, 朱勋, 等. 华中地区小菜蛾对9种杀虫剂的抗药性测定 [J]. 中国蔬菜, 2013, 22: 75 - 80.

[27] 尹艳琼, 沐卫东, 李向永, 等. 云南通海小菜蛾种群抗药性监测及田间药效评价 [J]. 植物保护, 2015, 3: 205 - 209.

[28] 殷劭鑫, 张春妮, 张雅林, 等. 陕西小菜蛾对9种杀虫剂的抗药性监测 [J]. 西北农林科技大学学报 (自然科学版), 2016, 1: 102 - 110.

[29] SAYYED A H, AHMAD M, SALEEM M A. Cross - resistance and Genetics of Resistance to Indoxacarb in Spodoptera litura (Lepidoptera: Noctuidae) [J]. J Econ Entomol, 2008, 101 (2): 472 - 479.

[30] 董红刚. 斜纹夜蛾对茚虫威的抗性选育及抗性机制研究 [D]. 扬州 : 扬州大学, 2008.

[31] 梁延坡, 吴青君, 张友军, 等. 小菜蛾对阿维菌素的抗性风险评估及交互抗性的室内测定 [J]. 热带生物学报, 2010, 3: 228 - 232.

[32] SUZUKIJ, KIKUCHIY, TODAK. 2 - (2, 6 - Difluorophenyl) - 4 - (2 - ethoxy - 4 - tert - butylphenyl) - 2 - oxaz0line: US, 5478855 [P]. 1995 - 12 - 26.

[33] SUGIYAMA S, TSURUBUCHI Y, KARASAWA A, *et al.* Insecticidal Activity and Cuticular Penetration of Indoxacarb and Its N - Decarbomethoxylated Metabolite in Organophosphorus Insecticide - resistant and - susceptible Strains of the Housefly, Musca domestica (L.) [J]. J Pest Sci, 2001, 26: 117 - 200.

[34] SAYYED A H, WRIGHT D J. Fipronil Resistance in the Diamondback Moth (Lepidoptera: Plutellidae): Inheritance and Number of Genes Involved [J]. J Econ Entomol, 2004, 97 (6): 2 043 - 2 050.

益普生物肥对氯嘧磺隆药害缓解效果

李德萍* 伦志安 王振东 冯世超 穆娟微**
（黑龙江省农垦科学院植物保护研究所，哈尔滨 150038）

摘 要：本试验模拟在喷施不同剂量的氯嘧磺隆土壤上应用生物肥，对敏感作物——甜菜的影响，通过对甜菜出苗、株高、干物质积累等生长情况的跟踪，提出氯嘧磺隆用量大于0.5g/亩的处理，甜菜出苗30天后植株不生长，后之间死亡；用量小于0.5g/亩，应用益普生物肥可以有效缓解除草剂药害，但需在出苗后继续辅助其他有效措施。

关键词：氯嘧磺隆；益普生物肥；甜菜；药害

氯嘧磺隆是大豆田常用除草剂，由于其除草效果较好，常被生产使用，而随着近年水稻大米价格的升高，大豆种植面积呈下降趋势，旱田改水田的土地增多，本试验主要通过盆栽，选择敏感作物——甜菜，模拟含有不同量氯嘧磺隆的土壤，应用益普生物肥缓解药害的效果，通过对甜菜的出苗、生长及干物质积累的调查，初步探索生物肥对不同剂量氯嘧磺隆缓解的最大农残剂量。

1 材料与方法

1.1 供试材料

1.1.1 试验品种

甜菜（单胚种）。

1.1.2 试验肥料

商品名称：益普含有SOD酶的微生物颗粒剂，成分及含量：内生共生芽孢杆菌20亿/g，生厂单位：山东京青农业科技有限公司。

1.1.3 试验除草剂

商品名称：氯嘧磺隆，成分及含量：氯嘧磺隆20%，生厂单位：哈尔滨市农丰科技化工有限公司。

1.2 试验设计与安排

试验设在黑龙江省农垦科学院植保所试验室内，试验取土不含有农药残留，土壤有机质3%左右，pH值7.5。每处理一盆，每盆盆口面积约为415.3cm^2。氯嘧磺隆按着正常用量的1倍、1/2倍、1/4倍、1/8倍及1/10倍喷雾使用，每处理装好土后放平，对好的氯嘧磺隆溶液施入土中，放在室外，待至少淋溶4天（或4次）后使用（表1）。

---

* 作者简介：李德萍，从事水稻植保研究；E-mail：liping10276@126.com

** 通讯作者：穆娟微，黑龙江省重点学科梯队带头人，从事水稻植保研究；E-mail：mujuanwei@163.com

土面淋溶方法：视天气而定，若自然降雨则不人工浇水，2011 年 6 月 30 日移到室外，浇水一次，保证水浇透，夜间降小雨，7 月 1 日浇底水一次，7 月 2 日早降雨，7 月 3 日小雨，7 月 4 日施生物肥、播种。生物肥的施用做基肥施入种子底部。

表 1　各处理安排

处理	除草剂	用量（g/亩）	生物肥	用量（kg/亩）
1	氯嘧磺隆	5	益普	4
2	氯嘧磺隆	5	—	—
3	氯嘧磺隆	2.5	益普	4
4	氯嘧磺隆	2.5	—	—
5	氯嘧磺隆	1.25	益普	4
6	氯嘧磺隆	1.25	—	—
7	氯嘧磺隆	0.625	益普	4
8	氯嘧磺隆	0.625	—	—
9	氯嘧磺隆	0.5	益普	4
10	氯嘧磺隆	0.5	—	—
11	—	0	益普	4
12	—	0		0

2　结果与分析

2.1　出苗情况调查

7 月 4 日播种，7 月 13 日出苗。不施用氯嘧磺隆的两个处理（11、12）出苗率 100%，氯嘧磺隆用量 0.5g/亩的两个处理（9、10）应用生物肥的处理（9）出苗率 100%，但出苗不齐，中间种子出苗早，不应用生物肥处理（10）出苗 80%；氯嘧磺隆用量 0.625g/亩的两处理（7、8）应用生物肥的处理（7）出苗率 100%，不应用生物肥的处理（8）出苗率 80%，秧苗生长与氯嘧磺隆用量 0.5g/亩的处理间差异不明显；氯嘧磺隆用量 1.25g/亩的两处理（5、6）出苗率均为 40%，处理间无明显异；氯嘧磺隆用量 2.5g/亩与 5g/亩的四处理（1、2、3、4）出苗率均为 40%，处理间无明显差异。

2.2　中期生长情况调查

出苗后 14 天生长情况调查：不施用氯嘧磺隆的两个处理相比较，施用生物肥的处理植株间无差异，秧苗都正常生长，株高高，叶片宽大，不施用生物肥的处理，植株间存在差异，秧苗大小不一，株高不一致；氯嘧磺隆 0.5g/亩的两个处理相比较，各处理株高矮小，不应用生物肥处理叶片不伸展；氯嘧磺隆 0.625g/亩的两处理差异不明显，秧苗生长受抑制，出苗后不生长；氯嘧磺隆用量 1.25g/亩的两处理无明显差异；氯嘧磺隆 2.5g/亩、5g/亩的 4 个处理间差异不明显，秧苗生长受抑制，株高矮小。

出苗后 30 天生长情况调查：氯嘧磺隆用量 0.5g/亩与 0g/亩的 4 个处理生长快，氯嘧磺隆 0.625g/亩、1.25g/亩、2.5g/亩的 6 个处理抑制生长，秧苗与出苗时相比基本没有生长。氯嘧磺隆5g/亩处理秧苗死亡（表2）。

表2　各处理出苗后株高生长情况调查

处理	苗后2天	苗后14天	苗后30天	苗后70天	苗后100天
1	3.0	3.0	3.5	—	—
2	2.0	2.1	3	—	—
3	1.5	2.0	2	—	—
4	1.0	1.5	1	—	—
5	2.0	2.0	3	—	—
6	2.0	2.0	2	—	—
7	3.0	2.5	3.5	—	—
8	3.2	5.0	6	—	—
9	3.5	11.5	15.5	16	16
10	3.1	5.5	9	—	—
11	3.0	12	14	10	8.8
12	3.0	10	14	10	10

出苗后40天生长情况调查：氯嘧磺隆0.5g/亩的处理比较施用生物肥可以缓解药害，不施用生物肥处理植株死亡；无残留的处理应用生物肥植株生长一致，株高高，叶片伸展；氯嘧磺隆用量超过0.5g/亩的处理应用生物肥缓解效果基本无效果。

2.3　生长后期干物质调查

出苗后100g生长情况调查：氯嘧磺隆用量大于0.625g/亩的处理无论是否应用生物肥秧苗均死亡。0.5g/亩的处理应用生物肥后有20%秧苗存活，根长增加，干物质积累多，其余死亡。不含氯嘧磺隆的处理应用生物肥根长增加，干物质积累无明显差异（表3）。

表3　氯嘧磺隆各处理生长后期干物质调查

处理	保苗率（%）	根长（m）	地上干重（g/株）	地下干重（g/株）
1	0	—	—	—
2	0	—	—	—
3	0	—	—	—
4	0	—	—	—
5	0	—	—	—
6	0	—	—	—
7	0	—	—	—
8	0	—	—	—
9	20	14	1.07	1.62
10	0	—	—	—
11	100	10	0.31	0.39
12	100	8.7	0.37	0.48

综上分析：土壤中含有氯嘧磺隆除草剂时，应用益普生物肥缓解药害效果为：无残留

时，施用生物肥，秧苗正常生长；0.5g/亩用量时，施用生物肥出苗率提高20%，后期可以正常生长；0.625g/亩用量时，施用生物肥可以保证出苗，但后期秧苗不生长死亡；1.25~5g/亩用量时施用生物肥不能缓解药害。

3 结论

3.1 安全性评价

在甜菜播种时基肥施入益普生物肥4kg/亩对甜菜安全，秧苗正常生长，无死苗、畸形等现象发生。土壤中残留有氯嘧磺隆对甜菜不安全，甜菜出现不同程度的药害，严重的达到不出苗死亡，或出苗后不生长现象。

3.2 结果与讨论

根据模拟土壤中含有氯嘧磺隆除草剂不同剂量试验，应用生物肥可以促进甜菜种子出苗，提高种子出苗率。当氯嘧磺隆用量大于0.625g/亩时，应用生物肥不能缓解药害，当氯嘧磺隆用量为0.625g/亩时，应用生物肥可以促进种子出苗，但秧苗后期仍畸形，不能有效缓解后期迟续性药害，当氯嘧磺隆用量为0.5g/亩时，应用生物肥可以提高种子出苗率，促进种子出苗，保证植株生长。

建议：本次试验为盆栽一年试验，只能观察趋势，需进一步大田试验，结果仅供参考。建议对农残土壤采用基施生物肥及后期叶片处理的综合方法缓解药害效果更佳，若深入研究需要测定各时期每千克土壤中氯嘧磺隆的残留量。

参考文献（略）

无人机施药雾滴沉积分布初探及应用中存在的问题

孔　肖[1*]　王　明[1]　马　涛[1]　袁会珠[1**]
（中国农业科学院植物保护研究所，农业部农药化学与应用重点开放实验室，100193）

摘　要：2016 年 5 月 4 日在安阳市内黄县开展了 5 种植保无人机在小麦田雾滴沉积分布测定试验，试验以诱惑红为示踪剂，测定了不同机型喷洒后的雾滴密度、沉积量和沉积均匀性。结果表明：在亩施药液量为 0.8L，飞行高度为 3m 时，安装旋转离心式喷头的电动多旋翼无人机雾滴密度最大，为 31.5 个/cm^2，且雾滴粒径最小，DV_{50} 为 109.1μm，安装 Teejet110－02 扇形雾喷头的“油直 2 型”无人机雾滴密度最小为 6.3 个/cm^2，雾滴粒径最大，DV_{50} 为 203.1μm。“油直 3 型”无人机在小麦穗部、旗叶和倒二叶的沉积量最大，分别为 2.30μg/cm^2、1.46μg/cm^2、1.36μg/cm^2。无人机施药沿喷雾带方向雾滴沉积分布变异系数为 0.57～0.90，垂直于喷雾带方向变异系数为 0.42～0.56。

关键词：无人机；雾滴密度；DV_{50}；沉积量；变异系数

农用植保无人机是无人驾驶航空器的重要组成部分，是农用航空领域新的热点，在实践推广应用中已表现出明显的特点和优势。近年来，无人机在我国农业生产中被广泛应用，以其低成本、高效率、起降方便等优点在我国的发展呈现“井喷”趋势，但目前针对植保无人机的施药技术研究仍处于初步阶段。2016 年 5 月，国家航空植保科技创新联盟在河南安阳成立，为我国航空植保的发展注入了新的活力。在联盟的筹划下，5 月 4 日在安阳市内黄县开展了无人机施药相关测试试验，试验选取单旋翼油动直升机、单旋翼电动直升机、多旋翼电动无人机等五种国内主流机型，发掘和探索无人机施药存在的问题和规律，以期为我国植保无人机的发展提供一定参考。

1　材料与方法

1.1　试验时间与地点

试验在河南省安阳市内黄县张龙乡高标准良田示范区进行。喷雾时间为 2016 年 5 月 4 日，天气晴朗，微风 1.63m/s，环境温度 28.9～30.9℃，相对湿度 41.4%～54.7%。小麦处于扬花期，平均株高 60.5cm，种植密度 357 株/m^2。

1.2　试验材料与设备

农药喷雾指示剂诱惑红、风速仪、温湿度仪、Synergy4 多功能酶标仪、卡罗米特纸卡、滤纸、自封袋、剪刀、订书机、注射器、滤膜、Deposit Scan 软件（美国农业部）等。

---

* 作者简介：孔肖，男，硕士研究生；E-mail：takongxiao@163.com
** 通讯作者：袁会珠，男，博士，研究员；E-mail：hzhyuan@gmail.com

1.3 试验处理与雾滴测试卡布放

试验选用单旋翼电动无人机一架、多旋翼电动无人机一架、单旋翼油动无人机三架进行测试。试验中 5 种飞机施药液量均为 0.8L/亩，飞行高度 3m，每种飞机在各自试验小区飞行 3 个喷幅，小区间预留 15m 保护行，分别在距离起飞点 20m、35m、50m 处垂直于飞机航线布置三行卡罗米特纸卡及滤纸，分别用以测量雾滴密度、雾滴粒径及沉积量。每行布置 10 点，每点用订书机在小麦植株的穗部、旗叶和倒二叶订滤纸 3 张，并在小麦穗部悬挂卡罗米特纸卡 1 张。

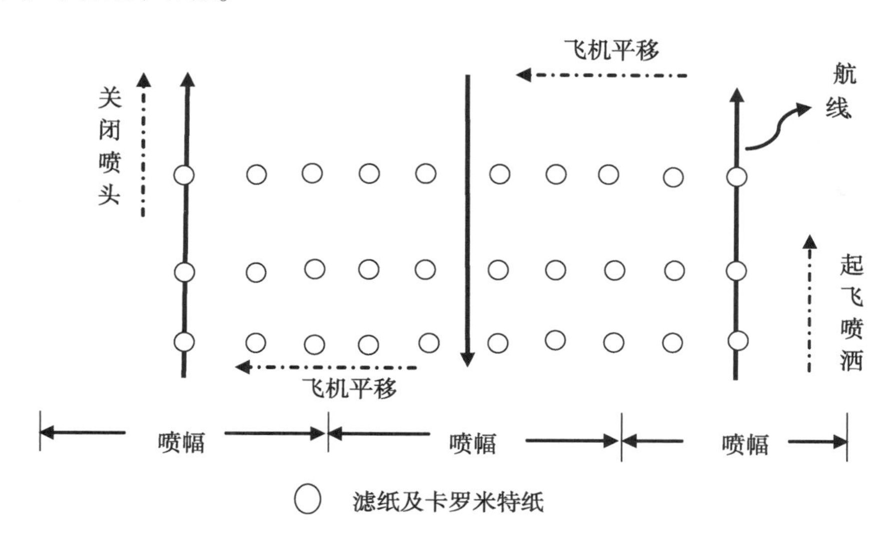

1.4 雾滴密度和沉积量的测定

每个飞机处理时在药箱中添加诱惑红作为喷雾指示剂，添加浓度均为 32g/L。

雾滴密度的测定：喷雾结束后，收取卡罗米特纸卡进行扫描，并用“Deposit Scan”（美国农业部）进行测定雾滴密度及雾滴粒径。

沉积量的测定：喷雾结束后，收取滤纸装入 1#自封袋，加入 5ml 蒸馏水洗涤滤纸上的诱惑红，并用多功能酶标仪在 514nm 下测定其吸光度，用以计算滤纸片上诱惑红的沉积量。

2 结果与分析

2.1 雾滴在小麦冠层的沉积分布

表 1 反映了 5 种无人机喷洒诱惑红雾滴密度及雾滴粒径情况。试验中电动多旋翼搭配旋转离心式喷头，其他飞机搭配普通扇形雾喷头。试验结果表明电动多旋翼的雾滴密度最大，为 31.5 个/cm^2，电动单旋翼次之，达到 28.5 个/cm^2，其他油动直升机雾滴密度较小，其中“油直 2 型”雾滴密度仅为 6.3 个/cm^2，在 5% 显著性水平上显著少于其他无人机处理。从雾滴中径来看，旋转离心式喷头雾化效果好于普通扇形雾喷头，DV_{50} 为 109.1μm，“油直 2 型”无人机雾滴中径最大为 203.1μm，在 5% 显著性水平上显著大于旋转离心喷头的雾滴中径。因此，在总施药液量均为 0.8L/亩的情况下，其单位面积的雾滴数显著少于其他无人机处理。

表1　5种植保无人机雾滴密度及雾滴中径统计表

飞机种类	油直1型	油直2型	油直3型	电动单旋翼	电动多旋翼
雾滴密度（个/cm^2）	17.2bc	6.3c	23.8ab	28.5a	31.5a
DV_{50}（μm）	139.9bc	203.1a	124.3bc	150.2ab	109.1c

注：数字后不同小写字母表示经 Duncan 新复极差法检验在 $\alpha<0.05$ 水平差异显著

表2反映了诱惑红雾滴在小麦植株的沉积量情况。其中“油直3型”无人机在小麦穗部、旗叶和倒二叶的沉积量均为最高，分别为2.30μg/cm^2、1.46μg/cm^2、1.36μg/cm^2，电动多旋翼在小麦穗部、旗叶和倒二叶的沉积量最低，分别为0.98μg/cm^2、0.79μg/cm^2、0.71μg/cm^2。综合来看，单旋翼油动无人机较单旋翼电动无人机沉积量差别不大，但单旋翼无人机较多旋翼无人机沉积量高。原因可能是单旋翼无人机下旋气流的影响，促进了雾滴在小麦植株中下部的沉积（图1）。

表2　5种植保无人机喷洒雾滴在小麦冠层的沉积量分布

沉积量（μg/cm^2）	油直1型（标准差）	油直2型（标准差）	油直3型（标准差）	电动单旋翼（标准差）	电动多旋翼（标准差）
上部	1.59（±0.45）ab	1.43（±0.51）b	2.30（±0.62）a	1.59（±0.47）ab	0.98（±0.56）b
中部	1.02（±0.57）ab	1.11（±0.49）ab	1.46（±0.59）a	1.13（±0.5）ab	0.79（±0.69）b
下部	0.94（±0.44）b	0.95（±0.67）ab	1.36（±0.63）a	0.92（±0.48）ab	0.71（±0.61）b

注：数字后不同小写字母表示经 Duncan 新复极差法检验在 $\alpha<0.05$ 水平差异显著

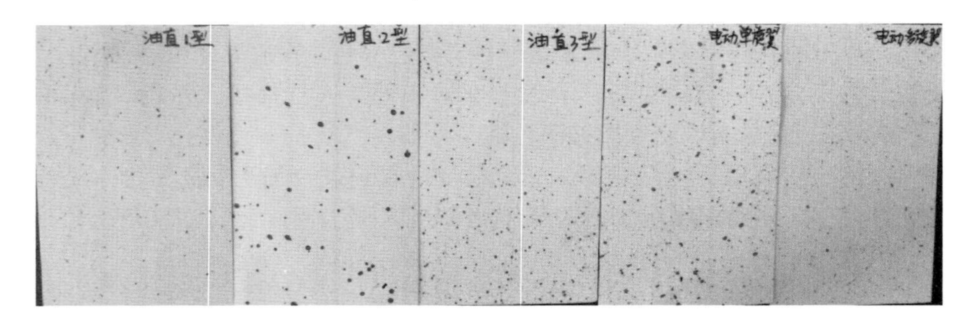

图1　5种无人机雾滴在卡罗米特纸卡上的分布状态

2.2　无人机施药雾滴沉积分布的均匀性

表3显示了5种无人机喷洒诱惑红雾滴的雾滴密度和沉积量沿喷雾带和垂直于喷雾带方向的变化情况。试验结果表明，垂直于喷雾带方向雾滴密度和沉积量变化明显，变异系数为0.57～0.90，反映了无人机施药在横移过程中易造成重喷、漏喷，多个喷幅不能很好地叠加，导致局部雾滴密度和沉积量过大或过小的现状。沿喷雾带方向雾滴密度和沉积量的变异系数为0.43～0.56，较垂直于喷雾带方向小。飞行轨迹、飞行高度、风速风向、操控手等因素都会对施药均匀性产生巨大影响，如何减小甚至消除这些影响是提高喷雾质量的关键所在。

表 3　无人机喷洒雾滴分布均匀性（变异系数）比较

项目		油直 1 型	油直 2 型	油直 3 型	电动单旋翼	电动多旋翼
雾滴密度	横向	0.82	0.90	0.67	0.68	0.57
	纵向	0.45	0.54	0.56	0.43	0.42
沉积量	横向	0.63	0.71	0.75	0.60	0.66
	纵向	0.43	0.49	0.46	0.48	0.46

注：表中所示变异系数横向为垂直于喷雾带的 3 个重复的平均值，纵向为沿喷雾带方向 10 个重复的平均值

3　讨论与展望

无人机施药同样面临着诸多问题。试验发现，雾滴沿垂直于飞机飞行方向的变异系数过大，多个喷幅不能很好地叠加，易导致局部施药量过大。同时，沿飞机飞行方向容易受飞机悬停等因素影响，施药均匀性较差。此外，无人机施药还面临其他一些问题：①缺乏专用航空喷头和航空施药剂型。目前，很多无人机企业仍使用普通扇形雾喷头，雾滴粒径较粗且不均匀，喷洒效果较差。施药剂型上沿用大容量喷雾使用的可湿性粉剂等剂型，应用中容易堵塞喷头，国内登记的航空施药超低容量液剂少之又少；②无人机定点定轨施药尚不完善。实际作业过程中，多依靠飞手自行控制飞机的施药轨迹和状态，能准确实现“推杆即走、松杆即停”的无人机仍在少数。尤其单旋翼油动无人机的飞控发展尚不完善，飞机增稳效果差，在地块的边边角角施药时不易控制；③飞机飞行过高引起的漂移和穿透性差的问题。目前，国内各类型无人机作业高度多为距作物冠层 3～5m，过高的飞行高度易造成雾滴漂移，在喷施高浓度药剂时极易造成雾滴漂至相邻田块，引起不必要的纠纷。同时过高的飞行高度势必导致雾滴在作物冠层的穿透性下降。

参考文献

[1]　袁会珠. 农药使用技术指南［M］. 北京：化学工业出版社，2004.

[2]　邱占奎，袁会珠，楼少巍，等. 水溶性染色剂诱惑红和丽春红－G 作为农药沉积分布的示踪剂研究［J］. 农药，2007，46（5）：323－325.

[3]　王国宾，李学辉，任文艺，等. 两种大型直升飞机在水稻田喷雾质量检测及对稻瘟病的防效观察［J］. 中国植保导刊，2014，34（S1）：6－11.

[4]　毛益进，王秀，马伟. 农药喷洒雾滴粒径分布数值分析方法［J］. 农业工程学报，2009，25（S2）：78－82.

现代农业航空作业技术示范

翟宏伟*
（方正县农业技术推广中心，哈尔滨 150800）

1 示范目的

农业航化是指用农用飞机生产的航空作业手段和过程，包括化学除草、叶面追肥、土壤处理、病虫害防治、护林防火、森林灭火、抢险救灾等。农业航化是农业生产中应用的一项高新技术，是农业现代化的显著特征和标志之一。前两年的航化作业取得了满意的效果，2015 年我们将继续在方正县开展防治稻瘟病和喷施叶面肥。利用旋翼飞机飞行器在最短的时间内进行大面积作业，有效地控制了病害的蔓延，减轻病虫害造成的损失。方正县水稻常年播种面积在 100 万亩以上，是方正县的主栽作物，其主要病害——水稻稻瘟病，年发生面积较大，常年减产 20% ~50%，发生重的年份可减产 80%，2015 年在哈尔滨市农业委员的大力支持下，为方正县配备了旋翼飞机一台，用于航化作业，特设计了与常规防治方法进行比较试验示范，为大面积推广应用提供科学依据。

2 示范条件

2.1 示范对象、作物和品种的选择

示范对象：水稻稻瘟病。

作物：水稻。品种：绥粳 4。

2.2 环境条件

调查防治稻瘟病（穗瘟）和喷施叶面肥示范地点位于方正县天门乡。示范面积 5 000 亩，土壤为白浆化草甸土肥力中等，亩施 40% 测土配方肥 25kg，返青后一次性追施尿素 10kg。4 月 15 日育苗，5 月 25 日插秧，插秧规格 30cm × 15cm，2 ~3 株。

3 示范设计和安排

3.1 药剂

3.1.1 示范药剂

枯草芽孢杆菌，德强实业强尔药业。

3.1.2 对照药剂

45% 咪酰胺水乳剂，江苏辉丰农化股份有限公司。

---

* 作者简介：翟宏伟，男，黑龙江省人，高级农艺师，主要从事农技推广与植物保护工作；E-mail：fangzhengzhibao@163. com

3.1.3 药剂用量

（1）枯草芽孢杆菌，20g/亩，于破口初期施药，用药1次。

（2）45%咪酰胺水乳剂，50g/亩，于破口初期施药，用药1次。

（3）空白对照，喷清水。

3.2 施药方法

3.2.1 使用方法

配制药液时，按每亩30L水混匀喷雾。

3.2.2 施药器械

选用山东卫士植保机械有限公司 卫士背负式手动喷雾器。

选用旋翼飞机农药喷雾机。

3.2.3 施药时间和次数

施药时间：8月1日。

3.2.4 使用容量

亩用药液量30L。

3.2.5 防治其他病虫害的药剂资料

示范期间，施一次康宽50ml/亩防治二化螟。

4 调查、记录和测量方法

4.1 气象及土壤资料

4.1.1 气象资料

8月4日施药天气晴，温度15.3～27.4℃，无风。

4.1.2 土壤资料

土壤pH值为6.2，有机质含量3.0%，土壤为白浆化草甸土，示范为机插30cm×15cm，2～3株。

4.1.3 防治效果调查

示范要求。每处理设3个调查点，每调查点对角线5点取样，每点调查相邻5丛，共调查25丛。

穗瘟：于黄熟期调查记录总丛数、总株数、病穗株数、病穗级数。

4.1.4 防治效果评价

根据田间调查和计算结果，对枯草芽孢杆菌防治稻瘟病效果和田间应用技术进行评价。

统计分析：采用“DMRT”法统计分析示范结果。

4.1.5 增产效果调查

产量测定：于收获时期进行调查。

每个小区的产量：用 kg/hm^2 表示。产量分鲜重测定，即晒谷前进行。

4.2 对作物的直接影响

对水稻株高、抽穗、生长无明显影响，各药剂处理空秕率明显低于空白区。

4.3 产品的产量和质量（表1）

表1　2015年方正县现代农业航空作业技术示范作物产量

处理	重复	穴（m^2）	穗（穴）	株高（cm）	穗长（cm）	千粒重（g）	粒数（穗）	实粒数	空粒数	空秕率（%）	产量（kg/hm^2）	增产率（%）
1	Ⅰ	23.0	17.2	107.0	17.4	24.1	106.4	96.6	9.8	9.2	9 209.8	46.7
	Ⅱ	22.0	18.3	95.0	17.7	24.0	103.6	95.1	8.5	8.2	9 178.9	44.5
	Ⅲ	23.0	17.6	99.0	17.2	24.2	103.3	91.2	12.1	11.7	8 908.7	39.5
	平均	22.7	17.7	100.3	17.4	24.1	104.4	94.3	10.1	9.7	9 099.1	43.5
2	Ⅰ	22.0	18.8	100.0	17.4	22.0	107.6	94.3	13.3	12.4	8 580.5	36.7
	Ⅱ	22.0	17.9	109.0	17.8	22.5	112.3	91.6	20.7	18.4	8 102.6	27.6
	Ⅲ	21.0	17.8	100.0	18.2	23.8	106.7	95.4	11.3	10.6	8 496.7	33.0
	平均	21.7	18.2	103.0	17.8	22.8	108.9	93.8	15.1	13.8	8 393.3	32.4
CK	Ⅰ	22.0	17.2	109.0	18.1	22.7	91.5	73.1	18.4	20.1	6 279.1	
	Ⅱ	23.0	17.1	100.0	17.2	22.9	88.5	70.4	18.1	20.5	6 351.7	
	Ⅲ	22.0	18.4	100.0	17.2	22.2	81.6	71.2	10.4	12.7	6 388.0	
	平均	22.3	17.6	103.0	17.5	22.6	87.2	71.6	15.6	17.8	6 339.6	

4.4 对其他生物影响

4.4.1 对其他病虫害的影响

未发现该示范药剂对其他病虫害造成影响。

4.4.2 对其他非靶标生物的影响

未发现该示范药剂对非靶标生物造成影响。

5 结果与分析（表2）

表2　2015年方正县现代农业航空作业技术示范示范结果

处理编号	病指	防效（%）	差异	
			0.05%	0.01%
1	0.07	98.003	a	A
2	0.25	93.103	b	B
CK	3.582			

采用“DMRT”法统计分析示范结果，并进行差异显著性分析。

使用效果：枯草芽孢杆菌在破口期商品用量20g/亩，对水稻穗瘟同45%咪酰胺水乳剂防效差异显著，各处理较对照均为极显著增产，主要表现为穗实粒、结实率、千粒重等产量因子的提高。

使用技术及推荐剂量：枯草芽孢杆菌在破口期，商品用量20g/亩。

安全性：应用农用航空器喷施农药对水稻生长无不良影响，对作物安全，且可使水稻的实粒数、结实率、千粒重提高，增产效果显著。

6 几种植保器械使用效率对比（表3）

表3 几种植保器械使用效率对比

项目	人力植保机械	地面植保机械	航空植保机械（农运5）	植保旋翼飞机
单次带药量	15kg	150～600kg	1 200kg	150kg
油耗	5L/h	50L/h	180L/h	15L/h
单次喷洒亩数	2～3亩	150～180亩	800～1 000亩	180～400亩
喷洒带宽	2～3m	8m	30～50m	12～20m
效果与经济性能	工作效率低，劳动强度高，农药使用量大，喷洒不均匀	效率相对提高，减少劳动强度，对作物有机械损伤，农药使用率不高	效率提高，劳动强度低，投入高，农药使用率提高	机动灵活，高效，劳动强度低，投入低，农药使用率高
每日作业量	20亩左右	1 000亩左右	8 000～10 000亩	3 000～4 000亩
作业高度	紧挨农作物	紧挨农作物	20～50m	3～10m
转弯半径	不计	5～10m	2 200～3 000m	45m左右
作业范围	任何农田	任何有路的地方	以机场为中心半径5 000m	任何有平整田间路的地方
购买价格	自制至几百元	几千元至几万元	单机不少于300万元	30余万元
作业/起飞条件	水稻田	水稻田	专用跑道	12m宽100m长的较平地面（旱地，草坪，田间路均可起飞）
人员培训成本	不计	几千元	70万元	3万～5万元
人员培训时间	1h内	20h	2～3年	20航时
安全性	近距离接触标靶作物，施药者易发生中毒事件，对农作物有损伤	近距离接触标靶作物，相对安全但对农作物有机械损伤	喷洒农药在空中滞留时间长，易受气流影响对非标靶物（人、畜、河流、土地等）造成污染，飞机一旦发生事故机毁人亡	与标靶作物近距离施药，避免药物飘逝对周围的人，畜，河流，土地等造成污染。全世界范围内尚无飞行死亡事故

人力植保机械作业劳动强度大，作业时间长，长时间在农田里喷施农药，透风透光性差，容易引起作业人员药物中毒，同时作业质量差，受药面积和受药程度不均匀，达不到预期效果，在对高大密集型农作物作业时更是无能为力。

地面植保机械在作业的过程中，不仅受作业车道影响，还要受到气候、农作物高度等影响。虽然作业效率高，但是有效负载小，药物受天气影响容易发生漂移，影响作业效果。

旋翼飞机用于防治作业，具有运输方便、低空低速、安全可靠等性能；起降场地可设置在作业区内，减少了往返和加药的空飞时间；可在距地面 1 ~ 4m 超低空飞行，结合先进的超微量喷洒技术，即可实现对农林作物的精确施药。

大型直升机的优势在于它的载药量大，安全性高。但它飞行的高度及对净空的要求都十分苛刻。而且直升机飞行的费用相当高，运输困难。至于直升机飞行的空域申请，更是一个麻烦复杂的问题。好处是大型直升机是螺旋机翼，作业高度比较低，当药液雾滴从喷洒器喷出时被旋翼的向下气流加速形成气雾流，直接增加了药液雾滴对农作物的穿透性，减少了农药飘失程度，并且药液沉积量和药液覆盖率都优于常规。

固定翼飞机的优势在于起飞，飞行和降落的时候比较平稳，需要更长的跑道，大约要 400m 左右。由于作业半径过大，除了农场统防统治可以应用外，地方市场化运作实际应用效果较差。由于翼面是固定的，所以，它的运输也是一个困难的问题。

7 结论

植保旋翼飞机在空中作业时药液量 0. 4 ~ 0. 5L/亩，同等条件下的常规喷雾施药量一般在 30L/亩以上，相比较而言，可节省药液 99% 以上，药剂利用率高降低了环境污染。

植保旋翼飞机在空中作业时，喷洒作业在指定农作物上方，与农作物近距离作业，作物可以在 2 ~ 3s 内接收到药物，同时也避免了喷洒农药的飘失。机载喷雾系统可进行各种调节，农药喷洒均匀，雾滴细小，覆盖面积合理，又可增加旋翼飞机喷雾防治的有效喷幅，提高防治效果和作业效率。在避免了农药在农作物上的残留和浪费的同时，有效地提高了农作物的受药率。飞防作业采用超微量喷洒法，作业时间短，飞机飞行产生的下降气流吹动叶片，使叶片正反面均能着药着肥，实现了立体防治。植保旋翼飞机在空中作业时，可避免类似于地面植保机械设备对农作物的践踏和伤害，因为它可以低空飞行，所以可与农作物保持近距离。水稻生育的中后期，长势繁茂，田间郁闭，对其化控、化防，地面机械作业极易趟倒或压倒植株，或压伤植物根系，且劳动强度大、工作效率低，很难达到统一防治和迅速控制的目的，而使用飞机作业就不受其影响，作业效果及质量好，而且不破坏土壤物理结构，不影响作物后期生产。前期靠农机，发挥地面机械优势，后期靠旋翼飞机，发挥空中航化优势，将农机和旋翼飞机相结合，才有真正的全程机械化。

参考文献（略）

河北出口梨园中条华蜗牛的鉴定*

娄巧哲** 王 珅 王建昌 王照华 李 静***

（河北出入境检验检疫局检验检疫技术中心，石家庄 050000）

摘 要：为了查清河北出口梨园中蜗牛的种类，从形态特征和分子生物学对采集到的蜗牛进行了研究。对河北省16个出口梨园采集到的蜗牛进行形态鉴定，同时利用DNA条形码技术对蜗牛COI序列进行比对和分析，结果显示采集的蜗牛全部鉴定为条华蜗牛［*Cathaica fasciola*（Draparnaud，1801）］。分析了条华蜗牛对河北出口梨园可能造成的危害。

关键词：河北；出口梨园；条华蜗牛；鉴定；危害

2014年中国水果总产量超过2.6亿t，位居世界首位。鲜梨是出口量最多的水果之一，中国2014年出口鲜梨总量为29.7万t，货值达3.5亿美元。河北是中国出口梨的主要省份，占全国鲜梨出口份额六成以上。河北鲜梨出口既为国家创收了外汇，也提高了果业生产的效益，果农生活水平同时不断提高，鲜梨生产已成为促进当地农村经济发展的支柱产业。在出口势头强劲的同时，我国遇到了来自进口国的重重阻力，进口国不断提升进口中国水果的植物检疫要求和卫生标准，把门槛越抬越高。例如2013年美国以从进口鸭梨包装箱中检出蜗牛为由，通报我国对果品加工企业进行调查，严重影响了鲜梨生产效益。

蜗牛是腹足纲软体动物，雌雄同体，其口器位于头部的前端腹面，用来咀嚼和磨碎食物[1]。蜗牛具有食性杂、食量大、繁殖快、危害严重、活动隐蔽和防治困难等特点，在全国各地均有分布，对多种农作物造成威胁[2-4]。陕西省1986年首次发现蜗牛危害农作物，三年便蔓延到11个村，受害农田达到万亩[5]。2012年报道蜗牛在甘肃省天水市20多个乡镇的果园发生，危害树种有苹果、桃、樱桃、梨、杏、葡萄等，受害果园面积约1.12万hm^2，并有快速扩散蔓延的趋势[6]。蜗牛对园林植物亦会造成危害，杨群力等调查表明，在西安植物园危害园林植物的蜗牛种类有5种，同型巴蜗牛和灰巴蜗牛为害最为严重，主要寄主达24种之多[7]。匡政成等报道2014年蜗牛在洞庭湖植棉区棉田普遍发生，危害较为严重，给棉农造成严重的经济损失[8]。

近几年，通过调查发现河北部分梨园存在蜗牛危害频繁，发生面积、危害程度有持续扩大趋势。由于其食性杂，给农业生产带来较大损失。随着国际贸易活动的日趋频繁和复杂化，蜗牛传播扩散的机率也大大提升。为了摸清河北出口梨园中存在的蜗牛种类，为防控蜗牛危害提供基础数据，促进出口，2013—2015年进行了河北出口梨园蜗牛调查及鉴

* 基金项目：河北检验检疫局科技计划项目（HE2014K020）

** 第一作者：娄巧哲，女，博士，主要从事植物检疫工作；E-mail：13603397511@163.com

*** 通讯作者：李静，女，硕士，主要从事植物检疫工作；E-mail：13603397511@163.com

定工作。

近几年，通过调查发现河北部分梨园存在蜗牛危害频繁，发生面积、危害程度有持续扩大趋势。由于其食性杂，给农业生产带来较大损失。随着国际贸易活动的日趋频繁和复杂化，蜗牛传播扩散的机率也大大提升。为了摸清河北出口梨园中存在的蜗牛种类，为防控蜗牛危害提供基础数据，促进出口，2013—2015 年进行了河北出口梨园蜗牛调查及鉴定工作。

1 材料与方法

1.1 材料

实际调查河北辛集、晋州、赵县、泊头、河间地区 16 个出口梨园中蜗牛发生情况，每个梨园设采样点 5 个，每点 10 棵果树，采用样枝法调查采集果树枝干、叶上的蜗牛，样方法调查采集土缝及地面枯枝层中的蜗牛。

1.2 形态鉴定

根据《中国动物志：无脊椎动物》[9]，以成螺贝壳形态为基本鉴定依据，螺体和膜厣形态为辅助鉴定特征，利用体视显微镜进行蜗牛的形态鉴定。

1.3 分子生物学鉴定

1.3.1 DNA 提取

将蜗牛置于盛满水的广口瓶中，盖上瓶盖后进行闷杀（麻醉使其伸展身体）。身体伸出贝壳外后，使用解剖刀和镊子将肉体取出置于研钵中，液氮研磨成粉末。DNA 提取按照 Promega 公司生产的 Genomic DNA Wizard 试剂盒说明书进行。

1.3.2 COI 序列扩增及测序

1.3.2.1 COI 序列扩增

COI 基因的扩增引物由上海生工生物工程技术服务有限公司合成。引物序列如表 1 所示[10]。

表 1 COI 引物序列

引物名称	序列
LCO1490	5′ - GGTCAACAATCATAAAGATATTGG - 3′
HCO2198	5′ - TAAACTTCAGGGTGACCAAAAAATCA - 3′

扩增反应体系为 25 μl，包含 2 × Taq PCR MasterMix 12. 5 μl、引物 LCO1490 和引物 HCO2198（20 μmol/L）各 1 μl、DNA 模板 1 μl、ddH_2O 9. 5 μl。PCR 反应程序：94℃ 预变性 5 min；94℃ 30 s，55℃ 30 s，72℃ 1 min，共 35 个循环；最后 72℃ 延伸 10 min。PCR 产物保存于 4 ℃，产物检测使用 1. 5% 琼脂糖凝胶电泳。

1.3.2.2 PCR 产物纯化、克隆测序及基因分析

每个梨园蜗牛标本 PCR 扩增产物经纯化后，克隆到 pGM - TVector，酶切筛选阳性克隆，并分别随机挑选 3 个进行测序（由上海生工生物工程技术服务有限公司完成）。将获得的 COI 序列进行同源性比较，然后在 BOLD Systems v3（http：//www. boldsystems. org/）等数据库中进行同源性比对。所有梨园蜗牛的 COI 序列利用 MEGA 5. 0 软件中

的邻接法（neighbor-joining，NJ）与 NCBI 数据库中现有的靶标蜗牛种类的 COI 序列一同构建系统进化树，对各分支置信度（ bootstrap）进行 1 000次以上的重复检验。

2　结果

2.1　调查概况

本次调查共计采集到蜗牛 5 800只，其在梨树上的聚集状及对梨叶的危害状见图 1。

图 1　条华蜗牛梨园生态照

A. 条华蜗牛聚集状；B. 条华蜗牛危害状

2.2　成螺形态鉴定

全部蜗牛均具有以下特征：

贝壳中等大小，壳质稍厚，坚实，无光泽，呈低圆锥形（图 2）。有 5 ~ 5.5 个螺层，前几个螺层缓慢增长，各螺层膨胀，螺旋部低矮，略呈圆盘状。壳顶尖，缝合线明显。壳面黄褐色或黄色，有明显的生长线和粗螺纹。体螺层及膨大，底部平坦，其周缘具有一条淡红褐色色带环绕。壳口呈椭圆形，口缘完整，内有 1 条白瓷状环肋。轴缘外折，略遮盖脐孔。脐孔呈洞穴状。成螺壳高 10mm，壳宽 16mm。

动物体具有圆形的尾，无纵向的沟纹。蹠足不明显分为 3 部分。阴茎中长，无乳头，无鞭状体。矢囊发达，有一附属囊，不成球形，为长形，有一恋刺，约 5mm 长，弯曲。有 8 条黏液腺管，黏液腺管小叶呈放射状排列。受精囊卵圆形。性腺呈手掌状，仅有 1 根管。

依据以上特征，对照《中国动物志：无脊椎动物》[9]，鉴定所有蜗牛为条华蜗牛 [*Cathaica fasciola*（Draparnaud，1802）]。

2.3　分子生物学鉴定

2.3.1　PCR 扩增产物

PCR 产物经凝胶电泳检测，均扩增出大小为 655bp 的清晰条带（图 3）。

2.3.2　序列相似性比对

经 Chromas 软件识别序列峰图，所有序列确认为有效序列。片段长度均为 655bp，碱基相似度为 100% 。使用 BOLD Systems v3 比对所获得的蜗牛 COI 序列，与序列号为

KJ186157 的 *Cathaica fasciola* COI 序列相似性为 100%，其次与序列号为 KF765749 的 *Cathaica fasciola* COI 序列相似性为 99.15%（该种具有不同的两个基因型，可能与其生存地域环境不同，存在遗传多样性有关），与其他种的序列相似性均低于 95%。该种构建 BOLD TaxonID Tree（图4）发现，蜗牛同种内不同序列的聚集趋势明显，而不同种间分支明显，所测序列与库中两条 *Cathaica fasciola* 序列聚为一支，并与其他种明显区分开。因此可基本判定所测物种为 *Cathaica fasciola*。从分子进化的角度验证了所采集蜗牛样本确实为 *Cathaica fasciola*。

图2　条华蜗牛［*Cathaica fasciola*（Draparnaud，1802）］

A. 贝壳腹面；B. 贝壳正面；C. 贝壳正面及侧面；D. 活动的条华蜗牛

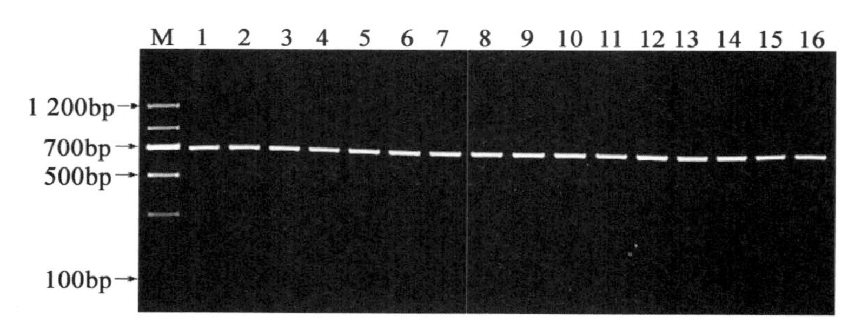

图3　条华蜗牛 COI 基因扩增结果电泳检测图

注：1～16 泳道分别为 16 个梨园采集的条华蜗牛样品

2.3.3　NJ 系统发育树的构建与分析

以同型巴蜗牛［*Bradybaena similaris*（Ferussac，1821）］和藐视尖巴蜗牛［*Acusta despecta*（Gray，1839）］作为外群，将得到的 16 条蜗牛 COI 序列利用 MAGE 5.0 软件，采用邻接法（NJ 法）构建系统发育树。结果显示（图 5），16 个样本聚集趋势显著，均和序列号为 KF765749 的条华蜗牛聚为一支，且能够明显与同型巴蜗牛和藐视尖巴蜗牛区分开。表明该物种个体能与形态相似的其他物种个体明显地区分开，结果也验证了分子鉴定的结论，DNA 条形码技术可以对蜗牛进行准确识别。

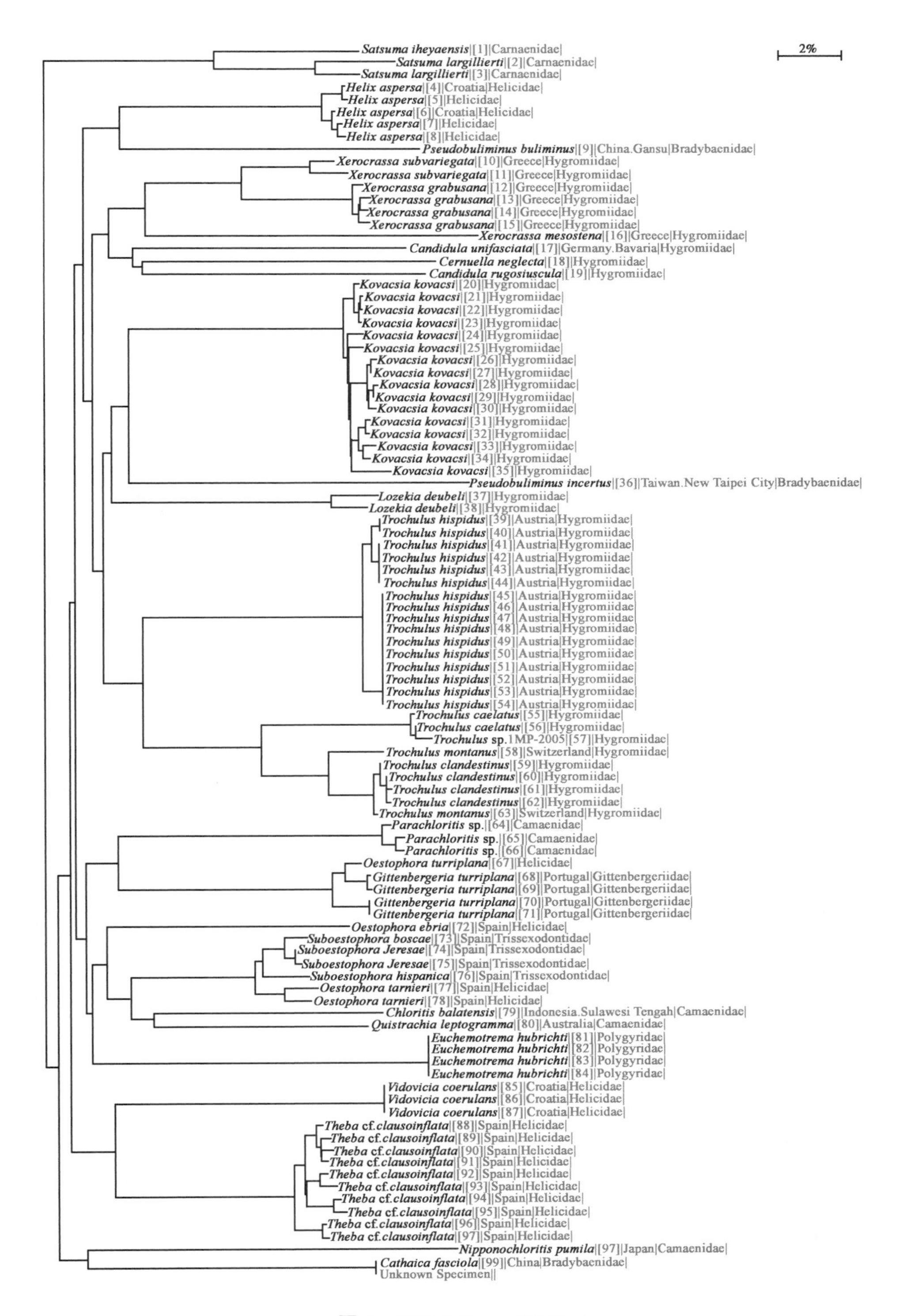

图 4　BOLD TaxonID Tree

注：图中标注红色的为梨园蜗牛 COI 序列；标尺为 2% 的遗传距离

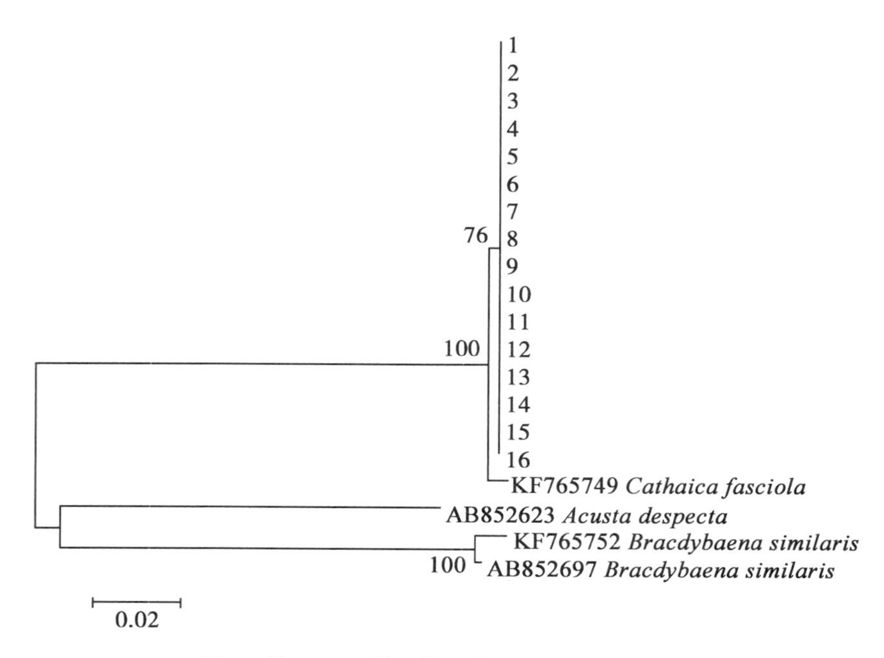

图 5　基于 COI 基因构建的系统进化 NJ 树

注：节点处的数字为 1 000次 bootstrap 检验的支持率

3　讨论

条华蜗牛［*Cathaica fasciola*（Draparnaud，1802）］属软体动物门（Mollusca）腹足纲（Gastropod）柄眼目（Stylommatophora）巴蜗牛科（Bradybaenidae）华蜗牛属（*Cathaica*）。分布于北京、河北、山西、辽宁、上海、江苏、山东、河南、湖北、湖南、四川、陕西、甘肃；俄罗斯及亚洲中、西部地区。生活在丘陵山坡、田埂边、公园、牲畜棚圈、温室、菜窖附近潮湿的草丛、灌木丛中，石块下或缝隙中。为我国北方地区常见的种类，也是农业上间歇性害虫[9]。目前对条华蜗牛的研究较少，在我国北方易与农林常见的同型巴蜗牛相混淆[11]。本次调查在出口梨园仅发现并收集到条华蜗牛。河北地域辽阔，生境多样，梨园是否还存在其他蜗牛种类，有待今后扩大范围进一步调查。

本研究首先根据形态初步鉴定采集的梨园蜗牛为条华蜗牛，随后利用 COI 序列进行分子鉴定，从系统发育树上显示梨园采集的蜗牛与 *Cathaica fasciola* 亲缘关系很近，而与形态易混淆的同型巴蜗牛亲缘关系较远。从分子进化的角度验证了形态鉴定结果，所采集到的蜗牛确实为条华蜗牛［*Cathaica fasciola*（Draparnaud，1802）］。目前 DNA Barcoding 在昆虫鉴定方面已经有很多的报道，而对蜗牛的分子鉴定研究报道却很少，本研究的所有结果证明利用 DNA Barcoding 技术完全可以直接鉴定蜗牛种类。目前，条形码技术的广泛应用还受数据库中数据不全的限制，因此，急切需要广大分类学者尽可能全地收集不同物种的 COI 序列信息和其他可以用于 DNA Barcoding 物种鉴定的数据。

2013—2015 年通过调查，一些地方梨园条华蜗牛发生较重，平均每棵树上会有二十几头，多的能达到三十多头。条华蜗牛喜欢聚集在梨树叶片背面、枯枝缝隙及背光枝干上，在食叶害虫危害后的叶片、叶柄上经常能够发现条华蜗牛的爬行，少量条华蜗牛会在果面上爬行停留。梨园中条华蜗牛的危害性在于其刮食叶肉造成叶片孔洞，有时一边取食一边排便，使得在叶片上留下较多黏液和粪便，被污染的叶片易产生霉菌造成植物病害。发生条华蜗牛危害的原因主要有：条华蜗牛繁殖能力强，危害严重，大多数果农缺乏相关防治技术，不能有效控制蜗牛危害；由于果园长期使用农药及环境恶化，导致鸟类、蜥蜴等蜗牛重要天敌数量稀少；果园种草、覆草给蜗牛生长、繁殖提供有利环境；蜗牛成、幼螺附着在果品、包装箱或运输工具上，通过长距离运输加快其蔓延速度。

应强化出口果园质量管理体系，对果农及加工包装员工加强宣传和技术培训，加强梨果加工、包装环节有害生物监测、防控。切实做好产地检验检疫，把蜗牛阻隔在果品成品外运之前。为了保证我国鲜梨正常出口，并顺利拓展国外市场，应开展必要的调查研究，并加强分子生物学技术在蜗牛检测鉴定中的应用，加强符合河北进出口业务需求的动植物检疫基础及应用技术研究，为规避国外贸易壁垒提供技术支持。

参考文献

[1] 黄振东，严得胜．蜗牛［J］．生物学通报，2002，37（12）：16.

[2] 徐文贤，刘延虹，严勇敢．关中地区蜗牛的主要种类与分布［J］．陕西农业科学，1992（3）：28.

[3] 赵虎，胡长效，张艳秋．灰巴蜗牛生物学特性及药剂防治研究［J］．农业与技术，2004，24（4）：73－76.

[4] 顾雨人，唐桂珍．蜗牛的活动规律及综合防治［J］．上海农业科技，1999（4）：77.

[5] 刘延虹，许文贤．陕西省发现蜗牛严重危害农作物［J］．植物保护，1990，4：55.

[6] 任宏涛．山华蜗牛在果树上的危害及防治措施［J］．河北果树，2012，6：34－35.

[7] 杨群力，徐小军，杜晗鹏．蜗牛对园林植物的危害及综合治理措施［J］．陕西林业科技，2009（1）：65－70.

[8] 匡政成，陈浩东，李庠，等．洞庭湖植棉区棉田蜗牛危害及防治［J］．中国棉花，2014，41（10）：36－37.

[9] 陈德牛，张国庆．中国动物志：无脊椎动物 第37卷 软体动物门、腹足纲、巴蜗牛科［M］．北京：科学出版社，2004：216－220.

[10] Folmer O，Black M，Hoeh W，*et al.* DNA peimers for amplification of mitochondrial cytochrome C oxidase subunit I from diverse metazoan invertebrate［J］．Mol Mar Blot Biotechnol，1994，3：294－299.

[11] 张君明，虞国跃，周卫川．条华蜗牛的识别与防治［J］．植物保护，2011，37（6）：208－209.

城市绿化植物病虫害频繁发生及原因分析

简桂良* 齐放军 张文蔚
（中国农业科学院植物保护研究所，植物病虫害生物学国家重点实验室，北京 100193）

摘 要：进入21世纪以后，随着我国快速城镇化，城市绿化作为美化城市、调节环境、吸收CO_2、城市绿肺等功能日益突出。但是，随着城市绿化面积的扩大，各种绿化植物病虫害的发生日益频繁，严重影响城市植物的美观，同时也对改善城市环境产生一定影响。本文对绿化植物病虫害发生频繁的产生原因进行了分析，并提出一些措施，供城市管理工作者参考。

关键词：绿化植物，病虫害，原因

1 城市绿化植物病虫害时有发生

近年来，我国各地城市绿化植物病虫害发生频繁，严重影响城市植物的美观，同时也对改善城市环境产生一定影响。如北京香山著名的红叶植物黄栌，其黄萎病和白粉病每年均有不同程度的发生，近年来，在一些新开发的红叶观赏区，如北京市西山森林公园，严重片区发病率高达40%以上，在北京市八达岭森林公园，则20%左右的黄栌因为黄萎病的发生导致其死亡，完全丧失其观赏和绿化功能，造成严重损失；而白粉病则成为黄栌常年发生的病害，根据笔者的初步调查，在多雨的年份，9—10月其病叶率可以达到60%～80%，严重影响其观赏价值，同时，对其下一年的生长造成影响。2015年北京市大叶黄杨白粉病大发生，根据笔者调查，其病叶率达到20%～60%，通过笔者长期观察发现，从4月开始，该病就一直持续危害，在一些小生境下，甚至到12月至次年1月的大雪覆盖下，该病仍然继续发生，病叶率达到20%～40%。2014年7月，正值各种植物枝繁叶茂时，北京市海淀区中关村大街两旁的大量银杏树发生叶片枯焦、脱落的早衰现象，北京市植物病理学会组织各方面专家进行会诊，究其原因，目前还没有一个统一的说法，笔者把其暂定为银杏叶枯病；2015年这种现象仍然继续发生，笔者初步调查发病率在20%～30%，得病的银杏树早在8月中下旬即出现叶片黄化、枯焦、脱落的早衰表征，严重影响到其美化、绿化功能。此外，如北京主要的春季观花植物如碧桃、迎春花，在4—6月经常有蚜虫为害，发生率几乎为100%，表现为叶片扭曲，树枝没有办法伸长，对其正常生长影响很大。近年来，美国白蛾在不少地区暴发为害，将城市绿化植物和果树的叶片成枝地吃成光杆，而且，有从东向西扩散的趋势，2015年11月初，笔者在湖北省宜昌市三峡大坝边发现有的杨树叶片被吃成光秃秃的。近两年，笔者在中国农业科学院植物保护研究所院内发现不少雪松由于受黑蚜和介壳虫为害，松针生长受到影响，蚜虫为害分泌的蜜露流到地上，地面每天可见到一层油膜！

* 作者简介：简桂良，男，研究员，植物病害综合防治；E-mail：jianguiliang@yahoo.com.cn

各种绿化植物被各种病虫害为害的现象在全国各地均有发生，如笔者 2015 年 7 月在海南省海口发现，作为绿篱的扶桑，几乎全部的叶片均发红发生病毒病，叶片皱缩扭曲，严重影响植物美观和正常生长。不仅如此，其他绿化植物的病虫害也可以在街头随处可见，如枯死的棕榈树、发生白粉病的大叶榕树等。2014 年 11 月笔者在福建厦门发现金叶女贞上的病毒病也发生普遍；在福建省永定县城的绿化植物细叶榕树白粉病也极普遍，病叶发生率达到 25%；同时，介壳虫也在河道边的绿化植物上遍布树枝，使叶片被煤污病交叉为害。可以说，只要有心观察，无论在哪里，各种绿化植物均可发生不同的病虫害，主要包括蚜虫、介壳虫、美国白蛾、烟粉虱、病毒病、白粉病等。

2 城市绿化植物病虫害普遍发生的原因分析

2.1 我国城市化进展加快，各种绿化植物逐渐扩大

随着我国经济社会的发展，我国进入工业化时代，城市化进展加快，根据国家统计局的统计，2015 年我国城市化率已达到 48%，发达省份已达到 58%，而根据国家十三五规划，到 2020 年我国的城市化率将达到 60%，而随着我国居民生活水平的提高，环境的美化，绿化日益受到重视，各地城市绿化率逐年提高，各种绿化植物被大量种植，而城市化后，生态环境发生变化，小生境的改变，如温度、湿度的变化，均可诱发各种病虫害的发生。

2.2 外来入侵病虫害的控制不力

随着我国对外开放的扩大，我国各地从国外引进大量花草、观赏植物，由于进口渠道的多样化，检验检疫难度很大，在引进植物的同时，也将各种病虫害随着这些花草、观赏植物进入我国，典型的是 B 型烟粉虱、潜叶蝇、美国白蛾等各种病虫害。而随着我国南北、东西物流频繁和交通的便利，全国各地的各种农产品、蔬菜、水果等被人们随着飞机、火车被带到全国各地，可能也把相关的病虫害也带到全国各地了，例如潜叶蝇最早就在海南发现，随后在我国各地陆续扩散发生。

2.3 气候变化诱发各种病虫害普遍发生

我国是典型的季风气候，雨水分布不均，空气湿度变化很大。连续的干旱，可以诱发蚜虫、红蜘蛛、粉虱、介壳虫等的发生，以及病毒病的暴发；而连续的降雨，高温高湿，则可能诱发白粉病、叶斑病的发生为害。例如 2015 年 4 月北京雨水偏多，诱发了冬青白粉病的暴发，而 2016 年 4 月北京雨水不多，这年 5 月冬青白粉病则轻了很多，甚至在 5 月下旬不少地方没有再见到病叶。又如前面提到的雪松黑蚜，在干旱的时候，爬满雪松树枝，但一旦进入雨季后则消失的无影无踪。

2016 年我国南北轮番发生暴雨为害，如北京、新乡、安阳、邢台、沈阳、天津等，均在 7 月份降下暴雨，造成城市内涝严重。图 1 为 7 月 20 日中央气象台发布的全国天气预报，可以看到当北方不少地区正在下暴雨的同时，南方则在前期雨水不断后出现艳阳高照，高温普遍。这对城市绿化植物的病虫害发生流行产生巨大影响。

2.4 引种时缺乏考虑城市化的小生境

随着我国城市化的加快，绿化和美化成为城市管理的重要课题，而随着城市建设的发展，各种小生境的变化，绿化植物有自身的生态要求，但由于缺乏详细的研究，对不少植物就生硬的引种，例如我国各地将在大山深处可以生长几百，甚至上千年的银杏树引种到

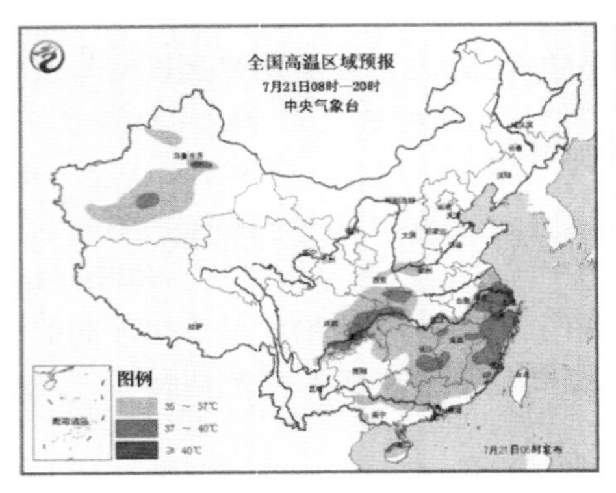

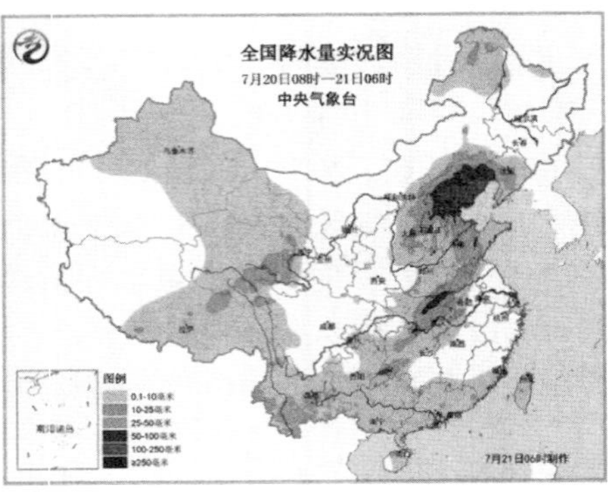

图 1　2016 年 7 月 20—21 日全国天气趋势

引自中央气象台

城市的大街边，在夏天干燥高温的柏油路旁，对这些大山深处的古老树种是极大的考验。

2.5　在北方保护地面积的扩大，家庭养花的普遍，成为各种病虫害冬季的越冬场所

为改善我国北方人民冬季的蔬菜需求，自 20 世纪 80 年代开始，北方地区，尤其是山东、河北、河南、北京、天津等省市，大量建设保护地，以在冬季生产蔬菜水果，但同时也成为各种病虫害的天然越冬场所，一到春天，各种病虫害就从这些越冬场所自然迁入室外，侵染农作物，也为害到城市的绿化植物，造成绿化植物的病虫害为害源头。随着我国人民的居住条件的大面积改善，城市居民居住面积的扩大，保暖环境的优化，大量居民在自家阳台种植各种观赏植物，甚至还种植小型蔬菜，这些均为各种病虫害提供了良好的繁殖越冬场所，成为来年农作物以及城市绿化植物病虫害的重要源头之一，例如各种蚜虫、烟粉虱、潜叶蝇、叶斑病、白粉病、黑斑病等。

3　城市绿化植物病虫害普遍发生的治理对策和建议

针对日益严重经常发生的各种城市绿化植物病虫害，建议从下列几方面进行治理。

3.1　充分尊重各种城市绿化植物生境要求

各种植物有其自身的生态要求，在我国城市绿化中应当充分尊重科学，详细研究拟引种植物的原生态需求。同时，考虑引种地区及种植地方的小生境，如需在街道作为行道树时，则应当考虑种植树木是否适应这种夏季高温炙烤，以及在北方地区冬季作物雪水堆积造成的低温，甚至是融雪剂的耐受性；又如种植于湖泊水道边的植物，则应当充分考虑其对湿度的耐受性等。同时，还应考虑极端天气，如夏季的高温和冬季的低温，甚至对建筑物南面应当种植何种绿化植物，在北面则不一定合适，均应当进行细致的考虑，以避免各种由于小生境的变化，造成病虫害的流行为害。

建议应该更多的选择本土植物作为绿化植物，这方面北京有很好的经验和教训，在北京市三环中间的绿化带，大量种植了市花月季，这种喜阳的著名花卉，在三环中间生长得很好，在 5 月初各种颜色的月季开满三环，使北京三环成为一个美丽的花环。但在四环的绿化中则选择了刺柏，种植四季常绿的重要树种，其管理省工很多，同时，还有不落叶、生长缓慢、修剪不多等优点，但在 2012 年冬季的严寒中，由于身处开阔的环路中间，气温更低，造成当年大量刺柏死亡，不得不重新种植，损失很大。又如北京市不少地方种植

有大量的国槐，这是北京的市树，经过数百年甚至几千年的考验，说明这种植物非常适合北京的生态环境，不仅能茂盛生长，且没有多少病虫害，在6—7月，在以此树作为行道树的道路上，槐花盛放，槐香四溢。

3.2 充分研究城市化后不同生境的变化

城市化的特点就是建设了大量的建筑物和道路等，使原本开阔的自然环境发生巨大变化，例如热岛效应，但是植物要适应这些变化是比较困难的，要进行长期的训化，即便如此一些植物也“本性难移”，很难适应这些变化，其主要表现即发生各种病虫害。应当充分研究城市化后各种不同生境的变化，如作为行道树，则应当研究本地区夏冬季节的极端气温和湿度变化，采用可以适宜的树种，以免个别年份出现极端温度造成这些种植数年，甚至数十年的树木毁于一旦。近年来，我国各地在城市化中，已开始重视水对城市生态调节的重要作用，无论是南方城市，还是北方城市，乃至西北严重缺水的城市，均大量扩展水面，但在此水岸，其生态环境即发生了巨大的变化，在选择水岸绿化植物时就应当考虑一年中其湿度的巨大变化。即使在大型建筑物南面的向阳面与北面的阴面，其生境的变化是巨大的，尤其是高纬度城市，北面为阴面，其阳光的光照时间随着纬度的增加则急剧减少，如北京在大型建筑物北面可能只有半年有光照，且冬天相比于南面温度则要低上数度。

3.3 严格检验检疫政策

城市绿化植物的不少病虫害是由于从国外引进大量花草、观赏植物而带进我国的，是典型的外来入侵有害生物，例如，B型烟粉虱、潜叶蝇、美国白蛾等各种病虫害。而国内宽松的检验检疫措施，又使它们的我国各地迅速扩散，使各种病虫害在我国各地蔓延为害。所以，严格执行检验检疫政策，是保证我国原生植物的第一道防线，尤其对外来入侵有害生物，必须保证国门的安全。

3.4 深入研究各种病虫害发生特点和防治措施，保证城市绿化植物的健康安全

各种绿化植物病虫害有其自身的发生流行特点，如上述的大叶黄杨白粉病2015年与2016年就有巨大的差异。2015年严重流行，从4月底开始即流行，直到11月入冬前一直处于比较高的病叶率；2016年从4月开始返青后到8月上旬，发病率比2015年直线下降，主要原因是4月的降水量，而如何防治，则还缺乏研究。黄栌黄萎病由于是维管束系统性病害，其防治难度更大，至今仍然没有可行的根治办法。一些害虫则受生态气候的变化，消长的更快，如蚜虫就由于7月雨季的到来，它们就可能消失的无影无踪，而一旦进入9月，雨季结束后，它们又可能回来。

我国是典型的季风性气候，冬春季少雨干旱，降水主要集中在夏季，不同月份湿度变化很大，同时，我国地域辽阔，在西北内陆，尤其是新疆，湿度变化与东部地区正好相反，夏季空气湿度极低，冬春季则是湿度很高。雨水和湿度往往对病虫害的发生具有很大的决定作用，尤其是蚜虫、粉虱等一些小型害虫，而连续的高温高湿则又容易诱发一些叶斑病的发生，如白粉病、黑斑病等。为此，在城市绿化病虫害的防治上，可以采用调节小生境的办法，控制各种病虫害的发生。如，构建一定的小的植物群落，乔木、灌木、草地相结合的，落叶与常绿乔木搭配，这方面在城市的立交桥中间的绿地已有不少成功的例子。又如，在干旱的春季采用滴灌或喷灌的方法，增加城市绿化植物叶面的湿度，对一些病虫害有一定的抑制作用。

对于城市绿化植物病虫害，可以采用生物防治的办法进行治理，如，采用释放瓢虫防治蚜虫为害，释放寄生蜂控制各种害虫为害，北京市均有成功经验。大部分绿化植物病虫害对化学农药还是比较敏感的，在强化预测预报的前提下，一旦病虫害有可能出现暴发，尤其是害虫和叶部病害，则可以通过喷施化学农药进行控制，这方面山东省具有成功的经验，2011 年当地美国白蛾流行为害，不少杨树被害导致全株叶片被其吃光，2012 年当地植物保护部门在明确其消长规律后，采用飞机喷药的方法，成功控制了虫害，基本上没有再出现被美国白蛾为害的杨树，当年杨树生长得郁郁葱葱，满眼绿色。

参考文献

[1] 徐公天．我国城市园林植物病虫害的现状及对策［J］．中国森林病虫，2002，21（1）：48－51.

[2] 马英玲，韦春义．园林绿化植物病虫害综合防治探讨［J］．贵州林业科技，2005，33（1）：58－61.

[3] 谢启章．大叶黄杨主要病虫害的防治［J］．植物医生，2013（1）：29－30.

[4] 赵慧娟，王维．北方地区园林植物主要病害发生特点及防治技术［J］．现代农业科技，2013（1）：137－138.

[5] 邝先松，陈松，曾赣林．园林树木常见病虫害防治［J］．江西林业科技，2005（3）：56－58.

[6] 李红梅．浅析城市园林植物病虫害的防治［J］．现代园艺，2011（9）：50－50.

[7] 王香亭．城市行道树病虫害发生的特点及原因分析［J］．现代园艺，2011（13）：50－50.

[8] 杨永青，张新玲，王希宏．城市园林植物保护发展趋势初探［J］．河南林业科技，2004，24（4）：23－24.

[9] 孔祥义，李劲松，曹兵．海南省园林景观植物病虫害防治对策［J］．南方农业学报，2007，38（1）：49－50.

[10] 齐志茹，杨秀英．城市园林植物病虫害发生特点和防治策略［J］．河北林业科技，2007（6）：46－48.

[11] 王志明，许晓明．长春市一新外来入侵物种——白蜡虫的生物学特性与种群控制研究［J］．吉林农业大学学报，2006，28（2）：152－154.

[12] 邹志燕，李磊．城市园林植物病虫害发生特点与防治对策［J］．广东园林，2007，29（2）：65－67.

[13] 卜志国，赵恒刚，杜绍华，等．城市绿地虫害发生的影响因素与控制对策［J］．河北林果研究，2005，20（4）：404－406.

[14] 李传省．园林植物病害的发生及其防控策略探讨［J］．河南林业科技，2011（2）：29－30.

[15] 俞晓艳，齐建国，王建国，等．2009 年冬季异常天气对银川市部分园林植物的影响调查研究［J］．宁夏农林科技，2011，52（7）：101－103.

[16] 张利军，梁丽君．城市园林植物害虫调查及无公害防除［J］．山西农业科学，2009，37（2）：56－59.

[17] 王想灵．甘肃甜樱桃主要病虫害种类及无公害防治技术［J］．甘肃农业，2011（6）：94－96.

[18] 许水威，叶淑琴，王立明．用期距法预测银杏大蚕蛾发生期［J］．辽宁林业科技，2003（2）：10－12.

[19] 蔡云．青岛地区园林绿地病虫害综合防治技术［J］．现代农业科技，2006（3S）：41－41.

[20] 陈碧梅，刘晓娟．深圳地区园林植物病虫害的发生与防治［J］．广东农业科学，2006（5）：74－75.

[21] 桂炳中，徐献杰．华北石油园林植物害虫发生的原因和无公害防治技术［J］．河北林业科技，2005（4）：204－206.

[22] 陈丽中．深圳市特区内古树病虫害的调查与防治［J］．广东林业科技，2005，21（3）：56－58.

[23] 吕文彦，余昊，秦雪峰．河南省新乡市园林植物蚜虫种类调查研究［J］．安徽农业科学，2007，35（2）：465－465.

[24] 苏爱萍．屯留县园林植物病虫害防治技术［J］．山西林业科技，2011，40（2）：45－46.

[25] 郭亚君，周玉，卫玮，等．浅谈西安市园林植物主要病虫无公害防治［J］．现代园艺，2011（10）：52－53.

[26] 曹红霞．菊花常见病虫害的症状、发生规律及其综合防治［J］．园林科技，2008（3）：24－26.

[27] 陈俊华，郭世保，史洪中，等．信阳市园林绿地病虫害综合防治技术［J］．湖北农业科学，2009，48（3）：633－635.

[28] 刘兴平，李冬，吴自荣，等．南昌市园林植物主要害虫种类及其生态治理对策［J］．江西植保，2007，30（2）：72－76.

[29] 于永浩，欧海英．城市园林植物病虫害的特点及生态控制策略［J］．南方农业学报，2009，40（6）：658－661.

[30] 刘晓俊，周婵虹．深圳地区美人蕉病虫害调查及综合防治［J］．江西植保，2005，28（4）：180－184.

[31] 叶军，周国梁，印丽萍．红棕象甲在上海地区适生性分析［J］．植物检疫，2006（S1）．

[32] 毕研文，杨永恒，宫俊华，等．泰山黄芪的主要病虫害及其综合防治［J］．安徽农学通报（上半月刊），2009，15（15）：142－142.

[33] 吴小芹，郑茂灿，王焱，等．上海杨树生态林病虫害发生状况及其综合治理［J］．南京林业大学学报（自然科学版），2006，30（3）：109－112.

[34] 孙兴全，刘志诚，邱方红，等．丝棉木金星尺蛾生物学特性及其防治［J］．上海交通大学学报（农业科学版），2004，22（4）：385－388.

[35] 丁伟，赵志模，黎阳燕．丝棉木金星尺蠖的生物学特性及防治技术［J］．植物保护，2002，28（3）：29－31.

[36] 丛日晨，张颢，陈晓．论生物入侵与园林植物引种［J］．中国园林，2003，19（3）：32－35.

[37] 孙仓，王志明，图力古尔，等．吉林省外来入侵生物的危害及防治对策［J］．吉林农业大学学报，2007，29（4）：384－388.

[38] 刘丽红．浅析影响我国城市园林发展的因素和园林规划发展趋势［J］．现代园艺，2011（6X）：63－63.

[39] 李元应，宋彦军．浅谈城市住宅小区园林的合理规划［J］．科技信息，2012（13）：394－394.

[40] 李树华．建造以乡土植物为主体的园林绿地［J］．北京园林，2005，21（2）：16－20.

[41] 赵越，朱冠华．浅谈植物保护在园林设计管理中的问题及对策［J］．农村经济与科技，2010，21（1）：133－134.

[42] 于华丽，李奕震，王祥林．园林植物病虫害系统控制的几点思考［J］．山东林业科技，2007（5）：93－95.

[43] 王佳巍，狄松巍，金鑫．浅析城市园林病虫害防治方法［J］．林业科技情报，2011，43（1）：10 – 13.

[44] 潘宜红．浅谈城市园林绿色植保［J］．现代园艺，2011（10）：45 – 46.

[45] 王子华．浅谈园林设计与植物保护［J］．芜湖职业技术学院学报，2006，8（3）：102 – 103.

[46] 陆诺南，李湛东．利用生物多样性防治园林植物病害的可行性分析［J］．中国园艺文摘，2013（8）：106 – 107.

[47] 杨琼芳．城市园林植保污染与环境保护控制对策［J］．云南环境科学，2004（S2）：135 – 137.

[48] 康晓霞，赵光明，龚一飞，等．棉大卷叶螟绒茧蜂生物学特性观察［J］．中国生物防治，2006，22（4）：275 – 278.

[49] 朱丹粤．城市园林绿地植物配置原则［J］．华东森林经理，2002，16（2）：54 – 56.

[50] 刘晓东，李金鹏，于汉冬．论园林植物与生态环境［J］．防护林科技，2003（4）：40 – 41.

[51] 高祥斌，张秀省．他感作用与城市生态园林建设［J］．安徽农业科学，2006，34（23）：6196 – 6196.

[52] 王日明，赵梁军．植物化感作用及其在园林建设中的利用［J］．中南林业科技大学学报，2004，24（5）：138 – 142.

[53] 严少辉，丁伟，张永强．榕木虱生物学特性及药剂控制技术研究［J］．植物保护，2006，32（6）：127 – 128.

[54] 陈连水，袁凤辉，汪俊明，等．江西新余市常见园林蜘蛛［J］．黑龙江农业科学，2008（5）：172 – 172.

[55] 李占鹏，闫家河，李继佩，等．利用生物制剂防治杨尺蠖的研究［J］．山东林业科技，2001（6）：7 – 10.

研究简报及摘要

植物病害

水稻白叶枯病菌 MinCDE 系统调控 *hrp* 基因的表达*

王艳艳** 邱建敏 宋 丽 马文秀 蔡璐璐 陈功友 邹丽芳***
（上海交通大学农业与生物学院，上海 200240）

摘 要：水稻白叶枯病菌（*Xanthomonas oryzae* pv. *oryzae*，*Xoo*）侵染寄主水稻，引起水稻白叶枯病（bacterial leaf blight，BLB）。*Xoo* 主要依赖 *hrp* 基因簇编码的Ⅲ型分泌系统（Type Ⅲ secretion system，T3SS）将效应蛋白（T3SS effectors，T3SEs）注入水稻细胞中，激发水稻的抗（感）病性。HrpG 调控 *hrpX* 转录单元基因的表达，HrpX 调控 *hrpB* – *hrpF* 五个转录单元基因的转录表达。细菌的分裂受许多调控子的精细调控，其中主要包括由 MinC、MinD 和 MinE 组成的 Min 系统。前期工作从以 *hrpF* :: *gusA* 为报道体系的突变体库中，获得突变体 8 – 24，测序分析发现该突变体中 Tn5 转座子插在 *minC* 基因中。本研究构建了 *minC* 和 *minD* 的单基因缺失突变体 PΔminC 和 PΔminD 以及 *minC*、*minD* 和 *minE* 的 3 基因缺失突变体 PΔminCDE。从转录和转录后水平证明 MinCDE 系统通过 HrpG – HrpX 途径负调控 *hrp* 基因（*hrpB*1 和 *hrpF*）的表达，其中 MinC 负调控 *hrp* 基因的表达最明显。电镜和荧光显微镜观察发现，PΔminC 菌体较野生型明显变长，PΔminD 以及 PΔminCDE 菌体变化不明显。游动性和毒性测定结果显示，与野生型菌株相比，PΔminC 在半固体培养基上的游动性明显降低，以及在感病寄主水稻上毒性也明显降低。本研究为首次报道 MinCDE 系统涉及水稻黄单胞菌 *hrp* 基因的调控，为 *hrp* 调控网络的解析以及 minCDE 新功能的挖掘提供了新的线索。

关键词：水稻黄单胞菌；*hrp* 基因；minCDE 系统；基因调控

---

* 基金项目：国家自然科学基金资助项目（31371905，32470235）；公益性行业（农业）科研专项（201303015 – 02）

** 第一作者：王艳艳，女，硕士生，主要从事分子植物病理学研究；E-mail：859657904@ qq. com

*** 通讯作者：邹丽芳，副教授，主要从事分子植物病理学研究；E-mail：zoulifang202018 @ sjtu. edu. cn

稻瘟病菌基因组变异因子 SNP 检测

王世维[1]　刘琳琳[1]　原　恺[1]　郭芳芳[1]
杨仕新[1]　柳　慧[1]　杨　藜[1]　孙　涛[2]　吴波明[1]
（1. 中国农业大学植物保护学院，北京　100193；
2. 吉林省吉林市农科院，吉林　130124）

摘　要：由子囊菌（*Magnaporthe oryzae*）引起的稻瘟病，是为害水稻粮食生产的主要病害之一，长期对水稻稳产构成威胁。抗性品种是防治稻瘟病的主要有效手段之一。然而，由于稻瘟病菌群体的变异，水稻品种推广后往往抗性逐步丧失。为深入了解稻瘟病菌的变异规律，有效利用抗病品种，本研究利用高通量测序技术对采自东北稻区的 31 个菌株及南方稻区的 22 个菌株进行测序，并利用生物信息学软件对稻瘟病菌的变异因子 SNP 进行分析。通过与稻瘟病菌 MG8 参考基因组比对发现，所检测稻瘟病菌株 SNP 位点数量占整个基因组大小的 0.2%；菌株间比对发现，南北方菌株之间的差异（SNP 位点数）通常较南方或北方内部菌株间的差异大。但是也有少数菌株例外，例如，南方几个菌株与北方的菌株之间的差异（SNP 位点数目）小。SNP 注释结果显示，大部分菌株的 Ka/Ks 略大于 1，显示稻瘟病菌受到正向选择压力的影响。SNP 位点分析的这些结果为进一步了解稻瘟病菌的进化打下了基础。

关键词：稻瘟病菌；变异；SNP

一种简便、准确的水稻穗瘟抗性离体鉴定方法*

兰　波[1**]　杨迎青[1**]　陈洪凡[1]　孙　强[2]　蒋军喜[3]　李湘民[1***]

（1. 江西省农业科学院植物保护研究所，南昌　330200；
2. 黄岛出入境检疫局，青岛　266555；3. 江西农业大学农学院，南昌　330045）

摘　要：由真菌 *Magnaporthe oryzae*（Hebert）Barr. [无性世代为 *Pyricularia oryzae*（Cooke）Sacc.] 引起的稻瘟病是一种具毁灭性的、严重影响水稻高产稳产的重要病害。选育抗病品种，利用品种的抗性是最经济有效的防治方法。然而，由于稻瘟病菌在长期进化过程中形成的遗传多样性和毒性易变的特性，使得在水稻品种抗性基因的利用和布局的过程中，稻瘟菌群体遗传结构发生变化，新老毒性基因不断交替，最终导致品种抗性的丧失。

在生产上，客观、准确地评估水稻品种对稻瘟病的抗性特别是对穗瘟的抗性对品种的选用及合理布局有着十分重要的作用。然而，由于稻瘟病菌的易变性和复杂性，准确的鉴定是极其困难的事，鉴定结果的准确性在不同的应用的时间、不同的地域差异很大。与叶瘟的抗性鉴定方法相比，穗瘟接种鉴定的困难是由于不同品种抽穗期的明显差异以及从播种到抽穗期的生育期长等，至今，国内外尚未有统一、有效的鉴定方法。日本曾试用抽穗初期遮阴保湿的接种方法。国内，孙国昌和孙漱沅（1992）对穗瘟的接种技术进行了探索。然而，无论是日本的还是国内的人工接种方法，由于各自的某些缺陷，均没有得到普遍采用。

本研究以 3 个具不同稻瘟病抗性的品种特特勃（高抗）、IR36（中抗）和丽江新团黑谷（高感）以及近几年江西省地方种植面积较大的 9 个早稻品种为材料，开展了离体穗段点滴接种法对水稻穗瘟抗性鉴定方法的研究。试验结果表明，选择合适发育进度的稻穗以及稻瘟病菌株是确保抗性鉴定准确性的关键。本研究建立的水稻穗颈瘟抗性鉴定方法是：从田间选择抽出穗长 0.5～2cm 的稻穗，剪成 7～8cm 长的穗段（穗颈节上 1cm，节下 6～7cm），而后放入含无菌水的双层过滤纸的培养皿内；在稻穗的 3 个位点上（间隔约

---

* 基金项目：国家自然科学基金项目（31360425）；国家公益性行业（农业）科研专项（201203014）；江西省自然科学基金项目（20142BAB204021）；江西省水稻产业技术体系病虫害防控—植保岗位（JXARS－02）

** 第一作者：兰波，男，江西分宜人，硕士，副研究员，研究方向：植物病理与分子生物学；E－mail：lanbo611@163.com

杨迎青，男，山东沂水人，博士，副研究员，研究方向：植物病理与分子生物学；E-mail：yyq8295@163.com

*** 通讯作者：李湘民，男，江西南丰人，博士，研究员，研究方向：植物病理与分子生物学；E-mail：xmli1025@aliyun.com

3cm）均滴入1滴浓度为1×10^5个/ml稻瘟病菌孢子悬浮液4μl，在28℃光暗交替培养8天后按0～9级标准调查穗瘟的发生程度。经与活体穗苞注射接种法和自然生态多点分批播种法相比，发现离体穗段点滴接种法是一种较为简便、准确的穗瘟抗性鉴定方法。必须指出，为确保试验结果的准确性，每个品种需要用20个稻瘟病菌株进行单菌株接种鉴定。采用该方法对参加江西省2010—2015年区试的1 005个水稻品种进行了穗瘟抗性鉴定，准确率达到85.53%。

我国南方与东北水稻产区稻瘟菌群体致病型分析

杨仕新* 刘琳琳 王世维 郭芳芳 原 恺 柳 慧 杨 藜 吴波明
（中国农业大学植物保护学院，北京 100193）

摘 要：稻瘟菌（*Magnaporthe oryzae*）引起的稻瘟病是世界各水稻产区分布最广泛、为害最严重的病害之一，防治稻瘟病最经济、有效的措施是种植抗病品种。根据“基因对基因假说”，抗病品种是否有效取决于与其所含抗病基因相对应的无毒基因在病菌群体中的频率。本研究于2014—2015年从我国南方和东北两个水稻主产区采集稻瘟病样本，分离纯化得到219株稻瘟病菌的单孢菌株。通过划伤接种24个单基因系水稻品种的4～7叶期的离体叶片，观察记录抗感反应型推测稻瘟病菌是否携带相应无毒基因。结果表明对于本研究所测试的24个抗性基因的任何一个，我国稻瘟菌群体中都有一些菌株能够克服其抗性；总的说来我国稻瘟病菌大部分菌株所含无毒基因较少，即致病力较强，这一点在年份和地区间没有显著差异。多样性指数和聚类分析结果表明我国稻瘟病菌的群体多样性极其丰富，南方稻区和东北稻区的稻瘟病菌在致病类型方面有很高的相似性，不同年份和地区之间大多数无毒基因的频率没有显著差别。

关键词：稻瘟菌；抗瘟单基因系；无毒基因；致病型

* 第一作者：杨仕新；E-mail：463143177@ qq. com

水稻细菌性谷枯病菌的分子鉴定及16S rDNA序列分析*

杨迎青[1**] 兰 波[1**] 孙 强[2] 陈洪凡[1] 蒋军喜[3] 李湘民[1***]

（1. 江西省农业科学院植物保护研究所，南昌 330200；
2. 黄岛出入境检疫局，青岛 266555；3. 江西农业大学农学院，南昌 330045）

摘 要：水稻细菌性谷枯病（又称水稻细菌性颖枯病）是一种严重的种传病害，不但侵害谷粒，而且还引起水稻秧苗腐烂。该病20世纪50年代在日本九州被发现，1967年Kurita首次将病原菌定名为*Pseudomonas glumae*（颖壳假单胞菌），1994年改名为*Burkholderia glumae*（颖壳伯克氏菌），它是20世纪70年代后期日本水稻上最严重的病害之一。目前，该病已经蔓延到印度尼西亚、泰国、越南、韩国、斯里兰卡、马来西亚、菲律宾等东南亚国家，南美洲的哥伦比亚等国，非洲的坦桑尼亚及美国的路易斯安那州。中国台湾地区1983年曾报道水稻细菌性谷枯病的发生及品种抗性方面的研究。

前人通过生理生化特性、菌落形态、致病性、Biolog、脂肪酸分析和RAPD－PCR鉴定，发现这种病原细菌为*Burkholderia glumae*，是引起水稻细菌性谷枯病的病原菌。16S rDNA是能够反映植物病原细菌遗传差异的重要片段。但未有水稻细菌性谷枯病菌16S rDNA片段扩增及其基于此片段系统进化方面的相关报道。为准确鉴定其病原菌，并明确其分类地位，本研究利用16S rDNA通用引物对该病菌进行了PCR扩增，克隆了其16S rDNA片段，并基于该序列对该病菌进行了分子鉴定，进而通过序列比对与系统发育分析，研究了其16S rDNA片段与近缘菌的序列差异及系统发育关系。结果表明：水稻细菌性谷枯病菌各菌株均能扩增得到1 600bp左右的条带；BLAST比对结果显示，其序列与颖壳伯克氏菌（*Burkholderia glumae*）同源率为100%，将其鉴定为颖壳伯克氏菌（*B. glumae*）；*B. glumae*与*B. metallica*、*B. stabilis*、*B. cepacia*、*B. vietnamiensis*、*B. plantarii*、*B. gladioli*及*B. cocovenenans*的16S rDNA序列存在明显的差异性区域，主要集中在180～210bp、440～470bp、580～590bp、640～650bp、1 000～1 040bp、1 130～1 150bp和1 240～1 250bp。*B. glumae*与*B. plantarii*、*B. cocovenenans*及*B. gladioli*的亲缘关系较近，聚为一个组群，其他菌株则聚为另一个组群。

关键词：水稻细菌性谷枯病；16S rDNA；序列分析；BLAST比对

---

* 基金项目：国家自然科学基金项目（31360425）；国家公益性行业（农业）科研专项（201203014）；江西省自然科学基金项目（20142BAB204021）；江西省水稻产业技术体系病虫害防控—植保岗位（JXARS－02）

** 共同第一作者：杨迎青，男，博士，副研究员，研究方向：植物病理与分子生物学；E-mail：yyq8295@163.com

兰 波，男，江西分宜人，硕士，副研究员，研究方向：植物病理与分子生物学；E-mail：lanbo611@163.com

*** 通讯作者：李湘民，男，博士，研究员，研究方向：植物病理与分子生物学；E-mail：xmli1025@aliyun.com

不同 SRBSDV 抗性水平水稻品种的转录组分析研究

兰 莹 秦碧霞 周 彤 孙 枫 杜琳琳 周益军

（江苏省农业科学院植物保护研究所，
江苏省植物病毒病诊断与检测技术服务中心，南京 210014）

摘 要：*South Rice black - streaked dwarf virus*（SRBSDV），是由白背飞虱以持久性不经卵方式传播的水稻恶性病毒病，对水稻粮食生产造成了极大的损失。利用人工接种鉴定对南方水稻黑条矮缩病品种抗病性筛选开展了大量工作，筛选出抗性差异明显的两个水稻品种抗病材料 GXY3 和感病品种特优63。其中 GXY3 经苗期白背飞虱抗性测定，表现感虫（抗性级别8.6）具有专一针对病毒抗性。利用 RNA - seq 高通量测序技术对病毒接种后的水稻材料进行转录组测序，共获得26.54Gb 净值，各样品净值数据均达6.30Gb，Q30碱基百分比在85.05%及以上。与水稻模式品种 Nipponbare 基因组作为参考进行序列比对，比对效率80.21%到81.97%不等。基于比对结果，进一步对品种之间进行 SNP 检测，发现两个品种与 Nipponbare 相比均存在大量 SNP 位点，且抗病品种 GXY3 比感病品种特优63的位点数目更多，利用这些 SNP 位点可用于后续遗传标记的开发，并结合转录表达谱分析差异表达的基因是否存在突变从而影响到基因功能。归一化 FPKM 分析结果显示4个样品的整体基因表达离散度和表达水平基本平衡，差异表达分析显示两个品种在接种 SRBSDV 前后比较，以及接种后的样本间比较均有大量基因上调或下调，其中抗感品种接种后的样本比较结果（T02 VS T04）统计有2 061个上调的和2 402个下调的差异表达基因。其功能主要参与细胞转化、生物代谢发育以及应激反应等途径，其中大量与逆境胁迫相关的调控因子如泛素蛋白连接酶活性，氧化还原酶活性相关基因富集，包括14个病程相关基因在抗感品种间呈显著差异。

关键词：水稻南方黑条矮缩病；高通量测序；转录组

水稻条斑病菌 *rsmA* 基因在致病性中的功能研究*

宋　丽** 王艳艳 邱建敏 高中南 陈晓斌 陈功友 邹丽芳***
（上海交通大学农业与生物学院，上海　200240）

摘　要： *RsmA* 属于 *CrsA/RsmA* 蛋白家族成员，是细菌毒性调控网络中一类重要的转录后调控因子，调控碳代谢、生物膜形成、游动性以及毒性相关基因的表达等。同源性搜索结果显示，水稻条斑病菌（*Xanthomonas oryzae* pv. *oryzicola*，*Xoc*）中存在与白叶枯病菌（*Xanthomonas oryzae* pv. *oryzae*，*Xoo*）同源性达100%的 *rsmA* 基因。为了研究 *rsmA* 基因在致病性中的功能，本研究构建了 *Xoc* 的 *rsmA* 缺失突变体 RΔ*rsmA*。寄主水稻和非寄主烟草接种结果显示，RΔ*rsmA* 在水稻上仍具有致病性，在非寄主烟草上也能够激发 HR 反应，这些结果与已鉴定的 *XoorsmA* 突变体表型不一致；但是，与野生型菌株相比，RΔ*rsmA* 在感病水稻上的毒性显著降低，在丰富和贫乏的培养基中，RΔ*rsmA* 的生长能力也明显减弱。其他毒性相关表型的测定结果显示，与野生型菌株相比，RΔ*rsmA* 在半固体培养基上的游动能力减弱，生物膜形成能力增强，胞外多糖产量明显降低，胞外蛋白酶的活性增加。这些结果暗示在 *Xoc* 中 *rsmA* 为重要的毒性相关基因，在 *Xoo* 和 *Xoc* 中 RsmA 在致病性中的功能存在一定的差异，RsmA 下游调控基因的鉴定可能为解析其在 2 个水稻致病变种中功能的差异提供线索。

关键词： 水稻；致病变种；水稻条斑病菌

---

* 基金项目：国家自然科学基金资助项目（31371905，32470235）；公益性行业（农业）科研专项（201303015－02）

** 第一作者：宋丽，女，吉林人，硕士生，主要从事分子植物病理学研究；E-mail：sli0426@163. com

*** 通讯作者：邹丽芳，副教授，主要从事分子植物病理学研究；E-mail：zoulifang202018@sjtu. edu. cn

小麦品种抗条锈鉴定及 SSR 遗传多样性分析*

董玉妹[1,2]** 冯 晶[1]*** 蔺瑞明[1] 王凤涛[1]
李 星[2] 康占海[2]*** 徐世昌[1]
（1. 中国农业科学院植物保护所植物病虫害生物学国家重点实验室，北京 100193；
2. 河北农业大学植物保护学院，保定 071000）

摘 要：小麦条锈病是世界小麦生产上的重要病害，而且近年来小麦品种抗病性丧失严重。国内外研究表明，选育抗病品种是防治小麦条锈病最经济有效的方法。本研究利用小麦条锈菌流行生理小种 CYR32 和 V26 对 120 个小麦品种进行苗期抗条锈性鉴定，同时选用 SSR 分子标记对品种的遗传多样性进行了分析。120 个小麦品种对 CYR32 表现免疫-近免疫的 16 份，高抗-中抗的 98 份，感病的 5 份；对 V26 表现免疫-近免疫的 8 份，高抗-中抗的 101 份，感病的 7 份；综合两个生理小种的鉴定结果，其中 74% 的品种对两个生理小种均表现高抗-中抗，4% 的品种表示免疫-近免疫。13 对多态性良好的 SSR 引物对 120 份小麦品种进行抗性遗传分析，共检测到 51 个等位变异，每对引物扩增出 2 ~ 7 个位点，平均 3.9 个，变异范围在 0.36 ~ 0.97，平均 0.65。聚类分析表明，120 份小麦在 GS = 0.63 水平上共分为 7 大类，其中 73% 的品种聚集在第一类。国内品种相较于国外品种变异范围较大，在 7 个类群均有分布，其中河北省与河南省小麦品种遗传相似度较高。对两个生理小种均表现免疫的 5 份小麦品种遗传相似度低于 0.7，可进行良好的种质资源配置。

关键词：小麦；条锈病；抗病性；SSR 分子标记；遗传多样性

---

* 基金项目：国家自然科学基金（31301622、31272033）、国家重点基础研究发展计划（973 计划）（2013CB127700）、植物病虫害生物学国家重点实验室开放课题（SKLOF201606）和国家重点研发计划 - 粮丰工程（2016YFD0300705）

** 作者简介：董玉妹；E-mail：15733202816@163.com

*** 通讯作者：冯晶，主要从事小麦抗病性研究；E-mail：jingfeng@ippcaas.cn
康占海，主要从事病害生物防治研究；E-mail：lxkzh@163.com

6 个小麦品种抗条锈性遗传分析*

孙建鲁[1,2,3]**　徐雅静[2]　冯　晶[2]***　蔺瑞明[2]
王凤涛[2]　姚　强[1,3,4]　郭青云[1,3,4]***　徐世昌[2]
(1. 青海大学农牧学院，西宁　810016；2. 中国农业科学院植物保护所
植物病虫害生物学国家重点实验室，北京　100193；
3. 青海省农林科学院青海省农业有害生物综合治理重点实验室，西宁　810016；
4. 农业部西宁作物有害生物科学观测实验站，西宁　810016)

摘　要：培育与利用抗病品种是防治小麦条锈病最经济、安全、有效的措施。为了明确小麦品种兰天 11 号、兰天 19 号、兰天 20 号、中梁 27 号、中梁 04343 和中梁 04413 的抗条锈性特点。本研究采用常规杂交分析方法，将 6 个小麦品种与感病品种 Taichung29 杂交、自交和回交获得 F_1、F_2 和 BC_1。在温室和田间分别接种 CYR17 和 CYR32 对 6 个杂交组合群体进行苗期和成株期抗条锈性鉴定与统计分析。结果显示，兰天 11 号苗期对 CYR17 和 CYR32 的抗性均由 1 显 2 隐 3 对基因重叠或独立控制，成株期对 CYR32 的抗性由 1 显 1 隐 2 对基因重叠或独立遗传控制。兰天 19 号苗期对 CYR17 的抗性由 2 对显性基因互补控制，对 CYR32 的抗性由 1 对显性基因控制；成株期对 CYR32 的抗性由 2 显和 1 隐 3 对基因重叠或独立控制。兰天 20 号苗期对 CYR17 的抗性由 2 显 1 隐 3 对基因重叠或独立控制，对 CYR32 的抗性由 1 显 2 隐 3 对基因重叠或独立控制，其抗病基因来自 CappelleDesprez；成株期对 CYR32 的抗性由 2 对显性基因重叠或独立控制。中梁 27 号苗期对 CYR17 的抗性由 3 对隐性基因重叠或独立控制表达，对 CYR32 的抗性由 1 显 2 隐 3 对基因重叠或独立控制；成株期对 CYR32 的抗性由 3 对显性基因重叠或独立控制。中梁 04343 苗期对 CYR17 的抗性由 1 对显性基因控制，对 CYR32 的抗性由 1 显 1 隐 2 对基因重叠或独立控制。中梁 04413 苗期对 CYR17 和 CYR32 的抗性均由 1 对显性基因控制；成株期对 CYR32 的抗性由 1 显 2 隐 3 对基因重叠或独立控制。本试验证明 6 个小麦品种均含有丰富的抗条锈病基因，同时该研究为供试小麦品种的合理利用提供了理论依据。

关键词：小麦；条锈病；遗传分析

---

* 基金项目：国家自然科学基金（31261140370，31272033）；国家重点基础研究发展计划（973 计划）（2013CB127700）；植物病虫害生物学国家重点实验室开放课题（SKLOF201513）

** 作者简介：孙建鲁，硕士研究生，研究方向为小麦条锈病抗病遗传机制

*** 通讯作者：冯晶；E-mail：jingfeng@ippcaas.cn
郭青云；E-mail：guoqingyunqh@163.com

基于 SVM 法的小麦条锈病潜育期冠层高光谱识别研究*

李　薇** 　刘　琦　马占鸿***
（中国农业大学植物病理学系，农业部植物病理学重点实验室，北京　100193）

摘　要：小麦条锈病是我国为害严重的麦类病害。为了对其有效地监测，本研究利用支持向量机法（SVM）结合小麦条锈病潜育期冠层高光谱信息，针对不同浓度条锈菌胁迫小麦叶片，建立了不同光谱特征下的小麦条锈病潜育期识别数学模型。结果表明：在 325 ~1 075nm 全波段范围内，利用原始光谱及其一阶导数、二阶导数，伪吸收系数［log10（1/R）］及其一阶导数、二阶导数 6 种光谱特征在不同建模比下所建模型的识别效果均较好，其所有模型测试集的平均准确率可达 98.05%；其最优模型是以原始光谱一阶导数为光谱特征所建模型，其训练集、测试集准确率均可达 100%。在分波段范围所建模型中，识别效果较好的波段集中在 325 ~474nm 和 925 ~1 075nm，其训练集平均准确率均可达 100%，测试集平均准确率均可高于 95%，其最优模型的训练集和测试集准确率均可达 100%。研究结果表明，基于 SVM 法结合麦叶冠层高光谱数据定性识别潜育期小麦条锈病是可行的，不仅大大提高了模型的识别准确率，也为小麦条锈病早期的冠层高光谱识别奠定了一定的理论基础。

关键词：小麦条锈病；潜育期；冠层高光谱；支持向量机（SVM）

---

* 基金项目：国家科技支撑计划（2012BAD19B04）；“973” 项目（2013CB127700）

** 第一作者：李薇，女，山东济宁，硕士研究生，主要从事植物病害流行学研究；E-mail：15600912689@163.com

*** 通讯作者：马占鸿，教授，主要从事植物病害流行与宏观植物病理学研究；E-mail：mazh@cau.edu.cn

基于文献计量学的小麦条锈病研究态势分析*

张学江[1]　汪　华[1]　杨立军[1]　杨永清[2]**

（1. 湖北省农业科学院植保土肥所/农业部华中作物有害生物综合治理重点实验室，武汉　430064；2. 重庆师范大学 生命科学学院，植物环境适应分子生物学重庆市重点实验室，重庆　401331）

摘　要：客观地分析国内外小麦条锈病研究现状，明确当前的研究热点与前沿，为农业生产领域的科研工作者和决策部门提供参考。采用文献计量学方法，基于 Web of Science（WOS）平台的 SCI－E 和 CNKI 数据库中小麦条锈病相关研究的文献数据，从文献年代分布、文献学科分布、主要刊文期刊、核心作者、主要研究机构和高引论文等方面着手分析，并结合信息可视化软件 citespaceIII 绘制小麦条锈病研究领域的知识图谱，分析和总结其发展趋势与研究热点。WOS 数据库中，小麦条锈病研究文献近年来呈现快速上升趋势，其中，发文量前五位的国家为中国、美国、澳大利亚、墨西哥和加拿大，发文量占比均超过 5%，中美两国发文量则分别超过 30%，远高于其他国家和地区；在发文量前五的机构中，华盛顿州立大学发文量位居榜首，其次为西北农林科技大学，悉尼大学，中国农业科学院和墨西哥国际玉米与小麦改良中心。发文学科主要分布在植物科学、农学、遗传、生物技术与应用为生物学，以及生化与分子生物学等领域。发文量前十位的期刊累计发文量高达 32.25%，其中 Phytopathology（11.264%），THEOR APPL GENET（9.286%）和 EUPHYTICA（7.653%）发文量遥遥领先。从 CNKI 数据库看，西北农林科技大学和中国农业科学院发文数量居绝对主导地位，分别占 24.786% 和 13.579%，而发文量前 10 名的期刊则囊括了 47.60% 的发文量，发文量最高的为《麦类作物学报》，占总发文量的 9.031%。在小麦条锈病领域研究中，无论发表论文绝对数量，还是排名靠前的核心作者占比、核心机构占比和近期高突现度论文占比等方面，中国和美国都居于主导地位。小麦条锈病研究在分子标记和品种 IR34 两大聚类发表论文最多，研究持续时间最长；最近的热点则体现在尖端坏死，序列分析和生物防控 3 个方面。

关键词：小麦；条锈病；文献计量分析；Web of Science；CNKI；citespaceIII

---

* 基金项目：农业部十三五公益性行业专项“作物根腐病综合治理技术方案”（201503112－4）；重庆市科委自然科学基金项目（cstc2012jjA00011）；国家小麦产业技术体系（CARS－03－04B）

** 通讯作者：杨永清；E-mail：yangyq2k@ aliyun. com

小麦白粉病早春发生的田间分布型和病菌孢子的田间传播梯度研究*

刘　伟　王振花　闫征远　范洁茹　周益林**

（中国农业科学院植物保护研究所/植物病虫害生物学国家重点实验室，北京　100193）

摘　要：小麦白粉病是由专性寄生菌 *Blumeria graminis* f. sp. *tritici* 引起的气传性病害，目前已成为我国小麦生产上的主要病害之一，研究病害分布型既可以揭示病害的分布格局又可以为病情调查、取样量提供理论依据，为病害的预测和防治服务。本研究从 2012—2016 年连续 5 年于每年早春分别对北京房山、河北廊坊、河南灵宝、巩义、林州等不同小麦生态区田间取样地块进行病害调查，通过对病害聚集指数、聚集度、CA 指标、扩散系数等 4 个指标分析发现，田间每个田块病害的聚集指数和 CA 指标均大于零，聚集度和扩散系数均大于 1，表明早春小麦白粉病在田间分布型为聚集分布。在此基础上，建立了小麦白粉病早春病害田间调查的理论抽样模型为 $N=(2.75/x+0.94)/D^2$（N 为最适抽样数，D 为允许误差，x 为平均病情指数）。在河北廊坊基地利用 Burkard 定容式孢子捕捉器进行了病菌孢子的田间传播研究，试验通过分别在距田间菌源中心北侧和东侧 15m 和 30m 处设置孢子捕捉器对空气中的孢子量进行了监测，初步的结果表明，距菌源中心 15m 处孢子捕捉量远大于距菌源中心 30m 处的孢子捕捉量，菌源中心北侧孢子捕捉量大于东侧孢子捕捉量，且菌源中心北侧孢子捕捉量与风向呈显著正相关性。

关键词：小麦白粉病；病害分布型；孢子捕捉；流行监测

* 基金项目：国家重点基础研究发展计划（2013CB127704）；公益性行业科研专项（201303016）

** 通讯作者：周益林，研究员，主要从事小麦病害研究；E-mail：ylzhou@ ippcaas. cn

2014—2015 年我国小麦白粉菌群体的毒性分析

王振花* 刘 伟 范洁茹 周益林
（中国农业科学院植物保护研究所/植物病虫害生物学国家重点实验室，北京 100193）

摘 要：由专性寄生菌（*Blumeria graminis* f. sp. *tritici*）引起的小麦白粉病是小麦生产的重要病害之一，对我国小麦生产造成严重的经济损失。为明确我国小麦白粉菌群体的毒性结构和动态，本研究将 2014—2015 年从我国 9 个省（市）采集的小麦白粉菌标样进行单孢子堆分离纯化，共获得 406 个白粉菌菌株。利用 38 个已知抗病基因的鉴别寄主对其进行了毒性测定。毒性测定的结果表明，病菌群体对 *Pm3c*、*Pm3f*、*Pm3e*、*Pm5a*、*Pm6*、*Pm7*、*Pm8*、*Pm19* 的毒性频率在 80% ~100%，说明这些基因的抗病性较差，已不适合在抗病育种和生产上继续使用；病菌群体对 *Pm12*、*Pm13*、*Pm16*、*Pm21*、*Pm35*、*Pm2* + *MLD* 的毒性频率均小于 30%，且对 *Pm12* 和 *Pm21* 的毒性频率为 0，说明携带这些基因的品种和抗源均可在抗病育种或生产上利用；同时毒性测定结果还发现，病菌群体对 *Pm* "*XBD*"、*Pm1a*、*Pm3a*、*Pm3b*、*Pm3d*、*Pm4a*、*Pm4b*、*Pm4c*、*Pm4b* + *5b*、*Pm4* + 8、*Pm5b*、*Pm5* +6、*Pm17*、*Pm4c*、*Pm24*、*Pm25*、*Pm30*、*Pm34* 等毒性频率在不同省（市）表现出较大的差异，因此，这些基因应该针对不同地区合理使用。病菌群体毒性多样性分析结果表明，河南 Nei' 指数（0.179 3）和 Shannon 信息指数（0.255 8）最低，山东 Nei' 指数（0.201 6）和 Shannon 信息指数（0.278 3）最高，平均毒性基因数目陕西最低（18.68），四川最高（23.44）。本研究结果可为小麦抗病育种和抗病基因的合理利用提供依据。

关键词：小麦；小麦白粉病菌；抗病基因；毒性频率

* 第一作者：王振花；E-mail：1300849699@ qq. com

小麦农家种白蚰蜒条的抗白粉病基因定位

徐晓丹[1,2]　范洁茹[1]　周益林[1]　马占鸿[2]

（1. 中国农业科学院植物保护研究所，植物病虫害生物学国家重点实验室，北京　100193；2. 中国农业大学植物保护学院，北京　100193）

摘　要：小麦白粉病是由 *Blumeria graminis* f. sp. 引起的世界性小麦病害。培育抗病品种是防治小麦白粉病最经济、有效和安全的措施。我国小麦农家种对于病虫害具有较好抗性。研究小麦农家种的抗白粉病基因定位，将为优良品种的抗病性遗传改良提供依据。本研究以农家抗病品种白蚰蜒条为父本，以感病品种京双 16 为母本，构建分离世代 F_2、$F_{2:3}$，通过遗传分析确定白蚰蜒条的抗白粉病特点。对分离世代 F_2进行抗白粉病性评价后，分别等量混合 10 株纯合抗病、10 株纯合感病 F_2植株 DNA，构建抗感 DNA 池，利用 Illumina 小麦 90K SNP 芯片扫描抗感 DNA 池，通过分析两池间差异 SNP（single nucleotide polymorphism）在染色体上的密度分布，推测白蚰蜒条的抗白粉病基因所在染色体。最后利用 SSR（simple sequence repeats）分子标记以及基因芯片筛选到的差异 SNP 标记，构建白蚰蜒条的抗白粉病基因遗传连锁图谱。研究结果如下：分离世代 F_2、$F_{2:3}$的抗感分离比例均符合由一个隐性基因控制的遗传特性；利用 Illumina 小麦 90K SNP 芯片扫描抗感 DNA 池，发现两池间 7B 染色体上差异 SNP 的密度最大，为 114 个，显著高于其他任何一条染色体差异 SNP 密度，推测白蚰蜒条的抗白粉病基因可能位于 7B 染色体；从小麦的 21 条染色体均匀选取 191 个 SSR 分子标记，经遗传连锁分析发现，2 个位于 7BL 染色体的 SSR 分子标记与白蚰蜒条的抗白粉病基因连锁，说明白蚰蜒条的抗白粉病基因位于 7BL 染色体，并将该基因暂时命名为 *PmBYYT*。为了加密遗传连锁图谱，选择在抗感池间具有差异并且位于 7BL 染色体上的 21 个 SNP 标记，分析标记与 *PmBYYT* 的连锁关系，结果发现 8 个 SNP 标记与 *PmBYYT* 紧密连锁，最近的标记遗传距离为 5.7cM。与抗病基因 *PmBYYT* 紧密连锁的标记可为分子标记辅助育种及优良基因聚合提供理论指导，同时也是抗病基因 *PmBYYT* 的图位克隆的基础。

关键词：小麦；白粉病；基因定位；基因芯片

小麦品种抗白粉病和条锈病基因/QTL的定位*

杨立军　张学江　汪　华　曾凡松
向礼波　龚双军　史文琦　薛敏峰　喻大昭**
（湖北省农业科学院植保土肥所/农业部华中作物有害生物综合
治理重点实验室，武汉　430064）

摘　要：由 *Blumeria graminis* f. sp. *tritici* 和 *Puccinia striiformis* f. sp. *tritici* 引起的小麦白粉病和条锈病，是我国小麦生产上最重要两种病害。该病每年频繁发生，为害损失严重，严重威胁着小麦的生产安全。选育和种植抗病品种是防治这两种气传性病害最经济和有效的措施。XK0106 和鄂 07901 是本团队近年来从病圃鉴定中筛选获得对白粉病、条锈病两种病害均具有较好抗性的品种，其中 XK0106 对白粉病和条锈病均表现免疫，鄂 07901 对条锈病表现为高抗、对白粉病表现为中感。为快速获得“双抗”聚合材料和定位这些品种所含有抗病基因/QTL，本团队以鄂 07901 为母本，XK0106 为父本组配，对 F_1 植株用玉米花粉诱导双单倍体技术，构建了一个含有 586 株的单双倍体群体；在室内苗期采用强致病性菌株 E21 进行了抗白粉病性遗传分析；于 2011—2015 年度 5 个地点分别进行了田间成株期的抗白粉病和条锈病表型鉴定；采用 SSR 和 90K SNP 标记进行基因型测定，在构建高密度的遗传图谱基础上对所含抗病基因或 QTL 进行了定位。结果显示，对于白粉病，共检测到 1 个主效抗病基因 *PmXK - 6A* 和 3 个微效抗病 QTL（*QPm. haas - 2A - 1*，*QPm. haas - 2A - 2* and *QPm. haas - 5D*），其中来自于亲本 XK0106 的 *PmXK - 6A* 对白粉病起主导作用，该抗病基因且位于 *Pm*21 染色体位点；另外三个起加性效果的 QTL 均来自于鄂 07901，这些微效 QTL 通过联合可在白粉病发生较轻的年份（2011 年度和 2013 年度）起一定抗白粉病作用；对于条锈病，共检测到 3 个成株期 QTL（*QYr. haas - 1B - 1*，*QYr. haas - 1B - 2* 和 *QYr. haas - 2A*），其中主效 *QYr. haas - 1B* 来自于 XK0106，该 QTL 除在甘谷外其余 4 个试点均可检测到，可解释 25. 6% ~ 38. 3% 的成株抗性；*QYr. haas - 2A* 与 *QYr. haas - 1B - 1* 或者与 *QYr. haas - 1B - 2* 联合对条锈病具有明显效果，尤其是在甘谷试点更加突出。以上所检测到的 6 个 QTL 中，*QPm. haas - 2A - 1*，*QPm. haas - 2A - 2* 和 *QYr. haas - 1B - 2* 为新检测到 QTL；*QYr. haas - 2A* 位于 2AS 的基因/QTL 族区域。试验中获得了一些既含有抗白粉病又含有抗条锈病基因的中间材料，这些材料可用于抗白粉病和条锈病育种。

---

* 基金项目：农业部公益性行业专项（201303016）；国家支撑计划（2012BAD19B04 - 05）；国家小麦产业技术体系（CARS - 03 - 04B）

** 通讯作者：喻大昭；E-mail：Dazhaoyu@ china. com

中国冬小麦品种对小麦白粉病的反应*

邹景伟[1,2] 孙艳玲[1] 邱 丹[1,2] 郑超星[5] 刘太国[3]
邱 军[4] 郭利磊[4] 王晓鸣[1] 周 阳[1] 李洪杰[1**]
(1. 中国农业科学院作物科学研究所，北京 100081；2. 河北科技师范学院生命科技学院，秦皇岛 066004；3. 中国农业科学院植物保护研究所，北京 100193；
4. 全国农业技术推广服务中心，北京 100125；
5. 北京师范大学生命科学学院，北京 100088)

摘 要：小麦白粉病（致病菌 *Blumeria graminis*f. sp. *tritici*）是我国主要小麦生产区流行的一种真菌病害，常年发生面积在 1 亿亩左右。由于病原菌致病性的变化可能会导致抗病品种的抗病性丧失问题，所以，不断培育抗病性强的小麦品种是一个重要育种目标。本研究选取 2012—2015 年参加国家冬小麦区域试验的 436 份小麦材料作为研究对象，目的是通过苗期和成株期接种鉴定，明确我国小麦品种对白粉病抗性的状况。在本研究中，采用苗期分别接种 8 个不同来源的白粉菌菌株和成株期接种混合菌株对供试小麦品种进行抗性鉴定。有 153 份品种（系）苗期表现抗病反应型，占 35.1%；123 份在成株期表现抗病，占 28.2%。西南冬麦区和长江中下游冬麦区的小麦品种（系）苗期和成株期的抗病频率都超过了 50%，这些地区是我国白粉病为害最严重的地区，抗病品种频率高低与白粉病在其地区的白粉病发生和为害程度相关。利用 *Pm*21 基因紧密连锁分子标记检测，在 34 个西南冬麦区的抗病品种中有 10 个品种可能含有 *Pm*21 基因，占该区抗病品种的 29.4%。在苗期鉴定中，抗 4 个菌株以上（含 4 个）的品种有 63 份，占 14.4%；在抗病频率较高的西南冬麦区和长江中下游冬麦区小麦品种（系）的抗 4 个小种以上（含 4 个）的频率也仅为 32.8% 和 24.4%。旱地组与水地组的小麦品种相比，黄淮冬麦区北片旱地组和北部冬麦区旱地组的抗病品种频率（14.7% 和 4.4%）明显低于黄淮冬麦区南片水地组和北部冬麦区水地组的抗病品种频率（25.0% 和 24.6%）。良星 99 是黄淮冬麦区的一个重要品种，携带 *Pm*52 基因。采用多菌株鉴定和 *Pm*52 基因连锁的分子标记分析，在 10 份以良星 99 为亲本培育的品种中，4 个品种可能携带 *Pm*52 基因，其余 6 个品种不含该基因。在通过国家和省级审定的 107 份小麦品种中，有 26.2% 和 27.1% 的品种在苗期和成株期表现抗病反应型；其中，苗期抗性鉴定中，抗 4 个菌株以上（含 4 个）的品种仅有 7 份，占审定品种数的 6.5%。黄淮冬麦区的小麦品种（系）在苗期和成株期的抗白粉病频率也仅为 19.3% 和 27.4%。根据本研究的结果，我国小麦品种的整体抗白粉病频率较低，西南冬麦区的抗病品种中有很大比例与 *Pm*21 有关。

关键词：冬小麦；国家区域试验；白粉病；抗性鉴定

---

* 基金项目：国家自然科学基金项目（31471491）；中国农业科学院农业创新工程项目和转基因重大专项（2014ZX0801101B）

** 通讯作者：李洪杰；E-mail：lihongjie@ caas. cn

小麦白粉病和条锈病的遥感监测及田间空气中白粉病菌孢子浓度的变化动态[*]

闫征远　刘　伟　范洁茹　周益林[**]
（中国农业科学院植物保护研究所/植物病虫害生物学国家重点实验室，北京　100193）

摘　要：本研究于2015年小麦扬花期、灌浆前期和灌浆后期采用近地高光谱仪对小麦白粉病单独发生区、小麦条锈病单独发生区和小麦白粉病条锈病混合发生区的冠层光谱反射率进行研究，分析了各波段光谱反射率与发病梯度的相关性，筛选了小麦白粉病和条锈病的敏感波段和特征参数，建立了基于特征参数和光谱反射率的小麦白粉病和条锈病病情估计模型。同时于灌浆后期利用无人机获取了高度为50m、150m和250m的航拍数字图像，分析了数字图像的颜色特征参数与小麦病情、产量和千粒重的相关性，建立了基于颜色特征参数的小麦病情、产量和千粒重的估计模型。利用Burkard孢子捕捉器监测了2014年和2015年白粉病高感品种京双16种植区和中感品种众麦2号种植区，田间空气中的小麦白粉菌分生孢子的浓度变化动态，同时结合气象因素分析了田间病情与不同时段孢子累积浓度的关系，建立了基于田间空气中病菌分生孢子累积浓度的小麦白粉病病情估计模型。研究结果表明，小麦白粉病的高光谱在近红外780～880nm波段的反射率与病情存在负相关性，接近或达到显著水平，在可见光380～780nm波段二者的相关系数表现出波动和不稳定性，扬花期至灌浆后期植被指数DVI、SAVI和红边参数SDr与病情相关性达到显著水平，故此建立了基于这些光谱参数的小麦白粉病病情估计模型。在扬花期、灌浆前期和灌浆后期，小麦条锈病的冠层光谱反射率与病情在可见光580～680nm波段的相关性均高于0.8，达到显著或极显著水平。在灌浆期后植被指数RVI、NDVI、SAVI和红边参数λ_{red}、$d\lambda_{red}$、SDr与小麦条锈病病情的相关性均达到极显著水平，其中RVI和NDVI在3个生育期与小麦条锈病病情间均存在极显著的负相关性。基于R_{689}、R_{701}和R_{692}所建小麦条锈病病情估计模型均达到极显著水平。两病害混合发生时，小麦条锈病的发生会影响冠层光谱反射率与小麦白粉病病情在近红外780～880nm波段的相关性。

小麦白粉病发生区数字图像参数R、G和S与病情指数、产量和千粒重的相关性最为显著，其中以S与三者的相关性最为稳定，在50m、150m和250m的航拍高度上与三者的相关性始终处于极显著水平。小麦条锈病发生区数字图像的颜色特征参数R和S与产量有显著的相关性，H和B与千粒重有显著的相关性。在小麦白粉病和条锈病的混合发生区，50m和150m高度的无人机航拍图像的颜色特征参数R与小麦产量和千粒重之间有着极显著的负相关性。

众麦2号种植区基于病情调查日期前所有累积孢子浓度和一周前累积孢子浓度所建小

---

* 基金项目：国家重点基础研究发展计划（2013CB127704）；公益性行业科研专项（201303016）

** 通讯作者：周益林，研究员，主要从事小麦病害研究；E-mail：ylzhou@ ippcaas. cn

麦白粉病情估计指数模型的显著性和拟合度最高；京双 16 种植区基于病情调查日期前所有累积孢子浓度所建小麦白粉病情估计对数模型的显著性和拟合度最高。2014 年和 2015 年两年众麦 2 号和 2015 年京双 16 种植区田间空气中孢子浓度与空气温度间存在显著的正相关性。

关键词：小麦白粉病；小麦条锈病；高光谱遥感；无人机航拍；孢子捕捉；流行监测

云南省小麦品种叶斑枯病害发生及为害程度

毕云青
（云南省农业科学院农业环境资源研究所，昆明 650205）

摘　要：2015—2016 年度云南省小麦抗性鉴定中，43 个供鉴品种均出现叶斑枯病害症状。鉴定时间：2015. 12. 08—2016. 05. 02。鉴定地点在云南省昆明市滇源镇南营村。43 个供鉴品种田间病害自然发病株率为：14% ~100%；病害严重程度为：5% ~60%。其中：病株率≤20% 有 6 个品种，病株率≤20% 有 6 个品种，病株率≤40% 有 14 个品种，病株率≤60% 有 11 个品种，病株率≤80% 有 5 个品种，病株率≤1 000% 有 7 个品种。病害严重程度≤10% 有 1 个品种，病害严重程度≤20% 有 18 个品种，病害严重程度≤30% 有 2 个品种，病害严重程度≤40% 有 21 个品种，病害严重程度≤60% 有 1 个品种。由此可见：本次 43 个供鉴的云南省后备品种对叶斑枯病害的抗性有限，均可感染该病害。鉴此，云南省应加强针对小麦叶斑枯病害的发生发展监测。

关键词：云南省；小麦品种；叶斑枯病；发生及为害状况

玉米秸秆腐解物质对小麦土传病害发生的影响及其 GC – MS 分析*

齐永志** 金京京 常 娜 张雪娇 尹宝重 甄文超***
（河北农业大学植物保护学院，保定 071001）

摘 要：冬小麦、夏玉米一年两熟是中国北方最广泛的农作制度。新耕作制度下，玉米秸秆还田地块小麦纹枯病、根腐病和全蚀病等土传病害呈逐年加重趋势，已成为中国北方小麦优质、高产的重要限制因素。采用室内平板和盆栽试验，研究了玉米秸秆腐解物质对小麦 3 种土传病害发生的影响，并用气相色谱 – 质谱技术（GC – MS）分析其主要化学物质组成成分。结果表明：0.03g/ml（1ml 中含有 0.03g 干玉米秸秆腐解产物），0.06g/ml 和 0.12g/ml 玉米秸秆腐解物质对禾谷丝核菌（*Rhizoctonia cerealis*）菌丝生长、菌核形成数量、菌核重量及禾顶囊壳菌（*Gaeumannomyces graminis*）菌丝生长均表现促进作用，0.48g/ml 腐解物质处理表现抑制作用，但所有浓度腐解物质对禾谷丝核菌平均单菌核重均没有明显影响。所有浓度腐解物质均抑制了平脐蠕孢菌（*Bipolaris sorokiniana*）菌丝生长及孢子萌发，且浓度越高抑制作用越强。不同浓度腐解物质对小麦幼苗根长、根数、根系干重及 SOD 活性均表现低促高抑的作用，但均增强了根系离子渗漏，降低了根系活力和 POD 活性。盆栽试验表明 0.03g/ml 和 0.06g/ml 腐解物质可减轻小麦纹枯病的发生，而等于或高于 0.12g/ml 腐解物质（此浓度为模拟生产实际秸秆全量还田 9 000kg/hm^2）时，会提高纹枯病的发病率和病情指数；所有浓度处理均有利于全蚀病的发生，但对根腐病发生没有明显影响。因此，在中国北方小麦、玉米一年两熟种植区，适当减少玉米秸秆还田数量可能会缓解小麦土传病害的发生。玉米秸秆腐解物质乙酸乙酯提取液中含有酸类、酯类、酰胺类、烃类、醛酮类、酚类、醇类及杂环化合物等有机物质；其中，酸类和酯类相对含量最高，分别高达 25.3% 和 24.0%。该类物质可能是秸秆腐解物质中的重要化感物质，且均可能对后茬小麦的生长和根部病原菌繁殖产生化感效应。

关键词：小麦；根部病害；玉米秸秆；腐解物质；秸秆还田；GC – MS

---

* 基金项目：河北省高等学校科学技术研究重点项目（ZD2016162）和河北省自然科学基金（C2016204211）

** 作者简介：齐永志，博士，讲师，主要从事植物病理生态学研究；E-mail：qiyongzhi1981@163.com

*** 通讯作者：甄文超，博士，教授，博士生导师，主要从事农业生态学与植物生态病理学研究；E-mail：wenchao@hebau.edu.cn

2015年我国玉米大斑病的调查与空间分析

柳　慧* 杨　藜 郭芳芳 吴波明
（中国农业大学植物保护学院，北京 100193）

摘　要：*Exserohilum turcicum*（Pass.）Leonard et Suggs引起的玉米大斑病是玉米主要叶部病害之一。为了明确该病在我国的地理分布并分析其流行规律，2015我们调查了河北省、河南省、吉林省、辽宁省、内蒙古自治区、山东省、山西省、北京市和天津市的共375块田的玉米大斑病病情，并利用ArcGIS对其进行空间分析。结果表明2015年全国玉米大斑病分布呈现明显的南轻北重的趋势。北京以南，除山西发病中等（60.4%）外，天津市、河北南部、河南、山东等地大斑病发病普遍较轻；北京以北，除怀柔地区大斑病较轻外，河北北部、吉林省（98%）、辽宁省（78.6%）和内蒙古自治区等地区玉米大斑病发生较重。对北京市极其周边175个样本点用地统计的空间自相关分析得到的半变异函数变程约16.4km。Morans I指数分析同样表明大斑病呈聚集分布。对全国375个样本点，Morans I指数分析表明2015年全国玉米大斑病菌发病的分布呈显著的聚集模式。Z－score在距离700km时达到峰值（62），但此后仍然高于显著水平，说明其聚集的范围大于700km。热点分析表明，热点区在吉林省，河北北部以及辽宁省。天津市，山东省和河南省属于冷点区。明确大斑病的地理分布有助于因地制宜制定防治方案，为进一步分析病害的流行规律打下了基础。

关键词：玉米大斑病；空间分析；病情指数

* 第一作者：柳慧；E-mail：liuhui199199@163.com

玉米杂交种对茎腐病的抗性评价*

李　红**　晋齐鸣***

（吉林省农业科学院植物保护研究所，公主岭　136100）

摘　要：玉米茎腐病又称玉米茎基腐病，是世界玉米产区普遍发生的一种土传病害，严重影响到玉米的产量。近年来，由于耕作制度、种植结构及气候环境的影响，茎腐病在我国有逐年加重的趋势。一般年份发病率为10%～20%，严重年份发病率高达50%以上，给农业生产带来极大损失。实践证明，选育和推广抗病品种是防治玉米茎腐病的最为经济、有效的措施。2015年我们对东北春玉米区生产上的主栽品种进行了玉米抗茎腐病性监测，监测品种的抗性变化，为指导农业生产提供参考。

收集玉米杂交种179份。对照品种为掖478和齐319。试验设在公主岭市吉林省农业科学院植物保护研究所农作物抗病性鉴定圃内。采用田间人工接种鉴定技术方法。播种时，将禾谷镰孢菌在高粱粒上扩繁的培养物30g撒在种子旁边。在玉米乳熟后期进行病株率调查。抗性鉴定评价标准：病株率0～5.0%，高抗（HR）；病株率5.1%～10.0%，抗病（R）；病株率10.1%～30.0%，中抗（MR）；30.1%～40.0%，感病（S）；病株率40.1%～100%，高感（HS）。

试验结果：茎腐病对照材料齐319发病率为0（HR）、掖478发病率为63.7%（HS）。人工接种成功，鉴定结果可靠。179份材料中，对茎腐病表现高抗（HR）75份，占41.9%；抗病（R）42份，占23.5%；中抗（MR）51份，占28.5%；感病（S）7份，占3.9%；高感（HS）4份，占2.2%。可以看出生产上的多数品种为抗病品种，对茎腐病表现抗病（高抗HR、抗病R、中抗MR）的有168份，占总数的93.9%；表现感病（感病S、高感HS）的有11份，占总数的6.1%。感病品种仍然对生产存在威胁，应注意对品种的选择应用，避免造成严重损失。

在抗病育种工作中，应选择优良抗病自交系作亲本，以获得抗病的后代。由于耕作模式变化、气候变化等因素，病原菌可能出现新的生理小种，导致原来抗病的品种丧失抗性。因此，应加强抗源的筛选与利用、生理小种监测与抗病性鉴定，为品种合理布局提供参考。

---

*　基金项目：国家玉米产业技术体系项目

**　作者简介：李红，女，副研究员，从事玉米病害研究；E-mail：lihongcjaas@163.com

***　通讯作者：晋齐鸣，男，研究员，从事玉米病害研究；国家玉米产业技术体系病虫害防控研究室岗位专家

应用 *Taq*Man Real－time PCR 定量检测玉米多堆柄锈菌潜伏侵染量方法的建立*

张克瑜** 孙秋玉[1] 李磊福[1] 骆 勇[2] 马占鸿[1]***

（1. 中国农业大学植物病理系，北京 100193；

2. 美国加州大学 Kearney 农业研究中心，Parlier CA 93648）

摘 要：由多堆柄锈菌（*Puccinia polysora* Underw.）引起的玉米南方锈病是一种世界范围内的毁灭性真菌病害。快速及时诊断与定量检测潜伏状态下的玉米多堆柄锈菌，对玉米南方锈病流行侵染的早期预测预报，以及制定合理的防治措施具有重要意义。本研究根据多堆柄锈菌（*Puccinia polysora*）的 ITS2 序列的 418 ～619 bp 片段和玉米 Actin 2 基因序列的 1 853～2 467bp 片段，分别设计特异性引物和 *Taq*Man 探针：PpoF/PpoR 和 PpoP（多堆柄锈菌）、ZmF/ZmR 和 ZmP（玉米）。经 Real－time PCR 扩增对 2 对引物的特异性和灵敏性进行了测定。结果表明，2 对引物和探针对各自靶标片段均具有良好的特异性，且最低可检测出的多堆柄锈菌 DNA 浓度和玉米 DNA 浓度分别为 1pg/μl 和 10pg/μl。同时通过梯度稀释模板 DNA 建立了多堆柄锈菌和玉米的标准曲线，能够准确定量测定潜伏状态下的多堆柄锈菌以及玉米叶片的 DNA 含量。为玉米南方锈病的早期检测和预测预报提供了科学合理的技术手段，并能够为该病害的早期防治提供参考依据。

关键词：玉米南方锈病；潜伏侵染；双重 Real－time PCR；定量检测

---

* 基金项目：国家科技支撑计划项目（2012BAD19B04）

** 作者简介：张克瑜，女，江苏太仓人，硕士研究生，主要从事植物病害流行学研究；E-mail：zhangkeyu1994@126.com

*** 通讯作者：马占鸿，男，宁夏海原人，教授、博士生导师，主要从事植物病害流行学和宏观植物病理学研究；E-mail：mazh@cau.edu.cn

我国南方玉米锈病研究进展*

李磊福** 孙秋玉[1] 张克瑜[1] 骆 勇[2] 马占鸿[1]***
(1. 中国农业大学植物病理学系，北京 100193；
2. 美国加州大学 Kearney 农业研究中心，Parlier CA 93648)

摘 要：由多堆柄锈菌（*Puccinia polysora* Underw）引起的南方玉米锈病已成为我国玉米生产上的重要病害。文中总结了南方玉米锈病的病害特征及在我国玉米产区的发生情况。系统综述了我国玉米品种和亲本自交系对南方玉米锈病的抗性及抗锈性的遗传分析，以及病原菌的遗传多样性和毒性变异研究。由于我国玉米抗性品种少且抗源单一，大量引入外来种质，选育抗性品种是未来南方玉米锈病防控的重点。此外，研究我国南方玉米锈病主要发生区域的病原菌遗传多样性并对生理小种进行鉴定和监测有助于深层次的解析该病害的流行过程，对南方玉米锈病的防控具有重要意义。

关键词：南方玉米锈病；抗锈性；遗传多样性；生理小种

---

* 基金项目：国家重点研发计划项目

** 作者简介：李磊福，女，湖南汉寿人，博士研究生，主要从事植物病害流行学研究；E-mail：leifu_ li@163. com

*** 通讯作者：马占鸿，男，宁夏海原人，教授、博士生导师，主要从事植物病害流行与测报研究；E-mail：mazh@ cau. edu. cn

玉米品种抗玉米粗缩病人工接种鉴定方法研究

杜琳琳　吕建颖　曹晓燕　饶鸣帅　王　喜　范永坚　周　彤
（江苏省农业科学院植物保护研究所，南京　210095）

摘　要：为建立科学有效的玉米品种抗玉米粗缩病人工接种鉴定方法，分别研究了玉米接种苗龄、接种强度及接种时间 3 个因素对鉴定效果的影响。结果显示，玉米接种苗龄在芽鞘期、2 叶 1 心和 4 叶 1 心期接种无显著差异；有效接种强度 3 虫/苗条件下，鉴定效果优于 1 ~ 2 虫/苗处理；接种 12 ~ 48h 条件下，鉴定效果优于 6h 处理。由此构建了玉米粗缩病人工接种鉴定方法：在玉米芽鞘期至 4 叶 1 心期接种，接种时间 12 ~ 48h、有效接种强度 3 虫/苗。在此条件下对玉米品种苏 951 进行接种鉴定，其鉴定结果与重病区田间鉴定没有显著性差异，表明所建立的人工接种鉴定方法能客观地反映玉米品种对玉米粗缩病的抗性水平。

关键词：玉米；粗缩病；抗性水平

玉米尾孢菌（*Cercospora zeina*）在我国的分布研究*

刘可杰** 姜 钰 胡 兰 徐 婧 徐秀德***
（辽宁省农业科学院植物保护研究所，沈阳 110161）

摘 要：玉米尾孢菌（*Cercospora zeina*）引起的玉米灰斑病于2011年首次被笔者发现在我国云南等地区发生，并造成严重的产量损失。此后，笔者一直密切关注该病菌在我国的流行扩散趋势。2012—2015年，笔者陆续从云南（8市县）、贵州（3市县）、四川（6市县）、湖南（5市县）、湖北（5市县）、山东（6市县）、辽宁（10市县）、吉林（9市县）、黑龙江（11市县）、内蒙古（4市县）等共10省67市县采集玉米灰斑病样335个（每个市县5个病样），经单孢分离后获得纯化菌株，利用尾孢菌种特异性引物Czeina-HIST/CYLH3R、CzeaeHIST/CYLH3R和阳性对照引物CYLH3F/CYLH3R对获得的菌株进行鉴定。结果表明：山东、辽宁、吉林、黑龙江、内蒙古等地的玉米灰斑病菌均为玉蜀黍尾孢菌（*Cercospora zeae - maydis*），未见有玉米尾孢菌（*C. zeina*）；云南地区的玉米灰斑病菌均为玉米尾孢菌（*C. zeina*），未见有玉蜀黍尾孢菌（*C. zeae - maydis*）；贵州、四川、湖南、湖北等地两种病原菌均有检出。说明玉米尾孢菌（*C. zeina*）正在以云南为传播流行中心逐渐向其他地区扩散，目前已到达长江以南地区。受取样地点及取样数量少的限制，其他地区是否已经发生玉米尾孢菌（*C. zeina*）导致的灰斑病尚未可知，还需加强检测；可以确定的是东北三省目前还未有玉米尾孢菌（*C. zeina*）发生。为了应对有可能出现的玉米尾孢菌（*C. zeina*）大面积扩散流行，应未雨绸缪，加强玉米抗性种质筛选和抗性品种选育工作，并积极研究有效的防治措施。

关键词：玉米尾孢菌；分布；灰斑病

---

* 基金项目：国家科技支撑计划项目（2011BAD16B12、2012BAD04B03、2013BAD07B03）；农业部作物种质资源保护项目（NB2013—2130135 - 25 - 15）

** 作者简介：刘可杰，博士在读，副研究员，主要从事旱粮作物病害及作物种质资源抗病虫研究；E-mail：liukejie8888@hotmail.com

*** 通讯作者：徐秀德，博士，研究员，主要从事旱粮作物病害及作物种质资源抗病虫研究；E-mail：xiudex@163.com

南繁区玉米病害调查初步研究*

郑肖兰[1**]　郑金龙[1]　刁金根[1]　梁艳琼[1]　吴伟怀[1]
李　锐[1]　胡　飞[2]　贺春萍[1***]　易克贤[1,3***]
（1. 中国热带农业科学院环境与植物保护研究所，海口　571101；
2. 海南大学环境与植物保护学院，海口　570228；
3. 中国热带农业科学院热带生物技术研究所，海口　571101）

摘　要：玉米（*Zea mays* L.）是我国主要的粮食作物，在我国经济发展中占有重要地位，玉米的育种基地历来是玉米种质保障的生产繁育及科研重地，其病害问题一直都是玉米稳产、高产的限制因素，为了进一步摸清海南南繁区玉米种植基地的病害情况，我们进行了海南省南繁区玉米病害普查，目前共鉴定18种病害。普查过程中发现，在中小苗阶段，玉米的纹枯病（*Rhizoctonia solani*）、小斑病（*Helminthosporium maydis*）、茎腐病（*Pythium* spp.，*Fusarium* spp.）、弯孢霉叶斑病（*Curvularia lunata*）、链格孢菌叶斑病（*Alternaria tenuissima*）发病较严重；在种植中后期，则是玉米锈病（*Puccinia sorghi* Schw）发病最严重，其次玉米灰斑病（*Cercospora zeae maydis*）、玉米大斑病［*Exserohilum turcicum*（Pass.）Leonard et Suggs］、玉米穗腐病［禾谷镰刀菌（*Fusarium graminearum*）、串株镰刀菌（*Fusarium verticillioides*）、层出镰刀菌（*Fusarium proliferatum*）、青霉菌（*Penicillium* spp.）、曲霉菌（*Aspergilllus* spp.）］均有发生。

关键词：南繁区；玉米；病害调查

* 基金项目：公益性行业（农业）科研专项（201403075－1－6）

** 第一作者：郑肖兰，副研究员，主要从事植物病理学研究工作；E-mail：orchidzh@163.com

*** 通讯作者：易克贤，研究员，博士，主要从事植物抗病育种和病理学研究工作；E-mail：yikexian@126.com

贺春萍，研究员，主要从事植物病理学研究工作；E-mail：hechunppp@163.com

绿色荧光蛋白表达载体构建及其在轮枝镰孢菌中的转化*

盖晓彤** 王素娜 刘 博 张照然 延 涵 张 璐 高增贵***

（沈阳农业大学植物免疫研究所，沈阳 110866）

摘 要：绿色荧光蛋白是一种可以在活细胞中表达的荧光蛋白，以作为报告基因广泛应用在丝状真菌的分子生物学研究中。本试验通过无缝克隆技术，将 EGFP 基因融合到 pBARGPE1 - Hygro 上，构建真菌表达载体 pBARGPE1 - Hygro - EGFP。以玉米茎腐病轮枝镰孢菌菌株 Fv27 原生质体为受体，采用 PEG 介导法，将含有 EGFP 基因的真菌表达载体转入该菌株中，构建了轮枝镰孢菌 Fv27 的绿色荧光蛋白基因转化体，连续筛选 5 轮获得稳转株。经 PCR 鉴定表明，Fv27 基因组中整合了 *EGFP* 基因；在荧光显微镜和体式显微镜中观察进一步证实，转基因菌株 Fv27 - EGFP 的分生孢子及菌丝均可发出清晰的绿色荧光，为进一步研究真菌在植物体中的侵染循环提供依据。

关键词：绿色荧光蛋白；PEG；轮枝镰孢菌

---

* 基金项目：辽宁省农业科技创新团队项目（2014201003）；公益性行业（农业）科研专项（201303016）

** 作者简介：盖晓彤，女，博士研究生，从事玉米病害研究

*** 通讯作者：高增贵；E-mail：gaozenggui@ sina. com

根腐病对青稞根际土壤微生物及酶活性的影响*

李雪萍[1,2**]　李敏权[1,2***]　漆永红[1,2]　曾　亮[2]
李焕宇[2]　郭　成[1,2]　王晓华[1]　郭　炜[2]　李　潇[2]
（1. 甘肃省农业科学院植物保护研究所，兰州　730070；
2. 甘肃农业大学草业学院，兰州　730070）

摘　要：为了研究青稞根腐病与根际土壤酶活性及土壤微生物组成的关系。以甘肃青稞主产区甘南州临潭县为研究区，对其青稞根腐病的发病率进行调查，并采集样品，对比研究青稞健康植株和根腐病植株根际土壤过氧化氢酶、碱性磷酸酶、脲酶、蔗糖酶、纤维素酶5种酶活性，以及土壤细菌、放线菌、真菌的数量组成。结果发现，研究区10个采样点青稞均有根腐病发生，发病率在5%～20%，发生呈普遍性和区域性特征。青稞根际土壤过氧化氢酶、蔗糖酶、脲酶、碱性磷酸酶的活性因根腐病的发生而降低，而纤维素酶活性则因根腐病的发生而升高，不同样地间土壤酶活性不同。土壤微生物数量总体呈现细菌 > 放线菌 > 真菌的趋势，但不同微生物对根腐病发病的响应不同，细菌和放线菌数量因根腐病的发生而减少，真菌的数量则增多。不同样地之间土壤微生物数量不相同，细菌和真菌呈现区域性特征，放线菌的数量不呈现地域性。相关性分析表明，土壤过氧化氢酶、蔗糖酶、脲酶、碱性磷酸酶以及纤维素酶的活性变化都与根腐病的发生相关，土壤细菌、真菌、放线菌等三大类微生物的数量也与根腐病的发生相关。总体来说，根腐病的发生改变了青稞根际土壤代谢过程和土壤微生物的区系组成。

关键词：青稞；根腐病；土壤酶；土壤微生物

---

* 基金项目：国家公益性行业（农业）计划项目（201503112）

** 作者简介：李雪萍，女，甘肃庆阳人，博士研究生，研究方向为植物病理学；E-mail：lixueping0322@126.com

*** 通讯作者：李敏权，男，甘肃庆阳人，博士，教授，研究方向为植物病理学；E-mail：lmq@gsau.edu.cn

64 份裸燕麦种质抗坚黑穗病鉴定与评价*

郭　成[1**]　郭满库[1]　漆永红[1]　徐生军[1]　李敏权[1***]　赵桂琴[2]

（1. 甘肃省农业科学院植物保护研究所，兰州　730070；
2. 甘肃农业大学草业学院，兰州　730070）

摘　要：为明确不同裸燕麦种质抗坚黑穗病差异，于 2013—2014 年采用菌粉拌种和菌土覆盖两种人工接种方法对 64 份裸燕麦种质进行了由燕麦坚黑粉菌（*Ustilago segetum* var. *avenae*）引起的坚黑穗病的田间抗性鉴定和评价，结果表明，在两种接种方式下，18 份材料抗性完全一致；3 份材料在菌粉拌种下的抗病型低于菌土覆盖接种方法下的抗病型；菌粉拌种较菌土覆盖易使 43 个燕麦品种的发病率增加，使其抗病性下降，说明菌粉拌种接种方法明显优于菌土覆盖法。综合两种接种方式，64 份裸燕麦的最终抗性评价为：11 份种质白燕 1 号、白燕 8 号、白燕 9 号、白燕 10 号、白燕 11 号、白燕 15 号、鉴 44 - 625 - 52、S20 - 171 - 9、200215 - 13 - 2 - 2、2002x2 - 2 - 5 - 1 - 5 - 16 和坝筱 9 号表现免疫；6 份种质 A44、白燕 2 号、白燕 3 号、白燕 4 号、保罗和坝燕 6 号表现高抗；2 份种质坝筱 5 号和 9418 表现抗；其余 44 份表现中感、感病和高感。其中获得的有效抗病种质，可为品种的合理布局和品种更替提供科学依据。

关键词：裸燕麦；种质；坚黑穗病菌；抗性评价

---

* 基金项目：国家现代农业产业技术体系（nycytx - 14）；公益性行业（农业）科研专项作物根腐病综合治理技术（201503112）

** 作者简介：郭成，男，在读博士，助理研究员，主要从事作物抗病性鉴定工作；E-mail：gsguoch@126.com

*** 通讯作者：李敏权，男，教授，博士，主要从事作物病害综合治理研究工作；E-mail：lmq@gsau.edu.cn

燕麦种质抗红叶病鉴定与评价*

徐生军[1**]　郭　成[1***]　漆永红[1]　赵桂琴[2]

（1. 甘肃省农业科学院植物保护研究所，兰州　730070；
2. 甘肃农业大学草业学院，兰州　730070）

摘　要：燕麦红叶病是一种由大麦黄矮病毒（BYDV）引起的病毒性病害，是为害燕麦生产的主要病害之一，在世界各燕麦种植区均有发生。2014—2015 年对甘肃农业大学提供的 153 份燕麦品种进行了田间人工接种抗红叶病鉴定与评价，结果表明，在供试材料中未发现免疫种质；表现高抗的有 Rigdon 1 份，占 0. 65%；表现抗的材料有美国黄燕麦、青 15、青永久 709、王燕 6 号、青 23、美国燕麦、83 - 24、青永久 96 等 18 份，占 11. 76%；表现中抗材料有青永久 304、原 94、3605、原 64、原 18、青 485、坝燕 3 号、永 55、青 380、青永久 343、坝莜 6 号、坝莜 18 号、原 28 等 66 份，占 43. 14%。表现感病的材料有 203、青永久 136、永 118、新西兰、永 467、青永久 440、青 365、青 321、坝燕 4 号、坝燕 6 号、坝莜 8 号、坝莜 9 号、坝莜 12 号、青永久 154 等 55 份，占 35. 95%；表现高感的材料有坝选 3 号、白燕 10 号、坝燕 5 号、坝莜 1 号和坝莜 3 号等 13 份，占 8. 50%。

关键词：燕麦；红叶病；抗性评价

---

* 基金项目：国家现代农业产业技术体系（nycytx - 14）

** 作者简介：徐生军，男，甘肃永昌人，博士，助理研究员，主要从事作物抗病性鉴定；E-mail：xusj1001@ aliyun. com

*** 通讯作者：郭成，男，在读博士，助理研究员，主要从事作物抗病性鉴定；E-mail：gsguoch@ 126. com

高粱种质资源对3种主要病害的抗性鉴定与评价*

姜　钰** 胡　兰 刘可杰 徐　婧 徐秀德***
（辽宁省农业科学院植物保护研究所，沈阳　110161）

摘　要：高粱是我国重要的粮食作物，也是饲用、酿造和工业原料。随着高粱产业的发展和高粱种植面积的扩大，高粱生产上病虫害逐年加重，其中，炭疽病、黑束病和丝黑穗病等已成为制约高粱增产的重要病害。2013—2015年，在研究高粱炭疽病、黑束病人工接种和评价技术的基础上，利用研究出的人工接种技术，对选自我国目前高粱育种上广泛应用的100份优良高粱种质资源或品系进行了抗炭疽病、黑束病和丝黑穗病同步鉴定，结果表明：筛选出抗丝黑穗病的材料15份，占鉴定材料的15%，其中免疫品种12份，高抗和抗性品种分别为2份和1份；抗炭疽病51份，占鉴定材料的51%，其中免疫品种有10份，高抗和抗病品种分别为28份和13份；抗黑束病的材料有52份，占鉴定材料的52%，其中免疫材料有14份，高抗和抗性材料分别为20份和18份。鉴定出高抗3种病害的试材3份，高抗2种病害的试材6份。由结果可知，抗炭疽病、黑束病和丝黑穗病的种质资源较丰富，筛选出的多抗及高抗品系已提供利用，为高粱抗病育种、指导品种合理布局，以及病害有效控制研究提供了技术支撑和科学依据。

关键词：高粱；炭疽病；黑束病；丝黑穗病；抗病性鉴定

---

* 基金项目：现代农业产业体系建设专项（CARS-06）；特色杂粮育种及综合配套技术创新团队（201401651）

** 第一作者：姜钰，博士，植物病理专业，主要从事旱粮作物病虫害研究；E-mail：jiangyumiss@163.com

*** 通讯作者：徐秀德，研究员，主要从事作物病虫害及抗性资源研究；E-mail：xiudex@163.com

利用实时荧光定量 PCR 进行谷子锈病早期检测[*]

李志勇[**]　白　辉　王永芳　董　立　全建章　董志平[***]
（河北省农林科学院谷子研究所，石家庄　050031）

摘　要：谷子抗旱耐瘠、营养丰富，是我国重要的食品和饲用谷物。但是由于谷子病害的发生，导致谷子产量和质量下降。谷子锈病是世界谷子产区经常发生的一种病害，严重影响谷子生产。锈病流行年份，无论是夏谷区、春谷区还是夏谷与春谷混种区的感病品种产量损失严重，一般减产 30% 以上，严重地块甚至颗粒不收。谷子锈病病原菌 *Uromyces setariae - italicae*，属担子菌亚门（Basidiomycotina），单胞锈属（*Uromyces*）。谷子锈病除为害谷子外，还能侵染青狗尾草、莠狗尾草、倒刺狗尾草、谷莠子、中型狗尾草、轮生狗尾草及印度高野黍等。

由于在病害发生的早期阶段，症状并不明显，用传统的方法很难发现，延误了控制病害的最佳时机。近年来，分子生物学技术的发展为植物体内病原菌的快速、准确诊断提供了有效的工具。实时荧光定量 PCR 是近几年发展起来的将 PCR 技术与荧光检测相结合的技术，实现了 PCR 从定性分析到定量检测的飞跃，通过对荧光信号的采集，达到实时监测 PCR 过程的目的。

本研究提取谷子锈菌基因组 DNA，以 ITS 通用引物扩增锈菌基因组 DNA，克隆测序得到谷锈菌 ITS 序列，根据谷子锈菌 ITS 序列设计特异性引物，利用实时荧光定量 PCR 对谷子常见真菌谷子白发病（*Sclerospora graminicola*）、谷瘟病（*Pyricularia setariae*）、谷子纹枯病（*Rhizoctonia solani*）、粟粒黑穗病（*Ustilago crameri*）、粟胡麻斑病（*Bipolaris setariae*）、粟弯孢霉病（*Curvularia lunata*）、粟灰斑病（*Cercospora setariae*）提取的 DNA 进行 Real - Time Q PCR 扩增，测定引物的特异性，荧光定量检测结果表明该引物特异性较好，没有非特异性扩增。把提取的谷锈菌基因组 DNA 作为荧光定量标准品，10 倍系列稀释（10ng/μL ~ 10fg/μL）用于荧光定量标准曲线绘制，定量检测发现该标准曲线循环阈值与模板浓度呈现良好的线性关系，相关系数 $R^2 = 0.995$，斜率为 -3.381，扩增效率 E = 97.58%。在谷子接种锈菌 0h，6h，18h，30h，36h，42h，72h 后分别采集谷子叶片样本，将各时间点采集的叶片样本提取总 DNA，利用荧光定量 PCR 技术对叶片中谷锈菌进行定量检测。结果显示，在接种 6h 后就能够检测到锈菌在叶片中的含量为 0.03ng/g 叶片，并且随着接种时间的增加谷子叶片中锈菌含量增加。

---

* 基金项目：国家自然科学基金（31271787，31101163）；河北省自然基金（C2014301028）；转基因生物新品种培育重大专项（2014ZX0800909B）

** 第一作者：李志勇，男，副研究员，主要从事分子植物病理学研究；E-mail：lizhiyongds@126.com

*** 通讯作者：董志平，女，研究员，主要从事分子植物病理学研究；E-mail：dzping001@163.com

本研究建立了一种通过实时荧光定量 PCR 技术检测并准确定量谷子中锈菌的方法，通过该方法可快速诊断出谷子植株中是否携带锈菌并得到锈菌的具体含量，该方法能大大缩短检测周期，为快速、准确的检测谷子锈菌提供了技术支持，能够更早、更及时地发现病原菌，对谷子锈病的早期检测和防治具有重要意义。

关键词：谷子；锈病；实时荧光定量 PCR；检测

谷子 MAPKK 家族基因的鉴定与表达模式研究*

白　辉[1**]　李志勇[1]　王永芳[1]　石　灿[1]　祖　亘[2]　刘　磊[1]　董志平[1***]
(1. 河北省农林科学院谷子研究所，国家谷子改良中心，河北省杂粮研究实验室，
石家庄　050035；2. 河北农业大学现代科技学院，保定　071001)

摘　要：促分裂原活化蛋白激酶（Mitogen - activated protein kinase，MAPK）级联途径是一类在植物生长发育、应对生物非生物胁迫过程中具有重要作用的信号传导系统。MAPK 级联途径由 MAPKKK、MAPKK、MAPK 组成的三酶级联反应所构成，MAPKK 处于信号传导中间位置，执行整合上游信号到 MAPK 的重要功能。谷子是二倍体禾本科作物，相比拟南芥、水稻等模式植物，谷子中还未见关于 MAPKK 的报道。本研究运用生物信息学方法，利用已经公开的谷子基因组数据库，成功鉴定了谷子中 13 个 MAPKK 基因（SiMAPKKs），并对它们进行了系统进化树构建、表达模式分析。主要研究结果如下：对谷子中 13 个 SiMAPKKs 的氨基酸序列做系统进化树分析，共分成 4 组，SiMAPKK1 与 SiMAPKK2 同源性最高（98.9%）；9 个 SiMAPKKs 在谷子中的表达具有组织特异性，如 SiMAPKK - 5、SiMAPKK - 9、SiMAPKK - 12 三个基因主要在根部表达，SiMAPKK1 和 SiMAPKK8 二个基因根部表达量最低，叶片和穗部表达量最高；SiMAPKK1、SiMAPKK11 和 SiMAPKK12 三个基因在 SA 处理下的表达量明显高于 JA 和对照，尤其是 SiMAPKK1 的 8H 时间点、SiMAPKK11、SiMAPKK12 的 4H 时间点；SiMAPKK2 基因在 SA 和 JA 处理下的表达模式和表达水平一致；SiMAPKK5、SiMAPKK7、SiMAPKK8 和 SiMAPKK9 四个基因在 JA 处理下的表达量明显高于 SA；SiMAPKK1、SiMAPKK2 和 SiMAPKK7 在感病反应中上调表达、差异显著，抗病反应中表达差异不显著；SiMAPKK5、SiMAPKK11 和 SiMAPKK12 三个基因在抗病反应中特异性下调表达，而在感病反应中表达差异不显著。

关键词：谷子；MAPKK；激素处理；锈病接种；表达模式

---

* 基金项目：国家自然科学基金（31101163 和 31271787））；河北省自然科学基金（C2014301028）；农业部转基因专项重点课题（2014ZX0800909B）；农业部现代农业产业技术体系谷子病虫害防控岗位（CARS - 07 - 12.5 - A8）

** 第一作者：白辉，副研究员，主要从事谷子抗病分子生物学研究；E-mail：baihui_ mbb@126.com

*** 通讯作者：董志平，研究员，主要从事农作物病虫害研究；E-mail：dzping001@163.com

转 Hrpin 蛋白编码基因创制抗疫霉根腐病大豆新材料

杜 茜[1,2*] 杨向东[1] 杨 静[1] 张金花[1] 李晓宇[1]
汪洋洲[1] 张正坤[1] 李启云[1**] 潘洪玉[2**]
(1. 吉林省农业科学院植物保护研究所，公主岭 136100；
2. 吉林大学植物科学学院，长春 130062)

摘 要：大豆是社会生活所需的主要农作物之一，富含优质食用油脂、优质植物蛋白和多种对人体有益的生理活性物质，是世界上重要的油料作物、粮食作物、饲料作物、蔬菜作物和经济作物。

大豆疫霉根腐病（*Phytophthora sojae* M. J. Kauf－mann & J. W. Gerdemann,）是一种由大豆疫霉菌（*Phytophthora sojae* Kaufmann & Gerdemann）引起的分布较广、为害极其严重的世界性病害，是大豆生产上的毁灭性病害之一，也是大田作物中唯一为害严重的疫霉病害。迄今，在世界大豆主产区仍呈扩大蔓延之势，对大豆生产构成巨大的潜在威胁。迄今为止，防治该病最为有效的手段就是选用抗病品种。大豆疫霉菌毒力结构趋于复杂化、生理小种进化速度快；而常规的育种工作周期长，工作效率低，抗性资源有限，很难满足生产的需要。现代生物工程技术可以打破生物之间的界限，实现遗传物质的重新组合，为大豆的育种工作开辟了一条全新的途径，因此，利用抗病基因工程育种是解决该难题的有希望的途径之一。

激发子是一类能够诱导寄主或非寄主植物产生防卫反应的特殊化合物。Harpin 蛋白是由植物病原细菌产生的富含甘氨酸、对热稳定对蛋白酶 K 敏感的一类蛋白，它的一个重要功能是激发 HR 反应，而 HR 反应被认为是植物防卫反应的一种表现。*hrp* 基因在植物病原细菌定殖和植物防卫反应诱导等方面具有重要作用。在烟草野火病原菌中发现的 *hrpZpsta* 基因是 hrp 基因家族中的一，*hrpZpsta* 基因编码的 harpin 蛋白能诱导植物产生一系列抗性反应，使植物获得广谱的抗病、抗虫能力，并且能够促进植物生长。转基因抗病植物由于外源基因的转入可以大幅度的提高作物抗病的能力，随着 *hrp* 基因作用机制的深入研究以及分子遗传操作技术的逐渐成熟，利用基因工程技术构建环保、方便、有效的大豆疫霉根腐病防治策略逐渐成为研究热点。

我国作为世界第四位大豆主产的国家，转基因大豆技术研究却尚在起步阶段，本研究以大豆研究中常用的模式品种（Jack，Williams 82）及大豆生产品种沈农 9 号、华春 6 号

* 作者简介：杜茜，女，助理研究员，硕士，从事微生物农药及微生物分子生物学研究；E-mail：dqzjk@ 163com
** 通讯作者：李启云，男，研究员，博士；E-mail：qyli@ cjaas. com
潘洪玉，男，教授；E-mail：panhongyu@ jlu. edu. cn

等作为转基因受体，以 *hrpZpsta* 基因为目的基因，构建含草甘膦作为筛选标记的表达载体，采用根癌农杆菌介导法，将目标基因转入受体品种中，以期获得转 *hrpZpsta* 基因对大豆疫霉根腐病具有较高抗性的转基因大豆新种质并明确对大豆疫霉根腐病的抗性功能。为大豆的抗病育种以及研究 *hrpZpsta* 基因功能奠定基础。本研究在创制新种质的同时，跟踪了国际转基因技术研究前沿，为提升我国大豆生物育种水平储备了技术。

本研究主要结果如下：

（1）本研究根据大豆密码子偏爱性，把来源于烟草野火病病原菌（*Pseudomonas syringae* pv. *tabaci*）Psta218 菌株的 *hrpZpsta* 基因进行人工优化合成（该基因大小为 423 bp，编码 141 个氨基酸，表达的蛋白大小为 15kD）构建到植物表达载体 pTF101 – Gmubi3 中，构建植物表达载体 pTF101 – Gmubi3 – hrpZpsta。

（2）将重组表达载体转化到农杆菌感受态细胞 EHA105 中。以大豆的子叶节为外植体，采用农杆菌介导法转化大豆将目的基因 *hrpZpsta* 导入到大豆植株中。其中，以 Jack 为受体成活的再生植株 158 株，Williams82 为受体成活 123 株，华春 6 号为受体成活 229 株，沈农 9 号为受体成活 185 株，总计得到抗性苗 695 株。

（3）利用草甘膦涂抹法、PCR 法、bar 试纸条法对 TO 代转基因植株进行鉴定，且三种方法的鉴定结果表现均一致的抗性植株 31 株。其中以 Jack 为受体的阳性植株 6 株，Williams82 为受体阳性植株 12 株，华春 6 号为受体的阳性植株 3 株，沈农 9 号为受体的阳性植株 10 株，总计 31 株。不同受体的转化率分别为 5.06%，4.24%，1.24%，1.82%，本研究遗传转化的平均转化率为 2.48%。种植 T_0代收获的种子于温室中，单株采用与 T_0代相同的鉴定方法，同一株系的种子混合收获。

（4）对本研究已获得的转 *hrpZpsta* 基因的 T_2代大豆进行检测，经 PCR 检测，获得阳性株系 19 个，其中 PCR 检测阳性率大于 50% 的株系 10 个。采用下胚轴接种法对 PCR 阳性株系进行对疫霉根腐病抗性的鉴定，其中抗性与受体对照相比，抗性增强 50% 以上的株系有 8 个。对全部 19 个株系进行 Southernblot 分析，有效检测 16 个株系，其中单拷贝 5 个，双拷贝 4 个，三拷贝 5 个。结合 PCR 阳性率、株系抗病性、Southernblot 分析结果及株系后代群体的大小，获得了转 *hrpZpsta* 基因大豆抗大豆疫霉根腐病的优势转基因种质材料 3 份，株系编号为 B4J9116、B4J8049 及 B4J9127，其中 B4J9116 为单拷贝，B4J8049 为三拷贝，B4J9173 为 5 拷贝。

（5）继续对本研究已获得的转 *hrpZpsta* 基因的 T_3代抗大豆疫霉根腐病的优势转基因种质材料在抗病性鉴定和 PCR 检测的基础上进行筛选。利用 PCR 检测，获得了 PCR 检测阳性率达 100% 的后代阳性株系 7 个，分别为 B4J9116 – 6、B4J8049 – 4、B4J8049 – 6、B4J8049 – 9、B4J8049 – 10、B4J8049 – 11 及 B4J9127 – 28。分别对来自三个株系的 5 个单株进行 Southernblot 分析，其中来自 B4J9116 – 6 株系的 5 个单株均为单拷贝，证明 *hrpZpsta* 基因整合到大豆基因组中，并可以稳定遗传。来自 B4J8049 – 5 株系的单株 B4J8049 – 5 – 1、B4J8049 – 5 – 2 Southernblot 检测均为单拷贝，B4J8049 – 5 可作为后续筛选的重点株系。

（6）利用反转录 – PCR 检测目的基因在 T_3 代植株中的表达，利用 Western blots 分析检测目标基因在 T_3代植株中的蛋白质翻译。随机单株采样检测，B4J9116 – 1 – 9、B4J9116 – 6 – 2、B4J8049 – 5 – 1、B4J8049 – 9 – 1、B4J9127 – 20 – 17、B4J9127 – 40 –

26 等 6 个单株在转录和翻译水平上均有表达。

（7）通过连续 3 代的生物学功能鉴定及分子鉴定，获得了单拷贝、可以稳定遗传，且抗病性明显提高的转基因株系 B4J9116 –6。

烟草野火病原菌中 *hrpZpsta* 基因的转化对大豆对疫霉根腐病的抗性有调节作用，并使得一些复杂的生理生化性状得到进一步的改良，但该基因对改善大豆对其他病害的抗性、抗虫和其他有益性性状是否存在影响？转入基因 *hrpZpsta* 的大豆的许多性状诸如产量、品质、抗性，植株的形态、熟期、花器发育的调节是否会发生改变？这些疑问都是研究植物基因工程中需要进一步回答的问题。

关键词：转基因大豆；农杆菌介导；遗传转化；大豆疫霉根腐病；*hrpZpsta* 基因

棉花角斑病菌 Xcm－V_2 －18 中 *tal* 基因的分离与鉴定*

黄坤炫** 马文秀 蔡璐璐 葛宗灿 邹丽芳 陈功友***

（上海交通大学农业与生物学院，上海 200240）

摘 要：棉花角斑病菌（*Xanthomonas campestris* pv. *malvacearum*，*Xcm*）是野油菜黄单胞菌（*Xanthomonas campestris*）致病变种，为我国重要的检疫性病原菌，其引起的棉花角斑病是棉花上重要的细菌病害之一。与其他革兰氏阴性病原菌一样，棉花角斑病菌也可通过高度保守的Ⅲ型分泌系统（type－Ⅲ secretion system，T3SS）分泌效应蛋白（T3SS－secreted effectors，T3SEs）进入寄主植物细胞，在寄主植物上产生抗（感）病反应。T3SEs 分为 TAL（Transcription activator－like effectors）和 Non－TAL 的效应蛋白。为了研究 *Xcm* 中 TAL 效应蛋白的数目以及与其对于病原菌毒性的贡献，本研究以 *Xcm*－V_2－18 为目标菌株，以 *pthXo*1 中间重复区的片段为探针，通过 Southern 杂交鉴定菌株质粒上含有 6 个 *tal* 基因。通过亚克隆，成功分离得到了这 6 个 *tal* 基因的 *BamH* Ⅰ片段，利用 *tal* 基因通用的载体 pHM1，构建具有功能的 *tal* 融合基因。分别将这 6 个融合基因导入柑橘溃疡病菌（*Xanthomonas campestris* pv. *citri*）*tal* 基因全敲除的 049E 菌株中，注射接种棉花叶片，发现 *tale*2 和 *tale*4 在棉花上可以产生致病性的病斑。这些研究结果为揭示 *Xcm* 中 *tal* 基因的功能提供了线索，也为进一步在棉花上鉴定 *tal* 基因靶标的感病相关基因建立了有效的工作体系。

关键词：棉花角斑病菌；Southern 杂交；TAL effectors；致病性

---

* 基金项目：国家自然科学基金资助项目（31371905，32470235）；公益性行业（农业）科研专项（201303015－02）

** 第一作者：黄坤炫，女，硕士生，主要从事分子植物病理学研究；E-mail：huangxuejiao1122@163. com

*** 通讯作者：陈功友，教授，主要从事分子植物病理学研究；E-mail：gyouchen@ sjtu. edu. cn

侵染重庆辣椒的番茄斑萎病毒的 Dot - ELISA 检测

孙　森　楚成茹　解昆仑　郑桂贤　杨　莉　吴根土　青　玲
（西南大学植物保护学院，植物病害生物学重庆市高校级重点实验室，重庆　400716）

摘　要：番茄斑萎病毒（*Tomato spotted wilt virus*，TSWV）是布尼亚病毒科（Bunyaviridae）番茄斑萎病毒属（Tospovirus）的典型成员，主要由西花蓟马（*Frankliniella occidentalis*）传播，侵染包括烟草、大豆、番茄、花生、辣椒、莴苣、菊花、凤仙花等 1 000 多种植物。近年来在我国广东、云南、北京等地区报道了 TSWV 为害辣椒。为了解 TSWV 在重庆辣椒上的发生情况，本研究于 2013—2015 年分别从重庆北碚、巫山、巫溪、万州、彭水、武隆、永川、合川、涪陵、秀山、铜梁、石柱、九龙坡和丰都等 14 个区县共采集了 298 份辣椒病毒病样品，样品主要表现黄化、同心环纹、枯斑等症状。利用 TSWV 的特异性血清对样品进行斑点酶联免疫吸附测定法（Dot - ELISA）检测。检测结果表明，298 份样品中共有 40 份显示阳性，总检出率为 13.42%。武隆、万州、巫溪、秀山和合川 5 个区县未检测到 TSWV，其余 9 个区县均检测到 TSWV。其中铜梁检出率最高，为 27.27%，巫山的检出率最低，为 11.11%。检测结果表明 TSWV 在重庆辣椒上已经有所发生，有必要对 TSWV 发生动态进行进一步监测并采取合理的防控措施。

关键词：辣椒；番茄斑萎病毒；Dot - ELISA

3种双生病毒复合侵染寄主番茄时重组突变体的鉴定*

汤亚飞[1,2]** 何自福[1,2]*** 佘小漫[1] 蓝国兵[1]
(1. 广东省农业科学院植物保护研究所，广州 510640；
2. 广东省植物保护新技术重点实验室，广州 510640)

摘　要：番茄黄化曲叶病是由烟粉虱传双生病毒侵染引起的病毒病，是目前广东地区番茄上的主要病毒病。本实验室的检测与监测的结果显示，引起广东省番茄黄化曲叶病的病毒主要有4种，广东番茄黄化曲叶病毒（*Tomato yellow leaf curl Guangdong virus*，TYLCGuV）、广东番茄曲叶病毒（*Tomato leaf curl Guangdong virus*，ToLCGuV）、台湾番茄曲叶病毒（*Tomato leaf curl Taiwan virus*，ToLCTWV）、番茄黄化曲叶病毒（*Tomato yellow leaf curl virus*，TYLCV），且田间混合发生或复合侵染。双生病毒复合侵染后极易发生重组变异，产生致病力更强的新株系或新病毒。为了了解为害番茄的双生病毒复合侵染后重组突变与演变趋向，通过室内人工混合接种ToLCTWV、TYLCV和ToLCGuV 3种病毒的侵染性克隆，成功得到3种病毒复合侵染的番茄植株。以复合侵染的番茄植株总DNA为模板，通过滚环扩增（RCA），用3种病毒共有的单一酶切位点*Bamh* Ⅰ进行酶切，然后进行克隆，通过对大量克隆测序与序列比对分析，已获得TYLCV突变体1个（124～154nt位缺失了31碱基）、ToLCGuV突变体1个（110～138nt位缺失了28碱基）、ToLCTWV突变体4个（分别在1 185～1 870，241～1 708，550～1 895，520～1 892位点缺失）等6个缺失突变体，进一步筛选更多的重组突变体及其致病力研究还在进行中。

关键词：番茄黄化曲叶病毒；复合侵染；突变体

---

* 基金项目：国家青年科学基金（31501606）；广东省自然科学基金（2014A030313571）；广东省农业科学院院长基金（201424）

** 第一作者：汤亚飞，助理研究员，主要从事植物病毒学研究
*** 通讯作者：何自福，研究员，主要从事蔬菜病理学研究；E-mail：hezf@ gdppri. com

番茄根结巨型细胞凋亡相关基因 *Mi*PDCD6 和 *Le*MYB330 的沉默效应研究*

祝乐天** 陈芳妮 吴路平 贾 宁 陈 晨 孙 思 廖美德 王新荣***

（华南农业大学农学院，广州 510642）

摘 要： 根结线虫（*Meloidogyne* spp.）是一类重要的植物病原线虫，可以侵染 3 000 多种植物，给农业生产造成巨大的经济损失，据估计，全球每年因根结线虫所造成的损失超过 1 000亿美元。其 2 龄幼虫侵入寄主根系，食道腺分泌物经口针注入植物细胞，从而刺激寄主植物根部形成巨型细胞并产生根结。根结线虫食道腺蛋白在线虫与寄主植物互作过程中发挥关键作用。在根结线虫侵染番茄近一个月后，巨型细胞逐渐出现空泡化，内含物大幅度减少，由此推测根结线虫食道腺分泌蛋白是否启动了寄主植物的自主凋亡信号转导途径。本研究以南方根结线虫中编码程序性死亡蛋白 6（Programmed cell death protein 6，PDCD6）基因和与之互作的番茄根组织 MYB 相关蛋白 330（Myb－related protein 330－like）基因为研究对象，用 RNAi 和 VIGS 技术研究了 *Mi*PDCD6 基因和 *Le*MYB330 基因的功能，发现经过 *Mi*PDCD6 dsRNA 处理的南方根结线虫活力显著降低，被 dsRNA 浸泡后的南方根结线虫 *Mi*PDCD6 基因的转录水平明显降低；接种结果表明，*Mi*PDCD6dsRNA 处理组寄主空心菜的根结数显著降低。应用病毒诱导的基因沉默（VIGS）技术沉默南方根结线虫 *Mi*PDCD6 基因的表达量显著降低。接种实验结果表明，接种病毒载体 pTRV－*Mi*PDCD6 的番茄植株的根结数量和卵囊数量显著降低。由沉默结果可以推断 *Mi*PDCD6 基因在南方根结线虫的寄生过程中具有重要的调控作用。应用病毒诱导的基因沉默（VIGS）技术，沉默 *Le*MYB330 基因，结果表明，*Le*MYB330 基因的表达量显著降低。接种实验结果表明，接种病毒载体 pTRV－*Le*MYB330 的番茄植株的根结数量和卵囊数量明显增多，但未达到显著水平。*Le*MYB330 基因沉默可能降低了番茄对根结线虫的抗性，更有利于根结线虫的侵染。以上结论未见报道。该研究为揭示南方根结线虫调控其寄主巨型细胞空泡化的分子机理和抗根结线虫育种奠定了良好的基础。

关键词： 南方根结线虫；*Mi*PDCD6 基因；*Le*MYB330 基因；RNAi；VIGS（病毒介导的基因沉默）

---

* 基金项目：国家自然科学基金（31171825）；国家公派留学基金（2014）

** 作者简介：祝乐天，硕士研究生

*** 通讯作者：王新荣，教授，主要从事植物线虫学研究；E-mail：xinrongw@ scau. edu. cn

寄主诱导的黄瓜枯萎病菌的致病力分化

黄晓庆　孙漫红　卢晓红　李世东
（中国农业科学院植物保护研究所，北京　100193）

摘　要：黄瓜枯萎病由尖孢镰刀菌黄瓜专化型（*Fusarium oxysporum* f. sp. *cucumerinum*，Foc）侵染引起，在我国各黄瓜种植区普遍发生，是制约黄瓜生产的主要病害之一。大量研究表明，Foc 存在明显的致病力分化现象。本文以弱致病力菌株 Foc－3b 为试验材料，研究不同抗、感品种选择压力对黄瓜枯萎病菌致病力的影响。试验采用浸种法，将浓度为 1×10^5孢子/ml 的镰刀菌孢子悬液分别接种到黄瓜抗病品种中农 106 和感病品种中农 6 号上，7 天后从典型病株上分离病原菌，随机各选取两个菌株作为下一代接种体，分别接种黄瓜抗、感品种。同时，调查枯萎病发病情况，计算病情指数。连续接种 5 代，将各代获得的菌株接种到中农 6 号上，研究抗、感寄主选择压力对尖孢镰刀菌致病力的影响。结果显示，随着继代培养代数的增加，经抗病品种继代获得的菌株在中农 106 上的病情指数逐渐增强，接种 5 代后，病情指数从初始菌株的 8.3 增加到 67.1，而经感病品种继代获得的菌株在中农 6 号上的病情指数显著降低，第 5 代时病情指数降低了 60% 以上。将分离的菌株同时接种黄瓜感病品种发现，经中农 106 上分离的菌株接种后，黄瓜枯萎病病情指数随着继代培养代数的增加逐渐增强，第 4 代趋于稳定，病情指数最高达 92.5，而接种感病品种上分离的菌株后，枯萎病病情指数快速降低，第 2 代后趋于稳定，并且抗病品种上分离的菌株致病力显著高于感病品种上分离的菌株（$P < 0.05$）。结果表明在不同抗感品种选择压力下，黄瓜枯萎病菌致病力发生了变异，抗性寄主持续选择压力下弱致病力菌株的适应性显著提高，抗病寄主的诱导是黄瓜枯萎病菌致病力分化的一个重要因素。本文为农业生产中抗感品种的合理布局提供了理论依据，同时为进一步研究黄瓜枯萎病菌致病力分化的机制奠定了基础。

关键词：黄瓜枯萎病菌；致病力分化；抗病寄主；感病寄主；继代培养

三亚市豇豆根腐病病原菌的分离与鉴定*

李秋洁** 符启位 吴乾兴 刘 勇 黄国宋 孔祥义***
（三亚市南繁科学技术研究院，三亚 572000）

摘 要：为明确三亚市豇豆根腐病的病原菌种类，本研究从三亚市豇豆主要种植区采集了19份根腐病病样，分离获得23个菌株。对23个菌株进行菌落形态观察及rDNA－ITS序列分析，结果表明：23个菌株均为镰刀菌，其中茄腐皮镰刀菌（*Fusarium solani*）8株，占34.78%，为优势菌株；尖孢镰刀菌（*Fusarium oxysporum*）7株，占30.43%，厚孢镰刀菌（*Fusarium chlamydosporum*）4株，占17.39%，层生镰刀菌（*Fusarium proliferatum*）3株，占13.04%%，轮枝镰刀菌（*Fusarium verticillioides*）1株，占4.34%。通过室内盆栽试验测定茄腐皮镰刀菌代表菌株（JDFS1）、尖孢镰刀菌代表菌株（JDFO2）在豇豆苗期的致病力，结果表明，JDFS1、JDFO2均具有较强致病力，均可导致豇豆幼苗根系变褐坏死、叶片变黄萎蔫。

关键词：豇豆根腐病；鉴定；镰刀菌；致病力

---

* 基金项目：三亚市专项科研试制项目（2015KS10）

** 作者简介：李秋洁，主要从事植物病理学的研究工作；E-mail：liqiujie11@126.com

*** 通讯作者：孔祥义；E-mail：kongxiangyi20@163.com

为害广东冬种马铃薯主要病毒种类的初步鉴定*

汤亚飞[1,2]**　何自福[1,2]***　佘小漫[1]　蓝国兵[1]
（1. 广东省农业科学院植物保护研究所，广州　510640；
2. 广东省植物保护新技术重点实验室，广州　510640）

摘　要：马铃薯是继小麦、水稻、玉米之后的世界第四大粮食作物，也是中国重要的粮菜兼用作物及工业原料。近年来，广东省冬种马铃薯发展较快，种植面积逐年增加，年种植面积已达6.7万 hm^2，产值达到40亿元。冬种马铃薯已成为广东省特色农业，是惠州、江门等市农民主要经济来源。马铃薯病毒病是影响马铃薯产量的主要因素之一，世界范围内报道的侵染马铃薯的病毒多达40种，生产上为害比较严重的有6种：马铃薯卷叶病毒（*Potato leafroll virus*，PLRV）、马铃薯A病毒（*Potato virus A*，PVA）、马铃薯M病毒（*Potato virus M*，PVM）、马铃薯S病毒（*Potato virus S*，PVS）、马铃薯X病毒（*Potato virus X*，PVX）和马铃薯Y病毒（*Potato virus Y*，PVY）。为了弄清广东冬种马铃薯病毒病为害情况及病原病毒种类，2015—2016年，本团队赴广东省惠州市铁涌镇、平海镇和石湾镇，江门市恩平市四九镇和牛江镇、广州市白云区等3市6区（县）冬种马铃薯产区进行调查，发现马铃薯病毒病发生较严重，主要表现为花叶、黄化、卷叶等症状。利用siRNA高通量测序技术对广东惠州市、江门市及广州市的马铃薯病样进行了病毒种类鉴定，进一步根据sRNA测序结果设计每种病毒的特异引物，进行PCR验证。初步结果表明，为害广东冬种马铃薯的病毒种类有3种，分别为PVY、PVS、PLRV；三种病毒检出率分别为51.19%、22.62%和7.14%。

关键词：马铃薯；病毒种类；sRNA深度测序技术

---

* 基金项目：公益性行业（农业）科研专项（201303028）；广东省科技计划项目（2014B070706017，2015A020209070）

** 第一作者：汤亚飞，助理研究员，主要从事植物病毒学研究
*** 通讯作者：何自福，研究员，主要从事蔬菜病理学研究；E-mail：hezf@ gdppri. com

马铃薯块茎软腐病病原初步鉴定*

佘小漫** 何自福*** 汤亚飞 蓝国兵
（广东省农业科学院植物保护研究所，
广东省植物保护新技术重点实验室，广州 510640）

摘 要： 短小芽孢杆菌（*Bacillus pumilus*）属于芽孢杆菌科，芽孢杆菌属。该细菌呈杆状，革兰氏染色为阳性，具有运动性。短小芽孢杆菌菌落具有不透明和半透明两种形态。不透明状菌落为乳白色，有黏性，半透明菌落为乳黄色，光滑。短小芽孢杆菌不仅能够分泌有利于降解大分子物质且活性较强的纤维素酶、木聚糖酶、果胶裂解酶和脂肪酶等，还产生抗菌素及抗菌蛋白等颉颃性物质，抑菌范围广，因此，短小芽孢杆菌作为生防细菌用于环境、工业及农业有害生物治理。但是，短小芽孢杆菌亦能引起白菜、甘蓝、大蒜以及马铃薯等作物采后储藏软腐病。2015 年 12 月，本团队在广东省惠州市博罗县马铃薯种植区调查时发现，种薯发病率为 3%。种薯表面发软，纵切薯块，薯肉为黑色水渍状。取病薯块病健交接处薯肉进行病原菌分离，纯化获得 10 个菌株，10 个菌株分别接种健康薯块，其中 4 个菌株（BP－hd－1，BP－hd－2，BP－hd－3，BP－hd－4）接种的薯块发病症状与种薯的发病症状一致，其余 6 个菌株未引起明显症状。利用细菌 16S rDNA 通用引物 27f 和 1941r 对 4 个菌株的总 DNA 进行 PCR 扩增，获得大小约 1 500bp 的条带。序列测定及 Blast 结果表明，4 个菌株间 16S rDNA 序列同源率为 99.6% ~99.9%，4 个序列与短小芽孢杆菌菌株 UBT3 16S rDNA 序列（KR780583）同源率为 99% ~100%。从接种发病的薯块再分离获得菌落形态一致的菌株 10 株，随机选取 4 个菌株进行 16S rDNA 扩增并进行测序比对，这 4 个菌株的 16S rDNA 序列与接种菌株 16S rDNA 序列的同源率为 100%，与短小芽孢杆菌菌株 UBT3 16S rDNA 序列的同源率为 99%。这些结果初步证明，短小芽孢杆菌是引起马铃薯薯块软腐病的新病原。

关键词： 短小芽孢杆菌；16S rDNA

---

* 基金项目：广东省科技计划项目（2014B070706017；广东省农作物病虫害绿色防控技术研究开发中心建设）

** 第一作者：佘小漫，女，硕士，副研究员，主要从事植物病理研究；E-mail：lizer126@126.com

*** 通讯作者：何自福，研究员，主要从事蔬菜病害防控研究；E-mail：hezf@gdppri.com

油菜菌核病菌不同培养基生长特性及室内药剂筛选*

李向东** 毕云青 曹继芬 杨佩文 赵志坚 杨明英*** 周丽凤
（云南省农业科学院农业环境资源研究所，昆明 650205）

摘 要：对采自云南省罗平县、腾冲县及临沧市油菜菌核病标样进行分离培养，选取纯化核盘菌菌株 14 个，进行 4 种培养基条件下生长速率及 14 种杀菌剂抑制效果测定。结果表明，核盘菌生长适合培养基 PDA > 黑麦 A > 燕麦 > V8，表明前 3 种培养基均适合核盘菌的分离培养、菌丝生长等。菌核净、咪鲜胺、甲霜灵锰锌、明迪、明嘉、大生、腐霉利、怪客、三唑酮、百菌清、多菌灵、甲基托布津等杀菌剂对云南油菜菌核病菌株抑制效果在 93.95% ~100%，凯泽和明赞抑制效果（73.03% 和 77.81%）偏低，表明控病效果一般。揭示大部分杀菌剂对云南油菜菌核病还有较好的防控效果，药剂单剂轮换使用。

3 个油菜主产区采集到的菌核病菌株，对 14 个杀菌剂的平均生长直径在 7.51 ~ 9.55mm，抗性高低顺序为罗平 > 临沧 > 腾冲。罗平菌株加入多菌灵、明迪（氟啶胺 + 异菌脲）、甲基托布津和明嘉（嘧菌环胺 + 啶酰菌胺）的菌落生长直径较大，在 8.28 ~ 11.5mm；腾冲菌株加入多菌灵和甲基托布津的菌落生长直径较大，在 8.58 ~ 10.22mm；临沧菌株加入多菌灵、百菌清和甲基托布津的菌落生长直径较大，在 7.78 ~ 9.84mm，表明上述杀菌剂对 3 个不同油菜产区菌核病防控有一定抗性风险。该试验结果为生产上油菜菌核病早期预防及控制提供了理论依据。

关键词：油菜菌核病；分离培养；培养基；杀菌剂；效果

---

* 基金项目：云南省科技惠民计划（2014RA061）；云南省现代农业油菜产业技术体系项目资助

** 作者简介：李向东，男，云南省楚雄人，副研究员，主要从事烟草、油菜、果树等病虫害应用技术研究

*** 通讯作者：杨明英；E-mail：455836785@ qq. com

侵染广西甜瓜的三种 RNA 病毒的分子鉴定*

杨世安[1,2]** 李战彪[2] 秦碧霞[2] 谢慧婷[2] 崔丽贤[2] 邓铁军[2] 蔡健和[2]***

（1. 广西大学农学院，南宁 530004；2. 广西作物病虫害生物学重点实验室，广西农业科学院植物保护研究所，南宁 530007）

摘　要：瓜类褪绿黄化病毒（*Cucurbits chlorotic yellows virus*，CCYV）属长线病毒科（*Closteroviridae*）毛形病毒属（*Crinivirus*），病毒粒体长线性、甜瓜黄化斑点病毒（*Melon yellow spot virus*，MYSV）属于布尼亚病毒科（*Bunyaviridae*）番茄斑萎病毒属（*Tospovirus*），病毒颗粒为包膜球体结构；甜瓜坏死斑点病毒（*Melon necrotic spot virus*，MNSV）属于香石竹斑驳病毒属（*Carmovirus*），病毒粒体为球形；其中，瓜类褪绿黄化病毒发生较为严重，近年来在南宁和北海市局部地区大棚甜瓜发病率高达 50% ~100%，对甜瓜生产构成新的威胁，其他 2 种病毒为零星发生。2014—2015 年我们从广西各甜瓜产地采集到疑似 CCYV、MYSV 及 MNSV 等 3 种病毒样品；通过提取植物总 RNA，针对特异性衣壳蛋白（*CP*）基因设计引物进行 RT－PCR 扩增和分子鉴定。PCR 产物经 1% 的琼脂糖凝胶电泳检测；得到与预期大小一致的电泳条带，其扩增产物片段大小分别为 CCYV 877bp、MYSV 840bp 和 MNSY 651bp；将阳性样品的 PCR 产物分别连接到 pMD19－T 克隆载体上，挑选阳性克隆子进行测序，序列比对分析发现，CCYV、MYSV 和 MNSV 广西分离物的 *CP* 基因核苷酸序列与中国其他地区或一些国家已报道的分离物核苷酸序列一致性分别达 95.1% ~100%、96.5% ~99% 和 83.7% ~92.5%，证实广西甜瓜受到这 3 种病毒的侵染；基于各病毒 *CP* 基因片段进行系统发育树分析，结果发现 CCYV 广西分离物（CCYV－GX）与沙特阿拉伯分离物（KT946811.1）和伊朗分离物（KC577202.1）在不同分支上亲缘关系较远，与其他 13 个分离物，其中包括 6 个中国大陆分离物（JQ904629.1、HM581658.1、KJ735450.1、KJ149806.1、KP896506.1 和 KU507602.1）和 2 个中国台湾分离物（JN126046.1、JF502222.1）在同一支上，亲缘关系最近；MYSV 各分离物总体上分两大分支，广西分离物（MYSV－GX）与中国三亚分离物（GQ397254.2）、泰国分离物（AF067151.1）和厄瓜多尔分离物（KJ196383.1）处于同一分支亲缘关系最近，同时，与日本分离物（AB038343.1、AB076250.1 AB453910.1 和 AB453911.1），印度分离物（HM590470.1）和中国台湾分离物（FJ386391.1）在同一个大的分支上，亲缘关系比较近，而中国上海与广州分离物（KP247476.1、HQ711861.1）与日本分离物

* 基金项目：国家现代农业产业技术体系广西特色水果创新团队项目（nycytxgxcxtd－04－19－2）；广西自然科学基金项目（2015GXNSFBA139075）；广西农业科学院科技发展基金项目（2015JZ48）；河南郑州果树瓜类重点实验室开放基金项目（HNS－201508－10）

** 第一作者：杨世安，从事植物病毒学及病毒病害防治研究；E-mail：329428795@qq.com

*** 通讯作者：蔡健和；E-mail：caijianhe@gxaas.net

（AB024332.1）、泰国分离物（AY673635.1、AY673636.1、AM087021.1、FR714507.1 和 AM087020.1）在另一分支上；MNSV 广西分离物（MNSV－GX）与中国新疆分离物（KP406627.1）、洪都拉斯分离物（EU848551.1）和巴拿马分离物（DQ443546.1）处于一个分支上，亲缘关系最近；其次是日本分离物（AB007001.1、AB044292.2、AB189943.1）及韩国分离物（AB106106.1），与日本分离物（D29663.1）和西班牙分离物（AY122286.1）亲缘关系相对较远。为了进一步弄清各分离物的分子结构及变异情况，对各分离物的全序列的测定及分析正在进行。

关键词：瓜类褪绿黄化病毒；甜瓜黄化斑点病毒；甜瓜坏死斑点病毒；分子鉴定

东北地区甜瓜枯萎病种群鉴定及多样性分析*

延　涵** 王素娜　盖晓彤　张　璐　梁冰冰　杨瑞秀　高增贵***
（沈阳农业大学植物免疫研究所，沈阳　110866）

摘　要：由尖孢镰孢菌（*Fusarium oxysporium*）引起的甜瓜枯萎病是甜瓜生产中重要的土传病害之一，在各甜瓜种植区均有发生。地理来源不同的尖孢镰孢菌遗传多样性较为复杂，增加了甜瓜枯萎病防治的难度。研究地理来源不同的尖孢镰孢菌遗传多样性，对监测与控制甜瓜枯萎病的流行、抗病育种、生物防治具有重要意义。

本研究于2015年从东北地区的甜瓜种植区采集罹病的甜瓜枯萎病57株标样，通过组织分离法进行病原物分离培养，结合形态学和分子生物学手段进行种类鉴定。筛选出31株地理来源不同的尖孢镰孢菌，应用SRAP分子标记技术，对其进行遗传多样性分析。结果表明：从100对SRAP引物中筛选出7对多态性强，重复性好的SRAP引物，对31株尖孢镰孢菌DNA进行扩增，共得到56条条带，其中多态性条带50条，占总条带数的89.29%，平均每对引物扩增得到7.14条多态性条带。

关键词：尖孢镰孢菌；遗传多样性；SRAP

---

* 基金项目：公益性行业（农业）科研专项（201503110）

** 作者简介：延涵，女，硕士研究生，从事甜瓜病害研究

*** 通讯作者：高增贵；E-mail：gaozenggui@sina.com

青岛市花生根腐病和果腐病的病原鉴定

迟玉成* 许曼琳 王 磊 吴菊香 陈殿绪 董炜博
（山东省花生研究所，青岛 266100）

摘 要：近几年来，花生根腐病和果腐病在我国各花生产区发生严重，且呈连年加重的趋势，由于花生根腐病和果腐病是由多种病原真菌复合侵染引起的，目前我国对其病原菌还未有系统的报道。为了对花生根腐病和果腐病的防治提供依据，我们对山东省青岛市各区市花生根腐病和果腐病进行调查和取样，并进行病原菌的分离鉴定。通过培养真菌的形态特征、核糖体 DNA－ITS 序列分析，确定引起花生苗期根腐病（苗后 0～45 天）的病原菌有黑曲霉菌（*Aspergillus niger*）、镰孢菌（*Fusarium* spp.）、立枯丝核菌（*Rhizoctonia solani*）和米根霉菌（*Rhizopus oryzae*），其中 63 份样品中，57 份是黑曲霉菌，4 份镰孢菌，立枯丝核菌和米根霉菌各 1 份，黑曲霉菌为优势种群；引起后期根腐病的病原菌主要有镰孢菌（*Fusarium* spp.）、腐霉菌（*Pythium* spp.）和立枯丝核菌（*Rhizoctonia solani*），镰孢菌为优势种群；引起花生果腐病的病原菌有茄类镰孢菌（*Fusarium solani*）、立枯丝核菌（*Rhizoctonia solani*）和群结腐霉（*Pythium myriotylum*），镰孢菌为优势种群。

关键词：花生；根腐病；果腐病

* 通讯作者：迟玉成，主要进行花生病害研究；E-mail：87626681@163.com

烟草花叶病毒 p126 蛋白质多克隆抗体制备及免疫印迹检测研究

李艳丽* 李晓冬 安梦楠** 吴元华***
(沈阳农业大学植物保护学院，沈阳 110866)

摘 要：烟草花叶病毒（Tobacco mosaic virus，TMV）是烟草花叶病毒属（Tobamovirus）中的代表性病毒之一，其编码的与复制相关的126kDa蛋白（p126）在病毒复制、重组修复和基因表达中起着重要作用。特异性抗体制备是植物病毒检测和相关基因表达调控研究的有效手段，为明确p126的翻译机制及与寄主蛋白相互作用关系，本研究借助原核表达的方法，构建了可用于蛋白免疫印迹法（western blot）的p126多克隆检测抗体，并验证了该抗体的特异性。

从TMV辽宁分离物病毒粒子粗提液中提取RNA，RT-PCR法扩增TMV的p126 C端亲水性氨基酸对应片段（2 863～3 419nt），再将Sal Ⅰ和Xho Ⅰ双酶切后的产物克隆至携带组氨酸标签（His-tag）的原核表达载体pET28a中。转化大肠菌BL21菌株经IPTG诱导表达该融合蛋白，经镍离子亲和树脂纯化的重组蛋白作为抗原皮下注射新西兰白兔，免疫4次后采血分离血清，抗原亲和纯化血清获得TMV p126多克隆抗体。

本研究将TMV接种至烟草BY-2原生质体细胞（可短时高效表达外源TMV复制蛋白）中，利用制备的多克隆抗体检测BY-2原生质体中TMV p126的积累量以验证该抗体特异性。采用聚乙二醇法将TMV粒子（100ng）接种BY-2原生质体（5×10^5pps），25℃遮光培养20h后裂解细胞提取总蛋白进行western blot检测。结果显示，在110～130ku处可见明显特异性条带，表明本研究构建的多克隆抗体可用于western blot中特异性检测TMV复制蛋白p126。该抗体的成功制备为后续相关分子研究提供重要的基础材料。

关键词：多克隆抗体；烟草花叶病毒；原核表达；Western blot

---

* 李艳丽，硕士在读；E-mail：duffin@163.com

** 安梦楠，博士，讲师，从事分子植物病毒学研究；E-mail：anmengnan@gmail.com

*** 通讯作者：吴元华，博士，教授，主要从事植物病毒学研究；E-mail：wuyh7799@163.com

sRNA深度测序技术预测本氏烟中病毒序列*

谢咸升[1,2**]　陈雅寒[1]　陈　丽[2]　张红娟[2]　党建友[2]
杨秀丽[2]　王　睿[2]　安德荣[1***]
（1. 旱区作物逆境生物学国家重点实验室/西北农林科技大学植物保护学院，
杨凌　712100；2. 山西省农业科学院小麦研究所，临汾　041000）

摘　要：sRNA深度测序技术是发现新病毒，监控病毒变异的组学研究技术，可直接以宿主中sRNA为研究对象，快速鉴定宿主中病毒组成。本试验于本氏烟5～6叶期设喷清水对照（S01）、喷云芝多糖（S02）、接病毒（S03）3个处理，3次重复，处理72h后采摘各处理顶部第2片烟叶干冰送样，混样提取总RNA，构建small RNA文库经HiSeq 2500测序，读长为单末端50 nt。原始reads经低质量过滤、接头过滤及去除过长、过短序列获得clean reads数据，筛选长度18～30nt的sRNA与GeneBank库、Rfam库比对，获得ncRNA注释信息；用Bowtie软件将未得到注释的sRNA（允许0 mismatch）与本氏烟参考基因组比对；再用Bowtie软件将未匹配到宿主基因组的sRNA（允许1 mismatch）与GenBank Virus RefSeq核酸数据库进行比对，初步鉴定样品感染病毒list；通过Velvet软件对所得到的sRNA拼接获得contigs并分类注释，检测其物种分布情况。生物信息学分析表明：样品S01拼接的contigs分类注释到11种可能病毒序列：*Garlic virus*，*Stealth virus*，*Oxbow virus*，*Shamonda virus*，*Baku virus*，*Choristoneura occidentalis granulo virus*，*Lassa virus*，*Ngari virus*，*Grapevine leafroll－associated virus*，*Trichoderma hypovirus*，*Papaya ringspot virus*。样品S02拼接的contigs分类注释到5种可能病毒序列：*Garlic virus*，*Leek yellow stripe virus*，*Stealth virus*，*Grapevine leafroll－associated virus*，*Lassa virus*。样品S03拼接的contigs分类注释到18种可能病毒序列：*Tobacco mosaic virus*、*Tomato mosaic virus*、*Cucumber mosaic virus*、*Pepper mild mottle virus*、*Tobacco mild green mosaic virus*、*Rehmannia mosaic virus*、*Tomato mottle mosaic virus*、*Bell pepper mottle virus*、*Obuda pepper virus*、*Yellow tailflower mild mottle virus*、*Ribgrass mosaic virus*、*Wasabi mottle virus*、*Brugmansia* sp. *tobamovirus*、*Youcai mosaic virus*、*Paprika mild mottle virus*、*Crucifer tobamovirus*、*Turnip vein－clearing virus*、*Oxbow virus*，其中*Tobacco mosaic virus*占66.55%（1 098/1 650），多种可能病毒未见侵染烟草报道。接病毒（S03）检测到的sRNA明显高于清水对照（S01）和喷云芝多糖（S02），并且种类相似度不高，预测的病毒种类绝大多是重要植物病毒。分析可能原因：

---

* 基金项目：国家自然科学基金资助项目（31471816）；山西省重点研发计划（指南）项目（201603D321030）

** 第一作者：谢咸升，男，副研究员，博士，主要从事植物保护研究；E-mail：xxshlf@163.com

*** 通讯作者：安德荣，男，教授，博士生导师，主要从事微生物资源利用及植物病毒学研究；E-mail：anderong323@163.com

一是sRNA测序序列较短，拼接组装的contigs长度有限，造成与某些病毒同源比对效率较高（允许1 mismatch）；二是因为某些病毒确实存在于烟草中，只是无为害症状；三是基因沉默（RNAi）机制，烟草在进化中保留了某些潜在病毒的siRNA序列，并以此序列沉默相应的病毒入侵，形成对该病毒的免疫抗性。从病毒进化和流行风险角度考虑，有必要对组装contigs较多、与烟草近缘的重要植物病毒设计引物扩增关键基因，验证其真实可靠性。检测的阳性病毒需重点关注其潜在为害与流行风险，尤其病毒重组可能性，防控新病毒或变异株出现。对于病毒siRNA介导的基因沉默（RNAi）可重点研究抗病性。

关键词：sRNA深度测序技术；本氏烟；病毒

异源表达核糖体失活蛋白（α-MC）亚细胞定位及对TMV抑制作用的初步研究

魏周玲[1]　刘　燕[1]　许博文[1]　匡传富[2]　吴根土[1]
青　玲[1]　陈德鑫[3]　孙现超[1]
（1. 西南大学植物保护学院，重庆　400716；
2. 湖南省烟草公司郴州市公司，郴州　423000；
3. 中国农业科学院烟草研究所，青岛　266101）

摘　要：核糖体失活蛋白（ribosome-inactivating protein，RIP）是一类在植物中广泛存在的毒蛋白，通过对核糖体大亚基RNA的3′端茎环结构中一个高度保守的核苷酸区域的作用，破坏核糖体大亚基RNA的结构，使核糖体失活。研究表明，RIP具有多种酶活性，且抗肿瘤、广谱性抗病毒，以及对真菌和昆虫也有抗性。如美洲商陆抗病毒蛋白（pokeweed antiviral proteins，PAPs）对多种植物病毒和动物病毒表现出很强的抗病毒活性，目前认为PAP是一种广谱性的抗植物病毒蛋白；也有报道称苦瓜中的核糖体失活蛋白α苦瓜素，从苦瓜种子提纯后预处理植物，能使病毒的积累量减少。但对于异源表达的α-MC（Alpha-momorcharin）在烟草中的亚细胞定位以及对植物病毒的抑制作用均没有报道。本项研究从苦瓜和商陆春叶中获得目的基因*α-MC*、*PAP*，测序比对正确后构建到pCV-mGFP-C1植物表达载体，接种本氏烟，72h后在倒置荧光显微镜下观察亚细胞定位情况，发现α-MC和PAP均定位在细胞质膜上，且异源表达α-MC的烟草细胞比异源表达PAP的更完整，这可能与PAP在发挥抗病毒过程中对寄主植物存在一定的毒性有关。为进一步研究异源表达的核糖体失活蛋白对植物病毒的影响，用Westernblot验证了蛋白的表达。在接种核糖体失活蛋白的本氏烟上注射TMV-GFP，与空白对照相比，注射TMV-GFP后48h，对照组出现绿色荧光并开始扩散，而处理组没有出现荧光；注射TMV-GFP后96h，对照组绿色荧光已扩散到整株至心叶，而处理组的注射部位才出现零星的荧光，间接ELISA实验结果与上述结论相一致。目前，实验结果表明异源表达α-MC对TMV具有显著的抑制作用，且对植物细胞的毒性较小。异源表达α-MC对植物病毒的抗性作用是否会诱导植物中防卫相关基因的表达，从而引起更强的防御反应，其作用机理还在进一步研究中。

关键词：核糖体失活蛋白；α-MC；植物病毒；异源表达；亚细胞定位

壳寡糖诱导拟南芥抗烟草花叶病毒及其信号转导途径研究*

贾晓晨** 孟庆山 曾海红 王文霞 尹 恒***
（天然产物与糖工程研究组，中国科学院大连化学物理研究所，大连 116023）

摘 要：壳寡糖来源于天然产物，是一种高效的诱导子，对于植物具有免疫调节作用，可以增强植物应对病虫害的能力。目前壳寡糖已广泛应用于多种作物的生物防治，然而其信号转导机制尚不明确。本研究以模式植物拟南芥和烟草花叶病毒为研究体系，明确了壳寡糖可以诱导拟南芥抗烟草花叶病毒，最佳壳寡糖施用浓度为50mg/ml，最佳预处理时间为接种病毒前一天。进一步利用拟南芥水杨酸和茉莉酸信号途径阻断的突变体，解析壳寡糖诱导拟南芥抗烟草花叶病毒的信号途径。通过表型及烟草花叶病毒外壳蛋白基因转录及蛋白表达等多水平分析，发现壳寡糖可以诱导野生型拟南芥和茉莉酸信号途径阻断的突变体 *jar* 抗烟草花叶病毒，但是对水杨酸信号途径阻断的突变体 *sid*2 和 *NahG* 均无诱导效果。在壳寡糖预处理的拟南芥样品中，水杨酸途径的标记基因病程相关蛋白 *PR*1、*PR*2 与 *PR*5 在野生型和 *jar*1 突变体中均显著上调，同时植株内的水杨酸含量也明显升高，而 JA 途径的相关标记基因 *PDF*1.2 和 *VSP*2 及茉莉酸含量均下调，表明壳寡糖诱导拟南芥抗烟草花叶病毒主要依赖于水杨酸途径。之前大量研究发现壳寡糖在多种作物上的预处理可以激活茉莉酸途径相关基因的表达，结合本研究实验结果，表明壳寡糖作为一种广谱性的植物诱导剂，可以根据病害的类型来激活相应的防御信号途径来提高植株的抗病性能。

关键词：壳寡糖；植物免疫调节剂；烟草花叶病毒；水杨酸；茉莉酸；诱导抗病

---

* 国家自然科学基金（31370811）；国家重点技术支持项目（2013BAB01B01）

** 第一作者：贾晓晨，女，博士研究生，研究方向为植物糖生物学；E-mail：jiaxiaochen@dicp.ac.cn

*** 通讯作者：尹恒；E-mail：yinheng@dicp.ac.cn

甘蔗新品种（系）对甘蔗花叶病的抗性评价*

李文凤** 王晓燕 黄应昆*** 单红丽 张荣跃 罗志明 尹 炯
（云南省农业科学院甘蔗研究所，云南省甘蔗遗传改良重点实验室，开远 661699）

摘 要：甘蔗花叶病是一种重要的世界性甘蔗病害，近年来，在中国云南、广西、广东、海南、福建、四川和浙江等蔗区普遍发生，目前已成为中国蔗区发生最普遍，为害最严重的病害之一。利用抗病品种是控制该病害最经济、安全、有效的方法，为明确云南省农业科学院甘蔗研究所近年新选育的甘蔗新品种（系）：VMC88－354、SP80－3280、C266－70、云蔗04－622、云蔗04－621、云蔗01－1413、德蔗05－77、德蔗04－1、云瑞05－596和云瑞05－704的抗花叶病性，确定其应用潜力，为合理布局和推广使用这些品种（系）提供依据。本研究于2014年、2015年，2次采用苗期人工摩擦接种法和后期室内RT－PCR检测法，结合大田自然发病调查，对10个甘蔗新品种（系）进行了3种甘蔗花叶病毒 *Sugarcane mosaic virus*（SCMV）、*Sorghum mosaic virus*（SrMV）、*Sugarcane streak mosaic virus*（SCSMV）三重抗性鉴定。结果表明，10个新品种材料中，对SCMV高抗的品种有C266－70、德蔗05－77和德蔗04－1，中抗的有VMC88－354和SP80－3280；对SrMV高抗的品种有云蔗04－622、德蔗05－77和云瑞05－704，中抗的有C266－70和德蔗04－1；对SCSMV高抗的品种有C266－70和云蔗01－1413，中抗的有VMC88－354、德蔗05－77和云瑞05－704。对SrMV、SCMV、SCSMV 3种病毒综合抗性较好的材料有C266－70和德蔗05－77，分别高抗其中2种病毒和中抗1种病毒；供试材料中没有对3种病毒完全高抗的新品种（系）。研究结果明确了C266－70和德蔗05－77新品种（系）对3种花叶病致病病原有较好的抗性，具有抗花叶病的应用潜力。

关键词：甘蔗；新品种（系）；花叶病；抗病性

---

* 基金项目：现代农业产业技术体系建设专项资金资助（CARS－20－2－2）；云南省现代农业产业技术体系建设专项资金资助

** 作者简介：李文凤，女，研究员，主要从事甘蔗病害研究；E-mail：ynlwf@163.com
*** 通讯作者：黄应昆，研究员，从事甘蔗病害防控研究；E-mail：huangyk64@163.com

国家甘蔗种质资源圃甘蔗花叶病发生调查及病原检测*

李文凤** 单红丽 黄应昆*** 张荣跃 王晓燕 尹 炯 罗志明
（云南省农业科学院甘蔗研究所，云南省甘蔗遗传改良重点实验室，开远 661699）

摘 要：为了解国家甘蔗种质资源圃保存种质资源甘蔗花叶病的自然发生情况及其致病病原，明确其对花叶病的自然抗性，利用抗性种质资源选育抗病品种提供依据和抗源材料。本研究于2014—2015 年，用5 级分级调查法（1 级发病率0.00%、免疫，2 级发病率0.01% ~10.00%、高抗，3 级发病率10.01% ~33.00%、中抗，4 级发病率33.01% ~66.00%、感病，5 级发病率66.01% ~100%、高感），对国家甘蔗种质资源圃种植保存的1 143份甘蔗种质资源甘蔗花叶病的自然发生情况进行了系统调查，并利用RT－PCR 检测方法对其中的311 份带症种质资源样品致病病原进行检测。结果表明：1143 份甘蔗种质资源中，500 份未发现感染甘蔗花叶病，占43.74%；643 份不同程度感染甘蔗花叶病，占56.26%，其中表现4 ~5 级严重感染的有262 份，占22.92%，2 ~3 级感病的有381 份，占33.33%。311 份带症样品中检测到3 种病毒：甘蔗花叶病毒（*Sugarcane mosaic virus*，SCMV）、高粱花叶病毒（*Sorghum mosaic virus*，SrMV）和甘蔗线条花叶病毒（*Sugarcane streak mosaic virus*，SCSMV），并存在2 种或3 种病毒复合侵染现象。其中155 份样品检测到SCSMV、阳性检出率49.83%；134 份样品检测到SrMV、阳性检出率43.09%；16 份样品检测到SCMV、阳性检出率5.14%。国内引进种质感染甘蔗花叶病种质数达60.52%，国外引进种质感染甘蔗花叶病种质数达41.74%。研究结果明确了国家甘蔗种质资源圃保存种质资源对甘蔗花叶病的自然抗性，初步筛选出500 份对甘蔗花叶病自然免疫种质资源；揭示了引起国家甘蔗种质资源圃种质资源甘蔗花叶病致病病原有SCMV、SrMV 和SCSMV 3 种，SCSMV 为最主要病原（扩展蔓延十分迅速、致病性强），SrMV 为次要病原，且存在2 种病毒复合侵染。

关键词：甘蔗；种质资源；花叶病；发生调查；病原检测

---

* 基金项目：现代农业产业技术体系建设专项资金资助（CARS－20－2－2）；云南省现代农业产业技术体系建设专项资金资助

** 作者简介：李文凤，女，云南石屏人，研究员，主要从事甘蔗病害研究；E-mail：ynlwf@163.com

*** 通讯作者：黄应昆，研究员，从事甘蔗病害防控研究；E-mail：huangyk64@163.com

甘蔗赤腐病菌颉颃细菌 TWC2 的分离鉴定及其防治效果研究*

梁艳琼[1**]　唐　文[2]　吴伟怀[1,3]　习金根[1]　郑肖兰[1]
李　锐[1]　郑金龙[1]　贺春萍[1***]　易克贤[1***]
（1. 中国热带农业科学院环境与植物保护研究所/农业部热带农林有害生物入侵检测与控制重点开放实验室/海南省热带农业有害生物检测监控重点实验室；海口 571101；
2. 海南大学环境与植物保护学院，海口 570228；
3. 农业部橡胶树生物学与遗传资源利用重点实验室/省部共建国家重点实验室培育基地—海南省热带作物栽培生理学重点实验室/农业部儋州热带作物科学观测实验站，儋州 571737）

摘　要：从台湾草叶片上分离出一株芽孢杆菌（*Bacillus* spp.）菌株 TWC2，评价了其抑菌谱，及其对由镰孢炭疽菌（*Colletotrichum falcatum* Went）引起甘蔗赤腐病的防治效果。经形态观察、16S rDNA 序列分析和生理生化鉴定，确定 TWC2 为解淀粉芽孢杆菌（*Bacillus amyloliquefaciens*），平板对峙试验结果表明，TWC2 菌株对香蕉黑星病，橡胶树炭疽病，甘蔗赤腐病，柱花草炭疽病，芒果炭疽病，甘蔗环斑病，王草茎点霉叶斑病，王草镰刀菌叶斑病和西瓜枯萎病等病原均具有抑制作用。离体叶片实验表明，TWC2 菌株对甘蔗赤腐病的防治效果达到 70% 以上，盆栽试验结果与离体叶片防治测试结果一致，说明 TWC2 菌株对甘蔗赤腐病具有较好的防治效果。本研究为研发有效防治甘蔗赤腐病的生物农药奠定了基础。

关键词：甘蔗赤腐病；解淀粉芽孢杆菌；鉴定；生防效果

---

* 资助项目：中央级公益性科研院所基本科研业务费专项（NO. 2015hzs1J014、NO. 2012hzs1J012、NO. 2014hzs1J012）；中国热带农业科学院橡胶研究所省部重点实验室．科学观测实验站开放课题（RRI－KLOF201506）

** 作者简介：梁艳琼，女，苗族，助理研究员；研究方向：植物病理；E-mail：yanqiongliang@126. com

*** 通讯作者：贺春萍，女，硕士，研究员；研究方向，植物病理；E-mail：hechunppp@163. com
易克贤，男，博士，研究员；研究方向：分子抗性育种；E-mail：yikexian@126. com

甘蔗环斑病菌鉴定及其生物学特性分析*

吴伟怀**2　梁艳琼1　李　锐1　习金根1
郑金龙1　郑肖兰1　贺春萍1***　易克贤1***
（1. 中国热带农业科学院环境与植物保护研究所/农业部热带农林有害生物入侵检测与控制重点开放实验室/海南省热带农业有害生物检测监控重点实验室，海口　571101；
2. 农业部橡胶树生物学与遗传资源利用重点实验室/省部共建国家重点实验室培育基地—海南省热带作物栽培生理学重点实验室/农业部儋州热带作物科学观测实验站，儋州　571737）

摘　要：甘蔗环斑病是甘蔗最常见的一种真菌性病害。本文通过对其病原菌的形态学特征观察，并结合 ITS 序列系统聚类分析结果，将甘蔗环斑病菌鉴定为甘蔗小球腔菌（*Leptosphaeria sacchari*）。同时，对甘蔗小球腔菌进行了生物学特性分析。分析结果表明，适宜该菌生长的温度为 13～30℃，最合适温度为 25℃；适宜菌丝体生长的 pH 值为 4～11，最合适 pH 值为 5，全黑暗有利于菌丝体的生长；适宜生长的碳源为麦芽糖和葡萄糖，适宜的氮源则为硝酸钠与 L－丝氨酸。通过生长速率法对 6 种杀菌剂敏感性进行了测定，结果揭示咪鲜胺、丙环唑、多菌灵、腈菌唑等 4 种药剂对甘蔗环斑病菌具有显著的抑制效果，其 EC_{50}值分别为 0.397 6μg/ml、2.251 9μg/ml、2.163 4μg/ml 和 4.827 3μg/ml。

关键词：甘蔗环斑病；小球腔菌；生物学特性

---

* 资助项目：中国热带农业科学院橡胶研究所省部重点实验室/科学观测实验站开放课题（RRI－KLOF201506）；中央级公益性科研院所基本科研业务费专项（2012hzs1J012、2014hzs1J012、2015hzs1J014）

** 作者简介：吴伟怀，男，博士，副研究员；研究方向：植物病理；E-mail：weihuaiwu2002@163.com

*** 通讯作者：贺春萍，女，硕士，副研究员；研究方向，植物病理；E-mail：hechunppp@163.com
易克贤，男，博士，研究员；研究方向：分子抗性育种；E-mail：yikexian@126.com

云南蔗区甘蔗花叶病病原 RT – PCR 检测*

单红丽** 李文凤 黄应昆*** 张荣跃 王晓燕 尹 炯 罗志明
（云南省农业科学院甘蔗研究所，云南省甘蔗遗传改良重点实验室，开远 661600）

摘 要： 甘蔗是一种重要的糖料作物，主要种植在广西、云南、广东、福建和海南等地区，其中，云南是全国甘蔗第二大产区。云南由于特殊的地理条件、气候及种植制度，导致甘蔗花叶病已成为云南蔗区发生最为普遍，为害最为严重的主要病害。甘蔗花叶病是一种系统性侵染病害，可导致蔗株矮小、发芽率降低，糖分减少，产量下降，减产10% ~40%。目前，在中国蔗区，已确定的甘蔗花叶病病原主要有甘蔗花叶病毒（*Sugarcane mosaic virus*，SCMV）、高粱花叶病毒（*Sorghum mosaic virus*，SrMV）和甘蔗条纹花叶病毒（*Sugarcane streak mosaic virus*，SCSMV）。这些病毒可单独侵染或复合侵染甘蔗，造成严重为害。因此，了解和明确引起云南蔗区甘蔗花叶病的病原，可为甘蔗抗花叶病育种、种质筛选及病害防控提供科学依据。

本研究从云南德宏、临沧、保山、文山、红河及玉溪等六大蔗区采集了81份不同品种显症甘蔗叶片，采用SCSMV、SrMV和SCMV特异性引物对其进行RT – PCR检测。检测结果表明：81份样品中共检测到73份阳性样品，其中SCSMV的检出率最高，为58.0%，检出率最低的是SCMV，为11.1%，SrMV的检出率为49.4%。73份阳性样品中有51份样品受单一病毒侵染，其余22份样品受2种或2种以上病毒复合侵染，复合侵染率为30.1%。其中，2种病毒复合侵染所占比例最高，为95.5%，以SCSMV + SrMV类型最为常见。3种病毒复合侵染所占比例仅为4.5%。可见，甘蔗花叶病已在云南大部分蔗区发生，其致病原以SCSMV为主，SrMV次之，SCSMV和SrMV复合侵染的甘蔗花叶病发生率较高。

关键词： 云南蔗区；甘蔗花叶病；病原；检测

---

* 基金项目：现代农业产业技术体系建设专项资金资助（CARS – 20 – 2 – 2）；云南省现代农业产业技术体系建设专项资金资助

** 第一作者：单红丽；甘蔗病害；E-mail：shhldlw@163.com

*** 通讯作者：黄应昆；研究员；甘蔗病虫害；E-mail：huangyk64@163.com

双接种 AM 真菌和根瘤菌对由烟色织孢霉（*Microdochium tabacinum*）引起的苜蓿根腐病的影响

高　萍[*]　文朝会　段廷玉

（草地农业生态系统国家重点实验室，兰州大学草地农业科技学院，兰州　730020）

摘　要：紫花苜蓿（*Medicago sativa*）是我国栽培面积最大的牧草，由烟色织孢霉（*Microdochium tabacinum*）引致的根腐病是我国苜蓿新发现的病害，可严重降低紫花苜蓿产量，导致植株死亡。为明确丛枝菌根（AM）真菌和根瘤菌对苜蓿根腐病的防治效果，试验采用盆钵培养的方法，研究了 2 种 AM 真菌（*Glomus mosseae* 和 *Glomus tortuosum*）和 1 种根瘤菌（*Sinorhizobium medicae*）对苜蓿苗期生长、抗病相关酶活性及丙二醛含量的影响。结果表明：双接种和单接 AM 真菌，苜蓿苗期株高、叶绿素含量、根瘤数、N，P 含量显著增加，生物量比对照增加 4.51 倍和 4.29 倍，双接种比单接 AM 真菌，菌根侵染率提高 5.98%，双接种比单接根瘤菌，根瘤数增加 1.61 倍；侵染 *M. tabacinum* 后会减少苜蓿地下干重和最大根长，并显著影响菌根侵染率。双接种幼苗抗病性的提高一方面与接种 *M. tabacinum* 前幼苗生长健壮有关；另一方面植物抗病相关酶活性的提前诱导有关。在侵染 *M. tabacinum* 条件下，双接种比对照，苜蓿 POD、CAT 活性分别增加 55.4% 和 57.1%，同时丙二醛含量呈下降趋势。同样的，病原菌降低苜蓿 N，P 含量，双接 AM 真菌和根瘤菌显著增加苜蓿地上地下 N、P 含量。研究认为，接种 AM 真菌和根瘤菌能提高苜蓿对由烟色织孢霉引起的根腐病的抗性，具有一定的生物防治价值。

关键词：苜蓿；丛枝菌根真菌；根瘤菌；烟色织孢霉；生物防治

---

* 第一作者：高萍；E-mail：gaop14@ lzu. edu. cn

宁夏贺兰山东麓酿酒葡萄卷叶伴随病毒的多重 RT－PCR 检测

吕苗苗* 顾沛雯

（宁夏大学农学院，银川 750021）

摘 要：宁夏贺兰山东麓地区由于其独特的光、热、水、土等自然条件，是目前国内外公认的最佳酿酒葡萄产区之一，现已成为我国酿酒葡萄原产地保护区之一。葡萄病毒病是一类为害地域广而且难以治愈的病害，其中，葡萄卷叶病是宁夏贺兰山东麓酿酒葡萄产区的重要病害之一，感染卷叶病的植株中最常见的病原分离物是葡萄卷叶伴随病毒（*Grapevine leafroll associated virus*，GLRaVs）。研究发现，已有 12 种 GLRaVs 可以引起该病害，而这些病毒的单一侵染或复合侵染都会引起葡萄卷叶病的发生，给葡萄产业带来了极大的威胁。本研究调查了宁夏贺兰山东麓不同酿酒葡萄产区卷叶病毒病的田间发生状况，发现葡萄卷叶伴随病毒感染的主要品种是蛇龙珠、霞多丽，该病于 7 月中下旬在田间陆续可见病害症状，之后逐渐加重，8 月下旬至 9 月葡萄成熟时症状表现最为明显，其病株率可达到 53%，该症状因品种、年份、环境条件的不同而各异。并针对不同产区不同品种的酿酒葡萄进行了 RT－PCR 检测，在单一 RT－PCR 的基础之上，对 5 种葡萄卷叶伴随病毒 GLRaV1，GLRaV 2，GLRaV 3，GLRaV 4，GLRaV5 的多重 RT－PCR 的模板浓度、引物浓度和退火温度进行优化，建立多重 RT－PCR 检测方法，实现对多种病毒的同时快速检测，这对葡萄卷叶病的检测和诊断具有重要意义，对提高葡萄产量、浆果品质和葡萄酒酒质尤为重要，从而给葡萄产业带来巨大的经济效益。

关键词：卷叶病；卷叶伴随病毒；RT－PCR

* 第一作者：吕苗苗；E-mail：1548473096@qq.com

4 种樱桃病毒多重 RT－PCR 检测方法研究*

卢美光** 高 蕊 李世访
（中国农业科学院植物保护研究所，北京 100193）

摘 要：由于栽培樱桃有较高经济效益，近几年樱桃的栽培在我国各地发展较快。与其他果树一样，病毒病是影响樱桃产量和品质的重要因素之一。我国已报道的侵染樱桃的主要病毒有：李属坏死环斑病毒（*Prunus necrotic ringspot virus*，PNRSV），李矮缩病毒（*Prune dwarf virus*，PDV），樱桃病毒 A（*Cherry virus A*，CVA），樱桃绿环斑驳病毒（*Cherry green ring mottle virus*，CGRMV），樱桃小果病毒－2（*Little cherry virus*－2，LChV－2），樱桃小果病毒－1（*Little cherry virus*－1，LChV－1），苹果褪绿叶斑病毒（*Apple chlorotic leafspot virus*，ACLSV）等。对我国山东，辽宁和北京樱桃园的样品病毒进行了常规的 RT－PCR 检测，结果表明 CVA 与 CGRMV，CGRMV 与 LChV－1，CVA 与 ACLSV，CGRMV，LChV－1 存在复合侵染现象。为了建立一套快速、简便、经济的樱桃病毒检测方法，我们以 CVA，CGRMV，LChV－1，ACLSV 四种病毒复合侵染的樱桃田间样品为材料，对这 4 种病毒的多重 RT－PCR 检测方法进行了研究。通过对多重 PCR 检测体系的引物组合，引物浓度配比的筛选，检测体系的优化，建立了能同时检测 CVA，ACLSV，CGRMV，LChV－1 四种病毒的最佳的引物组合和浓度配比［CVA，ACLSV，CGRMV，LChV－1 引物终浓度分别为 0.08μmol/L，0.9μmol/L，0.04μmol/L，0.8μmol/L，0.09μmol/L（比例为 1：11.25：0.5：10：1.125）］；并对多重 RT－PCR 检测方法的灵敏性和特异性进行了测定，最终建立了能同时检测这 4 种病毒的多重 RT－PCR 检测技术。

关键词：樱桃；病毒；多重 RT－PCR

* 基金项目：公益性行业（农业）科研专项（201203076）；国家自然科学基金（31471752）

** 作者简介：卢美光，女，副研究员，果树病毒与类病毒防治研究；E-mail：mglu@ippcaas.cn

椰子泻血病菌 *Ceratocystis paradoxa* 的绿色荧光蛋白标记*

牛晓庆[1,2]**　鲁国东[2]***

（1. 中国热带农业科学院椰子研究所，海南省热带油料作物研究中心，文昌　571339；
2. 福建农林大学生物农药与化学生物学教育部重点实验室，福州　350002）

摘　要：椰子泻血病是海南椰子树的重大病害，其病原为奇异长喙壳菌（*Ceratocystis paradoxa*）。通过溶壁酶酶解菌丝体成功制备奇异长喙壳菌原生质体，用抗潮霉素基因作为选择标记，采用PEG介导的原生质体转化法，用绿色荧光蛋白表达载体（pCT74－sGFP）转化原生质体，获得表达GFP奇异长喙壳菌的转化子菌株；转化子菌株在含潮霉素平板上经多次纯化后，在无选择压下连续继代培养仍能发出稳定而强烈的绿色荧光。用GFP特异性引物PCR扩增转化子菌株基因组DNA获得预期大小片段，表明外源基因已成功导入奇异长喙壳菌基因组中，且稳定遗传；GFP标记菌株生长正常，致病性和野生型菌株无明显差别。今后将利用该标记菌株，进一步研究奇异长喙壳菌在植物体内的侵染和扩增特性，为最终明确该病菌的致病机制奠定基础。

关键词：椰子泻血病；奇异长喙壳菌；绿色荧光蛋白基因；转化

---

* 基金项目：海南省应用技术研发与示范推广专项（ZDXM2015024）

** 第一作者：牛晓庆，女，在读博士，助理研究员，主要从事热带油料作物病害研究；E-mail：xiaoqingniu123@126.com

*** 通讯作者：鲁国东；E-mail：guodonglu@yahoo.com

一株抑制椰子炭疽病菌、杀椰子织蛾 Bt 菌株的鉴定*

孙晓东[1**]　余凤玉[1]　宋薇薇[1]　牛晓庆[1]　覃伟权[1***]
（中国热带农业科学院椰子研究所，文昌　571339）

摘　要：本实验从海南采集的土样中分离鉴定获得 1 株可抑制椰子炭疽病菌和杀椰子织蛾幼虫的 Bt 菌株 LINGSHUI - BT10；经 *cry* 基因的鉴定明确了该菌株含有 *cry*1*Aa*，*cry*1*Ai*，*cry*1*Ac*，*cry*1*Be*，*cry*1*Ia*，*cry*2*Aa* 基因；生测结果表明该菌株晶体蛋白对椰子织蛾幼虫 96h 的 LC_{50}为 0. 188μg/ml（95% 置信区间为 0. 146 ~0. 227μg/ml）；该菌株对椰子茎泻血病菌菌丝生长有一定的抑制作用，平板对峙培养法培养 7 天后，抑菌圈直径为 19 mm。

关键词：Bt；椰子炭疽病；抑菌性；椰子织蛾；LC_{50}

---

* 基金项目：海南省重大项目“南药、黎药产业化关键技术研究”（编号：ZDZX2013008）；海南省重点项目（ZDXM2015024）；海南省基金（314144）；中央级公益性科研院所基本科研业务费专项（高致病力绿僵菌防控红棕象甲关键技术研究）

** 作者简介：孙晓东，男，硕士，助理研究员，研究方向：棕榈植物病虫害防治；E-mail：sxd1949@163. com

*** 通讯作者：覃伟权，男，硕士，研究员；E-mail：qwq268@163. com

广西杧果炭疽病菌的分子系统学研究*

覃丽萍[1**]　余功明[2]　张　艳[1]　史国英[1]　谢　玲[1]
（1. 广西农业科学院微生物研究所，南宁　530007；
2. 河南心连心化肥有限公司，新乡　453731）

摘　要：杧果是广西的特色水果，炭疽病是杧果的一大病害。引起炭疽病的炭疽菌属（*Colletotrichum* spp.）新的分类系统的建立，使得多个炭疽菌种在属内的分类地位发生很大变化，为弄清在现行分类体系下广西杧果炭疽病菌的种类，2012—2014 年，从广西田东县、田阳县、凌云县、田林县、平果县、武鸣县、隆安县、龙州县、灵山县及百色市、南宁市、钦州市、防城港市的城区等地采集杧果炭疽病标本，采用组织分离法分离到 33 株杧果炭疽病菌菌株。选择 β－微管蛋白基因（β－tublin gene，TUB2）、谷氨酰胺合成酶基因（glutamine synthetase，GS）、3－磷酸甘油醛脱氢酶基因（glyceraldehydes－3－phosphate dehydrogenase gene，GPDH）、钙调蛋白基因（calmodulin gene，CAL）、内转录间隔区序列（ITS）、肌动蛋白基因（actin gene，ACT）6 个基因进行扩增、测序，将 6 个基因序列按照 ACT－CAL－GPDH－ITS－GS－TUB2 的顺序进行首尾拼接，采用 MEGA6.06 软件以邻接法（neighbor－joining，NJ）构建系统发育树。结合分生孢子、附着孢形态及大小，菌落颜色、质地，菌丝生长速率等对所分离菌株进行鉴定。

鉴定结果显示，广西杧果炭疽病菌有 3 个种类，分别为：*C. asianum*、*C. fructicola* 和 *C. murrayae*，分别占所鉴定菌株的 75%、18.8%、6.2%。*C. asianum* 占所鉴定菌株的一大半，表明该种为优势种。

关键词：杧果；炭疽菌；种类；系统发育

* 基金项目：广西自然科学基金项目（2013GXNSFAA019064）；广西农业科学院科技发展基金项目（桂农科 2014YQ22）

** 作者简介：覃丽萍，副研究员，主要从事真菌学及真菌病害研究；E-mail：qlp961003@163.com

宁夏枸杞内生真菌的分离及其多样性研究

徐全智*
（宁夏大学农学院，银川　750021）

摘　要：为了深入了解内生真菌在其宿主枸杞体内的生态功能和作用机制，更好地利用枸杞内生真菌资源和挖掘其潜在的重要经济价值，本研究在宁夏枸杞研究所品种园和银川森淼枸杞园选择了5个栽培枸杞品种和2个野生枸杞品种作为研究对象，分析了它们的内生真菌种类组成及其分布特点，以期为枸杞内生真菌的合理开发和利用提供理论依据。从宁夏枸杞研究所品种园采集 nq－1、黄果枸杞（*Lycianthes barbatum* L. var. *auranticarpum* K. F. Ching）、黑果枸杞（*Lyciumruthe nicum* Murr）一个栽培品种两个野生品种和银川市森淼枸杞园采集 Ningqi－2、Ningqi－5、Ningqi－7、Ningqi－8 四种栽培枸杞品种共7个品种（所有品种均由宁夏回族自治区林木品种审定委员会审定）的健康枸杞枝条。每个品种的样品采集按照随机取样法进行采集，在枸杞园中随机选取除去边行之外的5行，每行随机选取5株，随机采集每株上、中和下不同部位枝条，共计21份。7个宁夏枸杞品种21份样品按茎、叶、果3个部位采用组织分离法进行内生真菌的分离。根据培养性状、菌落、孢子等的形态特征和 rDNA－ITS 序列分析对分离菌株进行鉴定。21份枸杞样品中共分离得到363株内生真菌，这些菌株分属于链格孢属（*Alternaria*）、曲霉属（*Aspergillus*）、双极霉属（*Bipolaris*）、毛壳菌属（*Chaetomium*）、枝孢属（*Cladosporium*）、镰刀菌属（*Fusarium*）、青霉菌属（*Penicillium*）、光黑壳属（*Preussia*）、裂壳菌属（*Schizothecium*）、粪壳菌属（*Sordariomycetes*）、戴氏霉属（*Taifanglania*）、梭孢壳属（*Thielavia*）、火丝菌属（*Tricharina*）和炭角菌属（*Xylaria*）14个属，其中链格孢属（*Alternaria*）、梭孢壳属（*Thielavia*）和曲霉属（*Aspeirgllus*）为优势属，分别占分离菌数的43%、16%和13%。枸杞植株各器官都有内生真菌分布，其中叶部相对频率最高，为39.94%，茎部内生真菌多样性指数最大，为0.88，且叶与茎部的相似性系数最大。不同枸杞品种间内生真菌分布存在差异，宁杞1号和宁杞2号内生真菌多样性指数和丰富度指数远远高于黄果枸杞和黑果枸杞。宁夏枸杞中蕴藏着丰富的内生真菌，内生真菌在宁夏枸杞中的分布受组织部位和品种的影响，某些内生真菌具有一定的宿主和组织偏好性。栽培品种中分离得到的内生真菌种类普遍比野生品种多。枸杞品种和含有的营养物质及生理环境不同，而不同的真菌对营养物质和生理环境要求不同，从而影响内生真菌的分布。

关键词：枸杞；内生真菌；真菌分布

* 通讯作者：徐全智；E-mail：qzx9525@ qq. com

群体感应淬灭机制及该技术在植物致病细菌防治中的应用*

王　岩**　李　慧　张晓华
（中国海洋大学海洋生命学院，青岛　266100）

摘　要：植物病原菌存在于各种经济作物的不同生长阶段，其致病性严重影响作物生长及经济效益。在植物病原菌中，多种病害由病害菌密度感应系统产生：如解淀粉欧文氏菌能使梨、苹果等植物产生火疫病；沙雷氏菌的密度感应系统能够引起植物软腐病症；胡萝卜果胶杆菌能引起胡萝卜、马铃薯等多种植物的软腐病；水稻谷枯病菌的密度感应系统调控毒力因子毒黄素和脂肪酶 LipA 的合成分泌，使水稻产生病症；玉米细菌性枯萎病菌造成玉米叶枯症状。而群体感应淬灭则可以阻断群体感应从而被视为一种绿色环保型病害防治策略。作为一种新型环境友好型的病害防治策略，其能够有效抑制有害细菌，并且不会产生细菌抗药性。海洋来源的有益菌耐油具柄菌中具有一种高活力群体感应淬灭酶 MomL，能够降解群体感应因子 AHL，具有很好的研究价值，然而该酶在本源菌的调控机制尚不明确。*momL* 在耐油具柄菌基因组中的位置非常特殊，它位于铁硫簇合成基因簇 *suf* 的内部，并且与 *sufD* 和 *sufS* 首尾相连。单基因转录分析及转录组实验显示，*momL* 与 *suf* 以共转录的方式进行表达。在多种逆境环境下，*momL* 与 *suf* 共同高表达：在铁贫瘠及氧化压力环境下，*momL* 与 *suf* 基因簇各个基因均上调 2 ~ 7 倍；并且 *momL* 在逆境下的分泌性明显增强，推测 *momL* 与 *suf* 共同发挥作用来应对外界逆境环境。另外，传统的信号分子吲哚通过诱导氧化压力调节蛋白 OxyR1 来提高菌株在氧化压力下的存活率；通过上述实验，初步得出结论：*momL* - *suf* 的结合是在进化过程中为了应对周围逆境环境变化而产生出的加强型武器。实验显示 MomL 能够明显降低致病菌胡萝卜果胶杆菌的主要致病因子果胶酶的产生，近期我们已将 MomL 在植物生防菌和致病菌中异源表达，发现生防菌的抗菌范围明显增加，抗菌谱更加广泛，目前我们正在对其作用机制及应用进行研究。

关键词：植物致病细菌；群体感应；淬灭机制

---

* 基金项目：国家自然科学基金面上项目（31571970）；国家自然科学基金青年项目：（41506160）；山东省自然科学基金（2014ZRE29014）；博士后基金；中国海洋大学英才计划科研启动基金

** 作者简介：王岩，副教授，主要从事微生物遗传与应用；E-mail：wangy12@ ouc. edu. cn

湖南省永州市柑橘黄龙病发生与防控对策*

周　涛[1,2]**　江　衡[2]　黄文坤[3]　彭德良[3]***

（1. 湖南省永州市农科所，永州　425000；2. 湖南省永州市植保植检站，永州　425000；3. 中国农业科学院植物保护研究所，植物病虫害生物学国家重点实验室，北京　100193）

柑橘黄龙病（Citrus Huanglongbing，HLB）最早于1919年在广东的潮汕地区发生，随着全球柑橘业的发展，柑橘黄龙病也已经传播到亚、非、美等柑橘主产区，并成为危害全球柑橘产业发展最严重的病害。柑橘黄龙病人为传播主要通过带病接穗嫁接和带病苗木调运，自然传播是由取食病树后的带菌柑橘木虱再取食健康树来完成。1967年以前，黄龙病病原菌被认为是病毒，后来又一度被认为是一种类似支原体的原核生物，目前的认知表明，黄龙病病原体是革兰氏阴性菌。近些年来，国内一些专家在柑橘黄龙病疫区发现半穿刺线虫、短体线虫、根结线虫等为害柑橘，其为害症状与柑橘黄龙病的黄化症状类似，从而为该病害的防控增加了难度。

1　柑橘黄龙病的发生与分布

永州市柑橘黄龙病在2003—2004年出现一个流行高峰，目前正处于第二个流行高峰。截至2016年1月，永州市柑橘黄龙病发生面积达20多万亩，显症病株76.4万株。如不及时进行防控，今年显症期的病树将在120万株以上，损失将超过3亿元，严重威胁湖南省以江永香橙和道县脐橙为代表的柑橘产业发展。据对永州市江永、道县、回龙圩三地的调查，目前永州市柑橘黄龙病的发生呈现以下特点：一是发病面积大。江永县柑橘果园全部出现疑似病株，发病面积15万多亩，道县5万多亩，回龙圩2万多亩。辖区内种植的椪柑、蜜柚、沙糖橘均出现不同程度的发病。二是病程进展明显。2015年送检标本感病率比上年同期增加15个百分点，病害流行速度快。三是危害损失严重。感病的果园产量减少、品质降低、收益下降，平均减产20%～50%，平均减少收益1 000～5 000元/亩。

2　柑橘黄龙病的流行原因

连续出现暖冬，致使柑橘木虱顺利越冬。近十年永州市连续出现暖冬天气，平均低温上升2～4℃，冬季在江永、道县、回龙圩等地均能发现柑橘木虱的存在，且数量逐年

---

* 基金项目：中国农业科学院柑橘黄龙病综合防控协同创新项目；中国农业科学院科技创新工程项目

** 第一作者：周涛，男，高级农艺师，主要从事植物病虫害综合防控研究；E-mail：zhoutaozhibao@163.com

*** 通讯作者：彭德良，男，博士生导师，研究员，主要从事植物线虫病害综合治理研究；E-mail：dlpeng@ippcaas.cn

增多。

引进品种多，致使相互感染的机率增加。部分农户私自从广东、福建等地引进品种，未经过严格检疫；引进的一些品种是高感品种，从而加剧了柑橘黄龙病的迅速扩散蔓延。

农户注重眼前利益，致使防控措施不到位。近年香柚和脐橙经济价值高，部分果农只顾眼前利益，对病株不愿整株砍除，加之政府补贴不足，果农不能及时砍除病株，不能统一防控木虱，从而柑橘黄龙病的防控措施不能彻底到位。

3 柑橘黄龙病的防控措施

领导高度重视，树牢防控思想。柑橘黄龙病爆发后，湖南省农委和省植保站高度重视，分别在江永县和零陵区召开全省柑橘黄龙病防控现场会，提出了“砍一株保一园、砍一园保一片、砍一片保一业”的防控思想，做到因地制宜，分类指导，有效治理。同时，省市各级部门安排了专项防控资金，开展木虱防治。

多项措施并举，抓实防控措施。一是全面普查病树。按照市政府的要求，柑橘黄龙病的监测与防控要采取地毯式普查，做到村不漏户、户不漏园、园不漏株，并对病树进行标记。二是全面防控木虱。在冬季清园、春梢、夏梢、秋梢发生期四个关键节点，按照统一分发农药、统一施药时间、统一施药技术、统一检查防效的方式集中防治木虱，确保防治效果。三是组织清除病株。对柑橘黄龙病的病株，先鼓励果农自行砍除，农户未及时砍除的，再组织专业队伍依法依规进行砍伐。四是强化苗木管理。对全市苗圃进行拉网式普查，同时把好柑橘苗木调运关，严厉打击私自调运的行为。五是开展科研合作。2016 年 3 月与中国农业科学院植保所签订了柑橘黄龙病综合防控协同创新合作协议，与湖南农业大学、中国农业科学院柑橘所、华南农业大学等单位建立了良好的合作关系，共同探索柑橘黄龙病的防控新策略。

4 柑橘黄龙病的问题及对策

尽管各级部门做了大量工作，但柑橘黄龙病的防控仍然存在很多问题。一是认识不到位。少数县区领导对防控工作认识不到位，人、财、物投入不足，个别区县甚至未投入资金进行防控。二是木虱防治难。由于分散种植、品种杂乱，导致防治时间、农药品种、施药技术等方面难以统一，影响了整体防治效果。三是病树砍除难。由于果树产值高，部分农户在砍树时只砍除显症的病枝而保留健枝，以期来年挂果。加之病树砍除及处理措施复杂，农户不愿按操作规程砍除病树。三是失管果园多。部分果园柑橘黄龙病发病重，树势差，果农已放弃管理，成了柑橘木虱的避风港和栖息地；加之近几年柑橘价格不稳定，挫伤了果农的积极性，导致失管果园逐年增加。四是资金缺口大。全市防控木虱的资金大约需要 5 700万元以上，但实际到位资金不足 1 000万元，从而使木虱防控措施难以落到实处。

因此，国家和湖南省农委应进一步加大柑橘黄龙病防控经费的支持力度，加强疫区苗木的调运检疫，阻止柑橘黄龙病向临近省市蔓延。同时，在疫区建立柑橘黄龙病快速检测实验室，加强与科研单位的合作与创新，进一步全面深入开展柑橘黄龙病的综合防控，确保柑橘黄龙病防控及时、措施得力，从而保障湖南省柑橘产业的健康有序发展。

农业害虫

褐飞虱精氨酸合成基因的克隆及功能分析*

袁三跃[1,2]** 万品俊[1] 陈 旭[2] 王渭霞[1] 赖凤香[1] 李国清[2] 傅 强[1]***

(1. 中国水稻研究所水稻生物学国家重点实验室，杭州 310006；2. 南京农业大学植物保护学院农作物生物灾害综合治理教育部重点实验室，南京 210095)

摘　要： 精氨酸是蛋白质、脯氨酸、肌酸、谷氨酸、γ－氨基丁酸、尿素、胍基丁胺以及一氧化氮信号分子等的前体物质，参与昆虫氨基酸代谢、免疫应答等过程。本文基于褐飞虱及其体内类酵母共生菌的氨基酸合成途径和分子生物学技术，得到16个参与精氨酸合成途径的相关基因，共编码12种酶。此外，进一步得到了长度为1 687bp的*EdArg*4基因的全长cDNA序列，其中1 401bp的开放阅读框编码466个氨基酸残基，推测蛋白质的分子量为52.3kD。系统发育分析表明，*EdArg*4可能源于类酵母共生菌。组织表达谱表明，*EdArg*4在褐飞虱脂肪体中的转录水平显著高于中肠、足、卵巢和表皮等组织。不同发育阶段表达谱表明，*EdArg*4在褐飞虱各个发育阶段中均表达，其中在4龄第1天的表达量最高，3龄第3天次之，2龄第2天最低。此外，与对照组相比，注射ds*EdArg*4后，*EdArg*4的表达量显著降低至20%～60%，血淋巴中游离精氨酸的含量降低至50%，死亡率提高至15%～25%，若虫发育历期延长0.5～1天，成（若）虫的翅、足、触角和腹部表现畸形。与此同时，精氨酸合成途径的其他基因的表达量也相应发生了变化。本研究结果为进一步研究精氨酸在褐飞虱生长发育中分子机理提供了基础资料。

关键词： 褐飞虱；精氨酸；*EdArg*4；RNAi；生长发育

---

* 基金项目：国家自然科学基金面上项目（NSFC31371939）

** 作者简介：袁三跃，男，硕士研究生；E-mail：yuansanyue@163.com

*** 通讯作者：傅强，研究员；E-mail：fuqiang@caas.cn；李国清，教授；E-mail：ligq@njau.edu.cn

Bt 水稻对褐飞虱的生态抗性

王兴云[*]　李云河　彭于发[**]
（中国农业科学院植物保护研究所，植物病虫害生物学国家重点实验室，北京　100193）

摘　要：自首例转基因作物在美国商业化应用，转基因作物的全球种植面积得到了迅猛增长。中国已经研发了多个高抗螟虫的转基因水稻品种，其中最具代表性的转 cry1Ac/cry1Ab 基因水稻（华恢 1 号及其转基因杂交稻 *Bt* 汕优 63）已通过国家农业转基因生物安全委员会的复核性验证，于 2009 年 8 月 17 日被授予在湖北省生产应用的安全证书，而且 2008 年启动实施的《转基因生物新品种培育重大专项》将转基因水稻，特别是转 *Bt* 基因抗虫水稻作为优先培育和重点推广的领域。这预示着转基因水稻在我国即将进行商业化生产。然而，转 *Bt* 水稻在带来巨大经济效益的同时，可能还有一些问题尚未明确，如对非靶标昆虫的影响等。田间调查发现，与非转 *Bt* 稻田相比，稻田的非靶标昆虫如褐飞虱数量显著降低，但实验室研究发现 *Bt* 蛋白对褐飞虱没有毒杀作用；同时，生长在 *Bt* 稻株上的褐飞虱与对照植株相比，各项生命参数也没有显著性差异。所以，我们提出研究假设，褐飞虱从 *Bt* 稻田迁入非 *Bt* 稻田是由于 *Bt* 稻田中鳞翅目昆虫减少引起的。对此，我们展开研究，发现褐飞虱对健康的 *Bt* 稻株和非 *Bt* 稻株没有选择性差异；但当 *Bt* 稻株或非 *Bt* 稻株被二化螟为害后，与健康稻株相比，褐飞虱明显偏好于为害株。因此，当 *Bt* 稻田和非 *Bt* 稻田相邻种植时，由于 *Bt* 稻田受鳞翅目昆虫为害减少，导致褐飞虱从 *Bt* 稻田迁入非 *Bt* 稻田。这些结果表明，*Bt* 水稻对褐飞虱存在生态抗性。

关键词：水稻；褐飞虱；二化螟；生态抗性

---

* 作者简介：王兴云，女，博士研究生，研究方向为转基因生物安全评价；E-mail：wangxingyun402@163. com

** 通讯作者：彭于发；E-mail：yfpeng@ ippcaas. cn

抗/感稻飞虱水稻品种混播种植防控靶标和非靶标害虫效果评价研究

李　卓[1*]　Megha N. Parajulee[2]　陈法军[1**]
(1. 南京农业大学植物保护学院昆虫学系，南京　210095；
2. 得克萨斯农工大学生态农业研究与推广中心，美国得克萨斯州　77843)

摘　要：随着抗性作物在世界范围内的种植，其靶标害虫、非靶标害虫的发生防控受到了人们的广泛关注。本文通过选取抗稻飞虱水稻品种（含*Bph*14基因的广两优476；简称抗虫R）与感虫品种（TN；简称感虫S）的进行种子混播处理（设6组处理：即100%抗虫处理R100、5%感虫和95%抗虫处理S05R95、10%感虫和90%抗虫处理S10R90、20%感虫和80%抗虫处理S20R80、40%感虫和60%抗虫处理S40R60、100%感虫处理S100），通过研究各混播比例下靶标害虫（褐飞虱、白背飞虱）与非靶标害虫（大螟、二化螟和稻纵卷叶螟）的种群发生和其灾变规律，评估了各混播比例对靶标、非靶标害虫的防治效果。研究结果表明，对于靶标害虫（褐飞虱、白背飞虱）而言，混播比例中抗性水稻占90%以上其防治效果良好；对非靶标害虫（大螟、二化螟和稻纵卷叶螟），纯感虫混播组发生量最小，抗性水稻占90%的混播组防控效果次之，纯抗混播组效果最差。就防控田间害虫整体而言，抗性水稻占90%的混播组对靶标害虫、非靶标害虫都具有良好的防治效果，在防治主要害虫的同时也抑制了次要害虫的发生，且根据David W. Onstad所述避难所原理，混播相较于纯种播种更减缓了害虫抗性的产生，为利用生物多样性防治农业害虫提供了新思路，有利于稻飞虱、螟虫的综合治理。

关键词：抗稻飞虱水稻；感虫品种；种子混播处理；靶标害虫；非靶标害虫；种群发生量

---

* 作者简介：李卓，男，博士研究生，主要从事利用生物多样性防治害虫和地上部地下部互作防虫及抗虫机理研究；E-mail：310676009@ qq. com

** 通讯作者：陈法军；E-mail：fajunchen@ njau. edu. cn

全基因组鉴定和分析褐飞虱 *bHLH* 基因[*]

万品俊[**]　袁三跃　王渭霞　陈　旭　赖凤香　傅　强[***]
（中国水稻研究所水稻生物学国家重点实验室，杭州　310006）

摘　要： bHLH 转录因子在昆虫的神经形成、固醇代谢、昼夜节律、器官形成、嗅觉神经元的形成等多个发育过程中具有重要的作用。bHLH 转录因子的鉴定和分析可作为褐飞虱的防控具有潜在靶标。本文通过褐飞虱全基因组数据鉴定了 60 个编码 bHLH 转录因子的基因（*NlbHLHs*）。系统发育分析表明，60 个 *bHLH* 基因归类为 40 个家族，其又可分为 A（25 个）、B（14 个）、C（10 个）、D（1 个）、E（8 个）、F（2 个）等 6 个类群。这些 *bHLH* 基因中，具有内含子的 bHLH 成员数量要多于其他已知的物种的 bHLH 成员，且其内含子的平均长度小于豌豆蚜 bHLH 内含子的平均长度。直系进化关系表明，NlbHLHs 可能与已知的 bHLHs 具有相同或类似的生物学功能。与其他昆虫的 bHLH 基因数量相比，褐飞虱具有最多的基因成员。此外，褐飞虱的 *SREBP*、*Kn*（*col*）、*Tap*、*Delilah*、*Sim*、*Ato* 和 *Crp* 等家族存在基因复制现象。本研究为进一步研究褐飞虱 bHLH 转录因子的生物学功能提供了基础资料。

关键词： 褐飞虱；bHLH 转录因子；内含子；基因复制

---

* 基金项目：国家自然科学基金（31501637）；浙江省自然科学基金（Q15C140014）和中国农业科学院科技创新工程“水稻病虫草害防控技术科研团队”

** 作者简介：万品俊，男，博士，助理研究员，主要从事昆虫生理生化与分子生物学和水稻害虫绿色防控技术研究；E-mail：wanpinjun@ caas. cn

*** 通讯作者：傅强，研究员；E-mail：fuqiang@ caas. cn

基于 WRF-FLEXPART 模式的桂北地区白背飞虱迁入个例分析*

王　健**　张云慧　李祥瑞　朱　勋　魏长平　阎维巍　李亚萍　程登发***
（中国农业科学院植物保护研究所，植物病虫害生物学国家重点实验室，北京　100193）

摘　要：白背飞虱是一种世界性的迁飞性害虫。广西兴安县位于“湘桂走廊”的要冲，是白背飞虱迁入迁出的中转站，其种群动态影响着长江中下游主产区田间发生程度。

本研究于 2012 年至 2015 年利用自动分时段取样的探照灯诱虫器对以兴安县为代表的“湘桂走廊”稻区稻飞虱的迁飞行为进行了系统观测，结合田间调查，从夜晚的扑灯节律为出发点，分析了扑灯节律对轨迹模拟的影响；通过多站点稻飞虱迁飞模拟，验证 WRF-FLEXPART 模式在大气背景分析和轨迹模拟中的适用性，以提高轨迹模拟的精确度；选取 2012 年 6 月 4—10 日白背飞虱一次典型的迁入事件来模拟中小尺度迁飞特征并分析其机理，明确不同物理胁迫对稻飞虱迁飞的影响。具体过程：运用新一代高分辨率中尺度数值模拟模式 WRF（Weather Research and Forecast）对白背飞虱迁飞过程的大气背景进行模拟，选取其降落的相关物理量利用 GrADS 进行分析，并驱动 FLEXPART 模式进行轨迹分析以明确此次迁飞过程的虫源地。结果表明：探索 WRF 模式应用于昆虫迁飞研究的方法，提高了大气背景场的丰富度和时空分辨率；利用 FLEXPART 模式进行轨迹分析，增添了对流参数、地表胁迫和各种地形参数，能更为真实的反映白背飞虱的迁飞过程；下沉气流、降雨胁迫、热力胁迫、地形胁迫共同作用，使白背飞虱聚集降落。水平流场的反气旋性曲变区、负涡度区、正散度区以及垂直气流场下沉气流正值区，与降虫区域吻合。

本研究为白背飞虱迁入种群中小尺度虫源地和降落机制的阐明提供必要的数据支持，对白背飞虱等作物害虫的精细化预报具有重要的指导意义。

关键词：白背飞虱；WRF-FLEXPART 模式；预警预报

---

* 基金项目：中国－挪威国际合作项目（CHN－2152，14－0039）国家自然基金（311101431）

** 作者简介：王建，硕士研究生，研究方向为昆虫生态学；E-mail：13141253421@163.com

*** 通讯作者：程登发；E-mail：dfcheng@ippcaas.cn

近零磁场对白背飞虱趋光与飞行能力表型影响的分子机理探究*

万贵钧[1**]　潘卫东[2]　陈法军[1***]

（1. 南京农业大学植物保护学院昆虫学系，南京　210095；

2. 中国科学院电工研究所生物电磁学北京市重点实验室，北京　100190）

摘　要： 地磁场（Geomagnetic field，GMF）的强度和方向并非恒定，而是因时空分布不同而变化。除目前发现的GMF平均强度缓慢衰减外，以强度降低为特点的突发性GMF扰动和异常现象（如地磁暴等），以及迁徙性动物迁出与迁入地之间的GMF强度差异对动物生理和行为的磁场效应影响仍不明确。本研究以正常GMF为参照，以可模拟GMF强度降低的近零磁场（Near－zero magnetic field，NZMF）为处理，开展了NZMF对迁飞性昆虫白背飞虱（*Sogatella furcifera*）正趋光性和飞行能力的磁场效应探究。相对于GMF，本研究首次发现NZMF可显著增强白背飞虱成虫的正趋光性并可影响成虫的飞行能力，且其对成虫飞行能力的磁场效应表现出雌雄二型现象。基于表型，对兼具生物钟光受体和磁受体等功能的多功能基因 *cryptochromes*（*CRY*1 和 *CRY*2），以及位于脂动激素（AKH）/脂动激素受体信号通路（与能量代谢和抗氧化应激相关）中的基因 *AKH* 和 *AKHR* 的转录表达分析发现，以上基因的转录表达模式分别与白背飞虱成虫正趋光性（*CRY*1 和 *CRY*2）和飞行能力（*AKH* 和 *AKHR*）存在正相关关系。由此，并基于已有的磁场效应研究，我们推测NZMF对成虫正趋光性和飞行能力的磁场效应可能通过与抗氧化应激相关的“隐花色素－生物钟－脂动激素/脂动激素受体”信号通路实现。本研究展现了一条可串联目前磁场效应主要分子机制：“*cryptochromes* 介导的光依赖性磁敏感”“*cryptochromes* 介导的光依赖性磁敏感生物钟”与“磁场强度变化介导的氧化应激”三者的可行线索，梳理并揭示了更为系统的磁场效应分子机理，并对GMF强度变化可能引起的基于动物生理和行为的磁场效应提供了新见解。

关键词： 磁场效应；正趋光性；飞行能力；抗氧化应激；近零磁场；白背飞虱

---

* 基金项目：国家自然科学基金项目（31470454，31170362 和 31272051）；中国博士后科学基金（2016M590470）；国家基础研究“973”项目（2010CB126200）；国家自然科学基金重点项目（51037006）

** 作者简介：万贵钧，男，师资型博士后，主要从事稻飞虱生理和行为的磁生物学研究与灰飞虱－RSV 病毒互作研究；E-mail：guijunwan@ 126. com

*** 通讯作者：陈法军；E-mail：fajunchen@ njau. edu. cn

稻纵卷叶螟肠道细菌群落结构与多样性分析*

刘小改[1,2**]　杨亚军[2]　廖秋菊[1]　徐红星[2]　刘映红[1***]　吕仲贤[2***]

（1. 西南大学植物保护学院，重庆市昆虫学及害虫控制工程重点实验室，重庆　400715；
2. 浙江省农业科学院植物保护与微生物研究所，杭州　310021）

摘　要：为了明确水稻主要害虫稻纵卷叶螟 *Cnaphalocrocis medinalis*（Guenée）幼虫肠道细菌的群落结构和多样性，本研究利用 Illumina MiSeq 技术对幼虫肠道细菌的 16S rDNA V3 - V4 变异区序列进行测序，应用 USEARCH 和 QIIME 软件整理和统计样品序列数和操作分类单元（operational taxonomic unit，OTU）数量，分析肠道细菌的丰度和多样性。结果表明，稻纵卷叶螟 4 个数量不同的 4 龄幼虫样本（1 头、2 头、3 头和 5 头）共得 165 386条 reads，在 97% 相似度下可将其聚类为 622 个 OTUs，其中，样本 1RLF 共有 42 316 条 reads，聚类为 204 个 OTUs；样本 2RLF 共有 38 076 条 reads，聚类为 487 个 OTUs；样本 3RLF 共有 43 450 条 reads，聚类为 190 个 OTUs；样本 5RLF 共有 41 544 条 reads，聚类为 401 个 OTUs。4 个样本总共注释到 22 个门，43 个纲，82 个目，142 个科，207 个属，251 个种；其中，样本 1RLF 鉴定获得 14 个门，24 个纲，48 个目，78 个科，109 个属，94 个种；样本 2RLF 共鉴定获得 20 个门，37 个纲，71 个目，126 个科，178 个属，204 个种；样本 3RLF 共鉴定获得 12 个门，22 个纲，43 个目，72 个科，97 个属，91 个种；样本 5RLF 共鉴定获得 17 个门，34 个纲，61 个目，104 个科，150 个属，174 个种。其中在门水平上，优势菌主要为变形菌门（Proteobacteria）（26% ~34%）、放线菌门（Actinobacteria）（23% ~32%）、绿弯菌门（Chloroflexi）（9% ~12%）、酸杆菌门（Acidobacteria）（10% ~11%）和厚壁菌门（Firmicutes）（4% ~10%）；在纲水平上，优势纲为放线菌纲（Actinobacteria）（23% ~32%）、酸酸杆菌纲（Acidobacteria）（9% ~11%）、α - 变形菌纲（Alphaproteobacteria）（10% ~13%）、β - 变形菌纲（Betaproteobacteria）（6 - 8%）、γ - 变形菌纲（Gammaproteobacteria）（6% ~12%）；在属水平上，类诺卡氏属（*Nocardioides*）、*Gaiellales* 为共有优势属。稻纵卷叶螟肠道细菌 Simpson 指数、Shannon 指数、Ace 指数和 Chao 指数分别为 0. 16 ~0. 65、0. 94 ~3. 22、212 ~488 和 210 ~490；1RLF 和 3RLF 的 Chao 指数（221、212）、Ace 指数（223、210）低于 2RLF 和 5RLF 的 Chao 指数（488、407）、Ace 指数（490、411），说明 2RLF 和 5RLF 肠道中微生物群落的丰富度

---

* 基金项目：本研究得到国家水稻产业技术体系（CARS - 01 - 17）及国家自然科学基金（31501669）资助

** 作者简介：刘小改，女，硕士研究生，研究方向为水稻害虫的发生与防治；E-mail：Xiaogai_ liu@ 163. com

*** 通讯作者：刘映红，男，研究员；E-mail：yhliu@ swu. edu. cn
吕仲贤，男，研究员；E-mail：luzxmh2004@ aliyun. com

较高。2RLF、5RLF 的 Shannon 指数（3.22、1.87）远大于 1RLF、3RLF 的 Shannon 指数，说明 2RLF、5RLF 的肠道微生物群落多样性高。1RLF、3RLF、5RLF 的 Simpson 指数远大于 2RLF 的 Simpson 指数，说明稻纵卷叶螟 1RLF、3RLF、5RLF 肠道微生物的优势种集中程度低于 2RLF。从结果可看出，稻纵卷叶螟幼虫肠道细菌多样性比较丰富，个体间微生物群落结构和多样性存在差异，该结果为稻纵卷叶螟肠道微生物的功能研究及其在防治中的应用奠定了基础。

关键词：稻纵卷叶螟；肠道细菌；多样性；16S rDNA；基因测序

转 Cry1C 水稻对大型蚤的生长发育及其体内保护酶活性没有影响*

陈　怡**　杨　艳　陈秀萍***　彭于发

（中国农业科学院植物保护研究所，植物病虫害生物学国家重点实验室，北京　100193）

摘　要：枝角类节肢动物广泛的存在于水稻田水生生态系统中，Bt 水稻的种植会使 Bt 蛋白残留于水体中，从而使枝角类节肢动物暴露于这些 Bt 杀虫蛋白。为了评价转 Cry1C 水稻（T1C－19）对枝角类节肢动物的影响，该试验选用大型蚤（*Daphnia magna*）作为枝角类节肢动物的代表进行 21 天的繁殖试验。分为以下两个试验：①纯蛋白试验：大型蚤分别暴露在含重铬酸钾，Cry1C 纯蛋白的培养液中，以纯培养液作为空白对照；②水稻稻谷粉试验：大型蚤分别暴露于含 Cry1C 水稻稻谷粉或其亲本对照（MH63）水稻稻谷粉的培养液中，以纯培养液作为空白对照。通过测量和分析比较大型蚤的存活率、体重、体长、产首胎时间、产蚤数目以及三种保护酶（超氧化物歧化酶 SOD、过氧化物酶 POD、过氧化氢酶 CAT）的活性等参数。结果表明，① Cry1C纯蛋白组和空白对照组的大型蚤在生长发育及酶活性参数之间无显著性差异，而重铬酸钾阳性对照组显著的抑制了大型蚤的生长发育且大型蚤体内的保护酶活性显著升高；② T1C－19 水稻稻谷粉组和 MH63 水稻稻谷粉组的大型蚤的生长和生殖参数均显著小于空白对照组，但两组间无显著性差异。综合以上两个试验，我们得出结论：转 Cry1C 水稻不会对大型蚤的生长发育产生影响。

关键词：转基因水稻；Bt 蛋白；大型蚤；环境安全；非靶标效应

---

* 基金项目：转基因生物新品种培育重大专项（2016ZX08011－001）

** 作者简介：陈怡，女，硕士研究生，主要从事昆虫生态学及转基因生物环境安全评价研究；E-mail：431627585@qq.com

*** 通讯作者：陈秀萍；E-mail：cxpyuan@gmail.com

赤拟谷盗对4种小麦挥发物的触角电位及行为反应

董　震[2*]　汪中明[1]　张洪清[1]　张　涛[1]　伍　祎[1]
江亚杰[2]　章　妹[1]　林丽莎[3]　曹　阳[1**]
（1. 国家粮食局科学研究院，北京　100037；2. 河南工业大学，郑州　450001；
3. 福建省粮油科学技术研究所，福州　350001）

摘　要：本研究拟通过离体触角测定法探索利用化学信息物质监测、防治赤拟谷盗的方法。赤拟谷盗由于其触角微小，限制了触角电位技术在其中的应用。本文探索了赤拟谷盗EAG测量过程中的基本操作方法及环境条件，揭示了其离体触角EAG反应的适应性和持续时间，为赤拟谷盗EAG的测量提供参考；利用EAG技术和四臂嗅觉仪检测了赤拟谷盗对4种不同浓度小麦挥发物的触角电位及行为反应，对比分析了触角电位与行为反应的关系。结果表明，EAG测量过程中两次刺激的最小间隔为60s；30min内EAG值变化幅度较小，下降幅度约5%，为保证测试准确性，测试时间不应超过30min；在一定浓度范围内，赤拟谷盗对4种小麦挥发物的EAG反应随挥发物浓度的增加而增强，但水杨酸甲酯在5μg/μl后赤拟谷盗EAG值开始下降；行为反应测试中，苯甲醛表现出对赤拟谷盗一定的引诱作用。EAG结果与行为反应有一定的相关性，但也存在区别。因此，要确定气味物质对昆虫的活性，还需要到实际环境中进行试验。

关键词：赤拟谷盗；昆虫；防治

* 作者简介：董震，农业昆虫与害虫防治；E-mail：1157081754@qq.com
** 通讯作者：曹阳，教授；E-mail：cy@chinagrain.org

六种 miRNAs 在麦长管蚜不同发育时期的表达谱分析*

魏长平[1,2**]　李祥瑞[1]　张云慧[1]　朱　勋[1]　张方梅[3]　刘　怀[2]
阎维巍[1]　李亚萍[1]　王　健[1]　程登发[1***]
（1. 中国农业科学院植物保护研究所，植物病虫害生物学国家重点实验室，北京　100193；
2. 西南大学植物保护学院，重庆　400716；3. 信阳农林学院，信阳　464000）

摘　要：麦长管蚜［*Sitobion avenae*（Fabricius）］是我国重要的小麦害虫，其可受外界环境条件和生物因素调节生成有翅蚜和无翅蚜，有翅型个体可远距离迁飞寻找寄主植物，除直接刺吸小麦汁液外，还是传播麦类病毒病的重要媒介。microRNA 作为重要的基因转录后调控因子，在昆虫的生长发育及代谢过程中发挥着重要调控作用，microRNA 广泛参与几乎所有的生物发育过程，明确其在昆虫生长发育中的调控作用已成为新的研究热点。本研究通过荧光定量 PCR 技术分别检测了麦长管蚜不同翅型不同发育时期 6 种 microRNA 的表达情况，并分析了其在两翅型不同发育时期的表达模式。结果表明 6 个 miRNAs 在麦长管蚜有翅蚜和无翅蚜的伪胚胎、各龄期若蚜及成蚜中均有表达，但在两翅型不同发育阶段的相对表达量不同，各自具有独特的表达模式。总体来看，大部分 miRNA 在胚胎时期及若蚜时期的相对表达量均较低，在成蚜期相对表达量较高。相比其他 5 个 miRNAs 来说，*miR*-8 随着龄期的变化其表达量变化比较明显，呈现规律性递增趋势，其余 5 个 miRNAs 的相对表达量在麦长管蚜不同龄期中呈现不规律性的递增或递减。结合前期的靶基因预测和 KEGG 通路分析，其中 *miR*-277 和 *miR*-7 在无翅蚜中低表达，可能参与调控两种翅型蚜虫的寿命的长短；*miR*-315，*miR*-1 和 *miR*-8 可能在麦长管蚜若蚜到成蚜的发育过程中，对麦长管蚜肌肉和翅的发育承担着重要的调节作用。研究结果为进一步深入开展麦长管蚜 miRNA 功能验证及生长发育调控机理研究奠定了基础。

关键词：麦长管蚜；microRNA；生长发育；表达模式

---

* 基金项目：国家自然科学基金（31301659）；国家科技支撑计划 2012BAD19B04；现代农业产业技术体系 CARS－03

** 作者简介：魏长平，男，硕士研究生，研究方向为昆虫分子生物学；E-mail：wcpboke@ yeah. net
*** 通讯作者：程登发，研究员；E-mail：dfcheng@ ippcaas. cn

麦长管蚜实时定量 PCR 内参基因的筛选*

阎维巍** 张云慧 李祥瑞 朱 勋 魏长平 李亚萍 王 健 程登发***
（中国农业科学院植物保护研究所，植物病虫害生物学国家重点实验室，北京 100193）

摘 要：实时荧光定量 PCR（qRT-PCR）技术具有高灵敏度、可重复性、精确性的特点，是目前最常用的基因定量分析方法之一。进行 qRT-PCR 试验时，内参基因必须在给定的实验条件下稳定表达。为促进基因表达研究，获得更准确的表达量数据，筛选相对稳定的内参基因是必要的基础工作。

麦长管蚜（*Sitobion avenae*）是我国麦类作物的主要害虫之一，具有分布广、数量大、繁殖力强的特点，为了适应环境变化，能够进行远距离迁飞，并可以传播植物病毒，影响小麦植株的正常生长，导致小麦产量严重下降，给农业生产造成巨大损失。因此，麦长管蚜基因表达分析的研究对农业麦蚜害虫防治具有重要意义，然而目前尚无关于麦长管蚜内参基因稳定性研究的报道。本研究运用 4 种方法（ΔCt 法、BestKeeper，NormFinder 和 geNorm），结合一个在线工具 RefFinder，分析评价 qRT-PCR 实验中麦长管蚜 10 种常用持家基因：pT-actin 1（ACT）、ubiquitin ribosomal protein S27A fusion protein（RpS27S）、vacuolar-type H +-ATPase（v-ATPase）、28S ribosomal RNA（28S）、ribosomal protein S11（RPS11）、ribosomal protein L14（RPL14）、SDHB（succinate dehydrogenase B）、NADH（NADH dehydrogenase）、elongation factor 1 alpha（EF1a）和 heat-shock protein 90（HSP90），在不同实验条件下（不同发育时期、不同温度胁迫、不同密度处理、不同组织部位、不同药剂处理、报警信息素处理、抗生素处理和不同人工食物饲喂）的表达稳定性。为进一步分析麦长管蚜和其他生物内参基因稳定性奠定了基础。在利用该技术成功阐明了多种昆虫基因功能的同时，为控制和防治农业害虫领域奠定了研究基础。

关键词：qRT-PCR；麦长管蚜；内参基因；筛选

---

* 基金项目：国家自然科学基金（31301659）；国家科技支撑计划 2012BAD19B04；现代农业产业技术体系 CARS－03

** 作者简介：阎维巍，硕士，研究方向为分子生物学

*** 通讯作者：程登发；E-mail：dfcheng@ippcaas.cn

抗 Cry1Ac 杀虫晶体蛋白近等基因系小菜蛾中肠多组学研究*

朱　勋[1**]　李祥瑞[1]　魏长平[1]　阎维巍[1]　李亚萍[1]
王　健[1]　程登发[1]　张友军[2***]
(1. 中国农业科学院植物保护研究所，植物病虫害生物学国家重点实验室，北京　100193；
2. 中国农业科学院蔬菜花卉研究所，北京　100081)

摘　要：苏云金芽孢杆菌（*Bacillus thuringiensis*，Bt）是应用最为成功的生物杀虫剂，但对其抗性机制认识的不足，严重制约着 Bt 杀虫蛋白的进一步开发与应用，并威胁着转 Bt 基因作物的使用寿命。十字花科重要害虫小菜蛾［*Plutella xylostella*（L.）］是最早被发现在田间对 Bt 产生抗性的害虫。前期研究发现，小菜蛾对 Bt Cry1Ac 的抗性由多受体基因变化所致，由其上游的丝裂原活化蛋白激酶（MAPK）途径调控。

本研究以抗 Cry1Ac 近等基因系小菜蛾幼虫中肠为研究材料，开展全基因组甲基化、中肠转录组和蛋白质组联合测序，通过多层组学整合分析，建立小菜蛾中肠 DNA 甲基化控制基因表达的分子调控网络，研究评价 DNA 甲基化对小菜蛾抗 Cry1Ac 的贡献。

实验结果表明，小菜蛾全基因组胞嘧啶甲基化率约为 0.8%，且以 CG 形式为主，抗性品系的甲基化率低于 Cry1Ac 敏感品系的甲基化率。小菜蛾中 mCG 主要集中在基因区，且以低甲基化的形式为主。在甲基化的基因中，mCG 的密度明显向 CDS 的 5’端偏斜。我们在抗感品系间鉴定到了 425 个差异甲基化的基因，在抗性种群中有 65.4% 的差异甲基化基因是低甲基化基因，在这些低甲基化基因中我们鉴定到了与杀虫剂抗性相关的候选基因。对抗敏种群小菜蛾幼虫中肠转录组与 iTRAQ 定量蛋白组联合分析，发现了大量可能的 Bt 受体和与抗性相关的蛋白质差异表达，其中包括 6 个 ABC 转运蛋白、4 个氨肽酶 N 等。其中发现多个与丝裂原活化蛋白激酶（MAPK）代谢途径相关的基因，在两个种群中存在表达差异，这些基因或蛋白的表达差异可能跟与 MAPK 调控受体引起抗性有关。我们分析了基因的甲基化与表达量之间的关系，发现基因表达量的高低与甲基化状态有关而与甲基化率高低无关，甲基化基因的表达量显著高于非甲基化基因的表达量。暗示小菜蛾基因区域的甲基化对基因的表达具有重要调控作用。

研究结果为 MAPK 途径控制多受体基因变化的遗传调控网络的阐明提供数据支持，对 Bt 杀虫蛋白的开发与可持续应用具有重要的理论和实践意义。

关键词：Bt；小菜蛾；近等基因系；甲基化；转录组

---

* 基金项目：国家自然科学基金项目（31601669）；蔬菜有害生物控制与优质栽培北京市重点实验室项目

** 作者简介：朱勋，博士，副研究员，研究方向为昆虫生理与分子生物学；E-mail：xzhu@ippcaas.cn

*** 通讯作者：张友军；E-mail：zhangyoujun@caas.cn

高幼虫密度胁迫对二化螟生长发育的影响*

戴长庚** 李鸿波 张昌荣 胡 阳***
（贵州省植物保护研究所，贵阳 550006）

摘 要：为明确二化螟幼虫群集密度对种群增长的影响，在室内用人工饲料饲养比较研究了不同幼虫密度（100 头/盒、200 头/盒、400 头/盒、600 头/盒和 800 头/盒）对二化螟生长发育的影响。结果表明，高幼虫密度胁迫下加快了幼虫和蛹的发育，降低了二化螟存活率和蛹重，但对二化螟成虫性比、寿命、产卵量和卵的孵化率的影响不显著。低密度 100 头/盒下二化螟幼虫发育最好，其种群增长指数为 56.9，化蛹率达 61.4%，雌蛹重为 58.3mg，雄蛹重为 43.0mg，但其幼虫 + 蛹历期较长，雌虫为 58.5 天，雄虫为 53.9 天。高密度 800 头/盒胁迫下二化螟幼虫发育最差，其种群增长指数仅 24.1，化蛹率仅 35.7%，雌蛹重为 48.9mg，雄蛹重为 38.2mg，但其幼虫 + 蛹历期较短，雌虫为 50.5 天，雄虫为 47.9 天。试验表明在恒定的空间和有限的食物中，幼虫密度过大，导致种内竞争增加，使得幼虫可能倾向以更快的速度化蛹，确保其存活率以更好的繁殖后代。

关键词：二化螟；幼虫密度；种内竞争；生长发育；生命表

* 资助项目：贵州省农业攻关计划（NY〔2015〕3026）；黔农科院人才启动项目（2015002）；国家自然科学基金（31171840）

** 作者简介：戴长庚，主要从事昆虫生态学和害虫综合防治的研究；E-mail：ggyydai0328@qq.com

*** 通讯作者：胡阳；E-mail：huyangzb@foxmail.com

二点委夜蛾触角感器的扫描电镜观察*

陆俊姣** 任美凤 董晋明***
（山西省农业科学院植物保护研究所，太原 030032）

摘 要：二点委夜蛾（*Athetis lepigone* MÖschler）属鳞翅目夜蛾科，近年来，由于大面积推行小麦秸秆还田、玉米免耕等轻型栽培技术，加之适宜的气候环境，2011 年二点委夜蛾在黄淮海夏玉米田中发生较重，全国共有 6 省 47 市 302 个县（区）的夏玉米受到为害，发生面积近 220 万 hm^2。山西省二点委夜蛾主要发生在南部的小麦、玉米一年两熟区，尤以小麦套播玉米田发生最为严重，发生面积高达 21.6 万 hm^2，造成严重缺苗断垄现象。调查显示，二点委夜蛾在山西南部 1 年发生 4 代，在山西中北部忻州市的春玉米区也有发生，但种群数量很少，对春玉米基本不造成为害。研究昆虫触角上各种感受器的形态、分布和功能，可为研究其行为及其防治提供帮助。利用扫描电镜对二点委夜蛾触角感器进行观察发现，二点委夜蛾雌雄虫触角均为丝状，共 50 节，触角均由柄节、梗节和 48 节鞭节组成。其上着生感器种类有：毛形感器（St）Sensilla trichodea、Böhm 氏鬃毛（Bb）Böhm bristles、耳形感器 Sensilla auricillica、刺形感器（Sc）Sensilla chaetica、锥形感器（Sb）Sensilla basiconica、鳞形感器 Sensilla squamiformia 和腔形感器（Sca）Sensilla cavity 共 7 种类型的感器。上述各种感器在二点委夜蛾雌雄成虫的触角上均有发现，但在每节上的数量和分布不同。毛形感器数量最多，在触角的各亚节上均有分布。

关键词：二点委夜蛾；触角感器；扫描电镜

---

* 基金项目：公益性行业（农业）科研专项（201503124）；山西省农业科学院博士后研究基金（BSH－2015JJ－004）

** 作者简介：陆俊姣，女，博士，主要从事土壤有害生物综合治理研究；E-mail：lujunjiao@126. com

*** 通讯作者：董晋明，男，研究员，主要从事植物保护与绿色食品开发；E-mail：dongjinming59@163. com

小菜蛾种群动态及综合治理技术研究*

李振宇** 陈焕瑜 胡珍娣 尹 飞 林庆胜 包华理 冯 夏***

（广东省农业科学院植物保护研究所，
广东省植物保护新技术重点实验室，广州 510640）

摘 要：小菜蛾［*Plutella xylostella*（L.）］是世界性十字花科蔬菜毁灭性害虫。目前，小菜蛾的防治主要依赖化学杀虫剂，抗药性问题严重。通过回顾和总结不同经纬度梯度小菜蛾种群的动态发现，南方地区小菜蛾发生较北方重，但随着气候变暖，小菜蛾发生呈北移趋势。近年来青海、内蒙古等油菜田小菜蛾发生加重，原来为害不重的北方地区（如山东）小菜蛾为害逐年加重。通过基于日最高、最低气温和降雨构建的DYMEX时间动态模拟模型，模拟不同地点小菜蛾种群发生动态。设置常年连续种植、天敌、迁飞和杀虫剂的使用情况，模拟田间种群发生发展动态，研究种群发展与各因素的关系。模拟结果表明，生物防治小菜蛾种群抗药性治理作用明显，通过适时合理应用生物防治治理策略，能够有效减少化学药剂的使用量；而小气候基本相同区域的研究结果表明休耕、轮作及连作条件下，小菜蛾的种群动态差异显著。该模型丰富了不同经纬度梯度害虫种群动态研究的模式，未来通过种群动态监测和天气输入系统的支持，将成为有效的虫害预测预报系统平台。

关键词：小菜蛾；种群动态；模型

---

* 基金项目：广东省科技计划项目（2015A020209112，2013B050800019 和 2016A020212012）

** 作者简介：李振宇，男，汉族，博士，副研究员

*** 通讯作者：冯夏，男，研究员；E-mail：fengx@ gdppri. com

小菜蛾性信息素卤代类似物的合成及活性研究

张开心* 董梦雅 梅向东 宁 君
（中国农业科学院植物保护研究所植物病虫害生物学重点实验室，北京 100193）

摘 要：小菜蛾［*Plutellaxy lostella*（L.）］是十字花科蔬菜主要害虫之一，全球每年约需花费十亿美元防治小菜蛾。性信息素作为调控昆虫行为的通讯物质，为控制害虫为害提供了有效途径。然而，由于性信息素存在持效期短、田间条件下易降解以及长期使用单一组分可能会产生抗性等问题。近年来，以性信息素颉颃剂干扰昆虫交配的方法为害虫防治提供了新的策略。本文以阻断小菜蛾雌雄成虫间交配行为作为切入点，设计并合成了 2 个系列共 16 个小菜蛾性信息素类似物，其结构经核磁共振氢谱（NMR）、气质联用（GC－MS）和高分辨质谱（HRMS）等确征。生物活性研究表明，所有性信息素卤代类似物在触角电位（EAG）试验、触角酯酶抑制（PDE）试验中均表现出一定的生物活性。其中，性信息素卤代类似物 A2、A4 和 A8 在 EAG 试验、PDE 试验中活性优异，在 100μg 剂量下，化合物 A2、A4 和 A8 对小菜蛾 EAG 响应值抑制率分别达到 75.2%、76.5%、72.9%。在 150μmol/L 浓度下，它们对触角酯酶水解性信息素（Z）－11－十六碳烯乙酸酯抑制率达分别达到 94.1%、96.9%、97.8%。而且化合物 A2、A4 和 A8 在风洞试验中可以有效的干扰小菜蛾雄虫对性诱剂的定位，在室内罩笼试验也表现出较好的生物活性。田间试验表明化合物 A2、A4 和 A8 按不同比例添加到小菜蛾性信息素中表现出随化合物添加量增加而小菜蛾引诱量降低的剂量－效应关系，当化合物 A2、A4 和 A8 与性信息素 1：1 混合后对小菜蛾诱捕的抑制率分别为 86.6%、52.6% 和 26.1%。本研究的结果可为阐明性信息素类似物干扰小菜蛾种内化学通讯的分子机制提供一定的参考。

关键词：小菜蛾；性信息素；颉颃剂；卤代类似物；生物活性

* 第一作者：张开心；E-mail：zhangkaixin1992@126.com

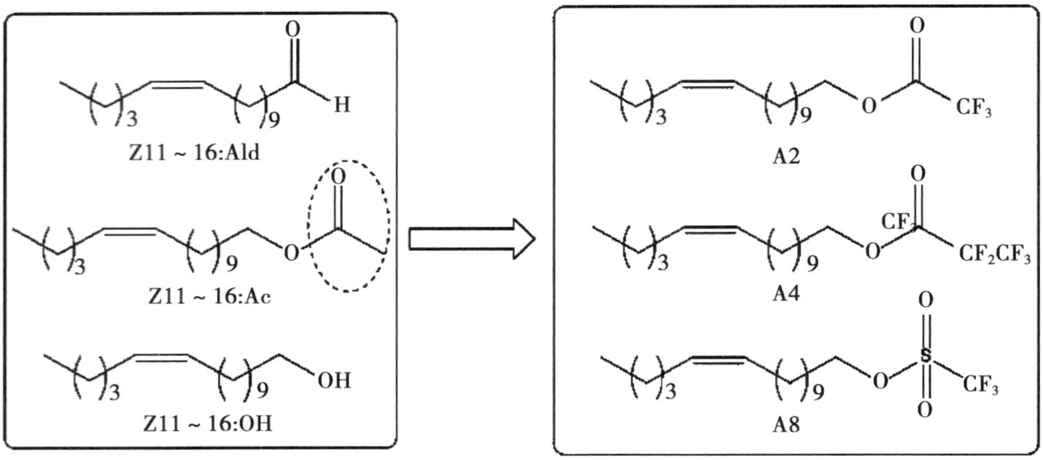

Z11～16:Ald

Z11～16:Ac

Z11～16:OH

小菜蛾性信息素组分

A2

A4

A8

生物活性优异的小菜蛾性信息素卤代类似物

2009年我国小菜蛾迁飞路径典型案例分析*

邢　鲲[1,2]**　赵　飞[2]　彭　宇[1]　常向前[3]　马春森[1]***
(1. 中国农业科学院植物保护研究所，植物病虫害生物学国家重点实验室，北京　100193；2. 山西省农业科学院植物保护研究所，农业有害生物综合治理山西省重点实验室，太原　030031；3. 农作物重大病虫草害防控湖北省重点实验室，湖北省农业科学院植保土肥研究所，武汉　430064)

摘　要：小菜蛾（*Plutella xylostella* Linnaeus）是一种世界性的十字花科蔬菜重要害虫，具有远距离迁飞的特性，明确小菜蛾在我国的种群发生动态及迁飞路径对其早期预警具有重要意义。本文调查了2009年5月我国南京、故城、安阳、大连、公主岭、沈阳6个地区小菜蛾成虫种群的发生动态，并首次利用HYSPLIT平台对不同地区小菜蛾种群的迁飞峰次进行了轨迹分析。结果表明，2009年5月我国6个地区的小菜蛾成虫种群存在显著地“突增”或“突减”现象，符合迁飞昆虫在迁飞期的种群动态的典型特征；5月14日南京地区起飞的小菜蛾种群可迁飞至大连，5月19日故城地区起飞的小菜蛾种群可迁飞至公主岭，5月20日安阳地区起飞的小菜蛾种群可迁飞至沈阳；首次明确了小菜蛾轨迹分析的设定参数，800～1200 m为小菜蛾适宜迁飞的飞行高度，飞行持续时间一般为2～3天。

关键词：小菜蛾；迁飞；轨迹分析；迁飞路径；种群动态

---

* 基金项目：国家公益性行业专项（201103021）

** 作者简介：邢鲲，男，主要从事昆虫生态与害虫综合治理方面研究；E-mail：xingkun1215@126.com

*** 通讯作者：马春森；E-mail：machunsen@caas.cn

Cry1Ac 和 Cry2Ab 防治棉铃虫的交互抗性和互作

魏纪珍[1,2]* 郭予元[2] 梁革梅[2] 吴孔明[2]
张 杰[2] Bruce E. Tabashnik[3] 李显春[3]
（1. 湖北大学生命科学学院，武汉 430062；
2. 中国农业科学院植物保护研究所，植物病虫害生物学国家重点实验室，北京 100193；
3. Department of Entomology，University of Arizona，Tucson，AZ，85721，USA.）

摘 要："pyramid" 策略利用植物产生 2 种或多种毒素来杀死害虫，用以延缓害虫对于转 Bt 蛋白基因作物的抗性发展。我们在室内对于棉铃虫（*Helicoverpa armigera*）进行了生物测定，评价了转 Cry1Ac 和 Cry2Ab 双基因棉花的交互抗性和互作。Cry1Ac 筛选 125 代的棉铃虫对 Cry1Ac 产生了 1 000倍的抗性，同时对 Cry2Ab 产生了 6. 8 倍的交互抗性。Cry2Ab 筛选 29 代的棉铃虫对 Cry2Ab 产生了 5. 6 倍的抗性，同时对 Cry1Ac 产生了 61 倍的交互抗性。停止 Bt 筛选后，棉铃虫对两种毒素的抗性都降低了。在检测的 4 个棉铃虫的抗性品系中，棉铃虫在 67% ~100% 的 Cry1Ac 和 Cry2Ab 的混用浓度下产生了高于期望值的死亡率，表现为 2 种毒素的增效作用。结果显示，因 Cry1Ac 的筛选而引起的对 Cry2Ab 的微弱的交互抗性，以及 2 种毒素混用对防治抗性棉铃虫的增效作用表明转双价基因棉花在中国能有效的延缓抗性。引入没有交互抗性的毒素，同时综合利用其他治理措施也能增加抗性治理措施的可持续性。

关键词：棉铃虫；交互抗性；互作

* 第一作者：魏纪珍；E-mail：weijizhen1986@ 163. com

棉蚜水通道蛋白基因的克隆与序列分析

任柯昱[1,2]　张　帅[1]　雒珺瑜[1]　崔金杰[1]

（1. 中国农业科学院棉花研究所棉花生物学国家重点实验室，安阳　455000；
2. 石河子大学农业生物技术重点实验室，石河子　832000）

摘　要：棉蚜（*Aphis gossypii* Glover）是棉花的主要刺吸式口器害虫之一，以寄主植物韧皮部汁液为食。棉蚜在取食植物韧皮部汁液时，因摄入含有高浓度蔗糖的韧皮部汁液而带来的高渗透压，是取食过程中的主要障碍。水通道蛋白能够将大量的水分迅速的从后肠转运到棉蚜的中肠前端，以稀释摄入的韧皮部汁液中过高的蔗糖浓度，从而降低蚜虫胃容物的渗透压。为探究棉蚜水通道蛋白基因的基因特征，通过基因克隆的方法得到棉蚜水通道蛋白基因的cDNA全长序列，运用生物信息学软件及相关知识分析其的生物学特性。克隆并鉴定出棉蚜水通道蛋白基因全长，将其命名为*aquaporin isoform* 1（GenBank登录号为NP_ 001139376.1），水通道蛋白基因的cDNA全长为1029bp，其中开放阅读框为723bp，编码240个氨基酸，蛋白质分子量为25.42679kDa，等电点为6.02。通过CD Search对水通道蛋白进行基因保守区分析得到其蛋白质保守区为MIP（major intrinsic protein superfamily），说明该基因具有水通道蛋白基因的保守特征。通过氨基酸序列同源性的比对和系统进化树分析说明，该基因与蚜科其他物种水通道蛋白基因同源性较高。通过氨基酸序列跨膜结构预测分析，该基因具有6个疏水性跨膜区，其中N端与C端为膜内结构。本研究为后续更进一步研究棉蚜水通道蛋白在棉蚜体内的渗透调节功能奠定基础，对研制特异性杀虫剂提供靶标基因具有重要意义。

关键词：棉蚜；水通道蛋白；渗透压；生物信息

Bt蛋白对棉实尖翅蛾生长发育的影响*

丛胜波　许　冬　王金涛　武怀恒　黄民松　万　鹏**
（农业部华中作物有害生物综合治理重点实验室/
湖北省农业科学院植保土肥研究所，武汉　430064）

摘　要：棉实尖翅蛾（*Pyroderces simplex* Walsingham），又名伪红铃虫，属鳞翅目尖翅蛾科。该虫是湖南、湖北地区棉花上的一种害虫，常与棉红铃虫混合发生。本文测定了棉实尖翅蛾对Cry1Ac与Cry2Ab两种杀虫蛋白的敏感性，同时采用叶片饲喂的方法，研究了不同虫龄棉实尖翅蛾在取食单价转基因棉GK19（含Cry1Ac基因）、双价转基因棉岱杂24（含Cry1Ac + Cry2Ab基因）以及常规棉岱杂24C叶片后的生长发育情况。结果表明，棉实尖翅蛾幼虫对Cry1Ac和Cry2Ab两种蛋白的敏感性偏低，其LC_{50}分别为16.05μg/ml和39.16μg/ml。其初孵幼虫在取食三种棉叶时的存活率以双价棉的为最低，仅为11.1%，显著低于其同龄幼虫在单价棉（48.9%）和常规棉（46.7%）上的存活率；而当棉实尖翅蛾的虫龄为2、3、4龄时，其在双价、单价及常规棉叶上的存活率均在70.0%～85.3%，不同处理无显著差异，化蛹后的蛹重也无显著差异。该结果表明，由于棉实尖翅蛾对Bt蛋白的敏感性较低，种植Bt棉可能会导致棉实尖翅蛾种群数量上升。

关键词：棉实尖翅蛾；Bt棉；种群数量

* 基金项目：转基因生物新品种培育科技重大专项（2016ZX08012004）

** 通讯作者：万鹏；E-mail：wanpenghb@126.com

不同寄主植物上烟蚜生命表参数的比较

洪　枫[1*]　蒲　颇[2]　刘映红[1**]　王　佳[1]
（1. 西南大学植物保护学院，重庆市昆虫学及害虫控制工程重点实验室，重庆　400716；
2. 四川省植物保护站，成都　610041）

摘　要：烟蚜 *Myzus persicae*（Sulzer）是烟草生产中的主要害虫，严重影响烟叶的产量以及质量。作为一种多食性昆虫，烟蚜的寄主范围广泛，主要有茄科、十字花科和豆科等。本文以单头饲养的方式，在温度23℃ ±1℃，相对湿度50% ±5%，光周期（L：D）为16h：8h的实验室条件下研究了烟蚜在不同寄主上的生长发育以及繁殖情况，组建了其在烟草、辣椒、萝卜和蚕豆这4种植物上的生命表，然后利用TWOSEX-MSchart程序计算了不同寄主植物上烟蚜的内禀增长力 r，周限增长率 λ，净增殖率 R_0，与世代周期 T 等参数，并通过统计软件SPSS 16.0进行了分析比较。结果显示，烟蚜在烟草、辣椒、萝卜和蚕豆上的种群参数除 R_0 外，r，λ 和 T 等均无明显差异——其中，烟蚜在萝卜上的 R_0 值最大，显著高于辣椒；蚕豆和烟草上烟蚜的 R_0 值低于萝卜，高于辣椒，但均未达到显著水平（$P = 0.05$）。研究表明，所有4种植物中烟蚜的最适宜寄主为萝卜，辣椒则是最不适宜烟蚜种群发展的，因此，在烟田周围应尽量少种植萝卜等十字花科蔬菜，或者换成辣椒等茄科作物，从而减轻烟蚜迁入烟田的初始虫量，控制烟蚜种群以及蚜传病毒的发生发展，有效降低烟草作物的病虫害防治成本。

关键词：烟蚜；寄主植物；生命表技术；TWOSEX-MSchart

* 第一作者：洪枫，男，博士研究生，研究方向为昆虫生态学及害虫（螨）综合治理；E-mail：493955171@ qq. com

** 通讯作者：刘映红，男，研究员、博士生导师；E-mail：yhliu@ swu. edu. cn

烟粉虱 MEAM1 和 Asia II 7 隐种的寄主植物选择性

陈　婷*　齐国君　吕利华

（广东省农业科学院植物保护研究所，
广东省植物保护新技术重点实验室，广州　510640）

摘　要：烟粉虱（*Bemisia tabaci* Gennadius）是一种由30个以上的隐种组成的复合种，其传播的棉花曲叶病是巴基斯坦和印度棉花生产的头号病害。2006年在我国广东省首次发现了由木尔坦棉花曲叶病毒（*Cotton leaf curl Multan virus*，CLCuMuV）侵染引起的朱槿曲叶病，此后陆续在广西、福建、江苏、广东等地区发现其侵染为害棉花、红麻、朱槿等。但前人工作均没有传播介体烟粉虱隐种的确切证据。随着超级烟粉虱 MEAM1 隐种的广泛入侵与扩散，棉花曲叶病的潜在为害凸显。本团队接种试验证明棉花曲叶病毒主要由 AsiaⅡ7 隐种传播，MEAM1 隐种不会传播该病毒。在广东省调查表明，在 CLCuMuV 寄主植物上，烟粉虱种群主要有 MEAM1 和 AsiaⅡ7 隐种，但其组成比例依地区而有差异。AsiaⅡ7 隐种对寄主植物选择性和适生性研究对确定该隐种在 CLCuMuV 传播中的作用具有重要的意义。

烟粉虱不同隐种成虫对传播双生病毒的种类及效率存在明显差异，可能与烟粉虱对寄主植物的趋性或适生性具有直接的关系。本研究以锦葵科的棉花（中棉838）和黄秋葵（绿宝黄秋葵）、茄科的番茄（新星101）和茄子（农夫长茄202）这4种寄主植物为供试寄主，测定比较烟粉虱隐种 MEAM1 和 Asia Ⅱ 7 对4种寄主植物选择性及适生性，以期明确传播 CLCuMuV 的烟粉虱 Asia Ⅱ7 隐种的寄主选择偏好性。主要研究进展如下：

（1）不同的寄主植物对烟粉虱 MEAM1 隐种和 AsiaⅡ7 隐种成虫选择性和产卵趋性影响显著；MEAM1 隐种烟粉虱对棉花的选择性及产卵趋性最强，对茄子和番茄的选择性一样，略次于棉花，但对黄秋葵的选择性及产卵趋性最弱；Asia II 7 隐种对棉花的选择性及产卵趋性最强，对黄秋葵、茄子和番茄的选择性没有显著差异，对黄秋葵的选择性及产卵趋性最弱。

（2）不同的寄主植物对烟粉虱 MEAM1 隐种和 Asia Ⅱ7 隐种卵到成虫的发育历期影响显著；MEAM1 隐种卵到成虫的发育历期在番茄上最长，黄秋葵上次之，均显著地长于棉花，在茄子上发育历期最短；Asia II 7 隐种在茄子上的发育历期最长，显著地长于棉花和黄秋葵，在番茄上发育至1龄则全部死亡。

（3）不同的寄主植物对烟粉虱 MEAM1 隐种和 Asia Ⅱ7 隐种存活率影响显著；MEAM1 隐种卵到成虫的存活率在棉花上最高，茄子上次之，番茄上最低；Asia II 7 隐种卵到成虫的存活率在棉花上最高，茄子上最低，在番茄上不能发育至成虫。

结果分析表明，供试的4种寄主植物中，烟粉虱 MEAM1 隐种可在棉花等4种寄主植物存活，其寄主范围广，最适寄主为茄子和棉花；Asia II 7 隐种可在棉花、黄秋葵和茄子上存活，但不能在番茄上完成世代，其中最适寄主为棉花。

关键词：烟粉虱；棉花；寄主

---

* 作者简介：陈婷，女，四川南充人，助理研究员，研究方向：昆虫生态学；E-mail：ch. t120@126. com

低温对绿豆象成虫存活的影响

宋玉锋* 刘 召 邓永学 王进军**
（西南大学植物保护学院 昆虫学及害虫控制工程重点实验室，重庆 400716）

摘 要：绿豆象（*Callosobruchus chinensis*）属鞘翅目（Coleoptera）豆象科（Bruchidae），是绿豆、豌豆、豇豆、小豆等食用豆储藏期间为害最为严重的害虫。目前防治绿豆象主要方法是磷化铝熏蒸法，虽见效快，但易产生“3R”问题，对食用者有潜在危害。昆虫属于变温动物，环境温度的改变会对其产生极大影响，尤其是超过其耐受的极限温度会对其生命活动造成致命影响，这为物理防治绿豆象提供了理论基础，研究表明利用极限高温或低温防治绿豆象是可行的。为进一步研究低温对绿豆象成虫存活影响，本研究以绿豆为饲料，以1日龄绿豆象雌雄成虫为试虫，在-4℃、-2℃、0℃、2℃、4℃等5个温度条件下，放入低温培养箱中进行实验，检验试虫是否存活的方法为：经处理的试虫置于28℃下恢复1天后，用小毛笔刺激试虫体表，虫体可继续爬行、四肢颤抖或触角活动则视为存活。生物测定所得数据使用SPSS19.0软件进行处理，结果如下，雌成虫在-4℃、-2℃、0℃、2℃、4℃下的致死中时间LT_{50}分别是2.178天、5.046天、7.900天、11.385天、15.842天，其LT_{90}分别是3.445天、6.338天、10.448天、16.184天、22.946天；雄成虫在-4℃、-2℃、0℃、2℃、4℃下的致死中时间LT_{50}分别是3.825天、5.78天、8.874天、15.946天、19.840天，其LT_{90}分别是5.846天、7.734天、11.491天、22.041天、26.548天。实验结果表明，低温环境下绿豆象成虫的存活与低温暴露时间和低温强度有关，随温度降低和时间延长，绿豆象成虫存活率逐渐降低；绿豆象成虫对低温耐受性有性别差异，相同处理下，雄成虫存活率要明显高于雌成虫。

关键词：低温；绿豆象成虫；LT_{50}；LT_{90}；存活率

---

* 作者简介：宋玉锋，男，在读硕士研究生，研究方向为昆虫分子生态学；E-mail：selvote@126.com

** 通讯作者：王进军，教授，博士生导师；E-mail：jjwang7008@yahoo.com

不同虫态带毒对甜菜夜蛾种群数量的影响*

周利琳　杨　帆　望　勇　司升云**
（武汉市农业科学技术研究院蔬菜科学研究所，武汉　430345）

摘　要：在室内测定了卵、雌虫和雄虫分别携带核型多角体病毒对甜菜夜蛾单雌产卵量、卵孵化率以及幼虫存活率的影响。结果表明，甜菜夜蛾敏感种群和自然种群的卵块携带核型多角体病毒后，卵孵化率和幼虫存活率均显著下降，分别为对照的 28.5% 和 1.0%；敏感种群的雌、雄成虫分别带毒后对单雌产卵量和卵孵化率没有显著影响，但是显著降低了幼虫的存活率；自然种群的雌、雄成虫分别带毒后显著降低了单雌产卵量、卵孵化率和幼虫的存活率，并且在不同带毒浓度间存在显著差异，表现为带毒浓度越高单雌产卵量越少、卵孵化率和幼虫存活率越低。说明核型多角体病毒可以明显的抑制甜菜夜蛾种群数量的增长。

关键词：甜菜夜蛾；核型多角体病毒；产卵量；卵孵化率；存活率

* 基金项目：武汉市“黄鹤英才计划”人才项目

** 通讯作者：司升云；E-mail：sishengyun@126.com

毛桃绒毛因素对梨小食心虫产卵选择影响*

宫庆涛** 武海斌 张坤鹏 孙瑞红***

（山东省果树研究所，泰安 271000）

摘 要：梨小食心虫［*Grapholitamolesta*（Busck）］，属鳞翅目（Lepidoptera）小卷叶蛾科（Tortricidae），是严重为害蔷薇科水果的世界性害虫之一，广泛分布于温带水果种植区，尤其是对桃梢及桃果为害更为严重。梨小食心虫属钻蛀性害虫，成虫主要产卵于叶片、枝条和果实表面，幼虫孵出后钻蛀到新梢和果实内取食为害。桃梢被害后，顶端萎蔫死亡，影响桃树生长；果实被害后，幼果期容易引起早期落果，果实发育后期受害虽不造成落果，但果实内部充满虫粪，不堪食用，严重影响产量和品质。已有研究表明，梨小食心虫对油桃果实的产卵偏好大于毛桃。但是，目前国内油桃栽培主要以早中熟品种为主，其果实发育期相对较短，且部分采用设施栽培方式，多在梨小食心虫盛发期前采收完毕，受害程度较轻。而毛桃类生产上以栽培中晚熟品种为主，其果实发育期相对较长，且主要采用露地栽培，栽培面积大，约为油桃面积的2~3倍，因此，梨小食心虫对毛桃为害严重，造成的经济损失远高于油桃。

植物体表毛状体统称绒毛，绒毛在诸多关键性的生理和生态机能中发挥作用，如：抗旱性、抗虫性、抗病性等。果实表面绒毛是毛桃品种的固有特征，其生长角度、长度、粗度、长短绒毛数量（密度）等指标均可能对梨小食心虫产卵选择存在影响。

本研究选择绿化9号、北京24号、华玉、莱山蜜、水晶蜜、玉露、瑰宝、寒露蜜8种山东地区中晚熟主栽品种和实生毛桃的果实进行试验，利用扫描电镜技术（Scanning electron microscopy，SEM）和Photoshop软件（PS）观察统计分析其表面绒毛生长角度、长度、粗度、长短绒毛数量等指标，并计算绒毛密度和绒毛长短数量比例。结果表明，对指标进行品种间差异显著性分析发现，绒毛生长角度（$P=2.84\text{E}-2<0.05$）、长度（$P=4.74\text{E}-6<0.05$）、粗度（$P=9.84\text{E}-5<0.05$）、密度（$4.92\text{E}-7$）和长短数量比（$P=3.60\text{E}-4<0.05$）5个指标均达到品种间显著差异水平。通过对9个毛桃品种的绒毛因素和卵量百分比进行回归分析发现，该5个因素对梨小食心虫产卵选择影响度绝对值由大至小顺序是：绒毛角度 > 绒毛密度 > 绒毛粗度 > 长短数比 > 绒毛长度。其中绒毛角度（−2.48）、绒毛密度（−2.01）、长短数比（−0.97）和绒毛长度（−0.88）对梨小食心虫产卵选择表现负影响，即该种因子值越大，其落卵量越小；绒毛粗度（1.18）表现为正影响，即该因子值越大，其落卵量越大。该研究结果可为现有毛桃品种的引种栽培提供依据，并为毛桃抗虫新品种选育指明方向，进而实现梨小食心虫的可持续性生态防控。

关键词：梨小食心虫；生态防控；毛桃抗虫

---

* 基金项目：山东省自然科学基金项目（ZR2015YL058）；山东省农业科学院院地科技合作引导计划项目（2015YDHZ53）；泰安市科技发展计划（201540701）

** 作者简介：宫庆涛，男，硕士，助理研究员，主要从事果树害虫综合防控技术研究；E-mail：gongzheng. 1984@163. com

*** 通讯作者：孙瑞红；E-mail：srhruihong@126. com

橘小实蝇章鱼胺受体 Octβ1R 的分子克隆及功能研究*

李慧敏** 蒋红波 桂顺华 刘小强 刘 鸿 鲁学平 王进军***
（西南大学植物保护学院 昆虫学及害虫控制工程重点实验室，重庆 400716）

摘 要：章鱼胺（octopamine，OA）是无脊椎动物体内特有的生物胺，在昆虫体内发挥着重要的生理作用，如运动、产卵、学习及记忆等。其功能得以发挥需激活相应的G蛋白偶联受体，即章鱼胺受体。橘小实蝇是一种严重为害世界果蔬的重要害虫，具有繁殖速度快、寄主范围广等特点，为了解决橘小实蝇抗药性的难题，我们研究章鱼胺受体的分子特性，探索其潜在功能，为新型药剂的开发提供依据。本研究以橘小实蝇（*Bactrocera dorsalis*）为对象，利用RT－PCR克隆获得*BdOctβ1R*的cDNA序列，序列分析结果表明其*BdOctβ1R*基因编码454个氨基酸，生物信息学分析表明其编码的蛋白具有典型的7跨膜结构域，序列多重比对发现其与β－肾上腺素受体具有高度的同源性。应用实时定量PCR解析了其时空表达模式，结果表明该受体基因在橘小实蝇的所有发育历程及主要组织（神经系统、脂肪体、中肠、马氏管、卵巢和精巢）中都有表达。其中，在成虫中枢神经系统和马氏管中显著高表达，表明其在神经系统和代谢调节过程中发挥着重要的作用。此外，利用哺乳动物细胞异源表达系统，在HEK－293细胞中成功进行瞬时表达。利用第二信使cAMP测定了不同配体对*BdOctβ1R*的活性，结果表明OA不仅能成功激活该受体，而且其活性具有浓度依赖性，EC_{50}为9.11×10^{-9} mol/L。为了进一步确定该受体的药理学特性，我们测定naphazoline，tyramine，dopamine及phentolamine等多种化合物对该受体的激动活性和颉颃活性。结果表明naphazoline和tyramine的EC_{50}分别为6.35×10^{-10} mol/L和1.97×10^{-8} mol/L，与模式配体OA相比较，naphazoline表现出更强的激动活性。而phentolamine作为一种典型的α－肾上腺素颉颃剂，却表现出微弱的激动效应。在测试的化合物中，phentolamine，mianserin和chlorpromazine对*BdOctβ1R*均具有一定的颉颃作用。其中mianserin效果最明显，其颉颃活性为58.3%。为了进一步明确*BdOctβ1R*的生理功能，我们研究了该受体对不同环境条件的反应，结果表明，饥饿24h可以诱导基因表达显著上调（为对照的1.44倍），而温度（42℃和4℃）胁迫并不能导致其表达发生显著性变化。据此，我们推测*BdOctβ1R*参与橘小实蝇对饥饿反应的生理过程，可能在调控觅食的生命活动中发挥着重要的作用。

关键词：生物胺；橘小实蝇；章鱼胺受体；cAMP；抑制剂；功能表达；胁迫

---

* 基金项目：国家公益性行业（农业）科研专项（201203038）；现代柑橘产业体系岗位科学家经费

** 作者简介：李慧敏，女，硕士研究生，研究方向为昆虫分子生态学；E-mail：huiminli0815@yahoo.com

*** 通讯作者：王进军，教授，博士生导师；E-mail：jjwang7008@yahoo.com

添加脂质体提高橘小实蝇 RNAi 效率*

胡　浩**　蒋红波　桂顺华　李慧敏　刘小强　王进军***
（西南大学植物保护学院，昆虫学及害虫控制工程重点实验室，重庆　400716）

摘　要： RNA 干扰（RNA interference，RNAi）是利用 dsRNA 诱导序列特异的转录后基因沉默，已成为基因功能研究的重要方法。目前橘小实蝇 RNAi 多用注射法和饲喂法，但是大量研究表明 dsRNA 介导的 RNAi 在双翅目昆虫中具有其沉默效率不高、持效差等多种问题。有研究表明核酸载体如脂质体等可有效保护核酸，并使核酸克服与细胞膜之间的静电斥力而进入细胞，从而提高 RNAi 效率。本研究以脂质体 Lipofectamine 2000（invitrogen）、Viafect（Promega）为核酸载体，选取在橘小实蝇 3 个表达模式完全不同的基因，包括中肠高表达的羧酸酯酶基因 *CarE*－6、组成性表达的肌动蛋白基因 *Actin*－2 以及在中枢神经系统高表达的神经肽基因 *Natalisin* 为对象，研究不同浓度及配比的脂质体对 RNAi 效率的影响。本研究中使用的 dsRNA 浓度均为 4 000ng/L，dsRNA 与脂质体的质量体积比分别设置为 6∶1、4∶1、2∶1，以 1.5g/头的剂量注射橘小实蝇成虫。*Actin*－2、*CarE*－6 对羽化第三天的成虫进行注射、而 *Natalisin* 则选择羽化第五天的成虫，通过前期实验，分别选择注射后 72h、48h、24h 的橘小实蝇提取 RNA，反转录为 cDNA，利用 RT－qPCR 技术检测沉默效率，并与单独注射 dsRNA 进行比较。结果表明对于羧酸酯酶基因 *CarE*－6，与 Lipofectamine 2000 混合注射后，在 4∶1 与 2∶1 的比例下，沉默效率均比单独注射 dsRNA 高，但是在 6∶1 条件下，反而降低；在与 Viafect 混合注射后，只在 2∶1 的比例下其沉默效率提高。对于肌动蛋白基因 *Actin*－2，与 Lipofectamine 2000 混合注射后，只在 2∶1 的比例下其沉默效率提高；与 Viafect 混合注射后，在 4∶1 与 2∶1 的比例下，沉默效率均比单独注射 dsRNA 高。对于神经肽基因 *Natalisin*，与 Lipofectamine 2000 混合注射后，在 4∶1 与 2∶1 的条件下，沉默效率均比单独注射高，但在 6∶1 比例下沉默效率降低；在与 Viafect 混合注射后，只在 2∶1 的比例下其沉默效率提高。因此对于一些难以干扰的基因，可用 dsRNA 与 Lipofectamine 2000 或 Viafect 以 2∶1 的质量体积比混合，室温孵育 20min 后注射，提升其沉默效率。这为橘小实蝇通过注射法进行 RNAi 提升沉默效率提供了一定的借鉴，同时在今后的实验中也可以对比例进行更细致的优化，以得到更好的结果。

关键词： 橘小实蝇；RNAi；Lipofectamine 2000；Viafect；RT－qPCR

---

* 基金项目：国家公益性行业（农业）科研专项（201203038）；现代柑橘产业体系岗位科学家经费
** 作者简介：胡浩，男，硕士研究生，研究方向为昆虫分子生态学；E-mail：woshi942262377@163.com

*** 通讯作者：王进军，教授，博士生导师；E-mail：jjwang7008@yahoo.com

橘小实蝇中肽聚糖识别蛋白 PGRP–LC 基因结构及其功能分析*

王 哲** 魏 冬 牛金志 王进军***
（西南大学植物保护学院 昆虫学及害虫控制工程重点实验室，重庆 400716）

摘 要： 橘小实蝇（*Bactrocera dorsalis*）是一种重要的世界性果蔬害虫，也是一种重要柑橘害虫。肽聚糖识别蛋白（PGRP）在昆虫的先天免疫过程中发挥着对病原物识别的作用。本研究克隆到橘小实蝇 PGRP–LC 基因的 4 条可变剪切子，分别命名为 *BdPGRP–LCa*、*BdPGRPP–LCb*、*BdPGRP–LCc* 和 *BdPGRPP–LCd*。通过实时荧光定量 PCR 仪对不同发育阶段和不同组织的时空表达模式分析，4 条剪切子的表达量在变态过程中出现升高，尤其是 *BdPGRP–LCa* 和 *BdPGRP–LCc* 表达量有显著性的升高，另外结果显示中肠和脂肪体是其主要表达的组织。在 *E. coli*、*Beauveria bassiana*、PGN–EB 和 PGN–SA 的诱导试验中，检测 4 条剪切子对病原物的识别存在差异，4 条剪切子都可以识别 *E. coli* 和 PGN–EB；另外 *BdPGRP–LCa* 也可以识别 *Beauveria bassiana* 和 PGN–SA；*BdPGRP–LCb* 还可以识别 *Beauveria bassiana*；*BdPGRP–LCc* 可以识别 PGN–SA。随后利用 RNAi 技术有效沉默 *BdPGRP–LCa*、*BdPGRP–LCc* 和 *BdPGRPP–LCd* 的表达量，在注射 dsRNA 60h 后注射 *E. coli*，结果显示在前 3 天死亡率出现明显下降为 35% ~50%，对照组死亡率是 18%，尤其是注射 ds*BdPGRPP–LCd* 处理组的死亡率接近 50%。本研究的结果为今后从免疫方面防治橘小实蝇提供一定的分子基础。

关键词： 橘小实蝇；肽聚糖识别蛋白；病原物诱导；定量表达；RNAi；死亡率

---

* 基金项目：国家公益性行业（农业）科研专项（201203038）；现代柑橘产业体系岗位科学家经费

** 作者简介：王哲，男，硕士研究生，研究方向为昆虫分子生态学；E-mail：zhewangswu@163.com
*** 通讯作者：王进军，教授，博士生导师；E-mail：jjwang7008@yahoo.com

柑橘大实蝇海藻糖合成酶基因的表达与功能研究*

熊克才** 李佳浩 樊 欢 刘映红***
（西南大学植物保护学院，重庆市昆虫学及害虫控制工程重点实验室，重庆 400716）

摘 要：柑橘大实蝇［*Bactrocera minax*（Diptera：Tephritidae）］是柑橘类果树的一种重要害虫，近几年在我国柑橘种植区呈上升为害趋势，严重影响柑橘产业的发展。由于柑橘大实蝇人工饲养技术未能突破，难以建立柑橘大实蝇实验室种群，所以关于该害虫分子生物学的深入研究未见报道。海藻糖是昆虫血淋巴中的重要糖类物质，它不仅可以作为昆虫的能量来源，而且在抗逆等方面起着重要作用。海藻糖合成酶（Trehalose－6－phosphate synthase，TPS）是海藻糖合成过程中的一个关键酶。本研究从柑橘大实蝇体内克隆获得 *BmTPS* 基因（GenBank 登录号：KU379749），该基因的 cDNA 序列包含开放阅读框 2445bp，编码 814 个氨基酸残基。不同发育阶段和不同组织的荧光定量 PCR 结果表明 *BmTPS* 基因具有明显的时空表达模式，*BmTPS* 基因在柑橘大实蝇整个发育阶段均有表达，但在三龄幼虫时期表达量显著高于其他时期。组织特异性表达模式结果表明 *BmTPS* 基因在脂肪体中具有高表达，这说明海藻糖是在脂肪体中催化合成的。通过 RNA 干扰对 *BmTPS* 进行了功能研究，在三龄幼虫注射 dsRNA，成功干扰了 *BmTPS* 基因的表达。沉默该基因后，TPS 酶活力及海藻糖含量都显著下降。此外，沉默该基因后幼虫生长发育过程中表现出 52% 的致死或畸形化蛹表型。本研究结果表明 *BmTPS* 基因在柑橘大实蝇幼虫到化蛹过程中扮演着至关重要的角色。此外，RNA 干扰体系的成功构建为今后柑橘大实蝇分子生物学的相关研究奠定了基础。

关键词：柑橘大实蝇；海藻糖合成酶；RNA 干扰

---

* 基金项目：国家自然科学基金（31401742）；中国博士后科学基金（2014M552307）

** 第一作者：熊克才，男，硕士研究生，研究方向为昆虫生态与害虫综合治理；E-mail：xmy928666@163. com

*** 通讯作者：刘映红，男，研究员；E-mail：yhliu@ swu. edu. cn

柑橘木虱毒力测定方法比较分析*

杨　涛**　王进军***　豆　威　蒋红波

（西南大学植物保护学院，昆虫学及害虫控制工程重点实验室，重庆　400716）

摘　要： 柑橘木虱（*Diaphorina citri* Kuw.）属同翅目（Homoptera）木虱科（Chermidae），是一种重要的柑橘害虫，也是柑橘黄龙病（*Citrus* Huanglongbing，HLB）的主要传播媒介。目前柑橘木虱的防治主要以化学防治为主。鉴于柑橘木虱对多种药剂产生抗药性和化学农药对环境破坏的现状，有必要对柑橘木虱的毒力测定方法进行系统的研究。通过对国内外已有柑橘木虱毒力测定方法比较发现，国内目前主要有3种毒力测定方法，分别是药膜法、点滴法和浸虫法。这3种方法得出的结果差异很大，与实验方法和使用药剂本身有关。国外柑橘木虱的毒力测定以叶碟法为主，对比国内邓明学使用的药膜法，同种药剂结果相近。本研究为今后柑橘木虱的毒力测定方法的选择上提供了理论基础，为生产实际中农药的使用提供了重要的参考价值。

关键词： 柑橘木虱；毒力测定；药膜法；点滴法；叶碟法

---

* 基金项目：国家公益性行业（农业）科研专项（201203038）；现代柑橘产业体系岗位科学家经费

** 作者简介：杨涛，男，专业硕士研究生，研究方向为昆虫生态；E-mail：2278436862@ qq. com

*** 通讯作者：王进军，教授，博士生导师；E-mail：jjwang7008@ yahoo. com

感染 *Eo*NPV 后茶尺蠖和灰茶尺蠖体内 3 个抗菌肽基因表达分析*

毛腾飞** 付建玉 孙 亮 周孝贵 肖 强***
（中国农业科学院茶叶研究所，杭州 310008）

摘 要：茶尺蠖和灰茶尺蠖是茶园中外观形态、生活习性极其相似，但对茶树生长为害严重的昆虫，*Eo*NPV 是一种专一性很强，可以有效感染茶尺蠖的病毒。本研究以感染病毒后 12h 的灰茶尺蠖幼虫 cDAN 为模板，克隆了 3 个抗菌肽基因 *EgGlo*、*EgAtc*、*EgMrc*。序列分析显示，*EgGlo* 含有 519bp，编码 172 个氨基酸；*EgAtc* 含有 750bp，编码 249 个氨基酸；*EgMrc* 含有 207bp，编码 68 个氨基酸。对 *EgGlo* 理化性质、亲/疏水性、信号肽、进化树分析显示，它是亲水性蛋白，有信号肽属于分泌蛋白，没有跨膜结构域，与桦尺蠖（*Biston betularia*）同源性最高。实时定量 PCR 分析，*Eo*NPV 在茶尺蠖体内的快速增殖起始时间早于灰茶尺蠖，该病毒在茶尺蠖体内的绝对拷贝数也高于灰茶尺蠖。但 *EgGlo* 和 *EgMrc* 基因在茶尺蠖体内的起始高表达时间晚于灰茶尺蠖，相对转录水平也低于灰茶尺蠖。该结果表明这两个基因与病毒的增殖有一定的相关性。*EgAtc* 基因则表现为有的时间点在茶尺蠖体内表达量高，有的时间点在灰茶尺蠖体内表达量高，说明该基因并没有物种特异性，与病毒增殖的相关性不明显。

关键词：茶尺蠖；灰茶尺蠖；*Eo*NPV；*EgGlo*；*EgAtc*；*EgMrc*

---

* 基金项目：中国农业科学院科技创新工程

** 作者简介：毛腾飞，男，在读硕士研究生，主要从事茶园害虫生物防治研究；E-mail：maotengfei2015@ tricaas. com

*** 通讯作者：肖强，研究员；E-mail：xqtea@ vip. 163. com

茶黑刺粉虱线粒体基因组的测序与鉴定*

陈世春**　王晓庆　彭　萍***
（重庆市农业科学院茶叶研究所，重庆　402160）

摘　要：茶黑刺粉虱（*Aleurocanthus camelliae* Kanmiya & Kasai，2011）隶属于半翅目（Hemiptera）粉虱科（Aleyrodidae）刺粉虱属（*Aleurocanthus*），是茶园中的一种重要的害虫，发生严重时可诱发茶叶感染烟煤病，使叶片枯死脱落，严重影响茶叶的质量和产量。线粒体基因组（mitochondrial genome，mt genome）因具有母系单性遗传、基因组分子较小、基因组结构保守、进化速率快和包含大量进化信息等特点，使其被广泛应用于昆虫种类鉴定、种群遗传学及系统发育研究中。本实验使用 PCR（rTaq）和 Long - PCR（LA Taq）技术对黑刺粉虱的线粒体基因组全序列进行扩增，得到 7 条两端相互重叠的大基因片段。对纯化后的 7 条 PCR 片段直接进行步移法测序，将获得的序列进行拼接组装、校正和注释，获得黑刺粉虱的全线粒体基因组。实验所得茶黑刺粉虱线粒体全基因组为单一闭合环状双链 DNA 分子，全长 15 188 bp，碱基组成为 A = 30.12%，C = 12.38%，G = 16.72% 和 T = 39.87%，编码了 13 个蛋白质编码基因（*cox*1 - 3，*cytb*，*nad*1 - 6，*nad*4*L*，*atp*6 和 *atp*8），21 个 tRNA 基因（$tRNA^{Cys}$，$tRNA^{Gln}$，$tRNA^{Met}$，$tRNA^{Trp}$，$tRNA^{Tyr}$，$tRNA^{Leu(CUN)}$，$tRNA^{Leu(UUR)}$，$tRNA^{Lys}$，$tRNA^{Asp}$，$tRNA^{Gly}$，$tRNA^{Ala}$，$tRNA^{Arg}$，$tRNA^{Asn}$，$tRNA^{Ser(AGN)}$，$tRNA^{Ser(UCN)}$，$tRNA^{Glu}$，$tRNA^{Phe}$，$tRNA^{His}$，$tRNA^{Thr}$，$tRNA^{Pro}$ 和 $tRNA^{Val}$），2 个 rRNA 基因（*rrnS* 和 *rrnL*），缺失 $tRNA^{Ile}$ 基因。同时，基因组还包含 1 个控制区域，由一段 Poly - T 和两段重复序列构成，全长 875 bp，A + T 含量为 66.86%，位于 $tRNA^{Ser(AGN)}$ 和 $tRNA^{Met}$ 之间。目前，已有 7 种粉虱的线粒体基因组被发表，具有较为普度的基因重排和基因缺失现象。基因重排方面，粉虱中具有典型的 *cox*3 - $tRNA^{Gly}$ - *nad*3 区块的转移和 $tRNA^{Cys}$ 和 $tRNA^{Tyr}$ 的位置交换，这在茶黑刺粉虱线粒体基因组中同样出现。茶黑刺粉虱具有独一无二的基因排列，且与 *Tetraleurodes acaciae* 具有最为相似的基因排列。基因缺失方面，主要是 tRNA 基因的缺失，包括 RNA^{Ala}，$tRNA^{Arg}$，$tRNA^{Ile}$，$tRNA^{Ser(AGN)}$，$tRNA^{Ser(UCN)}$，$tRNA^{Asn}$ 和 $tRNA^{Gln}$ 等，其中 $tRNA^{Ile}$ 基因是最常见的缺失基因，在茶黑刺粉虱线粒体基因组中也没有被鉴定出。

关键词：茶黑刺粉虱；线粒体基因组；基因重排；基因缺失

---

* 基金项目：重庆市农业科学院农业发展资金项目（NKY - 2016AC014）；国家茶叶产业技术体系西部病虫害防控岗位专家基金（CARS - 23）；重庆市基础与前沿研究计划一般项目（cstc2015jcyjA80038）

** 第一作者：陈世春，女，研究实习员，主要从事茶树害虫分子生态学研究工作；E-mail：chensc0318@ sina. com

*** 通讯作者：彭萍，研究员；E-mail：pptea2006@ 163. com

林下生态模式茶园蜘蛛群落结构及其调控叶蝉种群动态的研究*

王晓庆** 陈世春 胡 翔 彭 萍***

（重庆市农业科学院茶叶研究所，重庆 402160）

摘 要：茶小绿叶蝉为广布性昆虫，分布遍及全国各茶区，是对我国茶树为害最严重的害虫之一。目前，对茶小绿叶蝉的防治主要使用化学农药，极易产生抗药性。天敌是控制害虫种群消长的重要生态因子，害虫与天敌在长期协同进化过程中形成了一种互相制约、互相依存的关系。林下生态模式茶园（简称林下茶园）是与马尾松等高大乔木间作茶园，常年不施用化学农药。本文研究其天敌蜘蛛和主要害虫茶小绿叶蝉的关系，分析此种模式茶园对蜘蛛以及叶蝉自然控制的效应，为建设新的茶园生态模式提供参考。田间调查了林下生态模式茶园的蜘蛛群落结构及其对叶蝉种群动态的影响，以常规茶园作对照。主要结果如下：

（1）根据蜘蛛结网和捕食行为的特点，可将蜘蛛划分为游猎型蜘蛛和结网型蜘蛛。林下茶园的游猎型和结网型蜘蛛种类和数量相近，而常规茶园主要以游猎型蜘蛛为主。比较林下茶园和常规茶园的蜘蛛多样性，物种多样性指数、均匀性指数、丰富度指数和蜘蛛在茶园的优势度指数均属林下茶园较高。林下茶园蜘蛛种群对叶蝉具有明显跟随现象，对叶蝉的控制作用显著。而常规茶园蜘蛛种群数量基本低于叶蝉种群数量，在叶蝉高峰期未起到明显控制作用。

（2）分析2014年与2015年林下茶园和常规茶园蜘蛛和叶蝉的个体数量差异发现，2014年，茶园蜘蛛个体数量以林下茶园较多，全年合计为1 542头，明显高于常规茶园，且林下茶园蜘蛛个体平均数亦显著高于常规茶园。比较两种生态类型茶园的叶蝉个体总数量发现，林下茶园只有常规茶园的1/2。分析两种类型生态茶园的益害比，林下茶园的益害比2.23，而常规茶园只有0.71，显著低于林下茶园的益害比。2015年与2014年情况有些差异，林下茶园的蜘蛛和叶蝉数量均小于常规茶园，且差异不显著，但林下茶园的益害比仍高于常规茶园，分别为1.19和0.88。

关键词：茶园；林下生态模式；蜘蛛；叶蝉；时序动态；多样性

* 基金项目：国家茶叶产业技术体系西部病虫害防控岗位专家基金（CARS－23）；重庆市农发资金项目－林下生态模式茶园的节肢动物多样性研究

** 作者简介：王晓庆，女，副研究员，主要从事茶树害虫测报与综合防控工作

*** 通讯作者：彭萍；E-mail：pptea2006@126.com

橡胶小蠹虫及六点始叶螨监测预警与综合防控研究进展*

陈　青** 卢芙萍 卢　辉 梁　晓 伍春玲
（中国热带农业科学院环境与植物保护研究所，
农业部热带农林有害生物入侵监测与控制重点开放实验室，
海南省热带作物病虫害生物防治工程技术研究中心，
海南省热带农业有害生物监测与控制重点实验室，儋州　571737）

摘　要：针对严重制约我国橡胶产业快速发展的小蠹虫和六点始叶螨发生与为害损失日趋加重、监测与防控技术十分缺乏等突出问题，以及我国橡胶企业“走出去”发展与实际需求，笔者系统开展了橡胶小蠹虫与六点始叶螨综合防控研究，整体提升了我国橡胶害虫（螨）防控水平，为我国橡胶产业的可持续发展提供了技术支撑。

（1）首次建立了橡胶小蠹虫在海南的长期定点监测网络与监测点，创建了我国橡胶小蠹虫监测与风险评估技术体系，基本掌握橡胶小蠹虫的先锋期类和次生期类主要种类、为害时间与为害特点及发生为害与橡胶树品种（品系）之间的关系。

（2）明确了受小蠹虫胁迫后橡胶叶生理生化指标与光谱参数、虫害指数间的相关性及小蠹虫发生动态规律，掌握了小蠹虫发生的空间分布和时空动态。

（3）创建了橡胶种质资源抗螨性鉴定评价指标技术体系，鉴定筛选出遗传稳定的抗六点始叶螨橡胶树种质5份，初步建立橡胶抗螨相关基因资源平台，启动了基于转录组测序的木薯抗螨性分子机理研究，阐明了橡胶抗螨性的营养防御、次生代谢物质防御、酶学防御效应。

（4）构筑了我国橡胶害虫4道防线，针对性初步研发出橡胶树六点始叶螨和小蠹虫的综合防控技术，防效可达80%以上，农药和劳务可节支30%以上，减少产量损失20%以上，为我国橡胶产业的可持续发展提供了技术支撑。

关键词：橡胶；小蠹虫；六点始叶螨；监测预警；综合防控；研究进展

---

* 基金项目：中央级公益性科研院所基本科研业务费专项（1630022013008，1630022014007）；海南省重点研发计划专项（SQ2016XDNY0097）；中国热带农业科学院橡胶研究所省部重点实验室开放课题（RRI - KLOF1302）资助

** 第一作者与通讯作者：陈青，男，研究员，研究方向：昆虫生理生化与分子生物学、作物抗虫性及生物防治与害虫综合治理；E-mail：chqingztq@163. com

辣木瑙螟幼虫的空间分布型及抽样技术研究*

李召波** 夏 涛[1] 谭啟松[1] 兰明先[1] 高 熹[1,2]*** 李 强[1,2]***
(1. 云南农业大学植物保护学院，昆明 650201；2. 云南辣木研究所，昆明 650201)

摘 要：辣木瑙螟是在我国辣木上新发现的一种鳞翅目草螟科害虫，主要以幼虫取食叶片、钻蛀果荚形成为害。为明确辣木瑙螟幼虫在田间的分布特点，2015 年 9 月采用分层随机抽样法在云南省元江县的辣木园内对辣木瑙螟幼虫进行调查。通过 6 种聚集度指标（C、I、Ca、m*/m、La、K）、Iwao 的 m* −m 回归模型、Taylor 幂法则等研究分析了辣木瑙螟幼虫种群的空间分布型，并利用种群聚集均数分析了幼虫种群的聚集原因。结果表明：辣木瑙螟幼虫在辣木上的空间分布型为依赖于密度的聚集分布，分布的基本成分为个体群，且个体间相互吸引；垂直方向上的虫口密度差异性显著；聚集均数 $\lambda = 641.120 > 2$，表明辣木瑙螟幼虫的聚集原因主要由辣木瑙螟的产卵、取食等习性和环境共同引起；建立了辣木瑙螟幼虫抽样数公式：$n = t^2/D^2\ (3.988/m + 0.262)$ 和序贯抽样方程 $T(n) = n \pm 2.062n$。本研究丰富了辣木瑙螟在云南省的研究数据，同时为林间虫情的预测预报及防治策略的制定提供参考依据。

关键词：辣木害虫；辣木瑙螟；空间分布型；抽样技术

---

* 基金项目：云南省辣木研究所项目（2016NM－02）

** 作者简介：李召波，男，研究生，研究方向为农业昆虫与害虫防治；E-mail：lizhaobo521@126.com

*** 通讯作者：高熹，女，副教授，研究方向为害虫综合治理；E-mail：chonchon@163.com
李强，男，博士，教授，研究方向为昆虫分类与害虫综合治理；E-mail：liqiangkm@126.com

枸杞瘿螨与越冬木虱成虫发生关系

巫鹏翔[*]

（中国科学院动物研究所，北京 100101）

摘　要：多年来一直认为枸杞瘿螨（*Aceria pallida* Kefer）以成螨在树皮缝和芽缝内越冬，在宁夏中宁最新调查发现，大量瘿螨潜伏于枸杞木虱越冬成虫体壁缝隙，尤其以后足基节与腹部缝隙最多。室内解剖越冬枸杞木虱（*Poratrioza sinica* Yang et Li）表明，单头枸杞木虱瘿螨携带量为2.12头，最多可达30头，且雌雄虫间平均携带瘿螨量有显著性差异，分别为2.50头与1.79头。室外在越冬枸杞木虱发生前对枸杞植株分别进行4种处理，结果显示枸杞木虱与枸杞瘿螨的发生量顺序均为对照＞覆地膜＞罩笼＞覆地膜及罩笼，比例分别为2.71、2.63、2.49、2.36，且没有显著性差异。梯度试验进一步表明，在木虱量按照4头、8头、12头、16头、20头梯度递增时，枸杞植株的瘿螨发生量也近等比例递增，且木虱单雌虫、单雄虫、一对雌雄3个处理下瘿螨量与木虱的比例分别为2.33、1.65、2.07。试验表明，越冬代枸杞瘿螨与枸杞木虱的发生量呈正比关系，越冬代枸杞木虱可能为枸杞瘿螨传播的主要途径甚至单一途径，因此，对枸杞木虱越冬成虫的防治将成为控制枸杞瘿螨为害的重要防治策略和技术手段。

关键词：枸杞；枸杞瘿螨；枸杞木虱；越冬途径

* 第一作者：巫鹏翔；E-mail：wupengxiang@ cau. edu. cn

枸杞瘿螨借助枸杞木虱越冬

徐　婧*　巫鹏翔　张润志
（中国科学院动物研究所，北京　100101）

摘　要：枸杞瘿螨（*Aceria pallida*）取食枸杞叶片、花蕾等，在叶面形成虫瘿，是近年来严重影响枸杞生产的重要害虫之一。前人报道均认为该虫以成螨在树皮缝和芽缝内越冬，但我们在研究中偶然发现，大量瘿螨若螨潜伏于枸杞木虱（*Poratrioza sinica*）越冬成虫体壁缝隙，尤其以后足基节与腹部缝隙最多。为证实枸杞瘿螨借助木虱越冬为普遍现象，我们于枸杞植株萌芽初期对西北枸杞主产区宁夏（调查时间为 4 月 4 日）、新疆（调查时间为 4 月 20 日）、青海（调查时间为 4 月 28—29 日）3 省 5 县 12 个枸杞地块中的越冬木虱携带瘿螨的情况进行了系统调查，每一采样地点至少解剖调查 30 头木虱成虫。结果发现，各地的枸杞木虱体内均携带瘿螨成螨和若螨；宁夏地区 65. 4% 的木虱携带瘿螨，平均每头携带的瘿螨数为 2. 12 头，最多的可达 30 头；新疆地区 93. 3% 的木虱携带瘿螨，平均每头携带的瘿螨数为 15. 3 头，最多的可达 42 头；青海地区 62. 5% 的木虱携带瘿螨，平均每头携带的瘿螨数为 4. 3 头，最多的可达 45 头。两性木虱均可携带瘿螨，且雌雄虫间没有显著差异，具体为：宁夏地区雌虫平均携带瘿螨数为 2. 5 头，雄虫为 1. 9 头；新疆地区雌虫平均携带瘿螨数为 14. 6 头，雄虫为 16. 1 头；青海地区平均携带瘿螨数为 4. 68 头，雄虫为 3. 68 头。后续在宁夏开展的持续田间调查结果显示，植株上的瘿螨发生量与同株上的木虱成虫和卵的发生量成正比；笼罩控制实验结果也显示，随着罩笼中释放木虱密度的增加，虫瘿数和其中的瘿螨数量均成比例增加。综合上述研究结果表明，枸杞瘿螨随枸杞木虱越冬成虫越冬为其主要越冬途径，对枸杞木虱越冬成虫开展防治将成为控制枸杞瘿螨为害的重要防治策略和技术手段。

关键词：枸杞瘿螨（*Aceria pallida*）；枸杞木虱（*Poratrioza sinica*）；越冬

---

* 第一作者：徐婧；E-mail：xujing@ ioz. ac. cn

相对湿度对咖啡豆象生长周期的影响研究

杨　帅　张　涛　梅向东　折冬梅　宁　君
（中国农业科学院植物保护研究所，北京　100193）

摘　要：咖啡豆象（*Araecerus fasciculatus*）属鞘翅目（Cleopptera），长角象科（Anthribidae），是我国对仓储粮食造成潜在为害的5种重要害虫之一。其食性非常广泛，往往导致被蛀蚀一空，进而丧失其应用价值。在我国北方，仓库中咖啡豆象往往在高温多雨季节暴发，对贮藏期的咖啡、可可、玉米、木薯、中药材、酿酒大曲等仓储物造成巨大的损失。

本研究对实验室条件下（25℃），设定30%、45%、60%、75%、90% 5个相对湿度梯度，观察比较其适生性得知，在30%～90%范围内，随相对湿度的增加，幼虫历期显著缩短，羽化前存活率显著提高，成虫寿命、繁殖力也显著提高。各湿度生命表参数内禀增长率（r_m）在0.197～0.319，相对湿度75%时最高；净增殖率（R_0）在9.653～73.493，相对湿度90%时最高。此外，内禀增长率（r_m）、净增殖率（R_0）与相对湿度关系符合Logistic模型，分别为 $y=0.32/1+\exp(1.71-0.07x)$ （$R^2=0.904\ 42$，$P=0.002\ 01$）和 $y=78.13/1+\exp(5.03-0.09x)$ （$R^2=0.989\ 31$，$P=0.002\ 13$）。研究表明相对湿度是影响咖啡豆象生长发育、繁殖力、种群增长的重要因素，有助于进一步了解气象环境条件对咖啡豆象的影响，同时为其种群增长数学模型的拟合提供参考。可根据本文方法结合对仓储湿度条件检测数据，计算和预测未来某时段的虫态发生量，对不同的贮存阶段制定不同的咖啡豆象防治策略。一方面，科学计划合理分布仓储物的存储时间，尽可能减少高温多雨季节的仓储量；另一方面，相对湿度较低的时节应加强带有虫源仓储物的排查与清理，对条件允许的仓储物可适度利用熏蒸等化学防治手段杀灭卵和幼虫，从而降低下批次仓储物的虫口基数；相对湿度较高的时，则注意通风排潮，加强仓储物晾晒管理，并及时清理发潮变质仓储物以控制虫源。本文在研究中排除了天敌、气温变化等环境条件影响，所得结果与自然种群动态存在一定差异，但可以此为基础，对影响咖啡豆象种群动态的多影响因子做进一步研究，确定和划分在储藏过程中咖啡豆象环境因子关键点阈值及其防治措施，从而逐步形成经济有效、环境友好的综合防治策略。

关键词：咖啡豆象；相对湿度；历期；生命表；繁殖力

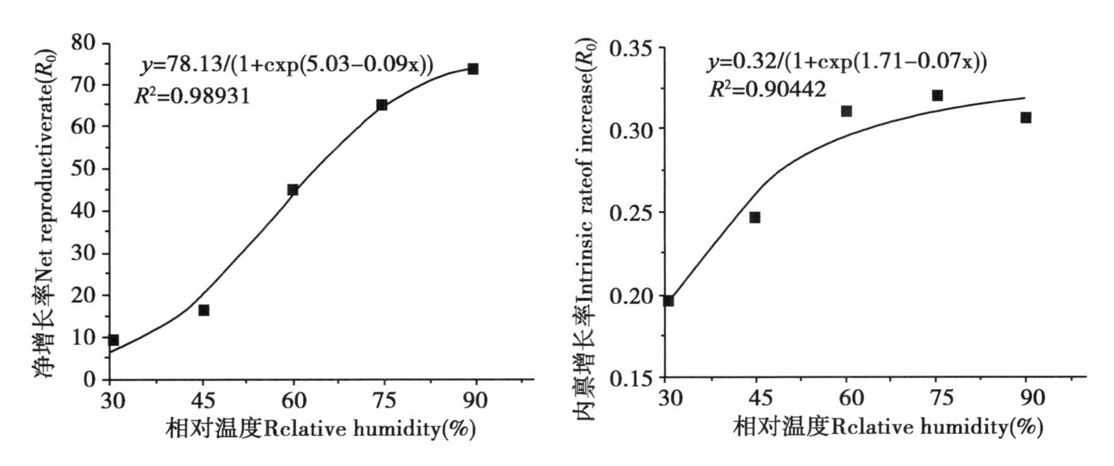

图　内禀增长率与净增长率与相对湿度系的 **Logistic** 拟合曲线

松墨天牛成虫林间诱捕效果评价*

张　瑜[1**]　张锦坤[1]　马　涛[1]　孙朝辉[1]　温秀军[1***]　谢伟龙[2]
(1. 华南农业大学林学与风景园林学院，广州　510642；
2. 河源市林业局，河源　361000)

摘　要：松墨天牛（*Monochamus alternatus*）属鞘翅目（Coleoptera）天牛科（Cerambycidae）墨天牛属（*Monochamus*），既是亚洲东部地区松林中重要的蛀干害虫，更是毁灭性病害——松材线虫病（*Bursaphelenchus xylophilus*）在我国传播的主要媒介昆虫，被列为国际、国内检疫性害虫。从松墨天牛危害性来看，对松墨天牛的持续关注以及探索新的防治策略是十分有必要的。

近年来，在松墨天牛信息化学物质的研究方面进行了较多研究，研发出了多种更为有效的成虫引诱剂，但对处于不同发育时期的松墨天牛成虫感知这些化学信息物质的变化规律缺乏系统和深入的了解。

本文在利用解剖技术弄清不同日龄松墨天牛成虫发育情况的基础上，应用 GC－EAD、EAG 等分析方法研究松墨天牛成虫不同发育时期各种行为特征与不同信息化学物质之间的通讯关联，据此设计田间诱捕组合，并对田间诱捕所得昆虫再次应用 GC－EAD、EAG、解剖等方法进行评价。最终筛选得到优于现有引诱装置的诱捕组合。

本文通过对非目标昆虫的影响、减少松材线虫传播机会、减少松林受害程度 3 个方面对新开发的松墨天牛成虫引诱剂进行林间诱捕效果评价。这一试验研究不仅对于进一步优化目前的化学防治、生物防治、物理防治和生态调控技术措施的协调使用，而且对于发现监测和防控松墨天牛成虫的新策略具有积极意义。有益于进一步研发不破坏生物多样性、专一诱捕未传播松材线虫病的新型松墨天牛引诱剂。

关键词：松墨天牛；松材线虫；田间诱捕；评价

---

* 基金项目：本文获“中央财政林业科技推广示范项目”（编号〔2015〕GDTK－09）的资助；“攀登计划”（pdjh2016b0078）

** 作者简介：张瑜，女，硕士，研究方向：昆虫信息化合物与害虫信息控制技术；E-mail：1668401860@ qq. com

*** 通讯作者：温秀军，男，博士，教授，研究方向：森林昆虫学、城市昆虫学、昆虫信息化合物与害虫信息控制技术；E-mail：wenxiujun@ scau. edu. cn

柚木野螟的交配行为及雄蛾对性腺提取物的反应节律*

张媛媛[1**]　朱诚棋[1]　王胜坤[2]　温秀军[1***]

（1. 华南农业大学林学与风景园林学院，广州　510642；
2. 中国林科院热林所，广州　510642）

摘　要：柚木（*Tectona grandis*），又称胭脂树、血树等，马鞭草科柚木属，是一种落叶或半落叶大乔木，可入药，也是制造高档家具地板、室内外装饰的材料。柚木野螟（*Eutectona machaeralis* Walker）属鳞翅目（Lepidoptera）螟蛾科（Pyralidae），是柚木的一种主要食叶害虫，其幼虫在柚木叶上结疏网，取食叶肉留下叶脉，且具一圆形“逃跑孔”是该虫为害的主要特征。幼虫5龄，化蛹场所主要在柚木叶上，成虫羽化后需进行补充营养才能交尾、产卵。成虫白天隐藏在林内地被物杂草上，夜间活动。目前，防治此类害虫常采用化学防治，化学防治常常滞后，且需时时检查野外虫情，耗费人力，所以，应用性信息素监测虫情，诱杀雄蛾或干扰交配，可以极大地减少柚木野螟的交配率，达到有效控制，减少工作量，绿色无污染的目的。因此，柚木野螟性信息素引诱剂研发及应用技术的研究显得尤为重要。

本研究详细观察了柚木野螟成虫的交配行为，利用触角电位技术研究了雄蛾对性腺提取物的反应节律，通过林间诱蛾试验进行了验证，旨在为柚木野螟性信息素的景区提取与性信息素组分分离、鉴定提供依据。研究结果表明，成虫的求偶、交配行为均发生在暗期，有一定的节律性：雌蛾在羽化1天以后开始求偶，2日龄表现最为强烈，3～6日龄逐渐减弱，最大求偶率在暗期6～8h。雄蛾对性腺提取物的触角电位反应也有一定的节律性：雄蛾对1日龄雌蛾性腺提取物开始有电生理反应，对2日龄暗期7h性腺提取物反应最为强烈。2～6日龄的成虫在暗期2～4h开始交配，2日龄的成虫交配率最高，交配高峰在暗期7～9h。林间诱蛾试验测定了性腺提取物的引诱活性，2日龄雌蛾性腺提取物林间诱蛾量最高，引诱高峰在暗期6～8h，该结果也验证了柚木野螟雄蛾对性腺提取物的反应节律。

关键词：柚木野螟；性腺提取物；节律

* 基金项目：国家自然科学基金（31270692）

** 作者简介：张媛媛，女，在读研究生，研究方向：昆虫信息化合物与害虫信息控制技术；E-mail：1551977342@qq.com

*** 通讯作者：温秀军，男，教授，研究方向：化学生态学和森林昆虫学

田间释放 E－β－Farnesene 对黄山贡菊蚜虫的生态调控作用*

周海波[1,3]** 陈 林[2] 陈龙胜[1,3] 邵祖勇[3]
（1. 安徽省科学技术研究院，合肥 230032；2. 宁夏出入境检验检疫局，银川 750001；
3. 安徽省应用技术研究院，合肥 230088）

摘 要：黄山贡菊［*Dendranthema morifolium*（Ramat.）Tzvel. cv. Gongju］因富含多种有益物质及人体必需的微量元素，深受广大消费者的青睐，有“药食圣品”之称。菊花后期生产过程中，由于蚜虫的大量滋生，导致菊花品质下降。长期、大量地施用化学农药，导致害虫产生耐药性、农药残留污染、次要害虫上升等恶性循环，既破坏环境，又造成茶用菊花植株体内和栽培场所较高的农药残留，危害环境和人们的身体健康。E－β－Farnesene 是一种最广泛的蚜虫种间信息素，具有报警作用，引起释放点周围蚜虫迅速分散，而且还可以作为利它素吸引捕食性天敌和寄生性天敌。因此，E－β－Farnesene 作为有效天然化学信息物质，具有应用于蚜虫生物防治的潜能。

本研究将 E－β－Farnesene 放入缓释剂中配成一定浓度的溶液，并将其释放到黄山贡菊田中，利用昆虫诱捕器，结合田间观察，调查蚜虫及其天敌种群的变化情况。结果表明，E－β－Farnesene 能够有效降低黄山贡菊蚜虫的种群数量，且对瓢虫类、食蚜蝇类天敌有一定的吸引作用。该结果为黄山贡菊蚜虫的生态调控及综合治理提供理论基础。

关键词：黄山贡菊；蚜虫；E－β－Farnesene

---

* 基金项目：安徽省自然科学基金资助项目（1608085QC61）；2015 年度安徽省博士后研究人员科研活动经费资助项目

** 通讯作者：周海波，副研究员，博士；E-mail：zhouhaibo417@163.com

基于昆虫信息素分子结构片段改变筛选与发现昆虫性诱剂的研究

王安佳　宁　君　梅向东
（中国农业科学院植物保护研究所，北京　100193）

摘　要： 我国过去在防治害虫时所使用的化学药剂大多数具有高毒或高残留，长期使用污染环境、危害人类身体健康，所以，应用昆虫性信息素防治害虫的需求与日俱增。但目前由于对昆虫信息物质的研究还有很多不足，许多昆虫信息物质中的有效成分还未完全鉴定，所以，目前开发出的信息素引诱剂的引诱效果不稳定。本文在于提供一种基于分子“结构片段改变”策略开发高效昆虫引诱剂的方法来有效防治害虫（图 1）。“结构片段改变”是指信息素混合物中各组分在分子结构上有一定的关联性，也就是说信息素混合物中任一个组分可以通过分子结构片段改变得到信息素混合物的其他组分，所述的关联性是指改变原信息素分子结构的双键位置，碳链长度和/或氧原子位置，得到新的信息素。根据田间诱捕试验，在昆虫信息素的主要成分中添加微量（0.01% ~3%）的“结构片段改变”物质不仅可以大大提高其引诱效果，还具有灵敏度高、选择性强、无毒、不污染环境、不杀伤天敌以及不易产生抗药性等优点。此外，本研究思路（一种基于分子结构片段改变制备昆虫引诱剂的方法 CN 105409950 A）可以协助鉴定昆虫信息素系统，还可优化现有信息素或引诱剂组分，为有效监测害虫种群发生动态提供技术依据。研究结果有助于研发出更加高效的昆虫引诱剂，大大提高害虫的防治效果，减少化学农药使用量，对综合防治害虫具有重要意义。

关键词： 昆虫信息素；性诱剂；结构片段改变；防治效果

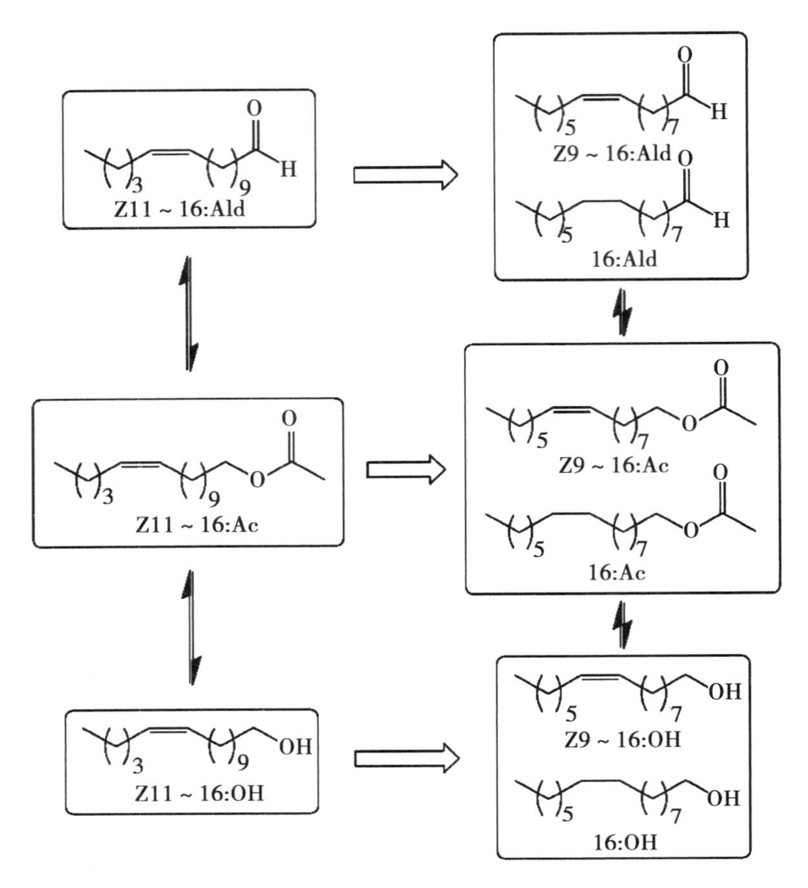

图　运用分子结构片段改变制备性诱剂的实例

昆虫信息素及其类似物干扰昆虫化学通讯的进展*

张开心　王安佳　梅向东**　张　涛　杨　帅　折冬梅　宁　君
（中国农业科学院植物保护研究所，北京　100193）

摘　要：自从1959年西德化学家Butenandt首次从雌性家蚕中分离并鉴定出其性信息素结构为（*E*，*Z*）-8，10-十六碳二烯-1-醇，国内外对昆虫信息素的研究迅速展开，50多年来大量的昆虫信息素被分离、鉴定，使人们对昆虫化学通讯有了更深入的了解。昆虫信息素可以影响昆虫的化学通讯，选择性的控制害虫，在有害生物综合治理中起到了越来越重要的作用，利用昆虫信息素可以对有害昆虫进行监测、诱捕和迷向等。与信息素结构类似的化合物具有与天然信息素相似的活性和/或调节天然信息素的活性，也能够有效的干扰昆虫化学通讯。干扰交配是一种环境友好型的植物保护策略，近年来在农业的各个领域有了越来越广泛的应用。半个世纪以来，大量学者对信息素干扰昆虫交配行为的机理进行了研究，但目前对该机理没有定论，如果能明确其机理，必然能使干扰交配成为更有效的害虫防治策略。本文主要对信息素及其类似物干扰昆虫行为的机理和应用等方面的研究进展进行简要综述（图1~图5）。

关键词：昆虫信息素；信息素类似物；干扰交配；化学通讯

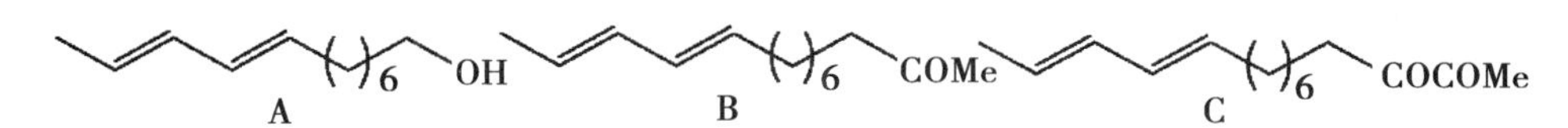

图1　苹果蠹蛾（*Cydia pomonella*）性信息素及其类似物结构

A. 为苹果蠹蛾性信息素；B. 为苹果蠹蛾性信息素甲基酮类似物；
C. 为苹果蠹蛾性信息素二酮类似物

* 基金项目：国家自然科学基金（31321004）；973课题（2014CB932201，2012CB114104）

** 作者简介：梅向东，副研究员，从事化学调控昆虫行为研究；E-mail：xdmei@ippcaas.cn

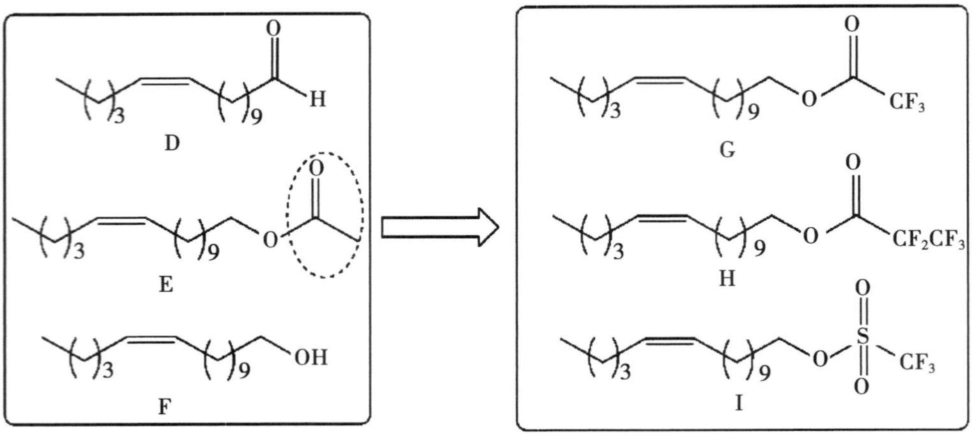

图 2　小菜蛾［*Plutella xylostella*（L.）］性信息素及其类似物结构

D.、E. 和 F. 为小菜蛾性信息素组分；G. 为小菜蛾性信息素三氟乙酸酯类似物；H. 为小菜蛾性信息素五氟丙酸酯类似物；I. 为小菜蛾性信息素三氟磺酸酯类似物

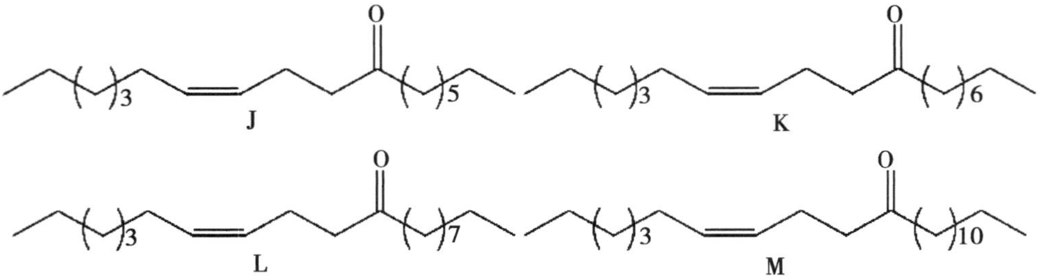

图 3　番石榴蛾（*Coscinoptychaimprobana*）性信息素及其类似物结构

J. 和 K. 为番石榴蛾性信息素组分；L. 和 M. 为番石榴蛾性信息素碳链延长类似物

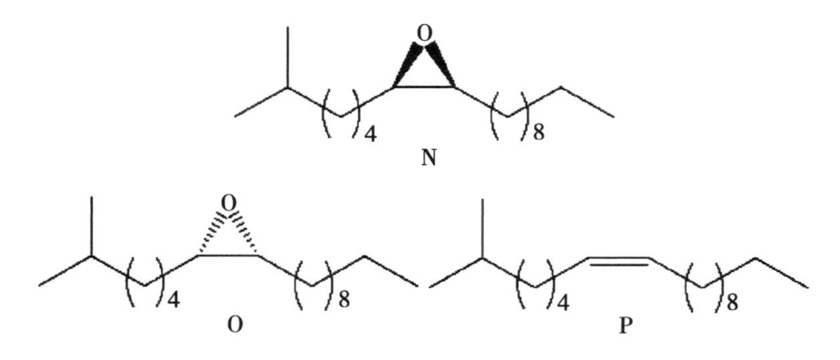

图 4　舞毒蛾（*Lymantriadispar*）性信息素及其类似物结构

N. 为舞毒蛾性信息素组分；O. 为舞毒蛾性信息素旋光异构类似物；M. 为舞毒蛾性信息素双键取代类似物

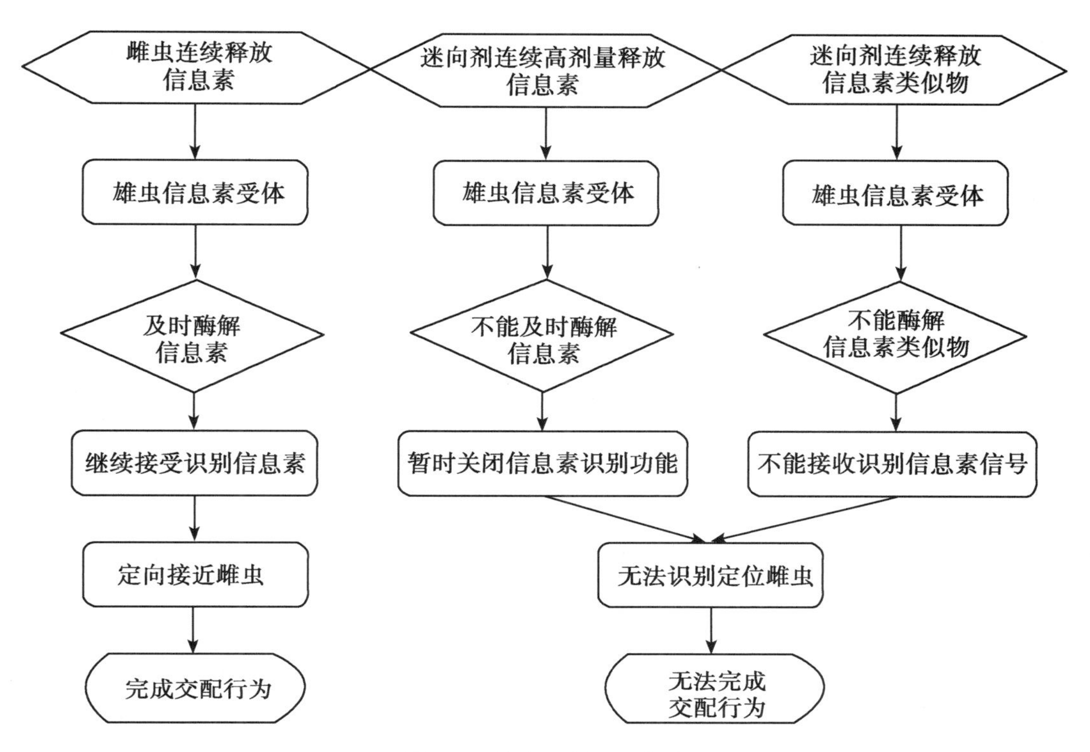

图 5　干扰交配原理示意图

左图为雄虫正常识别雌虫信息素并完成交配的示意图；右图为信息素及其类似物干扰昆虫交配行为的示意图

聚集信息素在蓟马种间竞争中的作用*

耿双双[1,2]**　李晓维[1]***　吕要斌[1,2]***

（1. 浙江省农业科学院植物保护与微生物研究所，杭州　310021；
2. 浙江师范大学化学与生命科学学院，金华　321004）

摘　要：聚集信息素是调控害虫行为的重要信息物质，同时也是对害虫进行防控的重要措施。研究表明目前对农作物影响较大的西花蓟马和花蓟马均可以释放聚集信息素，活性组分相同，但活性组分的比例不相同。由于这两种蓟马的生态位非常相似，导致相互之间存在比较激烈的种间竞争。然而，目前国内外对聚集信息素在这两种蓟马的种间竞争中作用尚未明确。因此，本项目以这两种蓟马作为研究对象，开展如下研究工作：通过Y型嗅觉仪试验，明确聚集信息素在不同蓟马种类间互作中的作用；利用选择性及非选择性试验来测定不同蓟马的聚集信息素对蓟马寄主选择性的影响。

结果显示：①在Y型嗅觉仪试验中，西花蓟马和花蓟马分别对自身有显著的吸引作用，但是两种蓟马之间没有相互吸引的作用。②在温室试验中，挂有西花蓟马聚集信息素诱芯的植株上西花蓟马产卵量高于挂有花蓟马聚集信息素诱芯和空白对照诱芯植株上西花蓟马产卵量，挂有花蓟马聚集信息素诱芯和空白对照诱芯植株上西花蓟马产卵量没有显著差异；挂有花蓟马聚集信息素诱芯的植株上花蓟马产卵量高于挂有西花蓟马聚集信息素诱芯和空白对照诱芯的植株的花蓟马产卵量，挂有西花蓟马聚集信息素诱芯和空白对照诱芯植株上花蓟马产卵量没有显著差异。③在田间试验中，挂有西花蓟马聚集信息素诱芯蓝板上西花蓟马的虫口数显著高于挂有花蓟马聚集信息素诱芯和空白对照蓝板上的西花蓟马虫口数，挂有花蓟马聚集信息素诱芯和空白对照蓝板上的西花蓟马虫口数没有显著差异；挂有花蓟马聚集信息素诱芯蓝板上花蓟马的虫口数显著高于挂有西花蓟马聚集信息素诱芯和空白对照蓝板上的花蓟马虫口数，挂有西花蓟马聚集信息素诱芯和空白对照蓝板上的花蓟马虫口数没有显著差异。本研究结果表明，两种蓟马的聚集信息素具有明显的种类特异性，这将为进一步深入理解蓟马之间的种间竞争提供新的理论依据，为利用聚集信息素对蓟马进行有效防控提供新的理论依据。

关键词：聚集信息素；西花蓟马；花蓟马；种间作用；寄主

---

* 基金项目：国家自然科学基金项目（3157020173）

** 作者简介：耿双双，女，在读硕士研究生，研究方向为害虫综合防治；E-mail：523431934@qq.com

*** 通讯作者：李晓维；E-mail：lixiaowei1005@163.com
吕要斌；E-mail：luybcn@163.com

植物粗提物活性组分对黏虫的行为学研究*

李黄开媚**　黄求应　雷朝亮***
（华中农业大学，武汉　430070）

摘　要：黏虫［*Mythimna separate*（Walker）］为害玉米、小麦和水稻等禾本科作物，因其幼虫具暴食性和群聚性，大发生时对粮食作物为害严重，是我国农业最重要的害虫之一。近年来，随着化学防治带来的“3R”问题日趋严重，如果能从传统的植物枝把和黏虫寄主植物中提取出对黏虫有引诱作用的活性成分并将其制成植物源化学引诱剂，就可高效诱杀黏虫。本研究经EAG和风洞试验筛选出枫杨、垂柳、意杨这3种杨柳科植物叶片和玉米穗丝的粗提物对黏虫成虫都有一定的诱集效果。为此，本试验通过气相色谱－触角电位（GC－EAD）、气相色谱－质谱（GC－MS）联用技术分离并鉴定其化学组成，再通过电生理（EAG）及室内风洞行为分析，筛选出粗提物中引诱黏虫活性成分。本研究结果如下：

（1）4种植物粗提物对黏虫引诱活性物质的鉴定。利用GC－MS和GC－EAD技术，从枫杨叶片粗提物中鉴定出8种活性物质：水杨酸甲酯、苯甲醇、苯甲醛、3－蒈烯、罗勒烯、β－石竹烯、β－蒎烯、α－蒎烯。从垂柳叶片粗提物中鉴定出13种活性物质：苯甲醛、苯甲醇、顺式－3－己烯－1－醇、反2－顺6－壬二烯醛、罗勒烯、a－法呢烯、苯乙醇、水杨醛、反－2－壬二烯醛、已醛、2－正戊基呋喃、1，2，3－连三甲苯、苯并噻唑。从玉米穗丝粗提物中鉴定出11种活性物质：苯乙醛、癸醛、2－甲基丁醛、长叶烯、3－甲基－1－丁醇、4－乙基苯甲醛、4－异丙基苯甲醇、3－乙基苯乙酮、香叶醇、1－庚醇、2－壬醇。从意杨叶片粗提物中鉴定出2种活性物质：罗勒烯和顺式－3－乙烯基乙酸酯。

（2）黏虫对植物源活性组分标样的电生理反应。将上述鉴定出的29种植物源活性组分配制成10μg/μl的正已烷溶液进行EAG测定。测定结果为：引起黏虫EAG反应相对值较大的14种挥发物依次为：苯甲醇（176.29%）、反2－顺6－壬二烯醛（170.58%）、顺式3－已烯－1－醇（161.51%）、苯甲醛（160.69%）、1－庚醇（157.61%）、苯乙醇（156.11%）、3－乙基苯乙酮（138.96%）、癸醛（138.82%）、反－2－壬二烯醛（131.63%）、4－乙基苯甲醛（113.04%）、水杨醛（102.02%）、苯乙醛（95.23%）、苯并噻唑（88.92%）、水杨酸甲酯（85.8%）。黏虫触角对3－蒈烯（12.9%）的EAG反应相对值与对照正已烷相当，而反应值低于对照的四种组分为2－正戊基呋喃、β－石竹

* 基金项目：公益性行业（农业）科研专项（201403031）资助

** 作者简介：李黄开媚，女，硕士在读研究生，主要从事昆虫化学生态学研究；E-mail：lihuangkaimei@163.com

*** 通讯作者：雷朝亮；E-mail：ioir@mail.hzau.edu.cn

烯、长叶烯、己醛。

（3）在风洞中黏虫对植物源活性组分标样的行为反应。在风洞行为测试中，这29种植物源活性组分诱芯都能引起黏虫雌、雄蛾进行气迹搜索、定向飞行、接近诱芯和降落在诱芯附近等一系列强度不同的行为反应。在起飞阶段，29种诱芯均能引起80.00%以上的雌蛾起飞。在定向阶段，苯甲醛、水杨酸甲酯、反2－顺6－壬二烯醛、顺式3－己烯－1－醇诱芯对雌蛾的定向百分率达到70.00%以上。在1/2定向飞行阶段，顺式3－己烯－1－醇、1－庚醇、反2－壬烯醛、反2－顺6－壬二烯醛诱芯对雌蛾的1/2定向百分率都超过了50.00%，显著高于3－蒈烯、2－甲基丁醛和水杨醛诱芯（$P<0.05$）。在接近阶段，对雌蛾接近百分率最高的5种植物源组分诱芯依次为顺式3－己烯－1－醇（48.61%）、水杨酸甲酯（38.13%）、反2－壬烯醛（35.8%）、正戊基呋喃（35.56%）、1－庚醇（35.00%），都显著高于β－蒎烯、苯甲醇、水杨醛和2－甲基丁醛（$P<0.05$）。在黏虫降落到诱芯附近阶段，水杨酸甲酯诱芯（22.15%）对雌蛾的降落率显著高于苯乙醛（8.93%）、1－庚醇（8.33%）和苯甲醇（6.67%）等11种植物源组分诱芯（$P<0.05$）。其余植物源组分诱芯中对雌蛾的降落百分率较高的5种组分诱芯依次为：正戊基呋喃（20.78%）、反2－壬烯醛（19.65%）、苯乙醇（18.78%）、3－乙基苯乙酮（13.33%）和罗勒烯（13.33%），五者间差异不显著（$P>0.05$）。

在起飞阶段，29种诱芯均能引起86.00%以上的雄蛾起飞。在定向飞行阶段，1－庚醇（76.67%）和苯甲醛（73.33%）诱芯对雄蛾的定向百分率显著高于罗勒烯（46.67%）和正戊基呋喃（43.33%）（$P<0.05$）诱芯，其余25种诱芯间差异不显著（$P>0.05$）。在1/2定向飞行阶段，顺式3－己烯－1－醇（66.67%）、1－庚醇（66.67%）、反2－壬烯醛（57.14%）诱芯对雄蛾的1/2定向百分率显著高于水杨醛（21.43%）、罗勒烯（16.67%）、2－甲基丁醛（13.33%）诱芯（$P<0.05$）。在接近阶段，植物源组分诱芯对雄蛾的接近百分率与1/2定向阶段的趋势基本一致。在降落阶段，水杨酸甲酯（22.08%）诱芯对雄蛾的降落百分率与苯乙醛（6.00%）、罗勒烯（6.00%）、顺式3－己烯－1－醇（6.00%）诱芯有显著差异（$P<0.05$），其余苯乙醇（15.56%）、反2－壬烯醛（14.29%）、己醛（13.83%）等25种诱芯间差异不显著（$P>0.05$）。

综合比较黏虫雌、雄蛾对29种植物源活性组分的电生理反应和在风洞中的行为反应，对黏虫引诱效果较好的组分为枫杨叶片粗提物中的水杨酸甲酯和苯甲醛，垂柳叶片粗提物中的苯乙醇、反2－壬烯醛和顺式3－己烯－1－醇以及玉米穗丝粗提物中的1－庚醇和苯乙醛。本研究结果为植物源活性组分的田间诱蛾试验和开发无害化高效的植物源黏虫引诱剂奠定了工作基础。

关键词：黏虫；植物源活性物质；触角电位技术；气相色谱－质谱联用技术；风洞

东北大黑鳃金龟幼虫取食趋性的研究

张　强[1*]　张云月[1]　曾　伟[2]　郑维琴[2]　高月波[1]

（1. 吉林省农业科学院，公主岭　136100；2. 哈尔滨师范大学，哈尔滨　150500）

摘　要：为了解东北大黑鳃金龟幼虫（蛴螬）对不同食物的取食趋性，在吉林省农业科学院公主岭院区通过种植不同农作物，定期调查的方法展开了针对性试验。在6月中下旬采集公主岭院区内的东北大黑鳃金龟成虫，在室内饲养至产卵，卵孵化后用马铃薯饲养幼虫至2龄待用；用长×宽×高=66cm×41cm×18cm的塑料盒，分三行两列随机种植玉米、大豆、小麦、花生、马铃薯等5种农作物，并设置空白对照，重复5次。待5种农作物长势良好后，在塑料盒中部挖一个长×宽×高=10cm×10cm×10cm的洞，将2龄幼虫均匀放在里面，回填土铺平，每个重复接虫30头，接虫点距每种农作物的平均距离为19.35cm，接虫后7天调查各农作物根部及附近幼虫数。调查结果：小麦根部及附近的幼虫数最多，平均达到5.2头，CK对照组虫数最好，平均1.0头，分布情况为小麦>玉米>花生>大豆>马铃薯>CK。从试验结果中可以看出，东北大黑鳃金龟幼虫在取食时具有一定的趋向性，主要趋向于根系较发达的农作物。明确了东北大黑鳃金龟幼虫的这种取食趋性，对今后不同农作物防治蛴螬的为害提供了参考性的数据支持。

关键词：东北大黑鳃金龟；幼虫；取食趋性

＊ 第一作者：张强；E-mail：zq.0146@163.com

黑肾卷裙夜蛾生殖生物学特性与防治研究

张　倩　周　镇　李奕震
（华南农业大学林学与风景园林学院，广州　510642）

摘　要：黑肾卷裙夜蛾（*Plecoptera oculata* Moore）属鳞翅目（Lepidoptera）夜蛾科（Noctuidae），为害我国二级保护植物降香黄檀（*Dalbergia odorifera*），主要分布于海南、广东、广西、云南等地。近年来由于降香黄檀大量引种成林而出现的害虫，国内外暂时没有系统的研究。本文通过野外调查、室内饲养观察，分析总结了黑肾卷裙夜蛾生殖生物学特性，筛选出可供应用的化学药剂。

室内培养温度为（25 ±1）℃，相对湿度为70% ~80%，光周期为14L∶10D，黑肾卷裙夜蛾世代历期为（41.64 ±1.59）天，通过给黑肾卷裙夜蛾饲养的成虫提供不同营养源进行试验发现，10%蜂蜜水和10%白糖水等高营养食物有助于卵巢内卵的充分发育，雄虫寿命为（10.2 ±1.25）天，雌虫寿命为（11.6 ±0.8）天。室内设20℃、25℃、30℃3个温度处理，结果表明，25℃时交配率最高，20℃时成虫寿命显著延长。

雌雄虫的求偶过程，可分为3个连续阶段：①萌动：二日龄雌雄蛾在进入暗期约3h后，由静止状态到触角稍有摆动，翅膀间断性轻微振动。②兴奋：雌雄蛾翅膀开始高频振动，摆动触角。雌蛾翅膀水平方向展开，露出腹部，腹部末端上轻微翘起，同时伸缩淡黄色透明产卵器。③试图交配，雌蛾腺体继续外伸，呈90°角弯曲下垂，雄蛾围绕雌蛾旋转追逐，腹部抱握器张开，尾端伸长，最终呈“一”字形交配。交配发生在进入暗期3 ~8h。交尾时间持续（240 ±34）min，成虫交尾结束5 ~12h后产卵，多为散产。

室内药剂试验证明：10%高效氯氟氰菊酯微乳剂、8 000IU/μl苏云金杆菌悬浮剂及0.18%阿维菌素·110亿活芽孢/g苏云金杆菌粉剂药剂效果良好，可用作林间防治的药剂参照。

关键词：黑肾卷裙夜蛾；生殖生物学特性；温度；药剂试验

赤条蝽全线粒体基因组序列测定与分析*

王 娟** 张 丽 杨兴卓 袁明龙***
（草地农业生态系统国家重点实验室 兰州大学草地农业科技学院，兰州 730020）

摘 要： 蝽科是半翅目异翅亚目中较大的一个类群，其中很多种类是重要的农林牧业害虫。目前已有5种蝽科昆虫获得了线粒体基因组，但这些物种均来自蝽亚科。为了进一步深入了解蝽科昆虫的系统进化关系，本研究测定了来自蝽科另外一个亚科舌盾蝽亚科——赤条蝽（*Graphosoma rubrolineata*）的全线粒体基因组。采用昆虫通用引物及新设计的特异引物扩增赤条蝽的全线粒体基因组，并进行双向测序。结果表明，赤条蝽全线粒体基因组是一个典型的闭合环状双链DNA分子，大小为15 633bp。与其他昆虫线粒体基因组一样，赤条蝽编码37个经典动物线粒体基因并包含一个控制区。基因排序与昆虫线粒体基因的原始排序完全一致。比较线粒体基因组学分析表明，赤条蝽线粒体基因组的大小、基因排序、碱基组成、密码子使用及转运RNA基因的二级结构等一般特征，在所有已测的6种蝽科昆虫中高度保守。赤条蝽线粒体基因组存在15个基因间隔区，其中最大间隔区位于*trnS*2和*nad*1之间，这一大的间隔区也普遍存在于其他蝽科昆虫中。此外，赤条蝽线粒体基因组还存在6个基因重叠区，其中最大的3个分别位于*trnW*/*trnC*（8 bp）、*atp*8/*atp*6（7 bp）和*nad*4/*nad*4*L*（7 bp），这与其余已测的5种蝽科昆虫高度相似。赤条蝽线粒体基因组的碱基组成明显偏向于A+T，赤条蝽J-链的A+T%为74.98%，介于斑须蝽（*Dolycoris baccarum*）的73.36%和稻绿蝽（*Nezara viridula*）的76.88%之间。赤条蝽13个蛋白质编码基因的A+T含量为74.31%，其中J-链和N-链的第一位点（66.86%，74.03%）和第二位点（65.66%，69.21%）的AT%含量明显低于第三位点（84.80%，88.68%）。通常，昆虫线粒体基因组J-链的AT-偏斜为负值，而GC-偏斜为正值，如前面已测的所有蝽总科昆虫。然而，赤条蝽刚好相反，其J-链具有负的AT-偏斜（-0.068）和正的GC-偏斜（0.021）。赤条蝽13个蛋白编码基因中，除*cox*1，*atp*8和*nad*1等3个基因的起始密码子为TTG之外，其余的起始密码子均为ATN。大多数蛋白质编码基因的终止密码子为TAA，而*nad*4的终止密码子为TAG，其余4个基因（*cox*1，*cox*2，*nad*3和*nad*5）的终止密码子为T。基于13个蛋白质编码基因对赤条蝽及其他28种蝽次目昆虫进行了系统发育分析，最大似然法和贝叶斯推断获得的结果完全一致，均支持蝽次目的5个总科为单系群，且其系统发育关系为：（扁蝽总科+（蝽总科+（长蝽总科+（红蝽总科+缘蝽总科））））。尽管赤条蝽属于另一亚科，但在系统树中与横纹菜蝽、茶翅蝽和稻绿蝽等3种蝽亚科昆虫聚在一起，导致蝽亚科不是单系群。该线粒体基因组是首次测定的舌盾蝽亚科昆虫，为今后更好地理解蝽科昆虫的系统进化、开展物种界定及种群遗传学研究等提供基础数据。

关键词： 半翅目；舌盾蝽亚科；赤条蝽；线粒体基因组；系统发育

---

* 基金项目：甘肃省青年科技基金计划（1506RJZA211）

** 第一作者：王娟，女，在读硕士研究生，研究方向为昆虫分子生态学；E-mail：wangjuan14@lzu. edu. cn

*** 通讯作者：袁明龙；E-mail：yuanml@ lzu. edu. cn

巴氏新小绥螨抗氧化酶相关基因鉴定及表达分析*

田川北** 李亚迎 张国豪 刘 怀***
（西南大学植物保护学院，昆虫及害虫控制工程重庆市市级重点实验室，重庆 400716）

摘 要：巴氏新小绥螨（*Neoseiulus barkeri* Hughes）是一种广食性的捕食螨，对叶螨、蓟马等小型吸汁性害虫（螨）具有良好的防治作用。近年来因为环境变化以及化学农药的广泛使用，昆虫及螨类抗氧化机制研究受到了学者的广泛关注。本研究为阐明巴氏新小绥螨在应对环境胁迫时相关抗氧化酶的响应机制，开展了对其抗氧化酶相关基因的克隆及时空表达分析。基于巴氏新小绥螨转录组数据，利用 RT－PCR 技术扩增得到 5 条抗氧化酶相关基因的 cDNA 全长，运用 NCBI、ExPASy、MEGA 等生物信息学软件对序列进行结构预测、序列比对和进化分析；利用实时荧光定量 PCR 检测 5 条基因在巴氏新小绥螨不同螨态的相对表达水平以及两种逆境条件下的表达模式。共获得了 3 条超氧化物歧化酶（*SOD*）基因序列和 2 条谷胱甘肽过氧化物酶（GPX）基因序列，分别为 *NbSOD*1、*NbSOD*2、*NbSOD*3、*NbGPX* 和 *NbPHGPX*；序列分析显示 *NbSOD*1 基因的 cDNA 全长为 837bp，编码 153 个氨基酸。*NbSOD*2 基因的 cDNA 全长为 959bp，编码 185 个氨基酸。*NbSOD*3 基因的 cDNA 全长为 889bp，编码 215 个氨基酸。*NbGPX* 基因的 cDNA 全长为 1 028 bp，编码 208 个氨基酸。*NbPHGPX* 基因的 cDNA 全长为 916bp，编码 199 个氨基酸。实时荧光定量结果表明，3 个 *SOD* 基因均在雌成螨表达量相对较高，2 个 *GPX* 基因在各螨态的表达量无显著差异，这预示着 *SOD* 基因在成虫阶段有着潜在功能。在高温 42℃ 处理 0. 5h、1h、2h 和 3h 后，*NbSOD*3 和 *NbGPX* 基因的表达均显著上调，*NbSOD*3 的表达量在 2h 后达到高峰，*NbGPX* 基因的表达量则在 0. 5h 达到高峰；低温 4℃ 处理 0. 5h、1h、2h 和 3h 后，*NbGPX* 基因的表达显著上调，并在 3h 达到高峰；紫外线照射处理 1h、2h 和 3h 后，*NbSOD*1 的表达量显著上调。结果表明 *SOD* 和 *GPX* 基因可能参与了巴氏新小绥螨抵御环境胁迫的过程，这为进一步深入研究巴氏新小绥螨抗氧化酶相关基因的各种生理功能提供理论基础。

关键词：巴氏新小绥螨；超氧化物歧化酶；谷胱甘肽过氧化物酶；基因克隆；环境胁迫

---

* 基金项目：重庆市社会事业与民生保障科技创新专项（cstc2015shms－ztzx80011）；重庆市研究生科研创新项目（CYB2015056）；中央高校基本科研业务费（XDJK2016D038）

** 第一作者：田川北，女，在读研究生，研究方向：农业昆虫与害虫防治；E-mail：tcxb8023@163. com

*** 通讯作者：刘怀，教授，博士生导师；E-mail：liuhuai@ swu. edu. cn

松墨天牛成虫行为与化学生态学研究进展*

史先慧[1**]　马　涛[1]　孙朝辉[1]　温秀军[1***]　邓培雄[2]

（1. 华南农业大学林学与风景园林学院，广州　510642；
2. 广东省河源市源城区林业局，河源　51700）

摘　要：松材线虫（*Bursaphelenchus xylophilus*）是国际上公认的重要检疫性有害生物，能引发松树毁灭性病害——松材线虫病。松墨天牛（*Monochamus alternatus* Hope），是松属植物的重要蛀干害虫，也是我国松材线虫病的主要传播媒介。目前控制松材线虫病最有效的途径之一是通过控制其传播媒介——松墨天牛的发生和为害，达到防控松材线虫病的目的。以往对松墨天牛成虫行为、触角化学感器、聚集信息素、综合防治等方面进行了较为系统的研究，为科学防控其为害提供了理论依据。昆虫信息化合物在害虫综合治理和预测预报中可发挥重要作用，与化学防治方法相比，利用信息化合物诱杀松墨天牛是一种灵敏高效、环境友好、不易产生抗性的防治方法。松墨天牛交配行为分为两个阶段：首先，雌虫和雄虫都受到雄虫分泌的聚集信息素和寄主挥发物气味的共同吸引，聚集在一起；然后，雄虫可以依靠嗅觉、味觉或视觉近距离识别雌虫，趴在雌虫体上，发生交配行为。松墨天牛雄性分泌的聚集信息素 2 – undecyloxy – 1 – ethanol 的鉴定和应用极大的增强了植物源引诱剂对松墨天牛成虫的引诱效果。在明确松墨天牛聚集信息素的基础上，通过溶剂萃取、固相微萃取、Porapak Q 吸附法，结合气相色谱 – 触角电位仪和气相色谱 – 质谱联用仪分析等方法，对其接触性信息素进行研究，可为更为详尽的了解松墨天牛的成虫化学生态学提供参考。

关键词：松材线虫；松墨天牛；化学生态学

* 基金项目：中央财政林业科技推广示范项目（〔2015〕GDTK – 09）

** 作者简介：史先慧，女，在读硕士研究生，研究方向：森林害虫综合治理；E-mail：1015864959@qq. com

*** 通讯作者：温秀军，男，教授，研究方向：昆虫化学生态学和森林昆虫学

未来气候条件下大洋臀纹粉蚧的潜在适生区预测*

齐国君[1**]　于永浩[2]　吕利华[1]
(1. 广东省农业科学院植物保护研究所，广东省植物保护新技术
重点实验室，广州　510640；2. 广西壮族自治区农业科学院植物保护研究所，
广西作物病虫害生物学重点实验室，南宁　530007)

摘　要："全球气候变化"是当今世界最为棘手的三大环境难题之一。气候是决定地球上物种分布的最主要因素，而物种分布格局的变化则是对气候变化最明确和直接的反映。温度是限制昆虫在地球上分布的主要因子之一，温度升高为标志的气候变暖必然对昆虫的地理分布产生重要影响，低温对入侵生物地理分布的限制作用被逐渐削弱，全球气候变化对昆虫地理分布的影响已成为研究热点之一。

大洋臀纹粉蚧（*Planococcus minor* Maskell）是我国进境植物检疫性有害生物，在东盟进口水果的口岸检疫中被频繁截获。目前该虫已入侵广东省湛江市、海南省文昌市、云南省西双版纳等地区，并严重为害多种水果，对我国热带、亚热带的水果和观赏植物等造成严重威胁。虽然大洋臀纹粉蚧仅在我国部分地区有分布，但随着全球气候逐渐变化，温室气体的排放，极端气候出现的频次增加，其分布及为害范围的扩张趋势有待进一步研究。

本研究根据目前大洋臀纹粉蚧的地理分布数据，以 IPCC - AR4 采用的 CSIRO - MK3.0 气候模式 a2、a1b 和 b1 不同排放情境下的未来气候数据为基础，利用 Maxent 生态位模型模拟了 2020 年、2050 年、2080 年大洋臀纹粉蚧在中国潜在适生区域及适生等级的变化趋势。预测结果表明：① a2、a1b 和 b1 三种不同排放情境下，大洋臀纹粉蚧的潜在适生区域之间没有明显差异；②大洋臀纹粉蚧的适生区主要分布在长江流域以南地区，其高适生区域呈带状分布，与我国热带水果的主要种植区域具有高度的一致性；③随着 2020 年、2050 年、2080 年的气候变化，3 种排放情境下大洋臀纹粉蚧的适生区域平均面积占全国面积的比例依次为 20.41%、20.48%、21.84%，呈进一步增加的趋势，其高适生区、适生区、低适生区也呈现相似的变化趋势。本研究模拟了全球气候变化下大洋臀纹粉蚧的潜在地理分布格局，对防范其在更大范围内扩散与流行成灾具有重要意义。

关键词：气候变化；大洋臀纹粉蚧；生态位模型；适生区

---

* 基金项目：广西作物病虫害生物学重点实验室基金（14 - 045 - 50 - KF - 5）；广东省农业科学院院长基金（201406）；"十二五"国家科技支撑计划（2015BAD08B02）；科技部科技伙伴计划（KY201402015）

** 第一作者：齐国君，男，副研究员，主要从事昆虫生态学研究；E-mail：super_ qi@163.com

黏虫头部转录组中感觉相关基因的鉴定及视蛋白表达模式研究*

刘振兴** 朱 芬 雷朝亮***
（华中农业大学，武汉 430070）

摘 要：黏虫［*Mythimna separata*（Walker）］是一种典型的季节性迁飞害虫，严重为害我国及其他亚洲和澳洲国家粮食作物。具有发生范围广、为害世代多、受害作物种类和组织多、产量损失重以及发生为害历史长的特点。黏虫的迁飞性、群集性、暴发性和杂食性特性使其在大发生时对粮食作物造成严重减产甚至绝收。而在黏虫为害作物过程中涉及取食、求偶、交配、迁飞、寻找寄主、产卵等一系列行为需要黏虫的感官系统的配合。感官系统中的化学感受蛋白（chemosensory protein：CSP），嗅觉受体（odorant receptor：OR），离子受体（ionotropic receptor：IR），气味结合蛋白（odorant binding protein：OBP）和视蛋白（Opsin）在昆虫对化学信号和光信号的检测识别及行为调控中具有关键作用。本研究通过高通量转录组测序鉴定出黏虫头部中的22个CSPs，60个ORs，22个IRs，55个OBPs和8个Opsins。通过同源性比对分析，鉴定出黏虫的Orco和Irco。通过进化树分析表明，我们鉴定出1个UV opsin，一个BL opsin和两个LW opsins（msepLW1 opsin和msepLW2 opsin）基因，并对黏虫3种视蛋白基因（UV opsin，BL opsin和LW2 opsin）的日表达模式进行了研究。我们的研究鉴定出了迁飞性害虫黏虫的一些感觉相关基因家族，这为通过对感觉相关基因设计分子靶标进行害虫防治提供了分子基础。

关键词：黏虫；转录组；嗅觉基因；视蛋白

---

* 基金项目：公益性行业（农业）科研专项（201403031）；国家自然科学基金（31572017）资助

** 作者简介：刘振兴，男，在读博士生，主要从事昆虫分子生物学研究；E-mail：hbhnlzx@webmail. hzau. edu. cn

*** 通讯作者：雷朝亮；E-mail：ioir@ mail. hzau. edu. cn

土壤因子对蝇蛹俑小蜂寄生瓜实蝇的影响*

刘　欢　李　磊　韩冬银　张方平　牛黎明　陈俊谕　符悦冠**
（中国热带农业科学院环境与植物保护研究所，
农业部热带作物有害生物综合治理重点实验室，海口　571101）

摘　要：瓜实蝇是我国果蔬上的一种重要入侵害虫，其偏好在土中化蛹。蝇蛹俑小蜂是瓜实蝇蛹期的重要天敌寄生蜂，土壤是影响该寄生蜂寄生瓜实蝇的最直接因子。本文选择了沙土、壤土和黏土3种类型的土壤，研究了不同深度的土壤对瓜实蝇化蛹、羽化及蝇蛹俑小蜂的寄生和羽化的影响，为该寄生蜂的释放提供重要的理论参数。结果表明：土壤显著影响了瓜实蝇化蛹深度、羽化及存活。瓜实蝇老熟幼虫均偏好钻入1cm深度以下的土壤中化蛹。在沙土中，瓜实蝇在3cm处化蛹数最多；在壤土和黏土中，瓜实蝇在4cm处化蛹数最多。研究也发现瓜实蝇的羽化率随着化蛹深度加深而降低，死亡率随着化蛹深度加深而增加。在化蛹深度为0～4cm时，瓜实蝇在3种土壤中蛹的羽化率和死亡率差异不显著；在化蛹深度深于6cm时，在沙土中的羽化率显著高于壤土和黏土的，而死亡率却显著低于壤土和黏土中的。土壤也显著影响了蝇蛹俑小蜂寄生和羽化。在供试的3种土壤中，蝇蛹俑小蜂的寄生率、出蜂量和羽化出土率均在土表（0cm）时达到最高，分别为94.44%、24.67头和100%。随着瓜实蝇化蛹深度的增加，蝇蛹俑小蜂的寄生率、出蜂量和羽化出土率等随之下降。在1cm沙土、壤土和黏土中，蝇蛹俑小蜂的寄生率分别为52.22%、60.0%、45.56%，出蜂量分别为12.33头、13.0头、10.67头，羽化出土率分别为73.08%、95%、94.19%；而在土壤深度为3.5cm时，蝇蛹俑小蜂的寄生率分别为12.22%、15.56%、12.22%，出蜂量分别为3.67头、4.67头、3.67头，羽化出土率分别为47.22%、58.33%、72.22%。基于本研究的结果，土壤不仅影响了瓜实蝇的化蛹，也影响了蝇蛹俑小蜂的寄生。在释放该寄生蜂时应综合考虑土壤的类型、瓜实蝇的化蛹深度及寄生蜂的寄生率等因素。

关键词：套袋；瓜实蝇；南瓜实蝇；效果评价

---

* 基金项目：国家科技支撑计划（2015BAD08B03）；公益性行业（农业）科研专项（201103026）
** 通讯作者：符悦冠；E-mail：fygcatas@163.com

漯河市地下害虫发生动态（2006—2015年）*

李世民** 陈 琦 齐晓红 范志业 刘 迪 沈海龙 侯艳红
（河南省漯河市农业科学院，漯河 462300）

摘 要：农田地下害虫对农作物产量和品质影响巨大，地下害虫发生程度受气候变化、作物布局、耕作制度、农药应用等诸多因素影响。通过对测报灯和田间地下害虫调查数据分析，可以了解地下害虫多年变化趋势，找出引起变化的外在原因，指导地下害虫科学防控工作。漯河市农业科学院设有害虫测报灯，每年4月1日至10月31日夜间开灯诱虫，9月下旬至10月上旬于麦播前开展多县区、多类型田块地下害虫田间密度挖查，已积累数十年连续监测资料。对2006—2015年单台测报灯诱虫资料和麦播前地下害虫挖查资料进行归类，分析对比各类地下害虫数量变化、优势种。漯河市农田地下害虫主要有金龟子、金针虫、蝼蛄、地老虎、蟋蟀五大类群，各个类群都有明显的优势虫种。金龟子类2006—2015年10年灯下诱集总数215 160头，年度数量占比分别为：38.30%、15.25%、5.72%、5.76%、9.48%、5.23%、12.43%、4.28%、1.10%、2.44%。10年共诱到金龟子类害虫10种，其中铜绿丽金龟总计138 440头、暗黑鳃金龟72 378头、阔胫鳃金龟3 906头、大黑鳃金龟228头、桐黑丽金龟93头、毛黄鳃金龟86头、黄褐丽金龟23头、大绿异丽金龟3头、灰粉鳃金龟2头、蒙古丽金龟1头。2006—2015年田间挖查984个样点，调查面积666.25 m^2，金龟子类挖查总数为783头，总平均密度1.175头/m^2，年度间差异较大；金针虫类10年田间挖查虫口密度为1.62头/m^2，其中沟金针虫1.41头/m^2、细胸金针虫0.04头/m^2、褐纹金针虫0.17头/m^2。优势种为沟金针虫，总占比为86.94%，近两年密度上升明显；蝼蛄类共发现两种，分别为华北蝼蛄和东方蝼蛄，10年灯下诱集总数为10 575头，田间共挖查到蝼蛄20头，数量呈明显下降趋势；灯下地老虎类成虫共诱到5种，2006—2015年总诱集量分别为：小地老虎37 103头、黄地老虎530头、大地老虎426头、警纹地老虎269头、八字地老虎126头，其中小地老虎占比为96.49%；蟋蟀类共发现北京油葫芦、大扁头蟋等5种，2006—2015年总诱集量为71 236头，10年大暴发1次，中等发生3次。漯河市金龟子类害虫优势种为铜绿丽金龟、暗黑鳃金龟，灯下年诱集种类数、个体数都呈下降趋势，但田间调查个体数量下降不明显；金针虫优势种为沟金针虫，田间挖查数量上升趋势明显；地老虎类优势种为小地老虎，年度数量呈明显下降趋势；蟋蟀类为间歇暴发害虫。

关键词：地下害虫；类群；测报灯；田间密度；变化趋势

---

* 基金项目：国家公益性行业（农业）科研专项（201403031）；河南省科技攻关计划（农业领域）（152102110024）

** 第一作者：李世民，硕士，研究员，从事植物保护研究；E-mail：478868103@qq.com

东方黏虫各龄幼虫在4种寄主植物上的取食选择性*

蒋　婷[1,3]**　黄　芊[1]　蒋显斌[1]　凌　炎[2]　符诚强[1]
龙丽萍[1]***　黄凤宽[2]　黄所生[2]　吴碧球[2]　李　成[2]
（1. 广西农业科学院水稻研究所/广西水稻遗传育种重点实验室；
2. 植物保护研究所/广西作物病虫害生物学重点实验室，南宁　530007；
3. 广西大学农学院，南宁　530005）

摘　要：东方黏虫［*Mythimna separata*（Walker）］属鳞翅目（Lepidoptera）夜蛾科（Noctuidae），嗜食禾本科植物。在广西多地调查中发现东方黏虫主要为害玉米、水稻和甘蔗，严重时影响粮食产量及蔗糖生产，由于东方黏虫具有杂食性，调查时还发现其在田间禾本科杂草稗草上取食活跃。因此，探讨东方黏虫各龄幼虫在玉米、水稻、甘蔗和稗草4种寄主植物上的取食选择性，为研究其发生为害规律奠定基础。在实验室条件下，采用叶碟改进法比较研究了东方黏虫1～6龄幼虫对4种寄主植物的取食选择行为，并分别于6h和24h记录在各寄主植物上的取食选择率。①各龄幼虫在6h和24h时对4种寄主植物的取食选择率均有变化，其中6龄幼虫取食选择率变化较大，6h时，在玉米和水稻上的取食选择率显著高于甘蔗和稗草，在玉米和水稻之间，甘蔗和稗草之间的取食选择率差异均不显著，24h时，在玉米上的取食选择率显著高于其他3种寄主植物，取食选择率在水稻和稗草之间差异不显著但显著高于甘蔗；②东方黏虫1、2、4、5龄幼虫在6h和24h时均偏好取食玉米，取食选择率均显著高于其他3种寄主植物，其中1龄和2龄幼虫对玉米的取食选择率分别高达82%和89%；③东方黏虫3～5龄幼虫对水稻的取食选择率显著均高于甘蔗和稗草，1、2龄幼虫在水稻、甘蔗和稗草3种寄主植物上的取食选择率差异不显著；④各龄幼虫对甘蔗和稗草的取食选择性相对较弱，除了6龄幼虫24h时在稗草上的取食选择率（13%）显著高于甘蔗（4%）外，其余龄期幼虫在甘蔗和稗草上的取食选择率差异均不显著；⑤各龄幼虫均存在有暂时不选择取食的行为，其中6龄幼虫在24h时的不取食选择率高达20%，除了在玉米上的取食选择率与不取食选择率差异不显著外，不取食选择率高于在其他3种寄主植物上的取食选择率。东方黏虫各龄幼虫对玉米的取食选择性较强，而对其他3种寄主植物的取食选择性随着幼虫龄期的增长而增强。老熟幼虫即将化蛹，对4种寄主植物的取食选择性降低。

关键词：东方黏虫；寄主植物；取食选择率；叶碟改进法

---

* 基金项目：公益性行业（农业）科研专项子课题（201403031，201303017）；国家自然科学基金项目（31560510，31360437）；广西农科院基本科研业务专项（2015YM19，2014YP08，2015YT18）；广西农科院科技发展基金项目（2015JZ26，2015JZ18，2015JZ52，2015JZ53）

** 作者简介：蒋婷，在读硕士研究生，农业昆虫与害虫防治专业；E-mail：657978256@qq.com

*** 通讯作者：龙丽萍，研究员，主要从事农业昆虫与害虫防治研究工作；E-mail：longlp@sohu.com

乌虱属（虱目：乌虱科）研究概况

况析君* 王梓英 张迎新 张厚洪 卫秋阳 胡 琴 刘 怀**
（西南大学植物保护学院，重庆 400716）

摘 要：羽虱，又称鸟虱，是寄生于鸟类羽毛或皮肤上虱类的统称，包括虱目中钝角亚目和丝角亚目的某些种类。De Geer 于 1778 年建立了乌虱属（*Ricinus*），隶属于钝角亚目（Amblycera）乌虱科（Ricinidae），描述了 7 种羽虱，此前，所有的羽虱都被归为虱属 *Pediculus*。1972 年，Nelson 对乌虱属做了一个整理，共列出来 42 种羽虱。迄今为止，全世界共报道该属羽虱约 65 种，其中，中国有 8 个有效种，分别是 *R. dolichocephalus*，*R. elongatus*，*R. frenatus*，*R. fringillae*，*R. meinertzhageni*，*R. serratus*，*R. thoracicus*，*R. uragi*。

大多数羽虱靠取食羽毛、皮屑为生，但乌虱属（*Ricinus*）主要取食血液。乌虱属（*Ricinus*）的生活史主要包括卵、3 龄若虫和成虫，成虫性比约为 11/1（雌/雄）。虽然羽虱有很强的寄主转化性，但乌虱属的乌虱仍然广泛分布于雀形目鸟类身上。

本研究对西南大学现存的羽虱标本进行鉴定，发现有 8 号标本分属于乌虱属 4 新种。乌虱属 *Ricinus* 与其他属的羽虱相比，主要鉴定特征有：体长能达到 5mm，头部细长，钝圆形或近锥形，触角 4 ~5 节，下唇须缺失，下颚须 4 节，末端没有毛，下颚对称，近刺状，不能像一些类群可以用下颚尖端咀嚼食物，上唇有明显的透明突起，呈现在口器的两侧，头部的毛序特殊，并非典型的钝角亚目 Amblycera 毛序。前胸背板分开，但中、后胸背板和腹部第一节背板融合。腹部长条形，边缘骨化，第 III – VIII 节生有气孔，雄虫外生殖器发达，雌虫肛周毛缺失。

关键词：羽虱；寄生；形态鉴定；新种

* 第一作者：况析君；E-mail：xijun5221@ 163. com
** 通讯作者：刘怀，教授，博士生导师；E-mail：liuhuai@ swu. edu. cn

潮虫亚目（等足目）部分物种体内 *Wolbachia* 的检测与系统发育分析*

刘　磊** 张开军 庞　兰 邓　娟 李亚迎 张国豪 刘　怀***
（西南大学植物保护学院，昆虫及害虫控制工程重庆市市级重点实验室，重庆　400716）

摘　要：*Wolbachia*（沃尔巴克氏体）是一类母系遗传的细胞内细菌，能够感染昆虫和螨类等多种节肢动物宿主，同时也感染一些线虫。*Wolbachia* 之所以能引起国内外的广泛关注，主要是由于这类细菌能够引发宿主的多种生殖异常行为，如：胞质不亲和现象（cytoplasmic incompatibility，CI）、孤雌生殖（parthenogenesis）、雌性化（feminization）以及杀雄（male - killing）。有研究表明，*Wolbachia* 在等足目中也有一定程度的感染，其在等足目中的主要作用为诱导雌性化和胞质不亲和。本研究调查分析了采自不同地方的多种潮虫亚目样本体内感染 *Wolbachia* 的情况，利用 *Wolbachia* 的表面蛋白 *wsp* 基因特异引物（81F/691R）进行 PCR 扩增，发现所采种群均有 *Wolbachia* 感染，且样本的感染率从 16.7% ~94.4% 变化，表明 *Wolbachia* 在潮虫亚目中的感染非常普遍，且感染率存在一定程度的变化。对所扩增的 *wsp* 进行测序，结果表明，总共存在 3 个 *Wolbachia* 株系，其片段大小分别为 552bp、546bp、555bp。利用 MEGA 软件构建系统发育树，通过使用多位点序列分型（MLST）对 *Wolbachia* 进行分型，发现所感染的株系属于 A 大组和 B 大组。其中，光滑鼠妇（四川·绵阳）、多霜腊鼠妇（重庆·潼南）、中华蒙潮虫（河南·新乡）以及缅阴虫（重庆·北碚和重庆·铜梁）所感染的株系属于 A 大组，多霜腊鼠妇（陕西·渭南）所感染的株系属于 B 大组。通过分析比较 *Wolbachia* 株系与其感染宿主 COI 的系统发育发现，虽然光滑鼠妇（四川·绵阳）、多霜腊鼠妇（重庆·潼南）与缅阴虫（北碚和铜梁）感染同一个 *Wolbachia* 株系，但鼠妇与缅阴虫的亲缘关系较远，表明这个 *Wolbachia* 株系在自然界中可能存在水平传播。

关键词：鼠妇；*Wolbachia*；MLST；系统发育树；水平传播

---

* 基金项目：国家自然科学基金青年基金项目（31401801）；重庆市社会事业与民生保障科技创新专项（cstc2015shms - ztzx80011）

** 第一作者：刘磊，男，博士研究生，研究方向：昆虫分子生态学；E-mail：liuleian@163.com
*** 通讯作者：刘怀，教授，博士生导师；E-mail：liuhuai@swu.edu.cn

北京市地下深土层节肢动物分布研究

满　沛　张润志
（中国科学院动物研究所，北京　100101）

摘　要：本文介绍了土壤节肢动物在生态系统中的功能与意义，在城市生态系统中的分布规律，以及与环境因素的关系等研究背景。列举了土壤节肢动物在不同土层生境中的研究进展与前沿的研究方法。为了探究北京市土壤节肢动物在群落结构与空间分布上的规律，我们利用一种改进型地下深土层（20～50cm）节肢动物收集装置进行取样监测实验。截至目前，已经在北京市西北区域40个样点内埋置了216个深土层长期收集装置，并收集到土壤节肢动物标本74 552个，隶属于11纲、27目。并依据所得统计数据对各样点进行了群落多样性测度和聚类分析，并分析了不同区域的土壤节肢动物分布规律。

关键词：北京市；生态多样性；土壤节肢动物；地下深层土壤；分布规律

储粮昆虫 DNA 条形码分子鉴定技术研究

伍 祎[1*] 李福君[1] 李志红[2] 曹 阳[1]
(1. 国家粮食局科学研究院，北京 100037；
2. 中国农业大学农学与生物技术学院，北京 100193)

摘 要：储粮昆虫和螨类具有重要的经济意义，其种类繁多、分布广泛，许多种类个体微小，使其种类鉴定颇为困难。DNA 条形码分子鉴定技术是近年来物种鉴定最有效的方法之一，建立一个储粮昆虫和螨类的 DNA 条形码序列库，可以实现非成虫态、虫尸、碎片的快速准确鉴定，为储粮害虫的检测预警和综合防治提供有效的支撑。本研究针对储粮昆虫和仓储螨类，通过对常用的几个分子鉴定的基因 COI、ITS、16S RNA 的测试和评估，筛选出了储粮昆虫和螨类 DNA 条形码分子鉴定的适合基因—线粒体上一段 650bp 的 COI 基因。建立了一个储粮昆虫/螨种类快速鉴定 DNA 条形码序列库，包括 42 种储粮昆虫/螨样品的 *COI* 条形码序列。通过距离法、简约法和最大似然法，建立了储粮昆虫/螨的系统进化树，每个种有独立的分支。单倍型网络进化图显示各种的单倍型能明显区分，且近缘种聚在相近分支，表明所选的条形码区段能很好的将 42 种储粮昆虫和螨类区分开来。基于线粒体 COI 序列的 DNA 条形码可用于储粮昆虫/螨类快速准确的种类的鉴定。

关键词：DNA 条形码；分子鉴定；储粮昆虫；仓储螨类；粮食储藏

* 第一作者：伍祎；E-mail：wuyi@ chinagrain. org

生物防治

稻瘟病生防菌 JK－1 的筛选、鉴定及其抑菌活性的研究

曾凡松　杨立军　龚双军　向礼波　史文琦　张学江　汪　华
（湖北省农业科学院植保土肥研究所，武汉　430064）

摘　要：从药用植物蓝花鼠尾草（*Salvia farinacea*）叶组织中分离并筛选获得了 1 株对植物病原真菌具有颉颃活性的放线菌菌株 JK－1。采用菌丝生长速率法对 JK－1 进行了抑菌活性测定。该菌株粗发酵液对稻瘟病菌（*Magnaporthe oryzae*）、棉花黄萎病菌（*Verticillium alboatrum*）、小麦赤霉病菌（*Fusarium graminearum*）和水稻纹枯病菌（*Rhizoctonia solani* Kühn）的抑制率分别为 91.14% ±0.04%、47.05% ±0.07%、44.49% ±0.09% 和 47.91% ±0.04%。进一步对发酵液进行了浓缩和甲醇提取，甲醇提取液对稻瘟病苗期室内防治效果为 79.34%。对甲醇提取液进行 HPLC－MS 结合紫外吸收光谱分析鉴定出至少三种多烯类化合物。形态学、生理生化和 16SrRNA 编码基因序列分析等实验结果表明，JK－1 与黄抗霉素链霉菌（*Streptomyces flavofungini*）亲缘关系最近。本研究结果说明 JK－1 及其产生的活性化合物对稻瘟病的防治具有一定的开发潜力。

关键词：链霉菌；分类鉴定；抑菌活性

哈茨木霉菌*hyd*1基因系统诱导玉米抗弯孢叶斑病研究*

余传金** 高金欣 窦 恺 王 猛 孙佳楠 陆志翔 李雅乾 陈 捷***
（上海交通大学农业与生物学院，农业部都市农业（南方）重点实验室，
上海交通大学国家微生物重点实验室，上海 200240）

摘 要：玉米弯孢叶斑病是我国玉米产区的主要病害之一，通过生物防治技术系统诱导玉米免疫反应，抵抗叶斑病菌侵染，是实现玉米病害绿色防控的重要途径。木霉菌分布广泛，已普遍用于植物病害的生物防治，但关于木霉菌处理种子或根系系统诱导寄主对地上部病害的抗性分子机理国内外未见报道，尤其关于木霉菌产生的MAMPs（microbial - associated molecular patterns）分子及其与玉米根系受体互作分子模式尚属空白。本研究从哈茨木霉菌克隆获得一个II类疏水蛋白*hyd*1基因，发现其定位在木霉菌的细胞膜上，具有分泌到胞外的功能、并促进了木霉菌对玉米根系定殖，同时证明了该蛋白能在根系细胞膜上表达，说明*hyd*1与调控木霉菌定殖玉米根系有密切关系，为Hyd1作为MAMPs分子与玉米根系互作诱导玉米对叶斑病的抗性提供前提条件。*hyd*1基因不同的转化子处理玉米自交系B73种子，四叶期离体和活体叶片挑战接种弯孢叶斑病菌（*C. lunata*），结果表明：*hyd*1具有系统诱导抗性的作用。通过酵母双杂交的方法筛选到与Hyd1互作的玉米根系类泛醌蛋白（Ubiquilin1 - like protein），并采用多种方法证明了两者发生了直接互作。在酵母内确定了类Ubiquilin1与Hyd1互作的区域，Hyd1的信号肽序列是其与类Ubiquilin1 - N互作所必需的，并发现Hyd1中8个半胱氨酸也参与了上述互作过程。通过转基因方法，明确了*hyd*1与类*ubiquilin*1在拟南芥中共表达后能明显促进拟南芥对灰霉病的抗性，转基因植株叶片病斑面积仅为野生型的50%。而且通过烟草细胞系证明了*hyd*1与类*ubiquilin*1基因定位在细胞膜上，并且Hyd1能提高类Ubiquilin1蛋白的稳定性。通过RNA - seq全局分析了叶片挑战接种24h后木霉菌*hyd*1调控寄主防御反应的变化，结果表明，主要通过油菜素内酯（brassinosteroids，BR）通路进行信号传导产生抗病性，此通路很多基因差异接近3倍，并用qPCR对24h和72h进行了验证。*hyd*1很可能是通过BAK1进行信号转导产生抗病性，并初步用*BANK*1 - 4突变体得到验证。同时JA、钙调蛋白（CaM）及WRKY的一些基因也产生了变化。根据上述研究，推测哈茨木霉菌系统诱导玉米抗弯孢叶斑病的MAMPs模式：哈茨木霉菌在玉米根系分泌的Hyd1与根系类受体蛋白Ubiquilin1互作，而Ubiquilin1可能与油菜素内酯受体BAK1互作一起形成复合物导致BR信号的转导，同时也激发了JA、钙调蛋白（CaM）及WRKY基因的表达从而产生相关的抗病反应。这为进一步揭示木霉菌疏水蛋白MAMPs分子与植物内类PRRs蛋白互作的分子机理提供重要线索。

关键词：哈茨木霉；*hyd*1；MAMPs；蛋白互作；诱导抗性

---

* 基金项目：国家自然科学（30971949）；现代农业产业体系（CARS - 02）

** 作者简介：余传金，男，博士研究生，研究方向：微生物与植物互作；E-mail：yuchuanjin1013@163. com

*** 通讯作者：陈捷，男，教授，博士生导师，研究方向：植物病理和生物防治；E-mail：jiechen59@sjtu. edu. cn

球孢白僵菌在玉米中的定殖规律研究*

徐文静[1,3]** 杨 彤[2] 付 军[3] 隋 丽[1,3] 尚立佳[2] 杨宇婷[2] 李启云[1]***

(1. 吉林省农业科学院植物保护研究所，公主岭 136100；
2. 哈尔滨师范大学，哈尔滨 150080；3. 东北师范大学生命科学学院，长春 130024)

摘 要：为明确球孢白僵菌在玉米全株中的定殖规律，采用两种方法在玉米植株上接种球孢白僵菌，分别是孢子悬液（10^8个孢子/ml）浸泡玉米种子 12h，玉米三真叶苗期根部浇灌孢子悬液（10^8个孢子/ml）20ml，并在玉米苗期和乳熟期全株检测球孢白僵菌在玉米植株中的定殖情况，分析接种方法对球孢白僵菌定殖玉米效率的影响、球孢白僵菌定殖玉米后在玉米中的定殖分布规律以及定殖玉米的抗虫性。结果表明，孢子悬液浸泡玉米种子的苗期单株定殖检出率是 75%，叶片组织块的定殖检出率是 3.33%（120 块/株），心叶向下第 1、3、4、5 片叶子均有球孢白僵菌定殖检出；孢子悬液浸泡玉米种子和浇灌苗期根部两种接种方法共同接种的单株定殖检出率是 100%，叶片组织块的定殖检出率是 6.94%，心叶向下第 1～5 片叶子均有球孢白僵菌定殖检出，其中单株定殖检出率提高了 33%，叶片组织块的定殖检出率提高 108.33%，说明两种接种方法共同接种玉米有利于提高球孢白僵菌在玉米中的定殖效率。乳熟期玉米全株定殖率检测结果是茎 84.46%，叶片 48.44%，雌穗 100.00%，雄穗 55.56%，其中第 1～4 片叶子的平均值 25.80%，第 5～10 片叶子为平均值为 65.63%，说明苗期接种的球孢白僵菌可以长时间在玉米植株中定殖。球孢白僵菌定殖玉米降低了一代玉米螟蛀孔数量的 66.67%，幼虫种群数量的 92.31%，玉米折雄率的 80%；降低了二代玉米螟蛀孔数量的 42.65%，幼虫种群数量的 47.62%，玉米折雄率的 28.57%，说明球孢白僵菌定殖玉米显著的提高了玉米的抗虫性，且对一代和二代玉米螟均有防治效果，一代的防治效果明显好于二代。综上所述，两种接种方法共同接种玉米利于球孢白僵菌在玉米中的定殖，这种定殖可以长时间分布于玉米的不同组织器官，影响玉米的抗虫性。

关键词：球孢白僵菌；玉米；定殖规律；抗虫性

* 基金项目：吉林省科技厅重大项目“白僵菌新剂型创制及田间防控玉米螟技术演技与示范”（项目编号：20140203003NY）；吉林省科技厅自然基金项目“白僵菌－玉米－玉米螟互作关系与利用研究”（项目编号：20150101074JC）

** 第一作者：徐文静，副研究员，研究方向为微生物农药；E-mail：xuwj521@163.com

*** 通讯作者：李启云，研究员，研究方向为生物农药；E-mail：qyli1225@126.com

玉米定殖对球孢白僵菌生物学特性及昆虫致病力的影响*

隋　丽[1,3]**　费泓强[2]　徐文静[1,3]　李启云[1]***　陈日曌[2]***

（1. 吉林省农业科学院植物保护研究所，公主岭　136100；2. 吉林农业大学农学院，长春　130118；3. 东北师范大学生命科学学院，长春　130024）

摘　要：为明确球孢白僵菌在玉米中定殖对菌种生物学特性及昆虫致病力的影响，采用浸种法使球孢白僵菌在玉米中定殖，孢子悬液浓度为 10^8 个孢子/ml，浸种时间为 12h（T1）和 24h（T2），选取从玉米叶片中分离得到的 5 个菌株（浸种 12h 分离出 3 株，分别为 T1－1，T1－4，T1－9；浸种 24h 分离出 2 株，分别为 T2－2，T2－6）同原始菌株 D1－5 进行比较分析，研究了球孢白僵菌在玉米中定殖前后，几种生物学特性指标的变化情况及其对亚洲玉米螟致病力的影响。结果表明，从玉米叶片中分离的菌株产孢量及孢子萌发率均高于 D1－5，差异显著，产孢量最高的菌株为 T1－1，达到 17×10^7 个孢子/ml，比 D1－5 增加 178.69%，14h 孢子萌发率最高的菌株为 T1－1，达到 98.16%，比 D1－5 增加 9.46%，PDA 固体培养 10 天菌落直径最大的菌株为 T1－1，达到 37.05cm，其次为 D1－5，菌落直径为 34.72cm，胞外蛋白酶产生水平差异不显著；对亚洲玉米螟二龄幼虫致病力的测定结果显示，从玉米叶片中分离菌株毒力均显著高于 D1－5，校正死亡率最高的菌株为 T1－1。综上所述，玉米组织有利于球孢白僵菌的生长繁殖，可以在一定程度上提高菌种对昆虫的致病力。

关键词：球孢白僵菌；玉米定殖；生物学特性；昆虫致病力

*　基金项目：吉林省科技厅自然基金项目“针对玉米螟为害的生物性信息素防控机理和作用研究（开放）”，（项目编号：20150101073JC）；吉林省科技厅重大项目“白僵菌新剂型创制及田间防控玉米螟技术演技与示范”，（项目编号：20140203003NY）；吉林省科技厅自然基金项目“白僵菌－玉米－玉米螟互作关系与利用研究”，（项目编号：20150101074JC）

**　第一作者：隋丽，助理研究员，研究方向为微生物农药；E-mail：suiyaoyi@163.com

***　通讯作者：李启云，研究员，研究方向为生物农药；E-mail：qyli1225@126.com

陈日曌，副研究员，研究方向为农业昆虫与害虫防治；E-mail：173467236@qq.com

山西省玉米螟卵赤眼蜂资源调查与多蜂种田间防效比较试验*

李　唐**　张　烨　朱文雅　连梅力
（山西省农业科学院植物保护研究所，太原　030031）

摘　要：为明确山西省境内玉米田赤眼蜂资源的种群比例及优势种类，2011—2013年，在山西省的忻州、晋中、吕梁、太原、朔州、长治、阳泉7地19个县市区的100多个采样点进行了玉米田玉米螟卵块的调查采集工作，共获得赤眼蜂寄生卵块926块，制作赤眼蜂雄性外生殖器玻片标本1 091张，以雄性外生殖器的形态特征作为主要分类依据鉴定其种类，鉴定结果发现，玉米螟赤眼蜂（*Trichogramma ostriniae*）在所调查年份的总比例高达96.88%，远高于广赤眼蜂（*T. evanescens*）2.57%、螟黄赤眼蜂（*T. chilonis*）0.46%和松毛虫赤眼蜂（*T. dendrolimi*）0.09%。

此外，为明确不同种赤眼蜂对田间玉米螟的防治效果，2012—2014年，在太原市小店区玉米田进行了不同种赤眼蜂的释放试验。供试蜂种为米蛾卵繁育的玉米螟赤眼蜂、松毛虫赤眼蜂、广赤眼蜂和螟黄赤眼蜂；释放时间为玉米螟二代卵期；释放区域为条件基本相同的玉米田，地块间距大于500m，包括4个释放区和1个不放蜂对照区。整个释放过程分2次完成，间隔时间为3～5天，保证1万头蜂/亩/次的释放量，待第2次放蜂3～5天后采集玉米螟卵块调查寄生率。试验结果发现，玉米螟赤眼蜂和广赤眼蜂对玉米螟卵的寄生率在各年份均显著高于松毛虫赤眼蜂和螟黄赤眼蜂，个别年份甚至高达90%以上，且玉米螟赤眼蜂对玉米螟卵的寄生率在3年的调查结果中略高于广赤眼蜂。研究表明，玉米螟赤眼蜂在玉米田赤眼蜂天敌种群中占有绝对优势，为山西省寄生玉米螟卵的优势种赤眼蜂。相较于松毛虫赤眼蜂、广赤眼蜂和螟黄赤眼蜂，玉米螟赤眼蜂对田间玉米螟的寄生效率更高更为稳定，是玉米螟生物防治的重要优势种天敌资源。

关键词：玉米螟；玉米螟赤眼蜂；雄性外生殖器；寄生率

---

* 基金项目：山西省回国留学人员科研资助项目（2012—108）；山西省财政支农项目（NYST2015—05）；山西省农业科学院博士研究基金项目（YBSJJ1511）；山西省农业科学院育种工程项目（11yzgc146）；山西省科技攻关计划项目（20080311002－6）

** 第一作者：李唐，男，山西绛县人，硕士，研究员，主要从事农林害虫生物防治与综合治理研究与技术推广工作；E-mail：litang201108@163. com

赤眼蜂对二化螟性信息素的嗅觉反应

白　琪[1,2]　鲁艳辉[1]　田俊策[1]　吕仲贤[1]
（1. 浙江省农业科学院植物保护与微生物研究所，杭州　310021；
2. 浙江师范大学化学与生命科学学院，金华　321004）

摘　要：水稻二化螟（*Chilo suppressalis*）属鳞翅目螟蛾科，是我国稻区的常发性害虫之一。一直以来，二化螟的防治主要是依靠化学防治，由此带来了害虫抗药性、农药残留及环境污染等一系列问题。随着近年来水稻病虫害绿色防控技术的推广，生物防治技术越发引起人们的重视。其中，利用二化螟卵寄生天敌赤眼蜂和二化螟性信息素等生物防治技术都是经济、有效的防治措施。田间也往往同时采用这两种方法进行防治，为了明确赤眼蜂对二化螟性信息素的反应，本研究采用 Y 型嗅觉仪探究了稻螟赤眼蜂（*Trichogramma japonicun*）、螟黄赤眼蜂（*T. chilonis*）和松毛虫赤眼蜂（*T. dendrolimi*）对 0.01μg、0.1μg、1μg、10μg、100μg 和 1 000μg 等 6 种不同浓度二化螟性信息素诱芯的嗅觉反应。结果表明，稻螟赤眼蜂雌蜂对 0.01μg 的性信息素表现出显著的偏好（$P<0.05$），螟黄赤眼蜂雌蜂对 0.1μg 和 100μg 的性信息素表现出显著的偏好（$P<0.05$），松毛虫赤眼蜂雌蜂对 6 种浓度的性信息素均未表现出显著的偏好。说明在近距离条件下，人工合成的二化螟性信息素对赤眼蜂有一定的吸引力，并可以利用人工合成的性信息素增强赤眼蜂对寄主进行定位的能力。

关键词：二化螟；性信息素；赤眼蜂；嗅觉反应

防治紫花苜蓿真菌病害的有益菌筛选

胡进玲* 李彦忠
（草地农业生态系统国家重点实验室，兰州大学草地农业科技学院，兰州 730000）

摘 要：生物防治是环境友好型防治策略，挖掘可用于防治植物病害的生物资源是实施生物防治的前提。在紫花苜蓿病害病原真菌的分离培养中有一些微生物表现出明显的抑菌效果，为确定其对主要的紫花苜蓿病原真菌的颉颃作用，以便研发生防制剂，本研究采用革兰氏染色、显微观察和分子生物学方法鉴定了2种具有颉颃潜力的微生物的分类地位，采用PDA培养基平板对峙法测定了其对苜蓿茎点霉（*Phoma medicaginis*）、苜蓿小光壳（*Leptosphaerulina briosiana*）、三叶草刺盘孢（*Colletotrichum trifolii*）、苜蓿匍柄霉（*Stemphylium botryosum*）、苜蓿尾孢菌（*Cercospora medicaginis*）、尖镰孢（*Fusarium oxysporium*）、粉红镰孢（*Fusarium roseum*）、腐皮镰刀菌（*Fusarium solani*）、苜蓿壳针孢（*Septoria medicaginis*）9种紫花苜蓿主要病原真菌的颉颃效果。研究结果表明这2种菌分别为解淀粉芽孢杆菌（*Bacillus amyloliquefaciens*）和卡那霉素链霉菌（*Streptomyces kanamyceticus*），前者对供试病原菌的抑菌率为24.02% ~71.11%，其中对苜蓿尾孢菌（71.11%）、苜蓿匍柄霉（64.76%）和粉红镰孢（60.55%）抑菌效果较显著；后者对供试病原菌抑菌率为49.95% ~76.90%，其中，对三叶草刺盘孢（76.90%）、苜蓿茎点霉（70.94%）、苜蓿匍柄霉（68.01%）和苜蓿小光壳（60.99%）抑制效果较强。两种细菌对供试苜蓿9种病原真菌均表现出不同程度的颉颃作用，故在研发生物杀菌剂时，即可选择抑菌谱较广的解淀粉芽孢杆菌，又可选择对紫花苜蓿某种病害抑菌效果强的颉颃菌作为生物防治资源。

关键词：紫花苜蓿；病原真菌；颉颃；鉴定；解淀粉芽孢杆菌；卡那霉素链霉菌

* 第一作者：胡进玲；E-mail：hujl15@ lzu. edu. cn

枯草芽胞杆菌 B006 产表面活性素的影响因子研究*

王军强** 郭荣君*** 李世东
（中国农业科学院植物保护研究所，北京 100193）

摘 要：本研究以排油圈法测定芽胞杆菌 B006 发酵液中表面活性素的产量。通过单因素实验，测定了碳源、氮源和无机盐等营养物质对芽胞杆菌 B006 摇瓶发酵产生表面活性素的影响，结果表明：碳源中玉米粉能明显促进表面活性素的产生，排油圈直径可达到（88.73 ±0.17）mm，蔗糖不利于表面活性素的产生，排油圈直径仅为（23.53 ±0.20）mm；有机氮源中牛肉膏和酵母浸粉能明显促进表面活性素的产生，排油圈直径均可达（78.17 ±5.56）mm，当棉籽饼粉为有机氮源时，排油圈直径仅为（30.20 ±5.54）mm；无机氮源中 $NaNO_3$ 和 NH_4NO_3 能显著提高表面活性素的产量，排油圈直径均可达（83.23 ±5.59）mm 以上，当 NH_4Cl 作为无机氮源时排油圈直径为（32.97 ±6.88）mm；无机盐中 NaCl 能明显增加表面活性素的产量，排油圈直径达（62.00 ±0.56）mm，添加 $MnSO_4$ 时排油圈直径为（16.20 ±6.70）mm；适宜碳氮比为 5：1；发酵周期为 64h。对影响 B006 菌株表面活性素产生的培养条件研究表明，初始 pH 值为 7.0 ~7.5 时有利于 B006 菌株产生表面活性素，排油圈直径达到（67.33 ±1.15）mm；增加接种量可以提高表面活性素的产量，当接种量为 10%（v/v）时，排油圈直径可增加到（59.20 ±2.17）mm；减少装液量有利于表面活性素的产生，装液量为 60ml/500ml 三角瓶时，排油圈直径为（64.67 ±0.58）mm 上述结果为芽胞杆菌 B006 产生表面活性素的代谢调控研究提供了基础。

关键词：枯草芽胞杆菌；表面活性素；排油圈法；碳氮比

---

* 基金项目：公益性行业（农业）科研专项（201503112 -2）；国家大宗蔬菜产业技术体系建设项目（CARS -25 -B -02）资助

** 作者简介：王军强，男，硕士，主要从事生防微生物发酵及制剂研究；E-mail：wangjq0726@163.com

*** 通讯作者：郭荣君，副研究员；E-mail：guorj20150620@126.com

枯草芽孢杆菌 Bs2004 对茶树的促生作用*

黄小琴** 刘 勇*** 伍文宪 张 蕾 周西全
（四川省农业科学院植物保护研究所，成都 610066；
农业部西南作物有害生物综合治理重点实验室，成都 610066）

摘 要：枯草芽孢杆菌（*Bacillus subtilis*）在芽孢形成初期分泌各种抗菌物质和酶，具有广谱的抗菌活性，对多种作物病害表现出良好的防治效果，现已广泛应用于防治黄瓜、水稻、玉米和油菜等作物病害。同时，即防病又增产的枯草芽孢杆菌陆续被发现，目前该菌被认为是极具开发潜力的生防菌株。

枯草芽孢杆菌 Bs2004 菌株为本实验室从德国引进，经驯化培养，发酵工艺及制剂制备研究，获得粉剂雏形，并已报道该粉剂雏形对生姜姜瘟、大白菜根肿病和莴苣霜霉病具有良好的防治效果，同时显著促进生姜、大白菜和莴苣生长，增产效果明显。本研究将该菌菌剂应用于茶树，于 2015 年、2016 年春茶采摘期在四川浦江分别进行灌根和树冠喷雾处理，两次/每年，第一、二次处理间隔时间为 15 天，结果显示：树冠喷雾枯草芽孢杆菌 Bs2004 菌 10^7CFU/L，450L/hm^{2}处理，第一年施用两次后，春茶芽尖数增加 29 颗/m^2，增长率为 21. 01%，千粒芽尖干重增重比及增重分别为 18. 75%、4. 8g，两年连续喷雾处理后，春茶芽尖量增加 96 颗/ m^2，增加率为 41. 05%，千粒茶叶干重增加 37. 66%。枯草芽孢杆菌 Bs2004 菌 10^7CFU/L，1L/株灌根处理，一年灌根后，春茶芽尖增加 60 颗/m^2，增长率为 24. 69%，千粒春茶芽尖干重增加 32. 29%，增重 6. 2g；灌根两年后，春茶芽尖增加 106 颗/m^2，增长率为 46. 19%，千粒春茶芽尖干重增加 42. 29%，增重 9. 8g。经分析测试，枯草芽孢杆菌 Bs2004 菌处理的春茶，茶汤水解氨基酸总量为 4. 65%，较对照处理增加 0. 24%，其中天门冬氨酸、谷氨酸、丙氨酸含量明显增加；处理春茶可溶性糖含量为 3. 5g/100g，比对照增加 0. 3g/100g；茶多酚含量两者无差异。

综上，枯草芽孢杆菌 Bs2004 菌对茶树促生效果明显，可促进茶树抽梢，增加嫩芽数，提高春茶产量，并在一定程度上提高春茶品质。结合菌剂施用的便利性，推荐幼龄茶树采用灌根处理，而封垄茶树应用树冠喷雾处理法。

关键词：枯草芽孢杆菌；茶树；春茶；促生效果

---

* 基金项目：四川省科技支撑计划项目（2014NZ0041）

** 作者简介：黄小琴，女，硕士，副研究员，从事油菜病害及生物防治研究；E-mail：hxqin1012@163. com

*** 通讯作者：刘勇，研究员，主要从事植物病理及生物防治研究；E-mail：liuyongdr@163. com

枯草芽孢杆菌 B1514 产抑菌物质条件优化及其抑菌特性[*]

金京京[**]　齐永志　张雪娇　常　娜　甄文超[***]
（河北农业大学植物保护学院，保定　071001）

摘　要：B1514 是一株从玉米秸秆还田土壤中分离获得、对禾谷丝核菌（*Rhizoctonia cerealis*）具有良好抑菌效果的枯草芽孢杆菌。为探究该菌株产抑菌物质的最佳发酵工艺，明确抑菌物质理化特性，本试验采用单因素设计探析了发酵培养基中玉米秸秆大小、初始 pH、发酵温度、初始含水量和发酵终止时间对 B1514 产抑菌物质的影响程度，通过中心组合设计和响应面分析法测定了的抑菌物质对禾谷丝核菌的抑菌作用，确定了各因子最佳水平，监测了抑菌物质的稳定性。结果表明：枯草芽孢杆菌 B1514 最佳产抑菌物质条件为 28℃，秸秆大小为 150～600μm，pH 值 8，初始含水量 $m_{固}$ ：$m_{液}$ 比 1 ：2，发酵终止时间为 48h。优化后抑菌物质抑菌率达 76.9%，较优化前提高 16.5%。抑菌物质表现出较好的热稳定性和光稳定性，在 90℃下 2h，其抑菌活性达到 72.5%；当温度超过 100℃后，其抑菌活性迅速下降，但未完全丧失。抑菌物质分别经紫外线照射 30min 和蛋白酶 K 处理后，其抑菌活性均未发生明显变化。在 pH 值 2～8 条件下，产抑菌物质有抑菌活性，但强碱环境下抑菌活性会丧失。

关键词：枯草芽孢杆菌 B1514；响应面；产抑菌物质优化；抑菌物质特性

---

* 基金项目：河北省科技攻关项目（15226501D）

** 作者简介：金京京，硕士研究生，主要从事植物病理生态学研究；E-mail：jingjing1809@ yeah. net

*** 通讯作者：甄文超，博士，教授，博士生导师，主要从事农业生态学与植物生态病理学研究；E-mail：wenchao@ hebau. edu. cn

RNA 聚合酶突变技术及其对生防菌防病效果的影响

蔡勋超　刘常宏

（南京大学生命科学学院，南京　210023）

摘　要： RNA 聚合酶是维系细菌生命活动的关键酶，由 5 个亚基（α2ββ' ω）组成核心酶，与启动子 σ 结合形成全酶，负责细菌所有基因的转录。因此，利用基于操作或基因突变，定向改变 RNA 聚合酶的结构或转录活性，可以全局性调控细菌基因的转录和表达。本实验室以产广谱抗真菌物质 Iturin A 的内生细菌 *Bacillus velezensis* CC09 为对象，采用筛选 Rif^r 自然突变技术，获得 7 个编码 RNA 聚合酶 β 亚基的 *rpoB* 突变菌株，其中 H485R 或 H485D 突变能够显著提高该菌产 Iturin A 的能力，而 H485Y、S490L、Q472R 和 S490L/S617F 突变则降低该菌合成 Iturin A 的能力。此外，这些突变不仅影响抗真菌物质 Iturin A 的产生能力，还影响生物膜的形成、细菌的运动性以及在小麦植株上的定殖能力（图）。比较转录组学的研究结果显示，不同的 Rif^r 突变显著影响生防菌株的代谢途径，全局调控细菌的生理及代谢特征，综合影响生防菌株的防病效果。

关键词： RNA 聚合酶；基因突变；生防菌；防病

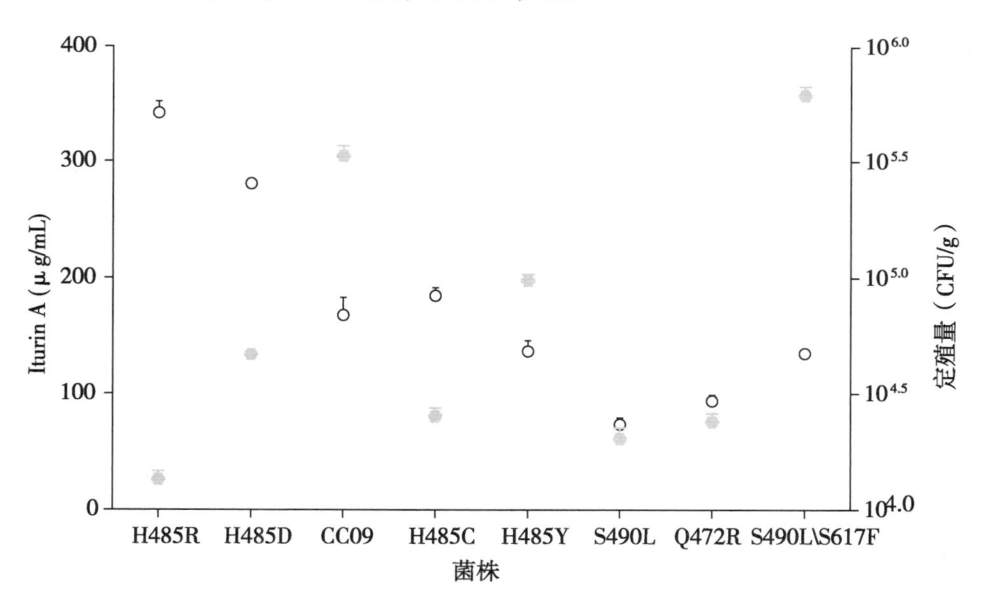

图　不同 Rif^r 突变菌株产 Iturin A 的量（黑色空心圆）与在小麦叶片上的定殖量（绿色实心圆）

生物杀菌剂 B1619 水分散粒剂加工工艺

陈志谊[1]* 蒋盼盼[1] 甘 颖[1] 明 亮[2] 胡存中[2] 陆 凡[2]
(1. 江苏省农业科学院植保所，南京 210014；
2. 江苏省苏科农化有限责任公司，南京)

摘 要：近年来由土传病害（枯萎病、青枯病、根腐病、立枯病、黄萎病和根结线虫等）引起的设施番茄连作障碍频繁暴发，严重威胁设施番茄生产的可持续发展。生产上通常的防治设施番茄土传病害引起的连作障碍主要采用高温闷棚 + 化学农药处理的措施，但防治效果一直不理想，连作障碍发生依然严重。同时大剂量化学农药处理土壤易造成设施生态环境污染，增加番茄中有毒化学物质的残留，对人类健康带来严重危害。

1.2 亿活芽孢/g 解淀粉芽孢杆菌水分散粒剂（B1619）是由江苏省农业科学院植保所植病生防研究室研发、具有自主知识产权的技术产品（已获得国家发明专利）。经过试验示范结果表明，该产品能够有效防控设施番茄枯萎病；无毒无致病性，对人畜安全；能够保护设施农业生态环境，降低化学农药使用量；并对设施蔬菜生长有一定的促生作用。

（1）水分散粒剂加工工艺流程。将助剂和填料混合，初步粉碎后再进行气流粉碎，加入生防菌 B1619 发酵液进行捏合、造粒，然后放入电热恒温干燥箱中烘干，筛分得到产品，最后利用平板计数法测定水分散粒剂中 B1619 的含菌量（活芽孢/g）。工艺流程见下图。

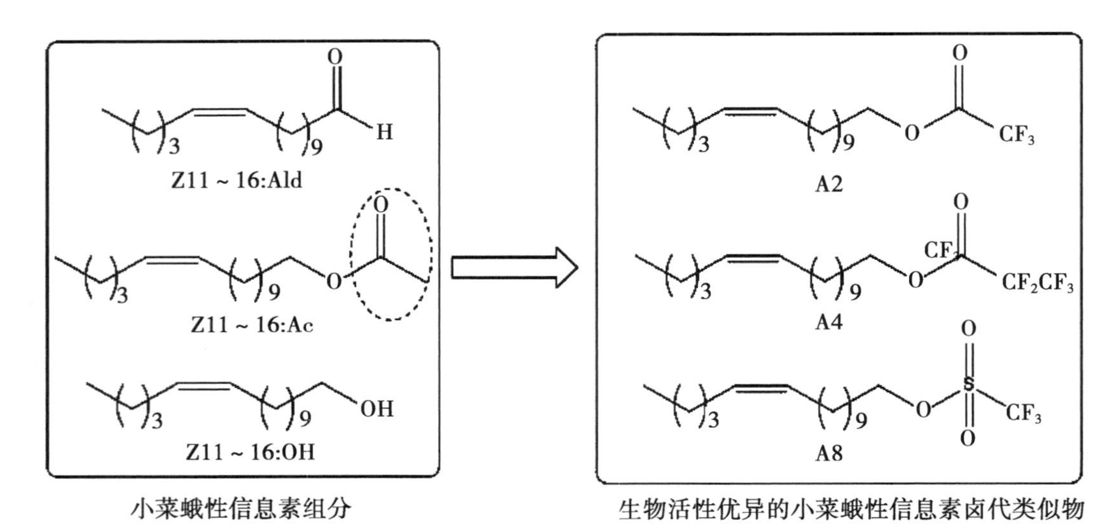

小菜蛾性信息素组分　　　　生物活性优异的小菜蛾性信息素卤代类似物

* 第一作者：陈志谊；E-mail：chzy84390393@163.com

（2）水分散粒剂主要助剂配比和颗粒制备条件。通过对多种的助剂和填料对解淀粉芽孢杆菌 B1619 安全性的筛选，在确保被入选的助剂和填料对生防菌 B1619 安全的基础上，比较各种助剂和填料及其组合的理化性能，确定 B1619 水分散粒剂的产业化生产配方。通过单因子水平筛选和正交试验，对 B1619 水分散粒剂主要助剂配比和颗粒制备条件进行了优化。试验结果表明：3 个主要助剂的最佳配比组合为：硅酸镁铝 1.0%，萘磺酸盐甲醛 3.0%，硫酸铵 4.5%，优化后颗粒含菌量比初始含菌量提高了 152.0%；颗粒制备条件 3 个主要因子的最佳组合为：粒径 1.5mm、烘干温度 65℃、烘干时间 20min，优化后颗粒含菌量比初始含菌量提高了 160.0%。测定了生物杀菌剂 B1619 水分散粒剂产品的性能，结果表明，该产品生防菌 B1619 活含菌量大于 1.2×10^{8} CFU/g，悬浮率为 90%，润湿时间为 15s，崩解时间 30s，水分含量小于 5%，热贮稳定性合格；所得样品的各项技术指标均符合产品标准要求。

关键词：生物杀菌剂 B1619；水分散粒剂；加工工艺；正交试验

粉红螺旋聚孢霉 67－1 热激蛋白基因功能研究*

孙占斌** 李世东 孙漫红***
（中国农业科学院植物保护研究所，北京 100193）

摘 要：粉红螺旋聚孢霉（*Clonostachys rosea*，syn. *Gliocladium roseum*）是一类重要的生防真菌，可寄生核盘菌、丝核菌和镰刀菌等多种植物病原真菌，还能够促进植物生长，具有巨大的应用潜力。为筛选粉红螺旋聚孢霉 67－1 菌寄生相关基因，实验室前期构建了 67－1 寄生核盘菌菌核转录组，从中获得一个高表达丰度的热激蛋白基因 *Hsp*67－1，实时荧光定量 PCR 检测表明 *Hsp*67－1 在菌核诱导下显著上调表达。利用 67－1 全基因组数据设计引物，扩增 *Hsp*67－1DNA 全长。该基因长度为 2 721bp，包含一个 357bp 的内含子。生物信息学分析表明，*Hsp*67－1 编码框为 2 364bp，可编码一个 787 AA 的多肽。多肽分子量 85.9kDa，等电点 8.87，无信号肽，无跨膜区，为亲水性蛋白，此外，该多肽还含有一个 HSP70 超家族功能域。

为进一步明确 *Hsp*67－1 在粉红螺旋聚孢霉 67－1 寄生核盘菌过程中的作用，采用基因敲除方法对 *Hsp*67－1 进行功能验证。首先利用 USER 酶克隆技术，以 PKH－KO 载体为骨架，在 *hph* 两侧同时插入 *Hsp*67－1 上游同源臂和下游同源臂，构建 *Hsp*67－1 敲除载体，并进行 PCR 验证。然后利用 PEG－$CaCl_2$转化方法将敲除载体转入 67－1 菌株原生质体中进行基因敲除，通过潮霉素抗性标记筛选阳性克隆，连续转接 3 代，共获得稳定遗传的转化子 89 个。对 89 个转化子进行 PCR 敲除验证，得到 3 个敲除突变株 Δ*Hsp*67－1－1、Δ*Hsp*67－1－2 和 Δ*Hsp*67－1－3。生物学测定表明，突变株生长速度与野生菌株无显著差异，但基因敲除后菌株产孢水平显著下降，对核盘菌菌核的寄生能力显著降低（$P < 0.05$），表明 *Hsp*67－1 在 67－1 菌株寄生菌核过程中发挥着重要作用，热激蛋白基因与粉红螺旋聚孢霉菌生防作用相关。研究结果不仅丰富了粉红螺旋聚孢霉菌寄生相关基因的种类，同时也为进一步研究粉红螺旋聚孢霉菌寄生机制奠定了基础。

关键词：粉红螺旋聚孢霉；基因敲除；热激蛋白；菌寄生

---

* 基金项目：公益性行业（农业）科研专项（201503112－2）；现代农业产业体系项目（CARS－25－B－02）

** 作者简介：孙占斌，男，博士研究生，研究方向生防真菌功能基因；E-mail：twins5616@126.com

*** 通讯作者：孙漫红；E-mail：sunmanhong2013@163.com

生防菌株 B1619 对番茄相关抗病基因和酶活表达的诱导作用研究

王璐瑶[1,2]* 蒋盼盼[1,2] 甘 颖[1] 陈志谊[1,2] 刘永峰[1]
(1. 江苏省农业科学院植物保护研究所，南京 210014；
2. 南京农业大学植物保护学院，南京 210014)

摘 要：解淀粉芽孢杆菌在自然界中广泛存在，因其能够产生抗逆性强的芽孢和多种抑菌次生代谢产物，已成为生物防治作物病害防治中优先筛选菌种。本实验室通过建立芽孢杆菌生防菌种资源库，并从中筛选出对番茄枯萎病具优良防效的生防菌株 B1619，经鉴定为解淀粉芽孢杆菌（*Baicllus amyloliquefaciens*）。多年多地的示范试验结果表明，生防菌株 B1619 对番茄枯萎病的防效为 67.5% ~75.8%。为了探明其控病作用机理，我们开展了生防菌株 B1619 对番茄抗病相关基因和酶活表达的诱导作用研究。

本研究以番茄为试验材料，采用分光光度法，研究灌根接种生防菌 B1619 发酵液后对番茄植株体内过氧化物酶（POD）和超氧化物岐化酶（SOD）酶活的变化情况。结果表明：用 B1619 灌根后 24 ~72h 内，番茄叶片中 POD、SOD 的活性持续增加，在 72h 时达到最高点，此时的 POD 酶活为 53.58 U/mg prot，SOD 酶活为 52.32U/mg prot；用 YPG 培养液灌根的，在 72h 时的，POD 酶活为 28.39 U/mg prot，SOD 酶活为 38.87 U/mg prot。灌根接种生防菌 B1619 后可以显著提高番茄体内 POD 和 SOD 的活性。

采用荧光定量 RT – PCR 法，以 *actin* 基因为内标，研究灌根接种生防菌 B1619 发酵液对防卫基因 *PR – 1a*、POD 酶合成相关基因 *pod*1 和 SOD 酶合成相关基因 *sod* 表达的影响。结果表明：*PR – 1a*、*pod*1 和 *sod* 基因在用 B1619 灌根处理后表达水平均表现上调趋势；与 YPG 培养液灌根处理相比，*pod*1 和 *sod* 基因的表达增幅高于 *PR – 1a* 基因；*pod*1 和 *sod* 基因均在 48h 达到最高值，与 POD 和 SOD 酶活活性最高期并不完全一致。

经研究我们发现，生防菌 B1619 灌根处理之后，番茄叶片中与抗病相关的基因和 POD 和 SOD 酶活均显著的高于 YPG 发酵液灌根的处理，表明诱导抗病性是生防菌 B1619 防治枯萎病的机制之一。另外，我们发现 POD 和 SOD 酶活表达高峰滞后于其合成相关基因 *pod*1 和 *sod* 基因的表达高峰，这可能是由于蛋白质的合成不仅受到合成基因控制，还有其他多种因子参与综合调控。

关键词：生防菌株 B1619；抗病相关酶；抗病基因；诱导抗病性

* 第一作者：王璐瑶；E-mail：578835259@ qq. com

球孢白僵菌对温室白粉虱优良株系筛选及驱避作用研究*

卫秋阳** 李亚迎 况析君 胡 琴 张 超 刘 怀***
（西南大学植物保护学院，昆虫及害虫控制工程重庆市市级重点实验室，重庆 400716）

摘 要：温室白粉虱［*Trialeurodes vaporariorum*（Westwood）］属同翅目粉虱科，是一种世界性的重要温室害虫，以成虫、若虫吸食植物汁液、传播各类病，群集为害多种蔬菜及观赏植物。近年来，由于其抗药性迅速增加，生物防治策略受到学者的广泛关注。虫生真菌球孢白僵菌（*Beauveria bassiana*）凭借其侵染率高、致死时间短等特点，显示出较好的开发与应用前景。为评估生物防治物球孢白僵菌对温室白粉虱的防控作用，本研究选取了8种球孢白僵菌株系在1×10^7个/ml浓度下处理温室白粉虱3龄若虫，筛选得到一株优良株系Bb252，其累积死亡率、矫正死亡率和致死中时间分别为74.1%±8.63%、70.6%±9.81%、5.1天。Bb252毒力测定结果表明，其LC_{50}为3.99×10^6个/ml。不同浓度球孢白僵菌Bb252的孢子悬浮液（10^4、10^5、10^6、10^7、10^8个/ml）对温室白粉虱发育历期的影响结果表明在1×10^8个/ml浓度孢子悬浮液处理下温室白粉虱的发育历期（20.73±0.30）天相比于对照（23.48±0.23）天会显著缩短。不同浓度球孢白僵菌Bb252的孢子悬浮液对温室白粉虱成虫驱避作用研究结果表明，当处理叶片浓度为1×10^8个/ml时，其取食忌避率、拒食率、产卵忌避率相比于清水对照，分别为73.8%±5.54%、80.9%±4.63%和78.7%±4.89%，显著高于其他浓度。本研究结果表明，球孢白僵菌Bb252是有效防治温室白粉虱的生物防治物之一，具有较高的侵染、致病效果，对其分布、取食、产卵均具有良好的驱避作用，并确定1×10^8分生孢子/ml孢子悬浮浓度为其室内初选浓度。

关键词：球孢白僵菌；温室白粉虱；驱避

---

* 基金项目：重庆市社会事业与民生保障科技创新专项（cstc2015shms－ztzx80011）；中国烟草总公司重庆市公司烟草科学研究所资助项目（NO. 20140701070018）

** 第一作者：卫秋阳，男，硕士研究生，研究方向：有害生物监测与控制；E-mail：wqycsic@qq.com

*** 通讯作者：刘怀，男，教授，博士生导师；E-mail：liuhuai@swu.edu.cn

木霉消除草酸作用及对灰霉病的生防效应研究进展*

吴晓青[1**] 赵晓燕[1] 周红姿[1] 张广志[1] 任 何[2] 吕玉平[2] 张新建[1]
（1. 山东省科学院生态研究所/山东省应用微生物重点实验室，济南 250014；
2. 山东理工大学生命科学学院，淄博 255049）

摘 要：草酸（Oxalic acid，OA）是灰霉菌（*Botrytis cinerea*）的致病因子，一些木霉（*Trichoderma* spp.）生防菌可消除草酸并降低植物发病率，而其消除草酸及防治病害的相关机制尚未研究透彻，本课题组开展了相关研究。我们对42株从自然界分离的木霉菌株进行了草酸耐受性分析，其中哈茨木霉（*T. harzianum*）LTR－2具有高于其他菌株的草酸耐受性，由于前期已验证LTR－2对6种蔬菜灰霉病具有较好的防效（71%～81%），继而对该菌株耐受和消除草酸的特性进行了分析。首先，LTR－2可耐受80mmol/L浓度的草酸，但仅在<20mmol/L中正常生长，30～50mmol/L中先形成厚垣孢子，而后再萌发菌丝形成菌落。其次，LTR－2具有消除草酸的作用，一定浓度草酸处理并培养5天后，在20mmol/L和10mmol/L两种浓度下消除率较高，分别达66.50%和55.06%。当以10和20mmol/L草酸为唯一碳源时，LTR－2可缓慢的生长。LTR－2消除草酸的作用初步定位在菌丝中，其消除作用受到pH值的调控，即需要pH值<3的酸性环境。当以葡萄糖、果糖为碳源、以硝酸钠、硝酸铵、氯化铵为氮源时，草酸消除水平较高（>60%）。LTR－2消除草酸降低了黄瓜中抗氧化酶SOD、POD、MDA、PAL、CAT和PPO的活性，减弱了草酸对植株的胁迫。进一步研究表明，LTR－2消除草酸后引起了环境pH值的升高，在与灰霉菌的对峙培养中以及在灰霉侵染的黄瓜花瓣和叶片上接种木霉菌块后，草酸的降低伴随着灰霉对环境酸化作用的缓解。另外Pearson相关性分析表明，木霉对灰霉菌的抑制率与环境pH值间呈线性正相关，暗示消除草酸是木霉防治灰霉病的机制之一。我们正在通过转录组测序和蛋白双向电泳技术分析木霉消除草酸的关键基因和调控因子，并进一步解释木霉是否影响灰霉菌合成草酸，以及消除草酸在防治灰霉病过程中与重寄生等生防机制间的关系等机理，以期更深入的阐释木霉消除草酸的生防机制。

关键词：木霉；消除草酸；pH值；防治灰霉病

---

* 基金项目：山东省优秀中青年科学家科研奖励基金，项目编号BS2015SW029；山东省科学院青年基金项目，项目编号2014QN019；国家自然科学基金（面上），项目编号31572044

** 第一作者：吴晓青；E-mail：xq_ wu2008@ 163. com

粉红螺旋聚孢霉 67 -1 产孢内参基因的筛选*

张 俊** 孙占斌 李世东 孙漫红***
（中国农业科学院植物保护研究所，北京 100193）

摘 要：粉红螺旋聚孢霉（*Clonostachys rosea*，syn. *Gliocladium roseum*）是一类分布广泛的生防真菌，能够寄生核盘菌、灰霉病菌和丝核菌等多种植物病原真菌，具有巨大的生防潜力。粉红螺旋聚孢霉厚垣孢子抗逆性强，其产品货架期长、作用效果稳定。研究粉红螺旋聚孢霉产厚垣孢子相关基因对促进该类真菌厚垣孢子制剂研发和生防应用具有重要意义。为了准确定量相关基因的表达水平，筛选稳定的内参基因至关重要。本研究从粉红螺旋聚孢霉 67 -1 基因组中克隆了 9 个常用管家基因—肌动蛋白（*ACT*）、延伸因子 1（*EF*1）、甘油醛 -3 -磷酸脱氢酶（*GAPDH*）、泛素（*UBQ*）、泛素结合酶（*UCE*）、组氨酸（*HIS*）、RNA 聚合酶 II CTD 磷酸酶 Fcp1（*RPP*）、TATA 结合蛋白（*TBP*）和琥珀酸 -半醛脱氢酶（*SSD*），利用实时荧光定量 PCR 检测了这些基因在 67 -1 产厚垣孢子和分生孢子培养基中的表达水平，并通过 geNorm、NormFinder 和 BestKeeper 三个内参分析软件分析 9 个管家基因的表达稳定性。

荧光定量 PCR 检测表明，9 个管家基因的 Ct 值为 19.86 ~29.69，可作为内参基因，其中 *HIS* 的 Ct 值最低，表达量最高；*RPP* 的 Ct 值最高，表达量最低。NormFinder 软件分析表明，*SSD* 表达量最为稳定，其次是 *ACT* 和 *TBP*，*UBQ* 稳定性较差；BestKeeper 软件分析表明，不同培养条件下表达量最为稳定的是 *SSD*，其次是 *HIS* 和 *ACT*，稳定性最差的是 *GAPDH*；geNorm 分析显示，*ACT* 和 *HIS* 表达量最为稳定，其次是 *SSD*，*UBQ* 稳定性较差。应用 geNorm 软件中成对变异 V 值计算最适内参个数，$V_{2/3}=0.102<0.15$，表明最适内参基因个数为 2 个。综合各软件分析计算结果，筛选出 *SSD* 和 *ACT* 组合作为内参基因进行 67 -1 菌株产分生孢子和厚垣孢子差异表达基因的定量分析。本研究为粉红螺旋聚孢霉产孢基因研究奠定了基础，同时也为其他丝状真菌内参基因的筛选提供了参考。

关键词：粉红螺旋聚孢霉；厚垣孢子；内参基因；实时荧光定量 PCR

---

* 基金项目：国家自然科学基金项目（31471815）；现代农业产业体系项目（CARS -25 -B -02）

** 作者简介：张俊，女，硕士研究生，研究方向植物病害防治；E-mail：hnndzj2010@126.com

*** 通讯作者：孙漫红；E-mail：sunmanhong2013@163.com

共生菌 *Arsenophonus* 对绿僵菌侵染褐飞虱的影响*

朱欢欢** 陈 洋 万品俊 傅 强***

（中国水稻研究所 水稻生物学国家重点实验室，杭州 310006）

摘 要：绿僵菌是一类重要的昆虫病原真菌，前期的研究发现感染内生共生菌 *Arsenophonus*（下文简称 *Ars*）有助于提高绿僵菌对褐飞虱的侵染能力。为进一步明确该菌对褐飞虱绿僵菌侵染规律的影响，本实验通过喷施绿僵菌，就寄主水稻品种和环境温度对共生菌 *Ars* 影响褐飞虱的绿僵菌感病性进行了研究，结果如下：①水稻品种（TN1、IR56 和 Mudgo）与 *Ars*（感染、未感染）双因素分析结果表明，喷施绿僵菌后第 5 天、7 天，不同处理的绿僵菌发病率差异较明显，但除共生菌感染与否影响显著（$P<0.05$）外，水稻品种、水稻品种与共生菌交互作用均无显著影响（$P>0.05$）；喷菌第 5 天，感染、未感染 *Ars* 的褐飞虱绿僵菌感病率分别为 26.0%、47.5%，而喷菌第 7 天则分别为 76.6%、88.0%。②温度（23℃、25℃、27℃）与 *Ars*（感染、未感染）双因素分析结果表明：喷施绿僵菌后第 7 天，温度、*Ars* 对褐飞虱绿僵菌感病率均有显著影响（$P<0.05$），而二者的交互作用无显著影响（$P>0.05$），其中，23℃下的褐飞虱绿僵菌感病率（34.3%）、25℃下的试虫（54.2%）和 27℃下的试虫（73.1%）之间有显著差异，感染 *Ars* 的褐飞虱绿僵菌感病率（44.4%）低于未感染 *Ars* 的试虫（63.3%）。综上所述，在不同寄主品种及环境温度下，感染 *Ars* 均显著降低褐飞虱的绿僵菌感病率；温度显著影响褐飞虱绿僵菌感病的发生，而不同寄主品种无显著影响。

关键词：*Arsenophonus*；绿僵菌；褐飞虱；水稻品种；环境温度

---

* 基金项目：国家自然科学基金（31401738）；水稻产业技术体系 CARS－1－18

** 第一作者：朱欢欢，女，硕士研究生，主要从事褐飞虱共生菌的研究；E-mail：zhh2014@163.com

*** 通讯作者：傅强，研究员；E-mail：fuqiang@caas.cn

红脉穗螟新寄生蜂——褐带卷蛾茧蜂的生物学特性研究*

钟宝珠** 吕朝军 覃伟权***
（中国热带农业科学院椰子研究所，文昌 571339）

摘　要： 褐带卷蛾茧蜂（*Bracon adoxophyesi* Mimanikawa）是红脉穗螟（*Tirathaba rufivena* Walker）上新发现的一种重要外寄生蜂。在实验室条件下，本文初步观察了褐带卷蛾茧蜂的形态、发育、繁殖和寄生潜能等生物学特性。结果表明，褐带卷蛾茧蜂在（28 ±2）℃，相对湿度为75% ±5%条件下，卵、幼虫和蛹的平均发育历期分别为2.1天、6.4天和5.8天；在以5%蜂蜜水为营养补充的情况下成蜂寿命较长，平均存活8.4天；而对照的成蜂寿命仅能维持3.2天，一般情况下雌蜂寿命较雄蜂寿命长。褐带卷蛾茧蜂雌雄蜂羽化当天即可进行交尾，有多次交尾现象，实验观察到单头雌蜂产卵量平均为38粒，孵化率可达到98%以上。褐带卷蛾茧蜂对红脉穗螟4龄幼虫的功能反应属于Holling Ⅱ模型，在一定的寄主密度范围内，寄生蜂的寄生率随着寄主密度的增加而增加。

关键词： 褐带卷蛾茧蜂；红脉穗螟；生物学特性；发育；营养；繁殖

---

* 基金项目：海南省重点研发计划项目（ZDYF2016059）；海南省重大科技专项项目（ZDZX2013008－2）

** 第一作者：钟宝珠，女，助理研究员，主要从事农业昆虫与害虫防治研究；E-mail：baozhuz@163.com

*** 通讯作者：覃伟权；E-mail：qwq268@126.com

寄主大小对副珠蜡蚧阔柄跳小蜂产卵及繁殖的影响

张方平[1]　朱俊洪[2]　李　磊[1]　韩冬银[1]　陈俊谕[1]　牛黎明[1]　符悦冠[1]
（1. 中国热带农业科学院环境与植物保护研究所，海口　571101；
2. 海南大学环境与植物保护学院，海口　570228）

摘　要：为了明确寄主体型大小对副珠蜡蚧阔柄跳小蜂的寄生及繁殖的影响，本研究在室内以橡副珠蜡蚧和副珠蜡蚧阔柄跳小蜂为材料，观察了寄主大小对副珠蜡蚧阔柄跳小蜂的产卵量、寄生率、发育历期及性比的影响。结果表明：在选择性和非选择性的产卵试验条件下副珠蜡蚧阔柄跳小蜂对中型个体寄主的寄生率最高；小蜂的产卵量在选择性试验时，以大型寄主体内的最高，非选择性试验时，以中型寄主体内的最高，体型小的寄主体内产卵量均最少；副珠蜡蚧阔柄跳小蜂后代出蜂数与寄主体型的大小呈显著正相关，雌性比则随寄主体型的增大而减小，发育历期则受寄主体型的影响不明显。副珠蜡蚧阔柄跳小蜂雌蜂能够根据寄主质量来调整产卵量及后代性比，以使后代适应度最大化。

关键词：橡副珠蜡蚧；副珠蜡蚧阔柄跳小蜂；体型大小；适合度

白僵菌对稻水象甲成虫毒力测定*

朱晓敏**　王义升　王德仲　田志来***
（吉林省农业科学院植物保护研究所/农业部
东北作物有害生物综合治理重点实验室，公主岭　136100）

摘　要：本文为了快速筛选出防治稻水象甲的高效、无毒害的生物农药，采集田间稻水象甲成虫进行室内生测筛选试验。利用不同浓度的球孢白僵菌、生物农药苦参碱，并以化学农药阿维·三唑磷、绿僵菌作为对照药剂同时对稻水象甲成虫进行室内生物测定。分别用0.1% Tween－80无菌水配制成5个不同的孢子浓度（5亿/g，10亿/g、15亿/g、20亿/g、25亿/g）的白僵菌，在施菌后48h、72h、96h、120h、144h、168h后分别观察稻水象甲成虫的死亡情况。结果表明，利用不同浓度的白僵菌可湿性粉剂对稻水象甲进行室内生测试验，不同浓度的白僵菌 LT_{50} 不同，随浓度的增加，逐渐缩短，至20亿/g时，LT_{50} 最小，浓度再增大，LT_{50} 变化不显著。加入苦参碱后，与相同浓度的白僵菌比较，LT_{50} 明显减小，说明苦参碱对白僵菌致病于稻水象甲有促进作用和增效趋势。白僵菌与绿僵菌比较，LT_{50} 差异显著。室内致病力优于绿僵菌。结论：白僵菌可湿性粉剂对稻水象甲具有防治作用。白僵菌可湿性粉剂15亿/g达到饱和状态，且 LT_{50} 差异显著，白僵菌可湿性粉剂10亿～15亿/g为最佳浓度。

结果进一步说明，白僵菌防治稻水象甲有一定的致死作用，是生物防治的一种手段，筛选出高毒力专化性的白僵菌对稻水象甲的发生发展起到抑制作用，并且效果较为明显。因此，在白僵菌菌株筛选、剂型的研制与开发、防治技术等方面还需要开展深入研究。

关键词：稻水象甲；可湿性粉剂；室内生测

---

* 基金项目：吉林省科技支撑计划重点科技攻关项目（20130206020NY）；农业部公益性行业（农业）科研专项经费项目（201103002）

** 作者简介：朱晓敏，女，硕士，助理研究员，主要从事微生物农药及害虫生物防治研究工作；E-mail：zhuxiaomin870707@126.com

*** 通讯作者：田志来，男，在读博士，研究员，主要从事微生物农药及害虫生物防治研究工作；E-mail：gzltzl@126.com

氮肥与球孢白僵菌互作对玉米螟防治的调控机制研究*

徐文静[1,3]** 杨 彤[2] 付 军[3] 隋 丽[1,3]
立 佳[2] 杨宇婷[2] 李启云[1]*** 王 岭[3]***
（1. 吉林省农业科学院植物保护研究所，公主岭 136100；
2. 哈尔滨师范大学，哈尔滨 150080；3. 东北师范大学生命科学学院，长春 130024）

摘 要：为明确农业生产中氮肥与球孢白僵菌对玉米螟防治的调控机制，在不同氮肥梯度下种植玉米，并接种球孢白僵菌和玉米螟黑头卵，通过调查玉米地上生物量、净产量、玉米叶片氮含量、玉米螟成活幼虫、玉米螟蛀孔数量等指标分析氮肥和球孢白僵菌对玉米螟防治的互作关系。结果表明，氮肥对玉米地上生物量、净产量、拔节期玉米的生长速率、玉米叶片氮含量有显著影响，随着氮肥水平的增加而增加，但超过一定水平后无差异显著性，说明生产中氮肥使用需适量；氮肥和球孢白僵菌在高氮肥水平条件下，与球孢白僵菌发生了互作效应，显著促进拔节期玉米的生长速率和提高玉米叶片的氮含量；氮肥对一代玉米螟幼虫数量、蛀孔数量、玉米叶片为害级别有显著影响，随氮肥水平增加而为害加重，但超过水平后差异无显著性，趋势与玉米生长趋势一致，说明氮肥促进玉米生长的同时也加重了玉米螟虫害的为害；在玉米叶片为害级别中，高浓度氮肥水平下球孢白僵菌与氮肥发生了互作，提高了玉米螟对玉米叶片的早期为害程度；球孢白僵菌对玉米折雄率和玉米螟僵虫数量有显著影响，可显著提高玉米的抗虫性；玉米叶片氮含量与玉米螟蛀孔数量显著相关。综上所述，在玉米螟的防治中氮肥与球孢白僵菌均对玉米生长和抗虫性有一定的影响，在玉米生长速率和叶片氮含量方面氮肥与球孢白僵菌发生了交互作用，进而影响了玉米的抗虫性。

关键词：氮肥；球孢白僵菌；玉米螟防治

* 基金项目：吉林省科技厅重大项目“白僵菌新剂型创制及田间防控玉米螟技术演技与示范”（项目编号：20140203003NY）；吉林省科技厅自然基金项目“白僵菌－玉米－玉米螟互作关系与利用研究”（项目编号：20150101074JC）

** 第一作者：徐文静，副研究员，研究方向为微生物农药；E-mail：xuwj521@163.com
*** 通讯作者：李启云，研究员，研究方向为生物农药；E-mail：qyli1225@126.com
王岭，教授，研究方向为生态学；E-mail：wangl890@nenu.edu.cn

利用昆虫病原线虫防治韭菜迟眼蕈蚊的研究*

武海斌** 范 昆 宫庆涛 张坤鹏 付 丽 孙瑞红***
（山东省果树研究所，泰安 271000）

摘 要： 迟眼蕈蚊（*Bradysia odoriphaga*）是为害韭菜的重要害虫，其幼虫俗称韭蛆，主要群集于韭菜根部蛀食假茎和鳞茎而造成死苗。该虫在华北露地每年发生4~6代，世代重叠严重，以幼虫在韭菜鳞茎内或韭根周围3~4cm表土层休眠越冬，春、秋两季发生为害最重。在保护地韭菜栽培中，温湿度条件适合韭蛆的生长发育，故其仍持续发生为害韭菜。目前，生产上防治该虫仍以化学杀虫剂为主，多使用辛硫磷、吡虫啉、毒死蜱等进行灌根。使用化学农药不但污染韭菜产品和生态环境，而且还会因连续多次使用导致韭蛆产生抗药性，使防治韭蛆更加困难。

昆虫病原线虫（Entomopathogenic nematodes，EPN）是一类专门寄生昆虫的线虫，以3龄感染期幼虫自害虫身体的自然孔口或节间膜侵入虫体内，释放携带的共生细菌，使其在害虫体内繁殖后产生毒素，导致害虫患病死亡。目前，全球已有40个国家在研究和利用EPN防治害虫，商品化生产的线虫品系近达百种。与化学杀虫剂相比，EPN杀虫效果缓慢且不稳定。为克服这一缺点，将EPN与环境友好型化学杀虫剂混用是一个有效途径。研究表明，低浓度的吡虫啉与*Steinernema longicaudum*X-7线虫混用处理暗黑金龟2龄幼虫，杀虫效果明显提高。除虫脲与*S. longicaudum*X-7线虫混用处理卵圆齿爪鳃金龟3龄幼虫，表现为增效作用。因此，本文在室内探讨了低剂量噻虫嗪与不同品系的EPN混用对韭蛆的作用效果，筛选获得最优的增效组合。在此基础上，验证田间最优增效组合的防治效果。

首先，测试了不同浓度的噻虫嗪对小卷蛾斯氏线虫*S. carpocapsae* NC116、小卷蛾斯氏线虫*S. carpocapsae* All、长尾斯氏线虫*S. longicaudum*X-7、芫菁夜蛾斯氏线虫*S. feltiae* SF-SN、嗜菌异小杆线虫*Heterorhabditis bacteriophora*H06、印度异小杆线虫*H. indica* LN2的存活的影响；然后，室内试验了低剂量噻虫嗪与不同昆虫病原线虫混用对韭蛆3龄幼虫的作用效果；在此基础上将筛选获得的最佳增效组合应用到田间。研究结果表明：噻虫嗪对6种线虫的致死率无明显影响；噻虫嗪分别与6种线虫混合后处理韭蛆，韭蛆的死亡率明显高于线虫和杀虫剂单用处理，在药后3天SF-SN、All品系与噻虫嗪（25.00μg/ml）混合处理分别比单用杀虫剂提效21.18%。田间试验结果表明，线虫All品系+噻虫嗪和SF-SN品系+噻虫嗪在药后7天的防虫效果达95%以上，且与高浓度噻虫嗪（100.00μg/ml）的防效差异不显著。

关键词： 昆虫病原线虫；韭菜迟眼蕈蚊；致病力；增效组合

---

* 基金项目：山东省农业科学院青年科研基金（2015YQN30）

** 第一作者：武海斌，男，助理研究员，主要从事害虫综合防治研究；E-mail：jinghaijiangxuan@126.com

*** 通讯作者：孙瑞红，女，研究员，主要从事害虫综合防治研究；E-mail：srhruihong@126.com

七星瓢虫成虫对枸杞木虱的捕食作用

欧阳浩永* 巫鹏翔
（中国科学院动物研究所，北京 100101）

摘 要：为了测定七星瓢虫成虫对枸杞木虱4种虫态的捕食作用，分别在室内测定七星瓢虫的捕食功能反应、种内干扰、自身密度干扰、捕食偏好性以及在田间七星瓢虫对枸杞木虱的捕食效果。结果表明，七星瓢虫对枸杞木虱的捕食功能反应符合Holling Ⅱ（1959）型方程，其中对卵的最大捕食量为112.6粒，对1～2龄若虫、3～5龄若虫、成虫的最大捕食量分别为536头、415头和113.9头；田间罩笼试验结果证明，七星瓢虫成虫在其生长周期30天内能使枸杞木虱总虫口密度下降80.1%；七星瓢虫对1～2龄枸杞木虱若虫的搜寻效率a＝0.945 1，处理时间Th＝0.001 865，整体优于卵、3～5龄若虫与成虫，且在每皿100头的猎物密度下七星瓢虫的最大捕食率能达80.2%，益害比参考值为1∶100。七星瓢虫对枸杞木虱的捕食作用受自身密度的影响显著大于种内干扰。混合猎物密度为每皿100头下，七星瓢虫更偏好木虱成虫，在密度为每皿300头下，七星瓢虫更偏向于木虱若虫。表明七星瓢虫是很有控制潜力的捕食性天敌，人工释放七星瓢虫成虫可有效取食枸杞木虱初孵若虫，降低木虱为害。

关键词：七星瓢虫；枸杞木虱；捕食功能反应；捕食偏好性

---

* 第一作者：欧阳浩永；E-mail：22253280@163.com

基于两性生命表和捕食率分析的捕食性天敌种群模拟研究*

李亚迎** 刘明秀 田川北 任忠虎 张国豪 刘 怀*** 王进军
（西南大学植物保护学院，昆虫及害虫控制工程重庆市市级重点实验室，重庆 400716）

摘 要： 由于化学农药对环境的负面影响以及引起的农产品农药残留问题，生物防治技术在有害生物综合治理中受到越来越多的关注和重视。捕食性天敌在害虫生物防治中扮演着重要角色，其中，捕食螨类是目前广泛应用于防治小型吸汁性害虫害螨的一类分支。本研究以巴氏新小绥螨为对象，以柑橘重要害螨柑橘全爪螨为猎物，在（28±1）℃，空气相对湿度（80±5）%和光暗比16L：8Dh条件下通过构建捕食者与猎物的年龄、龄期－两性生命表，猎物饲喂时采用全螨态饲喂，每12h记录被取食猎物虫态及数量并补充猎物，以期综合评估巴氏新小绥螨不同虫态及性别对柑橘全爪螨的控制作用，并模拟得到其在时间序列上的种群结构、大小及数量动态。所得数据用TWOSEX－MSChart、CONSUME－MSChart和TIMING－MSChart软件处理并模拟。结果表明，巴氏新小绥螨雌成螨个体的繁殖力为（12.0±2.7）粒，种群的内禀增长率、周限增长率、净增殖率和平均世代周期分别为（0.076 7±0.018 7）天$^{-1}$、（1.079 9±0.020 1）天$^{-1}$、（5.6±1.0）粒/个体和（16.2±1.5）天；巴氏新小绥螨对全螨态柑橘全爪螨选择性捕食其幼螨和若螨；巴氏新小绥螨第一若螨、第二若螨、雌成螨和雄成螨个体对柑橘全爪螨幼螨的日均捕食率和净捕食率分别为2.52头/天、3.07头/天、5.41头/天和5.01头/天，7.19头、8.56头、37.90头和57.44头；巴氏新小绥螨第一若螨、第二若螨、雌成螨和雄成螨个体对柑橘全爪螨若螨的净捕食率分别为1.25头/天、1.53头/天、2.07头/天和1.98头/天，3.57头、4.27头、14.51头和22.70头。巴氏新小绥螨第一若螨、第二若螨、雌成螨和雄成螨控制柑橘全爪螨幼螨和若螨种群预测权重系数分别为0.464 5、0.567 3、1.000 0和0.926 0，0.602 9、0.739 5、1.000 0和0.955 5。通过Timing模拟巴氏新小绥螨释放次数对柑橘全爪螨控制作用种群趋势可以看出，二次释放可以填补一次释放带来的种群差距；在二次释放10天后，种群结构趋于稳定，种群持续增长。利用两性生命表技术并结合捕食率分析的巴氏新小绥螨控制柑橘全爪螨的种群预测，较好的阐明巴氏新小绥螨对柑橘全爪螨整个种群的影响以及对柑橘全爪螨持续控制的效果。

关键词： 巴氏新小绥螨；柑橘全爪螨；种群参数；Timing模型；生物防治

---

* 基金项目：重庆市社会事业与民生保障科技创新专项（cstc2015shms－ztzx80011）；重庆市研究生科研创新项目（CYB2015056）；中央高校基本科研业务费（XDJK2016D038）

** 第一作者：李亚迎，男，博士研究生，研究方向：昆虫种群生态学、有害生物生物防治；E-mail：yayinglee@sina.com

*** 通讯作者：刘怀，教授，博士生导师；E-mail：liuhuai@swu.edu.cn

中华通草蛉过氧化物酶基因克隆与序列的分析

李文丹[1,2]　雒珺瑜[1]　张　帅[1]　崔金杰[1]
（1. 中国农业科学院棉花研究所棉花生物学国家重点实验室，安阳　455000；
2. 新疆农业大学农学院，乌鲁木齐　830052）

摘　要：过氧化物酶（Peroxiredoxin，Prx）是一类能够利用多种供氢体来清除生物体内过剩自由基的抗氧化酶，它以多种不同的类型广泛存在于动植物以及微生物中。中华通草蛉（*Chrysoperla sinica*）广泛分布于农、林、果、蔬等作物上，是多食性害虫的天敌，尤其是应用于蚜虫和粉虱等的生物防治方面，具有相对易于饲养繁殖的优势。过氧化物酶是动植物酶促防御系统的关键酶之一，它与超氧化物歧化酶、过氧化氢酶相互协调清除过剩生物自由基，共同调节生物体内生物自由基的动态平衡。本研究通过克隆得到中华草蛉过氧化物酶基因 cDNA 全长序列，并通过生物信息学方法对该序列进行了分析。该基因包含一个完整的开放阅读框，其 cDNA 全长 591bp，起始密码子为 ATG，终止密码子为 TAA，编码 196 个氨基酸，预测蛋白质分子量为 21.651 8ku，等电点为 6.31，N 端没有编码信号肽的序列，具有 *Peroxiredoxin* 基因的保守特征序列。同源进化分析表明，由该基因推导的氨基酸序列与集蜂（*Dufourea novaeangliae*）、中华蜜蜂（*Apis cerana*）等 *Peroxiredoxin* 蛋白序列相似性均达到 80% 以上。用 Mega4.0 软件进行序列在线 Blast 比较，选出 29 个与该基因相似的过氧化物酶氨基酸序列，构建物种进化树，可以看出中华通草蛉（*Chrysoperla sinica*）的过氧化物酶与印度明对虾（*Fenneropenaeus indicus*）和曼氏无针乌贼（*Sepiella maindroni*）同源关系较近，其他的较远且置信度很高。通过预测三维模型可以看出，过氧化物酶结构中存在 6 个 α－螺旋和 7 个 β－折叠，且不存在二硫键。本研究为分析过氧化物酶在中华通草蛉环境适应过程中的作用打下基础。

关键词：中华通草蛉；过氧化物酶（Prx）；进化树

中华通草蛉（*Chrysoperla sinica* Tjeder）基因序列分析*

程　慧[1,2]**　张　帅[1]　雒珺瑜[1]　崔金杰[1]***
（1. 中国农业科学院棉花研究所棉花生物学国家重点实验室，安阳　455000；
2. 新疆农业大学农学院，乌鲁木齐　830052）

摘　要：中华通草蛉（*Chrysoperla sinica* Tjeder）可以捕食蚜虫、蓟马及鳞翅目害虫的卵和低龄幼虫等多种农业害虫，可适应多种类型的农业生态系统，是生物防治的重要种类。水通道蛋白是MIP（major intrinsic protein）家族的成员，它主要传输水分子，也能传输甘油、尿素、氨水等中性分子。水通道蛋白能快速的传递水分从而高效调节渗透压，参与生物体多余水分循环系统对水分的再吸收等生理功能。通过基因克隆获得中华通草蛉（*Chrysoperla sinica* Tjeder）水通道蛋白（aquaporin AQP）基因全长序列，命名为AQP-1（GenBank登录号为KX421347）。基因的cDNA全长为980bp，其765bp的开放阅读框编码254个氨基酸，蛋白分子量为27.7kDa。起始密码子为ATG，终止密码子为TGA，编码254个氨基酸。预测功能分析有6个跨膜区，其中N端与C端为膜内结构。同源进化分析中，包括家蝇（*Musca domestica*）、法老蚁（*Monomorium pharaonis*）、中华蜜蜂（*Apis cerana*）、印度跳蚁（*Harpegnathos saltator*）具有较高相似性，由该基因推导的氨基酸序列与家蝇（*Musca domestica*）蛋白序列相似性达50%。其余相似性在48%以下。克隆分析中华通草蛉水通道蛋白（AQP-1）基因，旨在为水通道蛋白在中华通草蛉中的生理作用研究提供基础。

关键词：中华通草蛉；水通道蛋白；功能预测

---

* 基金项目：国家棉花产业技术体系

** 作者简介：程慧，硕士研究生，研究方向为农业昆虫与害虫防治；E-mail：chenghui8080@126.com

*** 通讯作者：崔金杰，研究员；E-mail：cuijinjie@126.com

不同饥饿程度拟小食螨瓢虫对朱砂叶螨的功能反应*

陈俊谕** 李 磊 张方平 韩冬银 牛黎明 符悦冠***
（中国热带农业科学院环境与植物保护研究所，海口 571101）

摘 要：为明确捕食性天敌——拟小食螨瓢虫的控害效能，本研究以朱砂叶螨为防治对象，比较不同饥饿程度下拟小食螨瓢虫的捕食效能。结果表明，不同饥饿程度拟小食螨瓢虫对各虫态朱砂叶螨均具有较好的捕食作用，Holling－Ⅱ型模型可以较好地反映其捕食情况。随着猎物密度增加，瓢虫取食量随之增加。其捕食能力受自身饥饿程度影响显著（$0.01<P<0.05$），以瞬时攻击率 a′和处理时间 Th 为评价指标，饥饿 48h 的瓢虫捕食效能 a′/Th 最大。在同一饥饿状态下，瓢虫对朱砂叶螨卵的捕食效能最大，其次为幼螨、若螨和成螨。

在一定空间范围内，拟小食螨瓢虫个体间存在竞争和相互干扰，Hassell－Varley 模型能较好地反映不同饥饿状态的拟小食螨瓢虫在捕食各虫态朱砂叶螨时受自身密度的干扰情况。在同样饥饿状态下，随着瓢虫自身密度增加，捕食效率降低，干扰效应增大。瓢虫密度相同时，以饥饿 48h 的瓢虫捕食作用率最高。瓢虫密度相同时，饥饿处理能在一定程度上增加瓢虫对朱砂叶螨的探索能力和捕食量；在同一饥饿状态下，随着瓢虫自身密度的增加，捕食效率降低，干扰效应增大。

关键词：拟小食螨瓢虫；朱砂叶螨；功能反应；竞争作用

---

* 基金项目：“天然橡胶害虫监测与防控技术支持”（14RZBC－16）

** 第一作者：陈俊谕，从事农业害虫综合防治研究；E-mail：jychen@ catas. cn

*** 通讯作者：符悦冠；E-mail：fygcatas@ 163. com

中高温储粮区粮堆表层捕食性螨种类初探

李　娜[1]　贺培欢[1]　伍　祎[1]　汪中明[1]　曹　阳[1]　张　涛[1,2]
（1. 国家粮食局科学研究院，北京　100037；
2. 中国农业大学农学与生物技术学院，北京　100193）

摘　要：捕食性螨多以粉螨科（Acaridae）、食甜螨科（Glycyphagidae）的螨类和储粮害虫为食。普通肉食螨、马六甲肉食螨等捕食性螨因喜欢捕食腐食酪螨、椭圆粉螨，杂拟谷盗、赤拟谷盗的卵、幼虫等储粮害虫，而被作为天敌昆虫进行了大量研究。近年来，我国储粮技术不断提高，储粮环境也得到极大的改善，粮堆中主要储粮害虫种类也发生了较大变化，为探索中温和高温储粮区粮堆表层捕食性螨种类，采用瓦楞纸板诱捕法对中温和高温储粮区的20个粮库进行了捕食性螨种类调查。研究结果表明，中高温储粮区粮堆表层存在跗蠊螨（*Blattisocius tarsalis*）、基氏蠊螨（*Blattisocius keegani* Fox）、普通肉食螨（*Cheyletus eruditus*）、马六甲肉食螨（*Cheyletus malaccensis* Ouds）等4种捕食性螨。

关键词：中温区；高温区；粮堆表层；捕食性螨

有害生物综合防治

贵州白背飞虱对杀虫剂抗药性现状分析*

金剑雪[1,2]**　金道超[1]***　李文红[2]　程　英[2]
李凤良[2]　周宇航[2]　曾义玲[3]　刘　莉[3]
(1. 贵州山地农业病虫害重点实验室，贵州大学昆虫研究所，贵阳　550025；2. 贵州省植物保护研究所，贵阳　550006；3. 贵州省平塘县农村工作局，平塘　558300)

摘　要：监测贵州省不同地理区划内白背飞虱对7种杀虫剂的抗药性水平，通过与相对敏感基线比较，了解贵州省各地理种群的抗药性现状和地区差异，为白背飞虱的田间防治与抗药性治理提供科学依据。将田间采集的白背飞虱成虫或若虫于室内饲养一代后，采用稻茎浸渍法，测定8个白背飞虱种群对7种杀虫剂的毒力测定。并与报道的相对敏感基线对比，分析贵州省白背飞虱的抗药性现状。2015年监测贵州省各地理区划内的白背飞虱，发现兴仁县的白背飞虱种群对噻嗪酮的抗性倍数最高（167.6倍）；玉屏县、平坝县、务川县和遵义县种群也有较高的抗性倍数，分别为128.7倍、123.6倍、93.5倍、53.9倍，抗性均已达到高等水平；花溪、平塘、黔西种群抗性倍数分别为25.0倍、17.1倍、11.4倍，为中等水平抗性。花溪区白背飞虱种群对吡蚜酮的抗性倍数最高（84.7）；平坝、务川和平塘种群抗性倍数分别为78.4倍、68.9倍、51.0倍，均属高抗水平；玉屏、遵义、黔西种群抗性倍数分别为29.5倍、22.6倍、20.8倍，抗性为中等水平。兴仁县白背飞虱种群对毒死蜱的抗性倍数最高，为16.4倍，平塘、花溪、玉屏、遵义种群抗性倍数分别为15.9倍、12.8倍、12.3倍、10.6倍，抗性均为中等水平；黔西、平坝、务川种群抗性倍数在10倍以下。对于吡虫啉，抗性倍数最高为务川种群的30.0倍，平塘、玉屏种群抗性倍数分别为13.0倍、11.9倍，为中等抗性水平；相比相对敏感基线，其余5地的抗性倍数均低于5倍，敏感性有下降的趋势。异丙威的LC_{50}值均变化不大，抗性倍数均小于3倍。对噻虫嗪而言，除务川、平塘种群的抗性倍数稍高（16.3倍、5.5倍），抗性为中、低等水平外，其余6种群的抗性倍数均低于3倍，敏感性无显著变化。平坝县（7.9）和务川县（6.6）白背飞虱种群对烯啶虫胺的抗性倍数稍高，为低水平抗性，其余种群的抗性倍数均低于3倍，LC_{50}值无明显变化，其中遵义、花溪、兴仁种群对烯啶虫胺的LC_{50}值低于相对敏感基线值。2015年贵州省大部分地区的白背飞虱种群对噻嗪酮、吡蚜酮两种杀虫剂抗性水平中等以上地区占有比例为100%，因此，这两种药剂应被限制使用。多数地区白背飞虱对毒死蜱、吡虫啉为低至中等水平抗性，少部分地区仍然敏感，因此这两种杀虫剂应被慎重选择。在中等水平抗性地区，要采取轮用或混用的方式以延缓抗性进一步发展。多数地区白背飞虱种群对异丙威、噻虫嗪、烯啶虫胺仍然敏感。

关键词：白背飞虱；杀虫剂；抗药性现状调查；贵州；相对敏感基线

---

* 基金项目：贵州省农业科技攻关项目（黔科合NY〔2013〕3007号）；贵州省农业科技攻关项目（黔科合NY字〔2010〕3064号）；贵州省教育厅自然科学研究项目（黔教2010011）；农业昆虫与害虫防治贵州省研究生卓越人才计划（黔教研合ZYRC字〔2013〕010）

** 作者简介：金剑雪，博士研究生

*** 通讯作者：金道超，教授，主要从事昆虫学、蜱螨学研究；E-mail：daochaojin@126.com

新型药剂18%卷螟杀3号防治水稻二化螟的田间防效

龚朝辉[1]* 龚航莲[2]**
（1. 江西省萍乡市农技站，萍乡 337000；2. 江西省萍乡市植保站，萍乡 337000）

摘 要：调查了新型药剂18%卷螟杀3号对田间水稻二化螟防治效果，结果显示，在水稻二化螟二龄高峰期施用18%卷螟杀3号1 050g/hm^{2}药后2天防效91.9%，药后4天防效90.62%，极显著高于对照药剂25%杀虫双防效。由此得出，药杀水稻二化螟二龄高峰期能有效地控制其发生与为害。

关键词：18%卷螟杀3号；水稻二化螟；田间防效

二化螟［*Chilo suppressalis*（Walker）］是萍乡市水稻严重为害的重要害虫，长期以来，化学防治是防控水稻二化螟重要措施。然而，由于药剂的长期，单一及不合理使用，二化螟抗药性增强，防治效果明显减弱，为解决这类问题，萍乡市三农农资公司与市老科协农业分会等单位创制了18%卷螟杀3号（暂定名）在连陂水稻病虫观察区开展了新型药剂防治水稻二化螟田间防治技术研究，取得了初步效果，现总结如下：

1 材料与方法

1.1 试验田概况

试验田位于江西省萍乡市连陂病虫观察区，试验土壤为沙壤土，肥力中等，各个试验小区水稻品种，植期、长势、肥水管理基本一致，近年，早稻栽培面积减少，第一代二化螟发生偏重至重发生，试验田面积为0.14hm^2。

1.2 材料

供试水稻品种安丰优华占，防治对象为水稻二化螟第一代二龄幼虫高峰期。供试新型药剂为18%卷螟杀3号（萍乡市三农农资公司研制），对照药剂为25%杀虫双（广西田园生化股份有限公司）。

1.3 试验设计

18%卷螟杀3号设3个剂量处理，450g/hm^2、750g/hm^2、1 050g/hm^2；25%杀虫双750g/hm^2；喷施清水处理为空白对照，每个处理3次重复，每重复为一个小区，每小区面积0.015hm^2，各小区随机区组排列。

1.4 药效调查

用药前调查各小区二化螟数量，药后2天、4天调查各小区二化螟残存量，计算防治

---

* 第一作者：龚朝辉，男，学士学位，农艺师，研究方向：病虫中长期测报及病虫综合治理；E-mail：26537383@qq.com

** 通讯作者：龚航莲；E-mail：ghl1942916@sina.com

效果。试验结果应用 DPS 数据处理系统处理，差异性分析采用邓肯氏新复极差（DMRT）法。

虫口减退率（%）=（施药前活虫数－施药后活虫数）/施药前活虫数×100

防治效果（%）=（药剂处理区虫口减退率－空白对照区虫口减退率）/（1－空白对照区虫口减退率）×100

1.5 安全性调查

施药后，定期观察各小区水稻生长情况，判断各处理对水稻的安全性。

2 结果与分析

根据调查记录，试验田药前调查各处理小区虫口密度在 147～162 头活虫量，枯鞘株率在 35.2%～67.4%。经观察，田间未发现施药对水稻生长造成不良影响，表明供施药剂在本试验用量，对水稻生长安全。

18%卷螟杀 3 号不同使用量与对照药剂防治效果详见表。18%卷螟杀 3 号 1 050g/hm^2 药后 2 天防效 91.9%，药后 4 天防效 90.12%。显著高于 18%卷螟杀 3 号 750g/hm^2，药后 2 天防效 86.03%，药后 4 天防效 84.71%。极显著高于 25%杀虫双药后 2 天防效 79.27%，药后 4 天防效 77.62%，由此得出，新型药剂 18%卷螟杀 3 号，在水稻二化螟二龄幼虫高峰期施药，可有效地防控水稻二化螟发生与为害。

表　新型药剂 18%卷螟杀 3 号对二化螟田间防治效果

供试药剂	制剂用量（g/hm^2）	药后 2 天		药后 4 天	
		虫口减退率（%）	防治效果（%）	虫口减退率（%）	防治效果（%）
18%卷螟杀 3 号	450	78.46	77.81 De	77.80	77.49 De
18%卷螟杀 3 号	750	86.03	85.84 Bcd	84.92	84.71 Bcd
18%卷螟杀 3 号	1050	92.01	91.90 Aa	90.75	90.62 Aa
25%杀虫双	750	79.27	78.98 Bb	77.92	77.62 De
CK（清水）		1.55		0.86	

注：田间药剂试验于 2016 年 5 月 15 日施药。同列数据后小写字母表示差异显著（$P<0.05$），不同大写字母表示差异极显著（$P<0.01$）

3 小结与讨论

田间试验表明，18%卷螟杀 3 号对水稻二化螟具有防效好，药效期长，其使用适期以二化螟二龄盛期，使用量为 750～1 050g/hm^2。但对水稻二化螟防控机制等尚未进行试验。创制新型农药尚有大量工作量。

参考文献（略）

三种水稻栽培模式对主要害虫种群发生动态的影响*

吕 亮[1**] 张 舒[1] 常向前[1] 杨小林[1] 袁 斌[1] 程建平[2] 赵 锋[2]

(1. 农业部作物有害生物综合治理华中重点实验室/湖北省农业科学院植保土肥研究所，武汉 430064；2. 湖北省农业科学院粮食作物研究所，武汉 430064)

摘 要：轻简化和机械化是现代农业发展的趋势。本文于2013—2014年连续进行了常规人工栽插、机械直播、机械栽插等3种栽培模式对水稻主要害虫种群发生动态的影响研究，旨在为农业轻简、机械化模式的进一步推广提供依据。

田间主要调查了稻飞虱（褐飞虱 *Nilaparvata lugens* 和白背飞虱 *Sogatella furcifera*）、螟虫（二化螟 *Chilo suppressalis* 和大螟 *Sesamia inferens*）、稻纵卷叶螟 *Cnaphalocrocis medinalis*等有害生物。

试验分析结果表明，3种栽培模式对稻飞虱、螟虫、稻纵卷叶螟种群发生的影响差异不明显，从整个生育期来看，种群发生动态曲线几近相同。在水稻不同生长期，比较3种栽培模式下的水稻螟虫（二化螟为主，大螟较少）为害率可知，机械直播田的螟虫前期株为害率较高，且后期仍维持较高的为害率，明显高于人工和机械栽插田（$P<0.05$）。分析原因，很可能是机械直播水稻暴露在大田的时间要稍长于栽插模式（机械直播于5月20日播种、人工和机械栽插于6月10日移栽），有利于第一代二化螟的提前入田为害。因此在推广机械直播时，应考虑调整播期，尽可能地避开或减少二化螟为害。

关键词：水稻；栽培模式；害虫；发生；影响

---

* 基金项目：国家十二五科技支撑计划项目（2012BAD09B03）；国家公益性行业（农业）科研专项（201303007）

** 作者简介：吕亮，男，硕士，副研究员，长期从事水稻害虫发生规律与防控技术研究；E-mail：lvlianghbaas@126.com

低剂量水稻鳞翅目害虫靶标农药对赤眼蜂成虫的影响*

王彩云[1,2]**　田俊策[1]　杨亚军[1]　徐红星[1]　吕仲贤[1,2]***

（1. 浙江省农业科学院植物保护与微生物研究所，杭州　310021；
2. 浙江师范大学化学与生命科学学院，金华　321004）

摘　要：化学防治仍是当前水稻害虫防治的主要措施之一，多种农药一起混合使用可能会对鳞翅目害虫天敌产生一定的影响。本研究通过药膜法测定了4种水稻鳞翅目害虫靶标农药（毒死蜱、氯虫苯甲酰胺、甲维盐和多杀菌素）的不同低剂量水平（稻纵卷叶螟LC_{50}、LC_{25}和LC_{10}）对3种稻田主要赤眼蜂（稻螟赤眼蜂、螟黄赤眼蜂和松毛虫赤眼蜂）成虫的毒力。结果显示，毒死蜱3个剂量处理下，稻螟赤眼蜂的存活率为0.63%～49.25%，螟黄赤眼蜂为0.39%～44.78%，松毛虫赤眼蜂为0%～16.14%；氯虫苯甲酰胺3个剂量处理下，稻螟赤眼蜂的存活率为45.00%～66.69%，螟黄赤眼蜂为8.61%～27.48%，松毛虫赤眼蜂仅为0～16.14%；甲维盐3个剂量处理下，稻螟赤眼蜂的存活率为46.78%～52.59%，螟黄赤眼蜂为29.45%～40.61%，松毛虫赤眼蜂为30.46%～36.76%；多杀菌素3个剂量处理下，稻螟赤眼蜂的存活率为36.07%～55.48%，螟黄赤眼蜂为8.51%～24.53%，松毛虫赤眼蜂为15.81%～47.37%。结果表明，同一种农药对不同赤眼蜂成虫存活率的影响有明显差异，且不同药剂之间也有一定差异，因此，在化学防治鳞翅目害虫时应考虑不同药剂对赤眼蜂的影响，以保护天敌数量和自然控制能力。

关键词：水稻；鳞翅目害虫；赤眼蜂；杀虫剂；毒力

---

* 基金项目：国家水稻产业技术体系（CARS－01－17）；国家自然科学基金（31501669）

** 作者简介：王彩云，女，硕士研究生，主要从事害虫生物防治研究；E-mail：1529899731@qq. com

*** 通讯作者：吕仲贤；E-mail：luzxmh@163. com

玉米秸秆营养土水稻育秧对水稻根系活力的影响*

张金花** 任金平 李启云 王继春 刘晓梅
李 莉 姜兆远 吴 宪 孙 辉 庞建成
（吉林省农业科学院植物保护研究所，公主岭 136100）

摘 要：水稻根伤流液的多少与根系活力有密切的关系，在一定时间内测定伤流液的重量，是衡量根系活力的一个较为简便的方法。本研究是以插秧前玉米秸秆营养土水稻育秧秧苗和常规营养土水稻育秧秧苗为材料，用伤流法测定根系活力，分别对以常规土所育秧苗和玉米秸秆营养土所育秧苗的根系活力进行了测量。测定方法选用一端封闭，一端开口的很薄的塑料套管（在天平上称得重 W1），管内放进少许脱脂棉（在天平上称得重 W2），分别进行了 2h 和 4h 内的伤流量测定，并按下式计算伤流量（g/h）=（W1－W2）/t。结果表明，2h 内以玉米秸秆营养土育秧的根系伤流量与常规土育秧的秸秆前的根系伤流量相当，无显著差异；4h 内秸秆营养土所育秧苗的根系伤流量要大于常规土育秧的根系伤流量，差异显著；秸秆营养土水稻育秧根系活力大于常规营养土育秧根系活力。

关键词：玉米秸秆；水稻育秧；根系活力

---

* 基金项目：吉林省高等学校秸秆综合利用高端科技创新平台（吉高平合字〔2014〕C－1）

** 作者简介：张金花，副研究员，主要从事植物病害防治及微生物降解研究；E-mail：helen_email2001@163.com

三种不同类型杀菌剂防治小麦条锈病效果评价*

初炳瑶[1]** 龚凯悦[1] 谷医林[1] 潘 阳[1] 马占鸿[1]***
（中国农业大学植物病理学系，农业部植物病理学重点开放实验室，北京 100193）

摘 要：小麦条锈病（*Puccinia striiformis* f. sp. *tritici*）是小麦生产上的一种毁灭性病害。目前，化学药剂防治仍然是生产上防治小麦条锈病最为主要的手段之一。本研究选取2%立克秀湿拌剂（戊唑醇）、25%阿米西达悬浮剂（嘧菌酯）和30%苯甲－丙环唑乳油（苯醚甲环唑、丙环唑）3种应用范围广，不同类型的杀菌剂进行大田药效试验，旨在了解不同杀菌剂的防治效果，为小麦的生产安全提供保障。供试小麦品种为中感品种京0045和高感品种铭贤169，在各小区中心种植铭贤169作为诱发中心。种子处理用2%立克秀拌种。春季返青后在诱发中心接种小麦条锈菌当前流行小种CYR32、CYR33和V26菌系等比例混合的夏孢子，待充分发病后将其铲除。分别于4月21日和4月28日进行潜育期药剂处理，喷施25%阿米西达1 500倍液和30%苯甲－丙环唑1 500倍液，发病后调查不同处理的普遍率和严重度，计算病情指数和AUDPC。结果表明，在品种京0045上，阿米西达、苯甲－丙环唑和立克秀的防效分别为90.78%、73.91%、25.36%；在品种铭贤169上，其防效分别为85.68%，81.01%和－51.53%。阿米西达处理和苯甲－丙环唑处理的小麦条锈病病情之间在两个品种上都没有显著性差异，且显著低于立克秀和对照处理，说明这两种药剂对小麦条锈病均有较好的防效；经立克秀拌种处理，品种京0045与对照组病情无显著差异，而品种铭贤169拌种后则发病显著高于对照。由此可推测，药剂拌种可能由于药剂发挥作用的时期与病害的发生时期不重合，导致药剂有效成分降解而使防效受到影响，故建议在小麦条锈病的防治工作中根据当地普遍发病时期适时合理的喷施杀菌剂，能够更好的防治病害的发生和扩展。

关键词：小麦条锈病；杀菌剂；田间药效

---

* 基金项目：“973”项目（2013CB127700）和国家科技支撑计划项目（2012BAD19B04）

** 第一作者：初炳瑶，女，山东青岛，博士研究生，主要从事植物病害流行学研究；E-mail：chubingyao@163.com

*** 通讯作者：马占鸿，教授，主要从事植物病害流行和宏观植物病理学研究；E-mail：mazh@cau.edu.cn

新型生物源和化学杀菌剂对小麦白粉病的防效对比研究*

向礼波　龚双军　杨立军**

（湖北省农业科学院植保土肥研究所，农业部华中作物有害生物综合治理重点实验室，农作物重大病虫草害防控湖北省重点实验室，武汉　430064）

摘　要：小麦白粉菌是小麦生产中重要病害，DMI 是生产上常用的防治药剂（14 - α - 脱甲基抑制剂）类杀菌剂。截至 2016 年 6 月登记防治小麦白粉病的单剂共有 16 种，其中化学药剂 13 种，占 81.3%，DMI 类 9 种，占到 69.2%；生物类药剂仅有多抗霉素和四霉素 2 种，仅占 12.5%；复配的药剂有 14 种，且大部分还是以单剂有效成分复配为主。单一的使用 DMI 类杀菌剂已经造成小麦白粉病抗药性的大范围产生。

本文进行两种新型生物源农药（0.15% 四霉素水剂和 8% 嘧啶核苷类抗菌素可湿性粉剂）及两种化学农药卡拉生（36% 硝苯菌酯乳油）和英腾（42% 苯菌酮悬浮剂）的防效对比研究。室内毒力测定结果表明：98% 苯菌酮和硝苯菌酯对小麦白粉菌毒力最高，其 EC_{50} 分别为 0.001 9mg/L 和 0.013mg/L；8% 嘧啶核苷类抗菌素稀释 4 000倍，对小麦白粉病菌预防和治疗效果分别为 97.59% 和 93.26%，0.15% 四霉素水剂稀释 100 倍对小麦白粉菌的预防和治疗效果分别为 53.27% 和 34.27%。田间试验结果表明：42% 苯菌酮悬乳剂 1 500倍液对小麦白粉病防控效果最好，施药 14 天后防治效果达 91.98%，36% 硝苯菌酯乳油 1 250倍液的防治效果为 81.29%；8% 嘧啶核苷类抗菌素可湿性粉剂 750 倍的防治效果达 75.30%；与对照药剂 20% 的三唑酮的防效 76.57% 相当。而 0.15% 四霉素水剂的防治效果较差。8% 嘧啶核苷类抗菌素可湿性粉剂试验处理未对小麦叶片及非靶标生物产生不良影响，安全无药害且防治效果好，可进行登记在实际生产中具有良好的推广应用价值。

关键词：小麦白粉菌；生物类药剂；田间试验；防治效果

---

* 基金项目：农业部公益性行业科研专项（201303016）；小麦产业体系（CARS - 03 - 04B）；湖北省农业科技创新中心项目（2014 - 620 - 003 - 003）

** 通讯作者：杨立军；E-mail：yanglijun1993@163.com

5种拌种剂在不同堆闷时间下对小麦发芽和出苗的影响*

汪 华 杨立军 张学江 龚双军
向礼波 曾凡松 史文琦 薛敏峰 喻大昭**
(湖北省农业科学院植保土肥所/农业部华中作物有害生物综合治理重点实验室，武汉 430064)

摘 要：利用生产上常用的5种拌种剂4.8%苯醚·咯菌腈乳、40%萎锈灵悬乳剂、6%戊唑醇悬乳剂、15%三唑醇可湿性粉剂和15%三唑酮可湿性粉剂，以清水做对照，采用干拌的方法，拌种剂量分别为1：1 000、1：200、1：1 000、1：600和1：500，对晋麦47分别进行2h、4h、8h、16h、24h、48h闷堆处理，探讨各拌种剂在不同闷堆时间下对小麦发芽率、出苗率、芽成苗率、发芽时间及成苗时间的影响，分析药剂在不同堆闷时间下可能形成的隐性灾害，为生产上药害的消减提供理论依据。研究结果表明，在各处理时间中，在三唑酮处理情况下，堆闷4h小麦的发芽率和出苗率最好，芽成苗率不受堆闷时间的影响；在三唑醇处理情况下，堆闷2h、4h和8h的发芽率和出苗率均最好，芽成苗率不受堆闷时间的影响；在立克秀处理情况下，堆闷4h的发芽率和出苗率最好，芽成苗率不受堆闷时间的影响；在卫福处理情况下，堆闷4h的发芽率和出苗率最好，芽成苗率不受堆闷时间的影响；在适麦丹处理情况下，堆闷48h的发芽率和出苗率最好。同时也发现了一些隐性灾害。在闷堆24h处理时，三唑酮和适麦丹显著降低了小麦发芽率；在48h情况下，三唑酮显著降低了小麦的发芽率；在24h和48h情况下，三唑醇显著降低了发芽率与出苗率；在16h情况下，适麦丹降低了出苗率。

关键词：拌种剂；拌种时间；发芽率；出苗率；芽成苗率

---

* 基金项目：农业部十三五公益性行业专项“作物根腐病综合治理技术方案”（201503112－4）；国家支撑计划（2012BAD19B04－05）；国家小麦产业技术体系（CARS－03－04B）

** 通讯作者：喻大昭；E-mail：Dazhaoyu@ china. com

两种挥发性化学信息素与小麦-豌豆间作协同作用对蚜虫的生态调控*

徐庆宣[1,2]** Thomas Lopes[2] Severin Hatt[2] Frederic Francis[2] 陈巨莲[1]***

（1. 中国农业科学院植物保护研究所，植物病虫害生物学国家重点实验室，北京 100193；

2. Function and Evolutionary Entomology，Gembloux Agro-Bio Tech，University of Liege，Passage des Deportes 2，B-5030 Gembloux，Belgium）

摘　要：当今的害虫防治理念已从传统的"杀灭"转向科学的"调控"，生态调控成为可持续农业领域中的研究热点之一。利用间作来提高农作物的多样性是作物虫害生态调控途径之一，间作作物可使农田生物多样性增加、为天敌昆虫提供食物和避难所，从而使天敌种类和数量增加，为目标害虫控治作用增强。已有结果表明小麦与豌豆间作、混作，不仅有效降低小麦上麦长管蚜的种群数量，增加了天敌控制害虫的稳定性和持续性，而且可以增产保收、养地改土。一些昆虫取食诱导的挥发物和昆虫自身分泌物（如水杨酸甲酯 MeSA、蚜虫报警信息素 EBF）具有驱避蚜虫对植食性昆虫进行行为调控的直接防御，还可以通过吸引第三级营养级的天敌昆虫，提升间接防御害虫作用。

为了探索作物间作与行为调控挥发物的协同的控害效果，本研究采用小麦间作豌豆、协同化学信息素（MeSA、EBF）的释放，于比利时 Gembloux 地区连续两个年度（2015 年 3—8 月和 2016 年 3—8 月）进行田间实验。结果表明与单纯小麦-豌豆间作相比，小麦-豌豆间作配合 EBF、MeSA 的释放，提高了蚜茧蜂对豌豆蚜的寄生率，对蚜虫天敌草蛉、食蚜蝇、瓢虫也具有强烈的吸引作用，豌豆蚜及麦蚜的无翅蚜田间发生量分别降低达 35% 和 30% 。

间作的豌豆可以为天敌提供栖居和食物，有利于蚜虫天敌的繁殖，而豌豆蚜的发生峰期早于麦蚜发生峰期一周左右，因此间作结合挥发物的释放，更有利于豌豆田中的蚜虫主要天敌最大程度的转移到麦田中防控麦蚜，有效降低麦蚜发生峰期的种群数量，两种方法组合构成"吸引-补偿"（Attract - Reward）的机制，将挥发物行为调控与栖境管理两种防控害虫的方法有效的结合起来，进一步增强生防效果，有助于建立综合的小麦害虫绿色防控体系。

关键词：生态调控；水杨酸甲酯；蚜虫报警信息素；Attract-Reward；绿色防控

---

* 基金项目：中比国际科技合作项目（2014DFG32270）

** 作者简介：徐庆宣，男，博士研究生，研究方向：农业昆虫与害虫防治；E-mail：xuqxfarmer@126. com

*** 通讯作者：陈巨莲；E-mail：jlchen@ ippcaas. cn

小麦－油菜间作及瓢虫性激素释放对麦蚜和瓢虫种群动态的影响*

Severin Hatt[1,2,3]**　徐庆宣[1,2]　韩宗礼[1]　Frederic Francis[2]***　陈巨莲[1]***
（1. 中国农业科学院植物保护研究所，植物病虫害生物学国家重点实验室，北京 100193；
2. Functional and Evolutionary Entomology，Gembloux Agro-Bio Tech，University of Liège，Passage des Déportés 2，B-5030 Gembloux，Belgium；
3. TERRA - AgricultureIsLife，Gembloux Agro-Bio Tech，University of Liege，Passage des Déportés 2，B-5030 Gembloux，Belgium）

摘　要：蚜虫（半翅目：蚜科）是全球主要粮食作物和经济作物上的重要的害虫之一，通常采用传统的化学农药防治，但是“3R”问题（抗性、再猖獗和残留）突出，并对人类健康和生存环境带来诸多负面影响。因此，如何采用无公害手段控制蚜虫为害已引起人们的广泛关注。在农田生态系统中，间作在增加植物多样性的同时也增加了蚜虫搜寻寄主植物的难度，同时还可以通过田间释放化学信息素以增加蚜虫主要天敌的丰富度。

为探究小麦（*Triticum aestivum* L.）与油菜（*Brassica napus* L.）间作及异色瓢虫性激素（主成分：E-β-caryophyllene，α-humulene，α-bulnesene，Methyl-eugenol，β-elemene）对麦蚜和瓢虫种群动态发生的影响，于2016年4月12日至6月8日在河北廊坊实验基地进行田间试验，共4个处理：小麦单作；油菜单作；小麦－油菜间作；小麦－油菜间作＋异色瓢虫性激素释放，每个处理3个重复，采用随机区组设计。

田间调查的初步分析结果表明，与小麦－油菜间作相比，小麦－油菜间作＋瓢虫性激素的处理可以显著增加瓢虫幼虫的数量（$P=0.07$），而小麦单作中的有翅蚜数量也明显高于间作（$P<0.01$）以及小麦－油菜间作＋瓢虫性激素的处理（$P=0.012$）。不同处理间无翅蚜的数量无显著差异。

这些初步结果证实，间作可以增加有翅蚜搜索寄主植物的难度，减少田间有翅蚜的发生量。另外，本实验还首次证明了在田间释放化学合成的瓢虫性激素可以显著提高瓢虫幼虫的数量。在接下来的工作中，将对黄盆收集的样品进行处理，以分析化学合成的瓢虫性激素是否也可以显著的增加瓢虫成虫的数量。

关键词：可持续农业；生物防治；作物多样性；瓢虫性激素；天敌

---

* 基金项目：CARE AgricultureIsLife － University of Liege（Belgium）；中比国际科技合作项目（2014DFG32270）；开放课题 SKLBPI（SKLOF201601）

** 作者简介：Séverin Hatt，男，法国人，博士研究生，研究方向：农业昆虫与害虫防治；E-mail：severin.hatt@ulg.ac.be

*** 通讯作者：陈巨莲；E-mail：jlchen@ippcaas.cn
Frédéric Francis；E-mail：frederic.francis@ulg.ac.be

2016年吉林省玉米根腐病发生调查和主栽品种对根腐病的抗性评价*

贾　娇** 苏前富 孟玲敏 张　伟 李　红 晋齐鸣***
（吉林省农业科学院，农业部东北作物有害生物综合治理重点实验室，公主岭 136100）

摘　要：玉米根腐病为土传病害，引起该病害的病原菌种类较多，包括腐霉菌、茄丝核菌、轮枝镰孢、禾谷镰孢和麦根腐平齐蠕孢等，其中由镰孢菌引起的根腐病也能够通过种子传播。该病害在各个玉米种植区普遍发生，一般情况下，发病率较低。然而，近年来，由于东北春玉米区种植模式改变，多年实行秸秆还田，苗期春季雨水增加，造成玉米根腐病发生普遍且有加重趋势，为指导玉米品种的合理布局，加强玉米根腐病的防控，本试验于2016年对吉林省长春、松原、白城等9个地区共65个市（县）、乡（镇）的玉米种植区根腐病的发生情况进行调查并针对东北地区主栽品种对玉米根腐病病原菌之一禾谷镰孢菌的抗性进行评价。结果发现在玉米生长至2叶1心到4叶1心时，吉林省玉米生产田中根腐病在中西部地区普遍发生，严重地块发病率达30%左右，吉林省东部地区多山且气温较低，播种时间较晚，玉米根腐病发生较轻；本试验进一步将禾谷镰孢菌接种到煮熟的高粱粒上，25℃黑暗培养10天，待菌丝布满高粱粒时，将高粱粒接种到播种的玉米种子上，待玉米生长至4叶1心期，以玉米主胚根是否腐烂为根腐病发生标准进行调查，结果发现选择的118个东北地区主栽品种中，发病率<10%的占15.25%，发病率在10%～20%的占36.44%，发病率在20%～30%的占30.51%，发病率在30%～40%的占15.25%，发病率大于40%的占2.54%，其中展12发病率达56.41%，结果表明，东北地区主栽品种大部分易被禾谷镰孢菌侵染。本试验分离获得造成接种发病样品的病原菌为接种的禾谷镰孢菌，表明禾谷镰孢菌不仅为造成玉米根腐病病原菌，而且在感病品种上可以造成高达50%以上的发病率。因此，若遇低温多雨年份，东北地区主栽品种易发生由禾谷镰孢菌侵染造成的玉米根腐病，且感病品种发生严重。下一步本试验将对采集的东北地区玉米种植地区根腐病样品进行分离鉴定，以明确由禾谷镰孢菌造成根腐病的发生频率及造成吉林省玉米种植区根腐病发生的病原菌种类，为玉米根腐病的防治提供理论依据。

关键词：玉米；根腐病；抗性评价

---

* 项目基金：国家玉米产业技术体系 CARS－02

** 作者简介：贾娇，女，助理研究员，博士，研究方向：玉米病虫害综合防治

*** 通讯作者：晋齐鸣，男，研究员；E-mail：qiming1956@163.com

不同耕作模式对玉米、大豆轮作区大豆田土壤杂草种子库的影响

郭玉莲　黄春艳　王　宇　黄元炬　朴德万
（黑龙江省农业科学院植物保护研究所，哈尔滨　150086）

摘　要：农田杂草的控制与可持续治理是农业生产中的一项重要措施，也是农业研究的重要领域。杂草种子库就是存留于土壤中的杂草种子或其营养繁殖体的总体，是杂草从上一个生长季节向下一个生长季节过渡的纽带，是杂草得以自然延续种族的关键所在。研究杂草种子库对杂草的防除理论及综合防治有很重要的意义。本试验采用杂草种子诱萌法（Germination）对玉米大豆轮作区不同耕作模式下大豆田 0～30cm 土层土壤杂草种子库组成和物种多样性进行了调查研究。

2013—2015 年 3 年调查统计结果表明，翻耕大豆田杂草共有 16 科 28 种，其中菊科有 6 种，禾本科有 3 种，藜科、蓼科、十字花科、唇形科和锦葵科各 2 种，其余 9 科各 1 种。各土层合计 10 株以上的杂草有 12 种，10 株以下的有 16 种，排在前 5 位的优势杂草按 0～30cm 土层总量排序依次为稗草［*Echinochloa crusgalli*（L.）Beauv.］、铁苋菜（*Acalypha australis* L.）、龙葵（*Solanum nigrum* L.）、藜（*Chenopodium album* L.）和委陵菜（*Potentilla* L.）。不同杂草在各土层中的分布数量有一定的差别，稗草、铁苋菜、龙葵、马唐等在 20～25cm 土层中数量相对较多，委陵菜在 0～5cm 土层中较多，藜在 25～30cm 土层中较多。杂草总量上 20～25cm 土层最多，其他各土层总量相近。

2013—2015 年 3 年调查统计结果表明，免耕大豆田杂草共有 15 科 26 种，其中菊科和禾本科各有 6 种，藜科、十字花科和锦葵科各 2 种，其余 10 科各 1 种。各土层合计 10 株以上的杂草有 12 种，10 株以下的有 14 种，排在前 5 位的优势杂草按 0～30cm 土层总量排序依次为龙葵、铁苋菜、稗草、藜和马唐。不同杂草在各土层中的分布数量有一定的差别，龙葵、稗草、藜、委陵菜等在 20～25cm 土层中数量相对较多，铁苋菜在 0～5cm 土层中数量最多，马唐在 25～30cm 土层中较多。杂草总量上，20～25cm 土层相对较多，0～5cm 较少，其他各土层总量相近。

玉米和大豆轮作区，翻耕和免耕大豆田的杂草种子库组成上相近，翻耕大豆田杂草种类略多于免耕田，有 16 科 28 种，免耕大豆田略少于翻耕田，有 15 科 26 种，优势杂草均有 5 种，但在优势杂草的数量上则有较大差别，翻耕大豆田稗草数量最多，免耕大豆田龙葵数量最多。0～30cm 土层杂草总数量比较，翻耕大豆田 877 株 > 免耕大豆田 588 株。在杂草类型上，翻耕和免耕大豆田禾本科杂草和莎草均较少，以阔叶杂草为主。

不同耕作方式对杂草在土壤中的分布会有一定的影响。翻耕和免耕大豆田优势杂草在土层中的分布有一定差别，铁苋菜在翻耕玉米田主要分布在 20～25cm 土层中，而在免耕大豆田则主要分布在 0～5cm 土层；龙葵和稗草在翻耕和免耕大豆田均主要分布在 20～25cm 土层中，翻耕大豆田藜主要分布在 20～25cm 土层，而在免耕大豆田主要分布在 25～30cm 土层中。

关键词：耕作模式；大豆田；杂草种子库

不同耕作模式对玉米大豆轮作区玉米田土壤潜杂草群落的影响*

黄春艳** 郭玉莲 王 宇 黄元炬 朴德万

（黑龙江省农业科学院植物保护研究所，哈尔滨 150086）

摘 要：采用杂草种子诱萌法（Germination）对来自玉米大豆轮作区不同耕作模式下，玉米田0～30cm土层土壤潜杂草群落（杂草种子库）组成和物种多样性进行了调查研究。2013—2015年综合调查结果表明，翻耕玉米田杂草共有15科24种，其中禾本科和菊科均有4种，藜科、蓼科和十字花科各2种，其余11科各1种。各土层合计10株以上的杂草12种，排在前5位的优势杂草按0～30cm土层总量排序依次为稗草［*Echinochloa crusgalli*（L.）Beauv.］、铁苋菜（*Acalypha australis* L.）、龙葵（*Solanum nigrum* L.）、马唐［*Digitaria sanguinalis*（L.）Scop.］、藜（*Chenopodium album* L.）。不同杂草在各土层中的分布数量有一定的差别，稗草在25～30cm土层中数量最多，铁苋菜在5～10cm土层中数量相对较多，龙葵在20～25cm土层中相对较多，马唐在0～5cm土层中较多，藜在0～10cm土层中较多。杂草总量上，20～30cm土层较多，其他各土层总量相近。免耕玉米田杂草共有15科23种，其中禾本科4种，藜科和菊科各3种，锦葵科2种，其余11科各1种。各土层合计10株以上的杂草11种，排在前5位的优势杂草依次为藜、龙葵、稗草、铁苋菜和马唐。不同杂草在各土层中的分布数量有一定的差别，藜在20～25cm土层中较多，龙葵在10～15cm土层中相对较多，稗草在0～5cm土层中数量相对较多，铁苋菜、马唐在20～25cm土层中较多。杂草总量上，20～25cm土层较多。免耕和翻耕玉米田土壤潜杂草群落组成相近，均有15科23种或24种杂草，优势杂草均有5种，但优势杂草的数量却有较大差别。翻耕玉米田稗草数量最多，其次是铁苋菜，而免耕玉米田数量最多的是藜，其次是龙葵。并且杂草的种类也略有不同，翻耕和免耕玉米田共有的杂草19种，另外翻耕田有5种杂草在免耕田没有，免耕田有4种杂草在翻耕田没有。翻耕和免耕玉米田优势杂草在土层中的分布有较大差别，稗草在翻耕玉米田主要分布在25～30cm土层中，而在免耕玉米田则主要分布在0～5cm土层；藜在免耕玉米田主要分布在20～25cm土层中，而在翻耕玉米田则主要分布在0～10cm土层。铁苋菜、龙葵和马唐在不同耕作模式玉米田土层中的分布也不相同。0～30cm土层杂草总数量比较，翻耕玉米田1 159株>免耕玉米田901株。杂草类型上，以阔叶杂草为主，禾本科杂草和莎草科杂草均较少。不同耕作方式对杂草在土壤中的分布会有一定的影响，翻耕使杂草种子在土壤耕层中重新分配，因此造成杂草在土层中分布的差别。

关键词：耕作模式；玉米田；潜杂草群落

---

* 基金项目：“十二五”国家科技支撑计划（2012BAD19B02）

** 第一作者：黄春艳，主要从事杂草科学、农田杂草防除、除草剂应用技术及药害研究；E-mail：huangchunyann@126.com

常用种衣剂对玉米种子萌发和苗期生长的影响

张照然[1,2*]　王　策[2]　王素娜[1]　刘　博[1]　盖晓彤[1]　杨瑞秀[1**]　高增贵[1**]
（1. 沈阳农业大学植物免疫研究所，沈阳　110866；
2. 抚顺市农业科学院植物保护研究所，抚顺　113300）

摘　要：常用玉米种衣剂主要成分为戊唑醇和福美双等，每种种衣剂各组分含量2% ~20%，为验证各常用种衣剂实际应用效果，特开展此项研究。以吉单507玉米种子为材料，常用的7种不同种衣剂按用药说明的最大浓度对玉米种子进行包衣试验，在田间播种后30天进行调查，研究不同种衣剂在田间应用的实际效果和对玉米苗期的影响，从而可以筛选出适宜当地生产田拌种的种衣剂品种，为玉米种衣剂的利用提供参考。结果表明，在生产田中，存在蛴螬、地老虎、金针虫等地下害虫和田鼠的情况下，效果最好的为云种种衣剂的包衣处理，发芽率达到91.33%，比发芽率最低的乌米毙包衣处理提高24%；在对幼苗生长的影响方面，云种种衣剂的包衣处理在株高和根长方面对其他种衣剂处理有一定的优势，株高平均增加0.79 ~1.66cm，根长平均增加1.38 ~2.14cm。云种种衣剂为2%戊唑醇的生物复合种衣剂，推荐药种比为1：70，根据本实验结果，建议在该地区推广应用。

关键词：种衣剂；玉米；发芽率；苗期生长

* 第一作者：张照然，博士研究生，助理农艺师，主要从事甜瓜连作障碍研究和生物防治工作；E-mail：15904130125@ qq. com

** 通讯作者：高增贵，博士，研究员，主要从事植物病理学和有害生物与环境安全研究；E-mail：gaozenggui@ sina. com

杨瑞秀，博士，主要从事植物病理学与甜瓜连作障碍研究；E-mail：yangruixiu0202@ 163. com

夏玉米田杂草防治指标的确定

李秉华[1]　刘小民[1]　许　贤[1]　王贵启[1]　翟　黛[2]
（1. 河北省农林科学院粮油作物研究所，石家庄　050038；
2. 中国农业大学植物保护学院，北京　100193）

摘　要：防治指标是有害生物防治过程中的关键研究内容，防治指标的作用是避免无意义的防治作业、错过防治适期、超过可接受的产量损失等，具有很高的社会意义和科学价值。防治指标在病虫害的防治过程中得到广泛研究和应用，其确定过程主要是通过作物病株率、病情指数（或虫口密度）等与产量损失率之间的关系建立模型，再根据允许的产量损失率得到病虫害的病株率、病情指数（或虫口密度），即以某种病虫害的防治阈值作为防治指标，有的防治指标还包含害虫的代数（如棉铃虫）等信息。因为这种关系模型并不是唯一的，一般选择拟合优度最大或残差平方和最小的模型作为最佳拟合模型。在确定杂草防治指标的研究过程中，目前也是通过建立杂草密度和作物产量损失率的关系方程对防治指标进行预测，即只考虑了杂草密度对产量的影响，并没有考虑杂草与作物不同共生（或免除）时期的危害差别，而杂草危害作物的严重程度与其不同共生（或免除）时期有密切关系，在杂草防治关键期前将这部分早生杂草杀死，虽然可以避免其将来对作物的危害，但不利于充分利用其保持土壤和促进养分循环、降解环境污染物等益处；防治关键期后的杂草密度即使高于经济防治阈值也不会使玉米的产量损失超过可接受的范围。因此可以看出，杂草的防治指标应该由杂草的生态经济防治阈值和防治关键期两部分共同组成。笔者以夏玉米和田间杂草群落作为研究对象进行了相关研究。通过研究不同杂草密度（x）与玉米产量损失率（y）之间的关系，选择拟合优度最大和残差平方和最小的拟合方程 $y=46.435\,9-18.518e^{-x/21.921\,5}-28.503\,9e^{-x/126.552\,7}$ 作为夏玉米田杂草的生态经济防治阈值模型。根据公式 $y=(100C+FE)\times100\%/PVE$ 计算可接受的产量损失率 y（%），式中参数分别为当前不同地区的除草成本 C（300 元/hm^2、400 元/hm^2）、杂草产生的效益 F（75 元/hm^2）、除草效果 E（90%、95%）、玉米的产量 P（6 000～9 000kg/hm^2）和价格 V（1.8 元/kg），得到不同条件下可接受的产量损失率为 2.52%～4.59%。根据杂草密度－玉米产量损失率模型可得到杂草的生态经济防治阈值为 4～6 株/m^2；可接受的产量损失率平均为 3.44%时，玉米田杂草的生态经济防治阈值为 5 株/m^2。通过研究玉米不同时期与杂草群落共生（或免除）时相对时期（T）与玉米相对产量（Y）之间的关系，可以得到杂草防治关键期的始期模型和终期模型分别为 Logistic 方程 $Y=(1/(e^{(0.15T-4.201\,1)}+28.09\,2)+0.474\,6)\times100\%$ 和 Gompterz 方程 $Y=100.119e^{(-0.742e^{(-0.061T)})}$，模型的拟合优度均大于 99%。当玉米可接受的产量损失率为 3.44%时，玉米的相对产量为 96.56%，根据杂草防治关键期模型可以确定夏玉米田的杂草防治关键期为玉米相对生育期的 14.6%～49.5%，对应的玉米生育期为三叶期至抽雄期。因此，夏玉米田的杂草防治指标可以确定为杂草密度高于 5 株/m^2 且玉米大于 3 叶。本防治指标在充分考虑农业经济效益和杂草效益的基础上，明确了杂草的防治时期和防治目标，避免了不必要的防治作业。

关键词：玉米；杂草；防治指标；经济防治阈值；防治关键期

玉米基因组细胞色素 P450 基因家族的分析*

刘小民** 许 贤 李秉华 王贵启 张焕焕 祁志尊
（河北省农林科学院粮油作物研究所，石家庄 050035）

摘 要：玉米田化学除草在减轻杂草危害，降低农民劳动强度及增加玉米产量等方面发挥着重要作用，但玉米田苗后茎叶处理除草剂如烟嘧磺隆、硝磺草酮、氟嘧磺隆及玉嘧磺隆等容易对一些玉米杂交种或自交系造成严重危害，给玉米生产带来潜在的威胁。细胞色素 P450 酶（CYP）是参与除草剂代谢第一阶段的重要酶系，对作物对除草剂耐药性及敏感性的形成过程中发挥着重要作用。本研究利用生物信息学手段，结合玉米基因组数据库对玉米体内细胞色素 P450 基因家族进行分析。结果表明：玉米基因组中包含 249 个全长 *CYP* 基因，可分为 8 个基因簇（clan）（CYP51，71，72，85，86，97，710 及 711），38 个家族（family）。其中 16 个家族的 139 个基因属于 A 型 CYP 基因家族，C 端包含“FGXGRRXCXG”特征结构域。22 个家族的 110 个基因属于非 A 型 CYP 基因家族，C 端包含“FXXGXRXCXG”结构域。CYP71 是其中最大的 A 型 CYP 基因家族，包含 54 个 *CYP* 基因，CYP72 为最大的非 A 型 CYP 基因家族，包含 16 个 *CYP* 基因。249 个 *CYP* 基因中包含 44 个无内含子的基因，主要分布在 CYP86、CYP71 及 CYP710 家族中。对 *CYP* 基因进行染色体定位，发现玉米 1 ~ 10 号染色体均有 *CYP* 基因分布，其中 1 号染色体上分布数量最多，共 47 个。7 号染色体上分布数量最少，共 12 个。通过与 KEGG pathway 数据库比对，34 个 CYP 蛋白被注释到次生代谢物的生物合成、代谢、苯基丙酸类合成及类黄酮生物合成等 16 条生物通路上。本研究将为玉米 CYP 基因家族的功能及其在除草剂代谢中发挥的作用研究奠定基础。

关键词：细胞色素 P450 酶；基因家族；内含子；染色体定位；KEGG pathway

---

* 基金项目：国家自然科学基金青年基金（31501660）；河北省农林科学院青年基金（A2015060103）

** 第一作者：刘小民；E-mail：xiaominliu1981@gmail.com

吉林省燕麦田间高效安全除草剂筛选研究

冷廷瑞[1]*　金哲宇[1]　李思达[2]　刘汉臣[3]　刘　娜[1]

（1. 吉林省白城市农业科学院，白城　137000；

2. 吉林省白城市洮北区植物检疫站，白城　137000；

3. 吉林天景食品有限公司，长春　130500）

摘　要：通过在燕麦田间进行不同除草剂和不同时期喷雾处理，结合药后效果观察和田间杂草鲜重测量、小区产量测量计算各类杂草防效、挽回产量损失率及其差异显著性、杂草防效综合评价指数等计算，筛选对燕麦安全对杂草有效的处理方法5种。这5种方法分别是：噁草酮苗后处理；五氟磺草胺苗后处理；莎稗磷苗前处理，乙羧氟草醚苗后处理；五氟磺草胺播后苗前处理；二甲戊灵播后苗前处理。

关键词：燕麦田；除草剂；筛选

* 第一作者：冷廷瑞；E-mail：ltrei@163.com

稗草对大豆生长的影响及其经济阈值*

崔　娟[1**]　董莉环[2]　史树森[1***]

（1. 吉林农业大学农学院，长春　130118；

2. 辽宁省本溪市桓仁县农业技术推广中心，桓仁　117200）

摘　要：稗草（*Echinochloa crusgalli*）属于禾本科（Gramineae）稗属（*Echinochloa*）一年生杂草，是大豆田的恶性杂草，严重危害大豆生长发育，降低大豆产量。在大田条件下，采用添加系列试验法研究不同密度稗草（0，20 株/m^2，40 株/m^2，60 株/m^2，80 株/m^2和 100 株/m^2）对大豆生长和产量的影响，采用模型拟合法研究不同密度稗草与大豆产量构成因子及其损失率间的函数关系，依据经济危害允许水平（EIL）公式推导大豆田稗草的防治经济阈值。结果表明，在稗草的竞争干扰下，稗草对大豆的株高没有显著影响，但对大豆节数及节间距有显著影响，大豆单株荚数，产量均随稗草密度的增加而逐渐降低，空荚率上升，当稗草密度为 20 株/m^2，大豆减产 12.92%，当稗草密度增加到 100 株/m^2时，大豆减产高达 49.67%。线性函数模型能较好地拟合大豆产量与稗草密度之间的关系 $y = -12.863x + 2\,720.396$（$R^2 = 0.982$；$F = 217.340$；$P = 0.001$），幂函数曲线函数能较好的拟合大豆产量损失与稗草密度之间的关系 $y = 1.081x^{0.808}$（$R^2 = 0.962$；$F = 76.405$；$P = 0.003$）。大豆田稗草人工拔除的经济阈值为 20.75 ~ 23.89 株/m^2，90% 乙草胺乳油、12.5% 烯禾啶乳油、5% 精喹禾灵乳油化学防除稗草的经济阈值分别为 2.57 ~ 2.96 株/m^2，3.01 ~ 3.45 株/m^2和 2.89 ~ 3.33 株/m^2。

关键词：稗草；大豆；防除

---

* 基金项目：现代农业产业技术体系建设项目（CARS－04）

** 作者简介：崔娟，博士，主要从事农业昆虫与害虫防治研究工作；E-mail：826892236@qq.com

*** 通讯作者：史树森，教授，博士生导师，主要从事农业害虫综合治理与昆虫资源利用；E-mail：sss－63@263.net

湖北省花生田杂草种类与群落特征*

李儒海[1**]　褚世海[1]　宫　振[2]　谢支勇[3]

（1. 湖北省农业科学院植保土肥研究所/农业部华中作物有害生物综合治理重点实验室/农作物重大病虫草害防控湖北省重点实验室，武汉　430064；2. 湖北省襄阳市植物保护站，襄阳　441021；3. 湖北省荆门市植物保护检疫站，荆门　448000）

摘　要：为了明确湖北省花生田杂草的发生危害现状和群落组成特征，于 2015 年 8 月运用倒置“W”9 点取样法对湖北省花生主产区花生田杂草群落进行了调查。结果表明，湖北省花生田杂草有 24 科 76 种，其中菊科杂草 16 种占 21.05%，禾本科杂草 14 种占 18.42%，莎草科杂草 6 种占 7.89%，大戟科杂草 5 种占 6.58%，玄参科、苋科杂草均 4 种各占 5.26%。

依据本次调查所有样点中各杂草的相对多度，可将湖北省花生田杂草分为四类：①优势杂草，相对多度≥45，有马唐、鳢肠、火柴头和铁苋菜 4 种，它们对湖北省当前花生田的危害最重，应作为防除重点；②局部优势杂草，15≤相对多度<45，包括球柱草、青葙、牛筋草、旱稗、胜红蓟和香附子等 6 种，它们在有些田块的危害重，也应作为防除重点；③次要杂草，5≤相对多度<15，包括碎米莎草、马齿苋、糠稷、母草、空心莲子草、粟米草、千金子、小飞蓬、藜和水虱草等 10 种，这几种杂草有可能上升为主要杂草，在防除中也应予以关注；④一般性杂草，相对多度<5，包括合萌、皱果苋、水竹叶、鸭跖草、反枝苋、问荆、白茅、马松子、野艾蒿、野茼蒿、三叶鬼针草、苦蘵、聚穗莎草、金狗尾、稗、苍耳、龙葵、美洲商陆、苘麻、刺儿菜、鸭嘴草、小旱稗、一年蓬、狗尾草、黄花稔、地锦、大狗尾、酸模叶蓼、叶下珠、豚草、通泉草、打碗花、异型莎草、野西瓜苗、节节草、黄花蒿、酢浆草、野塘蒿、丁香蓼、乌蔹莓、狗牙根、斑地锦、乳浆大戟、石荠苎、续断菊、白苏、波斯婆婆纳、粘毛蓼、双穗雀稗、泥花草、钻形紫菀、爵床、曼陀罗、腺梗豨莶、千金藤和苦苣菜等 56 种，这些杂草发生危害程度轻或偶见。

关键词：花生；杂草种类；群落特征；湖北省

---

* 基金项目：湖北省农业科技创新中心资助项目（2016－620－000－001－018）

** 作者简介：李儒海，男，博士，副研究员，主要从事杂草生物生态学及综合治理研究；E－mail：ruhaili73@163.com

黄瓜霜霉病菌对不同药剂敏感性及相应药剂田间防效验证*

孟润杰** 王文桥*** 韩秀英 马志强 赵建江
(河北省农林科学院植物保护研究所，河北省农业有害生物综合防治工程技术研究中心，农业部华北北部作物有害生物综合治理重点实验室，保定 071000)

摘　要：采用叶盘漂浮法测定从河北定兴县采集的黄瓜霜霉病菌对药剂敏感性，通过田间药效试验验证霜霉病菌对不同杀菌剂的敏感性及相应药剂田间药效的关系。试验结果表明，黄瓜霜霉病菌对甲霜灵、霜脲氰和嘧菌酯的抗性频率均达100%，平均抗性水平分别为583.4倍、21.2倍和1 513.4倍，均为中抗菌株或高抗菌株；对烯酰吗啉、双炔酰菌胺和氟吡菌胺的抗性频率分别为50%、20%和30%，平均抗性水平分别为3.9倍、0.8倍和1.1倍，所检测到的抗性菌株均为低抗菌株；2014—2015年田间药效试验表明，按照推荐剂量3次施药后7天58%甲霜灵·代森锰锌可湿性粉剂及68%精甲霜灵·代森锰锌水分散粒剂的防效较差（67.0%~71.2%）与80%代森锰锌可湿性粉剂相当（68.0%~70.6%），72%霜脲氰·代森锰锌可湿性粉剂和250g/L嘧菌酯悬浮剂对霜霉病防治效果为75.2%~78.5%，显著低于50%烯酰吗啉可湿性粉剂、250g/L双炔酰菌胺悬浮剂和687.5g/L氟吡菌胺·霜霉威盐酸盐悬浮剂对霜霉病的防治效果（高于85%）。黄瓜霜霉病菌田间抗性发生情况为相应产品的田间药效所验证：霜霉病菌对甲霜灵、霜脲氰和嘧菌酯产生严重抗性而导致58%甲霜灵·代森锰锌可湿性粉剂、68%精甲霜灵·代森锰锌水分散粒剂、72%霜脲氰·代森锰锌可湿性粉剂和250g/L嘧菌酯悬浮剂防效丧失或降低，而霜霉病菌对烯酰吗啉、双炔酰菌胺和氟吡菌胺仍保持敏感，50%烯酰吗啉可湿性粉剂、250g/L双炔酰菌胺悬浮剂、687.5g/L氟吡菌胺·霜霉威盐酸盐悬浮剂仍可用于黄瓜霜霉病的防治。

关键词：黄瓜霜霉病菌；杀菌剂；敏感性；田间防治效果

---

* 基金项目：公益性行业（农业）科研专项（201303018，201303023）

** 作者简介：孟润杰，男，助理研究员，研究方向为杀菌剂应用研究；E-mail：runjiem@163.com

*** 通讯作者：王文桥，研究员；E-mail：wenqiaow@163.com

防治甘蓝小菜蛾高效茎部内吸药剂的室内筛选*

杨　帆　周利琳　望　勇　王　攀　司升云**
（武汉市农业科学技术研究院蔬菜科学研究所，武汉　430345）

摘　要：农药的传统应用方式以喷雾为主，但是多年来农民滥用误用逐渐导致药剂浪费、环境污染以及害虫抗药性的产生，探索新型精准施药方式尤为重要。为筛选高效茎部内吸性药剂，采用脱脂棉浸药裹茎法测定了12种杀虫剂对小菜蛾相对敏感种群初孵幼虫的致死率，研究了不同甘蓝生育期和环境温度对药剂生物活性的影响，并对茎部用药和根部用药两种不同施药方式下的防治效果进行了比较。结果表明，在茎部用药方式下，氯虫苯甲酰胺、溴氰虫酰胺、乙基多杀菌素、氟啶虫酰胺和四氯虫酰胺这5种药剂活性较高，其中氯虫苯甲酰胺和乙基多杀菌素在药后7天达到最大致死率100%，其余3种药剂最大致死率在70%～90%范围内。相同环境温度和药剂浓度下，甘蓝苗龄越小，致死作用越强，且这种差异效应在氯虫苯甲酰胺和溴氰虫酰胺两种药剂处理下尤为明显；相同施药时期和药剂浓度下，温度越高，致死作用越强，植株对药剂的内吸性呈正温度效应。茎部用药速效性较根部用药差，但对药剂的利用率优于根部用药，在50mg/L浓度下的用药量仅为根部的15%，但两者防效无显著差异。表明内吸性杀虫剂可以通过甘蓝茎部用药法防治咀嚼式口器害虫小菜蛾的低龄幼虫，药剂的内吸效果受施药时期和环境温度影响显著。

关键词：甘蓝；小菜蛾；药剂筛选；茎部用药；校正死亡率

* 基金项目：公益性行业（农业）科研专项资助项目（201103021）
** 通讯作者：司升云；E-mail：sishengyun@126. com

14种药剂对广西甜瓜细菌性果斑病菌的室内毒力测定*

谢慧婷** 李战彪 秦碧霞 崔丽贤 邓铁军 杨世安 蔡健和***

（广西壮族自治区农业科学院植物保护研究所，
广西作物病虫害生物学重点实验室，南宁 530007）

摘　要：近年来，随着广西甜瓜产业发展和新品种引进推广，检疫性病害甜瓜细菌性果斑病随带病种子不断扩散蔓延，在南宁、北海和贺州等地局部地区造成严重经济损失。为寻找有效的防治药剂，我们选取生产中常用的细菌性药剂14种，对广西甜瓜细菌性果斑病菌进行室内毒力测定，供试病原菌分离自厚皮甜瓜，采用抑菌圈法，将KB培养基与菌悬液按10∶1的体积比混匀，制成带菌平板，根据所选药剂的推荐使用浓度分别配制成5个浓度梯度，用直径5mm的灭菌打孔器每皿打5个孔，将40μl药剂分别加入已编号孔中，于28℃恒温箱培养，48h后测量抑菌圈直径。

结果表明：14种常用药剂对广西甜瓜细菌性果斑病菌抑制效果不同，且差异较大。其中，以1号杀菌剂（中国农业科学院植物保护研究所赵廷昌赠送）的抑制效果最好，有效中浓度EC_{50}为0.000 2mg/L；其次为40%甲醛（成都市科龙化工试剂厂）、硫酸链霉素（南京奥多福尼生物科技有限公司）、72%农用硫酸链霉素可溶粉剂（华北制药股份有限公司）、80%乙蒜素乳油（河南科邦化工有限公司）、12%中生菌素母药（福建凯立生物制品有限公司）和64%杀毒矾可湿性粉剂（先正达作物保护有限公司），有效中浓度EC_{50}分别为0.06mg/L、0.10mg/L、74.37mg/L、284.90mg/L、600.05mg/L、2 902.49mg/L；其他药剂47%加瑞农可湿性粉剂（日本北兴化学工业株式会社）、30%琥胶肥酸铜可湿性粉剂（齐齐哈尔四友化工有限公司）、20%吗胍·乙酸铜可湿性粉剂（齐齐哈尔四友化工有限公司）、46%氢氧化铜水分散粒剂（美国杜邦公司）、20%噻菌铜悬浮剂（浙江龙湾化工有限公司）、2%春雷霉素水剂（日本北兴化学工业株式会社）、90%农用新植霉素可溶粉剂（青岛田园科技生物有限公司）均无抑菌效果。

根据室内毒力测定结果，推荐田间使用药剂72%农用硫酸链霉素可溶粉剂、80%乙蒜素乳油、12%中生菌素母药和64%杀毒矾可湿性粉剂用于防治广西甜瓜细菌性果斑病。因该试验获得的结果仅是室内毒力测定的初步结果，实际田间防治试验正在进一步研究中。

关键词：药剂；广西甜瓜细菌性果斑病菌；毒力测定

---

* 基金项目：国家现代农业产业技术体系广西特色水果创新团队项目（nycytxgxcxtd－04－19－2）；广西农科院科技发展基金（2015JZ58）

** 作者简介：谢慧婷，主要从事植物病理学研究；E-mail：huitingx@163.com

*** 通讯作者：蔡健和，研究员，主要从事植物病毒学研究；E-mail：caijianhe@gxaas.net

甜瓜连作土壤中化感物质的分析鉴定*

张 璐** 杨瑞秀 延 涵 王素娜 盖晓彤 梁兵兵 高增贵***
（沈阳农业大学植物免疫研究所，沈阳 110866）

摘 要：近年来，我国北方保护地甜瓜的连作障碍日趋严重。化感作用是引起植物连作障碍的重要原因之一，酚酸类物质是常见的重要化感物质，主要为植物次生代谢产物，残留在土壤中对植株的生长和发育具有抑制作用。

本试验通过温室盆栽试验模拟甜瓜连作种植，采用高效液相色谱技术分析甜瓜植株在连作3茬的土壤中根系分泌物的含量变化，探讨了甜瓜连作土壤中根系分泌物种类和变化规律。研究结果表明：在连续种植甜瓜的土壤中检测出多种酚酸物质，对羟基苯甲酸、阿魏酸、香豆酸含量较高，其中香豆酸的含量最高；香草酸、丁香酸、香兰素含量较低；且随着种植茬数的增加，6种酚酸类物质的含量均有明显的增高。单位重量（25g）土壤中酚酸含量变化明显，3茬的酚酸总含量（179.93mg/kg）>2茬的酚酸总含量（134.72mg/kg）>1茬的酚酸总含量（121.79mg/kg）>空白对照的酚酸总含量（112.35mg/kg）；盆栽模拟连作3茬后，随着连作茬数的增加，甜瓜的生长速率明显降低，枯萎病发病率明显增高。由此可知，随着连作时间的增长，土壤中酚酸类物质的积累就越多，对甜瓜的化感作用越强，甜瓜的连作障碍发生的也越重。

关键词：甜瓜；化感物质；HPLC；酚酸

* 基金项目：公益性行业（农业）科研专项（201503110）

** 作者简介：张璐，女，硕士研究生，从事甜瓜连作障碍研究；E-mail：1303217107@qq.com

*** 通讯作者：高增贵，博士，研究员，主要从事植物病理学和有害生物与环境安全研究；E-mail：gaozenggui@sina.com

甜菜夜蛾核型多角体病毒制剂与氯虫苯甲酰胺配合施用田间防控效果评估*

王　丹[1,2]**　章金明[1]***　吕要斌[1,2]***
（1. 浙江省农业科学院植物保护与微生物研究所，杭州　310021；
2. 南京农业大学，南京　210095）

摘　要：甜菜夜蛾［*Spodoptera exigua*（Hübner）］又名贪夜蛾、菜褐夜蛾、玉米夜蛾，属鳞翅目（Lepidoptera）夜蛾科（Noctuidae），是重要的世界性农业害虫之一。该虫属多食性昆虫，据报道可取食35科108属138种植物，其中大田作物28种，蔬菜32种。对芦笋、大葱、甘蓝、大白菜、芹菜、菜花、胡萝卜、蕹菜、苋菜、辣椒、豇豆、花椰菜、茄子、芥兰、番茄、菜心、小白菜、青花菜、菠菜、萝卜等蔬菜都有不同程度为害。甜菜夜蛾核型多角体病毒杀虫剂具有特异性强、不易产生抗药性、后效作用明显以及安全、无害等优点，非常适合应用于收获期短的经济作物。然而，甜菜夜蛾对市售的许多化学药剂都产生了不同程度的抗药性，防治效果不稳定。所以，探讨病毒制剂和化学农药配合施用是否能提高防效以及研究病毒制剂在抗性治理中的作用对农业生产具有一定指导意义。

施药前先调查试验大棚甜菜夜蛾发生量，每个实验小区调查60株；喷施病毒制剂的大棚分成3个小区作为处理组，每亩分别喷施浓度为20ml、40ml、80ml的15亿PIB/ml甜菜夜蛾核型多角体病毒水剂；对照药剂组喷施浓度为50ml/667m^{2}推荐剂量氯虫苯甲酰胺，以上实验同时设置4个重复。药后第3天、5天调查防控效果，并与对照药剂组进行防效比较；处理组药后5天喷施推荐剂量氯虫苯甲酰胺，分别在药后第3天、5天调查防效。

结果显示：①处理组3天后病毒感染昆虫但并不导致靶标昆虫全部死亡，20ml/667m^2、40ml/667m^2、80ml/667m^2 3个浓度处理的校正防效分别为69.45%、66.63%、66.46%病毒制剂的3个浓度处理间差异不显著（$P<0.05$），而对照化学药剂氯虫苯甲酰胺的防效仅为13.33%，显著低于病毒制剂的防效。所以，氯虫苯甲酰胺对甜菜夜蛾的杀虫效果差可能与该区域长期使用该化学农药有关。喷施病毒制剂的实验小区其持续感染在昆虫种群中普遍存在，且在某些刺激条件下，持续感染可被激活为增殖性感染并引发病毒流行病暴发；5天后病毒处理组幼虫校正防效为85%左右，对照药剂组幼虫校正防效45%左右。②甜菜夜蛾幼虫被病毒感染后，体重均低于对照，而且生长发育受到一定的抑制。

关键词：甜菜夜蛾病毒制剂；氯虫苯甲酰胺；感染；对照；防效

---

* 基金项目：浙江省农业科学院地方科技合作项目（PH20150002）

** 作者简介：王丹，女，在读硕士研究生，研究方向为害虫综合防治；E-mail2015802156@njau.edu.cn

*** 通讯作者：章金明；E-mail：zhanginsect@163.com
吕要斌；E-mail：luybcn@163.com

鳢肠乙醇粗提物对甜菜夜蛾的生物活性及与Cry1Ca的联合毒力作用*

王莹莹** 任相亮 胡红岩 姜伟丽 马亚杰 马 艳***
（中国农业科学院棉花研究所，棉花生物学重点实验室，安阳 455000）

摘 要：鳢肠（*Eclipta prostrata*）为菊科（Compositae）鳢肠属（*Eclipta*）一年生阔叶草本植物，其提取物具有杀菌、抗癌、免疫和化感等重要作用。甜菜夜蛾（*Spodoptera exigua*）是一种重要的世界性分布的多食性害虫，主要为害蔬菜、棉花、花生和玉米等作物。本实验通过药膜法测定鳢肠乙醇粗提物对甜菜夜蛾的生物活性及其与Cry1Ca的联合毒力作用。具体方法如下：采集成熟期鳢肠全株风干后粉碎，过100目筛备用，将鳢肠按照干物质质量（g）：无水乙醇体积（ml）=1：10混合提取，母液为0.1g/ml，稀释2倍、4倍、8倍、16倍，Cry1Ca浓度为6.0ng/ml、3.0ng/ml、1.5ng/ml、0.8ng/ml、0.4ng/ml，分别喂食甜菜夜蛾2龄初幼虫，统计死亡率、体重、龄期，计算LC_{50}；将0.08g/ml乙醇粗提物与2ng/ml Cry1Ca混配喂食甜菜夜蛾幼虫，统计其死亡率、体重及化蛹率，成虫羽化率、单雌日均产卵量及发育历期等。

结果表明：鳢肠乙醇粗提物对甜菜夜蛾幼虫具有杀虫活性，喂食0.025g/ml乙醇粗提物7天后，甜菜夜蛾幼虫的死亡率为2.1%，随着浓度的增大，甜菜夜蛾幼虫死亡率不断提高，当浓度达到0.100g/ml时甜菜夜蛾的死亡率为50.1%；鳢肠乙醇粗提物抑制甜菜夜蛾幼虫的生长发育，存活幼虫的发育历期延长，平均体重增加量下降，仅为51.6mg，为对照处理的0.30倍；部分幼虫不能正常发育，发育至5龄的幼虫比例为47.8%，为对照处理的0.48倍；化蛹率和蛹重分别为对照处理的0.85倍和0.86倍。鳢肠乙醇粗提物显著降低甜菜夜蛾成虫的产卵量和卵孵化率，单雌日均产卵量仅为对照处理的0.60倍，卵孵化率为对照处理的0.89倍；成虫发育历期缩短，为12.1天，比对照处理减少1.6天。鳢肠乙醇粗提物和Cry1Ca对甜菜夜蛾均具有杀虫活性，单独喂食Cry1Ca和鳢肠乙醇提取物，甜菜夜蛾幼虫死亡率分别为30.6%和31.4%，二者混配后，幼虫死亡率提高为77.4%，结果显示，鳢肠乙醇粗提物对Cry1Ca具有增效作用，两者的增效系数为24.8%。

上述研究结果表明，鳢肠乙醇粗提物对甜菜夜蛾幼虫具有较高的杀虫活性，对Cry1Ca的毒力具有增效作用，本研究为利用鳢肠活性物质防治棉花害虫、开发新型植物源杀虫剂提供线索和理论依据。

关键词：鳢肠粗提物；Cry1Ca；甜菜夜蛾；生长发育；增效作用

---

* 基金项目：国家棉花产业技术体系岗位科学家经费（CARS-18-13）；国家科技支撑计划项目子课题（2012BAD19B05-002）

** 第一作者：王莹莹，女，硕士研究生；E-mail：wang406090996@163.com

*** 通讯作者：马艳；E-mail：aymayan@126.com

对氟啶胺田间自然抗性菌株的发现及其生物学初步研究*

张　婵[1]　向礼波[2]　龚双军[2**]

（1. 湖北工程学院，孝感　432000；2. 湖北省农业科学院植保土肥研究所，农业部华中作物有害生物综合治理重点实验室，农作物重大病虫草害防控湖北省重点实验室，武汉　430064）

摘　要：灰霉病（*Botrytis cinerea*）是番茄生产中的重要病害，生产中该病害的防治以农业措施和化学药剂防治为主。由于该病害具有较大的遗传变异和广范围的寄主，所以极易对杀菌剂产生抗性。也正是为此，杀菌剂抗性行动委员会（FRAC）才将该菌归为高抗药性风险的病原菌。氟啶胺（fluazinam）是吡啶胺类杀菌剂中用于灰霉病防治的重要品种，由日本石原产业公司开发，它具有较广谱的抑菌活性，对于链格孢属（*Alternaria*）、灰葡萄孢属（*Botrytis*）、疫霉属（*Phytophthora*）、核盘菌属（*Sclerotinia*）的真菌具有很好的防治效果，尤其是在灰霉病的防治上应用广泛。目前，国内仅有异菌·氟啶胺复配在灰霉病防治上获得登记。

本研究采用菌丝生长速率法，检测了2014年采集自吉林、江西、湖北、山东、北京、湖南等地区的草莓、辣椒、四季豆、茄子和番茄上110株灰霉病菌株，测定其对氟啶胺的敏感性。结果表明，有5株灰霉菌对氟啶胺的敏感性显著降低。其 EC_{50} 的值范围在0.103～0.392μg/ml，其MIC值均大于4μg/ml。我们推测其可能是田间自然抗性菌株。

生物学性状研究表明，其中疑似抗性菌株47号的生长速率为7.9mm/天，敏感性菌株是它生长速率的7.4倍。无刺伤接种致病力结果显示，这5株菌对番茄果实的致病力显著弱于敏感菌株。抗药稳定性研究表明，田间抗性菌株经继代培养后，抗药性状稳定。以上研究结果有待进一步研究，鉴于灰霉菌属于高风险抗性菌株，建议氟啶胺在防治灰霉病的登记中需谨慎。

关键词：灰霉菌；氟啶胺；田间抗性菌株；生物学

---

* 基金项目：农业部公益性行业科研专项（201303025）

** 通讯作者：龚双军；E-mail：gsj204@126.com

莲藕腐败病病原旋柄腐霉的生物学特性及药剂室内毒力测定*

阴　筱** 李效尊 徐国鑫 尹静静 吴　修***
（山东省水稻研究所/山东省农业科学院水生生物研究中心，济南　250100）

摘　要： 笔者对山东地区莲藕腐败病病原进行了分离鉴定，分离到了新的致病菌——旋柄腐霉（*Phytopythium helicoides*）。对 *P. helicoides* 生物学特性研究表明，该病原菌在15～43℃均能生长，最适温度为35℃；在pH值5～11范围内均能生长，最适pH值为7。应用菌丝体生长速率法，在室内测定了14种杀菌剂对旋柄腐霉菌丝生长的抑制作用。结果表明，14种供试药剂中有9种杀菌剂具有一定的抑菌作用，毒力测定结果显示百泰抑制效果最好，EC_{50}为85.33mg/L；金雷、代森锰锌抑制效果次之，EC_{50}分别为98.12mg/L、193.46mg/L；多宁、阿米西达、普力克的抑制效果较差，EC_{50}高达1 878.85mg/L、1 119.73mg/L、965.86mg/L。

关键词： 莲藕腐败病；旋柄腐霉；生物学特性；杀菌剂

---

* 基金项目：山东省农业科学院青年基金项目（2015YQN15）资助

** 作者简介：阴筱，女，博士，助理研究员，主要研究方向为植物病理学；E-mail：yinxiao2004@163.com

*** 通讯作者：吴修，男，研究员，主要研究方向为作物栽培学；E-mail：wuxiu9090@163.com

7 种植物精油对莲藕腐败病菌的毒力测定*

陈福华[1,2]** 齐军山[2]***

（1. 山东省微山县农业局植保站，微山 277600；2. 山东省农业科学院
植物保护研究所/山东省植物病毒学重点实验室，济南 250100）

摘　要：莲藕腐败病是严重为害莲藕的土传病害，该病的防治多采用化学农药防治。使用高毒化学农药不仅影响农产品的安全，而且严重污染水体。植物精油是来自植物中的天然产物，用于防治植物病害具有对环境友好、对人畜安全、生物活性多样等优势。本研究应用生长速率法筛选了 7 种植物精油对莲藕腐败病菌尖镰孢菌（*Fusarium oxysporum*）的抑菌活性，发现在 500μg/ml 浓度下，肉桂精油、丁香精油和月桂精油这 3 种精油对 *F. oxysporum* 的抑制率都在 86% 以上。进一步对这 3 种高活性植物精油的 EC_{50} 进行了测定。发现肉桂油对 *F. oxysporum* 的 EC_{50} 值为 186. 8μg/ml，丁香油的 EC_{50} 为 213. 50μg/ml，月桂油的 EC_{50} 值为 250. 37μg/ml。

关键词：莲藕腐败病；植物精油；毒力测定

* 基金项目：山东省农业重大应用技术创新项目“设施蔬菜生态高效安全生产技术模式建立与示范”；山东省农业科学院重大科技创新项目（2014CXZ07）

** 作者简介：陈福华，男，农艺师，研究方向：蔬菜病害防治

*** 通讯作者：齐军山；E-mail：qi999@ 163. com

5种种子包衣剂对菜心的安全性评价及对黄曲条跳甲防效*

尹　飞** 　李振宇　冯　夏　包华理　林庆胜　胡珍娣　陈焕瑜***
（广东省农业科学院植物保护研究所，
广东省植物保护新技术重点实验室，广州　510640）

摘　要：为探讨种子包衣对菜心种子的安全性及对黄曲条跳甲的防控作用，本研究以乙基多杀菌素、Bt、啶虫脒、唑虫酰胺、溴虫腈等5种药剂包衣菜心种子为研究对象，在药剂包衣种子播种后7天、14天、21天和30天，笔者分别测定了出苗率、株高、鲜重及取食孔数。结果表明，5种药剂对出苗率均无影响，药剂处理组与对照组相比出苗率差异不显著。播种30天后，测量株高和鲜重，药剂处理组菜心株高与对照组菜心株高和鲜重相比均差异不显著，平均株高在17～21cm，平均鲜重在10～18g/株。结果说明，试验所选取的5种药剂对菜心种子安全，可以作为种子包衣剂防控黄曲条跳甲。

关键词：种子包衣剂；黄曲条跳甲；安全性；防效

---

* 基金项目：广州市科技计划项目（2014J4500028）

** 作者简介：尹飞，女，汉族，硕士，助理研究员

*** 通讯作者：陈焕瑜，女，研究员；E-mail：chenhy@ gdppri. com

微生物菌剂宁盾对温室叶菜类蔬菜及其他作物防病促生效果研究*

高彦林** 谢越盛 管文芳 王 宁 郭坚华***

（南京农业大学植物保护学院植物病理学系，江苏省生物源农药工程中心，

农业部作物病虫害监测与防控重点开放实验室，南京 210095）

摘 要：在安徽蚌埠开展的温室叶菜类蔬菜芹菜、生菜、莴苣试验可以得出：微生物菌剂“宁盾”对生菜菌核病14天的防效达100%，对西瓜枯萎病60天的防效达到88%以上，同时对叶菜数产量增产均在30%以上。对新疆乌鲁木齐市开展的草莓冻害防效达42.54%。本研究通过微生物菌剂宁盾在叶菜类蔬菜、草莓、西瓜等不同作物上的防病促生抗逆等效果研究方面提供了理论依据和技术指导。

关键词：宁盾；叶菜类蔬菜；防病；促生

---

* 基金项目：江苏省农业三新工程项目（SXGC［2015］308）和省重点研发项目（SBE2015364）

** 第一作者：高彦林，硕士研究生，主要研究方向为微生物菌剂宁盾大田示范推广研究

*** 通讯作者：郭坚华，女，博士，教授，博士生导师，研究方向为植物病害的生物防治；E-mail：jhguo@ njau. edu. cn

哈尔滨地区向日葵螟发生动态及防治技术研究

王克勤* 刘兴龙 邵天玉

（黑龙江省农业科学院植物保护研究所，哈尔滨 150086）

摘 要：向日葵螟（*Homoeosoma nebulella*）是为害向日葵花盘籽粒的主要害虫。为了减少化学农药对环境和有益昆虫的影响，探索应用性诱剂监测及综合防控向日葵螟技术。采用性诱剂诱捕法对向日葵螟田间发生动态监测，经过2012—2014年3年的调查可以初步确定哈尔滨地区向日葵螟始发期为7月上旬，高峰期为8月上旬，结束期为9月上旬，高峰期为8月上旬。利用种衣剂和投放赤眼蜂防治向日葵螟，田间平均防治效果分别为35.89%和63.89%，分析认为：向日葵属昆虫授粉作物。化学药剂防治向日葵螟虽有较好的防效，但对授粉昆虫也有很强的杀伤力，造成籽粒空瘪；赤眼蜂防治，可以有效地防治害虫，又不杀伤传粉昆虫。不同来源的向日葵螟性诱剂对田间诱蛾效果也存在很大的影响，性诱剂A总诱蛾量为203头，性诱剂B总诱量为59头，前者是后者的3.53倍。性诱剂A的诱蛾效果明显好于性诱剂B；向日葵螟性诱剂不同剂量诱蛾效果试验表明：常量和倍量性诱剂诱蛾效果好于半量性诱剂的效果，而常量和倍量性诱剂的诱蛾量差异不大。2010—2013年共对80个品种或品系进行了鉴定，向日葵品种或品系间存在抗性差异，其中10个品种或品系虫食率达到10%以上，12个品种或品系为5%以上，5%～1%的共27个。1%以下为31个品种或品系。其中虫食率在5%以上的都是食用葵品种或品系。因此，在向日葵螟发生较为严重的地区，应尽可能种植抗虫品种，减轻向日葵螟的为害，提高向日葵的产量和品质。不同播期处理试验结果表明：5月13日播种的向日葵。其向日葵螟籽粒受害率达12.13%，5月23日播种的向日葵，其籽粒受害率达19.27%。两处理之间差异不显著，与其他处理之间存在极显著差异：6月3日、13日和23日播种的向日葵，籽粒受害率很低。分别为2.13%和4.87%和1.47%。但随着播期的延后，秕粒率不断增加，6月13日和23日播种的向日葵两个处理秕粒率达到29.85%和35.93%。在生产中可选择5月23日至6月3日为向日葵播种适期，避开向日葵螟产卵期与向日葵开花期的吻合时间。减少向日葵螟对向日葵的为害。

关键词：向日葵螟；性诱剂；赤眼蜂；品种抗性；不同播期

---

* 第一作者：王克勤；E-mail：13244664780@163.com

不同处理条件下棉花干物质下降规律

雒珺瑜* 张 帅 吕丽敏 王春义
张利娟 朱香镇 王 丽 李春花 崔金杰
(中国农业科学院棉花研究所/棉花生物学国家重点实验室，安阳 455000)

摘 要：转 Bt 基因棉花叶片在不同处理条件下，其重量和外源杀虫蛋白含量变化如何，有利于了解转基因棉花残枝落叶进入土壤中其干物质和外源蛋白变化规律。本文于 2015 年在室内通过非灭菌土埋、灭菌土埋、自然风干和真空 4 种处理方式对 GK19 棉花顶部嫩叶进行处理，20 天后测定各处理棉叶的重量变化和外源 Bt 蛋白含量变化情况。研究结果表明，处理 20 天后，不同处理棉花叶片物质下降率由高到低依次是自然风干处理 > 非灭菌土埋处理 > 灭菌土埋处理 > 真空处理，外源杀虫蛋白含量由高到低依次是真空处理 > 灭菌土埋处理 > 自然风干处理 > 非灭菌土埋处理。由此可见，棉花叶片物质的变化在自然风干条件下，其失水程度快而且失水量大，而外源蛋白表达量在非灭菌土中降解最快，可能是土壤中的微生物起到一定加速降解作用。

关键词：灭菌土埋；非灭菌土埋；自然风干；真空处理；棉花；物质下降；外源 Bt 蛋白

* 第一作者：雒珺瑜；E-mail：luojunyu1818@126.com

中国木薯害虫监测预警与综合防控研究进展*

陈　青**　卢芙萍　卢　辉　梁　晓　伍春玲
（中国热带农业科学院环境与植物保护研究所；
农业部热带农林有害生物入侵监测与控制重点开放实验室；
海南省热带作物病虫害生物防治工程技术研究中心；
海南省热带农业有害生物监测与控制重点实验室，儋州 571737）

摘　要：针对严重制约我国木薯产业快速发展的外来入侵害虫日益增多、为害损失日趋加重、监测与防控技术十分缺乏等突出问题，以及我国不同地区木薯生产及国内企业“走出去”发展与实际需求，作者系统开展了我国木薯害虫监测预警与综合防控研究，整体提升了我国木薯害虫（螨）防控水平，为我国木薯产业的可持续发展提供了技术支撑。

（1）创建和普及了我国木薯害虫普查与安全性考察技术体系，发现我国木薯害虫 60 种，发现我国木薯害虫（螨）62 种，其中害虫 58 种，害螨 4 种，外来有害生物 10 种；首次发现螺旋粉虱（2006，海南陵水）、木薯单爪螨（2008，海南儋州）、美地绵粉蚧（2011，海南儋州）、非洲真叶螨（2014，海南儋州、三亚与云南红河）、木瓜秀粉蚧（2015，海南儋州与云南红河）在中国发生与为害，进一步完善了我国木薯害虫基础数据库，构建了基于害虫（螨）分布、识别、疫情信息、防治技术及数据共享等基础信息的我国木薯害虫（螨）基础数据平台与覆盖我国木薯主要种植区的长期定点监测网络，为木薯害虫（螨）监测与防控策略的有效制定及防控技术的针对性研发提供了基础信息支撑。

（2）将形态学与分子生物学相结合，建立了较完善的基于 RAPD 和 SCAR 标记的木薯单爪螨和美地绵粉蚧分子快速检测技术体系，获得快速检测木薯单爪螨 SCAR 标记 $S7_{300}$ 和快速检测美地绵粉蚧 SCAR 标记 $S9_{750}$，为有效监测 2 种木薯外来有害生物提供了技术支撑。

（3）确定温度及长期大面积连作、不合理间套作与轮作是木薯重要害虫（螨）暴发成灾的关键因子，发现朱砂叶螨在海南、广东、广西和福建有两次暴发高峰（6—8 月和 11—12 月），而在江西、湖南、云南只有一次暴发高峰（7—9 月）；蛴螬、蔗根锯天牛为日夜活动型，发生高峰期为 4—8 月，且有转移为害习性和趋光、趋腐性；确定长期大面

* 基金项目：国家木薯产业技术体系害虫防控岗位科学家专项资金资助（CARS - 12 - hncq）；中央级公益性科研院所基本科研业务费专项（1630022013008，1630022014007，NO. 2013hzs1J007，NO. 2015hzs1J011）

** 第一作者与通讯作者：陈青，男，研究员，研究方向：昆虫生理生化与分子生物学、作物抗虫性及生物防治与害虫综合治理；E-mail：chqingztq@ 163. com

积连作与不合理轮作是木薯重要害虫暴发成灾的关键因子；基本建立害虫为害对木薯产业、当地生态经济潜在影响的定性与定量评价技术指标体系。

（4）确定了影响我国木薯主要外来害虫（螨）的20个重要环境因子，创建了覆盖我国木薯主要种植区的外来害虫（螨）监测网络，制定了我国木薯外来害虫（螨）风险评估工作流程，建立了基于EI值和Maxent模型的我国木薯外来害虫（螨）适生程度评判标准、适生性模型及适生性评判标准，构建了我国木薯重要外来害虫（螨）监测预警与风险评估模型及8种入侵与未入侵木薯害虫（螨）在中国的适生性风险图，明确了3种外来害虫（螨）在中国的分布格局与空间生态位，针对性构建了木薯单爪螨和美地绵粉蚧的监测预警与风险评估的MaxEnt模型，明确了木薯单爪螨在海南、广西、广东、云南、江西及美地绵粉蚧在海南和广东的适生性及木薯单爪螨、美地绵粉蚧、双钩异翅长蠹在中国的分布格局与空间生态位。

（5）切实可行的木薯抗螨性评级标准与鉴定技术体系，制定发布了《木薯种质资源抗虫性鉴定技术规程》，获得稳定抗螨木薯种质5份和抗、感评价标准种质；完成了海南、广西、云南、江西和湖南共940份材料抗螨性鉴定，分别从国家木薯种质资源圃717份核心种质、云南120份核心种质中鉴筛选出307份和18份抗螨特性种质；分别从福建32个主推品种、江西21个主推品种、武鸣48个主推品种和湖南10个主推品种中鉴定筛选出10个、9个、19个和3个抗螨品种，发现木薯品种抗螨性存在生态抗性差异；启动了基于转录组测序的木薯抗螨基因克隆与功能验证工作，初步建立了木薯抗螨基因资源数据库，初步阐明了木薯抗螨性生理生化与分子生物学基础；克隆并直接证明了MeCu/Zn-SOD和*MeCAT*1基因在木薯抗螨中的作用，创新了植物抗虫基因工程内容和SOD、CAT理论与应用途径。

（6）从发育生物学和保护酶基因表达特性两个层面证明温度是影响木薯单爪螨生态适应性的关键因子，并从发育生物学、营养防御效应、次生代谢物质防御效应、保护酶防御效应与保护酶基因表达特性等多个层面初步阐明了木薯单爪螨的生态适应性与寄主选择性机理。

（7）切实构筑了有效阻断外来入侵害虫4道防线，针对性研发出6项防控木薯虫害轻简化技术，集成研发出我国木薯害虫环境友好型综合防控技术，并通过10个试验站初步示范和应用推广，防效达90%以上，农药和劳务节支30%以上，亩产提高20%～40%，为我国木薯产业的可持续发展提供了技术支撑。

关键词：中国木薯害虫；监测预警；综合防控；研究进展

碳酸氢钠和碳酸钠对南果梨采后轮纹病的控制*

崔建潮** 贾晓辉 孙平平 王文辉***

（中国农业科学院果树研究所，兴城 125100）

摘 要：研究碳酸氢钠和碳酸钠对南果梨采后轮纹病的控制作用，为碳酸盐类防治采后病害提供理论依据。研究不同浓度的碳酸氢钠和碳酸钠处理对南果梨采后轮纹病的抑制以及果实自然发病的影响。结果表明：南果梨轮纹病菌为葡萄座腔菌（*Botryosphaeria dothidea*）；离体试验中，1.0%碳酸氢钠和0.8%碳酸钠对梨轮纹病均有明显防效，可完全抑制病菌菌丝生长，显著降低菌丝干重和抑制孢子萌发（$P<0.05$）。碳酸钠对病菌抑制效果较优于碳酸氢钠。在活体试验中，室温下碳酸氢钠和碳酸钠对南果梨人工损伤接种轮纹病菌有抑制作用，但抑制效果不明显。碳酸氢钠和碳酸钠对室温下梨果自然发病均有较好抑制作用，自然发病抑制率均为49.8%，而对南果梨黑皮无明显抑制作用。碳酸氢钠和碳酸钠对离体条件下轮纹病菌有显著抑制作用，而对室温下活体接种轮纹病菌控制效果较差，建议生产上采用碳酸氢钠和碳酸钠结合其他采后措施控制病害。

关键词：碳酸氢钠；碳酸钠；南果梨；轮纹病；控制

---

* 基金项目：国家现代农业产业技术体系建设专项资金项目（CARS－29－19）资助

** 第一作者：崔建潮，主要从事果品采后病理和生理研究；E-mail：cuijianchao@caas.cn

*** 通讯作者：王文辉；E-mail：wangwenhui@caas.cn

马缨丹在脐橙柑橘黄龙病防控中的应用初探*

王　超[1]** 　田　伟[1]　席运官[1]***　欧阳渤[2]　杨育文[1]

（1. 环境保护部南京环境科学研究所，南京　210042；

2. 江西省赣州市定南县果业局，赣州　341900）

摘　要：柑橘黄龙病（Citrus Huanglongbing，HLB）由韧皮部限制性细菌（*Candidatus Liberibacter* asiaticus）引起，是柑橘生产中的一种侵染性强、蔓延快的毁灭性病害。赣南作为我国脐橙主产区，脐橙种植面积居世界第一，目前因 HLB 侵染出现大片橘树枯死和毁园现象，脐橙产业受到重创。目前尚无有效药剂和抗病品种用于防治 HLB，捕杀其昆虫传播介体柑橘木虱［*Diaphorina citri*（Kuwayama）］是主要防控手段之一。本研究利用马缨丹（*Lantana camara*）对柑橘木虱的驱避作用，在江西省定南县脐橙果园进行柑橘木虱数量监测、脐橙果树 HLB 发病率调查及龙葵（*Solanum nigrum*）生长观测试验，初步探究了马缨丹对脐橙 HLB 的防控作用。

2015 年 3 月至 2016 年 5 月，选择定南县正常生产的脐橙果园进行试验，试验区及对照区果园面积各 5 亩，试验区与对照区间隔 1km。2015 年 3 月下旬在试验区果园梯壁、边埂栽植马缨丹幼苗，株距 25 ~ 30cm；栽植时浇水，20 天后除草一次，后续自然生长。2015 年 5 月上旬开始调查果园柑橘木虱数量，马缨丹种植试验区及对照区各随机选取 30 株脐橙果树，将粘虫黄板（英格尔，漳州）悬挂于树冠之内 2/3 高处，每株果树悬挂一张，间隔 15 天更换一次，统计捕获到的柑橘木虱总数量。结果表明，对照区平均每次可捕获 5 头柑橘木虱，最高每次可捕获 16 头；试验区平均每次仅可捕获 2 头柑橘木虱，最高每次仅可捕获 6 头；对照区捕获柑橘木虱数量显著高于试验区（$P < 0.05$）；试验区因 HLB 砍伐果树数量低于对照区；马缨丹会抑制试验区果园中龙葵的生长。

本研究初步表明脐橙果园种植马缨丹可驱避柑橘木虱，降低 HLB 的传播几率；同时，马缨丹可抑制柑橘木虱过渡寄主龙葵的生长，不利于柑橘木虱利用龙葵躲避不良环境（如施药、越冬等）和长距离迁移扩散；进而在一定程度上防控 HLB。对于马缨丹是否影响柑橘木虱携带 HLB 病原细菌，我们将进一步探究。

关键词：柑橘黄龙病；马缨丹；柑橘木虱；防治

---

* 基金项目：国家重大科技专项（2014ZX07206001）

** 第一作者：王超，男，助理研究员，研究方向为植物病害生物防治；E-mail：wcofrcc@126.com

*** 通讯作者：席运官，研究员，研究方向为生态农业；E-mail：xygofrcc@126.com

柑橘大实蝇绿色综合防控创新技术集成体系效应与风险评估

冉　峰* 　叶宗平　张亚东　谭监润
（重庆市云阳县农委，云阳　401121）

摘　要：以云阳的中熟品种纽荷尔、朋娜，晚熟品种德尔塔、W墨科特等柑橘品种的被害果为研究素材，对柑橘大实蝇的主要防控虫态成虫群体与幼虫群体的生物学、生态学习性、规律进行试验研究观察，以此为理论依据，坚持绿色、综合、经济、高效、简明的核心理念，科学摘、捡蛆果处理和科学诱杀成虫的绿色综合防控创新技术集成体系，进行试验示范及大面积防控应用。将蛋白诱饵① 0.1%阿维菌素糖酒（浓香型）醋液②果瑞特实蝇诱杀剂0.1%阿维菌素饵剂③传统糖、酒、醋敌百虫液④盛入蓝绿色、黄绿色、绿色诱捕器内，并以球型诱捕器⑤与白色诱捕器⑥同时进行诱测对比观察。同时对云阳不同海拔、不同区域、不同果园的不同地块进行多点诱测观察比较各诱剂效果并拟合预报模型。用0.1%阿维菌素糖酒（浓香型）醋液与阿维菌素糖酒（普通）醋液、阿维菌素糖醋液、阿维菌素糖液和实蝇诱杀剂0.1%阿维菌素饵剂试验示范、大面积防控对比，并结合观察不同的给药方式。结果如下。

（1）创新改用触杀药剂敌百虫为阿维菌素，将普通白酒改用浓香型白酒，大幅度提高诱杀效果；优选了给药方式，全园喷洒（或全园点喷）0.1%阿维菌素+糖+浓香型白酒+醋，使防效可达99.9%以上。

（2）建立简明的预测预报体系，监测野外成虫取食始见期，作为给药的最佳期，可充分发挥诱杀剂的效果。

（3）诱剂诱测始见期，a>b、e>c>d，诱集虫量e>b>a>c>d，诱集距离，a、b、c、e、d没有明显差异。大面积防控从经济、防效上考虑，0.1%阿维菌素糖酒（浓香型）醋液不论全园喷洒或全园点喷都与实蝇诱杀剂0.1%阿维菌素饵剂相当、优于阿维菌素糖酒醋液、阿维菌素糖醋液、阿维菌素糖液。0.1%阿维菌素糖酒（浓香型）醋液既可作为大面积防控诱杀药剂，也可作为测报监测药剂，监测时装入贴有黏附性的蓝绿色胶纸的诱捕器内诱测效果更好。

（4）及时摘、捡蛆果科学处理，严防蛆果扩散。生产时段强化摘为主，捡为辅的原则，在呈现小黄斑期（成虫羽化后110~120天）未落地之前摘掉，并捡拾落地果集中用塑料袋密封处理10天。对加工领域、流通领域发现蛆果或废弃果及时集中密闭处理。对品质低劣的8月底摘除青果集中处理，也可进行换种、高接更换，确保两年之内不挂果。同时集中处理好同科的被害果。

（5）技术集成体系评估：全园喷洒或点喷试验示范调查表明对螨、蚧的为害没有明

* 作者简介：冉峰，男，高级农艺师，从事病虫防控；E-mail：rfcqyy@163.com

显助长作用。羽化、取食、交配产卵期雨日、雨量多，成虫活动频率低，活动范围小，躲避在寄主植物叶背，取食雨露，给药应注意抢晴或喷于叶背，药后白天低于10h遇雨应补施。挂诱瓶或点喷（10～15个）适宜于雨日雨量极少时效果最好。丘陵、山地土壤保湿性差，监测时要注意选点，根据成虫群体羽化始期与羽化始盛期相距在7天左右，前期羽化个体受极端高温影响小，繁殖力强，以监测成虫始见期作为防控给药的最佳时间是客观的。晚熟品种或海拔高的果园应延长给药次数。调查甜橙品种未黄掉落的蛆果仅占落地果的0.72%，占总蛆果数的0.99%，因此，以开始现小黄斑时及时摘、捡蛆果，10天1次效果良好。

柑橘大实蝇绿色综合防控创新技术集成体系以摘、捡蛆果集中塑料袋内闷杀降低虫口基数，优选0.1%阿维菌素+糖+浓香型白酒+醋+水（5：2：1：100）颗粒全园喷洒防控（监测或点喷比例1：1：0.5：20+0.1%阿维菌素），确保当季效益，防效可达99%以上，价廉效优，可大面积推广应用。

关键词：绿色；综合防控；创新技术；防效

3个羧酸酯酶基因参与了柑橘全爪螨对甲氰菊酯的抗性*

沈晓敏** 廖重宇 鲁学平 豆 威*** 王进军
（西南大学植物保护学院 昆虫学及害虫控制工程重点实验室，重庆 400716）

摘 要：柑橘全爪螨［*Panonychus citri*（McGregor）］是一种世界性分布的多食性害螨，目前在我国主要柑橘产区为害严重，且对多种杀螨剂产生了不同程度的抗性。羧酸酯酶（carboxylesterase，CarEs，EC 3. 1. 1. 1）对杀虫（螨）剂的解毒代谢作用增强是导致昆虫（螨）产生抗药性的重要原因之一。增效剂研究发现，磷酸三苯脂显著提高甲氰菊酯对柑橘全爪螨的毒杀作用，暗示CarEs参与了柑橘全爪螨对甲氰菊酯的解毒代谢作用。利用qPCR技术对柑橘全爪螨10余个*CarE*基因的时空表达模式进行了解析，筛选出与甲氰菊酯抗性相关的关键基因*PcE*1，*PcE*7，*PcE*9作为目的基因。在此基础上，基于Bac－to－Bac真核表达系统，检测发现表达有目的基因的sf9细胞对甲氰菊酯的敏感性显著下降；利用反向遗传学研究发现，目的基因被沉默的柑橘全爪螨对甲氰菊酯的敏感性显著提高。以上结果表明，*PcE*1，*PcE*7，*PcE*9很可能参与柑橘全爪螨甲氰菊酯抗性的形成。进一步研究可从异源表达纯化产物的HPLC代谢分析来开展。该研究初步明确了羧酸酯酶介导柑橘全爪螨的代谢抗性分子机制，为该螨的田间综合防控提供了有力的理论依据。

关键词：柑橘全爪螨；抗药性；定量表达；真核表达；RNAi

---

* 基金项目：国家自然科学基金（31171851）；重庆市基础与前沿研究计划重点项目（cstc2015jcyjBX0061）

** 作者简介：沈晓敏，女，硕士研究生，研究方向为昆虫分子生态学；E-mail：572275414@qq.com
*** 通讯作者：豆威，副教授；E-mail：douwei80@swu.edu.cn

香蕉棒孢霉叶斑病菌致病性及其对杀菌剂敏感性初步研究*

郭志祥** 番华彩 杨佩文 刘树芳 曾 莉***
（云南省农业科学院农业环境资源研究所，昆明 650205）

摘 要：对云南香蕉产区发现的香蕉棒孢霉叶斑病病原菌（*Corynespora cassiicola*（Berk and Curt.）Wei），经采用人工接种致病性试验，证实其对香蕉（*Musa* spp.）、橡胶（*Hevea brasiliensis*）、茄子（*Solanum melongena*）、番茄（*Lycopersicon esculentum*）、豇豆（*Vigna sinensis*）等均具有致病力；选用7种杀菌剂：多抗霉素、丙环唑、苯甲·丙环唑、氟硅唑、乙蒜素、丙森锌，嘧菌酯等对病原菌进行敏感性测定，结果表明，7种杀菌剂对该菌的 EC_{50} 分别为4.722 3mg/L、4.247 0mg/L、9.153 0mg/L、5.998 6mg/L、9.326 6mg/L、8.360 3mg/L、61.295 4mg/L，多抗霉素、丙环唑、苯甲·丙环唑效果最好，其次是氟硅唑、乙蒜素、丙森锌，嘧菌酯效果最差。

关键词：多主棒孢霉；致病性；杀菌剂；敏感性

---

* 基金项目：国家香蕉产业技术体系建设项目（CARS－32）；云南省科技计划富民强县专项（2014EB080）

** 第一作者：郭志祥，男，副研究员，主要从事农作物病虫害及综合防控技术研究；E-mail：zhixiangg@163.com

*** 通讯作者：曾莉，研究员，主要从事植物病害及防治研究

3 种植物提取物对黄曲条跳甲忌避作用的研究*

何越超[1,2]** 陈 江[1,2] 史梦竹[2] 李建宇[2] 傅建炜[2]***
（1. 福建农林大学植保学院，福州 350003；
2. 福建省农业科学院植物保护研究所，福州 350002）

摘 要：黄曲条跳甲［*Phyllotreta striolata*（Fabriciu）］属鞘翅目（Coleoptera）叶甲科（Chrysomelidae），是目前十字花科蔬菜生产中最难控制的重要世界性害虫之一；以成虫取食为害十字花科蔬菜叶片，造成许多小孔；幼虫生活在土壤中，为害蔬菜根部，造成蔬菜生长不良或死亡，严重影响蔬菜产量和质量，减少蔬菜生产的经济效益，降低农民增收。目前，黄曲条跳甲的防治仍然主要以化学防治。农药的大量使用已致使黄曲条跳甲对化学农药产生高水平抗性；同时污染了环境，对食品安全也造成极大隐患。由于具有良好的环境相容性，植物源农药已倍受关注，也是目前植物保护发展的热点。

本研究通过“Y”形嗅觉仪分别测定了三种植物提取物香茅草精油、香茅草提取液和白千层精油对黄曲条跳甲成虫的忌避作用，同时测定了不同浓度香茅草提取液对黄曲条跳甲成虫的取食忌避率和选择着落量的影响，并进行了田间试验。“Y”形嗅觉仪研究结果表明，单一的香茅草精油、香茅草提取液与白千层精油均对黄曲条跳甲成虫有显著的忌避作用，其作用效果：香茅草精油 > 白千层精油 > 香茅草提取液 > 66.67%；拒食活性测定发现，香茅草提取液对黄曲条跳甲的取食忌避率为 33.33%；选择着落量研究结果表明，香茅草提取液对黄曲条跳甲的选择忌避率为 93.34%。田间试验结果表明，施药后 7 天，50% 香茅草提取液原液对黄曲条跳甲田间种群的控制效果仍可以达到 66.77%；白千层精油 50 倍液对黄曲条跳甲田间种群的校正防效为 67.53%。本研究表明，3 种植物提取物对黄曲条跳甲成虫均有明显的忌避作用，这对开发植物源农药和研制植物保护剂具有重要的意义，为黄曲条跳甲的防治提供新的植物源资源。

关键词：植物提取物；黄曲条跳甲；忌避作用

---

* 基金项目：福建省公益类科研院所专项（2015R1024 – 8）；福建省公益类科研院所专项（2016R1023 – 10）；福州市科技计划项目（2014—G – 64）

** 第一作者：何越超，男，硕士研究生，研究方向：农业昆虫与害虫防治；E-mail：543729594@qq. com

*** 通讯作者：傅建炜，博士，研究员；E-mail：fjw9238@163. com

双抗标记法测定枯草芽孢杆菌 Czk1 在橡胶树体内及根围土壤的定殖动态*

贺春萍[1**]　唐　文[2]　梁艳琼[1]　吴伟怀[1]　李　锐[1]　郑肖兰[1]
郑金龙[1]　习金根[1]　易克贤[1***]
（1. 中国热带农业科学院环境与植物保护研究所，农业部热带农林有害生物入侵检测与控制重点开放实验室，海南省热带农业有害生物检测监控重点实验室，海口　571101；
2. 海南大学环境与植物保护学院，海口　570228）

摘　要：利用抗生素标记法筛选获得耐受链霉素（100mg/ml）及四环素（100mg/ml）的标记菌株 $Czk1^R$。利用不同接种方式测定了标记菌株 $Czk1^R$ 入侵橡胶树的途径，其中静脉注射法接种菌株后，只可在茎部定殖，而灌根法和浸根法接种后菌株可在橡胶苗根部及茎部定殖，其中灌根法接种定殖效果最佳。测定菌株 $Czk1^R$ 在橡胶苗根、茎中的定殖动态发现，菌株入侵植株后，菌量呈现先增高达到最大定殖量后，缓慢下降趋于稳定，其中根部最大定殖量为 8.33×10^3 CFU/g，茎部最大定殖量为 8.98×10^2 CFU/g，并且在同一时间内根部的定殖量始终大于茎部的定殖量；接种后 60 天仍能在植株的根、茎中回收到标记菌株。测定标记菌株 $Czk1^R$ 在橡胶苗根围土壤中的消长动态发现，菌株 $Czk1^R$ 在灭菌土中的最大定殖量为 6.44×10^6 CFU/g，在非灭菌土中的最大定殖量为 1.20×10^6 CFU/g，接种后土壤中的菌量呈缓慢下降的趋势，灌根处理 60 天后仍能从灭菌土中回收到标记菌株 6.30×10^2 CFU/g，从非灭菌土壤中回收到标记菌株 8.77×10^1 CFU/g。

关键词：枯草芽孢杆菌；橡胶树；定殖

---

* 基金项目：国家天然橡胶产业技术体系建设项目（CARS－34－GW8）；中央级公益性科研院所基本科研业务费专项（No. 2014hzs1J013）

** 第一作者：贺春萍，女，硕士，研究员；研究方向：植物病理学；E-mail：hechunppp@163.com
*** 通讯作者：易克贤，男，博士，研究员；研究方向：分子抗性育种；E-mail：yikexian@126.com

阿维菌素对巴氏新小绥螨两种温度品系主要解毒酶的影响研究*

胡　琴**　田川北　李亚迎　卫秋阳　况析君　刘　怀***
（西南大学植物保护学院，昆虫及害虫控制工程重庆市市级重点实验室，重庆　400716）

摘　要：为明确阿维菌素对巴氏新小绥螨常温品系（conventional strain，CS）和耐高温品系（high temperature adapted strain，HTAS）雌成螨体内主要解毒酶的影响，研究巴氏新小绥螨两种温度品系对阿维菌素的响应机制，本试验采用离心管药膜法分别测定了阿维菌素对巴氏新小绥螨 CS 和 HTAS 雌成螨的室内毒力，然后用各自的阿维菌素 LC_{30}浓度处理 24h 后测定它们体内谷胱甘肽 - S - 转移酶（GSTs）、多功能氧化酶（MFOs）和羧酸酯酶（CarEs）比活力的变化情况。毒力测定结果为巴氏新小绥螨 CS 的 LC_{50}高于巴氏新小绥螨 HTAS 的 LC_{50}。GSTs 比活力：巴氏新小绥螨 CS 处理前后分别为 0. 014 μmol/mg、0. 011 9μmol/mg Pro/min，巴氏新小绥螨 HTAS 处理前后分别为 0. 020 0μmol/mg、0. 009 0 μmol/mg Pro/min，巴氏新小绥螨 CS 和 HTAS 处理后和处理前对比均下降，且巴氏新小绥螨 HTAS 存在显著性差异。MFOs 脱氧甲基活性：巴氏新小绥螨 CS 处理前后分别为 7. 147 7 μmol/mg、9. 422 6 μmol/mg Pro/min，巴氏新小绥螨 HTAS 处理前后分别为 10. 339 8μmol/mg、55. 910 7μmol/mg Pro/min，巴氏新小绥螨 CS 和 HTAS 处理后和处理前对比均上升，且巴氏新小绥螨 HTAS 存在极显著性差异。CarEs 比活力：巴氏新小绥螨 CS 处理前后分别为 0. 015 1 μmol/mg、0. 062 3 μmol/mg Pro/min，巴氏新小绥螨 HTAS 处理前后分别为 0. 006 8μmol/mg、0. 059 7 μmol/mg Pro/min，巴氏新小绥螨 CS 和 HTAS 处理后和处理前对比均显著上升，但巴氏新小绥螨 HTAS 上升的倍数较 CS 大。阿维菌素对巴氏新小绥螨 CS 和 HTAS 的 GSTs 均有一定的抑制作用，且对巴氏新小绥螨 HTAS 的抑制作用更强；阿维菌素对巴氏新小绥螨 CS 和 HTAS 的 MFOs 和 CarEs 均有一定的诱导作用，且对巴氏新小绥螨 HTAS 的诱导作用更强。阿维菌素对巴氏新小绥螨两种温度品系雌成螨体内主要解毒酶的影响是不同的，从而导致它们对阿维菌素敏感水平的差异。

关键词：巴氏新小绥螨；阿维菌素；解毒酶系活性

---

* 基金项目：重庆市社会事业与民生保障科技创新专项（cstc2015shms - ztzx80011）

** 作者简介：胡琴，女，硕士研究生，研究方向为有害生物监测与防控；E-mail：huhusky666@qq. com

*** 通讯作者：刘怀，教授，博士生导师；E-mail：liuhuai@ swu. edu. cn

山东省主要农作物有害生物 HACCP 风险分类

关秀敏　董保信
（山东省植物保护总站，济南　250100）

摘　要：山东是农业大省，农作物有害生物种类多，2009—2014 年普查统计，小麦等 10 种主要农作物有害生物种类有 1 971种，其中，病害 373 种；虫害 943 种；杂草 639 种；啮齿类动物 16 种。为科学、高效、全面、规范监测有害生物发生动态，及时做好防控工作，我们引入 HACCP 管理体系的理念对山东省小麦等 10 种主要农作物有害生物的风险程度进行分类，共分新发、突发、重大、一般 4 个种类。新发种类重点监测有发生为害的种类；突发和重大种类，要研究制定相应测报技术规范，并以文件下发全省植保系统，制定常年监测任务，建立农作物有害生物预警监测上报系统，定期定时上报有害生物发生动态，确保有害生物监测工作的及时、准确；一般种类中不造成为害的不需常年监测，部分发生程度达到 1 级的，制定测报技术规范，编制模式报表，制定监测任务，在发生关键时期上报其发生情况。

关键词：农作物；有害生物；HACCP；预警监测；风险分类

天然源骆驼宁碱 A 的杀蚜活性评价研究*

刘映前[1**] 杨冠洲[1] 宋子龙[1] 张绍勇[2] 张 健[1] 徐小山[1] 张君香[1]

（1. 兰州大学药学院药物化学研究所，兰州 730000；
2. 浙江农林大学林业与生物技术学院，临安 311300）

摘 要：从天然资源中寻找农药活性化合物，利用其作为模型进行先导化合物优化和新农药的创制，是近年来农药学研究领域的热点。骆驼宁碱 A 是从中国药用植物骆驼蒿（*Peganum nigellastrum* Bunge.）中分离获得的一种天然喹唑啉类生物碱。骆驼蒿是蒺藜科骆驼蓬属多年生草本植物，主要分布在我国西北干旱及半干旱地区，均系维族、蒙古族常用草药，以种子或全草入药，治疗咳嗽气喘、肿毒、风湿痹痛炎症、脓肿等疾病。而骆驼宁碱 A 作为骆驼蒿的主要次生代谢产物，因其与具有抗癌活性的喜树碱有类似的化学结构，以及对肿瘤细胞表现出较好的抑制作用而备受关注。近期，笔者课题组在寻求天然源喹啉生物碱杀虫先导的过程中，以邻氨基苯甲酰胺为起始原料，通过 5 步反应构建了天然源骆驼宁碱 A（下图），经活性测试首次发现，骆驼宁碱对桃蚜、槐蚜、山核桃蚜、苜蓿蚜 4 种蚜虫表现出较强的毒杀作用，结果表明，骆驼宁碱 A 可作为一个新的喹啉类杀蚜先导结构进一步进行结构优化和创制研究（下表）。

关键词：骆驼宁碱；喹唑啉类生物碱；毒杀活性

diethyloxalate, 185 ~ 186℃, 5h; LiOH, THF/H_2O(3:1), 20min, rt; $(COCl)_2$, CH_2Cl_2, thenaniline, CH_2Cl_2, rt; propargylbromide, K_2CO_3, LiBr, Bu_4NBr, toluenewithcat.H_2O; Ph_3PO(3.0equiv), Tf_2O(1.5equiv)o 0Ctort.

图 骆驼宁碱 A 的合成路线

表 骆驼宁碱对四种蚜虫的毒杀活性评价（致死率%，48h）

浓度	50mg/kg	25mg/kg	10mg/kg	5mg/kg
苜蓿蚜	90.11	77.95	70.88	49.57
山核桃蚜	89.75	73.66	64.74	46.35
槐蚜	96.66	63.33	36.66	26.66
桃蚜	90.0	86.66	60.0	53.33

* 基金项目：国家自然科学基金项目（31371975；30800720）

** 作者简介：刘映前，男，教授，博士生导师，研究方向：药物分子设计与合成；E-mail：yqliu@lzu.edu.cn

寄主植物对红脉穗螟生长发育和繁殖力的影响*

吕朝军** 钟宝珠 覃伟权***

（中国热带农业科学院椰子研究所，文昌 571339）

摘 要：研究了4种棕榈科植物椰子（*Cocos nucifera*）、槟榔（*Areca catechu*）、油棕（*Elaeis guineensis*）、老人葵（*Washingtonia filifera*）未展开心叶对红脉穗螟（*Tirathaba rufivena*）实验种群生长发育和繁殖力的影响。结果表明，红脉穗螟取食不同的寄主植物心叶时，其完成一个世代所需的时间存在显著差异，其中，取食槟榔心叶所需时间最短，为36.42天；取食老人葵心叶时所需时间最长，红脉穗螟完成一个世代需要74.18天；取食椰子和槟榔心叶的红脉穗螟蛹较取食油棕和老人葵的蛹大；取食槟榔心叶的红脉穗螟产卵量最高，单头雌虫一生最多可产卵138.1粒，而取食油棕心叶的红脉穗螟产卵量相对较少，平均卵量为45.3粒；取食椰子的红脉穗螟成虫寿命最长，为12.6天，且雌虫寿命较雄虫长2～3天。红脉穗螟实验种群取食椰子、槟榔、油棕和老人葵4种寄主的种群趋势指数分别为47.31、51.03、39.26和28.38。

关键词：红脉穗螟；寄主植物；生长发育；繁殖力

* 基金项目：海南省重点研发计划项目（ZDYF2016059）；海南省重大科技专项项目（ZDZX2013008－2）

** 第一作者：吕朝军，男，副研究员，主要从事农业昆虫与害虫防治研究；E-mail：lcj5783@126.com

*** 通讯作者：覃伟权；E-mail：qwq268@126.com

海南槟榔黄化病综合防控技术研究*

罗大全** 车海彦 曹学仁

（中国热带农业科学院环境与植物保护研究所，农业部热带作物有害生物综合治理重点实验室，海南省热带农业有害生物监测与控制重点实验室，海口 571101）

摘 要：槟榔（*Areca catechu* L.）为棕榈科多年生常绿乔木，是海南省第二大热带经济作物，也是国家重要的南药资源之一，槟榔种植业已成为海南省热带作物产业中仅次于天然橡胶的第二大支柱产业。据海南省农业厅统计，截至2013年全省槟榔种植面积已达136.33万亩，收获面积90.24万亩，鲜果产量近90万t（干果约22万t），槟榔产业收入占海南省农民人均收入比重达到12.77%，成为海南农村主要经济支柱产业之一。

槟榔黄化病是一种由植原体引起的毁灭性的传染病害，目前文献资料报道全球仅在印度、斯里兰卡和中国海南的槟榔种植区发生为害。据省林业厅森防站2012年年初步调查统计，黄化病在海南琼海、万宁、陵水、三亚、保亭、定安、乐东、五指山、琼中、屯昌等10个槟榔种植市县都有发生，发病面积达5.1万亩，发病地区及面积仍在不断扩大，严重威胁着海南省槟榔产业的健康发展和下游相关产业的生存发展。

本研究团队自20世纪90年代初开始对槟榔黄化病进行了研究，发现田间槟榔黄化病存在黄化和束顶2种症状类型；通过大田调查、电子显微镜观察、四环素族抗菌素注射诊断、多聚酶链式反应技术检测等研究确定引起海南槟榔黄化病的病原是植原体，并明确了病原的分类地位；在病原鉴定的基础上，在国内外首次建立了槟榔黄化病植原体的实时荧光PCR快速检测体系；针对病害早期发病症状极易与槟榔树生理性黄叶相混淆，将病原检测和田间症状识别相结合，建立了槟榔黄化病监测技术，并构建了海南省槟榔黄化病疫情监测预警信息平台。槟榔黄化病目前尚无有效的化学药剂可防治，只能采取“预防为主，综合防控”的植保方针，根据植原体病害的发生特点，针对黄化病发生程度不同的槟榔园，提出了不同的防控策略，集成建立了以加强病害监测及时清除田间发病植株和加强田间肥水管理为核心，以槟榔黄化病防控为主，同时兼顾提高槟榔产量和增加土地效益为目标的槟榔黄化病综合防控技术体系，具体来说：重病园以全园清除后重新种植无病槟榔种苗、加强病害监测、因地制宜发展林下种养以增加土地收益为主；中轻病园以病害监测及时清除发病植株、加强肥水管理、林下种养结合和防控有关害虫为主；未发病园以病害监测和种苗检疫、加强水肥管理、林下种养结合和防控有关害虫为主。该项技术体系的集成应用将有效控制海南槟榔黄化病的发生和传播，减少黄化病为害造成的经济损失，对保障海南槟榔产业持续健康发展具有重要意义。

关键词：槟榔；黄化病；综合防控

---

* 基金项目：海南省重大科技项目（ZDZX2013019）；农业科技成果转化资金项目（2014GB2E200114）

** 第一作者：罗大全，研究员，从事热带作物植原体病害研究；E-mail：luodaquan@163.com

飞机喷洒噻虫啉防治松墨天牛质量检测与效果评价

沈　婧[1]　马　涛[1]　孙朝辉[1]　温秀军[1]　谢伟龙[2]
（1. 华南农业大学 林学与风景园林学院，广州　510642；
2. 广东省河源市林业局，河源　517000）

摘　要：松褐天牛是为害松树的主要蛀干害虫，其成虫补充营养，啃食嫩枝皮，造成寄主衰弱；幼虫钻蛀树干，致松树枯死；更为严重的是该天牛是传播松树毁灭性病害——松材线虫病的媒介昆虫，被列为国际国内检疫性害虫。当前松墨天牛主要是依靠诱捕器防治为主，对于大面积松林其作业难度大，防治效率低。为此选择高效施药器械来控制松墨天牛为害，对确保松林健康意义重大。本试验采用直升飞机喷洒2%噻虫啉微囊悬浮剂防治松墨天牛，旨在分析飞防中药剂雾滴的分布情况与防治效果。通过在飞机防治作业区和对照区分别悬挂诱捕器，并对比喷洒药剂前后诱捕到的天牛种群数量动态差异，评估防治作业区和对照区的虫口基数，对飞机防治效果进行综合评价。

飞防区域内林冠层和林下层噻虫啉雾滴的分布情况及雾滴直径的结果表明：林冠层的噻虫啉雾滴数量最多，平均为（10.43±2.13）个/cm^2，多于林下层，这说明林冠层对雾滴有一定的影响，随着林间郁闭度的增大，雾滴数量在减少；林冠层的平均直径为（54.75±2.53）μm，最大是76μm，最小是34μm，而林下层的平均直径为（47.35±2.20）μm，最大是64μm，最小是28μm，其直径变动系数较大，可能与飞机的作业高度相关，导致雾滴的沉降速度发生变化，较大雾滴停留在林冠层。取受噻虫啉喷雾过的马尾松枝条，并放入20只野外捕捉的松墨天牛，观察其取食和死亡情况。经过12h后观察，共有10只松墨天牛死亡，死亡率为50%；24h后共有16只松墨天牛死亡，累计死亡率为80%；36h后，所有野外捕捉的松墨天牛全部死亡，累计死亡率为100%。诱捕器监测飞机喷洒噻虫啉前后的诱捕效果比较，飞防作业前1周悬挂在对照区和飞防作业区各悬挂6个诱捕器，飞防前检查诱捕器，对照区共捕获松墨天牛31头/天，其中雌虫24头，雄虫7头，而飞防作业区捕获松墨天牛56头/天，其中雌虫43头，雄虫13头。在飞防作业后，对照区诱捕器共计捕获松墨天牛69头，其中雌虫51头，雄虫8头；而作业区诱捕器共计捕获松墨天牛25头，其中雌虫19头，雄虫6头，松墨天牛虫口基数下降较大，校正减少率为80%，这说明飞机喷洒噻虫啉对林间天牛成虫具有较好的防控效果。飞防过程中发现，广东地区松墨天牛的羽化高峰期也往往是降水集中期，若飞机喷洒噻虫啉后，遇强降雨，则可能对防治效果有影响，所以，应尽量选择合适的天气来进行飞机喷洒噻虫啉作业。

关键词：飞机喷洒；松褐天牛；噻虫啉

糖基噻唑啉衍生物的合成与活性研究*

沈生强[1**]　孔涵楚[1]　许一仁[1]　杨　青[2]　王道全[1]　张建军[1***]

(1. 中国农业大学理学院应化系，北京　100193；
2. 大连理工大学生命科学与技术学院，大连　116024)

摘　要： 害虫为害是制约农业生产持续稳定发展的重要因素之一，是直接影响农业、农村发展和农民增收的重要限制因素。研究这些农业害虫的生理特征可以发现，其生长发育过程与几丁质的代谢密切相关。因此，深入对几丁质代谢相关过程的研究可以有效地推动农作物病虫害的防治进程。

几丁质代谢是一个极复杂的过程，需要激素和酶在时空上的精准平衡，又可分为几丁质的合成代谢、几丁质的水解代谢。几丁质的合成代谢包括一系列复杂的胞内、胞外生化和生理的转化，而其中许多生理过程尚不明了；包括几丁质合酶在转录和翻译水平上的激素调节及翻译后加工过程、几丁质合酶簇到细胞中正确位点的指导和运输过程、几丁质的跨膜转运及定向过程等；此外，几丁质合成酶抑制剂如酰基脲类的确切作用机制也不明确。而几丁质的水解过程就相对简单，而且研究地较为透彻；在几丁质水解过程中，几丁质先由 18 家族几丁质内切酶和 19 家族壳二糖酶水解为几丁寡糖，再由 20 家族 β－N－乙酰己糖胺酶水解为 β－N－乙酰己糖胺单元。针对几丁质降解过程的相关酶是近年来新农药靶标的研究热点。

目前，针对 18 家族、19 家族的几丁质酶抑制剂报道较少，大多为天然产物，合成难度较大，且选择性较低；而针对 20 家族 β－N－乙酰己糖胺酶为靶标的抑制剂种类较多，这些抑制剂分子可以分为以下几大类：PUGNAc、NGT、Nagstatin、TMG－chitotriomycin、DNJNAc 等，都表现出很强的酶抑制活性，相关化合物衍生的报道也有很多；但是在这些化合物中，含有糖基噻唑啉结构的化合物 NGT 是唯一依据水解过渡态设计的酶抑制剂分子，在酶催化反应中，一个很重要的特点是底物的反应过渡态与酶的亲和力，远远大于底物或产物与酶的亲和力，因而底物的过渡态与酶具有更加强的结合能力。因此，课题组根据 NGT 母体结构并结合酶的活性口袋特征合理设计出了如下结构的化合物（图），并研究了其酶抑制活性以及杀虫活性。

在合成 NMT 化合物过程中，以 N－乙酰氨基甘露糖为原料，通过全乙酰化、选择性脱 1 位乙酰基、劳森试剂关环、脱乙酰基得到目标化合物。在合成 NNMT 系列化合物的过程中，以氨基甘露糖盐酸盐为原料，通过与 2－羟基萘甲醛反应生成希夫碱、全乙酰化保护羟基、希夫碱脱除得到 2－氨基－1，3，4，6－四－O－乙酰基甘露糖草酸盐；再与硫

---

* 基金项目：国家自然科学基金（No. 21172257）

** 第一作者：沈生强；E-mail：ssq142536@163. com

*** 通讯作者：张建军，男，教授，主要从事新农药创制与研究；E-mail：06001h@cau. edu. cn

光气反应生成异硫氰酸酯，进而和一系列取代胺反应生成硫脲，并在氢溴酸条件下关环得到全乙酰化的糖基噻唑啉，最后脱除乙酰基得到目标化合物 NNMT。利用上述合成方法合成 2 个系列共计 10 个 NGT 衍生物，目标化合物经过核磁共振波谱，高分辨质谱的得到确证。

在得到目标化合物后，我们测试了其对 20 家族 β－N－乙酰己糖胺酶以及 84 家族 hOGA 酶的抑制活性。选择对硝基苯基 2－乙酰氨基－2－脱氧－β－D－吡喃葡萄糖苷（pNP－β－GlcNAc）为荧光底物，采用终点测定法，利用酶水解糖苷键后生成的游离对硝基苯酚在 405nm 的特征吸收来测定酶的活性；具体方法为将一定量的酶液和缓冲溶液（Britton－Robinson buffer，pH 值 =6.0）混合均匀后，再加入 0.2mmol/L 的 pNP－β－GlcNAc 和一定浓度的测试药液，控制终体积为 100μl，并于 30℃的条件下温育 30min，加入 100μl 的 0.5mol/L 的碳酸钠溶液终止反应，于 405nm 处测定荧光吸收值。酶活性测试表明，部分抑制剂在 25μmol/L 浓度下表现出较好的酶抑制活性。

参照化工行业提供的《农药生物活性测定标准操作规范（SOP）》要求，对所设计合成的化合物进行典型试虫的杀虫活性进行普筛试验，测试了对小菜蛾和棉铃虫的活体杀虫活性，具体方法为在 600mg/kg 浓度下通过浸渍法处理叶片，3 天后测定虫体死亡率，杀虫活性表明，多数化合物对小菜蛾具有较高的杀虫活性，部分化合物活性高于对照药氟铃脲。

关键词： β－N－乙酰己糖胺酶抑制剂；NGT 衍生物；合成；杀虫活性

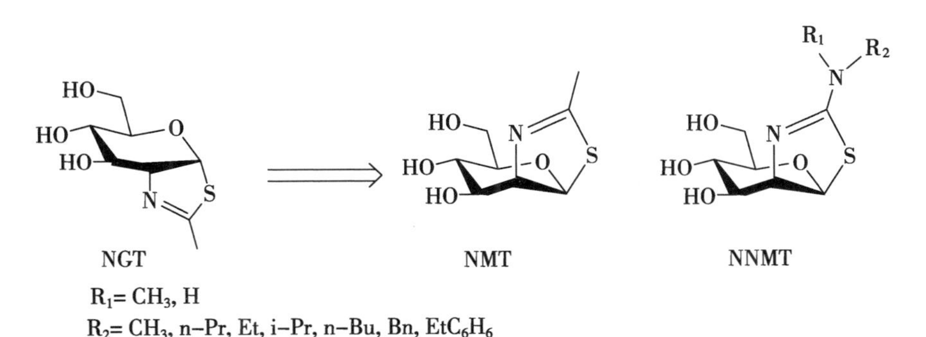

保健食品中有机磷及氨基甲酸酯类农药残留的考察

孙　亮* 张　蓉　邬国庆　邱　铮　刘　齐　张华珺**
（北京市药品检验所，北京市保健食品化妆品检测中心，北京　102206）

摘　要：采用气相色谱法测定16批次保健食品中敌敌畏、乙酰甲胺磷、甲拌磷、久效磷、乐果、甲基对硫磷、异丙威、仲丁威、甲萘威、甲基嘧啶磷及速灭威等11种有机磷及氨基甲酸酯类农药残留。样品经丙酮提取、二氯甲烷萃取，硅胶柱纯化后，经DB-5弹性石英毛细管柱分离，氮磷检测器（NPD）检测，不分流方式进样，进样口温度240℃，检测器温度300℃，程序升温。方法检出限为2～15μg/kg。对6批次保健食品进行11种有机磷及氨基甲酸酯类农药残留分析，结果显示：均未检出。所检测的6批次保健食品中，有机磷及氨基甲酸酯农药残留符合国家标准GB 2763—2014《食品中农药最大残留限量》的要求。

关键词：保健食品；有机磷；氨基甲酸酯；农药残留

* 第一作者：孙亮，农药学博士；E-mail：chemliang@126.com
** 通讯作者：张华珺；E-mail：felicity81612@163.com

苦豆子内生真菌诱导子对宿主培养物生长及喹诺里西啶类生物碱合成的影响

孙牧笛* 高 媛 顾沛雯
（宁夏大学农学院，银川 750021）

摘 要：目前，通过添加真菌诱导子刺激植物组织来提高次生代谢物产量的研究已经成为国内外研究的热点，真菌诱导子作为一种特定的化学信号，在植物与微生物的相互作用中可以快速、专一和选择性的诱导植物代谢过程中特定基因的表达，诱发植物产生过敏反应，并促进植物细胞中特定次生代谢产物的合成。内生真菌普遍存在于健康植物组织中，与植物之间存在互惠共生关系，有大量研究表明内生真菌具有促进植物生长、增强抗病能力、促进宿主植物活性成分的积累等作用。本试验将 8 株从苦豆子中分离出的内生真菌，分别制备灭活菌丝和菌液浓缩物，研究内生真菌诱导子不同类型、诱导时间和浓度下，对苦豆子无菌苗和愈伤组织的生长以及喹诺里西啶生物碱含量的影响。在明确了以上真菌诱导子的最佳诱导方案的基础上，再以苦豆子无菌苗为研究对象，4 株高活性苦豆子内生真菌为真菌诱导子，考察其菌液浓缩物对苦豆子无菌苗生长以及喹诺里西啶生物碱合成的影响，并测定防御酶的活性，进一步探讨内生真菌促进喹诺里西啶生物碱合成积累的防御生理反应机制。结果表明：8 株内生真菌诱导子中，菌液浓缩物的诱导效果要强于灭活菌丝。诱导子处理 9 天起喹诺里西啶生物碱含量迅速增加，处理 12 天达到最大值；菌株 $HMGKDF_1$ 菌液浓缩物和灭活菌丝都能明显促进愈伤组织的生长；菌株 $NDZKDF_{13}$ 菌液浓缩物对苦豆子愈伤组织生物碱的合成效果明显，生物碱含量为 0.548 3mg/g，是对照的 23.8 倍；内生真菌诱导子含糖量在 0.1 ~ 1.00mg 时能够促进无菌苗中喹诺里西啶生物碱合成积累。4 株苦豆子内生真菌作为诱导子均可促进喹诺里西啶生物碱的合成积累，其中内生真菌 $XKYKDF_{40}$ 的诱导效果最好，无菌苗生物总碱含量为 4.210 1mg/g，是对照的 3.63 倍，并诱导 SOD、CAT 和 POD 等细胞抗氧化酶和生物碱合成的关键性酶 PAL 的活性升高。

关键词：苦豆子；内生真菌诱导子；喹诺里西啶生物碱；防御酶活性

* 第一作者：孙牧笛；E-mail：1169158591@qq.com

花生多聚半乳糖醛酸酶抑制蛋白基因 *ApPGIP*1 的克隆*

孙志伟[1**] 李佳欣[1**] 张茹琴[1]
迟玉成[2] 徐曼琳[2] 夏淑春[1***] 鄢洪海[1***]
（1. 青岛农业大学农学与植物保护学院，青岛 266109；
2. 山东省花生研究所，青岛 266110）

摘 要：以花育25（*Arachis hypogaea* L.）植株总 RNA 为模板，通过 RT－PCR 扩增，获得大约 1 000 bp 的条带。将该片段克隆 到 pMD19－T simple vector 载体上，经测序表明，该序列全长 967 bp，含一个开放阅读框（ORF），编码一个由 318 个氨基酸残基组成的蛋白质。在线软件预测该蛋白质的分子量为 37.9kD，理论等电点为 6.65，碱性氨基酸（Lys＋Arg）占 8.9%，酸性氨基酸（Asp＋Glu）占 9.3%，亮氨酸比例最高（12.8%）；不稳定系数为 39.10，说明该蛋白为稳定蛋白。将该 cDNA 及其推导的氨基酸序列在 NCBI 网站上进行 Blast 比对，表明该及其推导的氨基酸序列与已报道的 *PGIP* 基因及其推导的氨基酸的序列同源性最高。分析结果表明，所克隆片段为花生的 *PGIP* 基因，命名为 *ApPGIP*1，并提交给 GenBank。蛋白质疏水性分析表明，该蛋白 N 端有一明显的疏水区，采用神经网络方法预测蛋白质信号肽表明，*ApPGIP*1 信号肽为 N 端的 26 个氨基酸残基，这与疏水性分析结果相一致。序列分析结果还表明，*ApPGIP*1 成熟肽氨基酸序列中具有 4 个潜在的 N－糖基化位点，N 端和 C 端各有 4 个参与二硫键形成的半胱氨酸残基，亚细胞定位分析表明，该蛋白属于胞外蛋白。*ApPGIP*1 三级结构预测结果表明，由 *ApPGIP*1 肽链构建的三维模型含 9 个 α－螺旋和 21 个 β－折叠，主体结构由 9 个串联的 *LRR*s 基序组成；*ApPGIP*1 氨基酸序列从第 74 个氨基酸开始的 LRRs 基序均具有“LxxLxLxxNxLS/TGxIPxxLxxL”（x 代表任意氨基酸残基）这样的共有序列，除个别替换、插入或缺失外，序列高度保守。

关键词：克隆；花生；*PGIP* 基因

---

* 基金项目：山东省自然科学基金项目（ZR2011CL005）；山东省“泰山学者”建设工程专项经费（BS2009NY040）

** 第一作者：孙志伟，男，在读本科生
李佳欣，女，硕士研究生

*** 通讯作者：夏淑春，女，副教授，主要从事植物有害生物综合治理研究；E-mail：xiashhchun@163.com
鄢洪海，男，教授，博士，主要从事植物病理生理与分子生物学研究；E-mail：hhyan@qau.edu.cn

多菌灵对微生物菌剂高氏 15 号抑菌活性的影响*

汪　华** 　喻大昭　张学江　黄　飞
(1. 湖北省农业科学院植保土肥研究所，武汉　430064；
2. 农业部华中作物有害生物综合治理重点实验室，武汉　430064)

摘　要：利用土壤颉颃微生物防控蔬菜根部病害已成为一种经济有效措施，受到农民朋友的欢迎。但化学农药与颉颃微生物之间的相容性一直制约着微生物菌剂的应用和推广。本文以番茄根部病害为研究对象，从室内和田间两个方面探讨了多菌灵对微生物菌剂高氏 15 号抑菌活性的影响。

采用菌丝生长速率法（杨超等）。在预试验的基础上，将 1×10^4mg/L 的多菌灵母液用无菌水稀释成 0、0.15mg/L、0.3mg/L、0.6mg/L 和 1.2mg/L 的系列浓度，等量加入 PDA 培养基中，倒入直径为 9cm 的灭菌培养皿中，制成带毒平板。在预培养好的供试菌种菌落边缘的同一圆周上，用打孔器打取直径为 5mm 的菌饼，菌丝面朝下接种于培养皿中央，每处理 3 次重复，置于 25℃ 培养箱内黑暗培养。待对照菌落大小接近培养皿边缘时测定各处理菌落直径（mm），计算菌落扩展生长抑制率。室内结果表明：多菌灵对高氏 15 号菌株的 EC_{50} 值为 15.26mg/L，多菌灵药剂浓度超过 56.8mg/L 时，显著抑制高氏 15 号菌株生长。

田间试验在湖北省农业科学院蔬菜试验基地进行，试验地 2013 年和 2014 年番茄根腐病、枯萎病和青枯病发病严重，全田 4 月上旬开始发病，5 月中旬绝收。番茄于 2014 年 11 月中旬下种，2014 年 12 月中旬装营养钵，2015 年 2 月上旬移栽。高氏 15 号菌剂采用移苗穴施法，每株穴施 25g；多菌灵施用方式分别采用营养钵基质处理、移栽前 7 天土壤处理、移栽前 5 天土壤处理、移栽前 3 天土壤处理、移栽前 1 天土壤处理、3 月中旬叶部喷雾处理和 4 月上旬叶部喷雾处理，同时选择不施用多菌灵的作为试验处理对照，多菌灵用量均按照 100g/亩进行土壤处理或喷雾；选择不用任何药剂处理作为空白对照。每处理 50 穴，4 次重复。统一于 4 月中旬和 5 月中旬分别调查番茄根腐病和番茄青枯病发病情况；根据防治区和对照区病情指数的差异计算防效，发病情况和防效计算均参考《农药田间药效试验准则》进行。同时观察药害情况。田间试验结果表明：土壤施用多菌灵后再施用高氏 15 号菌剂，高氏 15 号菌剂的活性随间隔期增长而下降，当间隔期超过 7 天后，影响消除；同时，番茄叶部喷施多菌灵对高氏 15 号菌剂的抑菌活性未见影响。

关键词：颉颃微生物；高氏 15 号；多菌灵；相容性

---

* 基金项目：公益性行业专项“作物根腐病综合治理技术方案（20150311－8）”；湖北省农业科学院青年基金项目“小麦全蚀病农药室内生测方法研究（2013NKYJJ09）”；国家现代农业产业技术体系项目“小麦产业技术体系（CARS－03－04B）”

** 作者简介：汪华，男，副研究员，主要从事作物根部病害、农药研发及应用研究；E-mail：wanghua4@163.com

基于物种组团对农药响应基因功能生态位分离的精准用药

吴进才*

（扬州大学园艺与植物保护学院，扬州 225009）

摘　要：物种组团（Guild）指具有相似的营养和空间生态位的若干物种组成的复合种群。物种组团在农业害虫中普遍存在，如稻飞虱组团主要包括褐飞虱、白背飞虱、灰飞虱3个物种；棉花盲椿象组团包括中黑盲蝽、绿盲蝽、苜蓿盲蝽等；小麦蚜虫组团由麦二叉蚜、麦长管蚜、禾谷缢管蚜等组成。在田间，这些物种组团内的物种往往同时发生或呈序列发生或一种呈现优势种群发生而其他物种种群处于低密度共存状态。虽然物种组团内物种具有相似的生态位，但对相同的农药相应可能是不同的，有的可能出现相反的效应。据我们研究在飞虱组团中，井冈霉素刺激褐飞虱生殖但抑制白背飞虱生殖；三唑磷刺激3种飞虱生殖；多菌灵刺激灰飞虱生殖但对白背飞虱和褐飞虱生殖没有刺激效应。通过蛋白质组、转录组分析发现在相同农药处理的飞虱组团内物种间一些基因表达出现相反效应，如井冈霉素（JGM）处理褐飞虱乙酰辅酶A－羧化酶（Acetyl－CoAcarboxylase，Acc）显著上调，相反，白背飞虱显著下调，处理的褐飞虱RNAi（JGM＋dsAcc）后Acc显著下调，生殖力显著下降；对照白背飞虱RNAi（Control＋dsAcc）后Acc显著下调，生殖力显著下降。表明*Acc*基因是调控褐飞虱和白背飞虱的关键基因之一。两种飞虱对JGM表现相反效应。除了Acc外，其他一些酶也出现反向效应。由此在田间使用药剂防治一种病虫害时需要研究对物种组团内其他物种的效应。我们认为褐飞虱发生时应尽量少用或不用井冈霉素防治水稻纹枯病，可在白背飞虱发生时使用，以避免褐飞虱发生再猖獗。同一药剂使用方法不同也会产生基因功能生态位分离效应。JGM叶面喷雾处理的褐飞虱卵黄蛋白基因表达显著上调，而点滴和茎部处理对卵黄蛋白基因表达没有显著影响；JGM叶面喷雾处理显著刺激褐飞虱生殖，点滴和茎部处理不明显。因而在田间使用JGM防治纹枯病时应尽量不用叶面喷雾方法，避免褐飞虱发生再猖獗。这种基于物种组团对农药响应基因功能生态位分离的精准用药是将来害虫可持续控制关键技术。

关键词：精准使用药剂；可持续控制；生态位

* 第一作者：吴进才；E-mail：jincaiwu1952@sina.com

取食转 *Cry1C* 和 *Cry2A* 基因水稻花粉对家蚕生长发育的影响*

杨　艳** 　李云河*** 　彭于发
（中国农业科学院植物保护研究所，植物病虫害生物学国家重点实验室，北京　100193）

摘　要：我国是世界丝绸生产的中心，家蚕是我国重要的经济文化昆虫。我国南方广大养蚕地区的传统作物种植模式是稻桑间种。因此，一旦 *Bt* 水稻在中国商业化种植，*Bt* 水稻花粉可能飘落到桑叶上，如果家蚕幼虫取食了这些桑叶，那么家蚕幼虫就会接触到 Cry 蛋白。因为家蚕与靶标害虫同属鳞翅目，它可能对目前研制的 *Bt* 水稻品系中针对鳞翅目害虫的 Cry 蛋白敏感。因此，在 *Bt* 水稻获得商业化应用之前，其对家蚕的潜在影响应该被评估。

本研究以近年来培育的转基因抗虫水稻品系（表达 Cry2A 蛋白的 T2A－1、表达 Cry1C 蛋白的 T1C－19 及其亲本明恢 63）水稻花粉为材料，通过让家蚕幼虫取食附有转 *cry1C*（T1C－19）和 *cry2A*（T2A－1）基因水稻花粉的桑叶来研究其对家蚕生长发育的潜在影响。在短期试验中，家蚕初孵幼虫取食附有转 *Bt* 水稻或非转基因水稻不同浓度花粉的桑叶 3 天后转食无花粉桑叶，即使叶片花粉密度为 1 800粒/cm^2时，该密度远高于稻田附近自然飘落到桑叶上的平均水稻花粉密度，取食 *Bt* 水稻花粉对家蚕各项生命参数也无显著影响。在长期的试验中，家蚕整个幼虫期取食附有 *Bt* 水稻花粉或非 *Bt* 水稻花粉的桑叶。当取食桑叶上 *Bt* 水稻花粉密度 ≥ 150 粒/cm^2时，幼虫 14 天体重显著减少，且幼虫发育历期延缓，成虫的羽化率降低。试验结果表明，家蚕幼虫对 Cry1C 和 Cry2A 蛋白敏感，但是，考虑到家蚕幼虫在自然条件下实际暴露于 *Bt* 水稻花粉的水平极低，我们得出结论 *Bt* 水稻的种植不会对家蚕造成显著的风险。

关键词：*Bt* 水稻；Cry1C；Cry2A；家蚕；生长发育

---

* 基因项目：转基因生物新品种培育重大专项（2014ZX08011－001）和（2014ZX08011－02B）

** 作者简介：杨艳，女，博士研究生，主要从事昆虫生态学及转基因生物环境安全评价研究；E-mail：yyhndx@ 126. com

*** 通讯作者：李云河；E-mail：yunhe. li@ hotmail. com

飞机喷洒2%噻虫啉杀虫剂防治松墨天牛试验*

朱诚棋** 马 涛 温秀军***

(华南农业大学林学与风景园林学院,

林木健康诊断和保护技术研究中心,广州 510642)

摘 要:为验证噻虫啉杀虫剂防治松墨天牛的效果,在广州花都区进行直升飞机喷洒2%噻虫啉杀虫剂试验,试验面积2万亩,对施药后林冠层、林下层液滴大小密度以及松墨天牛死亡情况进行分析。通过镜检氧化镁玻片,结果表明,林冠层雾滴量多于林下层,平均为12.10个/cm^2,林冠层液滴的平均直径为(77.30±4.45)μm,林下层液滴的平均直径为(60.40±4.44)μm,液滴直径的变化量可能与飞机作业高度有关,导致液滴沉降系数发生变化,从而导致较大的液滴停留在林冠层。对于松墨天牛的死亡情况进行分析发现,飞防后第二天,松墨天牛拒食,死亡率达到高峰,为91.5%,此后死亡率逐渐减小,利用直升飞机防治松墨天牛是有效的防控措施。

关键词:松墨天牛;噻虫啉;飞机防治;效果

---

* 基金项目:中央财政林业科技推广示范项目(2015)GDTK-09

** 第一作者:朱诚棋,男,硕士研究生,研究方向:害虫综合防治及昆虫信息素;E-mail:18868803881@163.com

*** 通讯作者:温秀军,男,教授,研究方向:化学生态学和森林昆虫学

4种不同类型诱饵载体对地老虎的诱杀效果

朱香镇　雒珺瑜　张　帅　吕丽敏　王春义
张利娟　王　丽　李春花　崔金杰
（中国农业科学院棉花研究所/棉花生物学国家重点实验室，安阳　455000）

摘　要：近年来地下害虫逐步发生为害频繁，地老虎成为棉田苗期的主要害虫。为了筛选和比较不同类型诱饵载体对棉田地老虎的诱杀效果，本文于2016年在中国农业科学院棉花研究所东试验农场进行了不同用量黄豆饼、芝麻饼、棉籽饼和麦麸作为诱饵载体对地老虎的诱杀效果研究。研究结果表明，毒饵撒施2天后，使用量在5kg/亩、10kg/亩和15kg/亩的诱饵载体条件下，黄豆饼作为诱饵载体在试验区调查到的地老虎活虫数和死亡虫数最多，其次是棉籽饼诱饵载体，芝麻饼和麦麸诱饵田最少，但黄豆饼和棉籽饼诱饵田诱集到活虫数和死亡虫数差异不显著；诱杀效果以10kg/亩的黄豆饼诱饵载体条件最好，其次是棉籽饼，而后是芝麻饼，麦麸作为诱饵载体效果差。综上可见，从经济成本角度考虑，棉田地老虎诱饵载体以10kg/亩的棉籽饼诱饵载体条件较好，即可达到诱杀效果，成本较黄豆饼低。

关键词：芝麻饼；黄豆饼；棉籽饼；麦麸；诱饵；棉田；地老虎；诱杀效果

外源褪黑素对豌豆蚜生物学特性的影响*

张廷伟** 翁爱珍 刘长仲*** 刘 欢
（甘肃农业大学植物保护学院，兰州 730070）

摘 要： 豌豆蚜（*Acyrthosiphon pisum*）属于短日照滞育型害虫，是我国西北地区重要牧草苜蓿（*Medicago sativa*）等豆科植物上的重要害虫。豌豆蚜因其孤雌繁殖速度快、世代数多、种群数量大，已成为我国北方豆类作物以及苜蓿生产中的重要威胁和障碍。当前，我国尤其西北地区害虫防治仍以化学防治为主。由于化学防治容易产生“3R”问题，不符合农业生态环境保护、绿色生产和农业可持续发展的要求，因此，从害虫自身生物学和生态学特性出发寻找更有效的防治措施势在必行。豌豆蚜在年生活史中依季节变化而有规律地进行孤雌生殖和两性生殖，而光周期变化是导致蚜虫这种生殖模式转变的重要外因。因此，若能通过一定方法人工调控豌豆蚜在长日照条件下的繁殖速度或诱导其生殖模式发生转变，从而减少孤雌生殖世代的数目和种群发生数量，对于降低蚜虫的为害以及解决蚜害问题有着重大理论和实践意义。

褪黑素（Melatonin）是一种神经内分泌激素，在生物体内广泛存在，具有调节动物昼夜节律、调节动物生殖活动以及调节动物营养分配等作用。国内外对褪黑素的研究在哺乳动物中最为广泛，在生产上主要应用于调节动物生殖活动。研究表明褪黑素对啮齿类长日照繁殖动物生殖活动起到抑制作用，而对偶蹄类短日照繁殖动物生殖活动起到促进作用，可以促进牛羊的发情期提前到来。国内外关于昆虫体内褪黑素含量变化规律的研究已有大量报道，但利用外源褪黑素对昆虫生长发育、繁殖等方面研究甚少。目前关于外源褪黑素与蚜虫的研究尚属空白。

因此，本文研究了外源褪黑素对豌豆蚜生长发育、繁殖和种群动态的影响。结果表明，不同浓度褪黑素对豌豆蚜生长发育和繁殖具有显著影响（$P<0.05$）。外源褪黑素处理能导致豌豆蚜蜕皮次数增加，若蚜期明显延长。褪黑素处理后产蚜量与对照相比明显减少，而且后代中出现25%左右的畸形胚胎。同时，褪黑素处理对豌豆蚜实验种群生命参数也具有显著影响。研究表明，褪黑素对豌豆蚜的生长发育和繁殖有显著影响且与褪黑素的浓度大小密切相关，本研究为进一步研究褪黑素的作用机理以及开辟蚜害问题控制新途径奠定了基础。

关键词： 褪黑素；豌豆蚜；发育历期；繁殖力；种群参数

---

* 国家自然科学基金项目（31260433）；甘肃省青年科技基金（1606RJYA254）和甘肃农业大学盛彤笙科技创新基金项目（GSAU－STS－1419）资助

** 第一作者：张廷伟，讲师，在读博士，研究方向为害虫综合治理；E-mail：zhangtw@ gsau. edu. cn

*** 通讯作者：刘长仲，博士生导师，教授，主要从事昆虫生态及害虫综合治理研究；E-mail：liuchzh@ gsau. edu. cn

喜树碱氨基酸类衍生物的合成和杀虫活性的测定及其对 DNA 拓扑异构酶 I 的抑制作用

王丽萍　李　哲　张　兰　张燕宁　毛连纲　蒋红云
（中国农业科学院植物保护研究所，农业部作物有害生物
综合治理综合性重点实验室，北京　100193）

摘　要：喜树碱（CPT，1）是一种从喜树中提取出的喹酮生物碱化合物，对各种昆虫存在潜在的杀虫活性。本实验室之前的研究发现喜树碱会引起甜菜夜蛾细胞系的细胞凋亡，作用靶标是 DNA 拓扑异构酶 I。在本论文中，我们合成了一系列的喜树碱 20-N-［（叔丁基氧）羰基］-氨基酸衍生物，并且评价了其杀虫活性，细胞毒性，及对 DNA 拓扑异构酶 I 的抑制活性。

通过用 N-叔丁氧基羰基-氨基酸对喜树碱 20-羟基的取代合成了 7 种衍生物。生物测定结果显示，与喜树碱和羟基喜树碱（HCPT，2）相比，化合物 1a，1c 和 1e 对甜菜夜蛾 3 龄幼虫有更好的触杀活性。化合物 1a 和 1f 对甜菜夜蛾中肠细胞系 IOZCAS-Spex-II 有更好的细胞毒性，同样的，化合物 1e 和 1f 对 DNA 拓扑异构酶 I 存在更显著的解旋活性。

因此，化合物 1e 和 1f 作为 DNA 拓扑异构酶 I 抑制剂存在更好的杀虫活性，这表明：喜树碱氨基酸类衍生物进一步发展为潜在的以 DNA 拓扑异构酶 I 为靶标的杀虫剂是有前途的。

关键词：甜菜夜蛾；喜树碱衍生物；触杀活性；细胞毒性；DNA 拓扑异构酶

几种航空喷雾助剂抗蒸发性能的评价比较*

周晓欣[1,2]** 闫晓静[1] 袁会珠[1]***

（1. 中国农业科学院植物保护研究所，北京 100193；
2. 沈阳农业大学植物保护学院，沈阳 110866）

摘 要：农业航空低空低容量喷雾技术以其省工、省时、省水等优势在我国水稻、玉米等多种农作物上得以推广应用。但在航空喷雾作业过程中，农药雾滴水分蒸发会造成雾滴萎缩，形成易于飘失的小雾滴，造成环境污染、作物药害等风险。本试验采用悬滴法对高分子糖、有机硅等3种喷雾助剂瓜尔胶、AgroSpred910、加加透进行比较评价。在25℃条件下，用视频光学接触角测量仪OCA上的雾滴发生器产生1μl的单个雾滴，并在悬滴模式下使雾滴悬滴在测量仪的针头上，对雾滴进行自动拍摄（间隔时间为1s），记录下雾滴蒸发全过程，并得到雾滴体积随时间的变化情况（下表）。结果表明，供试3种喷雾助剂的抑制雾滴蒸发效果均不理想，1μl清水雾滴的完全蒸发时间为19min 12s，添加3种助剂中，添加了0.5% AgroSpred910后相雾滴蒸发时间延长了20s；添加了瓜尔胶和加加透后，雾滴蒸发时间反而缩短了，即提高了雾滴蒸发率。试验结果说明，供试的3种喷雾助剂在航空喷雾中添加后不能有效抑制雾滴的蒸发。

表 添加不同助剂雾滴体积变化结果

助剂种类	添加比例（%）	蒸发时间	4min后体积（μl）	8min后体积（μl）	12min后体积（μl）
清水	—	19min12s	0.84	0.63	0.46
瓜尔胶	0.25	9min27s	0.56	0.29	0
	0.5	14min25s	0.77	0.59	0.32
加加透	0.25	12min21s	0.72	0.41	0.14
	0.5	13min18s	0.79	0.48	0.19
AgroSpred 910	0.25	19min26s	0.86	0.65	0.47
	0.5	19min32s	0.89	0.69	0.54

关键词：航空喷雾；雾滴蒸发；喷雾助剂；悬滴法

---

* 基金项目：国家重点研发计划“农业航空低空低容量喷雾技术”（2016YFD0200703）资助
** 第一作者：周晓欣，女，硕士研究生
*** 通讯作者：袁会珠，男，研究员，主要从事农药使用技术研究

硝磺草酮在土壤中的降解特性研究*

陈思文[1**] 梁兵兵[1] 杨瑞秀[1] 张 璐[1] 延 涵[1] 盖晓彤[1] 高增贵[1***]
（沈阳农业大学植物免疫研究所，沈阳 110866）

摘 要：硝磺草酮（mesotrion），又名甲基磺草酮，中文化学名称为2－（2－硝基－4－甲磺酰基苯加酰）环己烷－1，3－二酮，主要用来防治玉米田阔叶杂草及禾本科杂草。本文采用高效液相色谱法（HPLC）检测土壤中硝磺草酮的含量，利用室内模拟的方法改变施用过硝磺草酮的土壤所处的不同环境条件，并研究自然光照下添加了 TiO_2、Fe_2O_3及腐殖酸后土壤中硝磺草酮的降解规律，结果表明：硝磺草酮在上述处理土壤中的降解均符合一级反应动力学方程，相关性系数 $r=0.8045 \sim 0.9689$。硝磺草酮的降解与土壤所处的环境条件密切相关。温度和光照对硝磺草酮降解影响较小，而土壤 pH 值、含水量、微生物含量的改变对其降解具有明显的影响，硝磺草酮在土壤中的降解的主导因素是微生物活动。因此，在碱性土壤或雨水充足的条件下施用硝磺草酮，其持效期会相对缩短。在自然光条件下研究土壤中硝磺草酮的催化降解结果表明，添加催化剂的土壤样品中硝磺草酮的降解速度明显加快；其中 TiO_2对硝磺草酮催化降解效果最好，因此，TiO_2具有开发硝磺草酮残留土壤缓解剂的潜力。

关键词：硝磺草酮；催化降解；TiO_2

---

* 基金项目：国家公益性行业（农业）科研专项（201203098）

** 第一作者：陈思文，硕士研究生，从事玉米灰斑病抗性鉴定研究；E-mail：542826041@qq.com

*** 通讯作者：高增贵，博士，研究员，主要从事植物病理学和有害生物与环境安全研究；E-mail：gaozenggui@sina.com

除草剂对籽用南瓜的安全性评价

王　宇*　黄春艳　郭玉莲　黄元炬　朴德万
（黑龙江省农业科学院植物保护研究所，哈尔滨　150086）

摘　要：黑龙江省是我国籽用南瓜（白瓜籽）的主要生产和出口基地，年种植面积20万 hm^2左右，产品主要出口俄罗斯、日本、中国台湾、韩国等国家，出口量占全国的70%以上。生产中杂草危害是影响籽用南瓜产量及品质的重要因素之一，而现在在南瓜上登记的除草剂品种还很少，只有两个土壤处理的混剂品种。为了明确除草剂对籽用南瓜的安全性，我们选用乙草胺、精异丙甲草胺、二甲戊灵、异噁草松、唑嘧磺草胺、噻吩磺隆、嗪草酮等7种土壤处理除草剂以及氟磺胺草醚、三氟羧草醚、乙羧氟草醚、氯酯磺草胺、苯达松、精喹禾灵、烯草酮、高效氟吡甲禾灵等8种茎叶处理除草剂，进行了对籽用南瓜银辉2号苗期安全性田间小区试验。

试验结果表明，7种土壤处理除草剂均不影响籽用南瓜出苗。出苗后嗪草酮处理籽用南瓜从下部叶片开始干枯至全株枯死。乙草胺处理籽用南瓜底部叶片部分干枯，生长抑制，苗期鲜重抑制率为40%左右。唑嘧磺草胺处理籽用南瓜新生叶畸形，皱缩，生长抑制，苗期鲜重抑制率30%左右。精异丙甲草胺、二甲戊灵、异噁草松、噻吩磺隆处理对籽用南瓜生长无明显影响。

8种茎叶处理除草剂中，防除阔叶杂草的5种除草剂对籽用南瓜均有不同程度的药害。灭草松、三氟羧草醚处理籽用南瓜叶片干枯，部分死苗，剩余苗可长出新叶，但生长严重抑制，鲜重抑制率高达80%～90%。氯酯磺草胺处理籽用南瓜叶片皱缩，黄绿相间，生长抑制，鲜重抑制率可达65%。氟磺胺草醚和乙羧氟草醚处理籽用南瓜着药叶片密布药害斑，新生叶可正常生长，但生长抑制，鲜重抑制率50%左右。防除禾本科杂草的3种除草剂喹禾灵、烯草酮、高效氟吡甲禾灵对籽用南瓜生长无明显影响。

关键词：除草剂；籽用南瓜；安全性

* 第一作者：王宇；E-mail：rg_ wang@ sina. com

莠去津及烟嘧磺隆残留土壤修复技术初探*

王素娜** 梁兵兵 杨瑞秀 张 璐 延 涵 盖晓彤 高增贵***
（沈阳农业大学植物免疫研究所，沈阳 110866）

摘 要：莠去津、烟嘧磺隆是广泛应用于玉米田的两种长残留除草剂，多年使用对下茬作物药害十分严重，因此，开发莠去津、烟嘧磺隆残留土壤的修复技术具有重要意义。本文利用生物炭及本实验室保存的莠去津降解木霉菌株 Ttrm11 和 Ttrm12 对莠去津残留土壤进行修复研究，以大豆作为指示作物，结果表明 Ttrm11 和 Ttrm12 木霉菌及生物炭处理都具有一定的修复效果，其中以 5% 生物炭修复效果最好；利用生物炭及烟嘧磺隆降解木霉菌株 Ttrm40 和 Ttrm54 对烟嘧磺隆残留土壤进行修复，以油菜作为指示作物，发现两种处理均可对油菜的生长起到促进作用，以 5% 生物炭修复效果最佳。本研究对大豆及油菜收获期土壤中两种除草剂的含量进行检测分析发现，添加了生物炭的土壤中除草剂的含量并没有大幅下降，因此，推测生物炭可通过提高土壤有机质含量，以改善土壤理化性状促进植物生长或生物炭本身对除草剂的吸附缓释作用，减弱了除草剂对敏感作物的伤害。

关键词：莠去津；烟嘧磺隆；土壤修复；生物炭；木霉

---

* 基金项目：国家公益性行业（农业）科研专项（201203098）

** 第一作者：王素娜，博士研究生，从事甜瓜连作障碍研究；E-mail：wang - suna@ 163. com

*** 通讯作者：高增贵，博士，研究员，主要从事植物病理学和有害生物与环境安全研究；E-mail：gaozenggui@ sina. com

水竹叶对直播水稻产量的影响及其生态经济阈值研究

田志慧　沈国辉
（上海市农业科学院生态环境保护研究所，上海　201403）

摘　要：水竹叶［*Murdannia triquetra*（Wall.）Bruckn.］系鸭跖草科水竹叶属草本植物，在长江中下游地区为一年生杂草，种子和匍匐茎均能繁殖。近年来，由于稻田长期使用酰胺类和磺酰脲类除草剂，喜生于潮湿地的水竹叶逐渐上升为稻田主要杂草，对水稻高产创建构成了严重威胁。因此，研究水竹叶对直播稻产量的影响及其经济阈值，可为制定稻田水竹叶防治指标和措施提供科学依据。

在大田条件下，采用添加系列试验法，设置不同水竹叶密度（0、1 株/m^2、2 株/m^2、4 株/m^2、8 株/m^2、16 株/m^2、32 株/m^2）和不同水竹叶生长时间（与水稻共生 0 天、15 天、30 天、45 天、60 天和全生育期），研究水竹叶对水稻产量的影响。然后通过回归分析，探寻不同密度和生长时间水竹叶与水稻产量性状及损失率的相关关系，根据相关度及曲线拟合度等选出最佳的拟合模型，确定水竹叶的经济危害允许水平（EIL）及生态经济阈值和防除时间。结果表明：①不同水竹叶密度梯度下，随着水竹叶密度的逐渐增加，水稻的有效穗数、单穗实粒数和产量呈逐渐递减的趋势，但水稻千粒重差异不显著；当水竹叶密度为 2 株/m^2 时，水稻穗数和产量均显著低于无水竹叶对照区，产量下降 21.9%，田间水竹叶的密度越高，水稻产量损失越显著；当水竹叶密度 4 株/m^2 时，单穗粒数显著低于无水竹叶对照区。从各回归模型的 R^2 值、F 值显著性及曲线的实际拟合效果综合分析，水稻产量与水竹叶密度之间的关系符合对数函数模型 $Y=7\,995.20-3\,558.98\log(x)$，而对数函数模型 $y=45.01\log(x)-1.10$ 能较好地表示水竹叶密度与水稻产量损失率之间的关系。②不同水竹叶为害时间条件下，当水竹叶与水稻共生 30 天时，水稻单穗粒数和产量即显著低于无水竹叶对照区，产量降低 10.0%；当水竹叶与水稻共生 60 天时，水稻有效穗数显著低于无水竹叶对照区。从各回归模型的 R^2 值、F 值显著性及曲线的实际拟合效果综合分析，水稻产量与水竹叶为害时间之间的关系符合二次曲线 $y=9\,483.78-76.64x+0.26x^2$ 和指数模型 $y=9\,091.48e-0.007x$，而二次曲线 $y=-16.61+0.96x-0.003x^2$ 能较好地表示水竹叶为害时间与水稻产量损失率之间的关系。综上所述，由拟合的水竹叶密度与水稻产量损失率的关系模型 $y=45.01\log(x)-1.10$ 和水竹叶为害时间与水稻产量损失率的关系模型 $y=-16.61+0.96x-0.003x^2$ 得出，稻田水竹叶的相应经济阈值为 1.70 株/m^2，防除时间应在水稻生长 29.75 天内。

关键词：水竹叶；水稻；产量

10 种土壤处理除草剂对白花鬼针草的防效评价*

田兴山** 冯 莉*** 李卫鹭 张 纯 岳茂峰 崔 烨
（广东省农业科学院植物保护研究所/广东省植物保护新技术重点实验室，广州 510640）

摘 要：白花鬼针草（*Bidens alba* Linn.）属菊科（Compositae）鬼针草属（*Bidens*）原产美洲热带的一种具有极强繁殖力和传播力的杂草，现在我国主要分布于广东、广西、海南、云南、贵州等地，常以密集成片的单优势种群出现在路边、荒地、住宅周围、果园、林地以及农田周边和田埂上，已成为这些地区分布范围最广的外来入侵杂草之一。白花鬼针草在广东一年四季开花结果，以种子繁殖为主，近几年其入侵旱作田（如蔬菜、花生、甜玉米等）危害越来越普遍，已成为危害农业生产和生物多样性的恶性杂草。本文研究其在不同温度下种子萌发和幼苗生长速度，以及南方旱作田常用的 10 种土壤处理除草剂对其防控效果，为探索其入侵农田途径和有效防控提供依据。采集白花鬼针草成熟的种子分别在 15℃/10℃、25℃/20℃、35℃/30℃的人工光照培养箱中，用培养皿滤纸床培养法和盆栽土壤培养法，比较其在不同温度下种子萌发和幼苗生长特性；用室内盆栽定量播种生测法，研究在 25℃/30℃条件下 10 种土壤处理除草剂（丁草胺、乙草胺、敌草胺、异丙甲草胺、二甲戊灵、莠去津、乙氧氟草醚、甲咪唑盐酸、莠灭净、敌草隆）在其田间推荐使用的低剂量和高剂量处理下对白花鬼针草的防控效果，清水处理作空白对照，施药器械 ASS-4 化学农药自动控制喷洒系统，药后 10 天、20 天调查株防效和 20 天鲜重防效。①白花鬼针草在不同温度 15℃/10℃、25℃/20℃、35℃/30℃下培养 20 天的总萌发率分别为 71.2%、80.8%、84.8%，不同温度之间发芽率无显著差异；但在低温 15/10℃条件下发芽达到 50%需要 16 天，而在 25℃/20℃、35℃/30℃温度条件下仅需要 3 天，结果表明，白花鬼针草在 20～35℃的温度条件下出苗快，竞争力强。②白花鬼针草在不同温度下培养 30 天的株高和鲜重测定结果表明，平均单株鲜重和株高在 25℃/20℃和 35℃/30℃温度下显著高于 15℃/10℃，表明白花鬼针草在 20～35℃的环境下幼苗生长速度快。③10 种土壤处理除草剂分别用其田间推荐使用的低剂量和高剂量处理后，药后 10 天白花鬼针草有较多出苗，各药剂处理的株防效均低于 50%；药后 20 天的防效调查：其中莠去津 1 710（单位 g a. i. /hm^2下同），莠灭净 1 200和 2 400，敌草隆 1 800和 3 000处理下株防效和鲜重防效均达到 100%；丁草胺 750 和 1 500，乙草胺 810 和 1 620，二甲戊灵 495 和 990，在其低剂量处理下株防效达到 70%～80%，在其高剂量和莠去津 855、异丙甲草胺 1 440处理下株防效可达到 80%～90%，鲜重防效均超过 85%；仅敌草胺 750 和 1 500，异丙甲草胺 720，乙氧氟草醚 54 和 72，甲咪唑盐酸 72 和 108 处理下株防效和鲜重

---

* 基金项目：国家科技支撑项目（2015BAD08B02）

** 第一作者：田兴山，从事有害植物防控研究；E-mail：xstian@ tom. com

*** 通讯作者：冯莉；E-mail：fengligd@ 126. com

防效均低于50%，需要提高处理剂量才能达到有效防控效果。

综合上述研究结果表明，大多数土壤处理剂在推荐使用剂量下对白花鬼针草有一定的防控效，但由于其在20~35℃温度条件下在较短的时间内具有较高的萌发率和生长速度，且其瘦果顶端带有刺芒，极易挂在农户的衣服、动物的毛皮以及农具上，随着农作物在作物出苗后而携带传播进入农田大发生危害，因此，清除农田附近沟边、田埂上的白花鬼针草是控制其进入农田危害的关键措施之一。

关键词：外来入侵植物；白花鬼针草；芽前除草剂；控制效果；旱作田危害

流式细胞仪检测喜树碱诱导的甜菜夜蛾 Spex-II 细胞凋亡*

任小双** 张 兰 张燕宁 毛连刚 蒋红云***
(中国农业科学院植物保护研究所，农业部
作物有害生物综合治理综合性重点实验室，北京 100193)

摘 要：喜树碱，作为一种植物源杀虫剂，具有良好的抑制昆虫生长发育活性，其诱导昆虫细胞凋亡的作用方式和机制尚不清楚。线粒体途径作为细胞凋亡的主要通路之一，但线粒体在如何参与昆虫细胞凋亡调控的还不得而知。为了进一步清楚和完善喜树碱诱导的昆虫细胞凋亡机制，探究线粒体在昆虫细胞凋亡中的作用，我们通过喜树碱和羟基喜树碱诱导甜菜夜蛾细胞凋亡，MTS 法测定了细胞活性，流式细胞仪测定了凋亡过程中线粒体功能变化，如 ROS，钙离子，线粒体膜电位。结果发现 CPT 和 HCPT 可以明显抑制细胞的生长活性，10μM 的 CPT 和 HCPT 处理 48h，细胞生长抑制率达到 60% 以上，且存在时间和浓度效应，同时，与 Annexin V-FITC/PI 双染的结果一致，凋亡率在 48h 变化最为显著。流式细胞仪检测到 Ca^{2+} 和 ROS 的荧光强度增强，线粒体膜电位的损失和降低，又线粒体膜电位的降低促进了 ROS 和 Ca^{2+} 的产生和释放，并且 ROS，Ca^{2+}，线粒体膜电位的变化都存在一定程度的剂量效应。综上所述，我们不难发现，ROS 和 Ca^{2+}、线粒体膜电位参与喜树碱诱导的凋亡，即喜树碱诱导的甜菜夜蛾细胞凋亡可能存在线粒体内途径，本研究可以提高我们对甜菜夜蛾甚至昆虫凋亡通路的认识，并为更好地揭示喜树碱和羟基喜树碱的作用毒理机制提供帮助。

关键词：喜树碱；流式细胞仪；线粒体；甜菜夜蛾

---

* 基金项目：国家自然科学基金项目（31371967，31272079）

** 作者简介：任小双，女，硕士研究生，研究方向为农药毒理学及天然产物化学；E-mail：xsren1991@sina.com

*** 通讯作者：蒋红云；E-mail：PTNPC@vip.163.com

玉米大斑病高效杀菌剂的筛选*

戴冬青** 许苗苗 马双新 刘俊 曹志艳*** 巩校东 谷守芹 董金皋***
（河北农业大学，真菌毒素与植物分子病理学实验室，保定 071001）

摘 要：玉米大斑病（Northern Corn Leaf Blight，NCLB）是一种世界性玉米病害，主要引起玉米叶部发病，常给玉米生产带来严重的经济损失。玉米大斑病菌是引起该病的病原，主要通过机械穿透侵入寄主组织，继而发病。目前，农业生产上主要采用抗病品种防治该病害，但在大斑病流行年份品种抗性极易丧失。为安全高效的控制玉米大斑病，本研究以玉米大斑病菌为试验对象，将不同种类的杀菌剂进行复配，寻找最佳的药剂组合，降低农药的使用剂量，最终实现防病、增产及减量化防治的目标。通过测定药剂复配处理后的玉米大斑病菌孢子萌发率、附着胞形成率、菌丝生长速率以及玉米大斑病菌对寄主的侵染能力确定不同杀菌剂的抑制效果。根据测定的不同处理（壳寡糖、吡唑醚菌酯、苯醚甲环唑、三环唑）抑制玉米大斑病菌的 EC_{50} 值，进行复配药剂筛选。结果如下：①对玉米大斑病菌抑制效果比较好的单剂是苯醚甲环唑（EC_{50} 为 0.014 μg/ml）和吡唑醚菌酯（EC_{50} 值 0.148 μg/ml）。②吡唑醚菌酯对大斑病菌的分生孢子萌发和附着胞形成均有明显的抑制作用；在玉米幼苗期，向玉米叶面喷施吡唑醚菌酯溶液，玉米植株大斑病的病斑数量和病斑面积均明显减少。③减量化防治效果好的组合是壳寡糖＋三环唑＋吡唑醚菌酯的处理。

关键词：玉米大斑病菌；杀菌剂；防控

---

* 基金项目：河北省高等学校科学技术研究项目（ZD2014053），现代农业产业技术体系（CARS－02）

** 作者简介：戴冬青，硕士研究生，研究方向为玉米大斑病防治的研究；E-mail：m15933562795@163.com

*** 通讯作者：曹志艳；E-mail：caoyan208@126. com
董金皋；E－mail：dongjingao@126. com

玉米抗大斑病 *Htn*1 Locus 结构与功能分析*

吕润玲[1**]　赵立卿[1]　刘星晨[1]　巩校东[1]
张运峰[2]　曹志艳[1]　谷守芹[1]　范永山[2***]　董金皋[1***]
（1. 河北农业大学真菌毒素与植物分子病理学实验室，保定　071001；
2. 唐山师范学院，唐山　063000）

摘　要：玉米对大斑病的抗性可分为多基因控制的数量性状抗性和显性单基因控制的质量性状抗性，前者涉及玉米的 10 条染色体，后者包括 *Ht*1、*Ht*2、*Ht*3 和 *Htn*1 等抗性基因。*Htn*1 是一个重要的遗传抗性来源，最初在 1970 年从墨西哥引进到现代玉米品系中发现的，可以特异性地克服 N 号玉米大斑病菌生理小种的侵染。*Htn*1 抗性反应与其他已知的主要玉米大斑病抗性基因不同，*Htn*1 基因座的主要抗病作用是延长病害潜育期、延缓病斑出现和推迟产孢时间等，而 *Ht*1、*Ht*2 和 *Ht*3 的抗病作用主要表现为限制病斑扩散等。*Htn*1 基因座是抵抗玉米大斑病菌 N 号生理小种的显性质量抗病基因，与 *Ht*1、*Ht*2、*Ht*3 基因是独立遗传的。

本研究基于玉米基因组的序列信息，对 *Htn*1 基因座的基因组成、在染色体上的位置、分子功能、重要结构域和作用途径等有关信息进行了分析。结果表明，该基因座位于玉米 8 号染色体长臂上，起止位置分别为 161805970 和 162567305；利用高分辨率 SNP 标记方法映射的物理间隔为 131. 7kb，含有 69 个基因，这些基因编码的蛋白质中包含泛素结构域、锌指结构域、蔗糖合酶结构域、还原酶结构域及小细菌蛋白和 RNA/DNA 结合蛋白等；其中有些基因对 RNA 转运、转录因子增强子增强抗病基因表达、淀粉和蔗糖代谢、脂肪酸代谢等过程有重要作用。基于以上分析，*Htn*1 基因座抗大斑病的作用机理可能包括：通过参与细胞壁发育增强细胞的物理防御；通过蛋白质结合、GTP 酶活性、GTP 结合结构域、锌指结构域、RNA 转运等功能参与玉米细胞与病菌毒素或激发子的信号识别和传导；通过泛素功能结构域、小细菌蛋白家族、氧化还原酶等分子功能，通过对病菌致病因子的化学降解抵御病菌在玉米细胞内的扩展，增强子可直接提高抗病基因的表达水平等。以上研究，为明确玉米抗大斑病的分子机制和选育抗性作物品种提供依据，也可为最大限度减少农药及化肥的使用种类和数量、有效改善农业生态条件和生态环境，最终为提高粮食安全提供保障。

关键词：玉米大斑病；抗病基因；*Htn*1 基因座；功能分析；抗病机制

---

* 基金项目：国家自然科学基金项目（31271997，31371897）；河北省自然科学基金项目（C2014105067）

** 第一作者：吕润玲，硕士研究生；E-mail：2403389587@ qq. com
*** 通讯作者：范永山；E-mail：fanyongshan@ 126. com
董金皋；E-mail：dogjingao@ 126. com

不同浓度梯度戊唑醇处理防治玉米丝黑穗病试验效果比较*

苏前富** 孟玲敏 贾娇 张伟 李红 晋齐鸣

（吉林省农业科学院/农业部东北作物有害生物综合治理重点实验室，长春 130033）

摘 要：玉米丝黑穗病是东北春玉米区主要病害之一，由于感病品种的种植以及春播低温持续时间过长，另外种衣剂中戊唑醇浓度不够，常造成玉米丝黑穗病的普遍发生。本研究以感病吉单 209 为受试试验材料，种衣剂戊唑醇浓度分别设置为 0.1%、0.3%、0.5%、0.7%、0.9% 和 1.1% 的浓度梯度，用种衣剂进行包衣，药种包衣质量比均为 1：50，播种前一天均匀包衣，并设空白对照，每个处理设 3 次重复，小区面积为 $36m^2$。播种时用 0.1% 的玉米丝黑穗病原菌孢子菌土覆盖在种子上部，以完全覆盖为宜。试验结果表明：0.1% ~1.1% 戊唑醇包衣对玉米丝黑穗病均有较好的防治效果，玉米丝黑穗病平均发生率依次为 3.41%、1.90%、2.97%、2.30%、0.86% 和 1.99%，对照玉米丝黑穗病平均发生率为 23.65%。但 0.1% 和 0.7% 戊唑醇处理重复丝黑穗病发生率最高达 4.98%，至 0.9% 戊唑醇浓度包衣后，丝黑穗病发生率较为平稳，各重复处理发生率均低于 4%，说明利用含有 0.9% 以上戊唑醇的种衣剂包衣能够高效稳定防治玉米丝黑穗病。

关键词：戊唑醇；丝黑穗病；浓度梯度；防治效果

* 基金项目：国家玉米产业技术体系（CARS-02）；吉林省科技发展计划项目（20150326018ZX）

** 作者简介：苏前富，男，博士，副研究员，从事玉米病害研究；E-mail：qianfusu@126.com

不同杀菌剂对禾谷镰孢的抑菌效果*

许苗苗** 戴冬青 刘 俊 马双新 曹志艳*** 董金皋***
（河北农业大学，真菌毒素与植物分子病理学实验室，保定 071001）

摘 要：玉米茎腐病是由镰孢菌属真菌引起的重要的玉米病害，其主要的致病菌为禾谷镰孢（*Fusarium graminearum*），该病害在我国大部分玉米产区严重发生，导致玉米减产。本试验采用菌丝生长速率法测定壳寡糖、吡唑醚菌酯、苯醚甲环唑、三环唑等杀菌剂对禾谷镰孢的抑制效果，确定其 EC_{50} 值，并对这 4 种杀菌剂进行复配，寻找最佳的药剂组合，以降低农药的使用剂量，最终实现防病、增产及减量化防治的目标。经计算得到不同杀菌剂对禾谷镰孢的 EC_{50} 值，其中对禾谷镰孢抑制效果较好的有苯醚甲环唑和吡唑醚菌酯，EC_{50} 分别为 0. 53μg/ml 和 0. 32 μg/ml；壳寡糖和三环唑的抑菌效果较差，其中壳寡糖 EC_{50} 值为 2 044μg/ml、三环唑 EC_{50} 值为 73μg/ml。不同杀菌剂复配的结果表明，吡唑醚菌酯 + 苯醚甲环唑组合、吡唑醚菌酯 + 三环唑组合、苯醚甲环唑 + 三环唑组合可实现杀菌剂的增效作用；壳寡糖 + 三环唑 + 吡唑醚菌酯组合可减少化学杀菌剂的使用剂量。

关键词：玉米茎腐病；禾谷镰孢；杀菌剂

---

* 基金项目：现代农业产业技术体系（CARS－02）

** 作者简介：许苗苗，硕士研究生，研究方向为茎腐病致病性的研究；E-mail：18232185202@163. com

*** 通讯作者：曹志艳；E-mail：caoyan208@126. com
董金皋；E-mail：dongjingao@126. com

玉米抗大斑病 *Ht*1 Locus 结构与功能分析*

郑亚男[1**]　刘星晨[1]　赵立卿[1]　巩校东[1]　张运峰[2]
曹志艳[1]　谷守芹[1]　范永山[2***]　董金皋[1***]
（1. 河北农业大学真菌毒素与植物分子病理学实验室，保定　071001；
2. 唐山师范学院，唐山　063000）

摘　要：玉米大斑病菌侵入玉米的原理是病菌在玉米叶片细胞表面孢子萌发，产生附着胞，进而在其细胞壁和细胞膜之间产生黑色素沉积，产生较大膨压，形成侵入钉，穿透细胞组织，然后释放 HT-毒素，造成细胞膜及叶绿体损伤。玉米对大斑病的抗性有质量遗传抗性和数量遗传抗性两种。数量抗性是受多基因控制，属水平抗性，质量抗病性是受显性单基因控制的垂直抗性，位于玉米不同染色体上，其抗性基因 *Ht*1、*Ht*2、*Ht*3 和 *HtN* 分别对特定玉米大斑病菌生理小种具有抗性。因此，寻找与这些主效抗性基因紧密连锁的分子标记，并利用这些标记辅助选择聚合不同抗病基因的新材料，在培育抗病品种、控制玉米大斑病的发生等方面具有重要意义。自 1963 年 Hooker 发现了玉米中存在单基因抗性并鉴定出 *Ht*1 基因后，国内外许多学者对玉米大斑病显性单基因 *Ht*1、*Ht*2、*Ht*3 和 *HtN* 进行了连锁图定位或者原位杂交定位，将 *Ht*1 抗性单基因定位于 2 号染色体上；*Ht*3 抗性单基因被定位于 7 号染色体上；*Ht*2 和 *HtN* 抗性单基因被定位于 8 号染色体上。

本研究在利用 NCBI、MaizeGDB 和 Esemblplants 及参考相关文献对玉米抗大斑病 *Ht*1 基因座的位置、起始终止点、结构域、细胞定位及功能等方面进行了系统分析，结果显示 *Ht*1 基因座位于玉米 2 号染色体长臂上，起始终止位置为 192589913-195782417，共包含 105 个基因。其中 54 个基因位于正链，51 个基因位于负链；功能研究较为清楚的有 95 个基因，其中表达产物具有氧化还原酶活性的基因较多，其他基因功能集中在 DNA 结合及转录因子等方面；基因表达产物主要定位于细胞核和质膜。基于以上分析结果，推测 *Ht*1 基因座上的抗病基因（*LOC*100283526、*LOC*100286342）表达产物在质膜上发挥转移酶活性，并进而影响 HT-毒素与其受体的正常识别；抗病基因（*LOC*100281392，*LOC*542483，*LOC*103647610）表达产物皆具有氧化还原酶的活性，可减少分子氧化，推测细胞以此对抗 HT-毒素所诱导的胞内活性氧 AO 大量积累，减少或避免膜脂的过氧化，从而保证细胞外部形态的正常而阻止玉米大斑病菌的侵入。

关键词：*Ht*1 基因座；抗病机制；玉米大斑病；功能；细胞定位

---

* 基金项目：国家自然科学基金项目（31271997，31371897）；河北省自然科学基金项目（C2014105067）

** 第一作者：郑亚男，硕士研究生；E-mail：547836287@qq.com

*** 通讯作者：范永山；E-mail：fanyongshan@126.com
董金皋；E-mail：dogjingao@126.com

水稻品种抗稻瘟病性鉴定及抗源筛选与利用

刘晓梅[1*]　姜兆远[1]　李　莉[1]　张金花[1]　孙　辉[1]
高　鹏[2]　谢丽英[3]　任金平[1]
（1. 吉林省农业科学院植物保护研究所，公主岭　136100；
2. 吉林省农业科学院，公主岭　136100；
3. 吉林省通化市柳河县向阳镇农业技术推广总站，通化　135305）

摘　要：稻瘟病是水稻三大病害之一，每年都有不同程度的发生与为害。种植抗病材料是防治稻瘟病的根本，抗源筛选是抗病育种的基础和前提。

本文采用人工接种和田间自然诱发的方法对吉林省水稻新品种进行稻瘟病鉴定和综合评价，从2001—2012年共鉴定2 471份参试水稻材料，对12年鉴定结果进行统计汇总，达到高抗水平的材料占鉴定总数的0.7%，抗病材料占鉴定总数的12.8%，中抗材料占鉴定总数的30.9%，中感材料占鉴定总数的18.6%，感病材料占鉴定总数的29.6%，高感材料占鉴定总数的7.4%。从中筛选出187份抗性较好的材料为育种者提供抗性资源，并在2003—2012年审定品种中被引用的抗性材料达30次，为选育优质、抗稻瘟病新品种（组合）具有重要的利用价值。

关键词：水稻；稻瘟病；鉴定；抗源筛选

* 第一作者：刘晓梅；E-mail：xmsuliu@163.com

胰岛素信号通路和FOXO调控烟蚜茧蜂海藻糖积累的机制初探*

安　涛**　张洪志　刘晨曦　王孟卿　陈红印　张礼生***

（中国农业科学院植物保护研究所，中美合作生物防治实验室，北京　100081）

摘　要： 烟蚜茧蜂（*Aphidius gifuensis* Ashmead）隶属于膜翅目蚜茧蜂科，是防治蚜虫的一种优良内寄生性天敌，在应用过程中可以通过人工诱导滞育显著延长产品货架期，解决天敌产品供求脱节等问题。海藻糖不仅是昆虫的主要能量来源，更与干旱、脱水、热、冷和氧化等应力条件有关，研究已表明烟蚜茧蜂在滞育状态下海藻糖含量增加，糖原含量降低，属于海藻糖积累性，研究海藻糖的积累机制不仅可以对寄生蜂的滞育机制进行初探，还可以作为判断其滞育状态的重要生理指标。本研究拟在iTRAQ技术的基础上，结合转录组、生物化学、代谢组学等技术，将正常组（pre-D）、滞育组（D）和解除组（post-D）的差异表达基因与差异表达蛋白进行关联分析，以相关滞育关联蛋白为重点，结合与滞育相关的差异表达基因，系统研究胰岛素信号通路和FOXO调控的相关滞育表型，分析得到88个滞育关联蛋白（Diapause Associated Protein，DAP）和59个滞育相关基因，将它们进行关联分析，选中其中9个候选滞育相关基因进行了更深一步的qRT-PCR，发现其抗逆性、自身免疫、物质积累、信号转导等滞育表型及功能在滞育调节中具有重要作用。其中，包括调控胰岛素代谢的相关的α-α-海藻糖磷酸合酶（gi_ 665784928）和肌钙蛋白（gi_ 345480545），滞育/非滞育表达差异分别为1.93和3.40，经过进一步生物信息学分析，该两个基因在胰岛素信号通路和FOXO的调控机制下，对胰岛素含量的变化有重要的调节作用。在低温短日照条件下，短日照会导致胰岛素信号通路中很保守的PI3K-Akt信号通路关闭，这将解除对FOXO蛋白的磷酸化，促进其易位到细胞核，调控FOXO下游靶标基因的表达，控制海藻糖的积累。海藻糖、脂肪和山梨醇在滞育个体中发挥抗寒、抗干旱等抗逆性有十分密切的作用，已有研究表明滞育烟蚜茧蜂会大量积累以上物质，通过研究这些滞育表型的调节机制将进一步填补烟蚜茧蜂滞育理论研究的空缺，为小型寄生蜂滞育理论的研究奠定基础。

关键词： 滞育烟蚜茧蜂；海藻糖积累；FOXO；胰岛素信号通路

---

* 基金项目：国家自然科学基金项目（31572062、31071742）；973计划项目（2013CB127602）；公益性行业（农业）科研专项（201103002）

** 作者简介：安涛，男，硕士研究生；E-mail：antaolyzj@163.com

*** 通讯作者：张礼生，研究员；E-mail：zhangleesheng@163.com

调控人工饲料中甾醇的含量对黏虫及其天敌蠋蝽生长发育的影响*

郭　义[1**]　陈美均[2]　张海平[1]　王　娟[1]　张长华[3]　易忠经[3]
杨在友[3]　刘晨曦[1]　王孟卿[1]　张礼生[1]　陈红印[1***]
（1. 中国农业科学院植物保护研究所/农业部作物有害生物综合治理重点实验室，北京　100081；2. 湖南农业大学，长沙　410128；
3. 贵州省烟草公司遵义市公司，遵义　563000）

摘　要：甾醇是昆虫生长发育所必需的物质，昆虫自身不能合成，必须从食物中摄取。研究表明，调控植物体内甾醇的含量或种类可以用来防治害虫，但天敌取食这种害虫后，对自身的发育也可能会产生影响。本文以黏虫人工饲料、黏虫［*Mythimna separata*（Walker）］和蠋蝽（*Arma chinensis*Fallou）为材料，研究在三级营养关系传递过程中，不同含量的植物甾醇对植食性害虫和天敌的生长发育影响程度，以期找到人工饲料中植物甾醇的合理含量，此含量的甾醇既能有效的防治害虫，又不会对天敌正常的生长发育产生不利影响，从而为实际生产提供理论指导。研究中，用正己烷和无水乙醇将黏虫人工饲料配方中含有植物甾醇的玉米粉和小麦胚芽粉进行 1 次、2 次、5 次洗脱，然后用柱层析法将洗脱液中的甾醇和其他营养物质分离，加入其他配方配制成正常的人工饲料（T0）、脱除 1 次甾醇的人工饲料（T1）、脱除 2 次甾醇的人工饲料（T2）、脱除 5 次甾醇的人工饲料（T5），分别用这些饲料饲喂黏虫，得到体内甾醇含量不同的黏虫幼虫（Ms0、Ms1、Ms2、Ms5），并与饲喂玉米苗（Ms-CK）的做比较，进而用获得的黏虫幼虫饲喂蠋蝽，得到处理分别为 Ac0、Ac1、Ac2、Ac5、Ac-ck。对几种人工饲料和所获得的黏虫进行 GC-MS 检测表明，T0、T1、T2、T5 饲料中甾醇含量递减，T5 饲料中几乎不含甾醇；Ms0、Ms-CK、Ms1、Ms2、Ms5 处理中黏虫体内甾醇含量递减，但不如饲料中的递减明显；取食这些黏虫的蠋蝽体内甾醇含量尚未检测。在黏虫生长发育方面，随着甾醇含量的减少，幼虫的死亡率也在逐渐升高，Ms-CK、Ms0、Ms1、Ms2、Ms5 分别为 25.00%、23.46%、32.35%、54.00%、64.00%；在幼虫发育到 20 天时的体重方面，与上述趋势相似，分别为 60.10mg、51.00mg、44.20mg、33.26mg、13.66mg；Ms-CK、Ms0、Ms1 的黏虫，大部分能完成整个发育历期，Ms2 和 Ms5 的黏虫，幼虫死亡率高，没有成功化蛹的；在成功化蛹的 3 个处理中，蛹重表现为 Ms-CK、Ms0、Ms1 递增的趋势，分别为 227.44mg、241.59mg、279.34mg。在蠋蝽生长发育方面，以 Ac-CK、Ac0、Ac1、Ac2、Ac5 为顺序，

* 基金项目：公益性行业（农业）科研专项（201103002）；“948”项目（2011-G4）

** 第一作者：郭义，男，博士研究生，研究方向为害虫生物防治；E-mail：guoyi20081120@163.com
*** 通讯作者：陈红印；E-mail：hongyinc@163.com

每一龄的发育历期都表现为延长趋势；在体重方面，1、2 龄没有明显差别，从 3 龄开始也表现为按 Ac-CK、Ac0、Ac1、Ac2、Ac5 顺序依次减小的趋势；成虫的繁殖力数据尚未获得。降低人工饲料中甾醇的含量会对黏虫的发育产生不利影响，甾醇含量越低，越不利于黏虫的生长发育，可以在实际生产中降低作物中植物甾醇的含量来防治黏虫。但若作物体内植物甾醇含量过低，则会间接对天敌蠋蝽的生长发育产生不利的影响。寻找合适的甾醇含量以及对天敌体内代谢物产生的影响是后续研究的重点。

关键词：甾醇；蠋蝽；黏虫；人工饲料；生长发育

植物油助剂介入喷雾防治小麦蚜虫的减量控害效果研究

陈立涛[1]* 高军[2] 郝延堂[1] 马建英[1] 张大鹏[1]
（1. 河北省馆陶县植保植检站，馆陶 057750；
2. 河北省植保植检站，石家庄 050035）

摘 要：在防治冬小麦蚜虫时，加入由非离子表面活性剂、油酸甲酯、玉米胚芽油、油茶籽油、大豆油等组成的植物油助剂，药后1天比常规防治提高效果3.16%，药后3天比常规防治提高效果6.54%，药后5天比常规防治提高效果2.1%。同时，在用药量减少20%～40%时，防效与常规防治无显著差异。助剂介入后，在增加防效和降低用药量方面效果明显。

关键词：小麦；蚜虫；助剂；防效

蚜虫是小麦上常年发生的主要害虫，一般年份为偏重至大发生，造成千粒重下降，严重减产[1]。防治蚜虫的主要手段为药剂喷雾，防治蚜虫的用药量在小麦整个生育期用药量中占到30%～50%，常年大量使用药剂带来天敌伤害和蚜虫抗药性[2-6]。因此，减少防治蚜虫的用药用量，从而减少天敌伤害，并对降低蚜虫抗药性水平有着重要意义。

本试验安排植物油助剂介入喷雾防治小麦蚜虫，调查防效及农药用量情况，旨在探索麦蚜防控的减量控害技术。

1 试验设计

1.1 地点选择

试验地点位于馆陶县祥平农场，常年小麦－玉米连作，土壤肥沃，地势平坦，产量中上等。2015年10月15日播种，播种量12.5kg/亩，农事操作按常规管理。冬小麦品种：婴泊700。试验地点小麦蚜虫常年发生程度为中等至大发生。

1.2 试验药剂

70%吡虫啉种子处理可分散粉剂（河北威远生化农药有限公司生产）；

63%减量降残增产助剂（非离子表面活性剂、油酸甲酯、玉米胚芽油、油茶籽油、大豆油等）（四川蜀峰化工有限公司生产，商品名为激健）。

1.3 处理设计及用量

安排当地常规喷雾防治、助剂加入、助剂加入后药剂减少用量20%～60%和空白对照共6个处理。每个处理3个重复。每个小区0.2亩。处理设置见表1。

* 作者简介：陈立涛，主要从事农作物病虫害监测和防治研究；E-mail：chenlitao008@163.com

表1　各试验处理安排

处理编号	农药品种、用量及用水量		
	70%吡虫啉种子处理可分散粉剂（g/亩）	减量降残增产助剂（ml/亩）	水（kg/亩）
处理1（常规用量）	10（喷雾）		15
处理2	10（喷雾）	15	15
处理3	8（喷雾）	15	15
处理4	6（喷雾）	15	15
处理5	4（喷雾）	15	15
空白	清水		

1.4　小区设计

小区采用随机区组排列，见表2。

表2　试验小区布局

处理1	处理5	处理3
处理2	处理4	空白
处理3	空白	处理5
处理4	处理1	处理2
处理5	处理3	处理4
空白	处理2	处理1

1.5　施药方法

每小区按药剂试验设计用量配制用药量和用水量。喷雾于小麦蚜虫达防治指标（百株蚜量800头）时对小麦植株进行均匀喷雾，空白对照区喷等量清水。采用种田郎牌16型电动喷雾器，喷头为三喷头。具体施药时间为5月12日，小麦为灌浆初期，施药次数1次。试验地块统一用25%三唑酮可湿性粉剂30g/亩+磷酸二氢钾200g/亩进行了白粉病、锈病的防治。

1.6　调查时间和次数

施药前调查病虫基数，施药后1天、3天、5天、7天调查蚜虫数量。蚜虫调查每区对角线固定五点取样，每点10株，共50株。防效计算折算成百株虫量计算。

1.7　药效计算方法

防治效果（%）＝［1－（空白对照区药前虫数×处理区药后虫数）/（空白对照区药后虫数×处理区药前虫数）］×100

1.8　产量调查

在小麦收获期，测定每小区的穗数、单穗粒数、千粒重和产量，折合每公顷产量。

2　结果与分析

2.1　蚜虫防效分析

用DPS数据处理系统进行蚜虫防效方差分析。

表3　助剂介入蚜虫防效 DPS 分析

处理	药后1天		药后3天		药后5天		药后7天	
	防效（%）	差异显著性	防效（%）	差异显著性	防效（%）	差异显著性	防效（%）	差异显著性
1	81.94	abA	88.13	cB	96.48	aB	96.48	aA
2	85.10	aA	94.67	aA	98.58	aA	98.58	aA
3	83.98	aA	91.96	bAB	97.64	abA	97.64	aA
4	75.03	bcAB	89.56	bcB	96.82	bA	96.82	aA
5	67.09	cB	79.47	dC	93.38	cB	90.88	bB
6（空白）	—	—	—	—	—	—	—	—

激键助剂介入后，药后1天，防效比常规喷雾增加3.16%；吡虫啉减少20%和减少40%防效分别达到83.98%、75.03%，与常规防效差异不显著。吡虫啉减少60%水平防效显著低于常规防效。

药后3天，防效比常规喷雾增加6.54%；吡虫啉减少20%、40%与常规处理差异不显著；吡虫啉减少60%与常规处理、加入激键其他处理相比，差异显著。

药后5天，表现与药后3天一样。药后7天，则没有差异显著性。

说明激键介入能提高防效，在降低吡虫啉使用量20%～40%的情况下，在药后1～5天防治小麦蚜虫与常规使用效果相当。

2.2　测产结果

激健助剂介入后（处理2、3、4、5），产量分别为8 631 kg/hm²、8 611 kg/hm²、8 547kg/hm²、8 396kg/hm²，常规喷雾（处理1）产量8 708kg/hm²，助剂介入后，处理2、3与常规喷雾无明显差异。

3　结论与讨论

试验表明，植物油助剂介入麦蚜喷雾防治，农药减量控害效果明显，减量幅度20%～40%。防效与常规喷雾相当，同时能够保证产量的稳定，具有较好的推广价值。

参考文献

[1]　朱恩林，赵中华.小麦病虫防治分册［M］.北京：中国农业出版社，2004.

[2]　党志红，李耀发，潘文亮，等，吡虫啉拌种防治小麦蚜虫技术及安全性研究［J］.应用昆虫学报，2011，48（6）：1 676－1 681.

[3]　孙红炜，尚佑芬，赵玖华，等.不同药剂对麦蚜的防治作用及对麦田天敌昆虫的影响［J］.麦类作物学报，2007（3）：543－547.

[4]　罗瑞梧，杨崇良，尚佑芬，等.麦长管蚜种群动态与防治技术研究［J］.植物保护学报，1990（3）：209－213.

[5]　韩晓莉，高占林，党志红，等.麦长管蚜抗吡虫啉品系和敏感品系的生殖力比较［J］.昆虫知识，2008（2）：243－245.

[6]　韩晓莉，潘文亮，高占林，等.害虫对新烟碱类杀虫剂抗药性研究进展［J］.华北农学报，2007（S1）：28－32.

两种荧光物质物对蠋蝽成虫标记效果的研究*

张海平[1**]　潘明真[1]　郭　义[1]　刘晨曦[1]　张礼生[1]
张长华[2]　易忠经[2]　杨在友[2]　陈红印[1***]
（1. 中国农业科学院植物保护研究所农业部作物有害生物综合治理重点实验室/中美联合生物防治实验室，北京　100081；2. 贵州省烟草公司遵义市公司，遵义　563000）

摘　要：蠋蝽 *Arma chinensis*（Fallou）属半翅目蝽科蠋蝽属，是一种捕食范围广、适应能力强，对害虫种群数量增长有显著控制作用，可用于生物防治的天敌昆虫，然而，目前对蠋蝽的研究主要侧重于室内，但是对于在田间释放后，蠋蝽定殖情况的研究至今处于空白，而昆虫大量标记又是研究其扩散等定殖指标的重要技术，所以本实验为了在不对其存活产生影响的情况下，研究适合大量高效标记蠋蝽的材料以及方法。通过在室内选择两种方便获取、价格低廉的荧光材料，直径为20～40μm黄绿色荧光粉与荧光漆，分别标记初羽化蠋蝽成虫，单头转移到高为15cm左右的盆栽玉米苗上，外罩高20cm，直径7.5cm透明玻壳，顶端覆盖纱网，每个处理分3组进行，总重复数不低于35头。不进行标记处理作为对照。每天统计蠋蝽存活情况以及荧光发光状态，持续观察35天。结果表明，在为期35天的观察期内，两种荧光物质标记蠋蝽均持续发光，标记效果好且没有差异；在观察期内，两种荧光物质标记蠋蝽死亡率分别为荧光粉5.69%和荧光漆4.95%，略高于对照组，但是未达到显著差异（$F=1.88$，$df=34$，$P=0.1656>0.05$），表明两种荧光物质均对蠋蝽存活没有负面影响。鉴于通过分子生物学手段进行少量昆虫标记的高成本以及复杂的操作方法，荧光物质体外标记效率高，成本低，更有利于实践应用。所以可以将荧光粉作为大量标记蠋蝽用于其定殖性研究的标记材料。

关键词：蠋蝽；定殖性；荧光材料；标记

* 课题来源：农业部948项目（2011－G4）；遵义烟草害虫天敌资源发掘与产业化应用项目
** 作者简介：张海平，男，硕士研究生，植物保护专业；E-mail：zhanghp0214@163.com
*** 通讯作者：陈红印，男，研究员，博导；E-mail：hongyinc@163.com

RNA 干扰技术在昆虫滞育机制研究中的应用*

韩艳华** 陈红印 张礼生***
（中国农业科学院植物保护研究所，植物病虫害生物学国家重点实验室，北京 100193）

摘 要：滞育（Diapause）是昆虫对环境条件长期适应而形成的一种固有的遗传属性，期间其生长发育受到抑制，并伴随着行为、生理活动和生化物质等的改变。研究昆虫滞育，一方面有利于对经济昆虫的开发利用，另一方面能够为农业害虫的防控提供新的解决思路，例如对天敌昆虫滞育的研究为天敌昆虫的长期贮存和远距离运输并最终发挥其最佳生物防效提供了可能。RNA 干扰（RNA interference，RNAi）是指外源或内源的双链 RNA（double-stranded RNA，dsRNA）特异性地引起基因表达沉默的现象，已被广泛应用于昆虫基因功能研究以及害虫防治新方法的开发上。因此，将 RNAi 与昆虫滞育研究相结合，无疑具有广阔的发展空间。目前，利用 RNAi 已经成功验证了一些滞育相关基因的功能，为揭示昆虫滞育机制奠定了基础。

①钟基因。确定了生物钟与光周期诱导滞育之间的联系，主要涉及隐花色素基因（cryptochrome，cry）、周期蛋白基因（period，per）、时钟蛋白基因（clock，clk）、周期循环蛋白基因（cycle，cyc）、永恒蛋白基因（timeless，tim）等。②滞育相关激素基因。虽然滞育与昆虫内部激素，如滞育激素（Diapause Hormone，DH）、促前胸腺激素（Prothoracicotropic Hormone，PTTH）、保幼激素（Juvenile Hormone，JH）和蜕皮激素（Molting Hormone，MH）等的关系早已被揭示，但各种激素的具体调控机制仍无法确定。利用 RNAi 验证了在激素调控滞育过程中，滞育激素受体 dhr、血清素 5HTRB、保幼激素受体 met 和细胞内特定基因 Krüppel-homolog 1（Kr-h1）发挥的作用。③胰岛素信号通路。胰岛素信号路径是研究滞育代谢差异调节的重要候选路径，主要验证了叉头转录因子（forkhead transcription factor，FOXO，胰岛素信号通路下游的调控因子）和胰岛素样多肽 1（ILP-1）的功能。④热激蛋白基因。虽然没有证明热激蛋白能够直接参与调控，但明确了 *hsp*23 和 *hsp*70 基因的抗低温能力以及 *hsp*70 和 *hsp*90 能够影响昆虫脱水耐受力等，间接表明热激蛋白与滞育密切相关。⑤其他相关基因。据验证，脂肪积累相关基因 *fas*-1、fas-3 和 fabp，核糖体蛋白基因 rpS2 和 *rpS3a*，胰蛋白酶基因 *try*，过氧化氢酶 catalise 和超氧化物歧化酶-2（superoxide dismutase-2，sod-2）都参与了昆虫滞育的调控。

关键词：滞育；RNAi；滞育相关基因

---

* 基金项目：国家自然科学基金（31572062）；国家重点基础研究发展计划（973）项目（2013CB127602）

** 第一作者：韩艳华，女，硕士研究生，主要从事七星瓢虫滞育研究工作；E-mail：hanyanhua_ ayy@163.com

*** 通讯作者：张礼生，研究员；E-mail：zhangleesheng@163.com

不同性别配比和饲养密度对蠋蝽的存活率、繁殖力和后代生长发育的影响*

潘明真** 张海平 陈红印***

（中国农业科学院植物保护研究所，农业部作物有害生物综合治理重点实验室，北京 100081）

摘 要：为明确成虫不同的性别配比和饲养密度对蠋蝽的寿命、繁殖和后代生命参数的影响，促进蠋蝽的规模化饲养，在室内测定了不同性别配比和密度（4 雌/2 雄，3 雌/3 雄，2 雌/4 雄，2 雌/2 雄，2 雌/1 雄，1 雌/1 雄，6 雌，6 雄）的蠋蝽的存活率、产卵量、无效卵的比例以及后代发育时间和性比等指标。结果显示，不同饲养密度和成虫性别配比对蠋蝽的存活率、产卵量、有效卵的孵化率以及无效卵的比例均有显著影响，但是对后代的发育时间和性别比例无显著影响。2 雌/2 雄配比的蠋蝽存活率最高，在 31 天时为 65%；此外，该配比的蠋蝽平均单头雌性成虫 30 天内产卵量为 105.5 粒，仅次于产卵量最高的性别配比 1 雌/1 雄（115.2 粒），并且无效卵的比例最低（12.68%）。4 雌/2 雄配比的蠋蝽的卵孵化率最高，为 88.05%。成虫的性别配比和饲养密度在多个指标中表现出交互作用，表明选用合适的组合可最大限度的提高蠋蝽的繁殖力。

关键词：产卵量；存活率；无效卵；发育时间；性比

* 基金项目：“948”项目（2011-G4）

** 第一作者：潘明真，女，博士后，研究方向为农业昆虫与害虫防治；E-mail：panmingzh@ yeah. net

*** 通讯作者：陈红印；E-mail：hongyinc@ 163. com

基于 Illumina RNA Denovo 高通量测序的大草蛉 *Chrysopa pallens* (Rambur) 嗅觉相关基因的发掘*

王 娟** 张礼生 张海平 郭 义 刘晨曦 王孟卿 陈红印***

(中国农业科学院植物保护研究所农业部作物有害生物综合治理重点实验室,
中国-美国生物防治实验室,北京 100193)

摘 要:大草蛉[*Chrysopa pallens* (Rambur)]是蚜虫、叶螨、鳞翅目卵以及低龄幼虫等多种农林害虫的重要天敌,它们对被捕食者的成功捕获得益于其能够有效感知环境中的信息物质。在这个过程中,大草蛉触角嗅觉系统发挥着关键的作用。Illumina RNA Denovo 高通量测序技术实现了从大草蛉触角大量发掘嗅觉相关基因。本文以羽化 1~3 天的大草蛉成虫为研究对象,提取雌、雄触角总 RNA,质检合格后对总 RNA 进行纯化,对纯化后的总 RNA 进行 mRNA 的分离、片段化、第一链 cDNA 合成、第二链 cDNA 合成、末端修复、3′末端加 A、连接接头、富集等步骤,完成测序样本文库构建并进行 Illumina 双向(Pair-end)RNA Denovo 测序,得到 78 759 810个(雌)和 75 802 858个(雄)原始 reads。将所得的 reads 进行过滤,去除总体质量较低及测序过程中的引物序列、末端质量偏低的接头序列,最终保留长度≥50bp 的 reads 为 75 277 902个(雌)和 71 982 320个(雄)。将得到的 2 个样本 reads 合并形成 pool reads,然后应用 CLC Genomics Workbench (version:6.0.4)的 scaffolding contig 算法进行 denovo 两次拼接,共得到 59 288个 unigenes,总长 52 071 847bp,N50(bp)为 1 575bp,最长的 unigene 为 18 472bp,平均长度为 853bp。将拼接得到的 Final unigenes 进行 blastx 注释,分别与 Uniprot(trEMBL + swissprot)和 NR 数据库进行比对,取 E-value < 1e-5,蛋白相似性大于 30% 的最好结果。其中分别有 16 451个和 16 403个 unigenes 在 Uniprot 和 NR 数据库中获得注释。Blastx 比对上的物种数量分布较多的前 6 种依次为赤拟谷盗(*Tribolium castaneum*),豌豆蚜(*Acyrthosiphon pisum*),山松甲虫(*Dendroctonus ponderosae*),丽蝇蛹集金小蜂(*Nasonia vitripennis*),天牛(*Anoplophora glabripennis*)和意大利蜜蜂(*Apis mellifera*)。根据注释结果,应用 blast2GO 算法进行 GO 功能分类,得到所有序列在 Gene Ontology 的三大类:molecular function, cellular component, biological process 的各个层次所占数目分别为 4 699,3 126,9 060。Unigenes 进行 KOG 功能分类,应用 rpstblastn 将 unigenes 与 CDD 库进行比对,取 E-value < 1e-5 的最好匹配结果进行 KOG 功能分类预测,将其映射到 KOG 每个层次分类,11 049个 unigenes 被注释上 25 种 KOG 分类中。Unigenes 进行 KEGG 注释,将其映射到

---

* 基金项目:国家自然科学基金项目(31572062);农业部“948”重点项目(2011-G4);公益性行业(农业)科研专项(201103002)

** 作者简介:王娟,女,博士研究生,研究方向为害虫生物防治;E-mail:wangjuan350@163.com

*** 通讯作者:陈红印;E-mail:hongyinc@163.com

KEGG Pathway 通路中，共得到 281 张通路图。通过 unigenes 功能注释，并结合 blastx 和 blastn 结果，共鉴定得到 74 个候选嗅觉相关基因，其中包括 6 个气味结合蛋白基因（odorant binding proteins，OBPs）、11 个化学感受蛋白基因（chemosensory proteins，CSPs）、26 个气味受体基因（odorant receptors，ORs）、16 个亲离子受体基因（ionotropic receptors，IRs）、2 个感觉神经元膜蛋白基因（sensory neuron membrane proteins，SNMPs）及 95 个气味降解酶基因（odorant-degrading enzyme，ODEs）。其中，6 个 OBPs 基因包含 2 个 GOBPs（general odorant binding proteins）和 1 个 PBP（pheromone binding protein）。95 个 ODEs 中包含 88 个 *P*450 基因、4 个羧酸酯酶和 3 个醛氧化酶。本研究结果丰富了大草蛉基因序列信息并发掘了大草蛉嗅觉相关基因，为进一步揭示大草蛉嗅觉识别机制奠定基础，为合理利用大草蛉进行生物防治提供理论依据。

关键词：Illumina RNA Denovo 高通量测序；大草蛉；嗅觉基因；转录组

七星瓢虫比较转录组测序及脂代谢分析*

张礼生** 韩艳华 安 涛 任小云 齐晓阳 陈红印
（中国农业科学院植物保护研究所，北京 100081）

摘 要：七星瓢虫（*Coccinella septempunctata* L.）是一种优良的捕食性天敌昆虫，可捕食多种果树或农作物上的蚜虫，食量大，分布广，繁殖能力强。滞育是昆虫适应不良环境条件的一种遗传现象，利用昆虫滞育这一特点能帮助大幅度延长天敌产品的货架期，促进天敌昆虫产业发展，为农林害虫的生物防治提供产品支撑。

利用 Illumina Hiseq 2500 高通量转录组测序平台对七星瓢虫的正常发育状态、滞育状态、滞育解除状态共 3 种发育阶段的样本进行测序，通过 de novo 拼接组装以及基因注释等手段，对其 3 个阶段的测序结果进行两两比较筛选出差异表达基因，拼接组装获得 82 820条 unigene 序列，平均长度 921bp。将所有的 unigene 与选定数据库进行 BLASTX 比对，注释上的基因共有 37 872个，并对所有基因进行 COG 分类，GO 功能分类以及 KEGG 代谢通路分析，了解这些基因间的联系及生化反应网络。通过对非滞育组、滞育组及滞育解除组之间进行两两对比，滞育组与非滞育组筛选出差异表达基因 3 501个，滞育组与滞育解除组共筛选出差异表达基因 1 427个。对这些差异表达基因进行 GO 和 KEGG 富集分析，发现在脂肪酸合成途径中差异表达基因最富集。分析两组比对结果，将在滞育组上调且滞育解除组下调的 unigene 定义为滞育关联基因，共有 443 个基因为滞育关联基因。应用 KEGG KAAS 在线 pathway 比对分析工具对上调表达基因进行通路富集分析，结果发现这些基因主要集中在碳水化合物代谢、脂质代谢以及信号转导等途径中。

将滞育－滞育解除差异基因和滞育解除-滞育差异基因两两比较，并藉助 KEGG 数据库，共筛选出滞育期间与脂质合成相关的差异基因 17 个，在滞育期间呈现出不同程度的上调表达，涉及了脂肪酸合成、β-氧化、脂质转运等代谢途径，除脂肪酸合酶、脂链延伸酶、脂肪酸去饱和酶基因、脂质转运蛋白等与脂质合成相关酶类上调表达外，同时一部分与脂质分解相关的酶，如酯酶、酰基转移酶等同样上调表达，可能与提高滞育瓢虫免疫力有关；此外，与激素合成相关基因表达上调，可能对滞育瓢虫卵巢发育受抑相关。

关键词：七星瓢虫；转录组测序；滞育关联基因；脂代谢

---

* 基金项目："973" 项目（2013CB127602）；公益性行业（农业）科研专项（201103002）

** 作者简介：张礼生，博士，研究员；E-mail：zhangleesheng@ 163. com